ABHANDLUNGEN
DER AKADEMIE DER WISSENSCHAFTEN DER DDR
Abteilung Mathematik — Naturwissenschaften — Technik

Jahrgang 1981 · Nr. 3 N

Mikrobielle Enzymproduktion

VII. Reinhardsbrunner Symposium
der Sektion Mikrobiologie
der Biologischen Gesellschaft der DDR
6.—12. Mai 1979 in Reinhardsbrunn

Herausgegeben von
H. Ruttloff
Akademie der Wissenschaften der DDR
Zentralinstitut für Ernährung in Potsdam-Rehbrücke

AKADEMIE-VERLAG · BERLIN 1981

Herausgegeben im Auftrage des Präsidenten
der Akademie der Wissenschaften der DDR
von Vizepräsident Prof. Dr. Heinrich Scheel

Erschienen im Akademie-Verlag, DDR-1086 Berlin, Leipziger Straße 3—4

Lizenznummer: 202 • 100/493/81
Gesamtherstellung: VEB Druckhaus „Maxim Gorki", 7400 Altenburg
Bestellnummer: 762 930 8 (2001/81/3 N) · LSV 1345
Printed in the GDR
DDR 78,— M

Vorwort

Vom 6. bis 12. Mai 1979 fand in Reinhardsbrunn/Kreis Gotha (Thüringen) das VII. Symposium der Sektion Mikrobiologie der Biologischen Gesellschaft der DDR statt. Es wurde gemeinsam mit dem Institut für Enzymologie und technische Mikrobiologie/Berlin sowie dem Zentralinstitut für Ernährung der AdW der DDR/Potsdam-Rehbrücke veranstaltet. Das wissenschaftliche Komitee des Symposiums bestand aus den Herren:

Prof. Dr. H. Ruttloff	Potsdam-Rehbrücke (Wissenschaftlicher Leiter des Symposiums)
Dr. P. Klingenberg	Potsdam-Rehbrücke (Sekretär des Symposiums)
Dr. W. Babel	Leipzig
Dr. R. Grunow	Berlin
Dr. W. Hirte	Kleinmachnow
Dr. J. Huber	Berlin
Prof. Dr. H.-P. Kleber	Leipzig

Im Organisationskomitee waren folgende Damen und Herren tätig:

Dr. W. Rawald	Organisatorischer Leiter des Symposiums
Dr. H.-J. Spiess	Sekretär der Biologischen Gesellschaft der DDR
Frau T. Crome Frau R. Jäger Frau Ch. Seidel Frau B. Zoller	Tagungsbüro

Etwa 130 Fachleute — vorwiegend Mikrobiologen und Biochemiker — aus der DDR sowie aus dem Ausland (Belgien, BRD, ČSSR, Dänemark, Großbritannien, Japan, Österreich, Republik Kuba, Schweiz, UdSSR, UVR, VRB, VR Polen) trafen sich zum Erfahrungsaustausch über die Produktion von Enzymen unter Einsatz von Mikroorganismen. Mikrobielle Enzympräparate werden international seit einigen Jahren zunehmend in der Lebensmittelindustrie und anderen Bereichen der Volkswirtschaft, im Gesundheitswesen sowie im biochemischen Laboratorium als technologische oder analytische Hilfsstoffe eingesetzt. Sie werden insbesondere zur Rationalisierung von Verfah-

ren, zur Qualitätssteigerung und Sortimentserweiterung von Erzeugnissen der Lebensmittelindustrie, zur Nutzung neuer Rohstoffquellen sowie im medizinischen Bereich zur Diagnose und Therapie herangezogen. In 6 Themenkreisen: Selektion und Konservierung, Genetik und Enzymbildungsvermögen, Stoffwechsel und Regulation, Wachstum und Enzymbildung, Lokalisation und Ausscheidung von Enzymen sowie Fermentationstechnik berieten die Wissenschaftler über Probleme der Grundlagen- und angewandten Forschung. In den Fachvorträgen widerspiegelten sich der gegenwärtige Stand und die Entwicklungstrends auf dem Gebiet der mikrobiellen Enzymproduktion.

H. Ruttloff

Inhaltsverzeichnis

Mikrobielle Enzymproduktion

Selektion und Konservierung

Genetik und Enzymbildungsvermögen

Stoffwechsel und Regulation

Wachstum und Enzymbildung

Lokalisation und Ausscheidung von Enzymen

Fermentationstechnik

Mikrobielle Enzymproduktion

Zentralinstitut für Ernährung der Akademie der Wissenschaften, Potsdam-Rehbrücke, DDR

Stand und Entwicklungstendenzen der mikrobiellen Enzymproduktion

H. Ruttloff

Stand der Enzymapplikation

Mit der stürmischen Entwicklung der Biowissenschaften in den letzten 30 Jahren sind bei der Nahrungsgüterproduktion, in der Leichtindustrie, im Gesundheitswesen sowie in der biochemischen Forschung ganz allgemein zunehmend Enzympräparate zum Einsatz gelangt. Sie werden als technologische Hilfsstoffe, zur Diagnose und Therapie sowie als analytische Hilfsmittel im klinischen oder biochemischen Laboratorium herangezogen. Diese rasche Entwicklung hatte mehrere Gründe, von denen insbesondere die folgenden zu nennen sind:

1. Vertiefung der Kenntnisse über die bei biochemischen Reaktionen sich abspielenden enzymatischen Vorgänge sowie über Struktur und Funktion von Biokatalysatoren.
2. Zunehmende Orientierung in der Lebensmittelindustrie, in der pharmazeutischen Industrie sowie in verschiedenen Zweigen der Leichtindustrie auf biotechnologisch begründete Verfahren.
3. Herausbildung einer engen interdisziplinären Verflechtung zwischen zahlreichen naturwissenschaftlichen Fach- und Teildisziplinen, wobei in den letzten Jahren als Folge dieser zunehmenden Verflechtung neue Disziplinen entstanden sind (z. B. die Biotechnologie).

Ich möchte Ihnen einige bemerkenswerte Etappen der Enzymforschung ins Gedächtnis rufen (Tab. 1). Während man z. B. bei der Produktion von Lebensmitteln seit altersher die Wirkung der Enzyme bei natürlich ablaufenden Prozessen — ohne tiefere Kenntnis über die biochemischen Zusammenhänge zu besitzen — für die Reifung, Veredelung, Aromatisierung usw. unbewußt nutzte, begann man allmählich, Enzympräparate gezielt als lebensmitteltechnologische Hilfsstoffe einzusetzen. Bei diesen handelte es sich zunächst ausschließlich um solche tierischer und pflanzlicher, später jedoch auch mikrobieller Herkunft. Das erste mikrobielle Verfahren zur Herstellung eines Amylasepräparates wurde von Takamine im Jahre 1894 zum Patent angemeldet. Bis in die 40er Jahre unseres Jahrhunderts wurde ausschließlich emers produziert. Im Jahr 1947 leiteten Smythe u. a. eine neue Epoche der industriellen Enzymproduktion durch Anwendung des submersen Verfahrens ein. Entscheidende Impulse gingen hierbei von der Verfahrenstechnik der Antibiotika-Produktion aus. Inzwischen gewinnt die submerse Produktion gegenüber der emersen ständig an Bedeutung. Seit etwa den 50er Jahren hat die mikrobielle Enzymproduktion sprunghaft zugenommen. Einige Produktionsziffern aus Japan veranschaulichen den derzeitigen Entwicklungsstand (Tab. 2).

Die Anwendungsgebiete für großtechnisch hergestellte Enzyme sind hinlänglich bekannt [6], ich möchte daher an dieser Stelle hierauf nicht näher eingehen. Der Schwer-

Tabelle 1

Einige ausgewählte historische Daten zur Herstellung und zum Einsatz von Enzympräparaten

Vergil	70 v. d. Z. bis 19 v. d. Z.	fermentum = gequollenes Getreide
	Mittelalter	putrefacio = fermentatio = digestio
BERZELIUS	1779 bis 1848	Einführung des Begriffes „Katalyse" (Ausdehnung auch auf biologische Vorgänge)
	18. Jh.	Verwendung von Magenschleimhautextrakten, von Pankreassaft zur Reinigung infizierter Wunden sowie zur Behandlung von Geschwüren
PAYEN, PERSOZ	1833	Isolierung von Diastase aus keimender Gerste
KÜHNE	1878	Einführung des Begriffes „Enzym" für „ungeformtes Ferment"
englische Ärzte	Mitte 19. Jh.	Verwendung von Pepsin zur Behandlung von Dyspepsien
	19. Jh.	Isolierung pflanzlicher Proteasen wie Papain, Ficin, Bromelin
	1890	Breite Verwendung von Pepsin, Trypsin, Pankreatin im medizinischen Sektor
TAKAMINE	1894	emerse Gewinnung einer mikrobiellen Amylase („Takadiastase") mittels *A. oryzae*
SUMNER	1926	Präparation eines kristallinen Enzyms (Urease)
SMYTHE	1947	Einführung des Submersverfahrens zur mikrobiellen Enzymproduktion
MERRIFIELD u. Mitarb.		chemisch-präparative Synthese von Ribonuclease A
	1975	von den vermutlich über 10000 Enzymen der belebten Natur sind etwa 2000 bekannt

punkt des Enzymbedarfs liegt noch immer auf den Hydrolasen. Sie werden überwiegend aus dem Kulturfiltrat — d. h. als extrazelluläre Enzyme — gewonnen bzw. isoliert. Man bezeichnet alle als nicht gebundene, d. h. wasserlösliche Enzyme gehandelten Präparate als zur „1. Enzymgeneration" gehörig. Sie benötigten außerdem zu ihrer Wirkung keine Coenzyme. Ihr Einsatzgebiet liegt vorrangig im Lebensmittelsektor, wenngleich auch einige andere Applikationsbereiche einen teilweise erheblichen Umfang einnehmen (Verdauungshilfsmittel, Waschmittelzusätze, Ledergerberei u. a. m.).

Tabelle 2

Derzeitige Produktion mikrobieller Enzympräparate in Japan [9]

Enzym	Ausstoß/a		Mikroorganismen
	t	Mio Yen	
α-Amylase	11100	910	*A. oryzae, A. niger, B. subtilis, B. amyloliquefaciens*
Glucoamylase	400	620	*A. niger, Rhiz. niveus, Rhiz. delemer, Endomycopsis spec.*
Protease	1050	750	*A. oryzae, A. niger, A. saitoi, Mucor pusillus, B. subtilis, Strept. griseus*
Lipase	3	36	*A. niger, Rhiz. spec., C. cylindracea*
Cellulase	45	170	*A. niger, Tr. viride*
Pektinase	13	13	*Coniothyrium diplodiella*
Glucoseoxydase	0,5	100	*Pen. amagasakiense*
Invertase Naringinase Melibiase Aspartase Aminoacylase Anthocyanase Glucoseisomerase Katalase	140	400	*Sacch. cerevisiae* *A. niger* *Mortierella vinacea* *E. coli* *A. oryzae* *A. niger* *Strept. spec.* *A. niger*
Summe	∼12750	∼3000	

In den letzten 20 Jahren wurden umfangreiche Untersuchungen zur Herstellung sog. immobilisierter Enzyme durchgeführt („2. Enzymgeneration"). Ich möchte auf die Methoden der Trägerfixierung bzw. die daraus resultierenden Präparateformen nicht eingehen und auf das umfangreiche Schrifttum hierzu verweisen. Bis zur Mitte der 70er Jahre erwartete man eine Vielzahl von Anwendungsmöglichkeiten für immobilisierte Enzyme auch im großtechnischen Maßstab, so auch im Lebensmittelsektor (Tab. 3). Jedoch hat sich ihr Einsatz bisher nur in 4 Fällen unter industriellen Bedingungen, d. h. bis zur großtechnischen Dimension, durchgesetzt (in Tab. 3 mit Stern versehen). Es betrifft Glucoseisomerase, Aminosäure-N-Acylase, Penicillinamidase und Lactase. Im Pilotmaßstab haben sich auch Glucoamylase, Glucoseoxydase und Protease bereits gut bewährt, jedoch hat sich ihr umfassender Einsatz wohl noch nicht so recht behaupten können [5].

Es sei jedoch ausdrücklich darauf hingewiesen, daß die Verwendung immobilisierter Enzyme im biochemischen, im klinischen wie auch im lebensmittelchemischen Laboratorium die analytischen und diagnostischen Möglichkeiten ganz erheblich bereichert hat. Bei diesbezüglichen Präparaten handelt es sich in der Mehrzahl der Fälle um Biofeinchemikalien, teils tierischer oder pflanzlicher, teils aber auch mikrobieller Herkunft.

Tabelle 3
Anwendungsmöglichkeiten für immobilisierte Enzyme [3]

Enzym	Anwendungsgebiet
Glucoamylase	Stärkekonversion
Glucoseisomerase*	Herstellung von Isomeratzucker
Invertase	Herstellung von Invertzucker
Lactase*	Spaltung von Milchzucker (Milch, Molke)
Melibiase	Ausbeutesteigerung bei der Gewinnung von Rübenzucker
α-Amylase	Dextrinierung von Stärke
β-Amylase	Herstellung von Maltose
β-Glucanase	Viskositätserniedrigung von Würze und Bier
Pektinase	Klärung von Fruchtsäften durch Pektinabbau
Protease	Kältestabilisierung von Bier, Herstellung von Proteinhydrolysaten
Lab	Käseherstellung
Glucoseoxydase + Katalase	Sauerstoffentfernung aus Getränken
Glucoseisomerase + Glucoseoxydase	Herstellung von Gluconsäure und Fructose aus Glucose
Katalase	Entfernung von Wasserstoffperoxyd nach Entkeimung
Naringinase	Entbitterung von Citrussäften
Thioloxydase	Beseitigung der Geschmacksbeeinträchtigung nach dem Erhitzen von Milch
Aminosäure-N-Acylase*	Herstellung von L-Aminosäure aus racemischen Gemischen
Penicillinamidase*	Herstellung halbsynthetischer Penicilline
Tannase	Herstellung von Instant-Tee

Entwicklungstrends der Enzymapplikation

Parallel zur weiteren Rationalisierung der bereits in Produktion befindlichen Verfahren und zur Qualitätsverbesserung der Erzeugnisse wird man sich in Zukunft auch mit der Neu- bzw. Weiterentwicklung von Enzympräparaten befassen, die derzeitig noch nicht in größerem Umfang hergestellt werden bzw. deren Produktion aus ökonomischer Sicht z. Z. noch nicht rentabel ist (Tab. 4). Mit Verringerung ihrer Herstellungskosten würden sich auch die Applikationsgebiete sofort günstiger gestalten.

An erster Stelle dürften hier die Cellulasen stehen. Wenn es gelingt, Präparate mit ökonomisch attraktiv hohen Aktivitäten herzustellen, würde sich ein breites Applikationsfeld ergeben. Cellulose ist die auf der Erde am weitesten verbreitete organische Substanz, von der jährlich unter Nutzung der Sonnenenergie 100 Mio t synthetisiert werden. Neben der ökonomischen Bedeutung des Cellulaseeinsatzes könnte auch ein Beitrag zur Verringerung der Umweltverschmutzung (biologische Beseitigung der Papierabfälle von Industriezentren und Ballungsgebieten) geleistet werden. Bei den Überlegungen zur enzymatischen Cellulosehydrolyse muß das Problem des Ligninabbaus Berücksichtigung finden, ggf. durch Entwicklung geeigneter Ligninasen. Möglicherweise wird die optimale Lösung dieses Problems in der komplexen Anwendung einer enzymatischen, chemischen und mechanischen Einwirkung auf das Substrat zu suchen sein.

Tabelle 4
Weiter- bzw. Neuentwicklung von löslichen Enzymen mikrobieller Herkunft

Enzym	Anwendungsgebiet
Cellulasen	Celluloseabbau
Ligninasen	Ligninabbau
Cyklodextrin-synthetisierende Enzyme	Cyklodextrinsynthese
Isoamylase	Herstellung von linearen Ketten aus Stärke
β-Amylase	Herstellung von Maltose
Maltooligosaccharid-bildende Amylasen	Herstellung von Maltooligosacchariden aus Amylose
Pullulanase	Pullulanabbau
Glucosyltransferase	Coupling sugar
von pflanzlichen Pektinase-inhibitoren nicht hemmbare Pektinasen	Pektinabbau in Obst und Gemüse
Proteasen	Herstellung von Protein-Partialhydrolysaten mit lebensmitteltechnologisch und ernährungsphysiologisch erwünschten Eigenschaften
medizinisch relevante Enzyme	Diagnose und Therapie
thermophile Enzyme	
aromabildende Enzyme	Fruchtsäfte, alkoholfreie Getränke, Gärungsprodukte

Ein noch nicht abgeschlossenes, z. Z. intensiv bearbeitetes Gebiet ist der enzymatische Umbau von Stärke [8]. So läßt sich das Polysaccharid durch Einwirkung bestimmter bakterieller Enzyme mit minimalem Aufwand in folgende lebensmitteltechnologisch bzw. ernährungsphysiologisch interessante Verbindungen überführen: Maltose, Maltotriose, -tetraose, -pentaose, -hexaose; Cyklodextrine; lineare Glucose-Ketten mit α-1,4-Bindung; anticariogen wirkender „coupling sugar“ (Umsatzprodukt aus Stärke + Saccharose unter Einwirkung von Transferasen).

Generell ist beim Einsatz von pektinolytischen Enzymen mit dem Vorhandensein von pflanzeneigenen Inhibitoren zu rechnen, wodurch die Aktivität der Enzyme gegenüber ihren Substraten herabgesetzt bzw. völlig unterbunden wird [1]. Außer den Polygalakturonasen werden auch die eliminativ spaltenden Pektinglykosidasen durch pflanzeneigene Inhibitoren in ihrer Wirkung beeinträchtigt. Untersuchungen zur chemischen Natur dieser Pektinasehemmstoffe haben ergeben, daß es sich um hochmolekulare Verbindungen mit Proteincharakter handelt, die durch Hitzeeinwirkung hinsichtlich ihrer Hemmwirkung ausgeschaltet werden können. Vielfach liegt eine außerordentlich hohe Affinität zwischen Enzym und Inhibitor, zugleich eine stark ausgeprägte Spezifität der Hemmung vor. Interessanterweise treten solche Hemmstoffe vorzugsweise mit mikrobiellen Enzymen, nicht hingegen mit solchen pflanzlicher Herkunft in Wechselwirkung. So wird z. B. die Polygalakturonase aus Tomaten durch Inhibitoren aus Gurken, Bohnen oder anderen Pflanzengeweben nicht inhibiert. Mikrobielle Pektinase, wie z. B. die Polygalakturonase aus Schimmelpilzen der Gattung Aspergillus, reagieren in unterschiedlichem Ausmaß mit den einzelnen pflanzlichen Hemmstoffen. Die bevorzugte

Hemmung mikrobieller pektinolytischer Enzyme durch pflanzeneigene Inhibitoren läßt sich als ein Schutzmechanismus interpretieren, den die Pflanze im Verlauf der Evolution gegen mikrobiellen Befall ausgebildet hat.

Auf dem Proteasesektor ist die Entwicklung durchaus noch nicht abgeschlossen. Zur Herstellung von Proteinhydrolysaten mit bestimmten lebensmitteltechnologisch relevanten funktionellen Eigenschaften, für Krankendiäten und Spezialnahrungen sowie für die enterale und parenterale Ernährung sind spezielle Proteasen erforderlich. Die große Vielfalt des Hydrolysegeschehens bei der Proteinspaltung und -resynthese (Plasteinreaktion) sowie das Problem der Verhinderung der Bitterstoffbildung setzt das Vorhandensein einer Enzympalette voraus, deren Anwendung einzeln oder im Gemisch den jeweils erwünschten Umsatz gewährleistet. Auch mit dem Ziel einer sinnvollen Verwertung von proteinhaltigen Ab- und Nebenprodukten der Industrie ist man an der Entwicklung geeigneter Proteasen interessiert.

Im medizinisch-therapeutischen Bereich eröffnen sich durch Einsatz bestimmter Proteasen weitere Möglichkeiten. Bekannt ist ihre Verwendung als entzündungshemmende Agentien bei Infektionen, Verletzungen, Ödemen, Verbrennungen und anderen traumatischen oder pathogenen Einwirkungen. Weitere medizinisch interessante Enzyme mit verschiedenen Indikationsbereichen sind Lysozym, Hyaluronidase, L-Asparaginase, Uratoxydase, Elastase, Collagenase u. a. m. Zum erfolgreichen Einsatz derartiger Präparate sind im allgemeinen aufwendige Reinigungsoperationen erforderlich, da der Erfolg der Therapie oft durch die antigene Wirkung von körperfremden Proteinen begrenzt ist. Teilweise dürfte dieses Problem über die Mikroeinkapselung oder aber über das Anlegen eines extracorporalen Nebenschlusses für das Enzym lösbar sein.

Seit langem ist man bemüht, Aromaverluste, wie sie durch industrielle Ernteverfahren oder im Verlaufe moderner bzw. rationalisierter lebensmitteltechnologischer Prozesse auftreten können, durch nachträgliche Rearomatisierung auszugleichen. Oder aber es sollen zeitaufwendige aromagebende Reifungs- und Veredelungsvorgänge bei der Herstellung bestimmter bzw. simulierter Lebensmittel durch Zusatz von Aromakonzentraten umgangen, ergänzt oder verkürzt werden. Der Einsatz von Aromakompositionen aus biologischen Systemen dürfte hierbei vielfach der Verwendung von synthetisch erzeugten Aromen überlegen sein. Hierfür kommen einmal Mikroorganismen in Frage. Von großem Interesse erscheint in diesem Zusammenhang eine Mitteilung japanischer Autoren, wonach bestimmte Candida-Hefen der Art *Oospora suaveolens* bei geeigneter Kultivierung in der Lage sind, Fruchtaromen zu produzieren [4]. Die Autoren glauben, daß sich das von ihnen entwickelte Verfahrensprinzip in naher Zukunft großtechnisch nutzen läßt. Des weiteren dürften prinzipiell auch pflanzliche Zell- und Gewebekulturen zur Aromaproduktion einsetzbar sein, sofern bestimmte, heute noch offene Probleme abgeklärt sind (Steigerung der Wachstumsgeschwindigkeit, Verhinderung der Entdifferenzierung, Intensivierung und Steuerung der Sekundärstoffbildung, Entwicklung billiger Nährböden u. a. m.).

Der Trend der Forschung und Entwicklung auf dem Enzymgebiet wird in den nächsten 20 bis 30 Jahren in nicht unerheblichem Maße auch von Enzymen der 3. Generation bestimmt sein, d. h. von immobilisierten Enzymen, die Oxidations- und Reduktionsvorgänge katalysieren, mit deren Hilfe Mehrschritt-Reaktionen möglich werden bzw. durch deren geeignete Kombination auf Reaktoren ganze Stoffwechselketten ablaufen. Für eine große Anzahl dieser Applikationsmöglichkeiten werden verstärkt intrazelluläre sowie Coenzym-bedürftige Enzyme und — damit im Zusammenhang stehend — Regenerationssysteme für Coenzyme benötigt. Auch hier dürften vorrangig Mikroorganismen als Enzymlieferanten in Frage kommen.

Aufgaben der Mikrobiologie

Aus der o. a. Anforderungspalette hinsichtlich der Bereitstellung von geeigneten Enzympräparaten erwachsen der allgemeinen und technischen Mikrobiologie zahlreiche Aufgaben. Dies betrifft einmal die Pflege bereits praktizierter Verfahren insbesondere zur Gewinnung von Enzymen der 1. Generation. Hierbei steht nicht nur die Leistungssteigerung der eingesetzten Enzymbildner und die Optimierung der Verfahren zum Ziel (Verbesserung der Ökonomie bei der Enzymgewinnung), sondern es sind vielfach auch die Eigenschaften der herzustellenden Präparate zu verändern bzw. zu korrigieren. Um zwei Beispiele zu nennen: Das PG/PE-Verhältnis pektinolytischer Enzympräparate ist von ausschlaggebender Bedeutung für die vorzusehenden Applikationsbereiche. Durch Verschiebung der Einzelaktivitäten in einem Enzympräparat kann sich das Applikationsfeld erheblich verändern bzw. seine Eignung für einen bestimmten Anwendungszweck wird verbessert oder verschlechtert. Im Falle der Produktion von Glucoamylase z. B. aus *A. niger* wird zumeist auch Transglucosidase in das Kulturmedium ausgeschieden. Das letztgenannte Enzym ist jedoch bei der Applikation (Traubenzuckerproduktion aus Stärke) unerwünscht, da seine Anwesenheit zu Ausbeuteverlusten führt.

Die Forderung auf Verringerung der Herstellungskosten sowie ggf. auf Veränderung des Enzymspektrums bereits bekannter Enzympräparate, d. h. auf quantitative sowie qualitative Verbesserung von Präparaten, läßt zahlreiche Maßnahmen in Form einer „Verfahrenspflege" erforderlich werden. Die systematische Auslese geeigneter Wildstämme und ihre phänotypische Optimierung hat bisher noch immer gute Ergebnisse gezeigt (Tab. 5). In diesem Zusammenhang wird oft die Frage erörtert, ob die phänotypische oder aber die genotypische Bearbeitung am Anfang einer Verfahrensoptimierung stehen soll. Prinzipiell ist beides möglich, und im konkreten Einzelfall ist über die Rangfolge zu entscheiden. Zumeist dürften beide Methoden komplex zum Einsatz gelangen. Erhebliche Fortschritte werden in Zukunft auch von der mathematischen Beschreibung von Fermentationsprozessen, ihrer Optimierung auf der Basis eines Modells sowie perspektivisch ihrer Steuerung erwartet. Voraussetzung hierfür, insbesondere auch im Hinblick auf eine computergekoppelte Fermentation, sind eine umfassende analytische (möglichst automatische) Kapazität sowie das Vorhandensein einer leistungsfähigen Meß-, Steuerungs- und Regelungstechnik am Fermentor. Es ist darauf hinzuwirken, daß auch der Produktionstank mit dieser Technik ausgerüstet ist, um die im Labor- und kleintechnischen Maßstab ermittelten Parameter großtechnisch realisieren zu können. Ist dies nicht möglich, muß versucht werden, durch entsprechendes „Scale down" die Optimierung im kleintechnischen Maßstab den Bedingungen im Produktionstank anzupassen. Die Praxis lehrt, daß eine solche Rückkopplung vielfach über Erfolg oder Mißerfolg bei der Überführung eines Verfahrens in die Produktion entscheidet.

Von Interesse ist die Frage nach der Einführung kontinuierlicher Prozesse für die Enzymproduktion. Die kontinuierliche Fermentation dürfte zweifellos eine wertvolle Methode für Untersuchungen zur Regulation, zur Wachstums- und Enzymbildungs-

Tabelle 5

Maßnahmen zur Leistungssteigerung der Enzymbildner, zur Verfahrensoptimierung sowie zur Beeinflussung der Eigenschaften des Enzymspektrums durch phänotypische Optimierung

- Suche nach Wildstämmen mit
  - erhöhter Leistung
  - verbessertem Enzymspektrum der Präparate
- Selektion von Isolaten von Enzymproduzenten mit
  - erhöhter Leistung
  - verbessertem Enzymspektrum der Präparate
- Stammhaltung und Konservierung
- Suche nach billigen Rohstoffen
- Entwicklung von Laborverfahren
  - Variation der Nährmedienzusammensetzung
  - Variation der Betriebsbedingungen
- Leistungssteigerung durch Beeinflussung regulatorischer Prozesse
  - Verhinderung der katabolischen Repression
  - Induktion
  - Derepression
- Übertragung von Laborverfahren in die kleintechnische und technische Dimension sowie Optimierung der Fermentationsverfahren
  - empirische Ermittlung geeigneter Propagationsverfahren
  - Verbesserung der Fermentationstechnik bzw. der Fermentorentwicklung und -gestaltung
  - gezielte Beeinflussung der Fermentationsprozesse unter Zuhilfenahme eines Modells
    - Prozeßerfassung und -beschreibung
    - Prozeßkontrolle
    - Prozeßoptimierung
    - Prozeßsteuerung

kinetik sowie zur Modellierung darstellen. Jedoch hat sie sich für die Enzymgewinnung im großtechnischen Maßstab bisher noch nicht durchsetzen können.

Durch eine Reihe von Verfahren kann auf die Regulation bei der Enzymbiosynthese Einfluß genommen werden [2]. Solche Methoden schließen ein die Limitierung der Konzentration von Corepressoren, die Blockierung der Endproduktanreicherung durch Zugabe von speziellen Stoffwechselinhibitoren, die Zugabe langsam verwertbarer Derivate des Endproduktes oder aber den Einsatz auxotropher Mutanten, bei denen die zu substituierende Verbindung nur beschränkt zum Medium zugegeben wird. Bei katabolischer Repression wird die reprimierende C-Quelle durch eine andere Verbindung ersetzt oder aber unter Heranziehung der „feeding-Technik" unterhalb des für die Repression erforderlichen Schwellenwertes gehalten. In zahlreichen Fällen fungiert das Substrat als Induktor für das Enzym, jedoch können auch nicht metabolisierbare Substratanaloge als Induktoren herangezogen werden.

Sicher kann der jetzige Stand dieser Entwicklung noch nicht befriedigen, da vielfach die Komplexität des biochemischen Geschehens zu wenig bekannt ist und die Empirie oft im Vordergrund steht. Zweifellos wäre bei besserer Kenntnis des katabolischen und anabolischen Stoffwechsels der Enzymproduzenten eine erhebliche Leistungssteigerung durch gezielte Einflußnahme in den Stoffwechsel möglich.

Tabelle 6

Maßnahmen zur Leistungssteigerung der Enzymbildner sowie zur Beeinflussung der Eigenschaften des Enzymspektrums durch Veränderung der genetischen Substanz

- **Einsatz von Mutagenen**
  - **chemische Mutagene**
  - **physikalische Mutagene**
- **Auslösung parasexueller Prozesse (Beeinflussung der genetischen Substanz durch Rekombination genetischen Materials)**
  - **Transformation**
  - **Transduktion**
  - **Konjugation**
- **Genaddition**
  - **Einsatz transduzierender Phagen**
  - **Episomentransfer**
- **Protoplastenfusion**

Was die Beeinflussung der genetischen Substanz anbelangt (Tab. 6), so werden in der Praxis noch immer vorrangig chemische und physikalische Mutagene eingesetzt mit dem Ziel, leistungsgesteigerte Mutanten zu gewinnen und diese mittels geeigneter Techniken zu selektionieren. Diese Methode hat jedoch weitgehend empirischen Charakter. In den letzten Jahren versucht man zunehmend, das genetische Material auch gezielt zu verändern. Dies betrifft einmal seine Rekombination durch parasexuelle Prozesse. Hinsichtlich der Enzymbildner werden in der Literatur hierzu erste positive Ergebnisse mitgeteilt. Eine Methode, die sich in Zukunft möglicherweise als vorteilhaft erweisen dürfte, ist die Genaddition. Gewisse Mutanten verdanken ihre hohe Biosyntheseleistung bei der Enzymproduktion dem Vorhandensein mehrerer Kopien des für die Enzymbildung verantwortlichen Strukturgens. Es wird daher angestrebt, eine multiple Anzahl solcher Gene im Genom zu bewerkstelligen („Genaddition"). Der Genübertrag läßt sich durch Einsatz transduzierender Phagen oder durch Episomentransfer herbeiführen. Im ersten Falle wird der in den Wirt eingebaute Phage und das ihm anhaftende Chromosomenstück einschließlich des Strukturgens durch UV-Behandlung zur Replikation induziert und damit gleichzeitig der Bestand des erwünschten Strukturgens vervielfacht. Das Enzym wird in diesem Moment in größerer Menge produziert. Beim Episomentransfer handelt es sich um den Übertrag von Strukturgenen durch extrachromosomale Segmente, die sich in der Empfängerzelle als autonome Einheiten replizieren oder aber in das Empfängerchromosom integriert werden können. Die Information wird an die Tochterzelle weitergegeben. Die Enzymproduktion durch eine auf diese Weise für ein bestimmtes Gen diploid oder polyploid gewordene Zelle ist erhöht. Es bleibt abzuwarten, ob und inwieweit die letztgenannten Techniken für die Leistungssteigerung von Produktionsstämmen in Zukunft für die Praxis nutzbar gemacht werden können. Des weiteren sei auf die Protoplastenfusion hingewiesen, die in Zukunft zur Erzeugung leistungsgesteigerter Produktionsstämme zunehmend an Bedeutung gewinnen dürfte.

Bei der Suche nach neuen Enzymen wird an und für sich nach dem gleichen Prinzip verfahren, wie es vorangehend skizziert wurde. Der Akzent dürfte sich in den Anfangsphasen der Forschung jedoch verstärkt auf die Selektion geeigneter Wildstämme bzw. auf die Durchmusterung von Stammsammlungen verlagern.

Solange es sich um einen Enzymbildner mit einer definierten Aktivität bzw. mit einer bestimmten Gruppe von Aktivitäten handelt (z. B. β-Amylase, Cellulase bzw. C_1-, C_x-Cellulasen, Cellobiase), ist die Anwendung bestimmter Auswahlkriterien verhältnismäßig einfach. Schwieriger gestaltet sich der Selektionsprozeß, wenn ein Enzymsystem vorliegt, dessen einzelne Komponenten in unterschiedlicher Relation vom Enzymbildner produziert und ausgeschüttet werden sollen, wenn man z. B. auf hohe Glucoamylase-, zugleich aber niedrige Transglucosidaseaktivität selektionieren muß. Noch komplizierter ist die Situation z. B. bei der Suche nach aromabildenden Enzymsystemen, bei denen vielfach die Problematik der sensorischen Prüfung — zumindest zu Beginn des Screenings — hinzukommt. Intrumental-analytische Methoden der Bewertung lassen sich zumeist erst nach erfolgter Vorselektionierung einsetzen.

Bei intrazellulären Enzymen — wie sie in Zukunft insbesondere auch für Enzyme der 3. Generation benötigt werden — spielen ein schonender Zellaufschluß sowie die sorgfältige Abtrennung und verlustarme Reinigung eine besondere Rolle. Diese Enzyme sind zumeist auf das spezifische Milieu in der Zelle eingestellt, und ihre Freisetzung macht vielfach die zusätzliche Anwendung geeigneter Stabilisatoren erforderlich. Diesen Problemen ist bei der großtechnischen Produktion besondere Beachtung zu schenken.

Für zukünftige Entwicklungen von Bedeutung dürften thermostabile Enzyme sein, die vorrangig von thermophilen Mikroorganismen produziert werden [7]. Sie sind gegenüber denaturierenden Agenzien zumeist weniger empfindlich, man erhält bessere Ausbeuten und höhere Lagerstabilitäten. Auch aus verfahrenstechnischer Sicht ist der Einsatz thermophiler Mikroorganismen von Vorteil, da eine Kontamination durch mesophile oder psychrophile Keime vermindert wird. Die Erfahrung lehrt allerdings, daß sich bei Vorgaben erhöhter Kultivationstemperaturen im Fermentor alsbald auch thermophile Fremdkeime ansiedeln bzw. daß mesophile Kontaminenten unerwartet rasch an höhere Temperaturen adaptieren können.

Die großtechnische Praxis sieht sich durch zeitweilig auftretende Phageninfektionen vielfach vor schwierige Situationen gestellt. Wenngleich es zumeist sehr rasch gelingt, durch Mutantenauslese phagenresistente Stämme zu selektionieren, so ist im allgemeinen ihre Biosyntheseleistung vermindert, oder aber die Mutanten revertieren nach einigen Passagen wieder in die phagensensible Form. Die Forschung ist angesprochen, hierzu ökonomisch tragbare Lösungsvarianten anzubieten, ob sie nun physikalischer, biochemischer bzw. genetischer Art sind.

Ich habe versucht, Ihnen einen Überblick zu Stand und Entwicklung der mikrobiellen Enzymproduktion — und zwar bewußt unter besonderer Berücksichtigung der von der Applikationsseite her gestellten Forderungen — zu geben. Des weiteren wurden einige ausgewählte Probleme angesprochen, die z. Z. bearbeitet werden oder aber ihrer Lösung harren. Wir haben uns bemüht, das Programm unseres Symposiums so zu gestalten, daß von kompetenten Fachkollegen auf diese oder andere Fragen eine Antwort gegeben werden kann. Wir würden uns freuen, wenn die Ausführungen der Referenten und der Diskussionsredner dazu beitragen, den Erkenntnisprozeß auf diesem volkswirtschaftlich wie volksgesundheitlich gleichermaßen relevanten Gebiet voranzubringen. Zweifellos wird auch der persönliche Kontakt zwischen den einzelnen Wissenschaftlern manches noch offene Problem ansprechen oder gar klären und auf diese Weise ebenfalls zum Gelingen unseres Symposiums beitragen.

Literatur

[1] Bock, W., G. Dongowski, H. Göbel und M. Krause: Nachweis der Hemmung mikrobieller Pektin- und Pektatlyase durch pflanzeneigene Inhibitoren. Nahrung **19** (1975), 411–416

[2] Demain, L.: Increasing Enzyme Production by Genetic and Environmental Manipulations. Methods Enzymol. **22** (1971), 86–95

[3] Hartmeier, W.: Immobilisierte Enzyme für die Lebensmitteltechnologie. Gordian 77 (1977), 202–210, 232–236

[4] Hattori, S. Y., Y. Yamaguchi and T. Kanisawa: Preliminary Study on the Microbial Formation of Fruit Flavors. Internat. Congress of Food Science and Technology, Madrid 1974

[5] Ruttloff, H.: Entwicklungstrends der Anwendung von Enzymen bei der Lebensmittelproduktion. Nahrung **22** (1978), 883–906

[6] Ruttloff, H., J. Huber, F. Zickler und K. H. Mangold: Industrielle Enzyme — industrielle Herstellung und Verwendung von Enzympräparaten. VEB Fachbuchverlag, Leipzig 1978, 1. Aufl.

[7] Ruttloff, H., P. Klingenberg, U. Behnke, A. Leuchtenberger und A. Täufel: Gewinnung und Charakteristik von Proteasen aus Thermoactinomyces vulgaris. I. Proteasen aus thermophilen Mikroorganismen (Literaturüberblick). Z. allg. Mikrobiol. **18** (1978), 437–445

[8] Suzuki, S.: Recent Advances of Starch Science and Starch Technology in Japan. Stärke **30** (1978), 217–223

[9] Yamada, K.: Bioengineering Report. Recent Advances in Industrial Fermentation in Japan. Biotechnol. Bioengin. **19** (1977), 1563–1621

Institut für Enzymologie und Technische Mikrobiologie, Berlin

Die Entwicklung der Biotechnologie zum eigenständigen Wissenschaftsgebiet in der DDR

D. MEYER

1. Herausbildung der Biotechnologie

Die Revolution in der Physik des 20. Jahrhunderts hat den Grundstein für eine Vielzahl von Entdeckungen gelegt, die nach und nach wesentliche Sphären der Erkenntnis erfaßte. Sie wurde in den letzten 2 bis 3 Jahrzehnten durch eine analoge Entwicklung in der Biologie ergänzt, deren Erkenntnisfortschritt — erarbeitet u. a. von so jungen Disziplinen wie Molekularbiologie und Genetik — uns zu neuen Wirkprinzipien und darauf aufbauend zu neuen Technologien führt.

Soziale, ökonomische und politische Veränderungen in unserem Lande haben günstige Bedingungen für die Entwicklung des wissenschaftlich-technischen Fortschritts geschaffen. Dieser Fortschritt wird von dem ständig zunehmenden unmittelbaren Einfluß der Wissenschaft auf die Produktion charakterisiert, was zu einer schnellen Ablösung existierender Produktionsmethoden und Ausrüstungen durch hochproduktive Systeme bzw. solche mit neuen Wirkprinzipien führt.

Eine zentrale Rolle in diesem Prozeß nimmt die Technologie ein. Sie sei definiert als die Lehre von der Erarbeitung und Untersuchung der Gesamtheit der physikalischen, chemischen und biologischen Prozesse und der optimalen Wege ihrer Realisierung und Steuerung unter konkreten technisch/ökonomischen Bedingungen. Der Fortschritt vollzieht sich dabei im dialektischen Wechselspiel zwischen problemorientierter und methodischer Forschung und damit in der weiteren Differenzierung der methodischen Disziplinen auf der einen und der Entstehung integrativer Komplexe auf der anderen Seite.

So werden auch in der Biotechnologie die naturwissenschaftlichen Kenntnisse über die in der Zelle bzw. in der Population oder im immobilisierten System ablaufenden Vorgänge erarbeitet und in technische Systeme und damit in gesellschaftliche Relevanz umgesetzt. Abb. 1 (2) verdeutlicht diese Zusammenhänge.

Wir untergliedern sie in die mikrobiologische und biochemische Technologie und die molekulare Bionik, die sich durch die Art der Stoffwandlungsschritte voneinander unterscheiden, wie es Abb. 2 (2) zeigt.

Der weitaus größte Teil biotechnologisch erzeugter Produkte wird mikrobiologisch gewonnen (Einzellerprotein, Antibiotika, Enzyme, organische Säuren u. a.). In zunehmendem Maße nehmen aber biochemische Technologien Einfluß auf die Gestaltung zukünftiger Produktionsverfahren. Der Beweis für diese Feststellung sei mit unlängst eingeführten Produktionsverfahren, wie z. B. der Nutzung von immobilisierter Penicillinacylase oder Glucoseisomerase, geführt. Weitere Entwicklungen sind zu erwarten. Dagegen befindet sich die molekulare Bionik vollständig am Anfang ihrer Entwicklung und besitzt noch vorwiegend Modellcharakter, wie sie sich z. B. bei der Nutzung spe-

Gesellschaftliche Motivation		
Naturwissenschaftlicher Befund	Technische Maßnahme	Ökonomisches Ergebnis
Mikrobiologie	Operationen der chemischen Technologie	
Biochemie		
Chemie	Regelungs- u. Meßtechnik	
Physik		
Genetik	Rechentechnik	
Molekularbiologie	Apparatebau	
Mathematik	Anlagengestaltung	
	Umweltschutz	

Abb. 1. Grundelemente der Biotechnologie

Biotechnologie	Mikrobiologische Technologie	Biochemische Technologie	Molekulare Bionik
Katalysator	lebende Mikroorganismen	nichtlebende biologische Strukturen	synthetische bioanaloge Strukturen
Reaktion	vielstufig	ein- bis mehrstufig	einstufig
System	heterogen	quasihomogen (oder heterogen)	homogen (oder heterogen)

Abb. 2. Teilgebiete der Biotechnologie

zieller Metall-Porphyrinkomplexe zur Oxidation von C—C-Doppelbindungen zeigt. Da dieses Gebiet wissenschaftsstrategisch von erheblicher Bedeutung werden wird — Einsatz bioanaloger synthetischer Strukturen unter physiologischen und damit ökonomisch effektiven Bedingungen in technischen Systemen — wird es immer stärker seitens der Grundlagenforschung in aller Welt bearbeitet.

Bedingt durch den raschen Fortschritt auf allen essentiellen Gebieten der Naturwissenschaften konnte sich die Biotechnologie in den letzten 3 Jahrzehnten stürmisch entwickeln. Sie löste die gewerblichen Techniken — seit Jahrhunderten in Form der Bierbrauerei, Weinherstellung, Konservierung und Reifung von Lebensmitteln ausgeübt — aus ihrer traditionellen Isolierung und übernahm gleichzeitig die Kommunikation zwischen diesen Gewerben.

Die eigentliche technologische und damit industrielle Entwicklung begann in der 1. Hälfte unseres Jahrhunderts mit der Entwicklung von Gärungsprozessen, für die Produktion von Grundchemikalien wie Äthanol, Butanol, Aceton, Milchsäure und von aeroben Wachstumsprozessen zur Erzeugung von Einzellerprotein aus Melasse und Sulfitablauge. In den vierziger und fünfziger Jahren lagen dann die ersten Verfahren zur Gewinnung von Antibiotika, Vitaminen und Enzymen vor. Der Durchbruch zur Massenproduktion erfolgte dann, fußend auf den Arbeiten von CHAMPAGNAT, mit der Entwicklung der Verfahren zur Proteinsynthese aus Kohlenwasserstoffen des Erdöls, der in der UdSSR mit Produktionen in der Größenordnung von 10^5 t/a seine konsequenteste Entwicklung nahm.

In der DDR wurde, ausgehend von gesellschaftlichen und polit-ökonomischen Erfordernissen, diese Tendenz frühzeitig erkannt und naturwissenschaftliches und technisches Forschungspotential einschließlich der Konstruktion und Entwicklung von Apparaten und Geräten auf die Schwerpunkte biotechnologischer Produktionslinien von

- Einzellerprotein
- Antibiotika
- Enzymen
- Aminosäuren

konzentriert. Im Ergebnis dieser Arbeiten resultierten in den letzten Jahren u. a. eine Erweiterung und Neuaufnahme der Produktion von Futtereiweiß, Antibiotika, Enzymen und ausgewählten Wirkstoffen sowie der Beginn des Neubaus eines großen Fermentationsbetriebes für die Gewinnung von Sekundärmetaboliten in Neubrandenburg.

Biotechnologische Forschung schlägt sich also in unserem Lande in konkrete Produktionen um und leistet gleichzeitig einen Beitrag zur internationalen Entwicklung des Wissensgebietes. Die traditionellen Einzugsbereiche Landwirtschaft, Nahrungsgüterwirtschaft und Gesundheitswesen sind bekannt. Aber neue Probleme, die die Biotechnologie in die Rolle einer allumfassenden volkswirtschaftlichen Relevanz bringen, sind bereits deutlich sichtbar und harren ihrer Lösung. Solche sind:

- Erschließung bisher nicht oder nur unvollkommen genutzter Rohstoffe für die biologische Stoffwandlung zu Einzellerprotein und Produkten
- Beschleunigung von natürlichen Elementkreisläufen durch ihre Öffnung für industrielle Produktionen
- Stabilisierung ökologisch gestörter Kreisläufe
- Nutzung neuer Applikationsformen von Organismen bzw. ihren Subsystemen in Form von permeabilisierten Zellen bzw. immobilisierten Enzymen für Prozesse der heterogenen Katalyse.

2. Mikrobiologische Technologien

2.1. Aerobe Synthese von Einzellerprotein und Primärmetaboliten durch intensive Prozesse

Die Synthese von Einzellerprotein aus unkonventionellen Rohstoffen (flüssige n-Paraffine; DK; Methanol; Methan) verlief in den letzten Jahren mit dem Schwerpunkt der Entwicklung intensiver Verfahren. Solche mit den fortgeschrittensten chemischen Produktionen vergleichbaren seien durch folgende Kriterien charakterisiert:

- langzeitige kontinuierliche Kultivierung bei möglichst unsteriler Fermentation und Stabilität von Wachstum und Zellzusammensetzung
- Erreichung von Biomassekonzentrationen $\gtrless$ 100 kg/m^3
- Erreichung von Gaseintragsleistungen $\sim$ 50 kg/m^3 h
- Erreichung von Produktivitäten $\gtrless$ 20 kg/m^3 h
- Erreichung minimierter Verbrauchskoeffizienten.

Eine sterile Fahrweise, wie sie bei diskontinuierlicher Kultivierung üblich ist, ist bei den genannten Prozessen nicht erforderlich, wenn durch geeignete Wahl der Milieubedingungen (pH, T, anorganische Salze) die Dominierung der Produktionskultur im Chemostaten gewahrt bleibt. Langjährige Erfahrungen in Produktions- und Pilotanlagen bei der n-Paraffinverhefung bestätigen die Richtigkeit dieser Aussage.

Die Erreichung der genannten Kennziffern zur Biomassekonzentration, Gaseintragsleistung und Produktivität ist naturwissenschaftlich gesichert, aber auf Grund der teilweise noch existierenden Leistungsgrenzen der vorhandenen Reaktoren noch nicht technisch realisiert.

Für industrielle Antibiotika- und Enzymsynthesen war der klassische begaste Rührkessel ausreichend. Trotz seiner relativ hohen Energieeintrags- und geringen Stoffübertragungsleistungen bildete er für die genannten Prozesse ein stabiles und multivalent nutzbares Fermentationssystem, das auch ökonomischen Anforderungen genügte. Die Massenzüchtung von Einzellerprotein verlangte aber eine völlig neue Generation von Apparaten, die eine Anpassung des Reaktors an eine autokatalytische Reaktion der Zellvermehrung im Stundenbereich und eine Reaktion 1. Ordnung der Luftblasenauszehrung im Sekundenbereich und damit hohe O_2-Eintragsleistungen bei optimaler Nutzung des Gases über alle Zonen des Reaktors ermöglichte. Das führte international zur Entwicklung unterschiedlichster Umlaufreaktoren.

Das in der DDR entwickelte IZ-Tauchstrahlbegasungssystem — eine Lizenz wurde an die Firma Vogelbusch vergeben — stellt ein ausgezeichnetes Beispiel einer solchen neuen Reaktorgeneration dar. Bei der Äthanolfermentation sind damit Werte für die Produktivität bis 15 kg/m^3 h, für die Biomassekonzentration bis zu 115 kg/m^3 und für den Sauerstoffeintrag bis zu 24 kg/m^3 h erreicht worden.

Die Erreichung minimierter Substratverbrauchswerte provoziert die Frage nach dem energetischen Optimum einer biologischen Stoffwandlung von C-Substrat zu Zellsubstanz. Eine der Voraussetzungen für die Erreichung eines solchen Optimums bildet gemäß den Gesetzen der irreversiblen Thermodynamik die Einhaltung eines stationären Nichtgleichgewichtsstandes in einem im thermodynamischen Sinne offenen System. Im Chemostaten ist darum die Limitation des Wachstums durch die Energiequelle unter Einhaltung der genannten Stationaritätsbedingung bei Vermeidung jeglicher Störungen notwendige Bedingung für minimale Substratverbrauchswerte. Die Aufwendungen für die Realisierung solcher Bedingungen in technischen Systemen sind nicht gering. Aber das erreichbare Ziel: Minimierung des Rohstoffverbrauchs bei gleichzeitiger Reduzierung der Wärmebildung lohnt die Mühe.

Eine wissenschaftlich und ökonomisch interessante Entwicklung zeichnet sich in der Kombination von aeroben Wachstumsprozessen mit Produktbildungsprozessen speziell von Primärmetaboliten ab. Zellen speichern unter bestimmten Milieubedingungen — d. h. unter Abweichung von den skizzierten Wachstumsoptima z. B. durch O_2-Limitation — Produkte wie Fette, Oxycarbonsäuren u. a. bis zu 50% ihrer Zellmasse, die nach Zellaufschluß isoliert werden können. Weiterhin können bei geeigneter Prozeßführung und Nährsubstratzusammensetzung ein erhebliches Maß an Metaboliten, wie z. B. organische Säuren, ausgeschüttet werden. Im letzteren Falle besteht das Problem in der Einhaltung einer absolut sterilen Fermentation, um Fremdorganismen, die die gebildeten Metaboliten utilisieren, fernhalten zu können. Die Schwierigkeit der Lösung dieser Fragestellung sowohl aus biologischer als auch aus technischer Sicht ist offenkundig. Ihre Realisierung im Rahmen einer Chemo- oder Turbidostaten betriebenen gekoppelten Biomasse- und Produktsynthese setzt mindestens eine

– ausreichende Stabilität des Produktionsorganismus bei der kontinuierlichen Kultivierung
– Verschiebung des Gleichgewichts zugunsten der Metabolitbildung durch kontinuierliche Abtrennung der gebildeten Produkte aus der Kulturlösung z. B. mit Hilfe von Membranprozessen

voraus.

2.2. Aerobe Synthese von Einzellerprotein aus recenten Kohlenstoffquellen durch extensive Prozesse

Durch die weltweite Verknappung an fossilen Rohstoffen entsteht in zunehmendem Maße die Notwendigkeit der Nutzung von recenten Kohlenstoffquellen und Abprodukten und damit zumindest bei Abprodukten von Systemen mit höherem Verdünnungsgrad in bezug auf Rohstoffe und Endprodukte sowie mit geringen Umsetzungsgeschwindigkeiten. Diese Entwicklung ist für die DDR von erheblicher Bedeutung, da wir in zunehmendem Maße die Landwirtschaft, speziell die Tierzucht, industriell entwickeln. Dadurch entsteht örtlich ein verstärkter Anfall von Abprodukten, die im Sinne industriemäßiger Produktionen über „recycling"-Prozesse beseitigt und verwertet werden können.

Die o. g. chemieanalogen Produktionen werden für solche biotechnologischen Prozesse nicht voll anwendbar sein, so daß

– mehrstufige Fermentationen mit in der Regel verschiedenen Organismen in flüssiger Phase (in Abwandlung des bekannten „Symba"-Verfahrensprinzips)
– die Fermentation in fester Phase

zunehmend auch für die hochindustrialisierten Länder an Bedeutung gewinnen.

Im ersteren Falle handelt es sich im wesentlichen um die Konvertierung landwirtschaftlicher Rohstoffe zu Protein, wobei Varianten folgender Art realisierbar sind:

– Kombination bestehender Verfahren zum enzymatischen Stärkeaufschluß mit der Futterhefeproduktion in Richtung technologisch verfahrenstechnisch vereinfachter Lösungswege
– direkte Konvertierung von Stärke in Einzellerprotein in Einschrittverfahren mittels definierter Mischpopulationen bzw. durch Zusatz von Enzympräparaten.

Die auf der traditionellen asiatischen Fermentationstechnologie fußende Fermentation in fester Phase ist in der Lage, Rohstoffe mit keinem oder nur geringem Ernährungswert für Monogastriden in Futter- und Nahrungsstoffe umzuwandeln.

Die einfachste Lösungsvariante besteht in einer gezielten Nutzung des biologischen Wirkprinzips in natürlicher Umgebung; d. h. in nicht an Reaktorgrenzen gebundenen Prozeßverläufen. Die dazu erforderliche Eigenstabilität wird am besten und am einfachsten durch den Vorgang der Vermehrung, also durch Biomassebildung, erreicht. Ebenfalls intensiv wird an einer Variante zur technischen Umsetzung dieses Prinzips in belüfteten Reaktoren bei Verwendung von vorzugsweise Aspergillen und Rhizopus als Mikroorganismen gearbeitet. Auf Grund der technologisch einfachen und ökonomisch günstigen Lösungsmöglichkeiten — wenige Prozeßstufen bei minimiertem Energieverbrauch — wird diese Entwicklung stark vorangetrieben.

Enzymsynthese und ggf. -gewinnung auf der einen und Zellsubstanzsynthese auf der anderen Seite werden in zunehmendem Maße sich ergänzen. Je besser die Kombination beherrscht wird, um so effektiver gestaltet sich die Ökonomie zukünftiger Verfahren. Die technische Realisierung verlangt aber auf Grund der örtlichen Gebundenheit der Rohstoffbereitstellung die Organisierung einer Kleinproduktion in bestehenden oder sich entwickelnden Agrar-Industriekomplexen, wie sie z. B. für die mikrobiologische Verwertung von Gülleinhaltsstoffen weltweit im Gespräch ist. Daraus resultiert dann die Forderung nach einer einfachen mit einem hohen Automatisierungsgrad ausgestatteten und minimal menschliche Arbeitskraft bindenden Technologie.

2.3. Intensivierung der aeroben Synthese von Sekundärmetaboliten

Die Bildung von Enzymen, Hormonen, Antibiotika und Wirkstoffen durch Mikroorganismen sowie pflanzliche und tierische Zellkulturen hat zu einer sich ständig erweiternden Palette von Produkten geführt, die ihren Einsatz als Pharmaka, als Zuschlagstoffe in der Lebensmittelindustrie, als Biochemikalien u. a. finden.

Diese Entwicklung ist aber keineswegs abgeschlossen. Bei einigen Produktklassen wie Antibiotika, Enzymen, Steroiden, die bereits seit Jahren produziert werden, vollzieht sich analog der Entwicklung von Technologien der chemischen Stoffwandlung ein Trend zu intensiven Prozessen, andere wie z. B. die Bildung ausgewählter hoch- und niedermolekularer Naturstoffe befinden sich noch im Stadium der Grundlagenforschung in den Laboratorien. Eine Intensivierung der Prozesse ist gebunden an

— die Bereitstellung stabilen und hochleistungsfähigen Stammaterials und an eine möglichst quantitative Abforderung des biologischen Leistungsvermögens der Population durch entsprechende Prozeßführung
— weitestgehende Isolierung des gebildeten Rohenzyms aus der Kulturlösung durch geeignete Grundoperationen des Trennens und Reinigens (Ausbeute 75%).

Die technische Umsetzung der insbesondere erstgenannten Forderung ist aber unter anderem an eine exakte Steuerung und Regelung der Syntheseprozesse geknüpft. Gemessen werden im allgemeinen Parameter des physiologisch biologischen Milieus (C- und N-Quellen; μ; Generationszeit; Ionenkonzentration u. a.) und der Prozeßführung (pH; T; CO_2 u. a.) einschließlich Bilanzen. Allen gemeinsam ist, daß Umweltfaktoren gemessen werden, die komplexe Wirkungen anzeigen. Zwischen den eigentlichen Ursachen der Biosynthese und den Veränderungen in der Zellpopulation liegen nicht nur zeitliche Verzögerungen, sondern auch unbekannte Zwischenschritte. Eine zukünftige Computerisierung der genannten Prozesse setzt die Aufklärung essentieller Ursache/Wirkungsbeziehungen voraus.

Die Produktion und Anwendung von Exohydrolasen des Typs der Amylasen, Proteasen und Pektinasen ist heute in vielen Ländern bereits Stand der Technik. Die Effektivitätssteigerung bei diesen Produktbildungsprozessen ist darum zum Schwerpunkt von F/E an diesen Enzymen geworden. Die Feststellung schließt die Intensivierung von Trennungs- und Reinigungsmethoden auf der Grundlage gesicherter kolloidchemischer Erkenntnisse ein.

Die erste Voraussetzung für solche Prozesse ist die spezifische genetische Konstitution des Produktbildners, um Enzyme mit definierten physikochemischen Eigenschaften und erforderlichen Applikationsmöglichkeiten in ökonomisch interessanten Konzentrationen herstellen zu können. Genotypische Optimierungen verfolgen darum das Ziel, die Enzymkonzentration pro Zelle und Zeiteinheit zu erhöhen und darüber hinaus das Enzymspektrum in Richtung der Erweiterung der Applikationsmöglichkeiten zu verändern (qualitative Faktoren). Die ökonomische Konsequenz ist, daß bei Verwendung von Stämmen mit entsprechend verbesserten Eigenschaften bei gleichen Kosten ein Mehrfaches an Enzymen produziert werden kann. Die Nutzung solcher Hochleistungsstämme für industrielle Produktbildungsprozesse verlangt die quantitative Abforderung des biologischen Leistungsvermögens in der Population. Der klassischen „batch-Technologie" sind hier objektive Grenzen gesetzt, da die Gesetzmäßigkeiten der Bioregulation nur unzulänglich durch die Fermentationsführung berücksichtigt werden können. Arbeiten zur semikontinuierlichen Gewinnung (feed batch) wurden darum in den früheren 60er Jahren zu einem bevorzugten Objekt einer Reihe von Forschungsgruppen. Es handelt sich hier um einen Typ mikrobieller Kultivierungen, bei der Substratanteile, z. B. Glucose, zudosiert werden, ohne das Reaktionsprodukt vor Beendigung des batch-Prozesses abzutrennen. Höhe, Geschwindigkeit und zeitlicher Verlauf der Zufütterungsrate müssen darum so gewählt sein, daß einmal die notwendige Energiebereitstellung für Enzymbildung und -sekretion gewährleistet wird und zum anderen Inhibierungen jeglicher Art ausgeschlossen werden. Vorliegende experimentelle Ergebnisse bestätigen die Richtigkeit dieses Herangehens.

Eine Weiterentwicklung dieser „feed-batch"-Prozesse zeichnet sich international durch den angestrebten Übergang zur kontinuierlichen Kultivierung („repeated feed batch") auch bei der Synthese von Sekundärmetaboliten ab. Den Schwerpunkt der bisherigen Veröffentlichungen bilden Arbeiten zur kontinuierlichen Ausschüttung von Exohydrolasen. Die Umsetzung in technische Systeme ist an die Überwindung einer Reihe von Schwierigkeiten geknüpft, wie sie am Beispiel der Koppelsynthese unter Pkt. 2.1. bereits prinzipiell dargelegt wurden. Die industrielle Realisierung führt analog der Entwicklung bei der mikrobiellen Zellsubstanzsynthese zu einer neuen Verfahrensgeneration, die durch eine hohe Stabilität und Reproduzierbarkeit des biologischen Systems und durch eine hohe Produktivität der Enzymbildung charakterisiert sei.

2.4. Intensivierung anaerober Syntheseprozesse

Verknappung fossiler Rohstoffe und Kostenerhöhungen bei der Bereitstellung von Primärenergieträgern führen international zu einer verstärkten Bearbeitung der klassischen Gärungsprozesse. Der Schwerpunkt von Forschung und Entwicklung liegt dabei beim Prozeß der Synthese von Äthanol, eines gleichermaßen als Chemierohstoff und Energieträger immer mehr an Bedeutung gewinnenden Produkts. Hauptweg der Intensivierung ist auch hier der Übergang zur kontinuierlichen Prozeßführung und Gleichgewichtsverschiebung zugunsten der Alkoholbildung. Im Gefolge entwickelt sich eine Renaissance der in den 30er Jahren unseres Jahrhunderts entwickelten anaeroben Produktsynthesen zur Bildung von Milchsäure, Butanol u. a.

Insbesondere unter dem Aspekt der Abproduktverwendung aus Landwirtschaft, Industrie und Kommunen werden in jüngster Zeit Prozesse zur Methanisierung verstärkt bearbeitet. Für die hierbei unter anaeroben Bedingungen ablaufenden Reaktionen, bei denen die Zelle die für ihre Reproduktion benötigte Energie aus der Disproportionierung organischer Moleküle bezieht, können unterschiedliche Rohstoffe wie Proteine, Kohlenhydrate, Fette, also unterschiedlichste Abprodukte, utilisiert und damit industrielle „Recycling"-Prozesse in der Landwirtschaft heimisch gemacht werden.

3. Biochemische Technologien

Dem Einsatz von Zellen sowie von Subsystemen der Zelle in immobilisierter Form für Hydrolyse-, Oxidations- und Transformationsreaktionen wird eine steigende Bedeutung zugemessen. Die Erfolge der „mikrobiologischen Chemie" bei der Steroidtransformation haben die Vorteile dieser Methode vor den chemischen Reaktionen gezeigt, nämlich die Möglichkeit des detaillierten Umbaues komplizierter Moleküle unter physiologischen Bedingungen durch einfache und effektive Technologien. Die Überwindung des teilweise noch vorhandenen Mangels — relativ geringe Produktivitäten in Relation zur chemischen Stoffumwandlung — ist ausschließlich eine Frage der weiteren zügigen Entwicklung problemorientierter Grundlagenforschung.

Großtechnisch hat sich der Einsatz von immobilisierter Glucoseisomerase für die Gewinnung von Fructose bereits durchgesetzt. Vor ihrer technischen Nutzung stehen im Pilotmaßstab betriebene Verfahren zur Milchzuckerspaltung und zur Glucosegewinnung mittels immobilisierter β-Galactosidase bzw. Glucoamylase. Die Entwicklung geeigneter Reaktorsysteme verläuft zügig. Eingesetzt werden sowohl Festbettreaktoren als auch noch Rührkessel. Notwendige Bedingungen dabei sind gute Durchmischung und Katalysatorausnutzung bei Einstellung solcher Betriebsbedingungen der Reaktoren, die ein Optimum an mechanischer Stabilität und spezifischer Aktivität des Enzym-Trägerkomplexes garantieren.

Weitere Beispiele für diese Entwicklungsrichtung sind die Synthese von L-Lysin aus Caprolactam, die Oxidation von aliphatischen Kohlenwasserstoffen und die Umwandlung von Fumarsäuren in die biologisch aktive Form der Asparaginsäure und Apfelsäure.

Die Nutzung des Prinzips der Immobilisierung bei Synthesereaktionen steckt noch in den Anfängen seiner Entwicklung und besitzt noch vorwiegend Modellcharakter, da die Frage der Energiebereitstellung — die Reaktionen verlaufen unter ATP-Verbrauch — nicht gelöst ist. Die Übertragung solcher synthetisierender Systeme aus der Zelle — es ist eine enge Kopplung von energieverbrauchenden und energieliefernden Reaktionen vorhanden — verlangt die Bereitstellung von CO-Substraten wie ATP, NAD u. a. und im Interesse der Ökonomie der Prozesse ihre Regenerierung. Das wiederum verlangt den Einsatz von Mehr-Enzymreaktoren, der noch eine große Zahl ungelöster Probleme enthält.

Literatur

[1] Shawvonkow, N. M.: Der wissenschaftlich-technische Fortschritt und Probleme der chemischen Technologie. Vortrag zu den sowjetischen Tagen der Wissenschaft und Technik der DDR (1973)

[2] Ringpfeil, M.: Biotechnologie, Stand und Entwicklung. Chem. Technik **29** (1977), 423

[3] Böhme, H., G. Keil, B. Philipp und M. Ringpfeil: Chemie und Landwirtschaft, immer enger verflochten. Spektrum Nr. 7 (1978); Spektrum Nr. 8 (1978)

[4] LEIBNITZ, E.: Prinzipien und Grenzen der biochemischen Verfahrenstechnik. Mitt. der AdW der DDR (1963)

[5] MEYER, D.: Die Entwicklung der mikrobiologischen Industrie in der DDR. Vortrag auf dem Gärungstechnologischen Kolloquium der KdT, Berlin 1978

[6] MEYER, D., K. SATTLER und D. PÖHLAND: Konvertierung von c_1-Substraten in Einzellerprotein. Mendelejev-Journal, Moskau (1976)

[7] RUTTLOFF, H.: Entwicklungstrend bei der Anwendung von Enzymen in der Lebensmittelproduktion. Vortrag auf dem RGW-Symposium „Enzyme" Poznan (1977)

[8] GRUNOW, R.: Bakteriophagen als Problem bei der industriellen Herstellung mikrobieller Enzyme. Vortrag, Phagentagung der AdW der DDR, Leipzig 1977

[9] SLATER, E. C., and D. O. HALL et al.: Bioenergetics of Tomorrow. FEBS Letters **64** (1979), 3–28

[10] WILKE, C. R.: Cellulose as a Chemical and Energy. Ressource. Biotechnol. Bioengng. Symp. No. **5** (1975), 358

[11] Pravda (Moskau) 1978, Juli 11

[12] O'SULLIVAN, D. A.: C & EN September **18** (1978), 12/23

[13] LIEPE, F., L. JAGUSCH, W. STEPHAN und M. RINGPFEIL: Vortrag 1 Europäischer Kongreß Biotechnologie, Interlaken (1978)

[14] CHIBATA, I., and T. TOSA: Appl. Biochem. Bioengng. **1** (1976), 329/35

[15] FUKUMARA, T.: Jap. Patent 753051 (1974)

[16] SITTIG, W., U. FAUST, P. PRÄVE and J. SCHOLDERER: Chem. Ind. **30** (1978), 713

[17] YAMANE, T., and M. TSUKANA: J. Ferment. Technol. **55** (1977), 233

[18] YAMANE, T., T. KUME, E. SADA and T. TAKAMADSU: I. Ferment. Technol. **55** (1977), 587

[19] BOSNJAK, M., V. TOPOLOVEC und V. JOHANIDES: Vortrag Symp. Kont. Kultivierung Prag (1978)

Selektion und Konservierung

Sektion Nahrungsgüterwirtschaft und Lebensmitteltechnologie der Humboldt-Universität zu Berlin, Bereich Mikrobiologie, Außenstelle Kleinmachnow, DDR

Möglichkeiten und Grenzen der Selektion cellulolytisch aktiver Mikroorganismen

W. F. Hirte

Für die Selektion von Mikroorganismen, sowohl bei der Auffindung aktiver Wildstämme als auch leistungsintensiverer Mutanten, sind die Anwendung geeigneter Nachweismethoden und ein Screening-Programm mit effektiven Siebstufen von entscheidender Bedeutung. Mikroorganismen, deren Leistungskriterien durch ein gebildetes Produkt bestimmt werden, können durch Erfassung dieses Produktes gezielt selektiert werden. Bei Enzymbildnern hängt die Eignungsfähigkeit häufig aber nicht nur vom Vorhandensein eines Enzyms ab, sondern auch von den im Kulturfiltrat vorhandenen sogenannten Bei- oder Nebenenzymen. Enzympräparate, die Naturstoffe hydrolysieren sollen, wie z. B. Cellulose, werden von Mikroorganismen gewonnen, die diese unter natürlichen Bedingungen in der Zellwand abbauen. Dort ist die Cellulose mit Hemicellulosen und Lignin vergesellschaftet, und der Angriff der hydrolytisch wirkenden Cellulasen kann nur dann in ausreichendem Maße stattfinden, wenn weitere Enzyme, wie z. B. verschiedene Glucanasen, Xylanasen, pektin- und ligninspaltende Enzyme ebenfalls vorhanden sind.

Da sich die Pflanzenzellwände sowohl in ihrer chemischen und physikalischen Zusammensetzung unterscheiden, wird eine bestimmte Enzymkomposition im Enzympräparat eines Celluloseproduzenten nicht für alle Substrate gleichermaßen geeignet sein. Enzympräparate mit hohen Aktivitätswerten des Hauptenzyms sagen somit noch lange nicht alles über eine Eignungsfähigkeit für bestimmte Einsatzzwecke aus. In besonderer Deutlichkeit ist das bei Cellulasen bemerkbar, wenn diese Problematik auch für andere Enzympräparate genauso zutrifft. Dazu kommt noch die für den praktischen Enzymeinsatz allgemein verbreitete Problematik, daß die Milieubedingungen, unter denen die Enzyme im Applikationsprozeß wirken, nicht immer mit den Wirkungsoptima der Enzyme, z. B. Temperatur und pH-Wert, übereinstimmen.

Für die erfolgreiche Selektion eines geeigneten Cellulasebildners sind damit die Prämissen gesetzt: Nur von Mikroorganismen, die eine breite Palette von zellwandlytischen Enzymen besitzen, werden geeignete Enzympräparate gewonnen werden können. Bei unserem Screening zur Auffindung cellulolytisch aktiver Mikroorganismen gingen wir daher von der Grundvoraussetzung aus, cellulosespaltende Mikroorganismen aus natürlichen Habitaten zu gewinnen. Abb. 1 zeigt eine Aufstellung der natürlichen Habitate, aus denen cellulolytisch aktive Mikroorganismen isoliert wurden. Um eine Anreicherung von aktiven Mikroorganismen in den jeweiligen Habitaten zu erhalten, wurde in einigen Standorten wie z. B. im Boden, Kompost oder Müll „Fangmaterial" zusätzlich eingelegt, z. B. mit Cellulosematerial oder Stroh gefüllte Gazebeutel oder Filterpapierstreifen auf Metallplatten. Auf diesen Fangmaterialien entwickeln sich

Standorte	Isolierungsmethoden	Isolierungsnährböden
Böden (Acker, Wald) Komposte (Gärtn.-, Laub-, Müll-) Laub-Waldstreu	Fangmaterial Einlegen von Beuteln mit: Cellulosewatte, Stroh	Filterpapieragarplatten
Mist: frischer / verrotteter – Geflügel, Schweine / Rinder, Pferde		Celluloseagarplatten pH 4,8 pH 7,3
Kot: Kaninchen / Labortiere	Ausspatelung Direktauflage von Material Verdünnung (VPM)	
Klärschlamm Müll Küchenabfälle		Spezialnährböden f. Pilze, Aktinomyz., Bakterien
Holz: faulendes / nasses Bauholz	Anreicherung durch Inkubation	

Abb. 1. Standorte und Methoden zur Erstselektion cellulolytischer Mikroorganismen

Pilze, Aktinomyzeten und Bakterien in Makro- oder Mikrokolonien, so daß eine gewisse Vorselektion cellulosespaltender Mikroorganismen erhalten werden kann. Von anderen Substraten, wie z. B. Mist, Kot, Küchenabfällen, Holz, aber auch von Boden und Kompost, wurden Ausspatelungen auf Filterpapiernährböden durchgeführt, Krümel oder Stücke dieser Substrate darauf ausgelegt oder in üblicher Weise mit Hilfe der Verdünnungsplattenmethode nach Koch auf geeigneten Nährböden Einzelkolonien gewonnen.

Weiterhin wurden bestimmte cellulosereiche Materialien wie Holz und Baumwolltextilien, aber auch Boden und Müllkompost mit eingelegten Fangbeuteln bei verschiedenen Temperaturen inkubiert, Holz und Textilien in einer feuchten Kammer. Die Inkubationstemperaturen lagen bei 28 °C, 42 °C und 56°C, so daß auch thermophile Mikroorganismen erfaßt werden konnten. Die Ausspatelungen oder Aussaat erfolgten auf Celluloseagarplatten nach Porkorna [5].

Wesentlich dabei war die Verwendung eines gründlich ausgefaulten Agars, damit als einzige verwertbare Start-C-Quelle nur Cellulose zur Verfügung steht. Weiterhin ist die Verwendung eines geeigneten Filterpapiers, z. B. FN 3, erforderlich, das bei der Sterilisation nicht einer sogenannten Verhornung unterzogen werden darf. Die Beachtung dieser Vorschriften ist wichtig, da nur so gewährleistet wird, daß sich überwiegend cellulosespaltende Mikroorganismen selektiv und schnell entwickeln und nicht von „Folgeorganismen", die von den Cellulosespaltprodukten leben, überwuchert werden. Der Porkorna-Agar diente bei 2 pH-Stufen als Selektionsmedium, für Pilze bei pH 4,8, für Bakterien und Aktinomyzeten bei 7,3. Filterpapiere erwiesen sich für die Anfangsselektion als geeigneter als Cellulosenährböden mit Cellulosepulver. Von den Platten wurden diejenigen Kolonien abgeimpft, die eine gute Entwicklung und oftmals eine Auflösung des Filterpapiers zeigten. Die abgeimpften Mikroorganismen wurden auf Celluloseagar oder allgemein verbreiteten Nährmedien reingezüchtet. Auf die besonderen Schwierigkeiten bei der Anreicherung und Reinzüchtung von Myxobakterien kann hier nur hingewiesen werden.

Die aus verschiedenen Standorten und auf Celluloseagar vorselektierten Mikroorganismen, zusammen mit cellulosespaltenden Mikroorganismen aus Kulturensammlungen, wurden einem Siebtest unterworfen, dessen entscheidende Stufen eine Emers- und eine Submersstufe darstellten. In der Emersstufe erwies sich der Clearing-Test nach Rautela und Cowling [6] als die geeignetste Methode, eine größere Zahl von Mikroorganismen auf ihre cellulosespaltenden Aktivitäten zu testen. Das Prinzip dieses Testes demonstriert Abb. 2. Phosphorsäuregequollene Cellulose in einem Mineralsalzmedium trübt den Agar bzw. ist in unterschiedlich großen Partikeln in diesem verteilt.

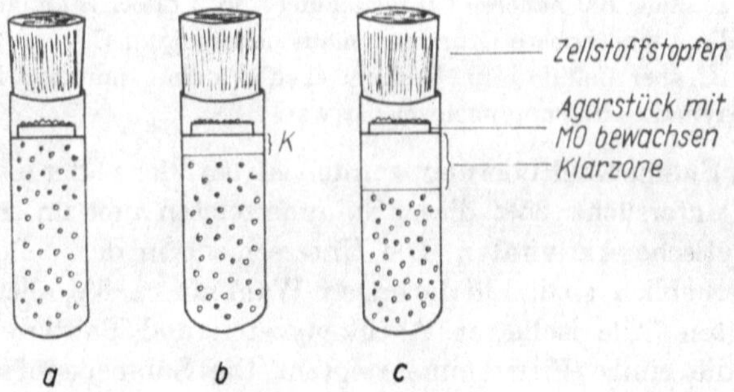

a : MO ohne cellulolytische Aktivität
b : MO mit schwacher cellul. Aktivität
c : MO mit starker cellulolyt. Aktivität

Abb. 2. Clearing-Test nach Rautela und Cowling

Auf das Röhrchen werden Agarstückchen, die mit Mikroorganismen bewachsen sind, aufgesetzt. Extrazelluläre Cellulasen diffundieren in den Celluloseagar und lösen die Cellulose auf, so daß eine Klarzone entsteht, deren Tiefe ein Ausdruck für ihre enzymatische Aktivität ist.

Tabelle 1

Verteilung der cellulolytischen Aktivitäten beim Clearing-Test (nach Vorselektion)

cellulolyt. Aktivität	Pilze	Anzahl der Stämme	
		Aktinomyzeten	Bakterien
hoch	618	61	5
mittel	419	108	28
niedrig	528	299	419
keine	205	110	49
Summe der untersuchten Stämme	1770	578	501

Aus Tabelle 1 geht hervor, daß durch die Vorselektion auf Celluloseagar im allgemeinen celluloseaktive Mikroorganismen gewonnen werden. Auffallend ist, daß bei den Aktinomyzeten der Anteil hochaktiver Cellulasebildner geringer ist. Kein einziger von ihnen hat dann die 2. Submers-Siebstufe passiert. Die Grenzen dieses Testes liegen in der Herausfindung von Mikroorganismen, die keine oder nur geringe Mengen wasserlöslicher Enzyme ausscheiden. Das trifft vor allem für die große Gruppe der Myxobakterien zu, die mit diesem Test nicht oder kaum erfaßt werden können.

Bei Vorzucht der Mikroorganismen auf Bierwürze-Agar ist die Tiefe der Klarzone im allgemeinen niedriger als bei einer Vorzucht auf Cellulose-Agar, ein Hinweis auf die Induktion der Cellulasebildung. In einigen Fällen ist ein solcher Unterschied nicht festzustellen, was möglicherweise auf konstitutive Enzymbildung hindeutet. Bemerkenswert ist, daß derartige Stämme keine besonders hohen Cellulaseaktivitäten zeigten. Bei näherer Untersuchung von 2 dieser Stämme ergab sich, daß sie im Glukosenährmedium eine höhere Grundenzymausschüttung an C_1- und C_x-Enzymen hatten als Vergleichsstämme, aber Cellulose im Medium ebenfalls eine Induktorwirkung hatte und eine Steigerung der Enzymausschüttung nachweisbar war.

In der 2. Siebstufe, der Submerskultivierung, wurden ca. ein Viertel der in der 1. Siebstufe getesteten Stämme untersucht. 25% dieser Stämme zeigten auch unter diesen Bedingungen hohe cellulolytische Aktivitäten. Die Unterschiede in den cellulolytischen Aktivitäten waren aber erheblich, so daß in die engere Wahl nur ca. 5% aller getesteten Mikroorganismen gelangten. Alle isolierten Aktinomyzeten und Bakterien brachten nicht die Aktivitäten, die einige Pilzstämme zeigten. Die Submersstufe wurde im Schütteltest auf Fanal-Rundschüttelmaschinen durchgeführt.

Die Rationalisierung der Untersuchungen in der 2. Siebstufe ist ein wichtiger Faktor für den zeitlichen Ablauf der Arbeiten. Durch Minimierung der Schüttelgefäße auf 10 ml mit 2 ml Füllung gelingt diese Rationalisierung. Während der Vorteil für den Siebtest auf der Hand liegt — hohe Durchsatzzahlen bei größerer Parallelenzahl pro Stamm, eine wichtige Maßnahme im Submersschütteltest — kann die Minimierung Probleme durch einen geringeren O_2-Eintrag in die Nährlösung mit sich bringen. Dieser Nachteil sollte aber in Kauf genommen werden, auch unter Berücksichtigung der Kultivierung in zwangsbelüfteten Fermentern, da es hier von Vorteil sein kann, Stämme mit geringerem O_2-Bedarf kultivieren zu können, was eine geringere Belüftung und Schaumbildung sowie geringeren Zusatz von Antischaummitteln bedeuten kann.

Entscheidend für diese Siebstufe ist die Anwendung geeigneter enzymatischer Teste, die einerseits dem noch relativ hohen Probendurchgang angepaßt sein müssen, andererseits auch eine ausreichende Charakterisierung der Enzymbildner gewährleistet.

Als einfachste und rationellste Untersuchungsmethode erwies sich der Schütteltest nach KITAMIKADO und TOYAMA [2, 8], bei dem die Zeit der Filterpapierdestruktion ein Maß für die Enzymaktivität darstellt. Mit diesem Test können große Versuchsserien unter Laborbedingungen untersucht werden.

Der Nachteil dieses Testes besteht darin, daß er infolge Abhängigkeit vom Maschinensystem und Filterpapiersorte kaum zu standardisieren ist und damit lediglich „lokalgebundene" Vergleichswerte erbringt. Langjährige Erfahrungen lassen aber den Schluß zu, daß die mit diesem Test ermittelten Werte gute Übereinstimmung mit C_1-Aktivitäten und der Wirkung auf cellulosereiche Substrate zeigen.

Der Filterpapiertest stellt somit eine Selektion in Richtung der sogenannten C_1-Aktivität dar. Da dies zur Selektion nicht ausreicht, müssen sich weitere Siebstufen anschließen. Dies ist in Abb. 3 dargestellt. In der 3. Siebstufe werden weitere cellulolytische und andere für die Zellwandlyse in Frage kommenden Enzymaktivitäten erfaßt. Dieser schließen sich in einer 4. Siebstufe Untersuchungen zur komplexen Wirkung der Enzyme auf verschiedene Pflanzenmaterialien an. Als geeignet und im Labortest durchführbar erwiesen sich: Wirkung auf krautige Pflanzen, z. B. Grünfutterpflanzen, auf Stroh oder

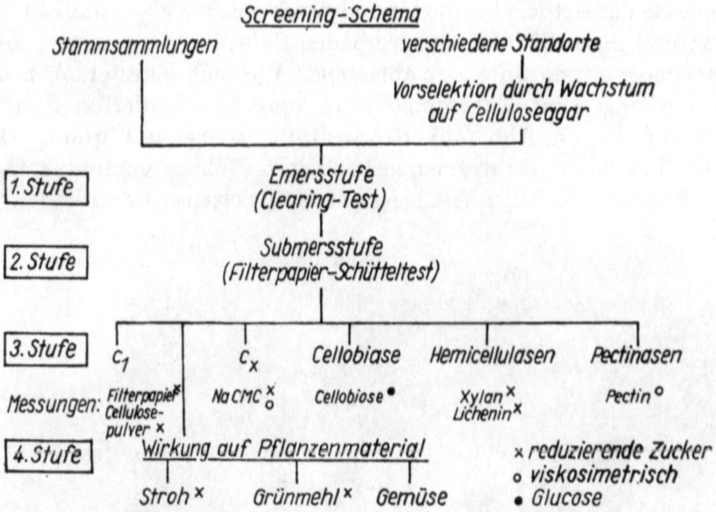

Abb. 3. Siebstufen beim Screening cellulolytischer Mikroorganismen

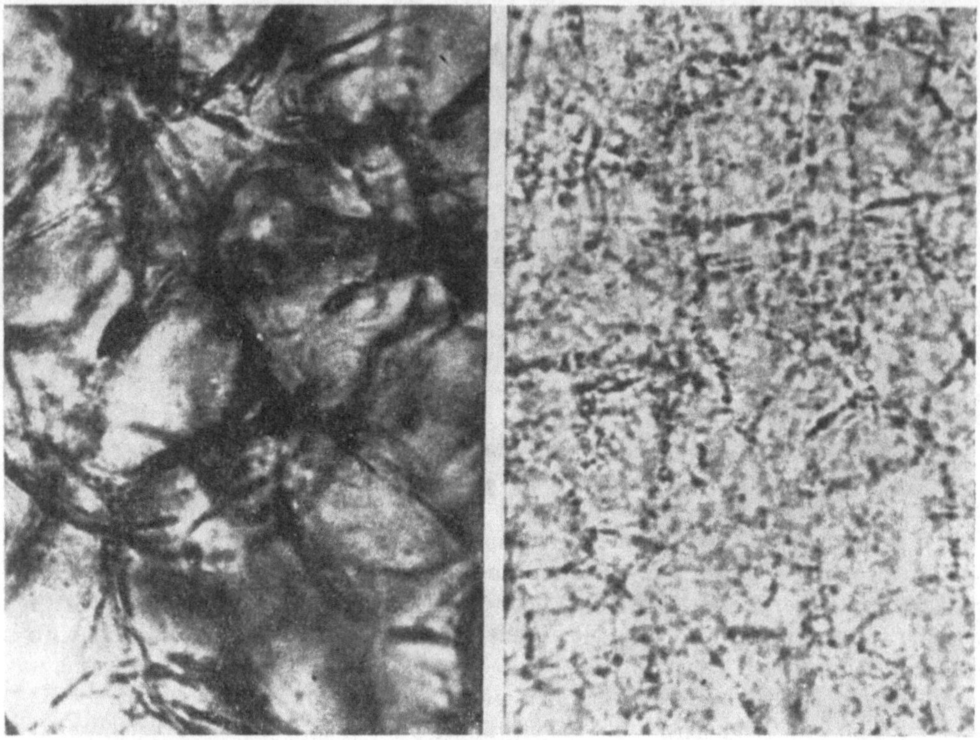

Abb. 4. Mazerierende Wirkung des Enzympräparates HUGk
(Cellulasebildner *Gliocladium* spec. Stamm Kleinmachnow Nr. 2642)

auf verschiedene Gemüsearten. Grünfutter und Stroh wurden als Grünmehl bzw. Strohmehl eingesetzt und die gebildeten reduzierenden Substanzen gewonnen. Bei Gemüse wurde die mazerierende und Substanz abbauende Wirkung getestet. Abb. 4 zeigt die mazerierende Wirkung eines Enzympräparates unseres selektierten Stammes Gliocladium HUGk auf Möhren, Abb. 5 die Saftausbeute erhöhende Wirkung. Deutlich ist der positive Einfluß der mit Enzymen behandelten Möhren gegenüber nur mit der Pufferlösung behandelten zu erkennen, bei gleichzeitig positiver Beeinflussung der Farbkomponenten.

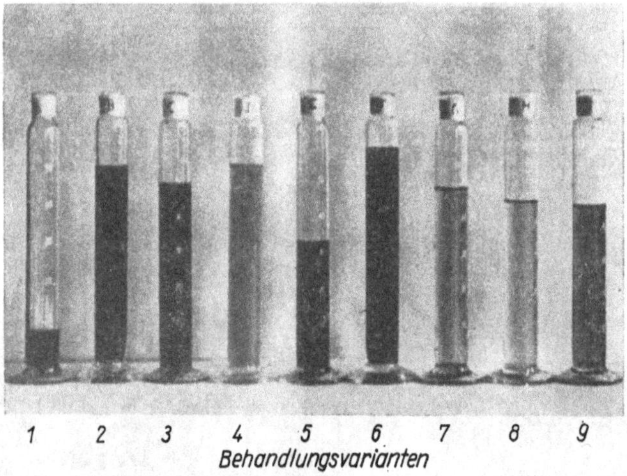

Abb. 5. Erhöhung der Saftausbeute (abgepreßte rohe Möhren):

1: ohne Enzym
2—5: verschiedene Cellulasepräparate
6: Cellulasepräparat 2 und Pektinase Rohament
7—9: verschiedene Pektinase-Präparate

Alle diese auf Labormaßstab zugeschnittenen Teste sind in unterschiedlichem Ausmaß erforderlich, um die komplexe Wirksamkeit der Enzyme in einem Kulturfiltrat auf natürliche Substrate testen zu können, da, wie schon eingangs erwähnt, die alleinige Charakterisierung durch cellulolytische Enzyme nicht ausreicht.

Die besondere Problematik bei der Erfassung der Cellulase-Aktivitäten besteht darin, daß nicht die Wirksamkeit eines bestimmten Enzyms, sondern von komplex wirkenden Enzymen an willkürlich gewählten Substraten getestet wird. Cellulasen sind nach unseren heutigen Kenntnissen ein Sammelbegriff für verschiedene cellulolytisch wirkende Enzyme, die synergistisch den Abbau der Cellulose bewirken. Mindestens 3 Enzymsysteme können unterschieden werden: Endoglucanasen (1,4-β-Glukan-Glukanohydrolasen), Exoglucanasen (1,4-β-Glukan-Cellobiohydrolasen) und β-Glukosidasen, hauptsächlich Cellobiase. Da die Meßmethoden zur Ermittlung der einzelnen Enzymaktivitäten z. Z. noch zu kompliziert und unvollständig sind, benutzt man Meßverfahren, die die cellulolytischen Aktivitäten der Präparate an verschiedenen Cellulosesubstraten anzeigen. Dabei werden einmal unlösliche, überwiegend kristalline Cellulosequellen wie

Baumwolle, Filterpapier und Cellulosepulver verwendet, zum anderen lösliche Cellulose, vor allem Na-Carboxymethylcellulose. Die Aktivitäten an unlöslicher Cellulose werden m. E. noch als C_1-, an löslicher Cellulose als C_x-cellulolytische Aktivitäten bezeichnet. Obwohl für den intensiven Abbau der Cellulose unbedingt C_1-Aktivitäten vorhanden sein müssen, und ebenso auch C_x-Aktivitäten erforderlich sind, kann mit diesem Meßverfahren nicht die wirkliche Abbauintensität am natürlichen Substrat ermittelt werden.

Die in Abb. 6 dargestellten Werte zeigen diese Problematik: Der in C_1-, C_x- und Cellobiase-Aktivität schwächere Cellulasebildner Gliocladium HUGk ist für den Strohabbau besonders gut geeignet, vor allem, wenn das Stroh einer Vorbehandlung unterzogen wird, hier in Form einer Defibrierung. Beim nur mechanisch zerkleinerten Stroh dagegen hat der Stamm HUTv die beste Wirkung und beim Cellulosepulver der Stamm HUPc. Durch Optimierung können die Unterschiede vergrößert oder verringert werden.

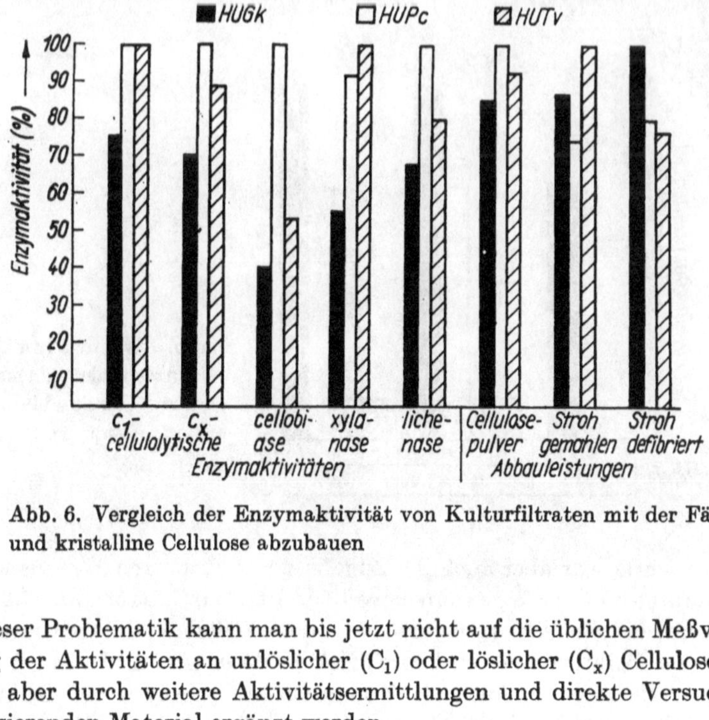

Abb. 6. Vergleich der Enzymaktivität von Kulturfiltraten mit der Fähigkeit, Stroh und kristalline Cellulose abzubauen

Trotz dieser Problematik kann man bis jetzt nicht auf die üblichen Meßverfahren zur Ermittlung der Aktivitäten an unlöslicher (C_1) oder löslicher (C_x) Cellulose verzichten, sie müssen aber durch weitere Aktivitätsermittlungen und direkte Versuche mit dem zu hydrolysierenden Material ergänzt werden.

In 3 größeren Suchaktionen in verschiedenen Jahren kamen aus einer Vielzahl cellulolytisch aktiver Stämme 10 in die engere Wahl. Für eine engere Wahl spielten folgende Kriterien eine wichtige Rolle: Besondere Eignungsfähigkeit für bestimmte Einsatzgebiete der Cellulasen, sichere Kultivierbarkeit im Submersverfahren in relativ kurzen Kultivierungszeiten, gute Haltbarkeit der Enzympräparate. Wenige Stämme wurden schließlich so phänotypisch optimiert, daß Verfahren patentiert wurden und eine Überführung in die Produktion möglich ist. Über einige Fragen zur weiteren Optimierung dieser Stämme wird noch von Schulz et al. sowie Klappach et al. auf diesem Symposium gesprochen werden.

Wie bei jedem Screening-Programm stellt die Wahl geeigneter Kultivierungsmedien in der Submersstufe ein besonderes Problem dar, weil hier sich die Selektion und die phänotypische Optimierung überschneiden. Für Enzymbildner ist eine Voraussetzung zur Auswahl geeigneter Medien in dieser Selektionsstufe die Kenntnis darüber, ob das Enzym konstitutiv oder induktiv gebildet wird und welche Substanzen Induktorwirkung zeigen. Bei Cellulasebildnern ist bekannt, daß die Enzymausschüttung im allgemeinen durch polymere und oligomere Glukane mit 1,4-β-Bindung erhöht wird, vor allem durch die Cellulose selbst. Wir konnten bei einer Vielzahl von Cellulasebildnern ermitteln, daß die Enzymausschüttung durch Zugabe von Cellulose erheblich gesteigert

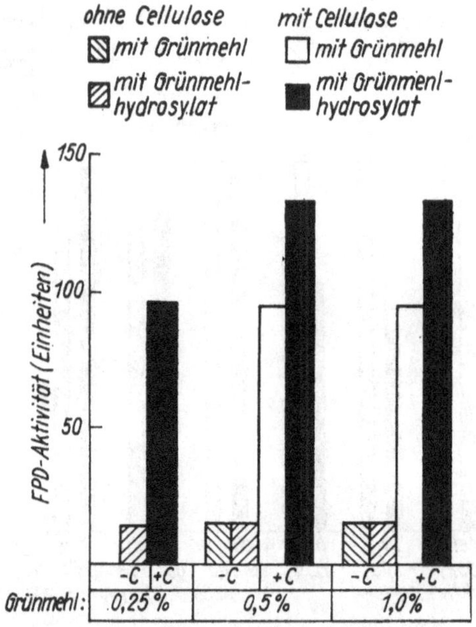

Abb. 7. Einfluß von Cellulose und Grünmehl als Nährmediumzusatz auf die Cellulasebildung von *Gliocladium* spec.

wird. Ebenso wichtig war aber auch die Zugabe von Substanzen, die aus alkalischem Hydrolysat krautiger Pflanzen gewonnen werden. Aus Abb. 7 ist der Einfluß von Cellulose und „Grünmehl" als Nährmediumzusatz auf die Cellulasebildung von *Gliocladium* spec. zu erkennen. Während ohne Cellulose die Aktivitäten gering bleiben, steigen sie bei Celluloseeinsatz erheblich an. Auch der Zusatz von unhydrolysiertem Grünmehl zeigt nicht die Aktivität, welche durch Zusatz von Grünmehlhydrolysat erreicht werden kann (schwarze Säulen).

Bei näherer Analyse des Grünmehlhydrolysates (GMH) konnten Schade und Hirte [1] feststellen, daß die im GMH vorhandenen Induktoren in der wäßrigen Extraktionsphase des GMH vorhanden sind und aus einer Vielzahl von oligomeren und polymeren Kohlenhydratsubstanzen bestehen müssen. Dies ergibt sich durch Zusatz verschiedener Fraktionen des GMH zum Grundmedium mit Cellulose sowohl nach Fällung mit unterschiedlich gesättigten $(NH_4)_2SO_4$-Lösungen (Abb. 8), als auch nach Auftrennung an einer Sephadex-G-100-Säule (Abb. 9). Wie die beiden Abbildungen zeigen, sind über 30 die Cellulasebildung aktivierende Fraktionen vorhanden. Die aktivierenden Faktoren

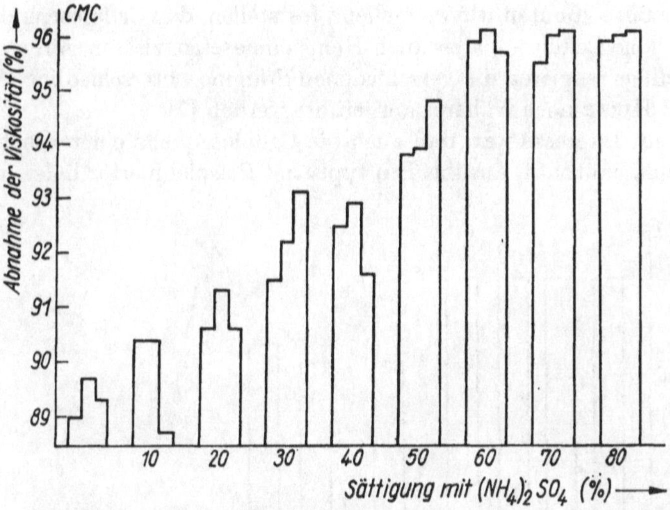

Abb. 8. Erhöhung der Cellulaseaktivität durch Zusatz von Wirkstoffen aus Grünmehlhydrolysat (GMH), ausgefällt durch $(NH_4)_2SO_4$
C_x-Aktivität: Abbau von CMC-Na (% Abnahme der Viskosität)

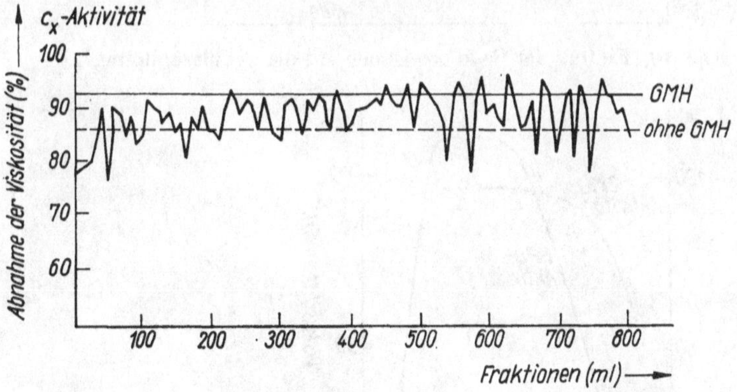

Abb. 9. Wirkung einzelner Fraktionen des wäßrigen Extraktes des Grünmehlhydrolysates(GMH) nach Auftrennung an einer Sephadex-G-100-Säule auf die Erhöhung der C_x-Aktivität (C_x-Aktivität wie bei Abb. 8)

GMH ——— C_x-Aktivität des Enzymfiltrates im Nährmedium mit GMH
ohne GMH – – – – C_x-Aktivität im Nährmedium ohne GMH

müssen unterschiedliche Molekülgröße haben, da sie sich über die ganze Breite der Fraktionen erstrecken. Wenn die Untersuchungen zur Erfassung der Induktionsstoffe auch noch nicht abgeschlossen sind, so kann soviel festgestellt werden, daß wesentliche Substanzen des Grünmehlhydrolysates mit Induktionswirkung unterschiedlich langkettige Oligomere mit 1,4-β-Bindungen darstellen. Dies wird auch durch Zusatz von Xylan und Xylanspaltprodukten bestätigt, was mit Ergebnissen anderer Autoren übereinstimmt.

Zumindest für Pilze konnten wir weitgehend feststellen, daß Cellulose und Grünmehlhydrolysate für hohe Cellulase-, aber auch Hemicellulaseaktivitäten von großer Bedeutung sind, allerdings reagieren die verschiedenen Stämme unterschiedlich. Hierzu wird von Schulz und Hirte noch Näheres ausgeführt werden [7].

Von besonderem Interesse war, daß auch die Cellulosequelle einen erheblichen Einfluß auf die Cellulaseaktivität ausübt. Ein typisches Beispiel hierfür liefert die Abb. 10.

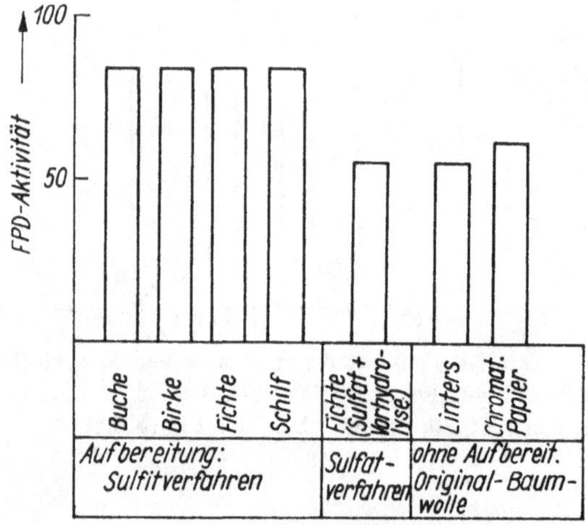

Abb. 10. Einfluß der Cellulose-Quelle auf die Cellulasebildung

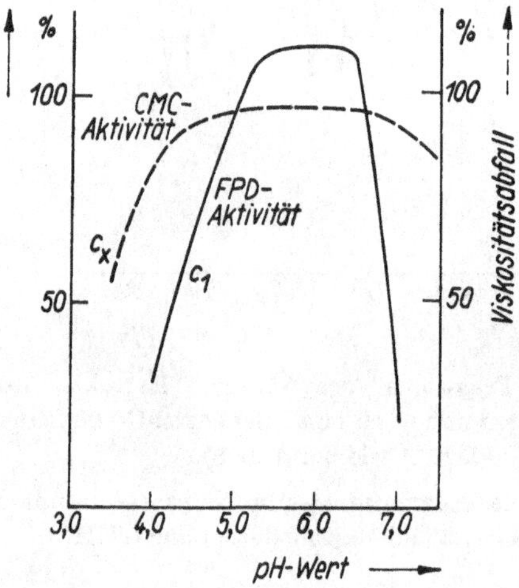

Abb. 11. pH-Abhängigkeit der Cellulasebildung bei *Gliocladium* spec. Stamm HUGk 2642

Nicht alle Mikroorganismen-Stämme bevorzugen die gleiche Cellulosequelle, so daß hier einerseits Unsicherheiten beim Screening liegen, andererseits aber Optimierungsmöglichkeiten bestehen.

Die Höhe der Enzymausschüttung hängt wesentlich vom pH-Wert des Mediums ab. Da die pH-Optima der einzelnen Mikroorganismen unterschiedlich sind, kann hierdurch eine Fehlerquelle beim Siebtest in der Submersstufe entstehen. Die starke Abhängigkeit der Enzymaktivitäten vom pH-Wert ist aus Abb. 11 zu erkennen. Typisch für viele

Pilze ist ein Optimum im Bereich zwischen 4,5 und 6,0. Weiterhin ist auch typisch, daß die C_1-Aktivität mit Entfernung vom Optimum wesentlich stärker abfällt als die C_x-Aktivität. Für Pilze dürften die Untersuchungen mit 2 pH-Stufen im Siebtest ausreichen, bei Bakterien und Aktinomyzeten scheint dagegen die Variationsbreite der pH-Optima bei den verschiedenen Stämmen wesentlich variabler zu sein.

Allerdings konnten wir in Übereinstimmung mit anderen Autoren z. B. Linko [3] feststellen, daß in Abhängigkeit vom pH-Wert die Ausschüttung von Cellulasen und Hemicellulasen unterschiedlich hoch ist (Schulz und Hirte [7]).

Eine weitere Problematik bei der Selektion besteht in der Wahl des richtigen Temperatur-Optimums. Durch Inkubation der Röhrchen beim Clearing-Test, aber auch durch eine Reihe einzelner Teste ist es möglich, schon eine Grobeinschätzung des optimalen Temperaturbereiches vorzunehmen.

Schlußfolgerungen

Sowohl bei einer Wildstammselektion als auch bei einer genotypischen Optimierung durch Auswahl geeigneter Selektanten und Mutanten erwies sich der Clearing-Test für die Massenauswahl in der 1. Siebstufe als eine geeignete und rationelle Methode. Bei einer Wildstammselektion aus verschiedenen Biotypen ist aber eine vorherige Anreicherung auf cellulosehaltigem Material und damit eine Vorselektion von aktiven Stämmen unbedingt erforderlich. Während die 1. Siebstufe cellulolytisch aktive Stämme gewinnen läßt, werden in der 2. Siebstufe solche Stämme selektiert, die bei einer Submerskultivierung geeignet sind und damit biotechnologisch in Frage kommen. Die Auswahl dieser Stämme gestaltet sich jedoch wesentlich zeitaufwendiger. Eine besondere Problematik besteht noch darin, daß es sowohl aus methodischen Gründen als auch aus Erwägungen einer komplexen Enzymwirkung heraus nicht möglich ist, durch einfache Labortestmethoden klar einzuschätzen, welche Stämme besonders aktiv oder aktiver als vorhandene sind.

Die beste Möglichkeit liegt in einer rein empirischen Testung der Abbauwirkung an demjenigen Substrat, welches hydrolysiert werden soll. Die geeignetsten Methoden sind dabei entweder die Ermittlung des unlöslichen Rückstandes nach Hydrolyse bzw. der Nachweis reduzierender Zucker. Zumindest an Cellulose konnte nachgewiesen werden (Philipp et al. [4]), daß zwischen gelöster Substanz und gebildeter Menge reduzierender Zucker eine klare Abhängigkeit besteht. Durch Automatisierung der Zuckerbestimmung läßt sich der Untersuchungsaufwand auch in dieser Siebstufe bewältigen. Sind die Parameter für den Einsatz des Enzyms schon vorgegeben, ist diese Methode gut geeignet. Liegen sie aber noch nicht vor, müssen mit Hilfe einer Vielzahl von Testen zur Ermittlung cellulolytischer und zumindest auch hemicellulolytischer Aktivitäten Auswahlentscheidungen herbeigeführt werden, die zeit- und materialaufwendig sind.

Während der phänotypischen Optimierung findet gleichzeitig eine Präzisierung der Leistungskriterien statt. Hierbei kann sich möglicherweise ein sonst relativ schwacher Cellulasebildner für ein bestimmtes Anwendungsgebiet als geeigneter herausstellen. Als weitere Schlußfolgerung ergibt sich, daß es notwendig ist, mehrere Cellulasebildner — mit einem möglichst unterschiedlichen Enzymspektrum — zu optimieren, um für verschiedene Einsatzgebiete geeignete Cellulasepräparate mit verschiedenen Enzymspektren zur Verfügung zu haben. Wir konnten z. B. feststellen, daß mit hoher

Cellulaseaktivität ausgezeichnete *Trichoderma*-Stämme für verschiedene Einsatzgebiete der Lebensmittelindustrie weniger geeignet sein können als andere Cellulasebildner.

Mit diesen Ausführungen sollte ein kurzer Einblick in die Problematik der Selektion von Cellulasebildnern gegeben werden, eine Problematik, die aber im Prinzip bei allen Enzymbildnern — wenn auch in unterschiedlichem Ausmaß — vorhanden ist.

Literatur

[1] Hirte, W. F., W. Schade und I. Glathe: Die Bedeutung von Grünmehlhydrolysaten für die Cellulaseproduktion. In Vorbereitung

[2] Kitamikado, T., and N. Toyama: An assay method for cellulase based on the breakdown of filter paper. Hakko Kogaku Zasshi **40** (1962), 85

[3] Linko, P.: Über die Herstellung von Cellulasen und die enzymatische Spaltung von Cellulose. Chem. Ing. Tech. **50** (1978), 655—661

[4] Philipp, B., V. Jacopian, F. Loth, W. Hirte und G. Schulz: Zum Einfluß der übermolekularen und morphologischen Struktur der Cellulose auf ihren enzymatischen und säurehydrolytischen Abbau. Das Papier **32** (1978), 538—545

[5] Pokorná-Kozova, J.: K medodice stanovenirozkladu cellulozy. Sbornik UVTI, Rostlinna vyroba **11** (1965), 1089—1098

[6] Rautela, G. S., and E. B. Cowling: Simple Cultural Test for Relative Cellulytic Activity of Fungi. Appl. Microbiol. **14** (1966), 892—899

[7] Schulz, G., und W. F. Hirte: Untersuchungen zum Einfluß von Milieufaktoren auf die Cellulasebildung bei der Submerskultivierung von Pilzen. 7. Reinhardsbrunner Symposium „Mikrobielle Enzymproduktion", 1979, Abhandlungen Akad. Wiss. der DDR, Abt. Math.-Naturw., Techn. Jahrgang 1981

[8] Toyama, N., und K. Ogawa: Sugar production from Agricultural Woody Wastes by Saccharification with Trichoderma viride cellulase. Biotechnol. Bioeng. Symp. Nr. 5 (1975), 225—244

Institute of Chemistry, Slovak Academy of Sciences,
Bratislava, Czechoslovakia

Production of Polysaccharide-hydrolyzing Enzymes — A new Method for Selection of Producing Strains

J. Zemek, Ľ. Kuniak and J. Augustín

A new method for screening and selection of producers of the polysaccharide-hydrolases was elaborated. The method suitable for distinguishing between the action of glycosidases and glycan glycanohydrolases is based on use of polysaccharides modified by crosslinking reaction with epichlorhydrine carried out to degree assuming firm water gels of dry weight 5—10%.

The gel forming polysaccharide modifications substituting agar-agar are the only source of carbon for a microorganism tested. The polysaccharide-hydrolases producing populations were indicated by formation of liquefaction zones evaluated quantitatively. Further passage of these strains on the gels can considerably enhance production of the polysaccharide hydrolyzing enzymes.

Introduction

One of the most important steps in selection of microbial producers of enzymes is characterization of the producing abilities of the individual isolates after spreading of the original culture on the surface of a firm medium. Characterization of the isolates is usually carried out on liquid media on a reciprocal shaker. When a new mutant should be isolated a great number of isolates is to be characterized. It is obvious that the identification methods including application of chromolytic substrates, techniques based on formation of diffusive zones and indirect techniques based on extent of colonies, are time consuming factors in the procedure.

New and rationalized techniques in selection of microorganisms should introduce such conditions enabling prevalent growth of mutants with required properties. This problem can be solved with the help of special media with chemical structure fulfiling our assumption that the more producing strain should predominate in the population.

For such a programmed selection of polysaccharide-hydrolases producing strains, special media based on polysaccharides modified by crosslinking with bifunctional reagents have been prepared. These media forming agar-like hydrophilic and transparent gels of modified polysaccharides crosslinked to degree preserving their substrate properties for polysaccharide-hydrolases acting in endo-mechanism. Substrate properties of these modifications for exo-acting hydrolases are highly suppressed due to crosslinking. Our results obtained with these gels as selection media for producers of polysaccharide-hydrolases are described in this communication.

Experimental

Hydroxyethylcellulose degree of substitution with hydroxyethyl-groups 0.2 was obtained from Research Institute for Synthetic Fibres (Svit, Czechoslovakia), amylose was obtained from Serva (W. Germany), Mannan (ex *Saccharomyces cerevisiae*) was purchased from Slovakofarma (Hlohovec, Czechoslovakia). Lichenin was prepared from Lichen islandicum and $\beta(1 \rightarrow 4)$ xylan ex a willow (*Salix alba* L.) was a honorous gift of Dr. KARACSONYI from our Institute.

Modification of the polysaccharides. Crosslinking of the polysaccharides with epichlorhydrine was carried out in alcali (ZEMEK and KUNIAK [1, 2]). The folia of a gel

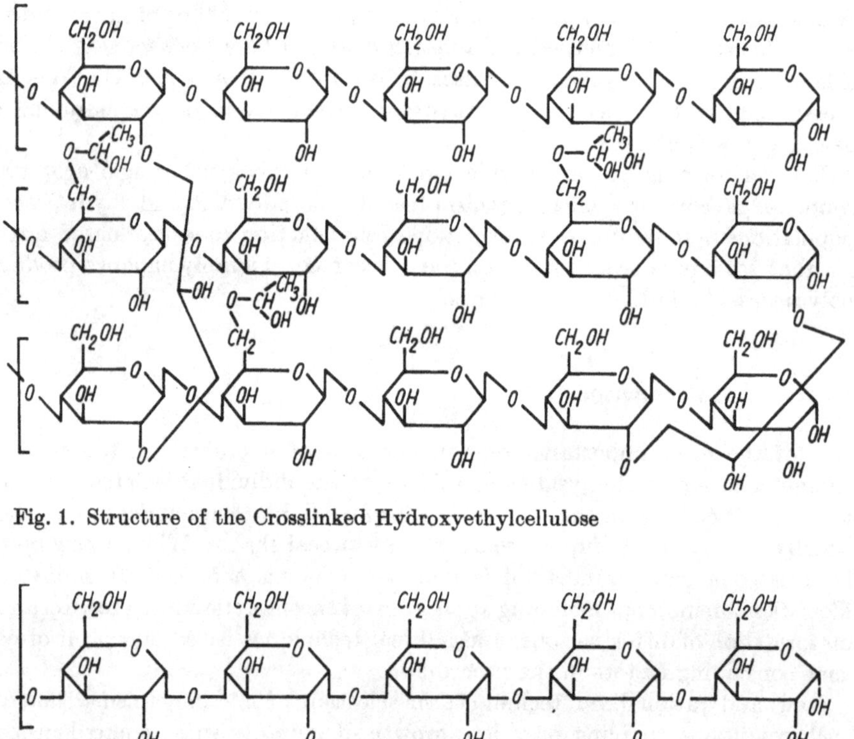

Fig. 1. Structure of the Crosslinked Hydroxyethylcellulose

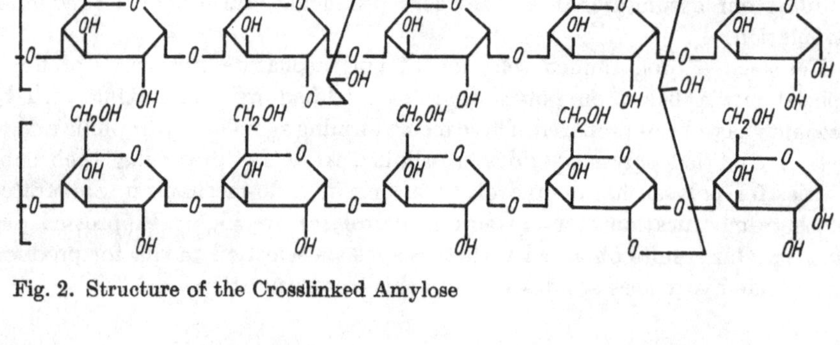

Fig. 2. Structure of the Crosslinked Amylose

prepared was washed out from alcali in tap water and in distill. water, gel layers 4.5 mm thick were cut into equilateral triangular pieces with side length of 15 cm, placed into Petri dishes, immersed into a growth medium reaching to half the gel thickness and sterilized at 100 °C streaming steam for 1 h, three times.

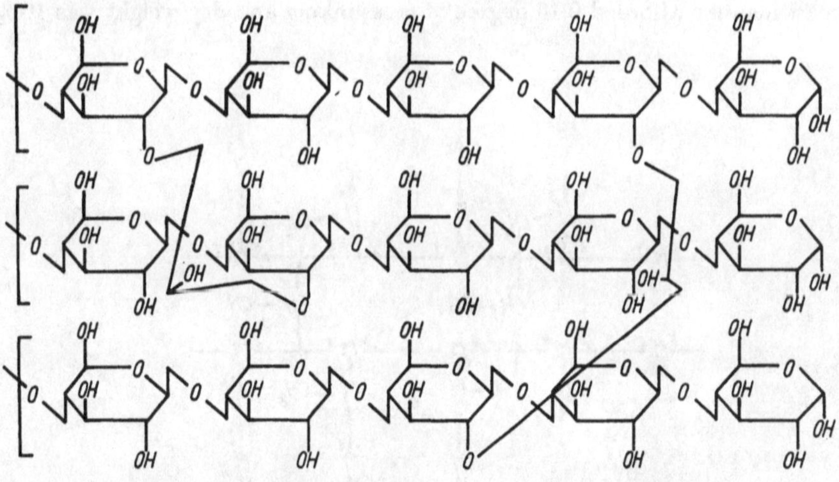

Fig. 3. Structure of the Crosslinked Xylan

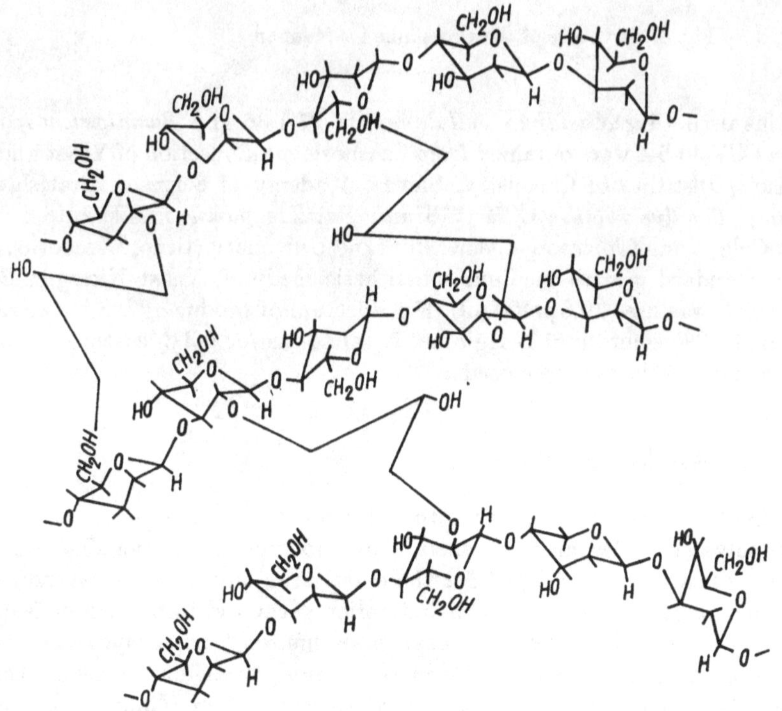

Fig. 4. Structure of the Crosslinked Lichenin

Hydroxyethylcellulose crosslinked afforded degree of crosslinking 0.2 and dry weight of the preparate was 4% (Fig. 1). The gel prepared from amylose had degree of crosslinking 0.14 and dry weight was 8% (Fig. 2). The gel prepared from xylan afforded degree of crosslinking 0.17 and dry weight 10% (Fig. 3). The gel prepared from lichenin had degree of crosslinking 0.14 and dry weight 10% (Fig. 4). The gel preparation from yeast mannan afforded 0.15 degree of crosslinking and dry weight was 10% (Fig. 5).

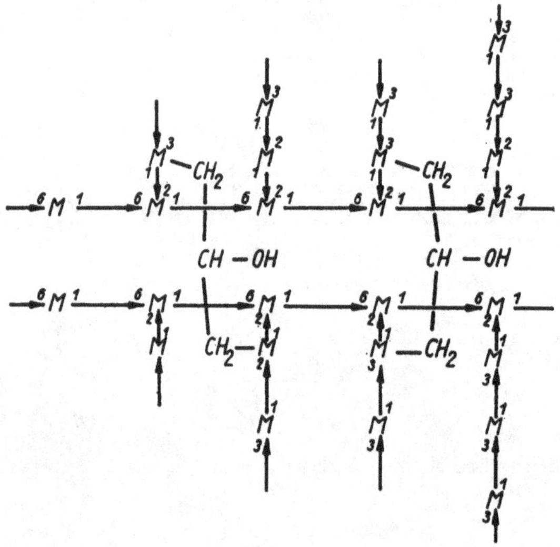

Fig. 5. Structure of the Crosslinked α-Mannan

Strains used. *Aureobasidium pullulans* CCY 27-1-36 and *Basidiotrichosporon cellulolyticum* CCY 30-5-4 were obtained from Czechoslovak Collection of Yeast and Yeast-like organisms, Institute of Chemistry, Slovak Academy of Sciences, Bratislava (Czechoslovakia), *Bacillus subtilis* CCM 1718 and *Bacillus pumilus* CCM 2218 from Czechoslovak Collection of Microorganisms, Purkyně University (Brno, Czechoslovakia).

As a standard growth medium a synthetic medium, Yeast Nitrogen Base (YNB, Difco USA) was used (0.6 g/100 ml). For selection of producing strains among bacteria additional 0.2% solution of L-arginine, L-valine and/or 0.3% casein hydrolysate after 5th, 10th and 15th passage was used.

Results and Discussion

According to our results obtained with isolated enzymes, the gels prepared from crosslinked polysaccharides as mentioned above (degree of crosslinking 0.1—0.2) have proved substrate properties just for the endo-acting enzymes (the enzymes attacking the chains of polysaccharides in their interior parts and in a random fashion). Their substrate properties for exo-acting enzymes are limited to some glycosyl units remaining between the non-reducing termini and the nearest crosslinks to them. Total amount of these glycosyl units represents, according to degree of crosslinking and the molecular weight of the polysaccharides less than 0.1%.

The gels have been used for characterization of producing strains among yeast and yeast-like organisms (alfa-amylase, mannanase, endo-cellulase, xylanase, and licheninase) including more than 1000 collection strains and several hundreds of isolates. We characterized several hundreds of representatives of bacteria (*Streptomyces*, *Pseudomonas*, *Nocardia*, *Bacillus* and numerous representatives of *Aspergillus*, *Rhizopus*, *Penicillium* *Cladosporium*, *Botrytis*, *Alternaria* (Zemek and Kuniak [3]).

Table I

Production of α-1,4-glucan glucanohydrolase by bacillus subtilis

Original strain CCM 1718 Passage N°	Specific Activity 3.46 U/mg
I	4.12
II	4.68
III	5.16
V	6.19
VIII	6.56
XI	7.43
XIV	7.96
XVI	8.24
XVIII	8.22

Table II

Production of endo-cellulase by basidiotrichosporon cellulolyticum

Original strain CCY 30-5-4 Passage N°	Specific Activity 0.09 U/mg
I	0.17
II	0.37
III	0.78
V	1.14
VIII	1.57
XI	1.86
XIV	2.23

When working with the gels we realized however, that the specific activity as a measure of capability of the strains to produce α-1,4-glucan glucanohydrolase (alfa-amylase, EC 3.2.1.1), β-1,4-glucan glucanohydrolase (endo-cellulase, EC 3.2.1.4), β-1,4-xylan xylanohydrolase (xylanase, EC 3.2.1.8), β-1,3(4)glucan glucanohydrolase (licheninase, EC 3.2.1.6) and the endo-acting activity, responsible for splitting the chains of α-mannan proved to be enhanced following a passage method on the gels containing diffusion-distributed components of a cultivation medium enriched with amino acids in some passages (Zemek et al. [4]). Results obtained in selection of amylase producers B. subtilis are demonstrated in Tab. I. Specific activity of the strain selected further on the gels from crosslinked amylose was enhanced more than twice according to the original producing strain. *Basidiotrichosporon cellulolyticum* (*Trichosporon cutaneum*) enhanced specific activity for endo-cellulase production after 15th passage on the gel from crosslinked hydroxyethylcellulose almost 25 times. Selection was carried out using YNB medium without additional amino acids (Tab. II).

Producing properties of *Bacillus pumilus* in respect to β-1,3(4)glucan glucanohydrolase were enhanced almost 4 times. Additional aminoacids were applied however to the growth medium after 5th, 10th and 15th passage (Tab. III). Production of β-1,4-xylan xylanohydrolase by Aureobasidium pullulans was enhanced more than 3 times after passage on the gel from crosslinked xylan (Tab. IV).

Table III

Production of β-glucanase by bacillus pumilus

Original strain CCM 2218 Passage N°	Specific Activity 0.37 U/mg
I	0.41
II	0.44
III	0.68
V	0.75
VIII	0.90
XI	1.10
XIII	1.16
XV	1.32

Table IV

Production of β-1,4-xylan xylanohydrolase by aureobasidium Pullulans

Original strain CCY 27-1-36 Passage N°	Specific Activity 0.54 U/mg
I	0.63
II	0.78
III	1.16
VIII	1.54
XII	1.68
XV	1.75
XVIII	1.86

The splitting products of a crosslinked polysaccharide represent oligosaccharides substituted with hydroxypropan crosslinks, predominantly in their C-2 and C-6 positions. The substituents are responsible for slower decomposition of these analogues of enzyme-inducers via glycosidases in comparison to the corresponding natural oligosaccharides. On the other hand, radial diffusion of D-glucose from the liquefied craters and cavities resulting from the action of endo-acting hydrolases proceeds with higher speed than those of oligosaccharide-analogues. The best producing isolates indicate themself through size (depth and width) of the craters in the gel.

The isolates picked out in the first days were found to be better producers than those picked from the unified craters and totaly liquefied media in the later days. It can be assumed that selection of the producing strains using the polysaccharide modifications is more effective because "pure" media without agar-agar are used. (Agar-agar can be considered in this case as an interfering substance.)

References

[1] ZEMEK, J., and Ľ. KUNIAK: A method of testing endo-cellulase enzyme activity during cultivation of microorganisms. Czechoslov. Patent N° 183169 (1977)

[2] ZEMEK, J., and Ľ. KUNIAK: A method of testing of microbial polysaccharide-hydrolases. Czechoslov. Patent N° 186059 (1978)

[3] ZEMEK, J., and Ľ. KUNIAK: Polysaccharide modifications as media for testing microorganisms on production of hydrolases. International Symposium on Carbohydrate Chemistry, London (1978). Abstracts p. 477–478

[4] ZEMEK, J., Ľ. KUNIAK and J. AUGUSTÍN: A method of selection of microorganism on polysaccharide-hydrolase production. Czechoslovak. Patent Appl. N° 4379 (1978)

Forschungsabteilung des VEB Prowiko Schönebeck, DDR

Stammselektion mikrobieller Enzymbildner unter Einbeziehung automatisierter Analysenmethoden

R. Borriss und E. Gorges

Für die Anreicherung von Hyperproduzenten extrazellulärer Enzyme stehen bisher keine selektiven Systeme zur Verfügung. Die Wahrscheinlichkeit zum Auffinden einer Mutante (Pm) bleibt damit die Funktion der Mutationsrate m und der Anzahl der untersuchten Proben (N) [4]:

$$Pm = 1 - \frac{1}{e^m} \qquad \text{wobei} \quad m = \alpha N$$

Hochaktive Produktionsstämme lassen sich daher nur über die Testung einer möglichst großen Anzahl von Isolaten, die eine möglichst hohe Mutationsrate aufweisen, gewinnen.

Aus diesen Gründen widmeten wir in Zusammenhang mit der angestrebten Aktivitätserhöhung unserer Produzentenstämme den Fragen

– Optimierung der Mutationsbedingungen zur Erzielung einer hohen Mutationsrate
– Optimierung der quantitativen Analyse zur Erzielung eines möglichst großen Probendurchsatzes

gleich große Aufmerksamkeit. Für die von uns durchgeführte stufenweise Selektion, die für die Gewinnung von Mutanten mit quantitativen Merkmalen im allgemeinen typisch ist [1], bewährte sich der Einsatz alkylierender Agentien einerseits [3] und zum anderen die quantitative Merkmalsüberprüfung in einem automatischen Analysensystem. Die hier vorgestellten Befunde wurden an dem prokaryotischen System „β-Glucanase von *Bacillus* IMET B 376“ und dem eukaryotischen System „Amylase von *Aspergillus oryzae* F 15“ erhalten.

Automatische Analysenmethoden

Alpha-Amylase

Bestimmung der Alpha-Amylase in einem kontinuierlichen Analysenautomaten, der aus verschiedenen handelsüblichen Bauteilen zusammengesetzt war: Probenehmer APS 2 N (1), Dosierpumpen „Contiflo“ (2), Thermostat TB 150 (1), Spektralphotometer „Spekol“ mit Durchflußküvette (1), Zeiß-Kompensationsbandschreiber (1), Spannungskonstanthalter „Statron“ 220/0,45 (1) und dem Leitungssystem.

Weitere Daten des Systems:

Mischzeit Enzym mit Substrat (Stärke): 25 sec
Inkubationszeit für die Enzymreaktion: 7 min
Inkubationstemperatur: 37 °C

Der Nachweis des enzymatischen Stärkeabbaus erfolgte mit Jod-Jodidlösung.

Reagenzien: 0,001 N Jod-Jodidlösung in 0,01 N HCl
0,1% Stärkelösung (lösliche Stärke, Chemapol)
in 0,02 M Acetatpuffer pH 4,6

Das Prinzip der Methode wird aus der Abb. 1 deutlich. Die Methode hat einen nahezu titrimetrischen Charakter, da nur innerhalb eines sehr engen Konzentrationsbereiches eine lineare Beziehung zwischen Enzymaktivität und Entfärbung der Stärkelösung nach Jodzugabe existiert. Die Umrechnung der negativen Schreiberausschläge in Enzymeinheiten (z. B. FAU, SKB oder Amylase-Einheiten [8]) war nach vorausgehender Eichung mit einem Vergleichsenzym bekannter Aktivität (Fungamyl) möglich.

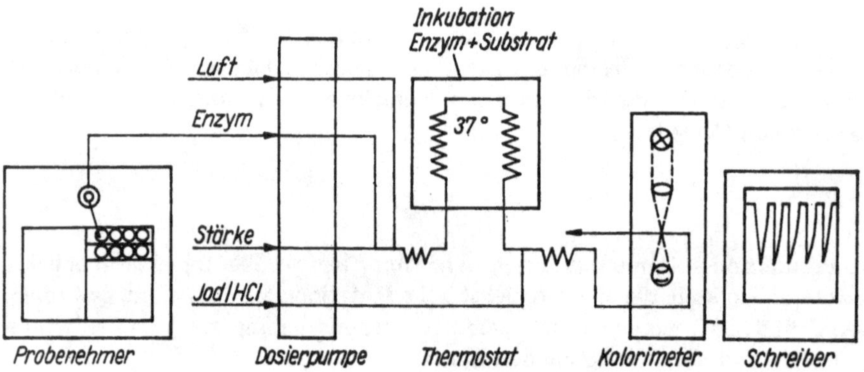

Abb. 1. Anordnung des Analysensystems für die kontinuierliche α-Amylase-Bestimmung

β-Glucanase

Bestimmung der β-Glucanaseaktivität mit einem kontinuierlichen Analysenautomaten (VEB MLW-Prüfgerätewerk Medingen, Sitz Freital), der ursprünglich für die Bestimmung von Blutzucker konzipiert wurde [6]. Grundlage für die automatische Enzymbestimmung war, in Übereinstimmung mit der TGL-Methode [5], der kolorimetrische Nachweis, der durch enzymatische Hydrolyse aus Lichenin freigesetzten reduzierenden Gruppen. Folgende Modifikationen im Ver-

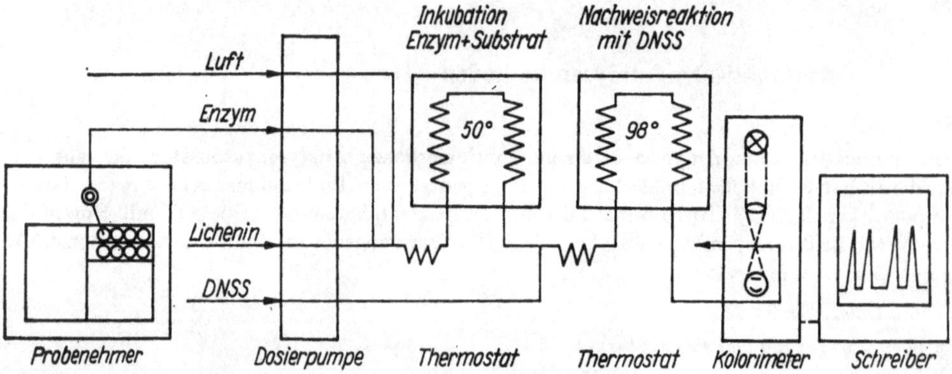

Abb. 2. Anordnung des Analysensystems für die kontinuierliche β-Glucanase-Bestimmung

gleich zur Handmethode wurden vorgenommen:

- Konzentration des Substrats Lichenin: 0,1%
- Konzentration des Reagens DNSS: DNSS-Stammlösung (Herstellung nach TGL 29166/02 [5] wird unter Zusatz von NaOH (30,4 g/2 l) 1:20 in aqua dest. verdünnt. Auf den Zusatz von K-Na-Tartrat wurde verzichtet, da dadurch eine gestörte Nullinie resultierte. Um die Oxidation der verdünnten Reagenzlösung zu vermeiden, erfolgte eine Überschichtung mit Toluol.

Im einzelnen bestand das Analysensystem aus folgenden Positionen: Automatischer Probenspeicher APS 2 N (1), Dosierpumpe DP-2.2 (1), Thermostat U 10 (2), Durchflußkolorimeter DFK 1 (1), Wechselspannungsregler Statron 0,45—1200 (1), Kompensationsbandschreiber EZ 31 (1) und dem Leitungssystem. Das Prinzip der Methode geht aus der Abb. 2 hervor. Inkubationstemperatur für das Enzym-Substratgemisch: 50 °C.

Zuverlässigkeit (Variationskoeffizient) und Testfrequenz

Für die Beurteilung der Selektanten hinsichtlich des Merkmals Enzymproduktion schieden qualitative und semiquantitative Teste (z. B. Tüpfelteste, Agardiffusionsteste usw.) wegen ihrer ungenügenden Aussagefähigkeit von vornherein aus. Die stufen-

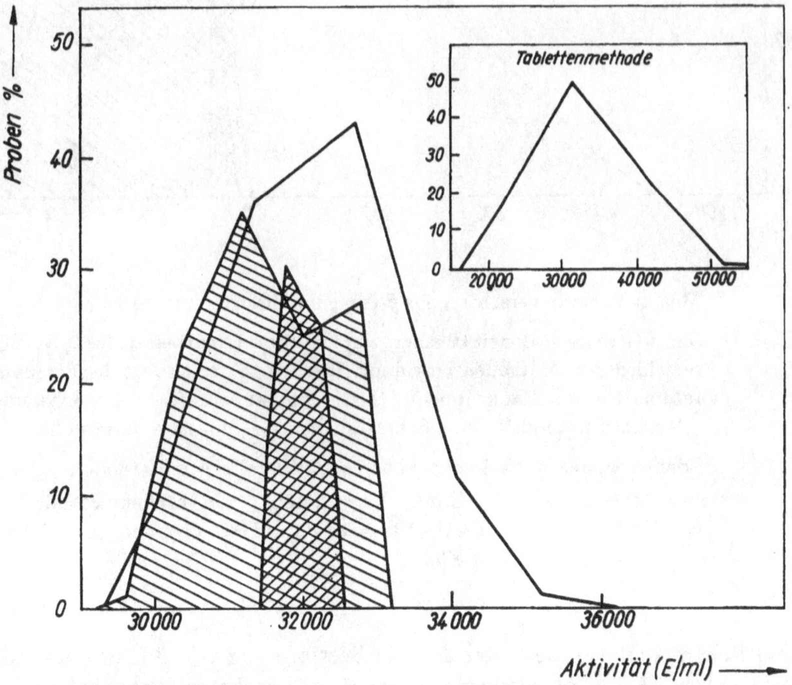

Abb. 3. Variabilität verschiedener Amylasebestimmungsmethoden. Die Analysenergebnisse, die nach wiederholten Bestimmungen einer Enzymprobe („Fungamyl“, spez. Aktivität: 32000 E/ml) erhalten wurden, wurden in fünf Klassen unterschiedlicher Klassenbreite eingeordnet. Doppelt schraffiert ist der Streubereich der modifiz. Jod-Stärke-Baugruppen-Methode, einfach schraffiert die Jod-Stärke-Methode mit der Baugruppe, ohne Schraffur die DNSS- und die Kolben-Handmethode dargestellt. Im Einsatz der Abb. 3 wurde der Streuungsbereich der Tablettenmethode dargestellt.

weise Selektion von geeigneten Stämmen erforderte die sichere Identifizierung von Produzentenstämmen, die sich in ihrem Enzymbildungsvermögen um nicht mehr als 5—10% von dem Ausgangsstamm unterschieden. Andererseits sollte die eingesetzte Analytik einen möglichst großen Probendurchsatz ermöglichen. Durch den Einsatz der

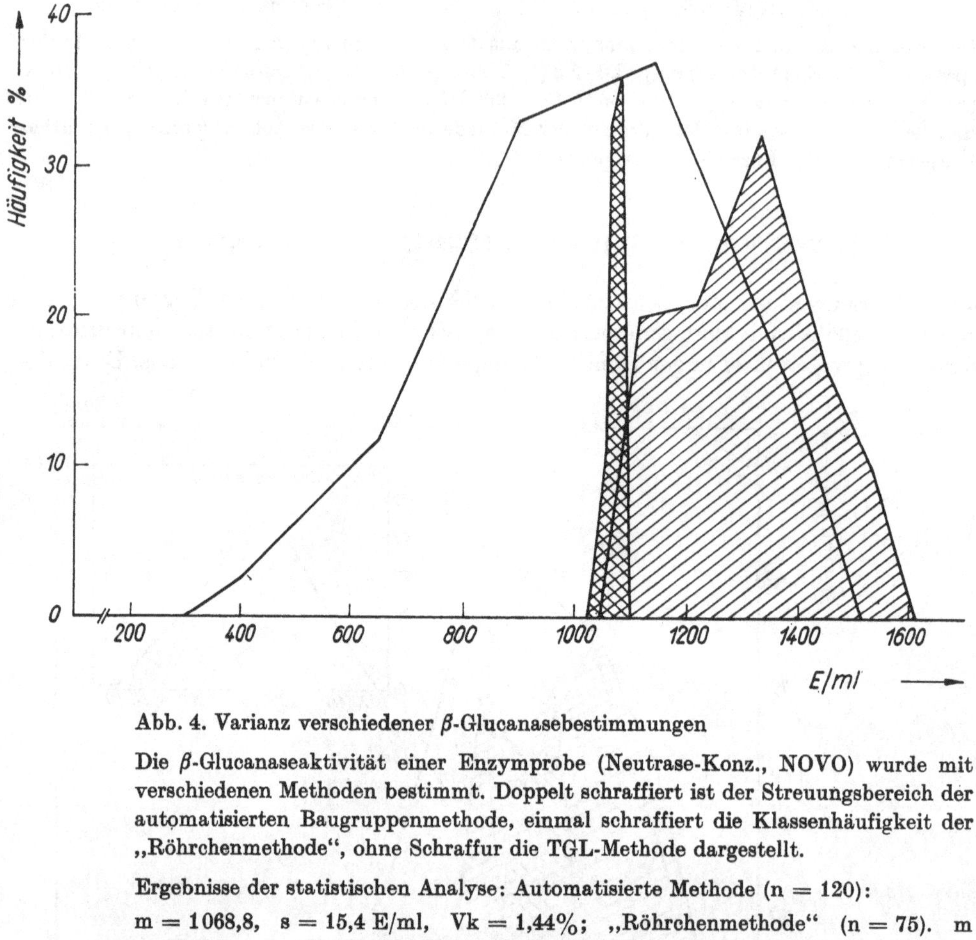

Abb. 4. Varianz verschiedener β-Glucanasebestimmungen

Die β-Glucanaseaktivität einer Enzymprobe (Neutrase-Konz., NOVO) wurde mit verschiedenen Methoden bestimmt. Doppelt schraffiert ist der Streuungsbereich der automatisierten Baugruppenmethode, einmal schraffiert die Klassenhäufigkeit der „Röhrchenmethode", ohne Schraffur die TGL-Methode dargestellt.

Ergebnisse der statistischen Analyse: Automatisierte Methode (n = 120): m = 1068,8, s = 15,4 E/ml, Vk = 1,44%; „Röhrchenmethode" (n = 75). m = 1303,7, s = 139,3 E/ml, Vk = 10,7%; TGL-Methode (n = 100) m = 1020,8, s = 237,5 E/ml, Vk = 23%.

automatischen Analysenmethoden für die Bestimmung von β-Glucanase (E.C. 3.2.1.73) und α-Amylase (E.C. 3.2.2.1) wurde ein Analysendurchsatz von ca. 40—60 Bestimmungen/h erreicht und damit eine Steigerung des Testumfangs gegenüber den üblichen Handbestimmungsmethoden um das 3—4fache erreicht. Hinsichtlich ihrer Genauigkeit erwiesen sich die automatischen Bestimmungen ebenfalls als überlegen (Abb. 3, 4, Tab. 1). Die Variationskoeffizienten für die Baugruppenmethoden lagen bei $V_k = 0,98$ (α-Amylase) und $V_k = 1,44$ (β-Glucanase) gegenüber > 3 bei den nichtautomatisierten Bestimmungen.

Tabelle 1

Vergleich unterschiedlicher Amylasebestimmungsmethoden

Methode	m (E/ml)		s (E/ml)	Vk (%)	n
1. Kolbenmethode	32022	±	1047	3,25	100
2. DNSS-Methode-Baugruppe	32016	±	1037	3,24	100
3. Jod-Stärke-Methode Baugruppe	31519	±	949	3,01	100
4. Modif. Jod-Stärke-Methode-Baugruppe	32127	±	319	0,98	100
5. Tablettenmethode nach ZEMEK (pers. Mitt.)	32828	±	7066	21,52	103

Zur Durchführung der Analysen siehe BORRISS [3].
Von einem Enzymstandard in geeigneter Verdünnung (Fungamyl, Fa Novo) wurden wiederholt Bestimmungen (n = 100—103) nach den einzelnen Analysenmethoden durchgeführt.
Erklärung der Zeichen: m = Mittelwert, s = Standardabweichung

Selektion von aktiven α-Amylase-Produzenten

Die Selektion aktiver Amylase-produzierender Stämme von *Aspergillus oryzae* F 15 erfolgte unter Einsatz eines mehrstufigen Mutagenisierungsprogramms, in dem UV-Strahlung, Nitrosoguanidin, Nitrosomethylharnstoff und Hydroxylamin als Mutagene eingesetzt wurden. Stammanzucht, Zusammensetzung und Herstellung des synthetischen Testmediums und die Kultivierungsbedingungen unterlagen einer strengen Stan-

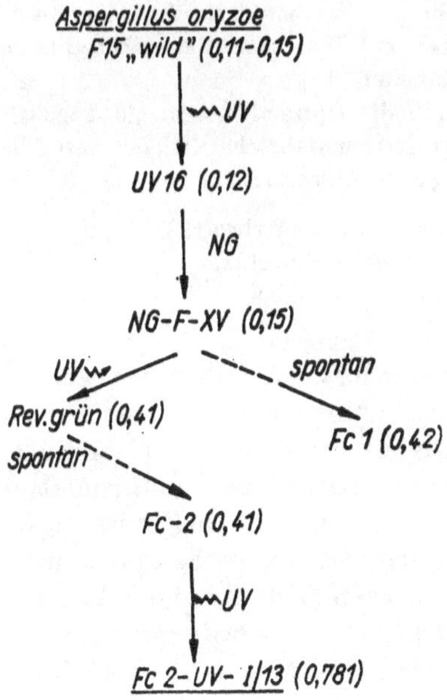

Abb. 5. Genealogie von Mutanten von *Aspergillus oryzae* (Übersicht)

Abkürzungen: UV = UV-Bestrahlung,
NG = Mutagenisierung mit Nitrosoguanidin.

Die Zahlenangaben in Klammern stellen die FAU/ml [8] dar, die nach Fermentation der Isolate in Czapek-Dox-Medium mit Stärkezusatz [3] erhalten wurden.

dardisierung [3]. Insgesamt wurde die α-Amylase-Aktivität von mehr als 30000 Einzelkulturen mit den von uns entwickelten automatischen Analysenmethoden überprüft. Die Aktivität des Stammes wurde dabei von 0,15 FAU/ml auf 0,78 FAU/ml, d. h. auf mehr als das fünffache gesteigert (Abb. 5).

Gewinnung leistungsfähiger Produktionsstämme von *Bacillus* IMET B 376

Isolierung und Eigenschaften von *Bacillus* IMET B 376 wurden vorher beschrieben [2]. Die Auswahl geeigneter Stämme für die Produktion von β-Glucanase erfolgte in zwei Etappen:

— Isolierung von aktiven β-Glucanaseproduzenten nach Mutagenbehandlung
Gewinnung stabiler Produktionsstämme durch Selektion aus dem Reservoir aktiver
— β-Glucanaseproduzenten.

Tabelle 2

Einfluß des Alters der Kolonien auf die Enzymausschüttung von B. Imet B 376

Alter der Kolonien	m		s	max	min	chiq (f = 2)	n
6 Tage	55,7	±	10,8	99	26	12,8	21
5 Tage	61,5	±	7,1	99	44	10,0	20
4 Tage	58,4	±	11,9	99	38	7,9	19
3 Tage	70,8	±	9,4	99	55	—	21
2 Tage	54,0	±	14,1	99	18	13,1	18

Ausplattierung der Zellen auf Nähragar. Wachstum der Kolonien 2—6 Tage bei 34°, dann Überimpfung auf Schrägagar und Test unter Standardbedingungen. Angabe der Aktivität in „Baugruppen-Einheiten" [3].
Der chi-Quadrat-Test wurde gegen die Optimalvariante „3 Tage alte Kolonien" durchgeführt. Bei Annahme einer Irrtumswahrscheinlichkeit von 5% ergeben alle anderen Kolonien signifikante negative Abweichungen.

Erklärung der Zeichen: max = maximaler Einzelwert,
min = minimaler Einzelwert,
chiq = Chi-Quadrat-Test

Im Fortgang der Untersuchungen wurde insbesondere dem zweiten Punkt erhöhte Aufmerksamkeit gewidmet und nur solche Stämme ausgewählt, die nach Vereinzelung (Ausplattierung auf Nähragar) in der Aktivität der Kolonien eine geringe Streubreite aufweisen. Durch die Anwendung der automatisierten Bestimmungsmethoden war eine notwendige Voraussetzung für die exakte und reproduzierbare Ermittlung der Standardabweichung („Streubreite") der Isolate gegeben. Da weitere Faktoren, insbesondere das Alter der Agarkolonien (Tab. 2), einen erheblichen Einfluß auf die Aktivität der β-Glucanase ausübten, wurden auch die Anzucht- und Testbedingungen so konstant wie möglich gehalten. Insgesamt wurden mehr als 3000 Kolonien, die nach Nitrosoguanidin-

Behandlung von *B.* IMET B376-35/11 erhalten wurden, nach einem einheitlichen Schema getestet. Dabei zeigte sich, daß deutliche Aktivitätssteigerungen über das in dem Ausgangsstamm bereits erreichte Aktivitätsniveau sehr schwer erhalten wurden (Abb. 6). Eine Verlangsamung des Selektionstempos bei der Auslese immer aktiverer Produktionsstämme wurde von verschiedenen sowjetischen Autoren auch bei vielen Antibiotika-

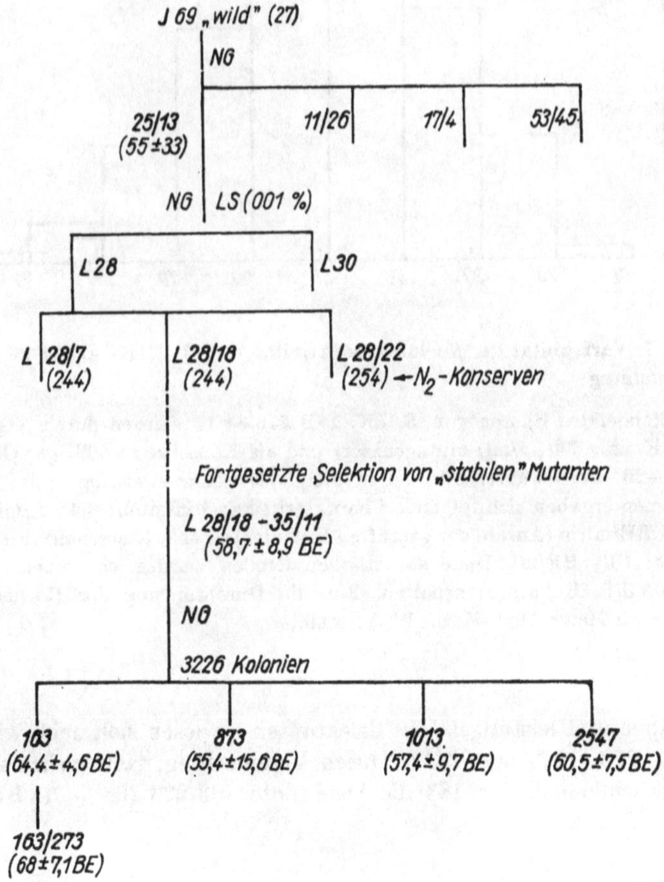

Abb. 6. Selektion von β-Glucanaseproduzenten von *Bacillus* IMET B 376 (Übersicht)
Die Aktivitätsbestimmung wurde mit dem Bausteinsystem zur automatischen Analyse durchgeführt. Die erhaltenen relativen Aktivitäten (BE) sind zusammen mit der Standardabweichung in Klammern vermerkt.

produzenten beobachtet [7]. Alichanjan [1] erklärte dieses Phänomen mit einer „Übersättigung" der hochaktiven Produktionsstämme mit einer Vielzahl physiologischer Mutationen. Dadurch erhöht sich die Wahrscheinlichkeit, daß jede weitere Mutation in diesen Stämmen zu einem letalen Effekt führt.

Die Aufspaltung der Population nach der Mutagenisierung von 35/11 veranschaulicht die Abb. 7.

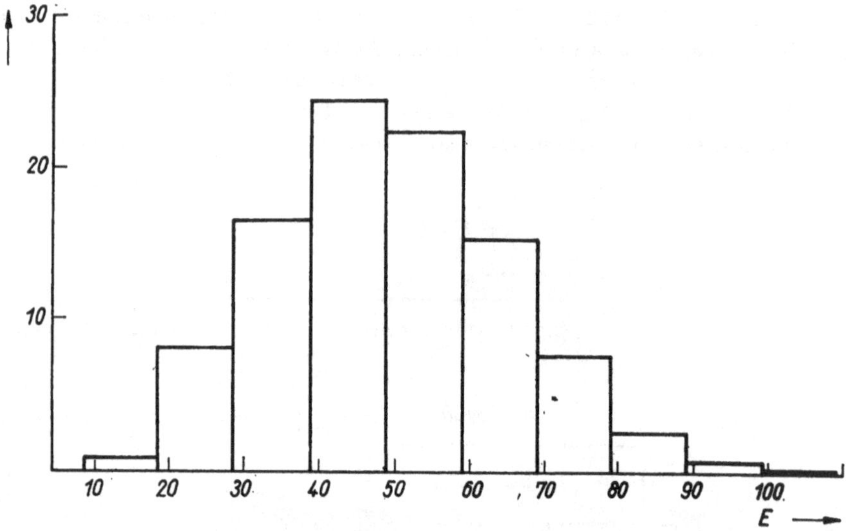

Abb. 7. Variabilität der β-Glucanaseaktivität von *B.* IMET B 376-35/11 nach NG-Behandlung

Die keimenden Sporen von *B.* IMET B 376-35/11 wurden durch NG-Behandlung (NG-Konz.: 500 µg/ml) mutagenisiert und als Konserve in 50%iger Glycerinlösung bei −20° aufbewahrt. Für die in diese Versuchsauswertung einbezogenen 2458 Kolonien ergaben sich folgende Charakteristika: Minimum: 8,4 BE/ml, Maximum: 109,4 BE/ml, n (Anzahl der geprüften Kolonien): 2458, Klassenanzahl: 10, Klassenbreite: 10,1 BE/ml. Diese statistischen Größen wurden von einem Kleinrechner C 8205 Z/1 (Robotron) erhalten. Für die Durchführung der Rechenoperationen danke ich Herrn Dipl.-Math. W. Nickel.

Als relativ stabile und leistungsfähige Selektanten erwiesen sich nach wiederholtem Test die Nr. 163, 873, 1013 und 2547. Durch Vereinzelung nach mehrmaligem Ausplattieren wurde schließlich aus 163 die Selektante 163-273 (68 ± 7,1 BE) erhalten (Tab. 3).

Tabelle 3

Isolierung von Selektanten nach Mutagenbehandlung (Nitrosoguanidin) von B. Imet B 376–35/11

Selektante	m		s	max	min	chiq	n
35-11	58,7	±	8,9	74,4	35,1	—	15
163	64,3	±	4,6	73,8	57,2	5,6	15
163/273	68,7	±	7,1	85,5	59,1		16
873	55,4	±	15,6	90,5	22,8	1,7	15
1013	60,0	±	9,7	74,4	28,4	1,6	15
2547	60,5	±	7,5	79,8	35,1	0,4	15

Schlußbetrachtung

Bei der Anwendung anspruchsvollerer genetischer Methoden für das „improvement“ mikrobieller Enzymproduzenten steht die industrielle Mikrobiologie noch am Anfang. Für den erfolgreichen Einsatz molekularbiologischer Prinzipien in diesem Bereich sind eine Vielzahl von Voraussetzungen notwendig, die erst in den seltensten Fällen gegeben sind [3]. Mutation und Selektion bleiben daher bis jetzt die üblichen Methoden zur Erhöhung der Stammleistung. Dabei hat sich ein mehrfacher Wechsel des Mutagens im Verlauf der Stammselektion als zweckmäßig erwiesen. Durch die Einbeziehung automatischer Analysenmethoden wurde versucht, das Fehlen spezifischer Anreicherungsverfahren zu kompensieren. Die dabei erreichten Resultate: Steigerung der β-Glucanaseproduktion von *B.* IMET B 376 und der α-Amylaseproduktion von *A. oryzae* F 15 um den Faktor 3—5, weisen nach, daß mit dieser Methodik industriell brauchbare Produktionsstämme entwickelt werden können.

Literatur

[1] Alichanian, S. J.: Grundlagen der Genetik und Züchtung industriell genutzter Mikroorganismen. G. Fischer-Verlag, Jena 1972

[2] Borriss, R.: Verfahren zur Herstellung eines Glucan hydrolysierenden Enzyms. DDR-Patentschrift WP 130422, 1974

[3] Borriss, R.: Extrazelluläre Glucanasen sporenbildender Mikroorganismen — Produktion und Eigenschaften. Dissertation B, Martin-Luther-Universität Halle 1978

[4] Burnett, J. H.: Mycogenetics. An introduction to general genetics of fungi. J. Wiley & Sons, London, New York, Sydney, Toronto 1975

[5] Fachbereichstandard Brauereienzym (Prüfvorschrift) TGL 29166/02, 1973

[6] MLW Prüfgerätewerk Medingen (Firmenschrift) Kontinuierlicher Analysenautomat zur Bestimmung von Glukose, o. J.

[7] Morosowa, E. S.: Vergleich der Variabilität der Antibiotikabildung bei Mutantenstämmen von *Act. streptomycini* (russ.). Genetika 4 (1965), 31

[8] Novo Industri (Firmenschrift). Determination of fungal-amylase. Analytical method AF 91/3 GB, 1978

Institut für Enzymologie und Technische Mikrobiologie, 1017 Berlin, DDR

Methoden zur Konservierung von bakteriellen Produktionsstämmen und ihre Bewertung

J. HUBER, E. SCHMIDT und M. SCHÖNHERR

Bei der Aufbewahrung industriell genutzter Mikroorganismenstämme treten häufig Eigenschaftsänderungen einschließlich Aktivitätsverluste auf, die allgemein unter dem Begriff „Degeneration" zusammengefaßt werden.

Es ist das erklärte Ziel jeder Stammhaltung, degenerative Erscheinungen jeder Art — so weit wie möglich — auszuschalten und die Lebenderhaltung der Stämme über längere Zeiträume hinweg zu gewährleisten.

Die günstigsten Bedingungen der Aufbewahrung, die auf eine uneingeschränkte Konservierung der individuellen Stammeigenschaften hinauslaufen, sind in Abhängigkeit von der spezifischen Reaktionslage der Mikroorganismen von Fall zu Fall neu zu ermitteln. Alle Konservierungsverfahren beinhalten notwendigerweise die Reduzierung des Stoffwechsels der Zellen und die Verminderung des Wachstums. Die Hemmung des Stoffwechsels und des Wachstums kann durch einen weitgehenden Entzug des für alle Lebensprozesse notwendigen Wassers — Ausfrieren inbegriffen — erreicht werden.

Bei der Erhaltung enzymbildender Bacillen hat sich die Konservierung der Stämme durch einfache Trocknung, durch Lyophilisierung und durch Einfrieren unter Verwendung flüssigen Stickstoffs unterschiedlich bewährt.

Das einfache Trocknen von aeroben Sporenbildnern des Genus *Bacillus,* von denen bekanntlich mehrere Stämme zur Herstellung von α-Amylase, β-Glucanase, neutraler und alkalischer Protease, Xylanase und anderer Enzympräparate benutzt werden, kann vorteilhafterweise an Trägermaterialien, wie z. B. Erde, Sand, Lehm, Silikagel, Filterpapier, an diversen organischen Materialien und an künstlichen Polymeren erfolgen. Das Austrocknen der Trägermaterialien und der zu konservierenden Zellen kann entweder über einem Trocknungsmittel und/oder zur Beschleunigung des Vorganges durch Anlegen von Vakuum bzw. durch einfache Dehydratisierung an wasserbindenden Oberflächen erfolgen. Die Restfeuchte der getrockneten Bakterien soll zweckmäßigerweise bei 1 bis 2% liegen.

Als Trocknungsbeispiele unterschiedlichen Erfolgs seien hier die Aufbewahrung von Bacillen in einem Erde-Sand-Gemisch und die Dehydratisierung von Zellen an Silikagel erwähnt.

Die konservierende Trocknung von *Bac. subtilis* in Erde-Sand sichert im allgemeinen hohe Überlebensraten, da offenbar noch ein beachtlicher Teil der vegetativen Zellen während des Trocknens oder danach versporen. Während nach dieser Methode das Erreichen einer relativ hohen Überlebensrate für alle eingesetzten Stämme des Taxons *Bac. subtilis* möglich ist, treten andererseits aber bei den einzelnen Stämmen differenzierte Aufspaltungserscheinungen auf. So sind beispielsweise α-amylasebildende *Bac.*-

subtilis-Stämme etwa drei bis vier Jahre nach ihrer Trocknung in Erde-Sand ohne nennenswerte Degenerationserscheinungen haltbar, wohingegen andere Enzymbildner nach dieser Aufbewahrungszeit starke degenerative Züge zeigen, die sowohl morphologisch als auch leistungsmäßig faßbar sind. Als weitere Bewertungskriterien werden hier — wie in den nachfolgenden Untersuchungen — neben der Koloniemorphologie und der Enzymbildung die Wachstumsgeschwindigkeit und die Menge des in der Kulturlösung verbleibenden Restzuckers herangezogen. An einem anderen Beispiel, nämlich bei der Dehydratisierung von Zellen des *Bac. subtilis* an Silikagel, möchte ich Ihnen einige andere Charakteristika, die sich hier ergeben, vorstellen. Beim Hydratisieren der Bakterien an Silikagel überleben weniger Zellen als in Erde-Sand. Die verringerten Überlebensraten kommen dadurch zustande, daß nur die versporten Zellen den Prozeß der Dehydratisierung überstehen, während die vegetativen Zellen an den Oberflächen des Silikagels abgetötet werden. Von methodischer Bedeutung für dieses Verfahren sind die Qualität des verwendeten Schutzmediums (Magermilch besitzt hier eine gute Eignung), die Korngröße des Silikagels (sie lag zwischen 0,11 und 0,5 mm) und das Verhältnis des Flüssigkeitsvolumens der Bakteriensuspension zur vorgelegten Silikagelmenge in der Ampulle. Von weiterer Bedeutung ist die Tatsache, daß freie Phagen von lysogenen Bakterienpopulationen an Silikagel irreversibel adsorbiert werden. Dazu folgende Nachweisführung: *Bacillus-subtilis*-Zellen wurden mit Phagen PZ-A und PZ-B infiziert. Diese phagenhaltige Bakteriensuspension, mit etwa 10^8 Plaque bildenden Einheiten/ml, wurden auf sterilisiertes Silikagel aufgetropft. Nach Ablauf von 3 Stunden, 1 Tag und 1 Woche konnten bei Reisolierungsversuchen zwar noch lebende Bakterien, aber keine freien Phagen mehr isoliert werden. Andererseits war eine Trennung von phagenfreien und phageninfizierten *Bac.-subtilis*-Zellen an Silikagel nicht möglich.

Als eine weitere interessante Konservierungsmethode zur Erhaltung von aeroben Sporenbildnern hat sich das Einfrieren mit flüssigem Stickstoff erwiesen. Bei Verwendung von flüssigem Stickstoff sind der Gefriervorgang und der Prozeß des Auftauens die kritischen Vorgänge. Beim Einfrieren ist der Ablauf so zu steuern, daß die mechanische Zerstörung der Zellen bzw. der Zellorganellen durch Eisbildung weitgehend ausgeschlossen wird, die Proteine durch die Dehydratisierung nicht leiden und die mit der Eisbildung einhergehende Konzentrierung der Elektrolyte in der Zelle nicht schädigend wirkt.

Wir haben festgestellt, daß unsere *Bac.-subtilis*-Stämme eine Gefriergeschwindigkeit mit einer zeitbezogenen Temperaturerniedrigung von 1 °C pro min bis zum Erreichen von etwa −20 bis −30 °C besser vertragen als ein plötzliches Einfrieren in oder über flüssigem Stickstoff, d. h. bei −196 °C bzw. etwa bis −165 °C.

Für die Stickstoffkonservierung können entweder Oberflächenkulturen in kleineren Kulturröhrchen mit Hochschichtagar und Watteverschluß oder flüssige Inocula in zugeschmolzenen Ampullen verwendet werden. Die mit Wattestopfen versehenen Kulturröhrchen sind nur über der Oberfläche des flüssigen Stickstoffs aufzubewahren, die zugeschmolzenen Ampullen können auch in den Stickstoff eingelegt werden. Bei der Verwendung von Flüssigkulturen kommt man ohne Kryoprotectiva nicht aus. Als Schutzstoffe dieser Art haben sich Glyzerin, Zucker und Dimethylsulfoxid bis zur Konzentration von 20% bewährt. Für den Auftauprozeß erwies sich das Stehenlassen der Gefrierkulturen bei Zimmertemperatur als gut geeignet. Die bisherigen Erfahrungen zeigen, daß die Eigenschaften der als Agarkulturen aufbewahrten Bacillen über flüssigem Stickstoff besser erhalten werden können als flüssige Inocula, die in flüssigem Stickstoff gelagert werden.

The Czechoslovak Collection of Microorganisms Brno, Czechoslovakia

Maintenance of Microorganisms Used in Industry

M. Sovadina and M. Kocur

The desire to prolong life has existed in mankind from time immemorial and has been referred not only to man, but also to his environment. The microbiologist directs his efforts to this effect to prolonging the life span of microbes. In general, he achieves this by bringing cells in the state of zero metabolism and by reconstituting them after a certain and, if possible, long period of time. The reconstituted cells should of course retain the characteristics of the original culture.

A particularly challenging task is the maintenance of microorganisms used in industry. The stability of properties determining their use is conditioned by genetic stability which is manifested by the stability of morphological, physiological, biochemical and antigenic properties [8]. Their retention is a prerequisite in the maintenance of strains and for the preparation of type sera, vaccines and cultures used in industry in general. The aim of preservation must therefore be the retention of maximum viability and constant genotype. The frequency of spontaneous appearence of mutants is negligible in itself, but can be increased unter the influence of various physical factors or chemical substances. These influences, which are inherent in some preservation methods, will be the subject of my present paper.

The principle of preservation is the slow-down of metabolism, frequently to a degree approaching its cessation. This can be achieved in various ways: by restricted nutrient supply, reduced water content in the system or storage at low or very low temperatures [3].

In choosing the method we should consider the merits and shortcomings and possible adverse effects of each method as well as the requirements of the microorganism involved. No preservation method can be regarded as universally applicable, since each method has, in a sense, adverse effects on viability or can affect some properties of the microorganism.

One group of methods comprises procedures used for short-term maintenance of cultures. They include: (1) Transfer to agar slants or inoculation into deep agars. These methods are used routinely in laboratory work and are convenient for a majority of aerobic bacteria, yeasts and fungi. This approach involves various modifications. The culture tubes are stored at 4 °C or at room temperature, invariably in the dark. Survival varies with different species and may be as long as several years. (2) Maintenance under paraffin oil; such culture tubes are also easy to prepare and subcultivation is possible without damaging the culture. (3) Maintenance in distilled water, which is suitable to mycelial fungi, yeasts and some bacteria.

One of the oldest preservation methods is maintenance at low temperatures. In this way biochemical and physical processes, which under normal temperature conditions permit tissue function and thus lead to ageing and death, are slowed down or brought to a standstill, if very low temperatures are employed. In this connection it should be remembered that physical processes are not as sensitive to a temperature fall as biochemical ones, so that it is not enough to decrease temperature to the freezing point at which biochemical processes stop, but physical processes go on. This would impair the cells in consequence of increased electrolyte concentration in them and in their vicinity [5]. Therefore the environment in which cells are frozen should be kept within certain limits. This is achieved by means of cryoprotective substances, generally glycerol and dimethylsulphoxide. Their addition not only restricts formation of ice crystals which cause mechanical injury to the cells, but also suppresses the rise in the concentration of salts in solutions because these substances allow them to remain liquid even at temperatures that are considerably lower than is their eutectic temperature. The action of these substances is mainly physical. Conceivably they must not be toxical and must be able to penetrate the cell wall so that they may act inside the cell.

Another group of maintenance methods is based on drying, i.e. on reduction of water content in the cells and their environment. This method is used very frequently in a number of modifications. They involve drying from the liquid state either an adsorbents of various character (molecular sieves, sand, alusil, gelatine, etc.), predried peptone plugs, paper discs or in protective media, and freeze-drying, i.e. drying from the frozen state.

Freeze-drying is a widely used method, the main advantages of which are easy storage and handling of ampoules. The drawback is the combined adverse effect of drying and freezing. Retention of a 100% viability is not necessary because microorganisms replicate from the rest that survives. During the freeze-drying process the microorganism goes through 5 stages from the time that it leaves culture medium to the time it is reconstituted. These 5 stages are preparation of suspension, freezing, drying, storage and rehydration [1]. Cell survival on freeze-drying is influenced by several factors. It is well established that different organisms are affected to varying degrees by the same freeze-drying conditions. On the one hand, we have, e.g., *Streptococcus pyogenes*, representing very resistant microbes. On the other hand, we have Leptospirae in which freeze-drying is difficult or quite impracticable. Another underlying factor is, no doubt, culture age, i.e. growth phase. The data published to date have provided convincing evidence to this effect, but no general rule can be inferred [2]. Nutrition and cell density affects the survival of microorganisms only if protective media are not employed. The role of protective media is the most explored aspect of the problem. Stabilizing agents such as sodium glutamate, glucose and inositol are added to various colloid solutions [4, 7]. They have to restrict adverse effects of reactions between carbonyl compounds and amino groups present in the microbial structure and to keep residual water content at an optimum level. The adverse effects of freezing on the cell have already been mentioned. Least information is available as to the optimum temperature of dessication.

The question of storage should be considered in view of the following additional influences:

The atmosphere inside the ampoule may be either air, vacuum or inert gas. Air, however, affects adversely viability by the presence of oxygen and humidity.

Storage temperature should be preferably 4 °C; here the evidence available is unequivocal.

Light has demonstrably a detrimental effect on the viability of freeze-dried bacteria.

Certain residual level of humidity is essential to survival of freeze-dried cultures. A 0.5 to 1.5% range of residual humidity is achieved by incorporation of hydrocarbons. Some failures in the maintenance of bacteria by means of freeze-drying can be ascribed to wrong reconstitution procedures. An important factor is volume, temperature and composition of the rehydration fluid [6].

In discussing the problem of storage of cultures used in industry we have to pay attention to their protection by patents. Storage of biological materials poses certain problems that are difficult to reconcile with patent law requirements. An invention must be described in detail and a drawing is often attached so as to make the invention reproducible at any time. The problem with microorganisms is how to safeguard them against loss, since it may be difficult, if not impossible, to obtain them for a second time. This led some investigators in the field of microbiology to deposit patent strains in culture collections. Experience obtained during the past few years has shown advantages of this type of deposit. Another complication with patent strains is that according to regulations valid in some countries samples of such strains should be deposited in all countries where the patent application is made. The World Intellectual Property Organization together with the committee of the International Paris Union of the Protection of Industry Property prepared a draft of the Treaty of the International Recognition of the Deposit of Microorganisms for the Purposes of Patent Procedure. The Treaty was approved by the Budapest Diplomatic Conference in 1977. It has consolidated hitherto varying requirements of different countries as to patent procedure where use of a microorganism is involved.

The main features of the Treaty are as follows:

(1) The deposit of a microorganism with any international depository authority for the purposes of patent procedure is recognized by all contracting states.

(2) The treaty is a special agreement in accordance with Article 19 of the Paris Treaty on the Protection of Industrial Property. The Treaty can be ratified only by member states of the Paris Union. This, however, does not apply to intergovernmental organizations. These organizations can accept the obligation to recognize the international deposit of microorganisms in accordance with the Treaty, but have only the status of observers in the Budapest Union. One of such intergovernmental organization is the European Patent Organization.

(3) A depository institution can acquire the status of international depository authority on the basis of assurances, furnished by the contracting state on the territory of which it is located, to the effect that the said institution complies and will continue to comply with the requirements specified in this Treaty and the Regulations.

(4) As to furnishing samples of deposited microorganisms to a third person, the right to require a sample is regulated by the legislation of the state where the patent application was made (or the patent was granted) and not by the legislation of the state where the sample is deposited [9].

The Treaty was signed at the end of the Budapest Diplomatic Conference by the representatives of Bulgaria, Denmark, Finland, France, the German Federal Republic, Great Britain, Hungary, Italy, the Netherlands, Norway, Spain, Switzerland and the USA. Czechoslovakia has also taken steps in this respect.

From this information it appears that the role of culture collections is not limited to the maintenance of cultures. Culture collections have become integral part of microbiological practice and have contributed to its development. A professional culture collection supplies cultures with pertinent data and must provide information on cultivation, maintenance, classification and nomenclature of deposited cultures. It also provides identification services, maintains cultures for other institutions and accepts patent cultures for deposit.

The Czechoslovak Collection of Microorganisms (CCM) in Brno is an internationally recognized institution for deposit of cultures according to the Budapest Treaty, is a member of the World Federation of Culture Collections and accepts cultures for deposit also from abroad. It maintains cultures of bacteria, mycoplasmas, viruses and fungi, published a catalogue of cultures and supplies cultures to research and scientific institutions free of charge, but only on the basis of a written order signed by the head of the respective institution. The majority of strains in the Collection are maintained in the freeze-dried state. The ampoules are stored in refrigerators or metal cases in a room having a constant temperature of 8 °C. Part of the cultures is stored at very low temperatures in containers filled with liquid nitrogen. The CCM has therefore all prerequisites for the maintenance of industrially important cultures.

In conclusion let me express the hope that my paper has contributed to a better understanding of the role of culture collections in general.

References

[1] FRY, R. M.: Freezing and drying of bacteria. in MERYMAN, H. T. (ed.) Cryobiology. Acad. Press London and New York, 1966, 665–693

[2] HECKLY, R. J.: Preservation of bacteria by lyophylization. Advances in Appl. Microbiol., **3** (1961), 1–76

[3] LAPAGE, S. P., J. E. SHELTON, T. G. MITCHELL and A. R. MACKENZIE: Culture collections and the preservation of bacteria. In NORRIS, J. R., RIBBONS, D. W. (eds.) Methods in Microbiology. Acad. Press London and New York, 1970, 1–135

[4] MARSHALL, B. J., G. G. COSTE and W. J. SCOTT: A study of factors affecting the survival of dried bacteria during storage. CSIRO Austr. Div. Food Res. Tech. Pap. **39** (1974), 1–29

[5] MAZUR, P.: Physical and chemical basis of injury in single-celled micro-organisms subjected to freezing and thawing. In MERYMAN, H. T. (ed.) Cryobiology. Acad. Press London and New York, (1966), 214–310

[6] MERYMAN, H. T.: Freeze-drying. In MERYMAN, H. T. (ed.) Cryobiology, Acad. Press London and New York, 1966, 610–660

[7] MORICHI, T., R. IRIE, N. YANO and H. KEMBO: Protective effect of glutamic acid and related compounds on bacterial cells subjected to freeze-drying. J. gen. appl. Microbiol., **9** (1963), 149–161

[8] SERVIN-MASSIEU, M.: Effects of freeze-drying and sporulation on microbial variation. Current Topics in Microbiol. Immunol., **54** (1971), 119–150

[9] – Budapest treaty on the international recognition of the deposit of microorganisms for the purpose of patent procedure. Text of the treaty and of the regulations. WIPO – Geneva, 1977

Institute of Microbiology, USSR Academy of Sciences, Moscow

An Increase in the Proteolytic Activity of *Thermoactinomyces vulgaris* PA II-4a upon its Storage in the Freeze-dried State

M. B. YAKOVLEVA, I. A. USAITE and L. G. LOGINOVA

Different species of actinomycetes are characterized by considerable variability [4, 5, 8]. This is also true of thermophilic forms [2, 13]. Several authors, both in this country and abroad, are interested in the problem of storage of actinomycetes [6, 10, 11, 12]. In particular, this concerns those actinomycetes which produce antibiotics, enzymes or other biologically active compounds, and are to be stored for a long period of time.

We have isolated *Thermoactinomyces vulgaris* PA II-4a, a thermotolerant actinomycete, from cattle rumen. The culture produces an exocellular protease which exhibits lytic activity towards certain gram-negative and gram-positive bacteria, yeasts, fungi, and algae [3, 9]. The parent strain had colonies of gray colour with well-developed aerial mycelium. We have selected a culture with high proteolytic activity and still capable of producing aerial mycelium [9]. The strain contained a dark-brown pigment and spontaneously gave rise to four variants which differed in the extent of pigmentation and proteolytic activity. Variants produced by the culture of *Th. vulgaris* PA II-4a on a solid peptone-maize medium, their activity and proportion in the population are given in Tab. 1.

Table 1
Spontaneous variants and their proteolytic activity in the population of Thermoactinomyces vulgaris PA II-4a

Variant	Content of colonies of different variants %	Proteolytic activity PU × 10^{-3}/ml	Proteolytic activity %
population	100	15.3 ± 11.6	100
dark-brown	51.8	20.4 ± 5.7	133.0
light-brown	42.0	12.9 ± 3.3	84.3
sector	5.8	23.0 ± 5.2	150.2

Two variants prevailed in the population: a dark-brown and a light-brown. The former produced more protease and its activity exceeded that of the population by 33%. The activity of the latter was the lowest among the variants: it was by 16% lower than the activity of the population.

A medium of the following composition was selected for cultivating the actinomycete and obtaining the highest enzyme activity (%): maize flour, 2.0; dry ground fodder yeast, 0.5; ammonium sulfate, 0.1; chalk, 0.1; tap water; pH 7.0—7.2. The culture was grown under the submerged conditions in 250-ml Erlenmeyer flasks containing 50 ml of the medium. This medium was inoculated with the culture of *Th. vulgaris* PA II-4a grown on a solid peptonemaize medium for five days.

While being transferred onto a fresh medium, the culture dissociated and yielded inactive variants; therefore, it was necessary to find a method of storing the culture for a long period of time during which its proteolytic activity would remain at the same level. For this purpose, several methods of storage were tested, namely, on peptone-maize agar, in soil, and in the freeze-dried state. The proteolytic activity of stored samples was assayed every three months during a year. All of the methods revealed a gradual increase in the proteolytic activity, particularly when the culture was stored in the freeze-dried state (Fig. 1). By the 12th month of storage, the proteolytic activity of the thermotolerant actinomycete was three times as high as that of the population (Tabl. 2)

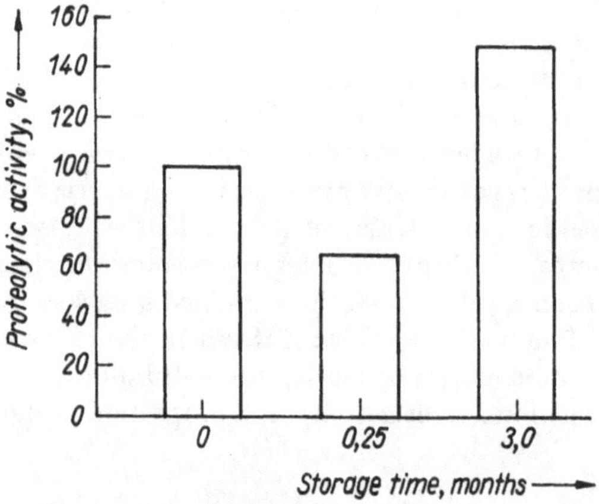

Fig. 1. The dependence of the proteolytic activity on the time during which *Thermoactinomyces vulgaris* PA II-4a was stored in the freeze-dried state.

Table 2

The influence of different storage methods on proteolytic activity Th. vulgaris PA II-4a

Storage methods	Storage temperature	Storage time, month					
		6		9		12	
		PU 10^{-3}/ml	%	PU 10^{-3}/ml	%	PU 10^{-3}/ml	%
liophylization	+4°C	21.7	128	31.6	187	52.4	310
liophylization	+20°C	26.7	158	38.8	230	42.4	259
soil culture	+20°C	35.5	210	27.7	164	28.0	166
soil culture + vitamine	+20°C	28.4	168	32.2	191	33.6	199
PMA	+4°C	15.8	84	35.3	209	31.2	185
PMA	+20°C	35.9	212	21.5	187	24.4	144

Note: the initial proteolytic activity — 16.6×10^{-3} PU/ml — 100%

(50×10^{-3} PU/ml). This increase may be due to the selection of the most active dark-brown variants. Since the method of freeze-drying was most effective for storage, we tried to find how long the spores should be hydrated by suspending them in distilled water after storage of the culture in the freeze-dried state [1, 7]. To this end, the freeze-dried spores of *Th. vulgaris* PA II-4a were kept in distilled water for 30, 60 and 120 min, then inoculated on the solid peptone-maize medium, and incubated at 50 °C (Tab. 3). When the spores were suspended for 30 min in distilled water, this was found to be quite sufficient for reactivating them since longer incubation hardly had any effect on the level of proteolytic activity.

Table 3
The effect of time for which spores are incubated in water on the proteolytic activity of Th. vulgaris Pa II-4a

Time for which spores are incubated in destilled water	Proteolytic activity, PU $\times 10^{-3}$
30	22.6
60	18.1
120	19.2

Note: the proteolytic activity of the culture before freeze-drying was 15.9 PU $\times 10^{-3}$/ml.

The spore suspension was inoculated then onto plates with peptone-maize agar, and colonies having dark-brown colour were selected. After growing on plates at 50 °C, the culture was transferred onto the slanted surface of the same medium; these second-passage cultures were used to assay the activity. The plates with colonies were kept in the refrigerator and could be used from ten days to three months.

Our further aim was to find out why the enzyme activity increased in the freeze-dried culture. We suspected that this could be due mainly to different resistance of the variants when the culture was stored for a long time. To check this possibility, we analyzed the activity of the total population, the survival rate of spores, and the relative proportion of the variants in the population after the culture had been stored in the freeze-dried state.

The survival rate of spores when the culture was stored in the freeze-dried state is presented in Fig. 2. The bulk of spores was killed eight days after freeze-drying (65%). Three months later, spores continued to die off though at a lower rate (14%).

The proteolytic activity of the population decreased by 32% immediately after freeze-drying. After three months, the activity not only reached the original level but became condiderably higher namely, by 47% (Tab. 1).

The relative proportion of the variants in the freeze-dried culture sharply changed in the course of storage, and differed, for instance, after eight days and three months of storage when the sealed ampoules were broken. Dark-brown colonies were found to be most resistant to freeze-drying and storage (their number considerably increased

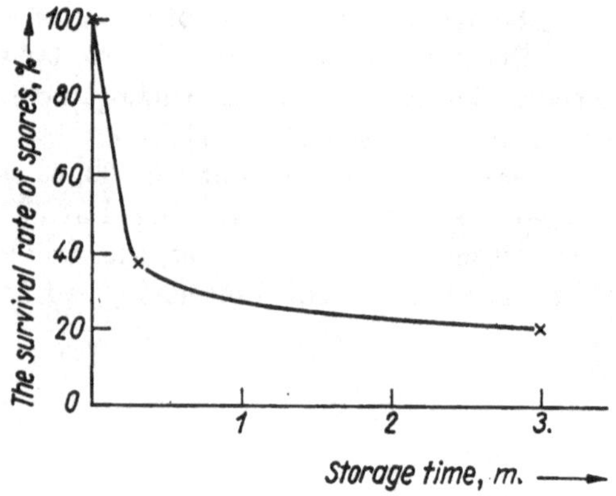

Fig. 2. The survival rate of *Th. vulgaris* PA II-4a spores in the course of storage.

after three months), whereas light-brown variants with low activity were more sensitive and died off at a high rate.

Studies on changes in the relative ratio between the variants in the course of storage of the actinomycete for longer periods of time are in progress.

References

[1] ASLANYAN, R. R.: Antibiotiki (Antibiotics), 8 (1974), 693

[2] FLOCKTON, H. J., and T. J. CROSS: Appl. Bact., **38** (1975), 309

[3] ISMAILOVA, D. Yu., M. B. YAKOVLEVA, I. G. GOLOVINA, and L. G. LOGINOVA: Prikl. biokim. i mikrobiol. (Appl. Bioch. a. Microbiol.), **13** (1977), 219

[4] KALAKOUTSKII, L. V., and E. T. NIKITINA: Uspekhi mikrobiol. (Advances in Microbiol.), **11**, (1976), 75

[5] KRASSILNIKOV, N. A.: Actinomycetes-antagonists and Antibiotics. Moscow (1950) Publ. USSR Acad. Sci.

[6] KUZNETSOV, V. D.: In: Methods of Storage of Microbial Collection Cultures. Moscow (1967) Publ. Science, p. 144

[7] KUZNETSOV, V. D., and E. V. PIVOVAROVA: Mikrobiologiya (Microbiology) **34** (1965), 176

[8] KUZNETSOV, V. D., and E. G. RODIONOVA: Antibiotiki (Antibiotics), 7 (1970), 590

[9] LOGINOVA, L. G., M. B. YAKOVLEVA, I. G. GOLOVINA, and T. I. BOGDANOVA: Mikrobiologiya (Microbiology) **45** (1976), 291

[10] SEMENOV, S. M.: Antibiotiki (Antibiotics), 11 (1973), 1026

[11] SEMENOV, S. M.: Antibiotiki (Antibiotics), 9 (1975), 779

[12] STUDENROTH, H., and H. J. KUTZNER: 5th Int. Ferment. Symp. 4th Int. Spec. Symp. Yeasts, Berlin (1976), Abstr. Pap. Berlin, 179

[13] VYBORNYKH, S. N., Z. A. ARKADYEVA, and N. S. EGOROV: Prikl. biokim. i mikrobiol. (Appl. Bioch. a. Microbiol.), 11 (1975), 374

Genetik und Enzymbildungsvermögen

Institut für Enzymologie und Technische Mikrobiologie, 1017 Berlin, DDR

Synthese von extrazellulären Enzymen durch Bacillus-Zellen — genetische Grundlagen und Möglichkeiten ihrer Beeinflussung

R. Grunow

1. Einleitung

Stämme aus verschiedenen *Bacillus*-Arten werden seit langem für unterschiedliche biotechnische Zwecke genutzt. Seit es in den vierziger Jahren gelungen ist, diskontinuierliche Sterilfermentationsprozesse in immer größeren Tanks zunehmend sicherer zu beherrschen, haben die Bacillen eine immer größere Bedeutung als Produzentenstämme für verschiedene Produktsynthesen erhalten. Abb. 1 gibt eine Übersicht über bekannt gewordene Verwendungsmöglichkeiten.

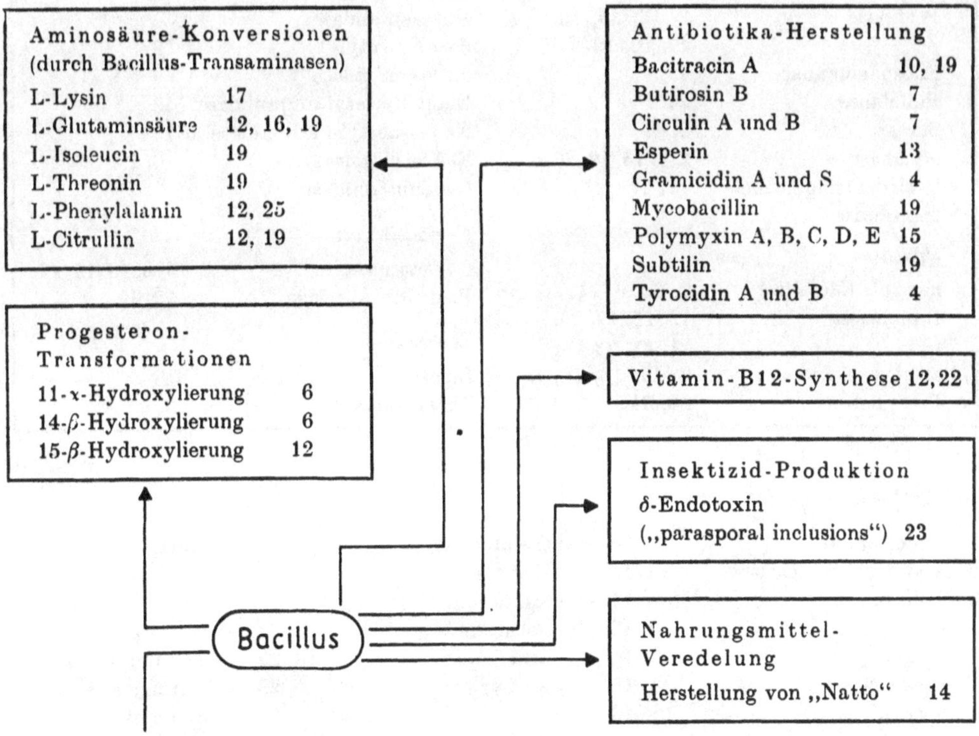

Abb. 1. Übersicht der Verwendung von Bacillus-Stämmen für industrielle Produktsynthesen

Fortsetzung von Abb. 1:

Extrazelluläre Enzyme

Carbohydrasen		saure Proteinase	6
α-Amylase	2, 5, 8, 10, 11, 14, 18, 19, 20, 24	Hybrid-Proteinase	10, 16
		Esterase	19
β-Amylase	6, 12, 15, 24	Aminopeptidase	10, 19
Arabinase	19	*Phosphatasen*	
Cellulase	4, 6, 9, 15, 16, 18, 19	alkalische Phosphatase	2, 6, 19, 24
Chitinase	7	andere Phosphatasen	6, 8, 10, 12, 13, 14, 19
Chitosanase	25	*Nucleasen*	
Dextranase	12, 19	Ribonuclease	2, 6, 16, 19
Galactanase	2, 20	Desoxyribonuclease	2, 6, 8, 16, 17, 19
Glucose-Isomerase	8, 12	3′-Nucleotidase	19
Hemicellulase	6, 9, 10, 15, 16, 19	5′-Nucleotidase	6, 12, 19, 25
Isomaltase	2, 15	*Thiaminase*	22
Lävansucrase	2, 19	*Zellwand-Lysierende Enzyme*	
Laminarase	7, 15, 19, 24	Endo-N-acetyl-glucosaminidase	10, 19
Maltase	19	Exo-N-acetyl-glucosaminidase	19
Mannase	2	Endo-N-acetyl-muramidase	19
Pectinase	7, 13, 15, 16, 17, 18, 19	Exo-N-acetyl-muramidase	19
Phosphomannase	7	N-Acetyl-muramyl-L-alanin-amidase	10, 19
Pullulanase	24	*Penicillinasen*	
Sucrase	2, 19	β-Lactamase	3, 6, 10, 12, 19
Xylanase	2, 9, 15, 19, 20	Penicillin-Amidase	12, 19
Cyclodextringlucano-transferase	12, 24	*Lipasen*	
Proteasen		Lipase	10
neutrale (Metallo-) Proteinasen	2, 6, 10, 11, 12, 15, 19, 20, 21, 22, 23	Phospholipase C	3, 6, 23
alkalische (Serin-) Proteinasen	2, 10, 16, 19, 20, 24		

Nr. der Bacillus-Spezies:

1 — alcalophilus
2 — amyloliquefaciens
3 — anthracis
4 — brevis
5 — caldolyticus
6 — cereus
7 — circulans
8 — coagulans
9 — firmus
10 — licheniformis
11 — macerans
12 — megaterium
13 — mesentericus
14 — natto
15 — polymyxa
16 — pumilus
17 — sphaericus
18 — stearothermophilus
19 — subtilis
20 — subtilis var. amylosaccharit
21 — thermoproteolyticus
22 — thiaminolyticus
23 — thuringiensis
24 — spec. (alkalophil)
25 — spec.

Eine Zusammenstellung der Vorzüge, die Bacillen als produktbildende Eubakterien aus der Sicht der industriellen Mikrobiologie besitzen, gibt Abb. 2 wieder.

1. Vorhandensein einer Vielzahl an genetischen und physiologischen Daten und Informationen aus der Grundlagenforschung.
2. Boden-Mikroorganismen:
   Leichte Selektion von Wildstämmen („Spontanmutanten") mit hohem Enzymbildungsvermögen.
3. Mögliche genetisch-züchterische Manipulationen zur Erhöhung der extrazellulären Enzymaktivität, zur Synthese von Enzymen mit veränderten Substratspezifitäten und/oder mit modifizierten Enzymspektren:
   - Induktion von Mutationen,
   - Gentransfer durch Transformation und Transduktion,
     durch Protoplastenfusion,
     durch genetic engineering

   zur Substitution, Amplifikation und/oder Addition verschiedener Gentypen.
4. Sporulation:
   Sporen als Konservierungsform für industrielle Produktionsstämme.
5. Unkomplizierte Kultivierung:
   Hohe Wachstumsraten und Zellkonzentrationen in einfachen und ökonomisch interessanten Medien.
6. Vorhandensein von Informationen über das know-how industrieller Fermentationen:
   Erfahrungen über die Wachstums- und Produktbildungskinetik auf unterschiedlichen Stufen der Maßstabsvergrößerung.
7. Keine Synthese human- und säugetierpathogener Toxine.

Abb. 2. Vorzüge von Bacillus-Stämmen zur industriellen Produktion von extrazellulären Enzymen

In den vergangenen Jahren wurden einige Übersichten veröffentlicht, die die herausragende Bedeutung von *Bacillus*-Stämmen als Produzenten von extrazellulären Enzymen herausstellen [156, 60, 61, 56, 69, 154]. Im folgenden soll versucht werden, den aktuellen Wissensstand über die genetischen Grundlagen, über den Mechanismus und die Regulation der Biosynthese sowie über die genetisch-züchterische Manipulierbarkeit von enzymbildenden *Bacillus*-Zellen an ausgewählten Beispielen darzustellen.

2. Genetische Grundlagen der Synthese extrazellulärer Enzyme durch Bacillus-Zellen

Für die meisten extrazellulären *Bacillus*-Enzyme (vgl. Abb. 1) liegen keine Untersuchungen über die Determinanten vor, die die notwendigen genetischen Informationen codieren. Ausnahmen bilden α-Amylase, neutrale (Metallo-) Protease und alkalische

(Serin-) Protease von *B. subtilis* (*B. amyloliquefaciens*) sowie Sucrase und Lävansucrase von *B. subtilis* 168. Auf diese Beispiele sollen sich die nachfolgenden Ausführungen beschränken. Die Kartenpositionen der bekannten Cistrons, die extrazelluläre Enzyme steuern, sind aus Abb. 3 zu entnehmen.

Es erweist sich als zweckmäßig, zwei Gruppen von Genen entsprechend der Spezifität ihrer Einflußnahme auf ein oder mehrere Enzyme zu unterscheiden.

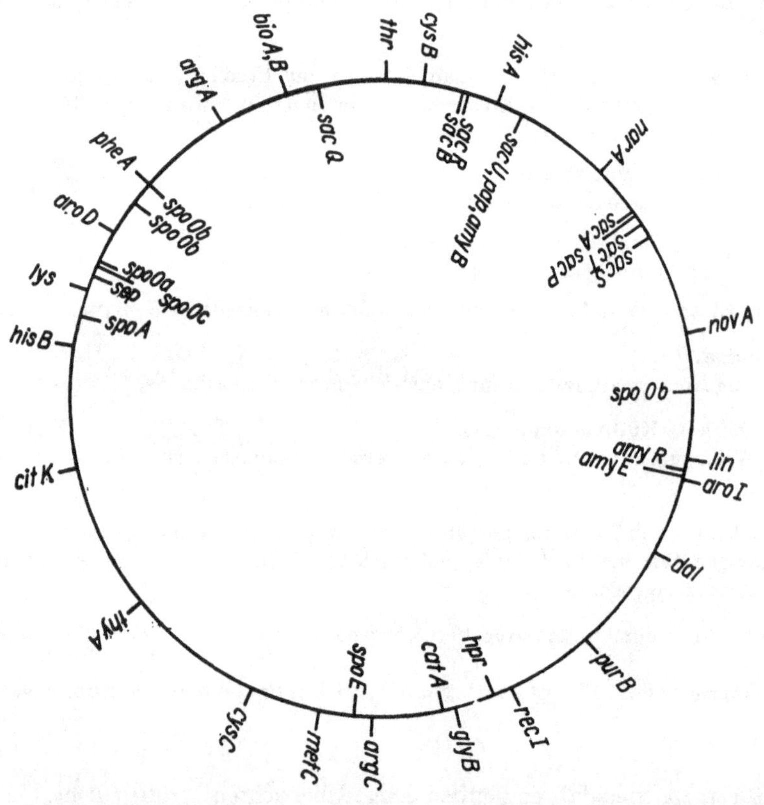

Abb. 3. Genetische Karte von *Bacillus subtilis* 168 mit Angabe der Lokalisation von Genen, die für die Synthese und Exkretion extrazellulärer Enzyme verantwortlich sind.

(Innenfläche = Enzym-Marker, Außenfläche = Referenz-Marker)

2.1. Genetische Determinanten mit direktem Einfluß

Entsprechend dem Prinzip des von JACOB und MONOD [93, 94] entwickelten Operon-Modells ist zwischen Struktur- und Regulationsgenen (Operator- und Regulatorgenen) zu unterscheiden. Für die genannten extrazellulären Enzyme sind Struktur- und Regulationsgene bekannt. Es ist aber meistens unklar, welchem Typ die Regulationsgene angehören. Auf Grund der chromosomalen Lokalisation scheint viel dafür zu sprechen, daß es sich um Operatorgene handelt, jedoch ist diese Folgerung nicht schlüssig.

2.1.1. α-Amylase von *Bacillus subtilis* (*B. amyloliquefaciens*)

Green und Colarusso [70] stellten fest, daß die α-Amylase-Bildung durch transformierbare chromosomale Marker gesteuert wird. Yuki und Ueda [217] fanden eine Kopplung zwischen dem Strukturgen amy und dem Marker aro I (phe-96, aro-116). Das Vorhandensein eines Regulationsgens amy H auf dem aro I entgegengesetzten Ende von amy konnte Yuki [215] nachweisen, so daß sich die Genreihenfolge lin—amy H—amy—aro I—nar B—dal—pur B ergibt (Abb. 4, [216]). Unabhängig davon fanden Yamaguchi u. a. [200] das gleiche Regulationsgen, das sie amy R nannten. Sie stellten

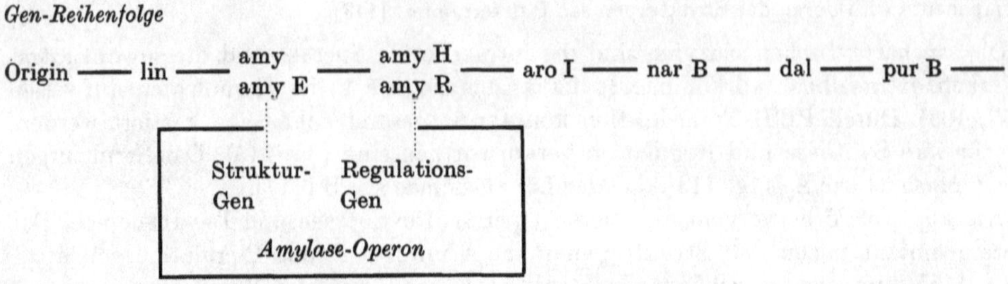

Marker:

aro I	Shikimat-Kinase
dal	D,L-Alanin-Racemase
lin	Lincomycin-Resistenz
nar B	Nitrat-Verwertung
pur B	Bedürfnis für Adenin, Guanin oder Hypoxanthin

Verschiedene allele Formen des Amylase-Strukturgens:

amy E_m	Bacillus subtilis Marburg
amy E_n	Bacillus natto IAM 1212
amy E_s	Bacillus subtilis var. amylosacchariticus

Abb. 4. Amylase-Operon von *Bacillus subtilis* und *Bacillus amyloliquefaciens* (nach Yuki [216] und Yamaguchi u. a. [202]).

außerdem fest, daß *B. subtilis* Marburg und *B. natto* zwar ein gleich positioniertes Amylaseoperon besitzen, die Amylasestrukturgene amy E jedoch so weit verschieden sind, daß Enzyme mit unterschiedlicher Thermoresistenz und unterschiedlicher elektrophoretischer Beweglichkeit synthetisiert werden. Es konnten Stämme mit amy-E-Mutationen erhalten werden, die thermosensitive Amylasen bildeten [207] oder die inaktive Enzymmoleküle produzieren [201, 202, 209]. Durch Transformation konnten Rekombinanten hergestellt werden, die verschiedene Typen von Hybridamylasen ausschieden. Diese Enzymmoleküle bestanden aus Peptidanteilen der Amylasen von *B. subtilis* Marburg (MAR), *B. natto* (NAT) und *B. subtilis* var. amylosacchariticus (SAC) [208].

2.1.2. Lävansucrase von *Bacillus subtilis* 168

Bei der Untersuchung des Saccharose-Stoffwechsels von *B. subtilis* 168 stellte sich heraus, daß ein System aus mehreren Enzymen den Transport der Saccharose in das Zellinnere und die intrazelluläre Zuckerspaltung bewirkt [116].

Der Saccharosetransport durch die Cytoplasmamembran wird durch ein saccharose-induzierbares, phosphoenolpyruvat-abhängiges Phosphotransferase-System bewerkstelligt. Letzteres besteht nach Marquet u. a. [131, 132] aus mindestens zwei nichtspezifischen Proteinen (Enzym I und Phosphocarrier) und einem spezifischen, membrangebundenen Enzym II. Enzym I überträgt Phosphat aus Phosphoenolpyruvat auf das Carrierprotein, aus dessen phosphorylierter Form das Enzym II das Phosphat auf den Zucker transferiert. Enzym II oder seine spezifitätsbestimmende Komponente wird durch das Strukturgen sac P determiniert [113].

Die saccharolytischen Enzyme sind die intrazelluläre Sucrase und die sowohl intra- als auch extrazellulär vorkommende Lävansucrase, die keine Homologien aufweisen [147, 103]. Durch PBS1-Transduktion konnten insgesamt acht Gene kartiert werden, die für ihre Synthese und Regulation verantwortlich sind [96, 115]. Das Strukturgen der Sucrase ist sac A [114, 113], das der Lävansucrase sac B [117].

Wie aus Abb. 5 hervorgeht, existieren Operons für Sucrase und Lävansucrase. Das erstere umfaßt neben den Strukturgenen sac A und sac P das Regulationsgen sac T [113, 115], zum zweiten gehören das Strukturgen sac B und das Regulationsgen sac R

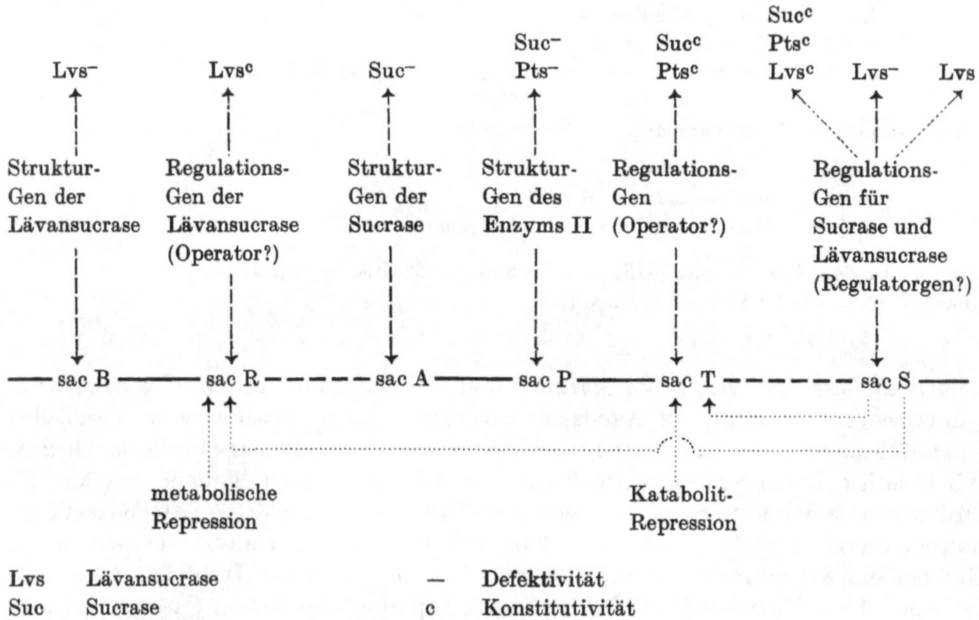

Lvs	Lävansucrase	—	Defektivität
Suc	Sucrase	c	Konstitutivität
Pts	phosphoenolpyruvat-abhängiges Phosphotransferase-System	h	Hyperproduktion

Abb. 5. Operons des Sucrose- (Saccharose-) Systems von *Bacillus subtilis* 168 (nach Lepesant u. a. [116]).

[115]. Beide Operons sind durch andere Gene voneinander getrennt. Entfernt von ihnen befindet sich als weiteres Regulationsgen sac S, von dem Mutationen mit unterschiedlichen phänotypischen Auswirkungen bekannt sind [115, 117]. LEPESANT u. a. [116] nehmen an, daß sac S ein Regulatorgen ist, dessen Produkt mit den Operatorgenen sac T und sac S zu reagieren vermag, obwohl über den Regulationsmechanismus noch keine Aussagen möglich sind.

2.2. Genetische Determinanten mit indirektem Einfluß („pleiotrope Mutationen“)

Neben den Genen, die die Synthese extrazellulärer Enzyme nach dem Operon-Modell steuern, sind weitere Cistrons durch ihre Mutationen aufgefallen, die für die Höhe der Enzymaktivität große Bedeutung haben. Eine Zusammenfassung der verfügbaren Daten ist in Tab. 1 versucht. Aus ihr lassen sich folgende Schlußfolgerungen ziehen:

(1) Die Positionen dieser Cistrons sind weit entfernt von den operonbildenden Struktur- und Regulationsgenen.
(2) Mutationen rufen pleiotrope Effekte hervor:
 – Es werden nicht nur Veränderungen in den extrazellulären Aktivitäten für ein Enzym festgestellt, sondern meistens sind mehrere Enzyme betroffen. Diese Feststellung ist jedoch keine generelle, da nur bestimmte Enzyme entsprechende Veränderungen aufweisen.
 – Es sind simultane Veränderungen in der Struktur der Zellumhüllung (Geißelverlust, fehlende Kompetenz, Autolysine) feststellbar.
(3) Die phänotypischen Konsequenzen lassen darauf schließen, daß die entscheidenden Veränderungen strukturelle und funktionelle Eigenschaften der Cytoplasmamembran betreffen. Diese wirken sich sowohl auf die Charakteristika der Zellwand (Autolysinmuster, -aktivität, Kompetenzverlust), als auch im Unvermögen zur Bildung charakteristischer Organelle (Geißeln) wie auf Synthese- und/oder Extrusionsgeschwindigkeit von Enzymproteinen aus.
(4) Die Mutationen sind keine Veränderungen in Cistrons, die die Informationen für das betreffende Enzym enthalten. Sie induzieren phänotypische Eigenschaftsänderungen der Zellen, als deren Folge u. a. auch die extrazellulär nachweisbaren Aktivitäten bestimmter Enzyme Veränderungen erfahren. Bei dieser Betrachtung wären solche Gene als „Ausschleusegene“ anzusehen, womit damit jedoch nur eine Seite wiedergegeben wird. Unbestritten dürfte sein, daß ihre Auswirkungen zwar dramatisch, aber indirekt sind.

3. Mechanismus der Biosynthese von extrazellulären Bacillus-Enzymen

Enzyme sind Proteine und werden von der Zelle nach dem generellen Schema der Proteinbiosynthese hergestellt. Extrazelluläre Enzyme weisen gegenüber intrazellulären Enzymen die Besonderheit auf, daß sie die synthetisierende Zelle verlassen und dabei die komplizierten Strukturen der Zellumhüllung durchdringen müssen. Der Prozeß von der Synthese, einer ersten Vorstufe als enzymspezifischem Zwischenprodukt, bis zum Vorliegen des aktiven Enzymmoleküls stellt eine Sequenz aus vielen Einzelreaktionen dar, die noch weitgehend unbekannt ist. Der komplizierte Mechanismus be-

Tabelle 1

Phänotypische Auswirkungen von pleiotropen Mutationen in unterschiedlichen Stämmen von Bacillus subtilis

Mutation	phänotypisches Merkmal								Literatur
	PROT	AMY	LVS	CTF	SPO	MOT	FLA	AUT	
Wildtyp	+	+	+	+	+	+	+	+	
amy B	h	h	h	nb	nb	—	—	nb	Sekiguchi u. a. [173] Steinmetz u. a. [185]
pap^{+}	h	h	nb	—	nb	—	—	—	Yoneda u. a. [211] Yoneda u. a. [212] Ayusawa u. a. [8] Yoneda u. Maruo [210] Steinmetz u. a. [185]
sac U^{h}	h	h	h	—	—	—	—	nb	Kunst u. a. [102] Steinmetz u. a. [185] Lepesant u. a. [116]
sac Q^{h}	h	h	h	—	—	+	+	nb	Kunst u. a. [102] Steinmetz u. a. [185] Lepesant u. a. [116]
cat A	h	nb	+	nb	—	+	+	nb	Ito u. Spizizen [92]
hpr	h	+	nb	nb	nb	+	+	nb	Higerd u. a. [84]

PROT extrazelluläre Aktivitäten für neutrale und alkalophile Proteasen
AMY extrazelluläre Aktivität für α-Amylase
LVS extrazelluläre Aktivität für Lävansucrase
CTF Transformierbarkeit (Kompetenz für genetische Transformation)
SPO Sporulationsrate
MOT Beweglichkeit
FLA Existenz von Geißeln
AUT relative Aktivitäten für autolytisch wirkende Enzyme
\+ Standardniveau
h Hyperproduktion
— Defektivität, Abnahme, Verlust
nb nicht bestimmt

steht aus einer Folge von qualitativ unterschiedlichen Abläufen, die sich durch ihre Zwischenprodukte beschreiben lassen.

Als Beispiel wird die Synthese der extrazellulären Penicillinase von *B. licheniformis* gewählt, für die von der Arbeitsgruppe um Lampen ein detailliertes Modell entwickelt worden ist.

Penicillinase (β-Lactamase) von *B. licheniformis* 749 ist ein durch Penicillin induzierbares Enzym, das in einer zellgebundenen und in einer extrazellulären Form existiert [150, 151]. Das Enzymmolekül besteht aus einer einzigen Peptidkette (MG = 29000), die keine Cystein- und an beiden Enden Lysin-Reste enthält. Auf Grund seiner physikochemischen Eigenschaften dürfte es eine ziemlich kompakte Kugel darstellen, an deren Oberfläche die endständigen NH_2- und COOH-

Sequenzen liegen [107]. Die Aminosäuresequenz des extrazellulären Enzyms ist seit längerem bekannt [4]. Beide Enzymformen werden durch das gleiche Strukturgen pen P determiniert, das dem Regulationsgen pen I benachbart ist und mit ihm ein Operon bildet [176]. Die Transkription erfolgt in der Richtung pen P → pen I [98]. Die Mutante 749/C produziert das Enzym konstitutiv [49], wobei bis zu 2% des Gesamtproteins aus Penicillinase bestehen können.

3.1. **Teilprozeß I: Transkription** (Abb. 6)

Bei der Transkription wird die Information der Strukturgene auf RNA „überschrieben". Das übernehmen RNA-Polymerasen, die unter Schließen von Phosphodiesterbindungen aus den Nucleosid-Triphosphaten ATP, GTP, CTP und UTP ein einsträngiges RNA-Molekül aufbauen. Dessen Nucleotidsequenz entspricht der des codogenen (+)-Strangs der DNA, wobei die Ableserichtung vom 3'- zum 5'-Ende der DNA verläuft.

Der Aufbau der RNA-Polymerasen von *B. subtilis* ist relativ gut bekannt. Das Enzymmolekül besteht aus einem core aus vier Untereinheiten, den Polypeptiden β' (MG 15000), β (150000), α (MG 41000) und ω (MG 11000), in den Relationen $\beta':\beta:\alpha:\omega = 1:1:2:1-4$ [122]. Die Spezifität der RNA-Polymerase wird durch ein zusätzliches Peptid, den δ-Faktor (MG 55000), determiniert, so daß in vegetativen Zellen bevorzugt rRNA-Cistrons transkribiert werden [89]. Sporulierende Zellen enthalten spezifische Komponenten, die mit δ interferieren und veränderte Spezifitäten ergeben [88, 120, 171, 189]. Ähnliches wurde in phageninfizierten Zellen beobachtet [177, 52]. Der Komplex aus core und δ-Faktor wird Holoenzym genannt.

Das Holoenzym bindet primär an spezifischen AT-reichen DNA-Sequenzen und bildet dabei sog. open promotor-Komplexe. Während das Enzym an die Initiationssequenz gleitet, geht der δ-Faktor verloren. In der Regel ist das erste gebundene Nucleotid ATP, an das weitere Nucleotide angehängt werden. So entsteht am Initiationspunkt ein ternärer Komplex aus DNA, RNA-Polymerase und den Anfangsgliedern des wachsenden RNA-Moleküls. Die nachfolgenden Elongationsschritte werden allein vom core-Enzym ausgeführt. Die Kettenverlängerung des RNA-Moleküls wird gestoppt, wenn der ternäre Komplex A-reiche Terminationssequenzen auf dem codogenen DNA-Strang erreicht. Entscheidende Bedeutung hat die Anwesenheit spezieller Terminationsproteine (z. B. des ϱ-Faktors). Endlich werden am Terminationscodon core und RNA-Molekül freigesetzt.

Als primäres Transkriptionsprodukt wird eine RNA gebildet, die in der Regel als Vorstufe oder Prä-RNA anzusehen ist. Prä-RNA-Moleküle müssen durch einen „Processing" genannten Prozeß in die funktionstüchtige Form überführt werden. Das geschieht durch enzymatisches Abspalten von Nucleotidsequenzen, Anfügen von Nucleotiden am 3'- bzw. 5'-Ende sowie Modifizierungen von Nucleotiden. Die hohe Selektivität dieser posttranskriptionalen Veränderungen beruht auf den Spezifitäten der beteiligten Processing-Enzyme und auf der Sekundärstruktur der Prä-RNA.

Prä-mRNA-Moleküle sind bei Bakterien meist mit den translationsaktiven mRNA-Molekülen identisch. Die Prä-rRNA existiert nicht als selbständige hochmolekulare Vorstufe. Das Processing beginnt während der Transkription und endet, wenn die RNA am (Prä-) Ribosom gebunden ist. Von *Escherichia coli* sind die ähnlichen Wirkungsmechanismen der Processing-Enzyme RNase III, RNase M und RNase P bereits relativ gut bekannt [163]. Die unterschiedlichen tRNAs entstehen durch Zerschneiden bzw. Abtrennen von Nucleotidsequenzen aus mono- bis multimeren Vorstufen. Dabei läuft simultan außer dem Anbringen des CCA-Endes für die Anheftung der Aminosäure eine große Vielfalt an posttranskriptionalen Modifikationen ab, die zur Entstehung einer Vielzahl sog. „seltener" Basen führt [148]. Als Ergebnis des Teilprozesses Transkription liegt damit ein translationsaktives mRNA-Molekül vor, das die genetische Information eines

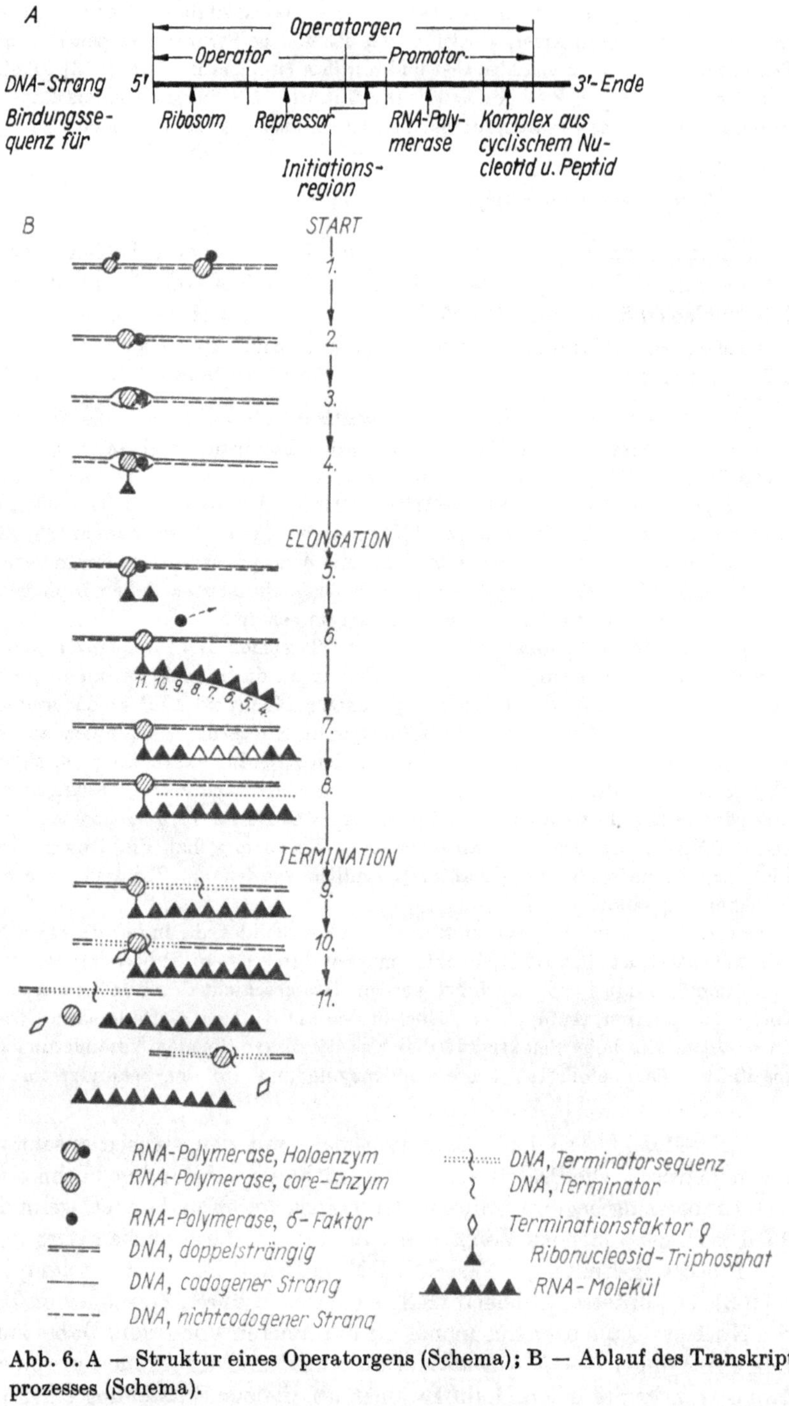

Abb. 6. A — Struktur eines Operatorgens (Schema); B — Ablauf des Transkriptionsprozesses (Schema).

Strukturgens für ein extrazelluläres Enzym enthält. Solche mRNAs können damit als Nichtprotein-Vorstufe des Enzyms angesehen werden.

Die mRNA der Penicillinase von *B. licheniformis* 749 trägt am 5'-Ende einen purinreichen Abschnitt mit einem AG-Gehalt von 72—79%. Derartige Abschnitte zeigen ein ausgeprägtes Stacking [196, 101, 190, 184], verleihen der RNA eine hohe Affinität für Membranen, wo sie im gebundenen Zustand gegen RNase-Abbau geschützt sind [136, 108]. mRNAs mit solchen Eigenschaften sollten ausgezeichnete intrazelluläre Transportvehikel darstellen. Sie wandern zu Polysomen, die an der Innenseite der bakteriellen Cytoplasmamembranen gehäuft anzutreffen sind [26] und an denen die mRNA translatiert wird.

3.2. **Teilprozeß II: Translation** (Abb. 7)

Während der Translation wird die in der Nucleotidsequenz der mRNA codierte Information in die Aminosäuresequenz eines Polypeptids „übersetzt". Der Translationsvorgang, dessen Details an zellfreien Systemen (insbesondere aus *Escherichia coli*) weitgehend aufgeklärt werden konnte, umfaßt eine Reihe von Schritten, die im Cytoplasma und am Ribosom ablaufen. In dem hier interessierenden Zusammenhang wird nur eine skizzenhafte Übersicht der Verhältnisse bei Bakterien versucht. Für weitere Einzelheiten sei auf Literaturübersichten verwiesen [119, 191, 140, 146, 19].

Die Translation läßt sich in folgende Schritte unterteilen:

(1) Die Aktivierung von Aminosäuren wird durch hochspezifische Aminoacyl-tRNA-Transferasen in zwei Teilschritten ausgeführt:

- Freie Aminosäure und ATP werden unter Pyrophosphatabspaltung zu einem Aminosäure-Adenylat-Enzym-Komplex vereinigt, in dem ein Säureanhydrid durch Reaktion der Carboxylgruppe der Aminosäure mit dem Phosphat des AMP entstanden ist.
- Der Aminoacyl-Rest wird unter AMP-Freisetzung auf eine tRNA übertragen, wobei eine Esterbindung zwischen der Carboxylgruppe der Aminosäure und der 2'- oder 3'-OH-Gruppe des CCA-Endes der tRNA geschlossen wird.

(2) Die Funktionalisierung der Ribosomen bedeutet das geordnete Zusammentreten von rRNA, ribosomalen Proteinen und mRNA zu einer Quartärstruktur, an der Aminosäureacyl-tRNA bzw. Peptidyl-tRNA und Translationsfaktoren ansetzen können. Das Ergebnis ist ein elliptisches Partikel von 250—350 Å Durchmesser, das aus zwei verschieden großen Untereinheiten besteht und durch dessen Furche das mRNA-Molekül gleiten kann.

(3) Zur Polypeptidsynthese am Ribosom sind neben Aminoacyl-tRNAs, mRNA und einer funktionstüchtigen Ribosomenstruktur eine Reihe von cytoplasmatischen Proteinen („Faktoren") erforderlich. Es werden drei Teilschritte unterschieden:

- Die Initiation führt zu einem Komplex aus beiden Ribosomen-Untereinheiten, mRNA und Initiator-tRNA (N-Formyl-Met-$tRNA^{fMet}$), wozu die Initiationsfaktoren IF1, IF2 und IF3 sowie GTP benötigt werden.
- Die Elongation wird in fünf Einzelschritte unterteilt:

○ Am Rezeptorort des Ribosoms bindet ein ternärer Komplex aus Aminoacyl-tRNA, GTP und dem Elongationsfaktor EFTu.

○ Durch Abspalten von GDP, anorganischem Phosphat und EFTu wird die Aminoacyl-tRNA korrekt positioniert.

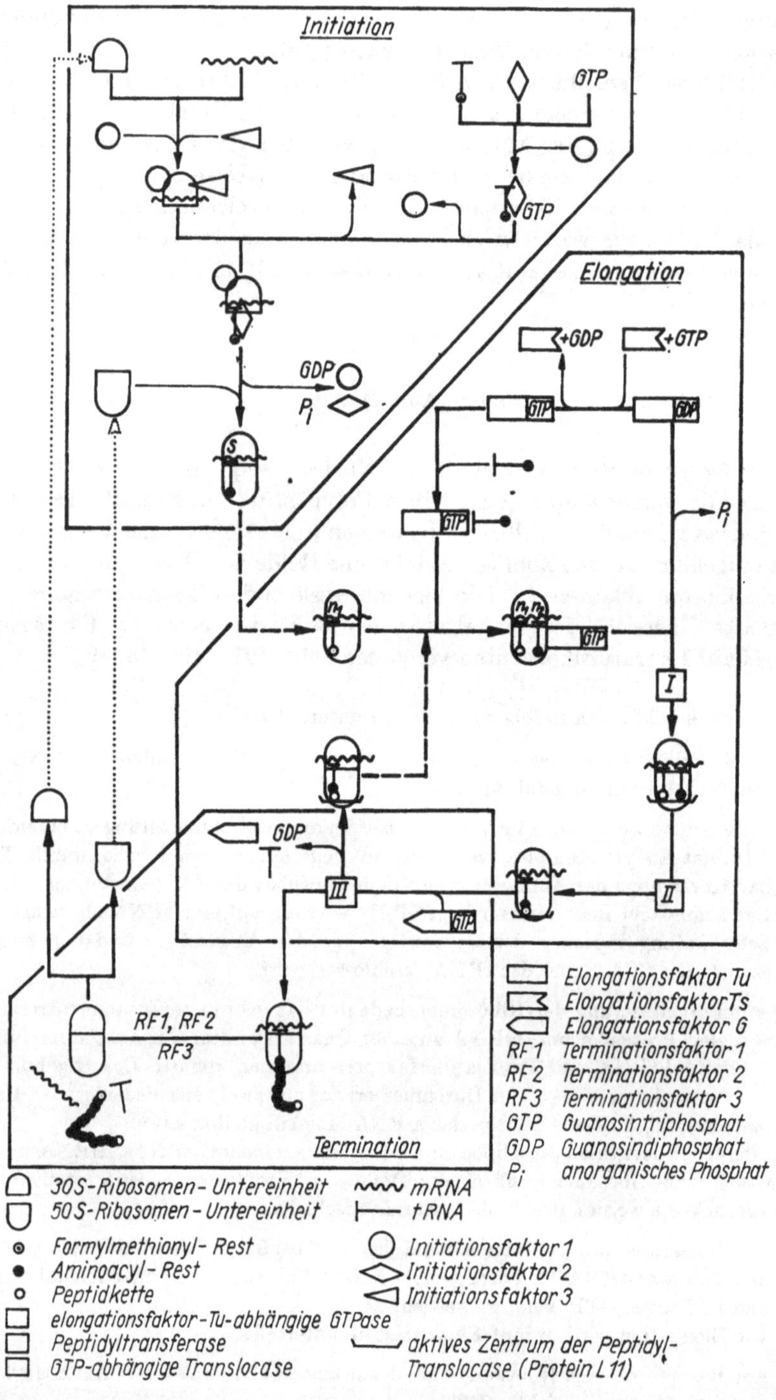

Abb. 7. Ablauf des Translationsprozesses (Schema).

- ○ Am Peptidyl-Transferase-Zentrum (am Protein L11 der großen Ribosomenuntereinheit) wird eine Peptidbindung zwischen dem bereits synthetisierten Teilpeptid und dem Aminoacylrest der neu gebundenen Aminoacyl-tRNA geschlossen, wobei ersteres um einen Aminosäurerest verlängert wird.
- ○ Durch Mitwirken von GTP und dem Elongationsfaktor EFG wird die Peptidyl-tRNA vom Acceptor- auf den Peptidylort des Ribosoms übertragen.
- ○ Durch die Faktoren EFT und GTP wird der verbrauchte Komplex aus EFTu und GTP restauriert.
- – Die Termination bezeichnet Abbruch der Peptidsynthese und Freisetzung des entstandenen Polypeptids. Sie erfolgt an sog. Terminator-, non sense- oder stop-Codons der mRNA (UAG = amber, UAA = ochre, UGA = opal). Zur Freisetzung der letzten tRNA und des Polypeptids sind die Terminationsfaktoren RF1 und RF2 notwendig, die sich in ihrer Spezifität für die o. g. stop-Codons unterscheiden und durch einen dritten Faktor, RF3, stimuliert werden.

Als Translationsprodukt der Penicillinase-mRNA von *B. licheniformis* 749/C entsteht ein Peptid, das als membrangebundene Penicillinase isoliert [203, 204] und in vitro synthetisiert worden ist [39]. Es ist assoziiert mit der Cytoplasmamembran oder in Mesosomen eingeschlossen, aus denen es durch Protoplastenbildung oder Alkalibehandlung freigesetzt werden kann [165, 166]. Gebundene und freie Penicillinase besitzen gleiche Substratspezifitäten und Kinetikparameter sowie gemeinsame antigene Determinanten [38]. Beide Penicillinaseformen unterscheiden sich dadurch, daß die extrazelluläre Form gut wasserlöslich ist, keine Detergenzien bindet und ein MG von 29000 hat, während die membrangebundene Form lipophil ist, zur Verhinderung von Aggregationen große Mengen an Detergenzien benötigt und ein höheres MG von 33000 aufweist [38, 168, 204, 205]. Die fehlende Inaktivierung der Membranpenicillinase nach Behandlung mit Trypsin [105] und die Einbaukinetiken von ^{33}P und ^{3}H in verschiedene Teile des Moleküls führten zu dem Schluß, daß die membrangebundene Penicillinase das extrazelluläre Enzymmolekül darstellt, an das als zusätzlicher hydrophober „Schwanz" ein Phospholipid angehängt ist [167]. Dessen Primärstruktur ist in Abb. 8 dargestellt. Der Phospholipopeptid-Anteil ist nur aus den vier Aminosäureresten Ser, Gly, Asp, Glu und zwei Fettsäureresten aufgebaut, die über eine Phosphatgruppe an das Peptid angehängt sind [204, 205, 206]. Die Sequenz des Phospholipopeptids läßt erkennen, daß eine Untereinheit aus Asp/Asn—Glu/Gln—Ser—Gly in siebenfacher Wiederholung unter Einschluß von sechs Deletionen vorhanden ist (Abb. 9). Die Austausche Asp→Asn und Glu→Gln sind häufig beobachtbare Transitionen oder Transversionen. Nur an Position 5 sind die Annahme einer weiteren Transition und an Position 25 die einer Duplikation zur Erklärung notwendig [206, 107, (Abb. 9)]. Untersuchungen in einem zellfreien System haben eine chloramphenicol-sensitive Nettosynthese von Penicillinase ergeben, die als eine Komplettierung bereits begonnener Translationsvorgänge interpretiert wurde. Das Produkt war immer die phospholipidhaltige Membranform [165]. So bleibt der Schluß, daß das extrazelluläre Enzym ein Spaltprodukt dieser Form ist, obwohl in vivo nachgewiesen werden konnte, daß die Hauptmenge der membrangebundenen Penicillinase keine Vorstufe des extrazellulären Enzyms ist [37]. Weitere in-vitro-Ergebnisse sprechen dafür, daß das Phospholipid angehängt wird, bevor die Termination erfolgt ist. Es wird für wahrscheinlich gehalten, daß aus CTP und Phosphatidsäure unter Pyrophosphatabspaltung ein CDP-Diglycerid entsteht, das mit Ser-tRNA zu CMP und Phosphatidyl-Ser-tRNA umgesetzt wird. Letztere überträgt das aktivierte Phosphatidylserin auf die entstehende Peptidkette [40].

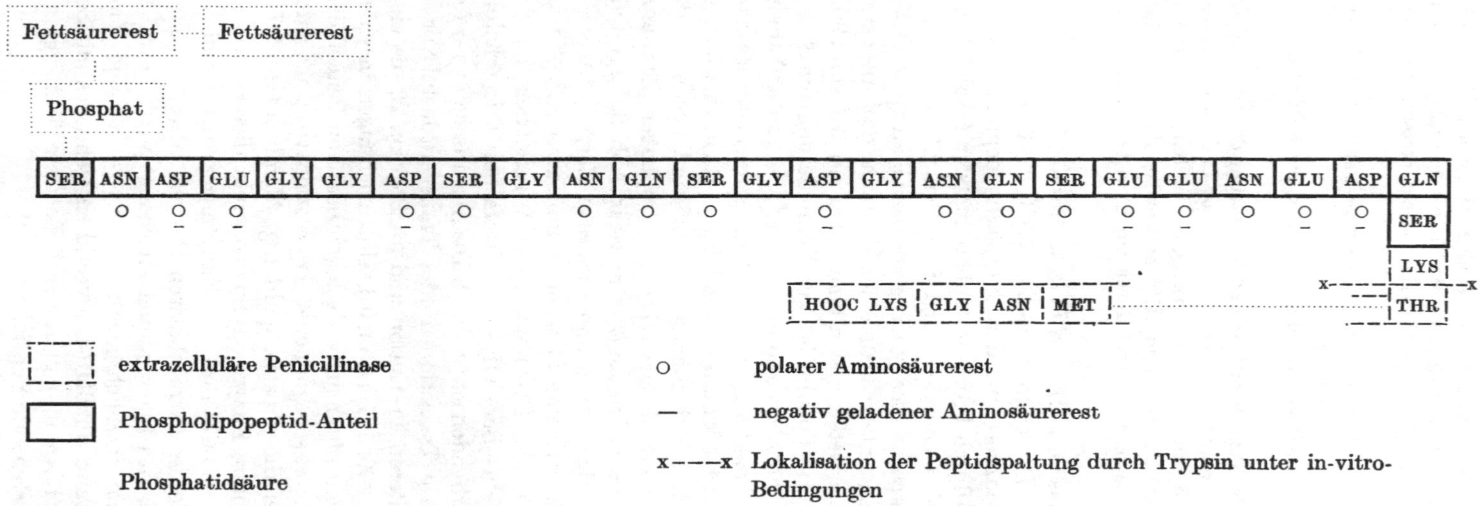

Abb. 8. Strukturschema der membrangebundenen Penicillinase von *Bacillus licheniformis* (nach LAMPEN und YAMAMOTO [107]).

Phosphatidsäure

SER^{1}-----ASN------ASP------GLU------GLY^{5}-----GLY----
---ASP------X----------SER------GLY----
---ASN^{10}----GLN------SER------GLY----
---ASN------X----------X----------GLY^{15}--
---ASN------GLN------SER------GLU------GLU^{20}--
---ASN------GLU------X----------X----
---ASP------GLN------SER^{25}----X---

Peptid-Anteil des extrazellulären Enzyms

Codons: ASP = GAU / GAC ASN = AAU / AAC GLU = GAA / GAG
GLN = CAA / CAG GLY = GGU / GGC / GGA / GGG
SER = AGU / AGC / UCU / UCC / UCA / UCG

Mutationen: Deletionen nach Position 7, 13, 14, 23, 24 und 26 = X
Duplikation in den Positionen 19 und 20
G/A-Transitionen = ASP → ASN sowie GLY → GLU
A/G-Transition = SER → GLY
G/C-Transversion = GLU → GLN

Abb. 9. Repetierende Untereinheiten im Phospholipopeptid-Anteil der membrangebundenen Penicillinase von *Bacillus licheniformis* (nach LAMPEN und YAMAMOTO [107]).

Als Ergebnis des Teilprozesses Translation liegt ein Protein vor. Es handelt sich um ein Polypeptid mit Präenzym-Charakter, das für die Penetration durch die membranösen Zellumhüllungsstrukturen geeignet ist, weil das endständige Phospholipid dem Gesamtmolekül lipophile Eigenschaften verleiht. Dieses Phospholipid kann erhalten bleiben oder abgespalten werden, womit die Entstehung von zwei Penicillinaseformen möglich wird (vgl. u.).

3.3. Teilprozeß III: Penetration (Extrusion — Abb. 10)

Wenn die Translation der Penicillinase-mRNA auf der Innenseite der Cytoplasmamembran durch dort lokalisierte Ribosomenkomplexe erfolgt, ist leicht vorstellbar, daß das entstehende Polypeptid unmittelbar in entsprechende Kanäle der Cytoplasmamembran eingeführt werden kann. In elektronenmikroskopischen Aufnahmen von Ultradünnschnitten konnte die Existenz derartiger enzymenthaltender Kanäle durch die Anwendung von Antipenicillinase-Ferroglobulin wahrscheinlich gemacht werden [180, 181]. Der Phosphatidyllipid-Anteil erlaubt wegen seines lipophilen Charakters eine Vielzahl von Wechselwirkungen mit Membranproteinen und -lipiden.

Einerseits kann der Phospholipopeptid-Anteil der Membranpenicillinase enzymatisch abgetrennt werden und das freie (extrazelluläre) hydrophile Enzymmolekül entsteht. Andererseits kann das komplette Molekül membrangebunden verbleiben, indem das Phospholipopeptid als lipophiler „Anker" in der Cytoplasmamembran fungiert. Ob das Peptid bereits während des Transportes durch die Membran oder erst nach Hydratisierung auf ihrer Außenseite gefaltet wird, kann nicht entschieden werden [106].

Das Phospholipopeptid-Segment aus 25 Aminosäureresten sollte lang genug sein, um durch die doppelschichtige Cytoplasmamembran hindurchzureichen, da der hohe Gehalt an Serin- und Glycinresten den helicalen Strukturanteil reduziert. Zwei alternative Möglichkeiten des denkbaren Transportmechanismus sind in Abb. 10 schematisch dargestellt. Beide unterscheiden sich durch die Lokalisation des endständigen Phospholipids auf der Innen- oder auf der Außenseite der Cytoplasmamembran. In jedem Fall muß die Sequenz — Ser^{24}—Lys^{25}—Thr^{26} — auf der Außenseite der Membran bzw. im periplasmatischen Raum gelegen sein, damit irgendeine Endopeptidase mit trypsinähnlichen Eigenschaften als „releasing enzyme" wirksam werden kann. Diese trennt die Peptidkette, die das extrazelluläre Enzym bildet, ab [107]. Der Verbleib des membrangebundenen Phospholipopeptids ist ungeklärt. Seine Reutilisation ist wahrscheinlich. Daß phosphatidylserin-enthaltende Komponenten an bestimmten Membranfragmenten des Stammes 749 gebunden bleiben, konnten Aiyappa und Lampen [1] nach Trypsinbehandlung nachweisen.

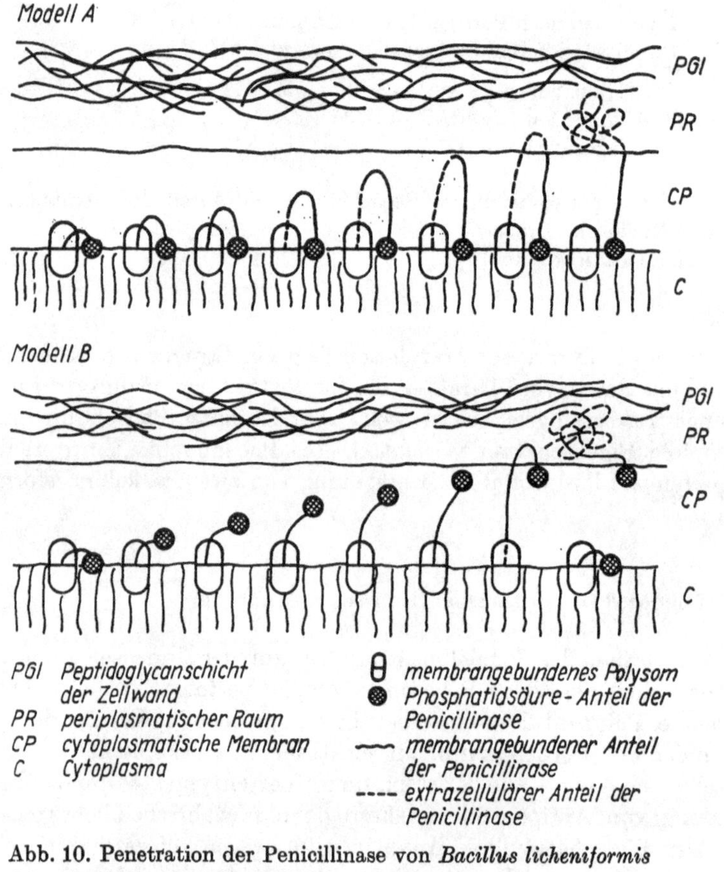

Abb. 10. Penetration der Penicillinase von *Bacillus licheniformis* (hypothetische Modelle, modifiziert nach Lampen u. Yamamoto [107]).

So liegt nach der Extrusion des Präenzyms und seiner als Protein-Processing aufzufassenden proteolytischen Verkürzung ein Polypeptid mit geringerem Molekulargewicht vor. Dieses ist das extrazelluläre Enzymmolekül und das materielle Endergebnis der gesamten Biosynthesekette. Wieweit sich der für die Penicillinase von *B. licheniformis* 749 beschriebene Mechanismus auf andere extrazelluläre Enzyme übertragen läßt, kann noch nicht entschieden werden. Daß er zumindest prinzipiell auch für die α-Amylasen von *B. subtilis* und *B. amyloliquefaciens* zutreffen könnte, scheint der Nachweis einer membrangebundenen und einer freien extrazellulären Form zu bestätigen [137, 162].

4. Regulation der Biosynthese extrazellulärer Enzyme

Die Mehrzahl der extrazellulären Enzyme wird von *Bacillus*-Zellen im Bedarfsfall synthetisiert. Es handelt sich also um sog. „induzierbare" Enzyme, die als Antwort auf ein im Milieu vorhandenes Substrat produziert und ausgeschieden werden. Die Zelle muß auf irgendeine Weise Signale erhalten, die sie über die Art der benötigten Enzyme in Kenntnis setzen und in ihrem Stoffwechsel die erforderlichen spezifischen Proteinbiosynthesen auslösen. Ebenso müssen spezielle Mechanismen existieren, die die Herstellung dieser Enzymmoleküle einstellen, wenn das abzubauende Substrat nicht mehr vorhanden ist.

Bei dieser Betrachtung ist die Frage nach der Art der Signale und der Signalübermittlung von entscheidender Bedeutung. Nach den bisherigen Vorstellungen über ähnliche Phänomene [64] hat sich die Annahme einer auslösenden niedermolekularen Substanz als materialisierte Form des Signal-Induktors und die Annahme eines zellulären Rezeptors als Reaktionsort des Induktors bewährt. Das relativ schnelle Eintreten eines phänotypisch beobachtbaren Effektes hat zu der weiteren Annahme geführt, daß eine einzige zelluläre (physiologische) Änderung für die Effektauslösung verantwortlich ist („Trigger-Hypothese").

Die Steuerung, wie lange welches Enzym in welcher Menge zu synthetisieren ist, wird über Regulationsprozesse realisiert, die folgende Gruppierung erlauben:

— Regulation der Signalaufnahme,
— Regulation der Intensität der Enzymsynthese,
— Regulation des Einstellens der Enzymsynthese.

Induzierbare Enzyme sind für katabolische Metabolismen typisch. Im Gegensatz dazu werden viele anabolische Reaktionen durch konstitutive Enzyme katalysiert, die unabhängig von der vorhandenen Substratmenge in mehr oder weniger gleichmäßigen Raten synthetisiert werden. Durch Mutationen können induzierbare Enzyme konstitutiv werden [44, 154].

Die Einteilung in induzierbare und konstitutive Enzyme ist prinzipiell richtig und zweckmäßig. In der Realität gibt es jedoch Übergangsformen zwischen beiden Typen, die durch Bezeichnungen wie „semiinduzierbar", „partiell konstitutiv" u. ä. Kennzeichnung finden. Damit soll zum Ausdruck gebracht werden, daß ein Enzym, dessen Synthese die typischen Merkmale eines induzierbaren Enzyms zeigt, meist nicht komplett „abgeschaltet" ist, sondern in sehr geringen Aktivitäten nachweisbar bleibt.

4.1. Regulation der Induktion der Enzymsynthese (Substrat-Induktion)

Typische induzierbare extrazelluläre Enzyme sind die Lävansucrase von *B. subtilis*, die Penicillinasen von *B. cereus* und *B. licheniformis* sowie die α-Amylasen verschiedener Bacillus-Arten.

Extrazelluläre Lävansucrase wird von *B. subtilis* 168 produziert, wenn die Saccharose-Konzentration im Medium 10^{-2} M übersteigt. Bei geringeren Konzentrationen wird nur die intrazelluläre Sucrase induziert [147]. Der Zucker dringt in die Zelle ein und wird durch das Phosphotransferase-Transportsystem zu 6-O-Phosphoryl-α-D-glucanosyl-β-fructofuranose umgesetzt [116], die als wahrscheinlicher Induktor fungiert.

Bei teleologischer Betrachtung scheint die Bereitstellung von extrazellulärer Lävansucrase nützlich, um die osmotische Wirkung der höheren Saccharose-Konzentrationen durch eine teilweise Umsetzung in die physiologisch weniger aggressiven Lävane zu verringern. Aus diesen kann jedoch durch das gleiche Enzym metabolisierbarer Zucker bei Bedarf zurückgewonnen werden.

Die meisten untersuchten extrazellulären *Bacillus*-Enzyme bauen Substrate ab, die aus Makromolekülen bestehen und deshalb nicht in die Zelle penetrieren können. Sie sind damit nicht in der Lage, selbst als intrazellulärer Induktor wirken zu können. Es wäre denkbar, daß sie an speziellen Rezeptoren auf der Außenseite der Zellwand gebunden werden und so als Signale wirken.

Die Produktion der Penicillinase von *B. cereus* beginnt nach Zugabe von 2 IE/ml Penicillin G zum Medium nach einer lag-Periode von ca. 30 sec und steigt während der folgenden 30 min zu einem Plateauwert an [79]. Das als Induktor wirkende Penicillin dringt aber nicht in die Zelle ein, sondern wird von der Zellwand gebunden. Auf ein artifizielles Entfernen des Penicillins von der Zellwand reagiert die Zelle mit einer Abnahme der Penicillinase-Synthese [7].

Gegen eine Verallgemeinerung eines solchen Adsorptionsmechanismus sprechen topologische Überlegungen, weil die Entfernung vom Signalort bis zum Reaktionsort die Existenz eines speziellen Signalübermittlungssystems erfordern würde, für das es nach neueren Erkenntnissen über die Struktur der Zellumhüllung grampositiver Bakterien [36] keinerlei Hinweise gibt. Es wird deshalb angenommen, daß von diesen Enzymen ein sehr niedriges Aktivitätsniveau ständig konstitutiv produziert wird. Dieses degradiert die Makromoleküle im Medium in geringem Ausmaß unter Bildung niedermolekularer Produkte, die dann als Induktoren die erforderlichen Signale für eine verstärkte Enzymbildung geben [154].

Ein derartiger Mechanismus ist typisch für die α-Amylasen verschiedener *Bacillus*-Arten [22, 141]. Modelluntersuchungen an *B. stearothermophilus* [199] und *B. licheniformis* [164] haben ergeben, daß Maltotetraose der effektivste Induktor ist, während Maltotriose, höhere Maltooligosaccharide und andere Oligosaccharide (Melibiose, Cellobiose) weniger oder nicht wirksam sind. Da von den Induktoren nur sehr niedrige Konzentrationen erforderlich sind, kann in strengem Sinne nur dann von konstitutiven Mutanten α-amylasebildender Stämme gesprochen werden, wenn das völlige Fehlen von Maltooligosacchariden im Medium bzw. ihres Einflusses auf die Enzymsynthese festgestellt worden ist. Das ist jedoch nicht der Fall für sog. konstitutive Mutanten von *B. amyloliquefaciens* [31], *B. subtilis* [172] und *B. licheniformis* [134]. Extrazelluläre Enzyme, für die ähnliche Bedingungen gelten, sind in Tab. 2 zusammengefaßt.

Tabelle 2
Auswahl substratinduzierbarer Bacillus-Enzyme

Enzym	Bacillus	induzierende Substanz	Substrat	Literatur
β-Amylase	polymyxa	β-Dextrin (?)	Stärke, stärkeähnliche Produkte	GRIFFIN u. FOGARTY [73] GRIFFIN u. FOGARTY [74]
Cyclodextrin-glucanosyl-transferase	macerans	Dextrin, Stärke (?)	Stärke	LANE u. PIRT [109]
Xylanase	polymyxa	Xylan	Xylan	FOGARTY u. GRIFFIN [59]
Laminarase	polymyxa	Laminarin	Laminarin	EKA u. FOGARTY [53]
Exo-β-acetyl-glucosaminidase	subtilis	Zellwand-bestandteile	Zellwand	BREUER u. BERKELEY [18] ORTIZ u. a. [143]
β-Lactamase (Penicillinase)	cereus subtilis	Penicillin	Penicillin	HOCHSTADT u. a. [85] POLLOCK [150]
Pektinase	pumilus circulans	Pektin, Poly-galacturonsäure	Pektine	DAVE u. REESE [42] JOYCE u. FOGARTY [95]
Arabinogalactanase	subtilis (?)		Hemicellulose	EMI u. a. [54]
β-1,3-Glucanase	circulans (?)		Zellwände von Hefen u. Pilzen	KOBAYASHI u. a. [99]
Chitinase	circulans (?)		Chitin	TANAKA u. a. [188] KOBAYASHI u. a. [100]

Fragen nach dem intrazellulären Rezeptor als Reaktionsort für den Induktor und nach dem ablaufenden Mechanismus sind für die extrazellulären *Bacillus*-Enzyme noch nicht sicher zu beantworten. Die bei der Untersuchung der Katabolit-Repression von *E. coli* gefundenen Korrelationen zwischen der intrazellulären Konzentration an spezifisch proteingebundenem zyklischem 3′,5′-Adenosin-monophosphat (cAMP-CRP-Komplex) und der metabolischen Aktivität [198] können für Bacillen aus folgenden Gründen nicht übernommen werden:

(1) In verschiedenen Stämmen von *B. subtilis* [78], *B. licheniformis* [11] und *B. megaterium* [174] war kein cAMP nachzuweisen.
(2) Die für Synthese und Abbau von cAMP verantwortlichen Enzyme Adenylcyclase und cAMP-Phosphodiesterase fehlen bei *B. licheniformis* [11] sowie bei *B. cereus* und *B. subtilis* [90].
(3) Adenylcyclase- oder CRP-defektive Mutanten konnten von *B. subtilis* nicht isoliert werden [35].
(4) cAMP-Zugabe kann weder bei *B. subtilis* [153] noch bei *B. licheniformis* [164] die glucoseinduzierte Repression der α-Amylasesynthese beeinflussen.

Ob und in welchem Umfang cGMP [11] und/oder die von RHAESE u. a. [158, 159, 160, 161] bei *B. subtilis* nachgewiesenen höherphosphorylierten Nucleotide bei Bacillen als trigger für die Regulation bei der Signalaufnahme funktionieren, bedarf noch weiterer Untersuchungen.

4.2. Regulation der Intensität der Enzymsynthese

4.2.1. Regulation der Transkription

Bei der Transkription (vgl. 3.1.) wird die Information von DNA-Abschnitten auf RNA-Moleküle überschrieben. Regulatorisch wirkt sich aus, wie oft pro Zeiteinheit von einem Strukturgen eine Kopie als mRNA durch die Wirkung der RNA-Polymerase hergestellt wird. Die beste Erklärung für den zugrunde liegenden Mechanismus liefert das Operon-Modell [93, 119, 5, 30].

Operons sind funktionelle Einheiten aus mehreren Genen, von denen induzierbare und reprimierbare bekannt sind.

Induzierbare Operons werden „abgeschaltet", wenn Notwendigkeit dafür besteht. Sie werden also normalerweise nicht exprimiert, d. h. ihre Information wird nicht ausgeprägt. Fast alle katabolischen Enzyme werden von induzierbaren Operons codiert. Die Induktion ist der Prozeß des „Anschaltens". Das im Medium vorhandene Enzymsubstrat oder eines seiner Abbauprodukte fungiert als Induktor und inaktiviert selbst oder über ein spezielles intrazelluläres Protein den Repressor. Damit wird das Operon zum Ablesen durch die RNA-Polymerase freigegeben, und die Enzyme werden synthetisiert.

Reprimierbare Operons sind normalerweise „angeschaltet". Die Synthese der Genprodukte wird „abgeschaltet", wenn das Produkt der Enzymreaktion in solchen Konzentrationen vorhanden ist, daß die Zelle keinen weiteren Bedarf dafür hat. Das „Abschalten" oder die Repression erfolgt durch die Anwesenheit eines Corepressors, der mit dem Repressor reagiert und diesen aktiviert. Die Repression ist für anabolische und katabolische Stoffwechselwege, insbesondere für metabolische Zwischenprodukte, der dominierende Regulationsmechanismus.

Induktion und Repression unterscheiden sich also durch die Folgen der Wirkung desjenigen Agens, das mit dem Repressor reagiert. Bei der Induktion bewirkt der Induktor nach Reaktion mit dem Repressor die Aufnahme der Synthese, bei der Repression führt die Reaktion des Corepressors mit dem Repressor zum Stop der Synthese.

In Abhängigkeit von der Natur des Repressors kann zwischen negativer und positiver Kontrolle der Transkription unterschieden werden. Da beide Kontrollformen für Induktion und Repression existieren, können insgesamt vier Typen einer regulatorischen Kontrolle bei der Transkription von Operons postuliert werden, deren Charakteristika in Tab. 3 zusammengefaßt sind.

Die meisten extrazellulären *Bacillus*-Enzyme werden in batch-Kulturen nach Beendigung des exponentiellen Wachstums produziert. Da die industrielle Herstellung solcher Enzyme in Medien erfolgt, die sehr hohe Konzentrationen an Nährstoffen enthalten und diese nur zum Teil für die Zellsubstanzsynthese verbraucht werden, ist es zweifelhaft, ob sich die Kultur in der stationären Phase befindet, obwohl die Zellzahl unverändert bleibt. Wenn man den physiologischen Zustand der Einzelzelle als Charakteristikum heranzieht, sollte man die Produkt- (Enzym-) Bildungsphase vielmehr als eine zeitlich extrem verlängerte Verzögerungsphase betrachten.

Für den Mechanismus der Transkriptionsregulation sind prinzipiell zwei Möglichkeiten vorstellbar, für die es eine Reihe von experimentellen Hinweisen gibt:

(1) Bei gleichbleibender RNA-Polymerase-Aktivität werden in unterschiedlichen Wachstumsphasen verschiedene Operons zur Transkription freigegeben.
(2) Die Transkriptionsspezifität der RNA-Polymerase ist in unterschiedlichen Wachstumsphasen verschieden.

Tabelle 3

Charakteristika unterschiedlicher Kontrollmechanismen für bakterielle Operons

Kontrolle	Operontyp	Produkt des Regulatorgens	mit dem Regulatorgen reagierendes Agens	Ergebnis der Wechselwirkung zwischen Regulatorgenprodukt und Induktor bzw. Corepressor	Wirkung auf das Operon
negativ	induzierbar	aktives Repressor-Protein	Induktor	inaktiver Repressor	Induktion (Ablesen der Strukturgene) = Enzymsynthese
	reprimierbar	inaktives Repressorprotein	Corepressor	aktiver Repressor	Repression (kein Ablesen der Strukturgene) = Blokkieren der Enzymsynthese
positiv	induzierbar	inaktives Induktor-Protein	Induktor	aktives Induktor-Protein	Induktion (Ablesen der Strukturgene) = Enzymsynthese
	reprimierbar	aktives Induktorprotein	Corepressor	inaktives Induktor-Protein	Repression (kein Ablesen der Strukturgene) = Blockieren der Enzymsynthese

Bei Annahme der erstgenannten Möglichkeiten sollte sich die Regulation in dem Verteilungsmuster der synthetisierten mRNA-Moleküle erkennen lassen. In DNA-RNA-Hybridisationsversuchen mit *B. amyloliquefaciens* konnte gezeigt werden, daß sich der Anteil der mRNA an der insgesamt synthetisierten RNA verdoppelt, wenn sich die Zellen in der Enzymbildungsphase befinden. Unter der Annahme, daß alle mRNA-Moleküle mit gleicher Effizienz translatiert werden, ist aus den Einbauraten von markiertem Valin in extrazelluläre und zelluläre Proteine zu schließen, daß die Synthese von mRNA für extrazelluläre Enzyme während der Produktbildungsphase bis auf den 25fachen Wert gegenüber der exponentiellen Phase ansteigt. Derartige Veränderungen konnten bei dem nichtenzymbildenden Stamm 168 von *B. subtilis* nicht beobachtet werden [21].

Änderungen der Transkriptions- (template-) Spezifität der RNA-Polymerase von *B. subtilis* sind aus Untersuchungen an sporulierenden [123, 139, 86, 71, 65, 47] und phageninfizierten [67, 62, 50, 51, 157] Zellen bekannt. Diese sind auf andersartige Untereinheiten zurückzuführen, die mit dem core zum Holoenzym zusammentreten [121, 138].

Von Coleman u. a. [32] wurde ein Modell zur Erklärung der verstärkten Bildung extrazellulärer Enzyme nach Beendigung der exponentiellen Zellvermehrung entwickelt: Wenn eine Nährstofflimitation zu diesem Zeitpunkt eintritt, sind Hemmungen der Synthesen für rRNA und zellproteinspezifischer mRNA bei einem gleichzeitig hohen turnover [45, 139, 9] sowie eine Akkumulation von Nucleotid-Präcursoren in einem Pool [112, 186] die Folgen. Damit steht einmal das überschüssige core-Protein der RNA-Polymerase zur Kombination mit einem anderen σ-ähnlichen Faktor δ zur Verfügung. Das veränderte Holoenzym erkennt andersartige Promotoren und transkribiert mRNAs, deren Translationsprodukte u. a. extrazelluläre Enzyme sind. Zum anderen steigt in gleichem Maße die intrazelluläre Konzentration an freien Nucleotiden an, wie die RNA-Nettosynthese-Intensität abnimmt [21]. Dieses Modell ist geeignet, die Synthese von alkalischer (Serin-) Protease zu erklären, die in enger Korrelation zum Eintreten des Sporulationsstadiums 0 gebildet wird [169, 110, 111, 41]. Es ist weniger geeignet, die wachstumsphasenabhängige Bildung von α-Amylase und neutraler (Metallo-) Protease zu verstehen [135, 72, 17, 16].

4.2.2. Regulation der Translation

Regulationsmöglichkeiten für die Synthese extrazellulärer Enzyme auf dem Translationsniveau könnten bestehen in

(1) der Stabilität enzymspezifischer mRNAs,
(2) Persistenz, Turnoverrate und/oder Aktivität der membrangebundenen Polysomen,
(3) der Verfügbarkeit von Vorstufen zur Proteinsynthese (Aminosäuren, tRNAs, Aminoacyl-tRNAs).

Die verfügbaren Daten sind spärlich. Experimentelle Resultate liegen nur zur Stabilität der mRNA bei *B. amyloliquefaciens* vor. Diese sind widersprüchlich: Während BROWN und COLEMAN [20] bei exponentiellen und postexponentiellen Zellen Halbwertszeiten von 6 min fanden, bestimmten japanische Autoren (Zusammenfassung bei [55]) Halbwertszeiten von 5—8 h bei Wachstumstemperaturen von 30—35 °C.

4.3. Regulation der Beendigung der Enzymsynthese

Für einen ökonomischen Umgang mit Metaboliten und energiereichen Verbindungen verfügt die Bakterienzelle über Mechanismen, mit deren Hilfe die Synthese der Enzyme für bestimmte Stoffwechselwege eingestellt werden kann, wenn diese in der konkreten Situation nicht mehr benötigt werden. Eine solche Situation ist gegeben, wenn

(1) mehr als eine metabolisch verwertbare Substanz vorhanden ist. In diesem Fall werden die Enzyme synthetisiert, durch die die am meisten geeignete Substanz (in der Regel Glucose) verwertet werden kann. Erst nach ihrem Verbrauch werden Enzyme hergestellt, die eine weniger geeignete Substanz abbauen. Der zugrunde liegende Mechanismus ist die Katabolit-Regulation [44].

oder wenn

(2) sich das Endprodukt eines Stoffwechselweges in so hohen Konzentrationen angesammelt hat, daß der Bedarf der Zellen gedeckt ist. In einem solchen Fall werden Wirkung und Synthese der frühen Enzyme — meist die des ersten Enzyms — des betreffenden Stoffwechselweges durch das Endprodukt blockiert. Der Mechanismus wird Endprodukt-Regulation genannt [44].

4.3.1. Katabolit-Regulation (Abb. 11)

Die bekannteste Form einer katabolischen Regulation ist die Katabolit-Repression. Dabei wird die Synthese bestimmter Enzyme unterbunden, wenn eine leichter verwertbare Substanz im Medium auftaucht. Katabolit-Repression wirkt auf die Synthesen induzierbarer und konstitutiver Enzyme. Besonders bekannt sind die Wirkungen der Glucose auf induzierbare Enzyme kohlenhydratabbauender Metabolismen („Glucose-Effekt"), das klassische Beispiel ist die Repression der β-Galactosidase von *E. coli* bei Gegenwart oder Zugabe von Glucose [44].

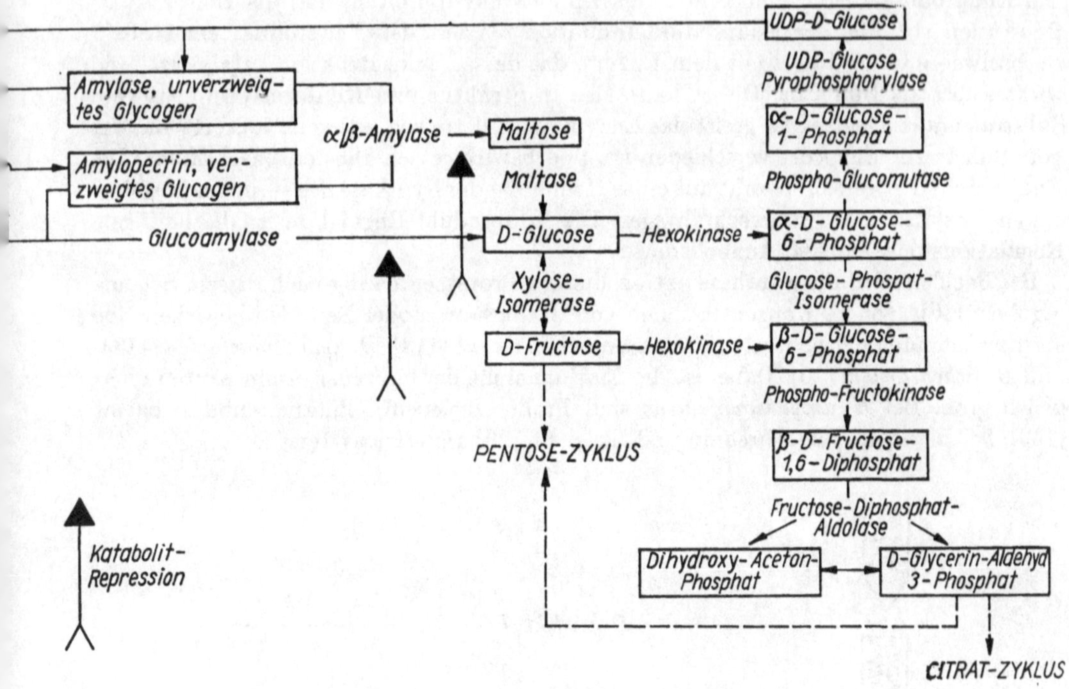

Abb. 11. Katabolit-Regulation (Schema) am Beispiel der α-Amylase-Synthese.

Die Rate der α-Amylase-Synthese bei *B. subtilis* wird in steigendem Maße bei Gegenwart äquimolarer Konzentrationen von Lactat < Glutamat < Maltose < Glycerin < Glucose gehemmt, während die Zellvermehrung in umgekehrtem Maße zunimmt [172]. Für *B. amyloliquefaciens* verhalten sich die Wachstumsraten in Gegenwart von Stärke, Glycerin und Glucose wie 2,2:1,7:1,6, wobei die α-Amylasesynthese in gleichem Ausmaß inhibiert wird [33]. Die Zugabe von Glucose zu α-amylaseproduzierenden Zellen von *B. subtilis* erbringt eine vorübergehende Hemmung der Enzymproduktion, die nach Verbrauch der Glucose wieder aufgehoben wird [153]. In kontinuierlichen Kulturen von *B. amyloliquefaciens* [81] und *B. licheniformis* [134] lassen sich ähnliche Effekte beobachten.

Der Katabolit-Repression unterworfen sind auch die Protease-Synthese von *B. amyloliquefaciens* [81], *B. licheniformis* [104] und *B. subtilis* [46] sowie die Bildung von Exo-β-N-acetylglucosaminidase von *B. subtilis* [143].

Von Demain [44] werden zwei weitere Formen der Katabolit-Regulation angeführt, die jedoch wesentlich weniger untersucht sind: Bei der Katabolit-Inhibition hemmen sehr schnell verwertbare Kohlenstoffquellen die Wirkungen unterschiedlicher Enzyme. Als Katabolit-Inaktivierung wird der Vorgang bezeichnet, bei dem die betreffende Substanz unmittelbar mit einem Enzym reagiert und dieses dadurch funktionsuntüchtig macht.

4.3.2. Endprodukt-Regulation (Abb. 12)

Die Endprodukt-Regulation kommt als Endprodukt-Inhibition und als Endprodukt-Repression vor. Bei der Endprodukt-Inhibition reagiert das Endprodukt eines Stoffwechselweges in der Regel mit dem Enzym, das dessen erste Reaktion katalysiert, und wirkt selbst als Inhibitor. Dieser kann sich in Struktur und Konformation sehr vom Substrat unterscheiden. Er greift das Enzymmolekül am sog. „Regulationsort" an, der vom Substratbindungsort verschieden ist, und bewirkt einen allosterischen Effekt. Die Endprodukt-Repression beruht auf einer Hemmung der Synthese des — in der Regel — ersten Enzyms eines Stoffwechselweges. Die Endprodukt-Regulation ist die häufigste Regulationsweise für den Anabolismus.

Bei Bacillen wird die Synthese extrazellulärer Proteasen häufig nach diesem Schema reguliert [36]. Höhere Konzentrationen von Aminosäuren oder Peptiden bewirken eine starke Hemmung der neutralen Proteasen bei *B. cereus* [118], *B. amyloliquefaciens* [133] und *B. licheniformis* [10]. Dabei ist die Einflußnahme der einzelnen Aminosäuren nicht gleich groß. Bei *B. amyloliquefaciens* sind Prolin, Isoleucin, Glutamat und Aspartat [133], bei *B. megaterium* Threonin und Isoleucin [29] am effektivsten.

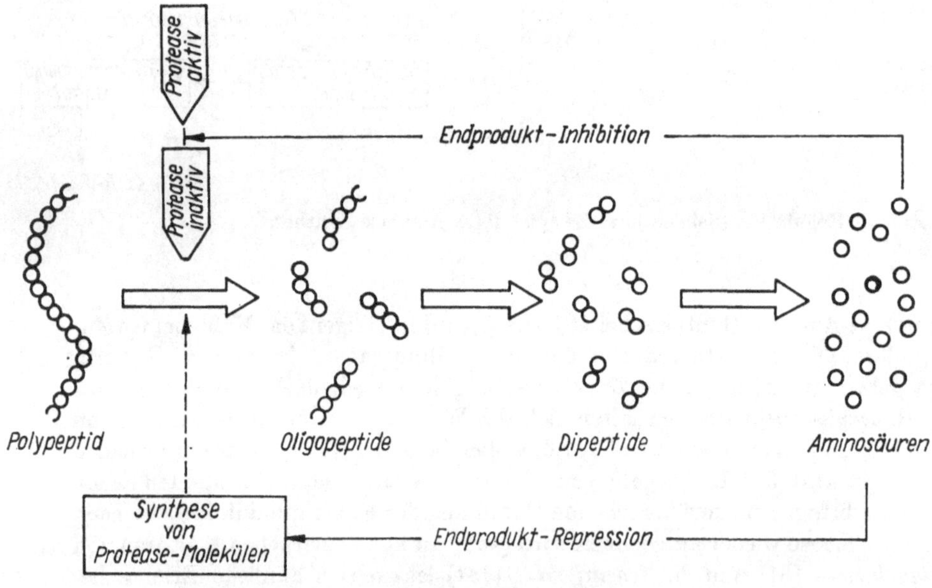

Abb. 12. Endprodukt-Regulation (Schema) am Beispiel der Protease-Synthese.

5. Züchtung von Bacillus-Stämmen mit verändertem Bildungsvermögen für extrazelluläre Enzyme

5.1. Züchtungsziele

Für die industrielle Enzymproduktion sind *Bacillus*-Stämme interessant, deren Enzymbildungsvermögen gegenüber den Typstämmen der betreffenden Spezies mehr oder weniger deutlich verändert ist. Die Veränderungen können quantitativer und/oder qualitativer Art sein. Somit lassen sich folgende Züchtungsziele definieren:

(1) Erhöhung der Synthese eines Enzyms

Für die Herstellung eines extrazellulären Enzyms ist die Enzymbildungsrate des Produktionsstammes die entscheidende Größe. Darunter ist die Konzentration des Enzyms im Kulturmedium zu verstehen, die innerhalb einer bestimmten Zeit von einer bestimmten Zellzahl unter Standardbedingungen freigesetzt wird. Sie wird als Aktivität gemessen. Die Enzymbildungsrate ist eine Bemessungsgröße für das Enzymbildungsvermögen eines Stammes, deren Höhe von der Umwelt (Mediumzusammensetzung, physikalische Kultivierungsparameter) entscheidend beeinflußt wird. Bei der genotypischen Optimierung wird das genetische Potential des Enzymbildners so verändert, daß er für ein bestimmtes extrazelluläres Enzym ein höheres Bildungsvermögen erhält, das sich in einer gesteigerten Enzymbildungsrate ausdrückt. Dieses Züchtungsziel ist also ein quantitatives. Anzumerken ist, daß die Steigerung für extrazelluläre Enzyme nach den bisherigen Erfahrungen gegenüber der für intrazelluläre Enzyme immer geringer ausfällt.

(2) Ausschaltung störender Nebenenzyme

In der Regel werden von einem *Bacillus*-Stamm nicht nur ein, sondern mehrere Enzyme mehr oder weniger gleichzeitig in das Medium ausgeschieden. Unter diesen „Nebenenzymen" können solche sein, die entweder das Hauptenzym unter bestimmten Bedingungen abbauen (vgl. [183]) oder die Applikation des Enzympräparats einschränken. Wenn durch genetische Manipulationen erreicht werden kann, daß ein störendes Nebenenzym nicht mehr synthetisiert wird, ist damit ein qualitatives Züchtungsziel erreicht.

(3) Unterdrückung unerwünschter biologischer Eigenschaften

Für die großtechnische Enzymherstellung sind oft bestimmte biologische Eigenschaften (Wachstumsansprüche, frühzeitige Sporulation, Phagenempfindlichkeiten usw.) nachteilig, die mit der Enzymbildung direkt nichts zu tun haben. Beseitigung oder Abschwächung solcher die Fermentation störenden Eigenschaften durch die Anwendung genetischer Methoden können ein weiteres qualitatives Züchtungsziel sein.

5.2. Prinzipien der Gewinnung enzymbildender *Bacillus*-Stämme

In Analogie zur Züchtung von Pflanzensorten und Tierrassen gibt es zwei Prinzipien, um enzymbildende *Bacillus*-Stämme mit „verbesserten" Eigenschaften zu erhalten:

5.2.1. Suche bzw. Erzeugung von Mutanten

Stämme einer *Bacillus*-Spezies, die ein erhöhtes oder verändertes Enzymbildungsvermögen aufweisen, sind Mutanten. Da sie das Merkmal „höhere/veränderte Enzymbildung" unverändert an eine praktisch unbegrenzte Zahl von Nachkommensgenerationen weitergeben, müssen die Zellen

Veränderungen in Teilen ihrer genetischen Information (Mutationen) erfahren haben, die die Synthese des betreffenden Enzyms determinieren. Das Merkmal „höhere/veränderte Enzymbildung" sagt nichts darüber aus, in welchem Teil der genetischen Information eine Veränderung eingetreten ist und ob eine oder mehrere Mutationen vorliegen. Zum Erhalt enzymproduzierender *Bacillus*-Mutanten gibt es zwei Möglichkeiten:

(1) In der Natur können sie in Biotopen gefunden werden, deren physikalische, chemische und biologische Charakteristika Bacillen mit einem erhöhten Bildungsvermögen für bestimmte extrazelluläre Enzyme Selektionsvorteile bieten. Unter den isolierbaren Stämmen wird ein relativ hoher Anteil an sog. „Spontanmutanten" anzutreffen sein, wenn die Höhe des Enzymbildungsvermögens der überwiegenden Zahl an Stämmen als Normwert betrachtet wird. Entscheidend ist die Häufigkeit (Frequenz), mit der solche Spontanmutanten auftreten. Diese ist in der Regel relativ niedrig (10^{-4} bis 10^{-7}) und macht deshalb umfängliche Selektionsarbeiten erforderlich. Ein weiterer Nachteil ist, daß das Enzymbildungsvermögen selten bestimmte Werte signifikant übersteigt.

(2) Im Laboratorium werden Veränderungen im genetischen Material durch Behandlung mit geeigneten chemischen und physikalischen Agenzien (Mutagenen) erzeugt. Die Zellen, die nach Mutagenbehandlung eine erhöhte Enzymbildung aufweisen, werden ausgelesen und stellen sofort oder nach Weiterbehandlung sog. „Hochleistungsstämme" dar. Entscheidend ist, daß Mutagenesen auf die Erhöhung der Häufigkeit von zweckentsprechenden Mutationen in einer Zellpopulation abzielen. Dabei ist das Chromosom das bevorzugte Material, das an bestimmten Punkten (Mutationsorte, -loci) substantiell verändert wird, ohne daß seine Reduplikationsfähigkeit beeinträchtigt sein darf.

5.2.2. Ausnutzung von Rekombinationsprozessen

Bei Vorhandensein mehrerer Hochleistungsstämme wird versucht, durch Methoden der „Kreuzung" von Bakterienzellen die genetischen Faktoren, die eine stabile Erhöhung der Bildung von extrazellulären Enzymen verursachen, in einer Zelle bzw. in einem Stamm zu vereinigen. Für eine solche Kreuzung stehen die Methoden des Gentransfers durch parasexuelle Prozesse zur Verfügung. Wenn die als Ausgangsmaterial verwendeten Hochleistungsstämme verschiedene Mutationen besaßen, werden Rekombinanten entstehen, die mehrere „günstige" Veränderungen in ihrem genetischen Material vereinigt enthalten und mehr Enzym als die Ausgangsstämme produzieren.

Beiden Züchtungsprinzipien ist gemeinsam, daß die genetische Information, die Art und Menge der produzierten extrazellulären Enzyme steuert, substantiell verändert wird. Bei der experimentellen Mutagenese wird das zelleigene (residente) genetische Material in seiner Struktur verändert [142, 63], während die Veränderung nach Rekombination durch einen Austausch von Teilen des Trägers der residenten genetischen Information gegen Teile eines Informationsträgers aus fremden Zellen zustandekommt.

5.3. Veränderung der residenten genetischen Information (Induktion von Mutationen)

Um die Darstellung nicht durch die Erläuterung von genetischen Begriffen zu komplizieren [197, 80, 3, 213, 195, 91, 182], werden drei Einschränkungen gemacht:

(1) Es werden nur Punktmutationen besprochen.

(2) Aus didaktischen Gründen sei angenommen, daß die Mutation immer dominant ist, d. h., eine eingetretene Veränderung in einem Strang des als Bakterienchromosom fungierenden doppelsträngigen DNA-Moleküls ist immer phänotypisch erkennbar.

(3) Der Typ der Mutation wird nicht berücksichtigt, d. h., es werden keine Unterschiede gemacht zwischen Austauschen von Nucleotidpaaren (Transitionen, Transversionen) und Rastermutationen (Deletionen, Duplikationen, Insertionen).

Die nachstehenden Ausführungen behandeln die phänotypischen Auswirkungen von Mutationen in Gentypen mit unterschiedlicher Funktion.

5.3.1. Mutationen in Strukturgenen

Allen Mutanten, die allein eine Mutation im Strukturgen eines extrazellulären Enzyms erfahren haben, ist gemeinsam, daß die Anzahl pro der Zeiteinheit synthetisierten Genprodukte unverändert ist. Verändert ist die Qualität des Genproduktes selbst. Sie kann schlechter oder besser geworden sein. Verschlechterungen sind mit einem Funktionsausfall verbunden, als dessen mögliche Ursachen in Frage kommen:

(1) Die Induktion eines stop-Codons innerhalb der Triplet-Folge, so daß kein Peptid mehr synthetisiert werden kann bzw. das noch synthetisierte Restpeptid nicht mehr enzymatisch aktiv ist.
(2) Ein Basenaustausch oder eine Rasterverschiebung, als deren Folge eine Aminosäuresequenz-Änderung zustandekommt. Das synthetisierte Peptid besitzt eine reduzierte oder keine Enzymaktivität. Besonders dramatisch sollten sich Veränderungen auswirken, wenn Nucleotidsequenzen betroffen sind, die Aminosäuren im aktiven Zentrum des Enzymmoleküls codieren.

Ein sehr instruktives Beispiel für eine Strukturgenmutation wird von Kelly und Brammar [97, 98] für die Penicillinase von *B. licheniformis* 749/C vorgestellt (Abb. 13). Die Penicillinase der Mutante penP102 weist nur noch 50% der Aktivität des Wildtypenzyms auf. Das penP102-Enzym unterscheidet sich im pH-Optimum und in der elektrophoretischen Beweglichkeit von der 749/C-Penicillinase. Die Mutation ist der Ausfall eines einzigen Nucleotids im Codon für Asparagin an der Position 265. Die Fol-

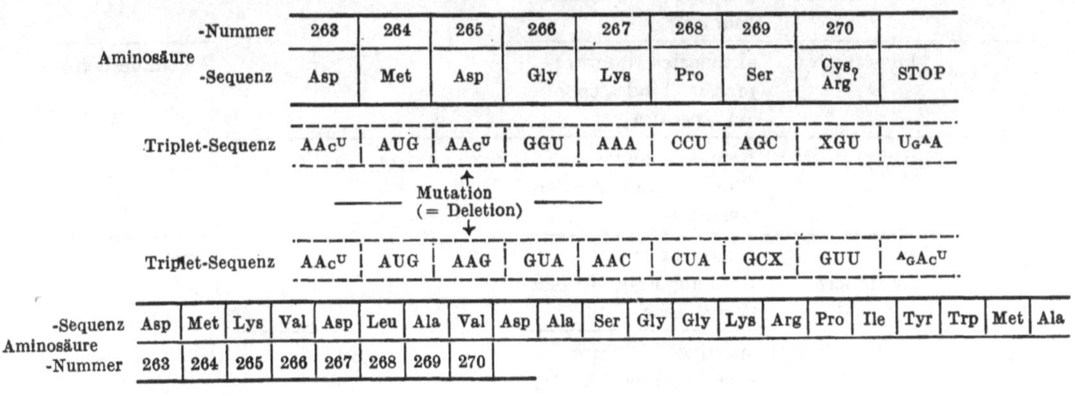

Abb. 13. Änderungen von Aminosäure-Sequenz und -anzahl in der Penicillinase von *Bacillus licheniformis* nach Induktion der Punktmutation P 102 im Strukturgen (nach Kelly und Brammar [97, 98]).

gen der eintretenden Rasterverschiebung sind eine Änderung der drei letzten Aminosäuren des Wildtypenzyms und das Hinzukommen von 17 Aminosäureresten am Carboxy-Ende des Polypeptids.

5.3.2. Mutationen im Operatorgen

Operator-Mutationen führen zu Veränderungen der Anzahl an Enzymmolekülen, die pro Zeiteinheit synthetisiert werden. Erhöhte Zahlen an Enzymmolekülen imponieren als erhöhte Aktivitäten. Sie sind die Ursache für einen Typ von sog. „regulationsdefektiven Mutanten". Beispiele sind

— die Mutante 749/C von *B. licheniformis*, die Penicillinase konstitutiv bildet, als Fall einer durch Mutation bedingten Konstituvität eines ursprünglich induzierbaren Operons,

Tabelle 4

Mutationen im Regulatorgen und ihre phänotypischen Konsequenzen

Bezeichnung der		verändertes Genprodukt	Operontyp	Kontroll-mechanismus	phänotypischer Effekt (Enzymsynthese)
Mutation	Mutante				
i^-	konstitutiv	kein Repressor	induzierbar	negativ	kontinuierlich
		Repressor ohne Bindungsstelle für den Operator			
i^s	nicht induzierbar	Repressor ohne Bindungsstelle für den Induktor			keine
?	nicht induzierbar	Induktorprotein ohne Bindungsstelle für den Induktor		positiv	
?	konstitutiv	aktiviertes Induktorprotein (bindet spontan am Operator)			kontinuierlich
s^-	dereprimiert	Repressor ohne Bindungsstelle für den Operator	reprimierbar	negativ	
s^r	superreprimiert	Repressor ohne Bindungsstelle für den Corepressor			keine
?		inaktives Induktorprotein (ohne Bindung an den Operator)		positiv	
?	dereprimiert	Induktorprotein ohne Bindungsstelle für den Corepressor			kontinuierlich

– die amy R-Mutanten von *B. subtilis*, die von der Arbeitsgruppe um MARUO isoliert wurden und von denen nicht bekannt ist, ob sie den Operator von induzierbaren oder reprimierbaren Operons betreffen (vgl. 2.1.1.).

5.3.3. Mutationen im Regulatorgen

Kenntnisse über die Existenz eines Regulationsgens für ein extrazelluläres Enzym liegen entweder noch nicht vor, oder sie stellen Analogien zum β-Galactosidase-Operon von *E. coli* dar. Aus diesem Grunde seien in Tab. 4 nur die theoretisch denkbaren Möglichkeiten vorgestellt und nicht näher erläutert.

Für die Präparation hocheffektiver Produktionsstämme wäre eine Anhäufung von Mutationen in allen drei Gentypen, von denen jede für sich schon aktivitätserhöhend wäre, in einem Stamm wünschenswert. Eine polygene Mutante mit folgender Konstitution wäre ein echter Hyperproduzent oder Hochleistungsstamm und für die industrielle Enzymproduktion ideal:

(1) Mutation im Strukturgen, ergebend ein Enzymmolekül mit verbesserten katalytischen Eigenschaften (z. B. erhöhter Wechselzahl).
(2) Mutationen in Operator- und Regulatorgen, ergebend einen permanent am Operator hängenden Induktor oder nicht ansetzenden Repressor, was eine ständige Ablesung des Strukturgens zur Folge hätte (regulationsdefektive Mutante).
(3) Mutationen in „Penetrationsgenen", ergebend eine ungehinderte Passage der synthetisierten Enzympeptide durch die Zellumhüllung und ein sofortiges Ablösen von peripheren Zellwandstrukturen.

Solche Stämme durch Successiv-Mutagenese aufbauen zu wollen, erfordert einen kaum realisierbaren Aufwand an Screening-Arbeit. Deshalb erscheint ein rekombinatives Vereinigen von Mutationen in unterschiedlichen Gentypen günstiger.

5.4. Kombination von Mutationen durch Genübertragung (Gentransfer)

5.4.1. Ergebnisse des Gentransfers

Zur Vereinigung von Mutationen aus verschiedenen Zellen in einer Zelle ist die Übertragung von DNA aus einer Mutante in einen anderen Stamm notwendig. Die Resultate derartiger Genübertragungen sind in Abb. 14 schematisch zusammengefaßt.

(1) Gensubstitution

In einer Empfängerzelle (Rezipient) vorhandene Gene werden gegen funktionell äquivalente Gene (Allele) aus einer Spenderzelle (Donor) ausgetauscht. Nach Abschluß komplizierter Wechselwirkungen zwischen residenter DNA des Rezipienten und fremder DNA des Donors liegt eine Rekombinante vor, die anstelle eines nichtmutierten DNA-Abschnitts eine mutierte DNA-Sequenz als Bestandteil ihres Chromosoms enthält. Dabei werden die Gesamtmengen an Genen und DNA nicht verändert. Methoden der Gensubstitution bei Bacillen sind Transformation und Transduktion.

(2) Genamplifikation

Zusätzlich zu den residenten Genen werden fremde Gene eingebaut, oder ein residentes Gen wird gegen mehrere fremde Gene mit identischem Informationsgehalt ausgetauscht. Nach beendeter

Rekombination ist anstelle des ursprünglichen Einzelgens eine Folge von zwei oder mehreren Genen gleicher Art vorhanden. Die Gesamtmengen an Genen und DNA wurden erhöht. Als Methoden zur Genamplifikation bieten sich die Transduktion und die Konstruktion von Merodiploiden durch Transformation [6] an.

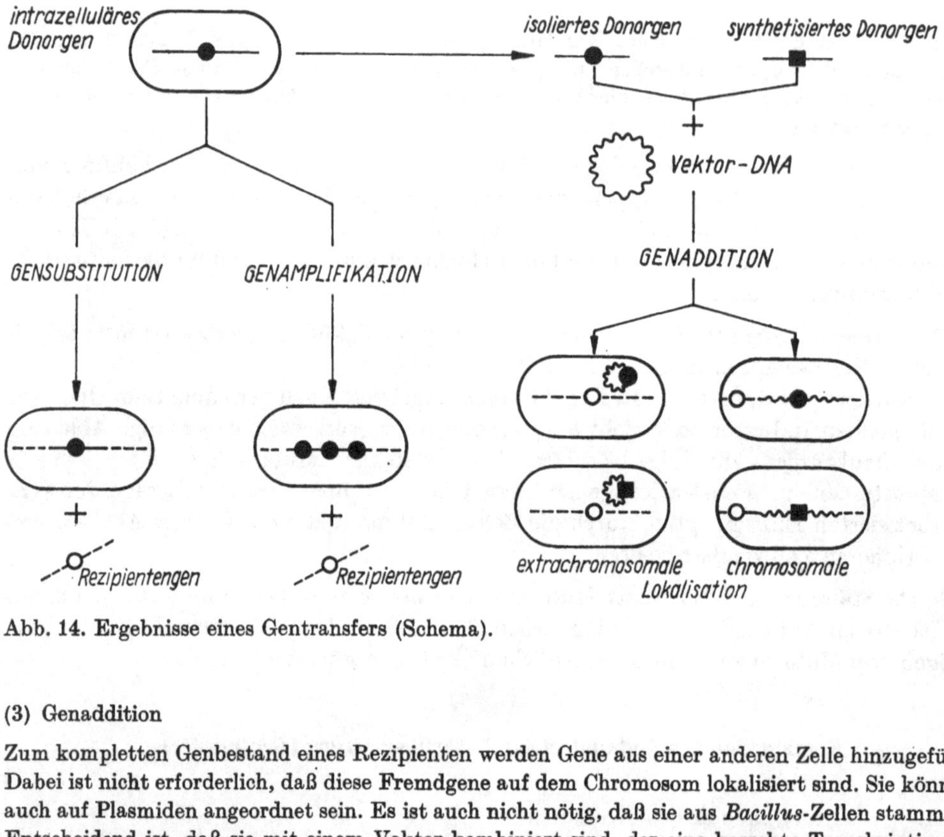

Abb. 14. Ergebnisse eines Gentransfers (Schema).

(3) Genaddition

Zum kompletten Genbestand eines Rezipienten werden Gene aus einer anderen Zelle hinzugefügt. Dabei ist nicht erforderlich, daß diese Fremdgene auf dem Chromosom lokalisiert sind. Sie können auch auf Plasmiden angeordnet sein. Es ist auch nicht nötig, daß sie aus *Bacillus*-Zellen stammen. Entscheidend ist, daß sie mit einem Vektor kombiniert sind, der eine korrekte Transkription in der Rezipientenzelle auslöst, so daß das normale Genprodukt synthetisiert wird. Als geeignete Vektoren kommen DNA aus temperenten Phagen und DNA aus Plasmiden in Frage. Nach Genaddition werden Genzahlen und DNA-Gehalt erhöht sein.

Bei Addition von chromosomalen Genen muß beachtet werden, daß die Fremdgene nur in einen Strang des Rezipientenchromosoms integriert werden. So entstehen partiell heterologe DNA-Abschnitte. Während und nach der Rekombination muß verhindert werden, daß die fremde DNA aus diesen heterologen Sequenzen eliminiert wird. Die Gefahr ist ziemlich groß, da die Fremd-DNA keinen Paarungspartner findet und als Schleife (loop) durch Endonucleasen entfernt werden kann.

Als Methoden der Genaddition kommen im speziellen die Transfektion (mit DNA aus temperenten Phagen), im allgemeinen die Gentechnik (genetic engineering) in Frage.

5.4.2. Methoden des Gentransfers

(1) Genetische Transformation

Die genetische Information wird durch DNA-Moleküle übertragen, die nicht an zelluläre Strukturen oder an hochpolymere Substanzen gebunden sind. DNA kann von Bakterien unter bestimmten Bedingungen spontan freigesetzt [28, 144, 15, 156, 155] oder durch chemische Methoden aus ihnen isoliert werden (vgl. Übersicht bei HERRIOTT [83]).

Transformierende DNA wird Rezipientenzellen zugesetzt, die sich im Zustand der Kompetenz befinden (vgl. Übersicht bei GRUNOW [75]). Nach Abschluß des Gesamtprozesses sind Zellen nachweisbar, die genetische Merkmale besitzen, die für den Donor typisch sind und die der Rezipient nicht aufweist. Solche Transformanten vererben das übertragene Merkmal stabil auf ihre Nachkommen weiter.

Die Transformation kann als Reaktion zwischen transformierender DNA und kompetenter Rezipientenzelle aufgefaßt werden. Das Prinzip ist in Abb. 15 dargestellt. Den komplizierten Ablauf des Gesamtprozesses gibt Abb. 16 wieder.

Für den Gentransfer durch Transformation ist die Länge der DNA-Abschnitte wichtig, die in das Rezipientenchromosom integriert werden. Bei *B. subtilis* wird die Donor-DNA in einem Stück

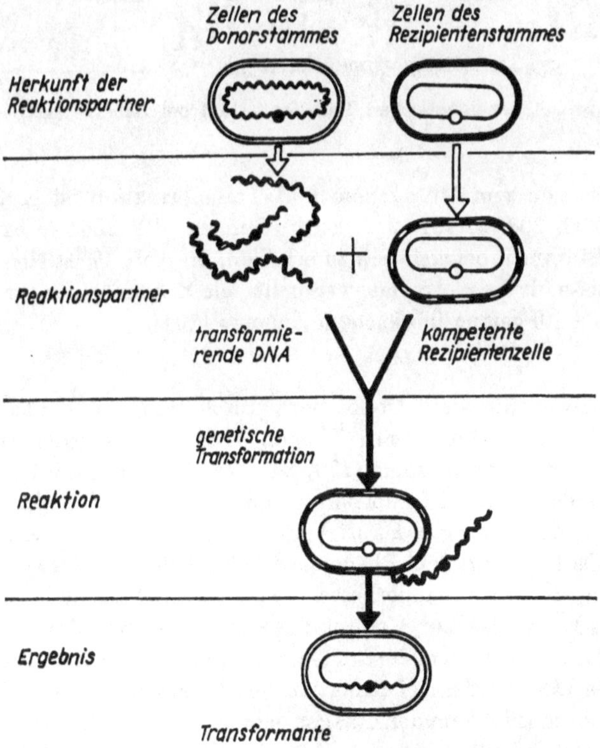

Abb. 15. Genetische Transformation bei Bakterien als Reaktion (Schema).

mit einer Länge von 3000—5000 Nucleotiden eingebaut [14, 12, 13, 187, 149, 48]. Damit besteht die Möglichkeit, Mutationen in benachbarten Genen durch ein Molekül transformierender DNA gleichzeitig zu übertragen. Mutationen in weiter entfernten Genen müssen successiv in mehreren Transformationen transferiert werden.

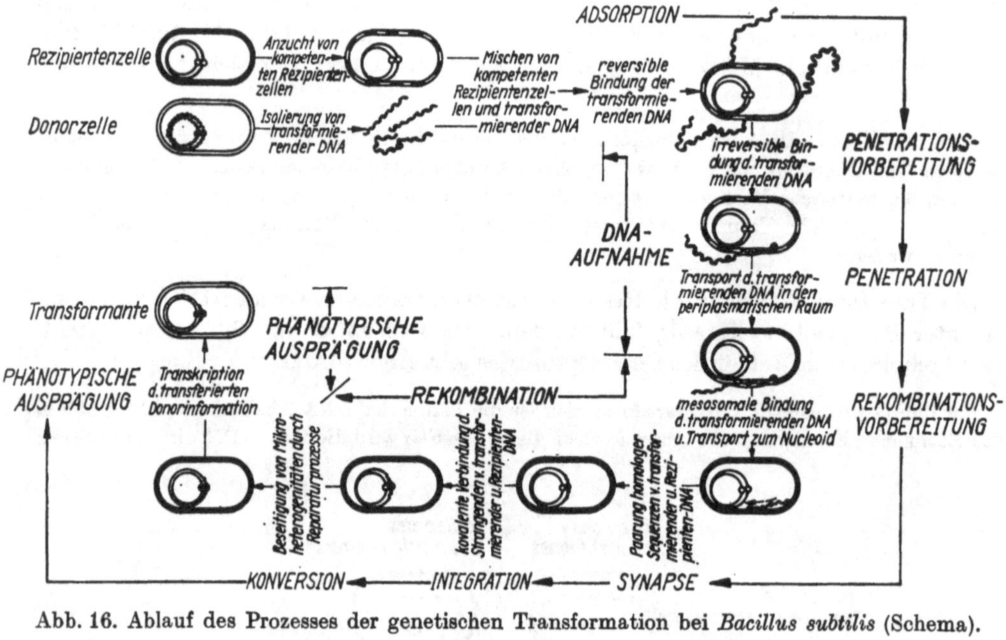

Abb. 16. Ablauf des Prozesses der genetischen Transformation bei *Bacillus subtilis* (Schema).

Durch eine Kombination von Mutagenese und Transformation ist es Maruo u. a. [200, 207, 201, 202, 209, 208, 8, 221, 212, 210] gelungen, die Bildung extrazellulärer Enzyme bei *Bacillus*-Stämmen beträchtlich zu erhöhen. In Abb. 17 ist eine Zusammenfassung dieser Ergebnisse für die α-Amylase versucht. Die Erhöhung der proteolytischen Gesamtaktivität bei pH 7,0 gelang in gleichem Ausmaß [194].

(2) Transduktion

Die genetische Information aus dem Donor wird durch temperente Phagen auf den Rezipienten übertragen. Echte temperente Phagen bilden in lysogenen Bakterien als Prophagen Bestandteile des Chromosoms [130, 24, 178, 145, 80]. Wird der Prophage nach spontaner oder experimenteller Induktion entsprechend dem Modell von Campbell [23, 25] frei, treten in definierbaren Häufigkeiten „Fehler" beim Ausschneiden des Phagengenoms auf. Dadurch werden Phagenpartikel gebildet, die zwar die übliche DNA-Menge enthalten, die DNA-Menge besteht jedoch aus einem mehr oder weniger großen Stück Phagen-DNA, das zur Gesamt-DNA-Menge durch Bakterien-DNA ergänzt wird. Solche inkompletten Phagenpartikel enthalten somit einen Teil der genetischen Information des Donors, der bei Infektion der Rezipientenzelle auf diese übertragen wird. Da diesen transduzierenden Phagen jedoch die volle Information zur Bildung neuer Phagenpartikel fehlt, können sie nicht mehr in den vegetativen Zustand übergehen und die Wirtszelle lysieren.

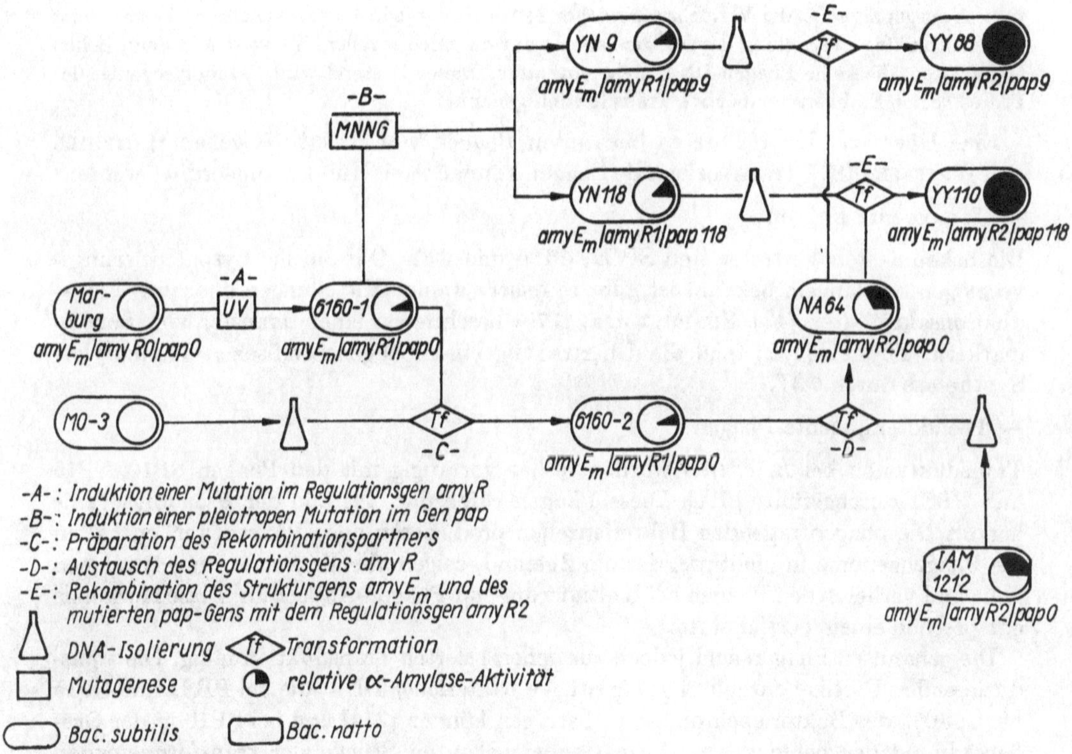

Abb. 17. Kombination von Mutagenese und Transformation zur Herstellung von *Bacillus subtilis*-Stämmen mit erhöhtem Bildungsvermögen für extrazelluläre α-Amylase (Schema).

Entsprechend der Position des Prophagen auf dem Bakterienchromosom unterscheidet man drei Typen von Transduktionen:

— Spezialisierte Transduktion

Spezialisiert transduzierende Phagen besitzen eine spezifische Nucleotidsequenz in ihrer DNA (int-Region), für die im Bakterienchromosom ein partielles Homologon existiert. An dieser Stelle wird die Phagen-DNA als Prophage integriert. Bei der Induktion werden Teile des Bakterienchromosoms, die rechts oder links vom Prophagen liegen, in transduzierende Phagenpartikel eingepackt.

— Generalisierte Transduktion

Generalisiert transduzierende Phagen besitzen keine spezielle Integrationsregion. Transduzierende Phagengenome dieser Art werden an der Stelle des Rezipientenchromosoms eingebaut, der das enthaltende Stück bakterieller Donor-DNA homolog ist. Damit ist praktisch jeder Einbauort möglich, auch kann jeder Bakterienmarker übertragen werden. Jedoch ist die Häufigkeit, mit der ein Transfer für einen bestimmten Marker auftritt, sehr viel niedriger als bei der spezialisierten Transduktion.

— Abortive Transduktion

Die beiden aufgeführten Transduktionstypen beruhen auf einer chromosomalen Integration des Phagengenoms. Es gibt jedoch Fälle, bei denen die DNA des transduzierenden Phagen nicht als Prophage vorliegt. Sie bleibt als extrachromosomale DNA-Komponente erhalten und wird phänotypisch ausgeprägt. Bei der Vermehrung solcher Zellen erfolgt jedoch keine synchrone Vermehrung und gleichmäßige Verteilung der Phagengenome auf die Tochterzellen. Es werden laufend Zellen abgespalten, die keine Phagen-DNA mehr enthalten. Dieser Zustand wird Pseudolysogenie, der Prozeß seiner Etablierung abortive Transduktion genannt.

Eine Übersicht der am besten bekannten Phagen von *B. subtilis* geben HEMPHILL und WHITELEY [82]. Transduzierende Phagen können zwei Gruppen zugeordnet werden:

— Temperente Phagen

Die bekanntesten Vertreter sind SPO2, Φ105 und Φ3T. Obwohl ihr Lysogenisierungsvermögen seit langem bekannt ist, gibt es relativ wenige Mitteilungen über ihre Transduktionsaktivitäten [43]. SHAPIRO u. a. [175] beschreiben einen Transfer von Leucinmarkern. TUCKER [192] fand die Übertragung einer phagenspezifischen Thymidylat-Synthetase durch Φ3T.

— Pseudotemperente Phagen

Transduktionen bei *B. subtilis* wurden bisher vorrangig mit den Phagen SP10, SP15 und PBS1 durchgeführt [214]. Diese Phagen rufen den Zustand der Pseudolysogenie hervor. Die phagentragenden Bakterienzellen produzieren hohe Phagentiter, enthalten die Phagengenome in nichtintegriertem Zustand, zeigen alle Merkmale einer lysogenen Zelle und verlieren den Phagen bei Kultivierung mit Phagen-Antiserum. Diese Merkmale entsprechen einem carrier state.

Die genannten Phagen sind jedoch zur generalisierten Transduktion fähig. Die transduzierenden Partikel enthalten große Stücke bakterieller DNA, die bei PBS1 und SP15 bis zu 10% des Bakterienchromosoms betragen können [214] und bei SP10 in der Größenordnung der bei der Transformation eingebauten Stücke der transformierenden DNA liegen [193].

Für eine Übertragung von Genen, die die Synthese extrazellulärer Enzyme steuern, ergeben sich folgende Möglichkeiten:

- Durch die Phagen PBS1 und SP15 sollte es möglich sein, jeden in diesem Zusammenhang interessanten Marker zu transferieren. Voraussetzung ist, daß die Marker in Zellen vorhanden sind, die für die genannten Phagen sensibel sind. Als Stütze dieser Erwartung mag dienen, daß bei Kartierungsversuchen mit PBS1 die Kopplung relativ weit entfernter Marker nachgewiesen werden konnte [214].
- Auf Grund der Kartenpositionen der Prophagen echter temperenter Phagen (Abb. 18) ist zu prüfen, in welchem Maße sich die spezialisierte Transduktion zur Übertragung von die Synthese extrazellulärer Enzyme steuernder Gene verwenden läßt. Günstig scheint in diesem Fall die relativ enge Nachbarschaft des Integrationsortes des SPO2-Prophagen mit dem α-Amylase-Operon.

(3) Protoplastenfusion

Zellen aus unterschiedlichen *Bacillus*-Stämmen werden durch Lysozym-Behandlung in Protoplasten verwandelt, mit Hilfe von Polyäthylenglycol zum Verschmelzen gebracht und die erhaltenen Fusionsprodukte anschließend zu kompletten Zellen konvertiert. Die erfolgreiche Durchführung solcher Versuche beschrieben SCHAEFFER u. a. [170] für *B. subtilis* und FODOR und ALFÖLDI [58] für *B. megaterium*. Dabei wurden biochemische Marker (Auxotrophien) verwendet. Nach Vorliegen weiterer Grundlagenerkenntnisse erscheint diese Methodik sehr aussichtsreich für eine Rekombination sehr unterschiedlicher Stämme.

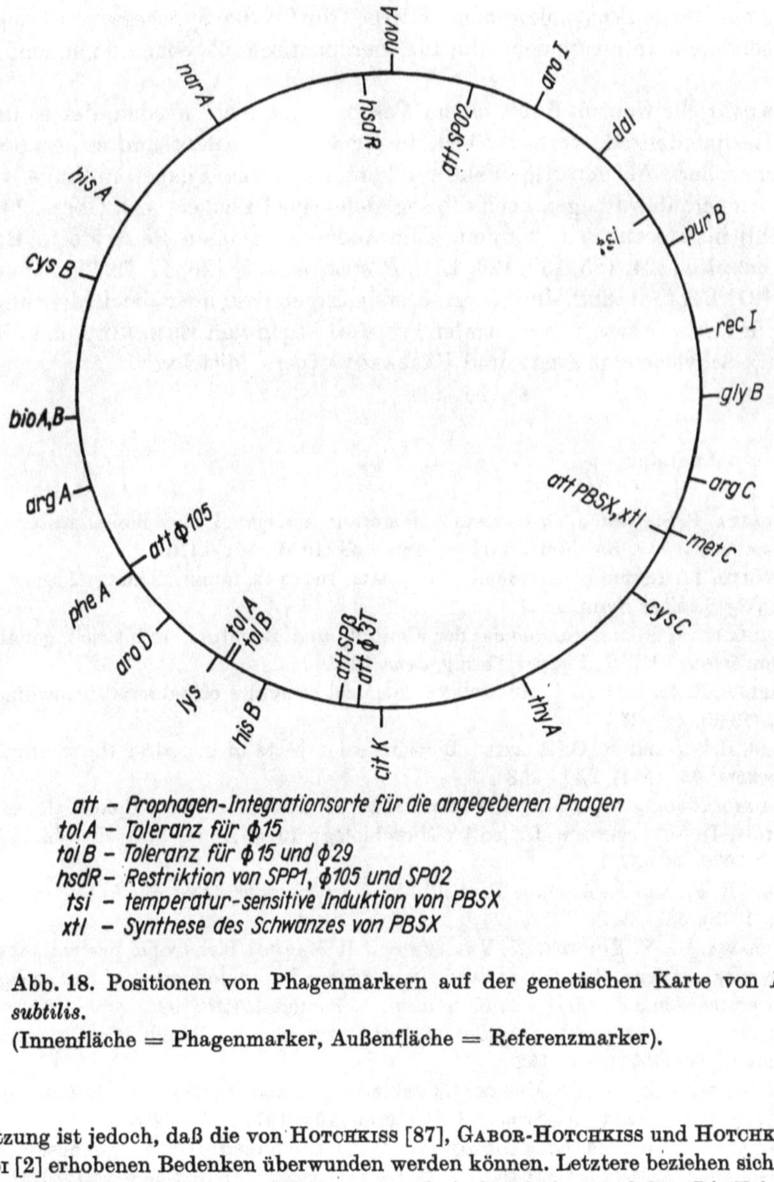

Abb. 18. Positionen von Phagenmarkern auf der genetischen Karte von *Bacillus subtilis.*
(Innenfläche = Phagenmarker, Außenfläche = Referenzmarker).

Voraussetzung ist jedoch, daß die von HOTCHKISS [87], GABOR-HOTCHKISS und HOTCHKISS [66] und ALFÖLDI [2] erhobenen Bedenken überwunden werden können. Letztere beziehen sich auf die extensiven Segregationsprozesse in der Nachkommenschaft der Fusionsprodukte. Die Folgen sind außerordentlich niedrige Rekombinantenzahlen. In welchem Umfang methodische Verbesserungen diesen Nachteil beseitigen können, läßt sich schwer voraussagen.

(4) Genetic engineering

Die Gentechnik unterscheidet sich von den bisher genannten Methoden durch die Synthese gezielt hergestellter genetischer Informationen [179]. Bevorzugt ist dabei an den Aufbau von Strukturgenen zu denken. Obwohl in der verfügbaren Literatur noch keine Mitteilungen über die Synthese „künstlicher“ Enzymgene und deren Implantation in mikrobielle Enzymbildner gefunden wurde, dürfte dem genetic engineering in der Zukunft große Bedeutung zukommen. Hierbei dürfte die Synthese von Säugerenzymen von besonderem Interesse sein, die für therapeutische Zwecke zunehmend Beachtung finden.

Das artifizielle Gen muß mit einem Vektor kombiniert werden, der es ungeschädigt in die Rezipientenzelle transportiert, in ihr verbleiben läßt und seine korrekte Transkription sichert. Als derartige Vektoren kommen einmal Phagen in Frage, wobei neben echten temperenten Phagen auch die sog. defektiven Phagen (vgl. Übersicht bei Garro u. a. [68]) interessant sein können. Zum anderen kommen Plasmide in Betracht, die von *B. pumilus* [124, 125, 129, 126, 127], *B. subtilis* [127, 128, 57, 76, 77, 34] und *B. megaterium* [27] bekannt sind. Interessante erste Ergebnisse über die Bedeutung von Plasmiden für die Synthese von neutraler Protease liegen von Ermakova u. a. [57] und für die von α-Amylase von Tichy und Paclarova [pers. Mitt.] vor.

Literatur

[1] Aiyappa, P. S., and J. O. Lampen: Membrane associated phospholipoproteins of *Bacillus licheniformis* 749. Biochim. Biophys. Acta **448** (1976), 401–410

[2] Alföldi, L.: Fusion of microbial protoplasts. Internat. Congr. Genet., Moscow 1978, Abstr. Plenary Sessions Symp., 127

[3] Alichanyan, S. I.: Grundlagen der Genetik und Züchtung industriell genutzter Mikroorganismen, VEB G. Fischer Verlag, Jena 1972

[4] Ambler, R. P., and R. J. Meadway: Chemical structure of bacterial penicillinases. Nature **272** (1969), 24–26

[5] Ames, B. N., and R. G. Martin: Biochemical aspects of genetics: the operon. Ann. Rev. Biochem. **33** (1964), 235–258

[6] Anagnostopoulos, C., and J. Trowsdale: Production of merodiploid clones in *Bacillus subtilis*. In Schlesinger, D. (ed.) / Microbiology 1976, Amer. Soc. Microbiol., Washington D. C. 1976, 44–57

[7] Aten, R. F., and R. A. Day: Penicillin-binding components of *Bacillus cereus*. J. Bacteriol. **114** (1973), 537–542

[8] Ayusawa, D., Y. Yoneda, K. Yamane and B. Maruo: Pleiotropic phenomena in autolytic enzyme(s) content, flagellation, and simultaneous hyperproduction of extracellular-amylase and protease in a *Bacillus subtilis* mutant. J. Bacteriol. **124** (1975), 459–469

[9] Balassa, G.: The genetic control of spore formation in Bacilli. Curr. Topics Microbiol. Immunol. **59** (1972), 99–182

[10] Bernlohr, R. W., and V. Clark: Characterization and regulation of protease synthesis and activity in *Bacillus licheniformis*. J. Bacteriol. **105** (1971), 276–283

[11] Bernlohr, R. W., M. K. Maddox and N. D. Goldberg: Cyclic guanosine 3′:5′-monophosphate in *Escherichia coli* and *Bacillus licheniformis*. J. Biol. Chem. **249** (1974), 4329–4331

[12] Bodmer, W. F.: Recombination and integration in *Bacillus subtilis* transformation. J. Mol. biol. **14** (1965), 534–557

[13] Bodmer, W. F.: Integration of DNase-treated DNA in *Bacillus subtilis* transformation. J. Gen. Physiol. **49** (1966), 233–258

[14] Bodmer, W. F., and A. T. Ganesan: Biochemical and genetic studies of integration and recombination in *Bacillus subtilis* transformation. Genetics **50** (1964), 717–738

[15] Borenstein, S., and E. Ephrati-Elizur: Spontaneous release of DNA in sequential genetic order by *Bacillus subtilis*. J. Mol. Biol. **45** (1969), 137–152

[16] Bott, K. F.: Regulation of bacterial sporulation. In Macdonald, K. D. (ed.) / 2nd Internat. Symp. Genet. Industr. Microorg., Academic Press, London 1976, 419–436

[17] Brehm, S. P., S. P. Stahl and J. A. Hoch: Phenotypes of pleiotropic-negative sporulation mutants of *Bacillus subtilis*. J. Bacteriol. **115** (1973), 1063–1070

[18] Brewer, S. J., and R. C. W. Berkeley: Control of the production of exo-β-N-acetylglucosaminidase by *Bacillus subtilis* B. Derepression during gluconeogenesis and initial stages of sporulation. Biochem. J. **134** (1973), 271–281

[19] Brimacombe, R., K. H. Nierhaus, R. A. Garratt and H. G. Wittmann: The ribosome of *Escherichia coli*. Progr. Nucleic Acid Res. Mol. Biol. **18** (1976), 1–44

[20] Brown, S., and G. Coleman: Stability of labeled messenger RNA in *Bacillus amyloliquefaciens* during the phases of minimal and maximal extracellular enzyme formation. J. Mol. Biol. **96** (1975), 335–344

[21] Brown, S., and G. Coleman: Messenger ribonucleic acid content of *Bacillus amyloliquefaciens* throughout its growth cycle compared with *Bacillus subtilis* 168. J. Mol. Biol. **96** (1975), 345–352

[22] Burbigde, E., and B. Collier: Production of bacterial amylases. Process Biochem. **3** (1968), 53–56

[23] Campbell, A.: Episomes. Adv. Genet. **11** (1962), 101–145

[24] Campbell, A.: Transduction. In Gunsalus, I. C., and R. Y. Stanier (eds.) / The bacteria. Academic Press, New York and London **1964**, Vol. V, 49–86

[25] Campbell, A. M.: Episome. Akademie-Verlag, Berlin 1971

[26] Cancedda, R., and M. J. Schlesinger: Localization of polyribosomes containing alkaline phosphatase nascent polypeptides on membranes of *Escherichia coli*. J. Bacteriol. **117** (1974), 290–301

[27] Carlton, B. C.: Complex plasmid system of *Bacillus megaterium*. In Schlesinger, D. (ed.) / Microbiology 1976, Amer. Soc. Microbiol., Washington D. C. 1976, 394–405

[28] Catlin, B. W.: Transformation of *Neisseria meningitidis* by deoxyribonucleate from cells and from culture slime. J. Bacteriol. **79** (1960), 579–590

[29] Chaloupka, J., and P. Kreckova: Regulation of the formation of protease in *Bacillus megaterium*. I. The influence of amino acids on enzyme formation. Folia Microbiol. **11** (1966), 82–88

[30] Cohen, G. N.: Regulation of enzyme activity in microorganisms. Ann. Rev. Microbiol. **19** (1965), 105–151

[31] Coleman, G.: Studies of the regulation of extracellular enzyme synthesis by *Bacillus subtilis*. J. Gen. Microbiol. **49** (1967), 421–431

[32] Coleman, G., S. Brown and D. A. Stormonth: A model for the regulation of bacterial extracellular enzyme and toxin synthesis. J. Theor. Biol. **52** (1975), 143–148

[33] Coleman, G., and M. A. Grant: Characterization of α-amylase formation by *Bacillus subtilis*. Nature **211** (1966), 306–307

[34] Contente, S., and D. Dubnau: Characterization of plasmid transformation in *Bacillus subtilis*: Kinetic properties and the effect of DNA conformation. Mol. Gen. Genet. **167** (1979), 251–258

[35] Coote, J. G.: Comparative studies on induction of sporulation and synthesis of inducible enzymes of *Bacillus subtilis*. J. Bacteriol. **120** (1974), 1102–1108

[36] Costerton, J. W.: Cell envelope as a barrier to antibiotics. In Schlesinger, D. (ed.) / Microbiology 1977, Amer. Soc. Microbiol. 1977, 151–157

[37] Crane, L. J., G. E. Bettinger and J. O. Lampen: Affinity chromatography purification of penicillinase of *Bacillus licheniformis* 749/C and its use to measure turnover of cell-bound enzyme. Biochem. Biophys. Res. Commun. **50** (1973), 220–227

[38] Crane, L. J., and J. O. Lampen: *Bacillus licheniformis* 749/C plasma membrane penicillinase, a hydrophobic polar protein. Arch. Biochem. Biophys. **160** (1974), 155–166

[39] Dancer, B. N., and J. O. Lampen: In vitro synthesis of hydrophobic penicillinase in extracts of *Bacillus licheniformis* 749/C. Biochem. Biophys. Res. Commun. **66** (1975), 1357–1364

[40] Dancer, B. N., and J. O. Lampen: Membrane-bound penicillinase and phospholipid production in *Bacillus licheniformis* 749/C. In Schlesinger, D. (ed.) / Microbiology 1976, Amer. Soc. Microbiol., Washington D. C. 1976, 100–103

[41] Dancer, B. N., and J. Mandelstam: Production and possible function of serine protease during sporulation of *Bacillus subtilis*. J. Bacteriol. **121** (1975), 406–410

[42] Dave, B. A., and H. V. Reese: Purification and properties of a polygalacturonic acid trans-eliminase produced by *Bacillus pumilus*. J. Bacteriol. **108** (1971), 166–174

[43] Dean, D. H., K. Hutchison and H. O. Holvorson: Specialized transduction in *Bacillus subtilis*. In Schlesinger, D. (ed.) / Microbiology 1976, Amer. Soc. Microbiol., Washington D. C. 1976, 295–302

[44] Demain, A. L.: Overproduction of metabolites and enzymes due to alteration of regulation. Adv. Biochem. Engineer. **1** (1971), 113–142

[45] Doi, R. H.: Changes in nucleic acids during sporulation. In Gould, G. W., and A. Hurst (eds.) / The bacterial spore, Academic Press, London 1969, 125–162

[46] Doi, R. H.: Role of proteases in sporulation. Curr. Topics Cell Regul. **6** (1972), 1–20

[47] Doi, R. H., and F. J. Sanchez-Anzaldo: Complexity of protein and nucleic acid synthesis during sporulation of bacilli. In Schlesinger, D. (ed.) / Microbiology 1976, Amer. Soc. Microbiol., Washington D. C. 1976, 145–163

[48] Dubnau, D., and C. Cirigliano: Fate of transforming DNA after uptake by competent *Bacillus subtilis*: size and distribution of the integrated donor segments. J. Bacteriol. **111** (1972), 488–494

[49] Dubnau, D. A., and M. R. Pollock: The genetics of Bacillus penicillinase. A preliminary analysis from studies of mutation and inter-strain and intra-strain mutations. J. Gen. Microbiol. **41** (1965), 7–21

[50] Duffy, J. J., and E. P. Geiduschek: RNA polymerase from phage SPO1-infected and uninfected *Bacillus subtilis*. J. Biol. Chem. **250** (1975), 4530–4541

[51] Duffy, J. J., R. L. Petrusek and E. P. Geiduschek: Conversion of *Bacillus subtilis* RNA polymerase activity in vitro by a protein induced by phage SPO1. Proc. Nat. Acad. Sci. USA **72** (1975), 2366–2370

[52] Duffy, J. J., R. L. Petrusek, D. Rabussay and P. Geiduschek: Hydroxymethyluracil bacteriophages of *Bacillus subtilis*: involvement of RNA polymerase in the regulation of bacteriophage SPO1 development. In Schlesinger, D. (ed.) / Microbiology 1976, Amer. Soc. Microbiol., Washington D. C. 1976, 280–289

[53] Eka, Q. U., and W. M. Fogarty: Production of laminarase by *Bacillus polymyxa*. Eur. J. Appl. Microbiol. **1** (1975), 13–23

[54] Emi, S., J. Fukumoto and T. Yamamoto: Studies of hemicellulolytic enzymes of *Bacillus subtilis*: Part I. Purification, crystallization, and some properties of arabinogalactanase. Agr. Biol. Chem. **35** (1971), 1891–1898

[55] Enatsu, T., and A. Shinmyo: In vitro synthesis of enzymes. Physiological aspects of microbial enzyme production. Adv. Biochem. Engineer. **9** (1978), 111–144

[56] Erickson, R. J.: Industrial applications of the bacilli: A review and prospectus. In Schlesinger, D. (ed.) / Microbiology 1976, Amer. Soc. Microbiol., Washington D. C. 1976, 406 bis 419

[57] Ermakova, L. M., F. P. Galushka, A. Y. Strongin, I. A. Sladkova, B. A. Rebentish, M. V. Andreeva and V. M. Stepanov: Plasmids of crystal-forming bacilli and their influence of growth medium composition on their appearance. J. Gen. Microbiol. **107** (1978), 169–171

[58] Fodor, K., and L. Alföldi: Fusion of protoplasts of *Bacillus megaterium*. Proc. Nat. Acad. Sci. USA **73**, 2147–2150

[59] Fogarty, W. M., and P. J. Griffin: Some observations on the production and elaboration of extracellular enzymes by *Bacillus polymyxa*. Biochem. Soc. Trans. **1** (1973), 263–265

[60] Fogarty, W. M., P. J. Griffin and A. M. Joyce: Enzymes of Bacillus species — Part 1. Process. Biochem. **9** (1974), 11—18

[61] Fogarty, W. M., P. J. Griffin and A. M. Joyce: Enzymes of Bacillus species — Part 2. Process. Biochem. **9** (1974), 27—35

[62] Fox, T. D., and J. Pero: New phage SPO1-induced polypeptides associated with *Bacillus subtilis* RNA polymerase. Proc. Nat. Acad. Sci. USA **71** (1974), 2761—2765

[63] Freese, E.: Chemical mutagens. In Hollaender, A. (ed.) / Chemical mutagens, Plenum Press, New York—London 1971, Vol. I, 1—56

[64] Freese, E., and Y. Fujita: Control of enzyme synthesis during growth and sporulation. In Schlesinger, D. (ed.) / Microbiology 1976, Amer. Soc. Microbiol., Washington D. C. 1976, 164—184

[65] Fukuda, R., G. Keilman, E. McVey and R. H. Doi: RNA polymerase pattern of sporulating *Bacillus subtilis*. In Gerhardt, P., H. L. Sadoff and R. N. Costilow (eds.) / Spores VI, Amer. Soc. Microbiol., Washington D. C. 1975, 213—220

[66] Gabor-Hotchkiss, M., and R. D. Hotchkiss: Factors influencing intraspecific protoplast fusion in *Bacillus subtilis*. Internat. Congr. Genet., Moscow 1978, Abstr. Contributed Paper Sessions, Part I, 74

[67] Gage, L. P., and E. P. Geiduschek: RNA synthesis during bacteriophage SPO1 development. II. Some modulations and prerequisites of the transcription program. Virology **44** (1971), 200—210

[68] Garro, A. J., P. Hammer and S. B. Recht: Biochemical and genetic analysis of the defective *Bacillus subtilis* bacteriophage PBSX. In Schlesinger, D. (ed.) / Microbiology 1976, Amer. Soc. Microbiol., Washington D. C. 1976, 340—349

[69] Glenn, A. R.: Production of extracellular proteins by bacteria. Ann. Rev. Microbiol. **30** (1976), 41—62

[70] Green, D. M., and L. J. Colarusso: The physical and genetical characteristics of a transformable enzyme, *Bacillus subtilis* amylase. Biochem. Biophys. Acta **89** (1964), 277—290

[71] Greenleaf, A., L. Linn, G. Thomas and R. Losick: Isolation of a new RNA polymerase-binding protein from sporulating *Bacillus subtilis*. Proc. Nat. Acad. Sci. USA **70** (1973), 490—494

[72] Greenleaf, A. L., and R. Losick: Appearance of a RNA polymerase-binding protein in asporogenous mutants of *Bacillus subtilis*. J. Bacteriol. **116** (1973), 290—294

[73] Griffin, P. J., and W. M. Fogarty: Production of an amylolytic enzyme by *Bacillus polymyxa* in batch culture. J. Appl. Chem. Biotechnol. **23** (1973), 301—308

[74] Griffin, P. J., and W. M. Fogarty: Preliminary observations on the starch-degrading system elaborated by *Bacillus polymyxa*. Biochem. Soc. Trans. **1** (1973), 397—400

[75] Grunow, R.: Zur genetischen Transformation der Bakterien. Diss. Humboldt-Universität Berlin 1976

[76] Gryczan, T. J., S. Contente and D. Dubnau: Characterization of *Staphylococcus aureus* plasmids introduced by transformation into *Bacillus subtilis*. J. Bacteriol. **134** (1978), 318—329

[77] Gryczan, T. J., and D. Dubnau: Construction and properties of chimeric plasmids in *Bacillus subtilis*. Proc. Nat. Acad. Sci. USA **75** (1978), 1428—1432

[78] Hanson, R. S.: Role of small molecules in regulation of gene expression and sporulation in bacilli. In Gerhardt, P., H. L. Sadoff and R. N. Costilow (eds.) / Spores VI, Amer. Soc. Microbiol. Washington D. C. 1976, 318—326

[79] Harris, H., and L. D. Sabath: Induced enzyme synthesis in the absense of concomitant RNA synthesis. Natur **202** (1964), 1078—1080

[80] Hayes, W.: The genetics of bacteria and their viruses, Blackwell Sci. Publ., Oxford 1968.

[81] Heineken, F. G., and R. J. O'Connor: Continuous culture studies on the biosynthesis of alkaline protease and -amylase by *Bacillus subtilis* NRRL-B3411. J. Gen. Microbiol. **73** (1972), 35—44

[82] Hemphill, H. E., and H. R. Whiteley: Bacteriophages of *Bacillus subtilis*. Bacteriol. Rev. **39** (1975), 257–315

[83] Herriott, R. M.: Effects on DNA: Transforming principle. In Hollaender, A. (ed.) / Chemical mutagens, Plenum Press, New York–London 1971, Vol. I, 175–217

[84] Higerd, T. B., J. A. Hoch and J. Spizizen: Hyperprotease producing mutants of *Bacillus subtilis*. J. Bacteriol. **112** (1972), 1026–1028

[85] Hochstadt, O., D. L. Lowery and A. K. Saz: Derepression of lactamase (penicillinase) in *Bacillus cereus* by peptidoglycans. J. Bacteriol. **102** (1970), 52–63

[86] Holland, M. J., and H. R. Whiteley: A new polypeptide associated with RNA polymerase from *Bacillus subtilis* during late states of vegetative growth. Biochem. Biophys. Res. Commun. **55** (1973), 462–469

[87] Hotchkiss, R. D.: Segregation behaviour of bacterial diploids and partial diploids. Internat. Congr. Genet., Moscow 1978, Abstr. Plenary Sessions Symp., 127

[88] Hussey, C., R. Losick and A. L. Sonenshein: Ribosomal RNA synthesis turned off during sporulation of *Bacillus subtilis*. J. Mol. Biol. **57** (1971), 59–70

[89] Hussey, C., J. Pero, R. Sonenshein and R. Losick: In vitro synthesis of ribosomal RNA by *Bacillus subtilis* RNA polymerase. Proc. Acad. Sci. Nat. USA **69** (1972), 407–411

[90] Ide, M.: Adenyl cyclase of bacteria. Arch. Biochem. Biophys. **144** (1971), 70–75

[91] Ingle, M. B., and E. W. Boyer: Production of industrial enzymes by Bacillus species. In Schlesinger, D. (ed.) / Microbiology 1976 Amer. Soc. Microbiol., Washington D. C. 1976, 420–426

[92] Ito, J., and J. Spizizen: Genetic studies of catabolite repression insensitive sporulation mutants of *Bacillus subtilis*. In Aubert, J. P., P. Schaeffer and J. Szulmajster (eds.) / Regulation de la sporulation microbienne, Colloqu. Internat. C.N.R.S., Paris 1973, 81–82

[93] Jacob, F., and J. Monod: Genetic regulation mechanisms in the synthesis of proteins. J. Mol. Biol. **3** (1961), 318–356

[94] Jacob, F., and F. Monod: On the regulation of gene activity. Cold Spring Habor Symp. Quant. Biol. **26** (1961), 193–211

[95] Joyce, A. M., and W. M. Fogarty: Polygalacturonate lyase of *Bacillus circulans*. Proc. Soc. Gen. Microbiol. **3** (1976), 126

[96] Kejzlarova-Lepesant, J., N. Harford, J.-A. Lepesant and R. Dedonder: Revised genetic map for *Bacillus subtilis* 168. In Gerhardt, P., R. N. Costilow and H. L. Sadoff (eds.) / Spores VI, Amer. Soc. Microbiol., Washington D.C. 1975, 592–595

[97] Kelly, L. E., and W. J. Brammar: A frameshift mutation that elongates the penicillinase protein of *Bacillus licheniformis*. J. Mol. Biol. **80** (1973), 135–147

[98] Kelly, L. E., and W. J. Brammar: The polycistronic nature of the penicillinase structural and regulatory genes in *Bacillus licheniformis*. J. Mol. Biol. **80** (1973), 149–154

[99] Kobayashi, Y., H. Tanaka and N. Ogasawara: Multiple β-1,3-glucanases in the lytic enzyme complex of *Bacillus circulans* WL-12. Agr. Biol. Chem. **38** (1974), 959–965

[100] Kobayashi, Y., H. Tanaka and N. Ogasawara: Purification and properties of F-1 a, aβ-1,3-glucanase which is highly lytic towards the cell walls of *Pilicularia oryzae* P2. Agr. Biol. Chem. **38** (1974), 973–978

[101] Kondo, N. S., H. M. Holmes, L. M. Stempel and P. O. P. Tso: Influence of the phosphodiester linkage (3′-5′, 2′-5′, and 5′-5′) on the conformation of dinucleoside monophosphate. Biochemistry **9** (1970), 3479–3498

[102] Kunst, F., M. Pascal, J. Lepesant-Kejzlarova, J.-A. Lepesant, A. Billautl and R. Dedonder: Pleiotropic mutations affecting sporulation conditions and the syntheses of extracellular enzymes in *Bacillus subtilis* 168. Biochimie **56** (1974), 1481–1489

[103] Kunst, F., M. Pascal, J. A. Lepesant, J. Walle and R. Dedonder: Purification and some properties of an endocellular sucrase from a constitutive mutant of *Bacillus subtilis* Marburg 168. Eur. J. Biochem. **42** (1974), 611–620

[104] Laishley, E. J., and R. W. Bernlohr: Regulation of arginine and proline catabolism in *Bacillus licheniformis*. J. Bacteriol. **96** (1968), 322–329

[105] Lampen, J. O.: Cell-bound penicillinase of *Bacillus licheniformis*; properties and purification. J. Gen. Microbiol. **48** (1967), 249–259

[106] Lampen, J. O.: Movement of extracellular enzymes across membranes. In Sleigh, M. A., and D. H. Jennings (eds.) / Transport at the cellular level. Symp. Soc. Exp. Biol. **28** (1974), 351–374, Cambridge Univ. Press, Cambridge/Engl. 1974

[107] Lampen, J. O., and S. Yamamoto: Phospholipoprotein membrane protein of *Bacillus licheniformis* and its role in penicillinase secretion. In Schlesinger, D. (ed.) / Microbiology 1976, Amer. Soc. Microbiol., Washington D.C. 1976, 104–111

[108] Lande, M. A., M. Adesnik, M. Sumida, Y. Tashiro and D. D. Sabatini: Direct association of messenger RNA with microsomal membranes in human diploid fibroblasts. J. Cell Biol. **65** (1975), 513–518

[109] Lane, A. G., and S. J. Pirt: Production of cyclodextrin glycosyltransferase by batch and chemostat cultures of *Bacillus macerans* in chemically defined medium. J. Appl. Chem. Biotechnol. **23** (1973), 309–321

[110] Leighton, T. J., P. K. Freese, R. H. Doi, R. A. J. Warren and R. A. Kelln: Initiation of sporulation in *Bacillus subtilis*: requirement for serine protease activity and RNA polymerase modification. In Halvorson, O., R. Hanson and L. L. Campbell (eds.) / Spores V, Amer. Soc. Microbiol., Washington D.C. 1972, 238–246

[111] Leighton, T. J., R. H. Doi, R. A. J. Warren and R. A. Kelln: The relationship of serine protease activity to RNA polymerase modification and sporulation in *Bacillus subtilis*. J. Mol. Biol. **76** (1973), 103–122

[112] Leitzmann, C., and R. W. Bernlohr: Changes in the nucleotide pool of *Bacillus licheniformis* during sporulation. J. Bacteriol. **89** (1969), 1506–1510

[113] Lepesant, J.-A., A. Billault, J. Kejzlarova-Lepesant, M. Pascal, F. Kunst and R. Dedonder: Identification of the structural gene for sucrase in *Bacillus subtilis* Marburg. Biochimie **56** (1974), 1465–1470

[114] Lepesant, J.-A., et R. Dedonder: Transport du saccharose chez *Bacillus subtilis*. Compt. Rend. Acad. Sci. Paris **267** (1968), 1109–1112

[115] Lepesant, J.-A., F. Kunst, J. Lepesant-Kejzlarova and R. Dedonder: Chromosomal location of mutations affecting sucrose metabolism in *Bacillus subtilis* Marburg. Mol. Gen. Genet. **118** (1972), 135–160

[116] Lepesant, J.-A., F. Kunst, M. Pascal, J. Kejzlarova-Lepesant, M. Steinmetz and R. Dedonder: Specific and pleotropic regulatory mechanisms in the sucrose system of *Bacillus subtilis* 168. In Schlesinger, D. (ed.) / Microbiology 1976, Amer. Soc. Microbiol., Washington D.C. 1976, 58–69

[117] Lepesant, J.-A., J. Lepesant-Kejzlarova, M. Pascal, F. Kunst, A. Billault and R. Dedonder: Identification of the structural gene of levansucrase in *Bacillus subtilis* Marburg. Mol. Gen. Genet. **128** (1974), 213–221

[118] Levisohn, S., and A. I. Aronson: Regulation of extracellular protease production in *Bacillus cereus*. J. Bacteriol. **93** (1967), 1023–1030

[119] Lewin, B.: Gene expression, Vol. I: Bacterial genomes. J. Wiley & Sons, London–New York 1974

[120] Linn, T., A. L. Greenleaf and R. Losick: RNA polymerase from sporulation *Bacillus subtilis*. Purification and properties of a modified form of the enzyme containing two sporulation polypeptides. J. Biol. Chem. **250** (1975), 9256–9261

[121] Linn, T. G., A. L. Greenleaf, R. G. Shorenstein and R. Losick: Loss of the sigma activity of RNA polymerase of *Bacillus subtilis* during sporulation. Proc. Nat. Acad. Sci. USA **70** (1973), 1865–1869

[122] Losick, R., and J. Pero: *Bacillus subtilis* RNA polymerase and its modification in sporulating and phage-infected bacteria. Adv. Enzymol. Mol. Biol. **44** (1976), 165–185

[123] LOSICK, R., and A. L. SONENSHEIN: Change in the template specificity of RNA polymerase during sporulation of *Bacillus subtilis.* Nature **224** (1969), 35–37
[124] LOVETT, P. S.: Plasmid in *Bacillus pumilus* and the enhanced sporulation of plasmid-negative variants. J. Bacteriol. **115** (1973), 291–298
[125] LOVETT, P. S., and M. G. BRAMUCCI: Biochemical studies of two *Bacillus pumilus* plasmids. J. Bacteriol. **120** (1974), 488–494
[126] LOVETT, P. S., and M. G. BRAMUCCI: Evidence for a nonrandom base sequence in a *Bacillus pumilus* plasmid: EcoR1 endonuclease digestion of pP1576. J. Bacteriol. **123** (1975), 377–379
[127] LOVETT, P. S., and M. G. BRAMUCCI: Plasmid DNA in *Bacillus subtilis* and *Bacillus pumilus.* J. Bacteriol. **124** (1975), 484–490
[128] LOVETT, P. S., and M. G. BRAMUCCI: Plasmid DNA in bacilli. In SCHLESINGER, D. (ed.) / Microbiology 1976, Amer. Soc. Microbiol., Washington D.C. 1976, 388–393
[129] LOVETT, P. S., and B. D. BURDICK: Cryptic plasmid in *Bacillus pumilus* ATCC 7065. Biochem. Biophys. Res. Commun. **54** (1973), 365–370
[130] LWOFF, A.: Lysogeny. Bacteriol. Rev. **17** (1953), 269–337
[131] MARQUET, M., M.-C. WAGNER and R. DEDONDER: Separation of components of the phosphoenolpyruvateglucose phosphotransferase system from *Bacillus subtilis* Marburg. Biochimie **53** (1971), 1131–1134
[132] MARQUET, M., M.-C. WAGNER, A. DELOBBE, P. GAY et G. RAPOPORT: Mise en evidence de systemes de phosphotransferases dans le transport le glucose, du fructose et du saccharose chez *Bacillus subtilis.* Compt. Rend. Acad. Sci. Paris **271** (1970), 449–452
[133] MCDONALD, I. J., and A. K. CHAMBERS: Regulations of proteinase formation in a species of Micrococcus. Canad. J. Microbiol. **12** (1966), 1175–1185
[134] MEERS, J. L.: The regulation of α-amylase production in *Bacillus licheniformis.* J. Microbiol. Serol. **38** (1972), 565–570
[135] MICHEL, J. F., and J. MILLET: Physiological studies of early-blocked mutants of *Bacillus subtilis.* J. Appl. Microbiol. **33** (1970), 220–227
[136] MILCAREK, C., and S. PENMAN: Membrane-bound polyribosomes in HeLa cells: association of polyadenylic acid with membranes. J. Mol. Biol. **89** (1974), 327–338
[137] NAGATA, Y., K. YAMAGUCHI and B. MARUO: Genetic and biochemical studies on cell-bound α-amylase in *Bacillus subtilis* Marburg. J. Bacteriol. **119** (1974), 425–430
[138] NAKAYAMA, T., V. WILLIAMSON, K. BURTIS and S. R. H. DOI: Purification and properties of two RNA polymerases from sporulating cells of *Bacillus subtilis.* Eur. J. Biochem. **88** (1978), 155–164
[139] NISHIMOTO, H., and I. TAKAHASHI: Template specificity and subunits of RNA polymerase from asporogeneous mutants of *Bacillus subtilis.* Canad. J. Biochem. **52** (1974), 966–973
[140] NOVER, L., M. LUCKNER und B. PARTHIER: Zelldifferenzierung. Molekulare Grundlagen und Prozesse. VEB G. Fischer Verlag, Jena 1978
[141] NYIRI, L.: The preparation of enzymes by fermentation. Intern. Chem. Engin. **11** (1971), 447–457
[142] ORGEL, L. E.: The chemical basis of mutation. Adv. Enzymol. **27** (1965), 289–346
[143] ORTIZ, J. M., R. C. W. BERKELEY and S. J. BREWER: Production of exo-β-N-acetylglucosaminidase by *Bacillus subtilis.* B. J. Gen. Microbiol. **77** (1973), 331–337
[144] OTTOLENGHI, E., and R. F. HOTCHKISS: Release of genetic transforming agent from pneumococcal cultures during growth and disintegration. J. Exp. Med. **116** (1962), 491–519
[145] OZEKI, H., and H. IKEDA: Transduction mechanism. Ann. Rev. Genet. **2** (1968), 245–278
[146] PARTHIER, B.: Ribosomale Peptidsynthese und die Wirkungsmechanismen einiger Antibiotika. Biol. Rdsch. **14** (1976), 329–346
[147] PASCAL, M., F. KUNST, J.-A. LEPESANT and R. DEDONDER: Characterization of two sucrase activities in *Bacillus subtilis* Marburg. Biochimie **53** (1971), 1059–1066
[148] PERRY, R. P.: Processing of RNA. Ann. Rev. Biochem. **45** (1976), 605–629

[149] Piechowska, M., and M. S. Fox: Fate of transforming deoxyribonucleate in *Bacillus subtilis*. J. Bacteriol. **108** (1971), 680–689
[150] Pollock, M. R.: The measurement of the liberation of penicillinase from *Bacillus subtilis*. J. Gen. Microbiol. **26** (1961), 239–253
[151] Pollock, M. R.: The mechanism of liberation of penicillinase of *Bacillus subtilis*. J. Gen. Microbiol. **26** (1961), 267–276
[152] Pollock, M. R.: Exoenzymes. In Gunsalus, I. C., and R. Y. Stanier (eds.) / The bacteria. Academic Press, New York 1962, Vol. **4**, 121–178
[153] Priest, F. G.: Effect of glucose and cyclic nucleotides on the transcription of α-amylase mRNA in *Bacillus subtilis*. Biochem. Biophys. Res. Commun. **63** (1975), 606–610
[154] Priest, F. G.: Extracellular enzyme synthesis in the genus Bacillus. Bacteriol. Rev. **41** (1977), 711–753
[155] Prozorov, A. A., G. V. Savchenko, L. S. Naumov and N. M. Lakomova: Mutants of *Bacillus subtilis* with modified DNA donor ability in spontaneous transformation. I. Method of isolation of mutants. Genetika **8** (1972), 79–86 — russ.
[156] Ranhand, J. M., and R. M. Cole: Demonstration of transforming DNA in an autolysate of a group H Streptococcus. J. Bacteriol. **106** (1971), 712–713
[157] Reeve, J. N.: Macromolecular synthesis in bacteriophage-infected minicells of *Bacillus subtilis*. In Schlesinger, D. (ed.) / Microbiology 1976, Amer. Soc. Microbiol., Washington D.C. 1976, 332–339
[158] Rhaese, H. J., H. Dichtelmüller and F. M. Groscurth: Unusual phosphorylated substances associated with sporulation. In Halvorson, H. O., R. Hanson and L. L. Campbell (eds.) / Spores V, Amer. Soc. Microbiol., Washington D.C. 1972, 174–179
[159] Rhaese, H. J., H. Dichtelmüller, R. Grade and F. M. Groscurth: Highly phosphorylated nucleotides involved in regulation of sporulation in *Bacillus subtilis*. In Gerhardt, P., H. L. Sadoff and R. N. Costilow (eds.) / Spores VI, Amer. Soc. Microbiol., Washington D.C. 1975, 335–340
[160] Rhaese, H. J., R. Grade and H. Dichtelmüller: Studies of the control of development. Correlation of initiation of differentiation with synthesis of highly phosphorylated nucleotides in *Bacillus subtilis*. Eur. J. Biochem. **64** (1976), 205–213
[161] Rhaese, H. J., and R. Groscurth: Studies of the control of development. In vitro synthesis of HPN and MS nucleotides by ribosomes from either sporulating or vegetative cells of *Bacillus subtilis*. FEBS Letters **44** (1974), 87–93
[162] Rio, L. F. R., and A. Arroyo-Begovich: Evidence for the presence of α-amylase in the cell membrane of *Bacillus amyloliquefaciens*. Biochem. Biophys. Res. Commun. **65** (1975), 161–169
[163] Robertson, H. D.: Enzymes and mechanisms in RNA processing. 12th FEBS Meeting, Dresden 1978, Abstr. No. 1012
[164] Saito, N., and K. Yamamoto: Regulatory factors affecting α-amylase production in *Bacillus licheniformis*. J. Bacteriol. **121** (1975), 848–856
[165] Sargent, M. G., B. K. Gosh and J. O. Lampen: Characteristics of penicillinase release by washed cells of *Bacillus licheniformis*. J. Bacteriol. **96** (1968), 1231–1239
[166] Sargent, M. G., and J. O. Lampen: Organization of the membrane-bound penicillinases of *Bacillus licheniformis*. Arch. Biochem. Biophys. **136** (1970), 167–177
[167] Sawai, T., L. J. Crane and J. O. Lampen: Evidence for phospholipid in plasma membrane penicillinase of *Bacillus licheniformis*. Biochem. Biophys. Res. Commun. **53** (1973), 523–530
[168] Sawai, T., and J. O. Lampen: Purification and characteristics of plasma membrane penicillinase from *Bacillus licheniformis* 749/C. J. Biol. Chem. **249** (1974), 2688–2694
[169] Schaeffer, P.: Asporogenous mutants of *Bacillus subtilis* Marburg. Folia Microbiol. **12** (1967), 291–296
[170] Schaeffer, P., B. Cami and R. D. Hotchkiss: Fusion of bacterial protoplasts. Proc. Nat. Acad. Sci. USA **73** (1976), 2151–2155

[171] Segall, J., R. Tjian, J. Pero and R. Losick: Chloramphenicol restores sigma factor activity to sporulating *Bacillus subtilis*. Proc. Nat. Acad. Sci. USA **71** (1974), 4860–4863

[172] Sekiguchi, J., and H. Okada: Regulation of α-amylase production in a *Bacillus subtilis* Marburg strain. I. Isolation of mutants which produced high levels of α-amylase and analysis of their enzymes. J. Ferment. Technol. **50** (1972), 801–809

[173] Sekiguchi, J., N. Tanaka and H. Okada: Genes affecting the productivity of α-amylase in *Bacillus subtilis* Marburg. J. Bacteriol. **121** (1975), 688–694

[174] Setlow, P.: Inability to detect cyclic AMP in vegetative or sporulating cells or dormant spores of *Bacillus megaterium*. Biochem. Biophys. Res. Commun. **52** (1973), 365–372

[175] Shapiro, J. A., D. H. Dean and H. O. Halvorson: Low-frequency specialized transduction with *Bacillus subtilis* bacteriophage Φ 105. Virology **62** (1974), 393–403

[176] Sherratt, D. J., and J. F. Collins: Analysis by transformation of the penicillinase system of *Bacillus licheniformis*. J. Gen. Microbiol. **76** (1973), 217–230

[177] Shub, D. A., M. Swanton and D. H. Smith: Bacteriophage SPO1-modified *Bacillus subtilis* RNA polymerase: assay of altered template selectivity by DNA-dependent protein synthesis in vitro. In Schlesinger, D. (ed.) / Microbiology 1976, Amer. Soc. Microbiol., Washington D.C. 1976, 275–279

[178] Signer, E. R.: Lysogeny: the integration problem. Ann. Rev. Microbiol. **22** (1968), 451–488

[179] Sinsheimer, R. L.: Recombinant DNA. Ann. Rev. Biochem. **46** (1977), 415–438

[180] Smirnova, T. A., V. M. Kushnarev and S. M. Tshaikovskaya: Electron microscopic study of the secretion of some bacterial enzymes and toxins. J. Ultrastruct. Res. **37** (1971), 269–278

[181] Smirnova, T. A., V. M. Kushnarev, S. M. Tshaikovskaya and R. A. Makarov: Mechanisms of liberation of extracellular penicillinase from the cells of *Bacillus licheniformis* studied by electron microscopy. Mikrobiologija **40** (1971), 317–321 – russ.

[182] Soifer, W. N.: Molekulare Mechanismen der Mutagenese und Reparatur. Akademie-Verlag Berlin, 1976

[183] Speter, W., H. Albrecht, H. Drechsler, M. Müller und R. Grunow: Eigenschaften von α-amylase- und β-glucanase-bildenden Mutanten unterschiedlicher Bacillus-Arten. dieser Band

[184] Stannard, B. S., and G. Felsenfeld: The conformation of polyriboadenylic acid at low temperature and neutral pH. A single-stranded rod-like structure. Biopolymers **14** (1975), 299–307

[185] Steinmetz, M., F. Kunst and R. Dedonder: Mapping of mutations affecting synthesis of exocellular enzymes in *Bacillus subtilis*. Identity of $sacU^h$, AMY^B and pap mutations. Mol. Gen. Genet. **148** (1976), 281–286

[186] Stormonth, D. A., and G. Coleman: Cellular changes accompanying the transition from minimal to maximal rate of extracellular enzyme secretion by *Bacillus amyloliquefaciens*. J. Appl. Bacteriol **37** (1974), 225–237

[187] Strauss, N.: Configuration of transforming DNA during entry into *Bacillus subtilis*. J. Bacteriol. **89** (1965), 288–293

[188] Tanaka, M., Y. Kobayashi and N. Ogasawara: Concerted induction of the multiple β-1,3-glucanases in *Bacillus circulans* WL-12 in response to three different substrates. Agr. Biol. Chem. **38** (1974), 967–972

[189] Tjian, R., and R. Losick: An immunological assay for the sigma subunit of RNA polymerase in extracts of vegetative and sporulating *Bacillus subtilis*. Proc. Nat. Acad. Sci. USA **71** (1974), 2872–2876

[190] Thomas Jr., G., and K. A. Hartman: Raman studies of nucleic acids. VIII. Estimation of RNA secondary structure from Raman scattering by phosphate-group vibrations. Biochim. Biophys. Acta **312** (1973), 311–322

[191] Träger, L.: Einführung in die Molekularbiologie. VEB G. Fischer Verlag, Jena 1975

[192] Tucker, R. G.: Acquisition of thymidylate synthetase activity by a thymine-requiring mutant of *Bacillus subtilis* following infections by temperate phage 3. J. Gen. Virol. **4** (1969), 489–504

[193] Tyeryar, F. J., M. J. Taylor, W. D. Lawton and I. D. Goldberg: Cotransduction and cotransformation of genetic markers in *Bacillus subtilis* and *Bacillus licheniformis*. J. Bacteriol. **100** (1969), 1027–1036

[194] Uehara, H., Y. Yoneda, K. Yamane and B. Maruo: Transformation of neutral protease productivity in *Bacillus subtilis*. J. Bacteriol. **119** (1974), 82–91

[195] Vanek, Z., Z. Hostalek and J. Cudlin: Genetics of industrial microorganisms. Academia, Prague 1973, Vol. I: Bacteria

[196] Warshaw, M. M., and C. R. Cantor: Oligonucleotides interactions: IV. Conformational differences between deoxy- and ribodinucleoside phosphates. Biopolymers **9** (1970), 1079–1103

[197] Watson, J. D.: Molecular biology of the gene. Benjamin, New York 1964

[198] Wayne, P. K., and O. M. Rosen: Cyclic 3′,5′-adenosine monophosphate in *Escherichia coli* during transient and catabolite repression. Proc. Nat. Acad. Sci. USA **71** (1974), 1436–1440

[199] Welker, N. E., and L. L. Campbell: Induction of α-amylase of *Bacillus stearothermophilus* by maltodextrins. J. Bacteriol. **86** (1963), 687–691

[220] Yamaguchi, K., H. Matsuzaki and B. Maruo: Participation of a regulator gene in the α-amylase production of *Bacillus subtilis*. J. Gen. Appl. Microbiol. **15** (1969), 97–107

[201] Yamaguchi, K., Y. Nagata and B. Maruo: Genetic control of the rate of α-amylase synthesis in *Bacillus subtilis*. J. Bacteriol. **119** (1974), 410–415

[202] Yamaguchi, K., Y. Nagata and B. Maruo: Isolation of mutants defective in α-amylase from *Bacillus subtilis:* genetic analysis. J. Bacteriol. **119** (1974), 416–424

[203] Yamamoto, S., and J. O. Lampen: Membrane penicillinase of *Bacillus licheniformis*, a phospholipoprotein. J. Biol. Chem. **250** (1975), 3212–3213

[204] Yamamoto, S., and J. O. Lampen: Purification of membrane penicillinase from *Bacillus licheniformis* 749/C and comparison with exoenzyme. J. Biol. Chem. **251** (1976), 4095–4101

[205] Yamamoto, S., and J. O. Lampen: The hydrophobic membrane penicillinase of *Bacillus licheniformis* 749/C. Characterization of the hydrophilic enzyme and phospholipopeptide produced by trypsine cleavage. J. Biol. Chem. **251** (1976), 4102–4110

[206] Yamamoto, S., and J. O. Lampen: Membrane penicillinase of *Bacillus licheniformis* 749/C: sequence and possible repeated tetrapeptide structures of the phospholipopeptide region. Proc. Nat. Acad. Sci. USA **73** (1976), 1457–1461

[207] Yamane, K., and B. Maruo: Properties of thermosensitive extracellular α-amylases of *Bacillus subtilis*. J. Bacteriol. **120** (1974), 792–798

[208] Yamane, K., and B. Maruo: Hybrid α-amylase produced by the transformants of *Bacillus subtilis*. III. A possible mechanism of formation of hybrid α-amylases. Biochim. Biophys. Acta **393** (1975), 571–582

[209] Yamane, K., K. Yamaguchi and B. Maruo: Purification and properties of a cross-reacting material related to α-amylase and biochemical comparison with the parent α-amylase. Biochim. Biophys. Acta **295** (1973), 323–340

[210] Yoneda, Y., and B. Maruo: Mutation of *Bacillus subtilis* causing hyperproductivity of α-amylase and protease, and its synergistic effect. J. Bacteriol. **124** (1975), 48–54

[211] Yoneda, Y., K. Yamane and B. Maruo: Membrane mutation related to the production of extracellular α-amylase and protease in *Bacillus subtilis*. Biochem. Biophys. Res. Commun. **50** (1973), 765–770

[212] Yoneda, Y., K. Yamane, K. Yamaguchi, N. Nagata and B. Maruo: Transformation of *Bacillus subtilis* in α-amylase productivity by DNA from *Bacillus subtilis* var. amylosaccharitiсus. J. Bacteriol. **120** (1974), 1144–1150

[213] Young, F. E., and G. A. Wilson: Genetics of *Bacillus subtilis* and other gram-positive sporulating bacilli. In Halvorson, O., R. Hanson and L. L. Campbell (eds.) / Spores V, Amer. Soc. Microbiol., Washington D.C. 1972, 77–108

[214] YOUNG, F. E., and G. A. WILSON: Chromosomal map of *Bacillus subtilis* in GERHARDT, P., H. L. SADOFF and R. N. COSTILOW (eds)/Spores VI, Amer. Soc. Microbiol., Washington D.C. 1975, 596–614

[215] YUKI, S.: On the gene controlling the rate of amylase production in *Bacillus subtilis*. Biochem. Biophys. Res. Commun. **31** (1968), 182–187

[216] YUKI, S.: The chromosomal location of the structural gene for amylase in *Bacillus subtilis*. Japan. J. Genet. **50** (1975), 155–157

[217] YUKI, S., and Y. UEDA: Fine mapping analysis of the amylase genes in *Bacillus subtilis* by transformation. Japan. J. Genet. **43** (1968), 121–128

Institut für Enzymologie und technische Mikrobiologie, Berlin, DDR

Eigenschaften von α-Amylase- und β-Glucanase-bildenden Mutanten von unterschiedlichen Bacillus-Arten

W. Speter, H. Albrecht, H. Drechsler, M. Müller und R. Grunow

Einleitung

Eine entscheidende Voraussetzung für ein effektives biotechnisches Verfahren zur Herstellung extrazellulärer Enzyme mit Hilfe von *Bacillus*-Zellen ist das potentielle Enzymbildungs- („Leistungs"-) Vermögen des benutzten Bakterienstammes. Für diese komplexe Eigenschaft sind genetische Merkmale entscheidend. Produktionsstämme sind in den meisten Fällen genetisch nichtcharakterisierte polygene Mutanten, die sich in einer Reihe von genotypischen und phänotypischen Charakteristika vom taxonomischen Typstamm der betreffenden Spezies unterscheiden.

Die Verfügbarkeit von Stämmen mit einem möglichst hohen potentiellen Enzymbildungsvermögen ist ein wirtschaftliches Erfordernis. Die zweckgerichtete Veränderung des Enzymbildungsvermögens ist eine genetisch-züchterische Aufgabe, die unter zwei einander ergänzenden Aspekten bearbeitet werden kann:

1. Der quantitative Aspekt

ist eine echte „Leistungssteigerung". Er beinhaltet eine Vergrößerung der Konzentration eines extrazellulären Enzyms, ausgedrückt durch eine Erhöhung der meßbaren Enzymaktivität im Kulturmedium.

2. Der qualitative Aspekt

zielt auf eine Veränderung der physikochemischen und reaktionskinetischen Parameter des synthetisierten Enzyms, ohne daß damit eine simultane Aktivitätserhöhung verbunden sein muß. Als Ergebnis werden Enzympräparate mit veränderten Eigenschaften angestrebt, wobei sich besonders die Substratspezität verändern soll. Derartig modifizierte Enzyme sind wegen ihrer veränderten Applikationsmöglichkeiten wirtschaftlich interessant.

Im folgenden werden Ergebnisse zur genotypischen Optimierung von enzymbildenden *Bacillus*-Stämmen vorgestellt. Für solche praxisorientierten Untersuchungen hat sich die Berücksichtigung von drei Betrachtungsebenen als nützlich erwiesen:

1. Wechselwirkungen innerhalb der enzymbildenden Zelle,
2. Wechselwirkungen zwischen enzymbildenden *Bacillus*-Zellen und der Umwelt, d. h. den Bestandteilen des Kulturmediums,
3. Wechselwirkungen zwischen synthetisierten extrazellulären Enzymmolekülen und Milieukomponenten.

Material und Methoden

Bakterienstämme: *Bacillus subtilis* 168-SB25 $trpC_2hisB_2$, *B. licheniformis* ATCC 14580, *B. amyloliquefaciens* ATCC 15841.

Bakteriophagen: PZ-A, PZ-B

Mutagene: N-Methyl-N'-nitro-N-nitrosoguanidin (MNNG), Äthylmethansulfonat (EMS) (Zentralinstitut für Mikrobiologie und experimentelle Therapie, Jena/DDR).

Mutagenbehandlung: In Glucose-Nährbouillon (Staatliches Institut für Immunpräparate und Nährmedien, Berlin) vermehrte Zellen aus der mittleren exponentiellen Wachstumsphase werden bei 37 °C mit 10 mM MNNG bzw. 0,5 mM EMS 30–240 min behandelt. Nach Waschen werden geeignete Verdünnungen auf Stärke-Differenzierungsagar (2% Agar, 1,5% Maisstärke, 2% Stierhoden-Pepton, 0,5% NaCl) ausgespatelt. In einigen Fällen wurde die Maisstärke durch lösliche Stärke nach Lintner ersetzt und die Platten nach Inkubation zur Verdeutlichung der Stärkeabbauzonen mit Jod-HCl-Lösung (100 ml 0,1 N Jodlösung, 100 ml 2 N HCl auf 1800 ml Aqua dest.) überschichtet.

Leistungstest: Die *Bacillus*-Stämme werden auf Gerstenschrot-Schrägagar geimpft und 48 h bei 37 °C bebrütet. Damit werden 50 ml Vorkulturmedium (0,1% Stärke, 2,0% Glucose, 0,5% Hefeextrakt, 0,4% $(NH_4)_2HPO_4$, 0,1% NaCl, 0,1% $MgSO_4 \times 7\,H_2O$ – pH 7,0) in 500-ml-Rundschüttelkolben 15–18 h bei 30 °C geschüttelt. 1 ml Vorkultur ($3-5 \times 10^7$ CFU/ml) dient als Inokulum für 50 ml Hauptkulturmedium (2,0% Stärke, 2,0% Weizenschrot, 1,5% Sojaschrot, 1,5% $(NH_4)_2HPO_4$, 0,15% KCl, 0,02% $CaCl_2 \times 6\,H_2O$, 0,05% $MgSO_4 \times 7\,H_2O$ – pH 7,0), das in 500-ml-Rundkolben bei 30 °C mit ca. 200 UpM geschüttelt wird.

Bestimmungen von extrazellulären Enzymaktivitäten: Die Bestimmungen erfolgen photometrisch unter standardisierten Bedingungen in zellfreien Kulturflüssigkeitsproben im Vergleich zu äquivalenten definierten Aktivitäten von Enzym-Standardpräparaten.

Die α-Amylase wurde durch Messen des Jod-Stärke-Komplexes, die β-Glucanase durch die Konzentration der Halbacetale im Lichenin bestimmt, die nach Enzymeinwirkung und Behandlung mit 3,5-Dinitrosalicylsäure in der Hitze entstehen.

Ergebnisse und Diskussion

Mutanten mit erhöhtem Enzymbildungsvermögen

Außer Art, Konzentration und Einwirkungszeit eines geeigneten Mutagens ist das Verwenden eines hinsichtlich seiner Sensitivität gegenüber dem Mutagen homogenen Zellmaterials für eine Mutagenbehandlung von besonderer Bedeutung. Für aerobe Sporenbildner kommen als derartige Materialien vegetative Zellen aus der mittleren exponentiellen Wachstumsphase und hitzeresistente Endosporen in Frage.

Erstere haben den Vorzug einer hohen Empfindlichkeit für eine Vielzahl von Agenzien wegen ihrer hohen Stoffwechselaktivität. Von besonderer Bedeutung ist das für Mutagene, die nur auf replizierende DNA wirken, wie das z. B. für MNNG der Fall ist [6, 28]. Ein Nachteil ist, daß vegetative Zellen aus der exponentiellen Phase im Mittel zwei Nucleoide/Zelle enthalten, wodurch Segregationsprobleme entstehen können. Das ist möglich, wenn eine erwünschte Mutation nur in einem Kernäquivalent induziert wurde, die entstandene Mutante aber längere Generationszeiten aufweist als der Ausgangsstamm. In solchen Situationen ist es schwierig, die Mutantenzellen von der zunehmend überwiegenderen Zahl unveränderter Zellen innerhalb einer Kolonie finden zu können.

Sporen besitzen nur ein Nucleoid und weisen deshalb solche Segregationsphänomene nicht auf. Ihre Nachteile sind jedoch ihre mehrschichtige Umhüllung, die ein beträchtliches Penetrationshindernis für viele Mutagene darstellt, und das Fehlen eines aktiven Stoffwechsels, wodurch z. B. Mutagene inaktiv bleiben, die über den Replikationsmechanismus wirksam werden.

Bacillus subtilis-Mutanten mit erhöhtem Bildungsvermögen für extrazelluläre α-Amylase

Abb. 1 zeigt die Erhöhung des Bildungsvermögens für extrazelluläre α-Amylase bei Mutanten von *B. subtilis* 168-SB25. Diese Stämme wurden nach Successivmutagenese mit MNNG und zwei verschiedenen EMS-Konzentrationen erhalten. Es wird deutlich, daß die Amylasebildung im Vergleich zum Ausgangsstamm um zwei Größenordnungen und im Vergleich zu bisher verfügbaren Produktionsstämmen auf das Doppelte gesteigert werden konnte. Weiterhin ist zu erkennen, daß diese Steigerung schrittweise erfolgte. Das ist jedoch auf die gewählte Methodik zur Isolierung und Identifizierung von Mutanten zurückzuführen. Analysen über die genetische Konstitution dieser Mutanten [27, 23, 24, 20] liegen noch nicht vor. Es ist zu beachten, daß der methodische und manuelle Aufwand für die Suche nach solchen Vorwärtsmutanten beträchtlich ist. Nach eigenen Erfahrungen liegt die Frequenz zwischen 10^{-4} und 10^{-5} Überlebende.

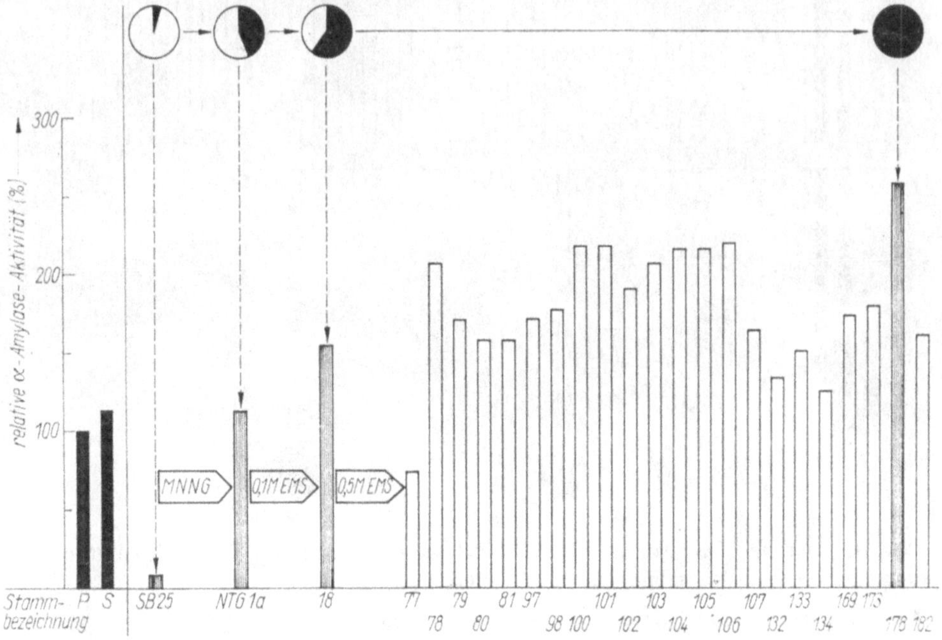

Abb. 1. α-Amylase-Bildung von *Bacillus subtilis* SB25-Mutanten, isoliert nach Successiv-Behandlung mit MNNG und EMS

(■ Mutanten mit potentiell interessantem Enzymbildungsvermögen,
□ Mutanten mit uninteressantem Enzymbildungsvermögen,
▥ Vergleichsstämme von *B. subtilis*-Wildtypen)

Bacillus licheniformis-Mutanten mit erhöhtem Bildungsvermögen für extrazelluläre α-Amylase und β-Glucanase

Da die α-Amylasen von *B. licheniformis* höhere Thermotoleranz und reduzierten Ca^{++}-Bedarf als die von *B. subtilis* zeigen sollen [14, 16], wurden von *B. licheniformis* ATCC 14580 Mutanten nach successiver Behandlung mit MNNG und EMS isoliert (Abb. 2). Der Ausgangsstamm produzierte unter den gewählten Kultivierungsbedingungen keine nachweisbaren Amylase- und Glucanase-Aktivitäten. Das Bildungsvermögen für beide Enzyme konnte auf das Niveau bisheriger Produktionsstämme angehoben bzw. darüber hinaus erhöht werden. Nach MNNG-Behandlung waren bei Überlebensraten von 0,2 bis 0,3% geeignete Mutanten in Frequenzen von 10^{-4}—10^{-5} bei Verwenden von vegetativen Zellen und von 10^{-3}—10^{-4} bei Verwenden von Sporen zu finden.

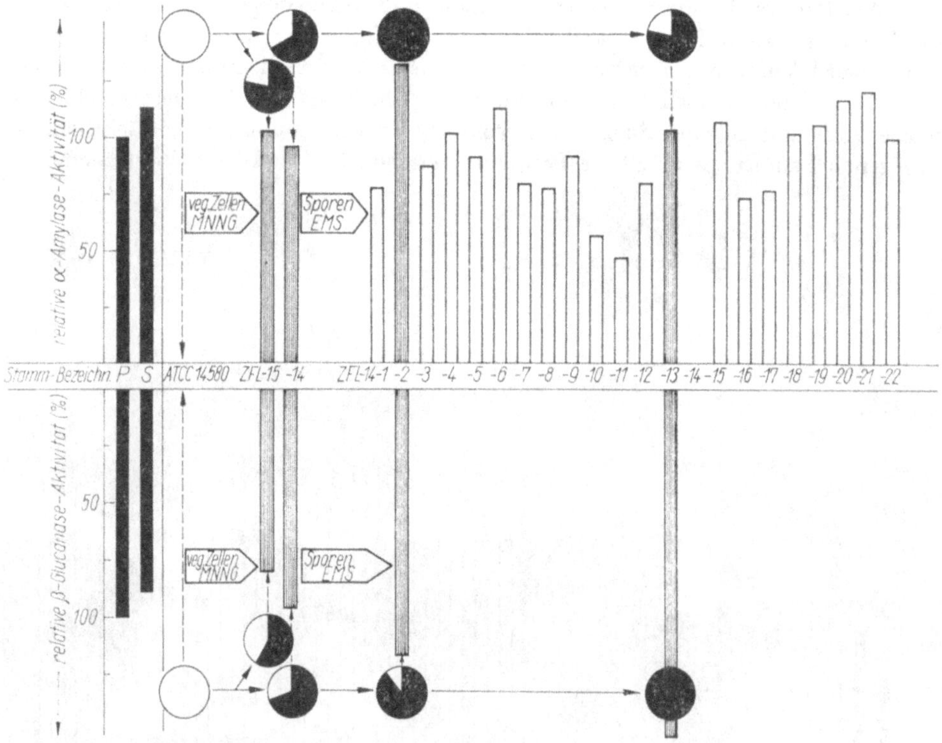

Abb. 2. α-Amylase- und β-Glucanase-Bildung von *Bacillus licheniformis* ATCC 14580-Mutanten, isoliert nach Successiv-Behandlung mit MNNG und EMS

(▥ Mutanten mit potentiell interessantem Enzymbildungsvermögen,
□ Mutanten mit uninteressantem Enzymbildungsvermögen,
■ Vergleichsstämme von *B. subtilis*-Wildtypen)

Bacillus amyloliquefaciens-Mutanten mit erhöhtem Bildungsvermögen für extrazelluläre β-Glucanase

In Kulturen von *B. amyloliquefaciens* ATCC 15841 waren relativ hohe Aktivitäten von extrazellulärer β-1,3-1,4-Glucanase nachweisbar. Nach MNNG-Behandlung vegetativer Zellen aus der mittleren exponentiellen Wachstumsphase konnten Mutanten isoliert werden, die signifikant höhere Aktivitäten synthetisierten. Die Steigerung betrug bis zu 100% gegenüber dem Ausgangsstamm und bis zu 250% gegenüber bisherigen Produktionsstämmen. Die Steigerungsrate entspricht damit Werten, die auch von anderen Autoren bei *B. subtilis* beschrieben wurden [13, 4].

Bedeutung der Zellumhüllung für die Enzymbildung

Sogenannte „pleiotrope Mutationen", die unterschiedliche phänotypische Effekte in der Zellumhüllung bewirken, können die Aktivitätshöhen bestimmter extrazellulärer Enzyme entscheidend mitbestimmen (Zusammenfassung bei [15, 9]). Die Bedeutung der Struktur der Zellumhüllung für die Enzymproduktion von Mutanten kann durch Untersuchungen mit Bakteriophagen bestätigt werden.

Es wurden zwei morphologisch verschiedene *Bacillus*-Phagen isoliert, die sich durch ihre Wirtsbereiche voneinander und von entsprechenden Standardphagen deutlich unterschieden [19]. PZ-A ist ein kleiner Phage, der morphologisch dem bekannten Phagen Φ 29 [1, 11, 2] entspricht. Die Partikel von PZ-B ähneln denen von SPO1 [11].

Zellen, die nach Infektion mit hohen Phagenzahlen (Infektionsmultiplizität ≧ 50) überlebt hatten und als phagenunempfindliche Mutanten betrachtet worden waren, wurden auf Koloniemorphologie (Abb. 3 und 4) und Enzymbildung geprüft. Während die PZ-A-unempfindlichen Selektanten unveränderte Kolonien (sog. „S-Formen" mit

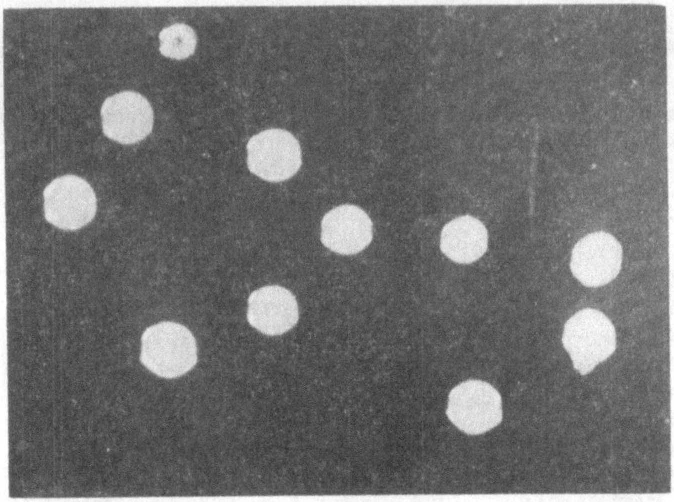

Abb. 3. Koloniemorphologie von gegen den Phagen PZ-A unempfindlichen Selektanten von *Bacillus subtilis* („S-Form")

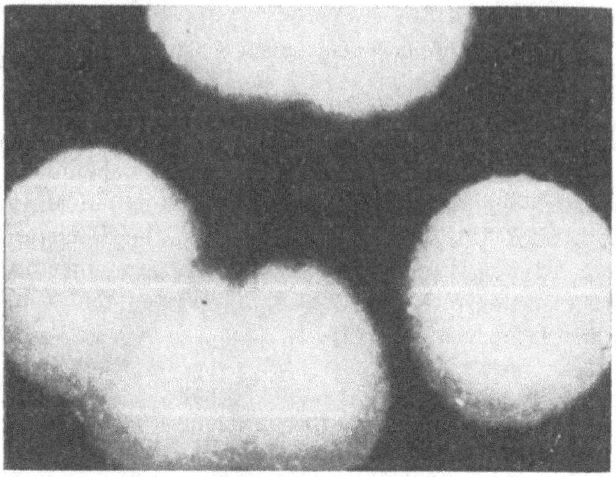

Abb. 4. Koloniemorphologie von gegen den Phagen PZ-B unempfindlichen Selektanten von *Bacillus subtilis* („R-Form")

kugeliger Gestalt, glattem Rand und glänzender Oberfläche) und eine unverminderte oder nur geringfügig erniedrigte Enzymbildung zeigten (Tab. 1), wiesen die PZ-B-unempfindlichen Selektanten Kolonien mit dem Bild von „R-Formen" (flache Kolonien mit unregelmäßigem Rand und stumpfer, gekörnter Oberfläche) auf, die keine nachweisbaren Aktivitäten für α-Amylase und β-Glucanase sowie reduzierte Aktivitäten an neutraler Protease produzierten (Tab. 2).

Die Eigenschaften der PZ-A-unempfindlichen Stämme (Tab. 3) sind mit der Vorstellung vereinbar, daß es sich nicht um resistente, sondern um lysogenisierte Stämme

Tabelle 1

Enzymbildungsvermögen von PZ-A-unempfindlichen Selektanten von B. subtilis

Stamm-Nr.	Sensibilität für PZ-A	Kolonie-morphologie (S/R-Form)	relative extrazelluläre Aktivitäten für		
			α-Amylase	β-Glucanase	neutrale Protease
P	+	S	100	100	100
P-RA 052	–	S	89	92	93
P-RA 159	–	S	71	81	100
P-RA 187	–	S	97	95	100
P-RA 201	–	S	99	56	78
P-RA 312	–	S	94	95	88
P-RA 360	–	S	91	94	71
P-RA 472	–	S	106	113	110
P-RA 523	–	S	102	98	100
P-RA 647	–	S	93	99	90
P-RA 752	–	S	97	98	98
P-RA 810	–	S	99	88	95

Tabelle 2
Enzymbildungsvermögen von PZ-B-unempfindlichen Selektanten von B. subtilis

Stamm-Nr.	Sensibilität für PZ-B	Kolonie-morphologie (S/R-Form)	relative extrazelluläre Aktivitäten für		
			α-Amylase	β-Glucanase	neutrale Protease
P	+	S	100	100	100
P-RB 031[1])	–	R	0	0	7,9
P-RB 032	–	R	0	0	19,2
P-RB 033	–	R	0	0	13,5
P-RB 046	–	R	0	0	14,4
P-RB 078	–	R	0	0	8,0
P-RB 165	–	R	0	0	47,0
P-RB 173	–	R	0	0	30,0
P-RB 174	–	R	0	0	11,2
P-RB 250	–	R	0	0	17,6
P-RB 256	–	R	0	0	5,6
P-RB 267	–	R	0	0	15,2
P-RB 283	–	R	0	0	16,0
P-RB 474	–	R	0	0	7,6

[1]) Alle aufgeführten P-RB-Stämme adsorbieren PZ-B nicht.

handelt, die für PZ-A immun sind. Ob PZ-A als chromosomal integrierter Prophage oder extrachromosomal als pseudolysogenisierendes Phagengenom vorliegt [11], kann noch nicht entschieden werden. Von Bedeutung ist jedoch, daß die intrazelluläre Existenz von PZ-A weder das Enzymbildungsvermögen der Zellen noch die Struktur von Zellwandbereichen verändert, die als PZ-A-Rezeptoren fungieren.

Die Eigenschaften von PZ-B-unempfindlichen Selektanten sprechen dafür, daß es sich um resistente Mutanten handelt, die den Phagen nicht mehr adsorbieren können. Das Fehlen von PZ-B-Rezeptoren in der Zellwand und die andersartige Koloniemorphologie lassen sich durch eine geänderte Struktur der Zellumhüllung erklären, die ursächlich auf modifizierte Eigenschaften der Cytoplasmamembran zurückzuführen sind. Die Zellumhüllung sollte deshalb nicht nur als Penetrationshindernis für extrazelluläre Enzymmoleküle fungieren, sondern eine aktive Rolle bei der Synthese von α-Amylase, β-Glucanase und neutraler Protease spielen. Damit würde eine Analogie zu dem Modell bestehen, das von Lampen u. a. [17, 18, 12, 25, 26] für die Synthese der Penicillinase von *B. licheniformis* entwickelt wurde.

Beeinflussung der Aktivitäten extrazellulärer Enzyme durch die Zusammensetzung des Kulturmediums

Bei Abwesenheit von Polysacchariden im Medium und Anwesenheit von Glucose oder Saccharose ist keine α-Amylase nachweisbar (Ergebnisse nicht dargestellt). Eine einfache Katabolitrepression [15] anzunehmen, erscheint nicht berechtigt, da bei Anwesen-

Tabelle 3

Eigenschaften von für den Phagen PZ-A unempfindlichen Selektanten von B. subtilis

	Nr.	Beschreibung
Eigenschaft	1	Die nach 72—96 h Bebrütung in Glucose-Nährbouillon bei 37°C von PZ-A-unempfindlichen Selektanten spontan freigesetzten plaquebildenden Partikel besitzen die gleiche Morphologie wie PZ-A
	2	Die nach Induktion von PZ-A-unempfindlichen Selektanten mit Mitomycin C freigesetzten plaquebildenden Partikel besitzen die gleiche Morphologie wie PZ-A
	3	Die Wirtsbereiche von PZ-A und von Phagen, die nach spontaner oder Mitomycin-C-Induktion von PZ-A-unempfindlichen Selektanten isoliert werden konnten, sind identisch
	4	Die PZ-A-unempfindlichen Selektanten und der PZ-A-sensible Ausgangsstamm adsorbieren PZ-A in gleichen Quantitäten:

Stamm-Nr.	Sensibilität für PZ-A	Adsorptionsraten (%) nach	
		15 min	35 min
P	+	92 ± 8	95 ± 5
P-RA 093	–	93 ± 6	95 ± 5
P-RA 201	–	92 ± 7	94 ± 5
P-RA 472	–	90 ± 7	95 ± 5

	Nr.	Beschreibung
Schlußfolgerung	1	Die isolierten PZ-A-unempfindlichen Selektanten sind nicht resistent gegen PZ-A
	2	Die PZ-A-unempfindlichen Selektanten sind immun für PZ-A

heit von Stärke auch relativ hohe Glucosekonzentrationen keine komplette Reprimierung der Amylasebildung bewirken (Tab. 4).

Die α-Amylase-Aktivität steigt innerhalb des Untersuchungsbereiches linear an, wenn die Gesamtkonzentrationen an Stärke und Stärkehydrolyse-Produkten zunehmen (Tab. 5), während Zellzahlen und Wachstumsgeschwindigkeiten sich nicht unterscheiden.

Interessant ist ein Vergleich zwischen den Aktivitäten für α-Amylase und β-Glucanase. Für die α-Amylase kann die Stärkekonzentration gar nicht so weit erhöht werden, um eine obere Grenze der Induzierbarkeit finden zu können. Der Untersuchungsbereich wird durch einen Gesamtanteil von ca. 15 Gew.-% aus Stärke und Schroten limitiert. Eine weitere Erhöhung führt zu einer Viskositätszunahme, so daß keine normale Zellzunahme stattfindet. Für die β-Glucanase existiert dagegen eine optimale Konzentration aus Stärke und Schroten, bei deren Überschreiten die Enzymaktivität abzusinken beginnt. Die Ursachen für diese Verschiedenheit sind nicht bekannt.

Wenn die Stärke durch Amylase hydrolysiert wird, ist bei gleicher Amylase-Konzentration mit zunehmender Behandlungszeit des Mediums eine Abnahme der α-Amylase-

Tabelle 4

Einfluß von Zuckern auf die α-Amylase-Bildung von Bacillus amyloliquefaciens
(Hauptkulturmedium – vgl. Material und Methoden – modifiziert durch Supplementation von 2% Stärkehydrolysat und Gehalt von 2,5% $(NH_4)_2HPO_4$)

Supplementation von		relative extrazelluläre α-Amylase-Aktivität (%) nach	
Zucker	(%)	45 h	70 h
–	0	100	100
Glucose	0,5	108	111
	1,0	104	106
	1,5	110	113
	2,0	111	116
Saccharose	0,5	108	108
	1,0	104	114
	1,5	109	112
	2,0	111	116
Maltose	0,5	107	125
	1,0	108	107
	1,5	111	129
	2,0	110	132
Lactose	0,5	108	114
	1,0	112	122
	1,5	114	132
	2,0	108	134

Tabelle 5

Abhängigkeit der Aktivitäten von extrazellulärer α-Amylase und β-Glucanase in B. subtilis-Kulturen von der Nährstoffkonzentration im Kulturmedium

Medium-variante	Mediumbestandteile mit veränderten Konzentrationen (%)[1]				relative extrazelluläre Aktivitäten für	
	Stärke	Stärke-hydrolysat	$(NH_4)_2HPO_4$	Harnstoff	α-Amylase	β-Glucanase
I	2,0	8,0	2,0	1,0	100	65
II	2,0	6,0	1,8	0,75	83	68
III	2,0	4,0	1,7	0,5	71	84
IV	2,0	2,0	1,5	0,25	54	100
V	2,0	–	1,2	0,2	33	55
VI	1,0	–	1,0	0,1	25	50

[1]) vgl. Material und Methoden, Hauptkulturmedium

Aktivität zu beobachten (Abb. 5). Damit scheint eine Korrelation zwischen der mittleren Kettenlänge der Poly- bzw. Oligosaccharide und ihrer enzymstimulierenden Wirksamkeit zu bestehen.

Der verantwortliche Mechanismus bleibt aus zwei Gründen unklar: Einmal konnten die Stärke-Abbauprodukte nicht analysiert werden, zum anderen werden letztere als Material- und Energiequellen für den Anabolismus und Katabolismus der enzymbildenden Zellen verwendet, auf deren α-Amylase-Bildung sie simultan stimulierend wirken.

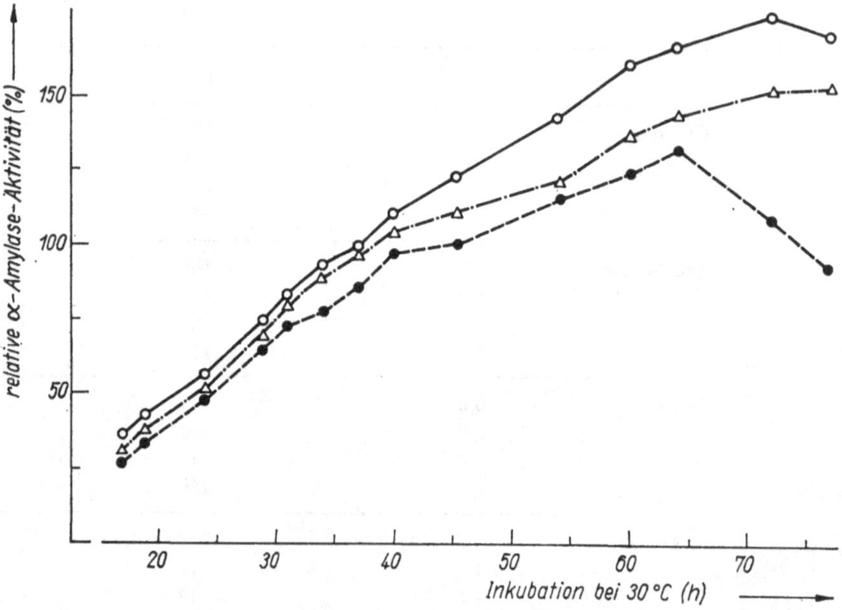

Abb. 5. Einfluß des Hydrolysegrades des Mediumbestandteils Stärke auf die α-Amylase-Bildung von *Bacillus subtilis*

(Amylase-Behandlung: o——o 0 min, △ —·— △ 30 min, ●---● 300 min)

Insgesamt erscheint jedoch der Schluß berechtigt, daß die von *Bacillus*-Zellen produzierte extrazelluläre α-Amylase Eigenschaften aufweist, die für die Existenz eines induzierbaren Enzyms sprechen.

Stabilität synthetisierter extrazellulärer α-Amylase

Eine biotechnisch wichtige Frage ist, ob die Zunahme der α-Amylase-Aktivität in *Bacillus*-Kulturen die Größe der de-novo-Synthese widerspiegelt oder ob deren Rate wesentlich höher ist, weil jedes Enzymmolekül nur eine zeitlich begrenzte Persistenz im Kulturmedium aufweist. Vorläufige Untersuchungen (Ergebnisse nicht dargestellt) haben ergeben, daß die Höhe der amylolytischen Aktivität in einem Kulturmedium nach dem Entfernen der Zellen für einen Zeitraum von mehreren Tagen unverändert bleibt. Die häufig zu beobachtende Abnahme der Aktivität nach $\geqq$ 60 h p. i. ist also auf den Stoffwechsel der anwesenden Bacillen zurückzuführen. Derartige Aktivitätsverluste erreichen stärkere Ausmaße, wenn die Zusammensetzung des Kulturmediums nicht optimal ist. Ein gutes Beispiel dafür stellt die Konzentration von Ca^{++}-Ionen im Medium dar.

Die Moleküle der α-Amylase von *B. subtilis* bestehen aus einer cysteinarmen Peptidkette, die ihre aktive Konformation durch eingelagerte Ca^{++}-Ionen erhalten. Hochgereinigte Amylase läßt sich in Lösung durch Zusatz von Chelatbildnern und Ca^{++}-Ionen wechselweise inaktivieren und reaktivieren [21].

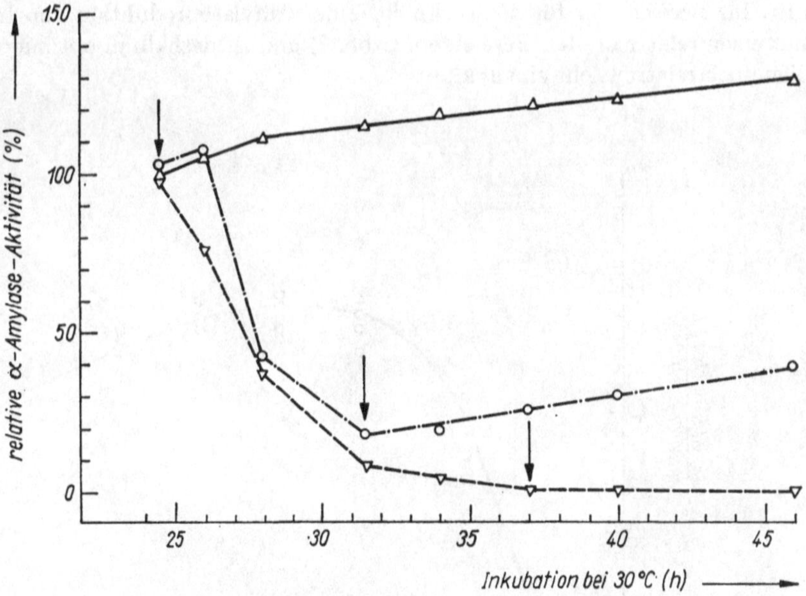

Abb. 6. Stabilisierung der α-Amylase in *Bacillus-subtilis*-Kulturen durch Calcium-Zusatz

(Pfeile = Zeiten der Zugabe von 0,1% $Ca(NO_3)_2$)

In eigenen Untersuchungen (Abb. 6) wurde gefunden, daß die α-Amylasebildung in Gegenwart suboptimaler Ca-Konzentrationen normal beginnt. Von einer bestimmten Zeit an treten jedoch rasche Aktivitätsabnahmen auf. Diese lassen sich durch Ca-Zusätze zwar stoppen, eine Restauration der vorherigen Aktivitätshöhe erfolgt aber nicht. Daraus ist zu schließen, daß ursprünglich vorhandene, extrazellulär existente, aktive α-Amylase-Moleküle irreversibel inaktiviert worden sind. Weiterhin wurde beobachtet, daß in solchen Kulturen eine erhöhte Versporungsrate vorhanden ist und daß der Zeitpunkt des beginnenden Aktivitätsverlustes an α-Amylase mit dem Zunehmen an neutraler proteolytischer Aktivität korreliert.

Diese Effekte lassen sich mit folgendem Modell erklären: Bei suboptimalen Ca-Konzentrationen beginnen die *Bacillus*-Zellen mit einer normalen Amylasebildung. Die Population zeigt jedoch eine verstärkte Sporulation. Zum Aufbau der Wand von thermostabilen Endosporen wird viel Ca benötigt, weil eine der Hauptkomponenten des Cortex Ca-Dipicolinat [22, 3, 8, 10, 5, 7, 29] ist. Wenn die Konzentration an freien Ca^{++}-Ionen nicht ausreicht, werden diese auch aus den bereits synthetisierten aktiven α-Amylase-

Molekülen herausgelöst. Letztere erhalten eine veränderte Konformation, verlieren ihre enzymatische Aktivität und werden empfindlich für Proteasen, gegen deren Angriff sie in der Ca^{++}-enthaltenden aktiven Zustandsform geschützt sind. Da beide Effekte (verstärkte Sporulation, Zunahme der extrazellulären Aktivität an neutraler Protease) gleichzeitig auftreten, resultiert daraus ein schneller irreversibler Verlust an extrazellulärer α-Amylase, der durch Zugabe von Ca^{++}-Ionen verhindert werden kann.

Es ist der Schluß zu ziehen, daß zur Stabilisierung von extrazellulär vorliegender α-Amylase in *Bacillus*-Kulturen eine bestimmte Mindestkonzentration an Ca^{++} erforderlich ist. Ihr Bereich, der für die Technologie der Amylaseproduktion von Interesse ist, nimmt einen relativ breiten Bereich ein (Abb. 7) und ist deshalb in optimierten Kulturmedien auch relativ leicht einzuhalten.

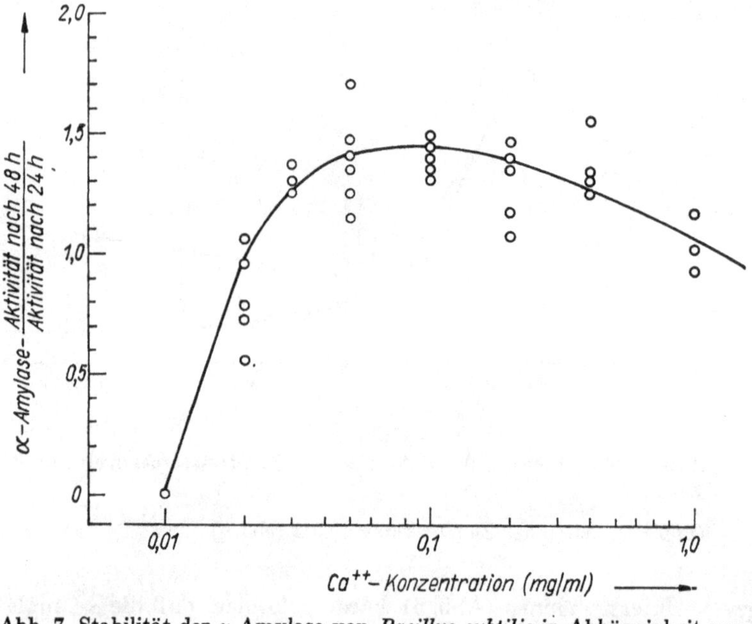

Abb. 7. Stabilität der α-Amylase von *Bacillus subtilis* in Abhängigkeit von der Calcium-Konzentration des Kulturmediums

Abb. 8 stellt am Beispiel der α-Amylase dar, welche komplexen Regelgrößen nach unserer Auffassung Einfluß auf die Aktivitätshöhe eines extrazellulären Enzyms in *Bacillus*-Kulturen haben. Diese sind

1. die genetische Konstitution des enzymbildenden Stammes,
2. die Expression des genetisch determinierten Enzymbildungsvermögens im optimierten Kulturmedium

und

3. die Persistenz ausgeschiedener aktiver Enzymmoleküle in Gegenwart der Produzentenzellen.

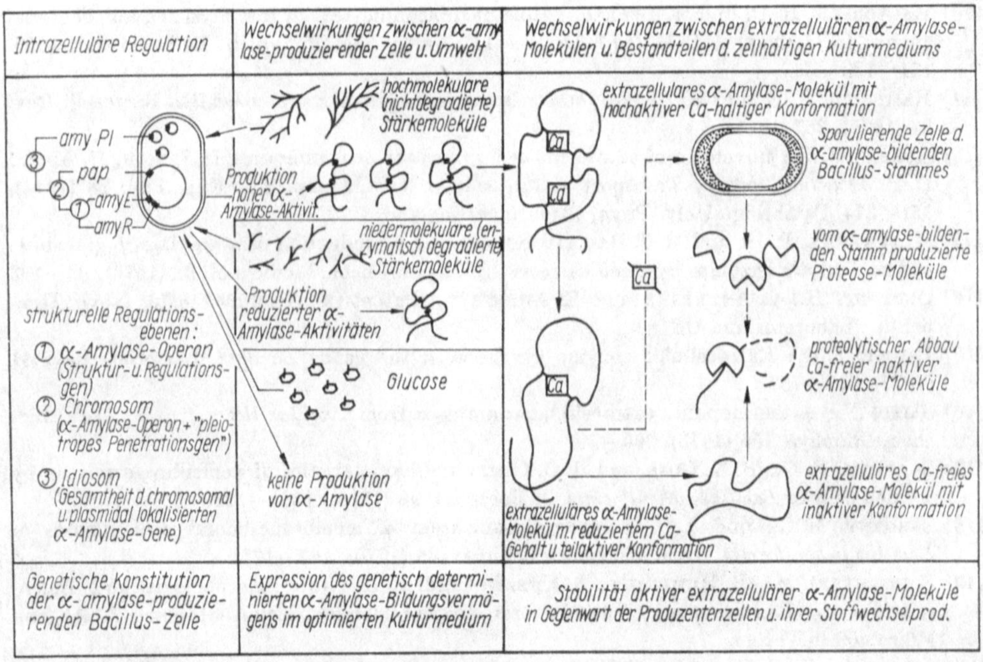

Abb. 8. Beeinflussung der stabilen Aktivitätshöhe eines extrazellulären *Bacillus*-Enzyms am Beispiel der α-Amylase (schematische Übersicht)

Literatur

[1] ANDERSON, D. L., D. D. HICKMAN und B. E. REILLY: Structure of *Bacillus subtilis* bacteriophage Φ 29 and the length of the Φ 29 deoxyribonucleic acid. J. Bacteriol. **91** (1966), 2081–2089

[2] ANDERSON, D. L. und B. E. REILLY: Analysis of gene function in *Bacillus subtilis* bacteriophage Φ 29. In SCHLESINGER, D. (ed.) / Microbiology 1976, Amer. Soc. Microbiol., Washington D. C. 1976, 254–274

[3] ARONSON, A. I. und P. C. FITZ-JAMES: Biosynthesis of bacterial spore coats. J. Mol. Biol. **33** (1968), 199–212

[4] BAILEY, M. J. und P. H. MARKKANEN: Use of mutagenic agents in improvement of α-amylase production by *Bacillus subtilis*. J. Appl. Chem. Biotechnol. **25** (1975), 73–79

[5] BRONNER, F. und T. S. FREUND: Calcium accumulation during sporulation of *Bacillus megaterium*. In HALVORSON, H. O., R. HANSON und L. L. CAMPBELL (eds.) / Spores V, Amer. Soc. Microbiol., Washington D. C. 1972, 187–190

[6] CERDA-OLMEDO, E., P. C. HANAWALT und N. GUEROLA: Mutagenesis of the replication point by nitrosoguanidine: map and pattern of replication of the *E. coli* chromosome. J. Mol. Biol. **33** (1968), 705–719

[7] EISENSTADT, E. und S. SILVER: Calcium transport during sporulation. In HALVORSON, H. O., R. HANSON und L. L. CAMPBELL (eds.) / Spores V, Amer. Soc. Microbiol., Washington D. C. 1972, 180–186

[8] GOULD, G. W. und A. HURST: The bacterial spore. Academic Press Inc., New York 1969

[9] GRUNOW, R.: Synthese von extrazellulären Enzymen durch *Bacillus*-Zellen — genetische Grundlagen und Möglichkeiten ihrer Beeinflussung; dieser Band

[10] Halvorson, H. O. und A. Swanson: Role of dipicolinic acid in the physiology of bacterial spores. In Campbell, L. L. (ed.) / Spores IV, Amer. Soc. Microbiol., Bethesda Md. 1969, 121–132

[11] Hemphill, H. E. und H. R. Whiteley: Bacteriophages of *Bacillus subtilis*. Bacteriol. Rev. **39** (1975), 257–315

[12] Lampen, J. O.: Movement of extracellular enzymes across membranes. In Sleigh, M. A. und D. H. Jennings (eds.) / Transport at the cellular level, Symp. Soc. Exp. Biol. **28** (1974), 351–374, Cambridge Univ. Press, Cambridge/England

[13] Markkanen, P. H. und M. J. Bailey: Simultaneous production of α-amylase, β-glucanase and proteolytic enzymes by *Bacillus subtilis*. J. Appl. Chem. Biotechnol. **24** (1974), 93–103

[14] Outtrup, H., O. Andresen und K. Aunstrup: Patent-OS Nr. 2025748/70, Novo Terapeutisk Laboratorium A/S

[15] Priest, F. G.: Extracellular enzyme synthesis in the genus *Bacillus*. Bacteriol. Rev. **41** (1977), 711–753

[16] Saito, N.: A thermophilic extracellular α-amylase from *Bacillus licheniformis*. Arch. Biochem. Biophys. **155** (1973), 290–298

[17] Sargent, M. G., B. K. Gosh und J. O. Lampen: Characteristics of penicillinase release by washed cells of *Bacillus licheniformis*. J. Bacteriol. **96** (1968), 1231–1239

[18] Sargent, M. G., und J. O. Lampen: Organization of membrane-bound penicillinases of *Bacillus licheniformis*. Arch. Biochem. Biophys. **136** (1970), 167–177

[19] Schönherr, M., B. Humeniuk, S. Kübart und R. Grunow: Morphologie und Eigenschaften von Bakteriophagen aus Kulturen enzymbildender *Bacillus*-Stämme. Z. Allgem. Mikrobiol. in Vorber.

[20] Sekiguchi, J., N. Takada und H. Okada: Genes affecting the productivity of α-amylase in *Bac. subtilis* Marburg. J. Bacteriol. **121** (1975), 688–694

[21] Stein, E. A. und E. H. Fisher: The resistance of α-amylases towards proteolytic attack. J. Biol. Chem. **232** (1958), 867–879

[22] Wise, J., A. Swanson und H. O. Halvorson: Dipicolinic acid-less mutants of *Bacillus cereus*. J. Bacteriol. **94** (1967), 2075–2076

[23] Yamaguchi, K., Y. Nagata und B. Maruo: Genetic control of the rate of α-amylase synthesis in *Bacillus subtilis*. J. Bacteriol. **119** (1974), 410–415

[24] Yamaguchi, K., Y. Nagata und B. Maruo: Isolation of mutants defective in α-amylase from *Bacillus subtilis*: genetic analysis. J. Bacteriol. **119** (1974), 416–424

[25] Yamamoto, S., und J. O. Lampen: Membrane penicillinase of *Bacillus licheniformis*, a phospholipoprotein. J. Biol. Chem. **250** (1975), 3212–3213

[26] Yamamoto, S., und J. O. Lampen: Purification of plasma membrane penicillinase from *Bacillus licheniformis* 749/C and comparison with exoenzyme. J. Biol. Chem. **251** (1976), 4095–4101

[27] Yoneda, Y., K. Yamane und B. Maruo: Membrane mutation related to the production of extracellular α-amylase and protease in *Bacillus subtilis*. Biochem. Biophys. Res. Commun. **50** (1973), 765–770

[28] Yoshida, Y., und S. Yuki: Action of N-methyl-N′-nitro-N-nitrosoguanidine in *Bacillus subtilis*. Japan. J. Genet. **43** (1968), 173–179

[29] Zytokovicz, T., und H. O. Halvorson: Some characteristics of dipicolinic acid-less mutant spores of *Bacillus cereus* T. In Halvorson, H. O., R. Hanson und L. L. Campbell (eds.) / Spores V, Amer. Soc. Microbiol., Washington D.C. 1972, 49–52

Central Food Research Institute, Budapest, Hungary

Increase in Pectin-Lyase Production of Aspergilli by Mutagenic Agents

K. Zetelaki-Horváth, J. Farkas and K. Vas

In the research work breeding cannot rely solely upon the occurrence of spontaneous mutations and their natural selection, but requires a systematic application of mutagenic agents.

Mutagenesis whether induced or spontaneous is not simply a chemical change in DNA but a highly complex biological process in which enzymes and other proteins, RNA's of various types, membranes and other structural components of the cell are involved [2].

Geneticist are searching mutants bearing biochemical defects, while breeders search for "positive" mutants with increase of a particular metabolite, which is in our case pectin lyase (PL).

PL production could be increased more than 10-fold of the original level with UV irradiation in our previous work [11] however this level did not prove stable. To obtain "positive" mutations, where the achieved levels are fixed, well known chemical mutagens like ethylmethane sulphonate (EMS), nitrosoguanidine (NTG), NaN_3, and ^{60}Co gamma rays were used.

The effect of the mutagens was investigated in 3040 shaken cultures of the 380 isolated strains.

1. Materials and Methods

1.1. Microorganism

Conidia (10^9-10^{10} ml^{-1}) of an *Aspergillus niger* strain No. 639 [1] were used for the mutagenic treatment.

1.2. Mutagenic treatments

1.2.1. NaN_3

NaN_3 was used at concentrations of 0.1, 0.01 and 0.001% for 1, 2, 4, 8 and 24 h. At the end of the incubation period, inoculations were made on malt agar plates to establish the number of viable conidia.

1.2.1.1. UV + NaN_3 combined treatment

Conidia were first irradiated by UV radiations (Germicid lamp, type PRK-2, LABOR, Budapest) according to our previous method (Zetelaki-Horváth & Dobra-Seres [10]), for 20 minutes. Following UV exposure, NaN_3 treatment was carried out according to section 1.2.1.

1.2.2. N-Methyl-N'-nitro-N-nitrosoguanidine (NTG)

Nitrosoguanidine was used in concentration of 100 μg ml^{-1} (Fluka AG, Buchs SG, Switzerland) with incubation periods of 15, 30, 60, 120 and 240 minutes. After incubation conidia were plated on Petri dishes to determine the number of survivals.

1.2.3. Ethylmethane sulphonate (EMS)

EMS (Sigma, USA) was used in a concentration of 0.15 M for incubation periods of 1, 2, 4, and 6 h. After mutagenic treatment, EMS was inactivated by 10 times its volume of 6% solution of $Na_2S_2O_3$. Conidia — separated from the inactivated EMS solution by centrifugation and washed twice by phosphate buffer — were inoculated on agar plates to determine viable count.

1.2.4. Gamma irradiation

Aspergillus niger conidia were irradiated by a ^{60}Co radiation source (type: RH-γ-30) using doses of 0.5, 1, 2, 4, 6 and 8 kGy (50, 100, 200, 400, 600, and 800 krad). Following irradiation, conidia were inoculated on malt agar plates to determine the number of survivals.

1.3. Cultural conditions

PL production of every strain isolated after mutagenic treatments was tested in four parallel cultures in 500 ml Erlenmeyer flasks in two separate runs. 100 ml of medium 4% extract of dried sugar beet slices supplemented with $(NH_4)_2SO_4$ as N source, and minerals (pH: 5.0) was inoculated with 1 ml of spore suspension, (10^8 conidia ml^{-1}). The cultures were incubated at 32 °C on a shaker (330 rpm, O_2 transfer rate 17—19 mmol l^{-1} h^{-1}) for a 96 h cultivation period.

At the end of the cultivation mycelia were separated from the culture by filtration through nylon cloth, and PL activity was determined from the filtrate.

1.4. Determination of PL activity

PL activity was determined by the method of Albersheim and co-workers [1]. The reaction mixture was incubated at 30 °C for 2 hours at pH 6.0. The absorption of the unsaturated galacturonic acid oligomers, produced by the enzyme during cultivation, was measured at 235 nm using a spectrophotometer (Specord UV VIS, Zeiss, Jena).

PL activities of the strains were expressed as the quantity of unsaturated galacturonic acid (μmol min^{-1}, concerning the 0.2 ml quantity of culture filtrate for the measurements) produced by the enzymes from pectin substrate.

1.5. Evaluation of the results

After mutagenic treatment, PL production and mycelial yield of the isolated strains were evaluated by one-way analysis of variance, as functions of the concentration of the mutagens and the time of exposure, resp. Results were compared also by the t test.

2. Results

2.1. The effect of mutagenic treatment on the survival number

The viable number of conidia were 3.9, 8.1 and 9.89% of the original level after a 1 h treatment with 0.1, 0,01 and 0.001% NaN_3. When conidia were preexposed to UV light for 20 minutes and this was followed by NaN_3 treatment, in the above concentrations, the 1 h treatment resulted in a 99.7–94% lethality related to the number of viable conidia after UV exposure (Fig. 1).

After 15 min of nitrosoguanidin treatment 94% of the conidia were dead (Fig. 2).

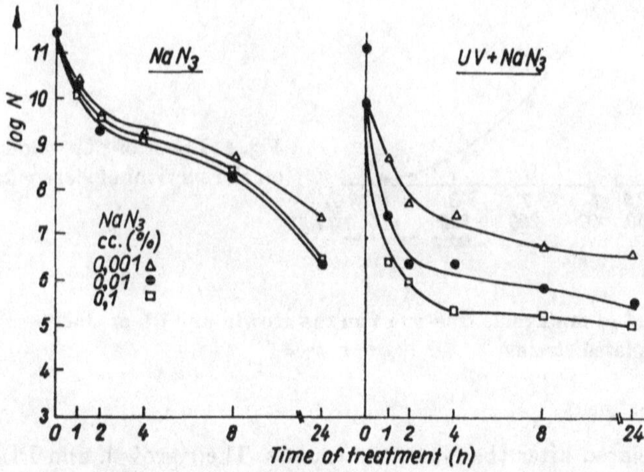

Fig. 1. Effect of NaN_3 and the combined UV + NaN_3 treatment on the survival of *Aspergillus* conidia

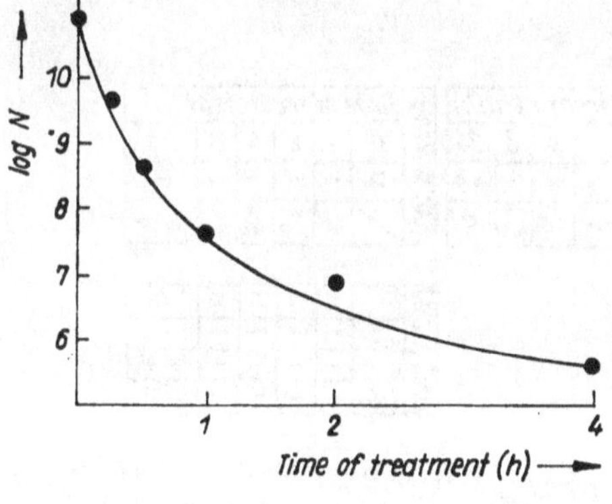

Fig. 2. Effect of N-methyl-N′-nitro-N-nitroso-guanidine (NTG) treatment on the survival of *Aspergillus* conidia

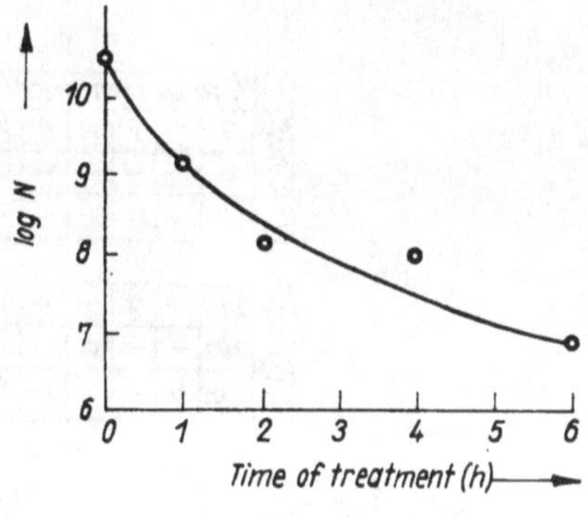

Fig. 3. Effect of ethylmethane sulfonate (EMS) treatment on the survival of *Aspergillus* conidia

1 and 2 h treatment of *Aspergillus niger* spores with ethylmethane sulphonate, resulted only in a 12 and 1.2% surviving of conidia (Fig. 3).

^{60}Co gamma rays were also tried to serve as a mutagenic agent and resulted in a high lethality of conidia. By the use of the lowest dose (0.5 kGy), only 1% survived (Fig. 4).

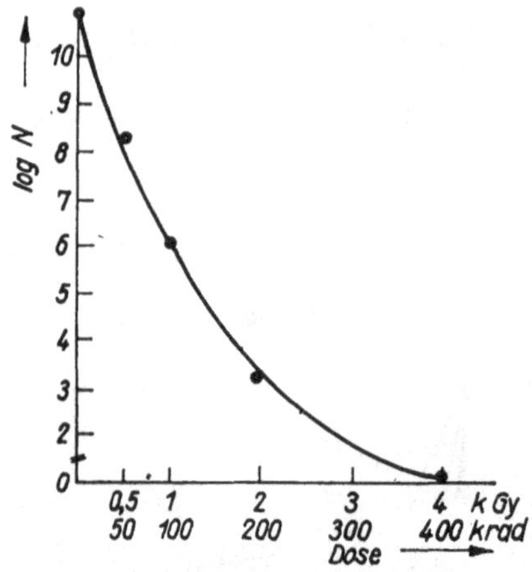

Fig. 4. Effect of ^{60}Co gamma irradiation on the survival of *Aspergillus* conidia

2.2. The effect of mutagenic treatment on the growth and PL production of the isolated strains

2.2.1. NaN_3 treatment

185 strains were isolated after the NaN_3 treatments. Their growth and PL production were tested in shaken cultures. Mycelial yields of the isolated strains showed no significant differences as a function of the NaN_3 concentration, and the duration of the treatment. The highest mycelium yield (14.2 g l^{-1}) was obtained in the culture of a strain isolated after 24 h treatment by 0.01% NaN_3 (Fig. 5). This was significantly higher than those isolated after 8, 4 and 2 or 1 h treatments.

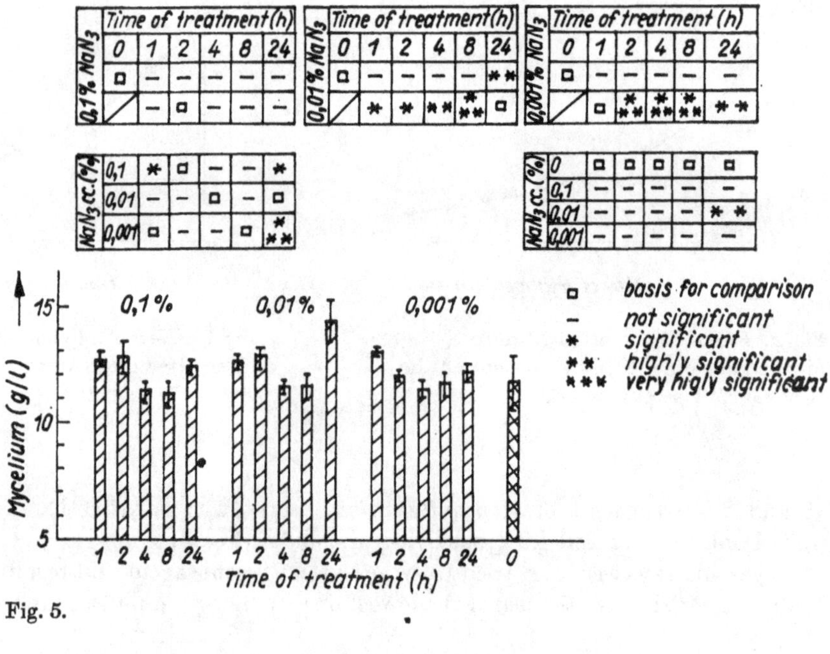

Fig. 5.

When considering the average PL production in the case of every treatment period used, the effect of 0.001% NaN_3 proved to be the best. From the point of view of maximal individual activity, the 8 h treatment by 0.1 and 0.01% NaN_3 concentrations gave the best result (0.134 μmol min^{-1}). This was very highly significantly higher than that of the original strain (Fig. 6).

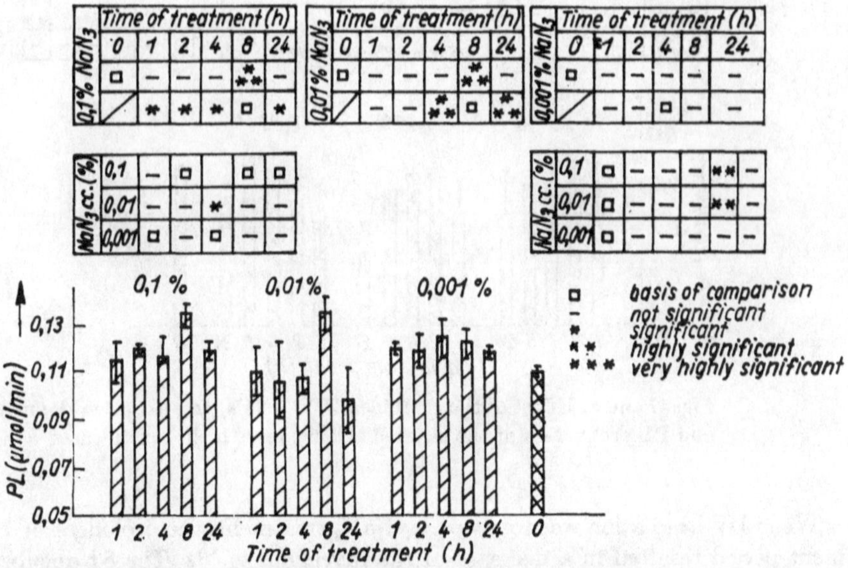

Figs. 5 and 6. Effect of NaN_3 concentration and the duration of the treatment on the mycelium yields and PL production of the isolated strains, in 96 h shaken cultures

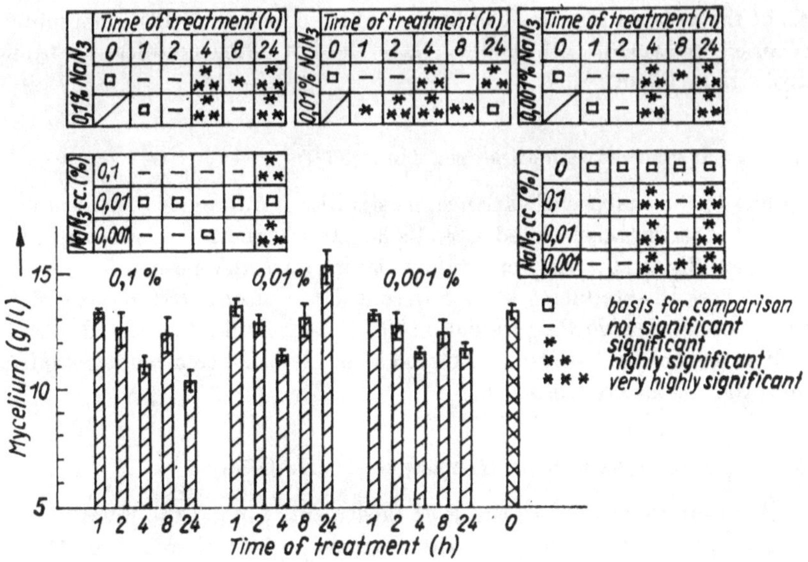

Fig. 7.

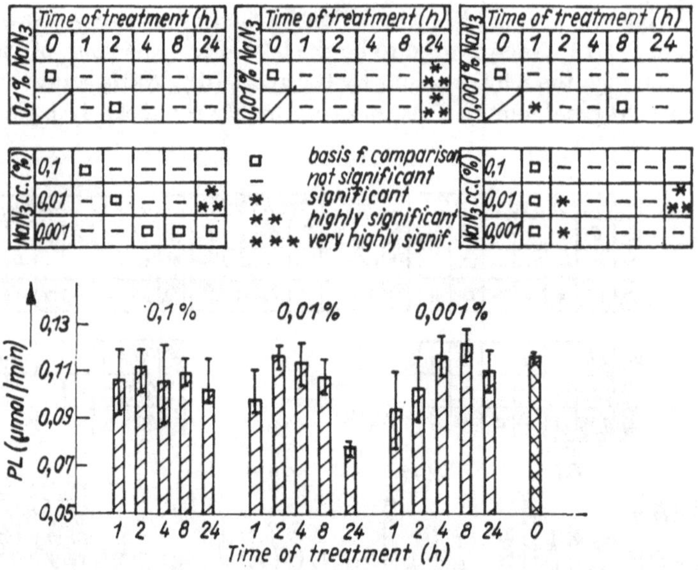

Figs. 7 and 8. Effect of the combined UV + NaN_3 treatment on the mycelium yields and PL production of the isolated strains, in 96 h shaken cultures

When UV irradiation was followed by NaN_3 treatment, the prolongation of the treatment period resulted in a decrease of the mycelium yields. The 8 h incubation period at all NaN_3 concentrations, and the 24 h incubation in the case of 0.01% NaN_3 treatment, were exceptions resulting in a rather high mycelium yields, with a maximum of 15.3 g l^{-1} (Fig. 7).

The combined UV and NaN_3 treatment resulted in a negative effect on the PL synthesis of the isolated strains. The highest PL production (0.121 μmol min^{-1}), measured after an 8 h treatment with 0.001% NaN_3 did not differ significantly from that of the control strain (Fig. 8).

2.2.2. Treatments with nitrosoguanidine (NTG)

According to the analysis of variance, no significant differences were found in the mycelium yield of the strains isolated after 15, 30, 60, 120 and 240 minutes of NTG treatment, but in their PL production very highly significant differences occurred (Fig. 9).

The highest PL-producing strains were isolated after a 120 minute NTG treatment. Their maximal average PL production (0.1115 μmol min^{-1}) differed very highly significantly from those of the strains isolated after the other treatment periods used, as well as from that of the control strain.

2.2.3. Treatments with ethylmethane sulphonate (EMS)

60 strains were isolated after the EMS treatment. Among the mycelial yields and PL production of the strains isolated after various periods of treatment (1, 2, 4, and 6 h) significant differences were found by analysis of variance. From the point of view of

mycelium yield, the 120-min treatment was found to be optimal with a maximal average yield of 15.23 g l^{-1} (Fig. 10).

This yield was very highly significantly higher than those of the strains isolated after the 60-min treatment and that of the original strain.

Highest PL production was found in the cultures of the strains isolated after 60-min

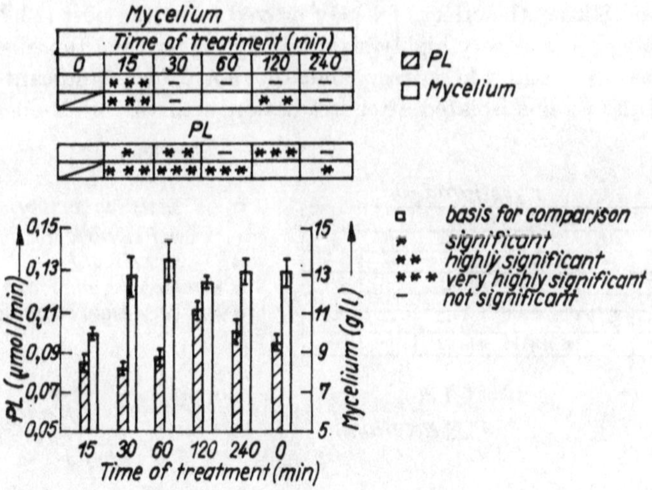

Fig. 9. Effect of NTG treatment and duration of the expure on the mycelium yield and PL production of the isolated strains in 96 h shaken cultures

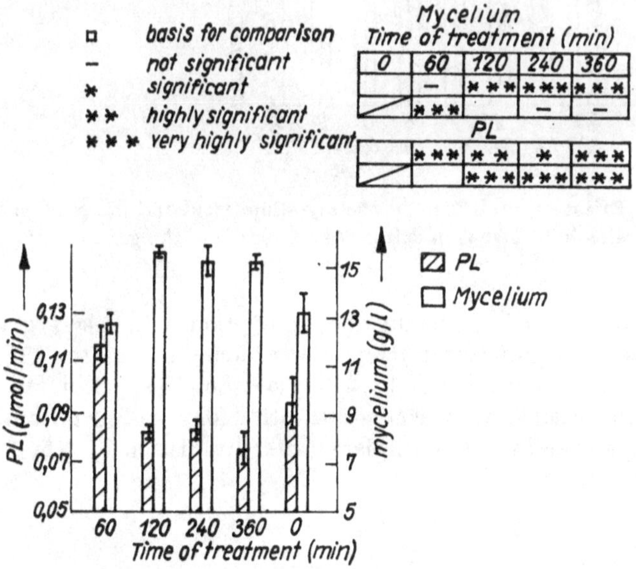

Fig. 10. Effect of EMS treatment and the duration of the treatment on the mycelium yield and the PL production of the isolated strains in 96 h shaken cultures

of EMS treatment. The average PL production of these strains was very highly significantly higher than those of the strains isolated after 2, 4 and 6 h of treatment and that of the control.

2.2.4. Gamma irradiation

Among the average mycelial yields of the 70 strains isolated after irradiation with doses of 0.5, 1, 2, 4, 6 and 8 kGy, the effect of 4 kGy proved to be the best (13.2 g l^{-1}). This mycelial yield was highly and very highly significantly higher than those isolated after irradiation by doses of 1 and 2 kGy, resp., but did not differ significantly from the mycelial yields of the strains isolated after irradiation with the other doses (Fig. 11).

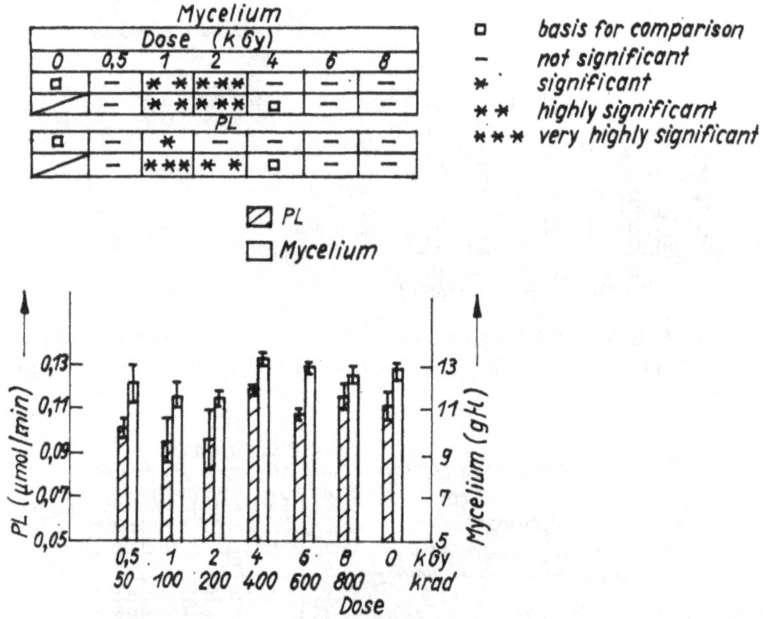

Fig. 11. Effect of irradiation on the mycelium yield and PL production of the isolated strains in 96 h shaken culture as a function of the gamme ray dose

From the point of view of PL production, irradiation with 4 kGy gave the most advantageous effect. No significant differences were found among the PL yield of the strains isolated after gamma irradiation by 4, 6, 8 kGy and the control, but the PL production of the strains isolated after irradiation with 4 kGy was significantly and very highly significantly higher than those isolated after irradiation by 0.5, 1 and 2 kGy resp.

3. Conclusions

In our previous work [11] the best result obtained by UV treatment was 0.09 μmol min^{-1}, but this was not satisfactory. As in the case of black spores, spore walls absorb a large portion of UV rays [4], UV irradiation was not applied alone in this work but in combination with chemical mutagen to enhance the mutagenic effect [3].

The treatment with the respiratory inhibitor [2] NaN_3 showed the optimal effect at a concentration of 0.01% for 8 h, when the average yield of the strains was 0.134 μmol min^{-1}. The mycelial yield of the isolated strains was the highest after a 24 h treatment.

The combined effect of UV and NaN_3 treatment showed a negative effect on the PL production of the isolated strains. A positive effect of the combined treatment was observed on the mycelial yield (15.3 g l^{-1}) when the UV irradiation was followed by a 24 h NaN_3 treatment at a concentration of 0.01%.

NTG was succesfully applied by BAILEY and MARKKANEN [3] for the improvement of α-amylase production of *Bacillus subtilis.* LADHA and KUMAR [5] performed NTG treatment with blue-green algae (*Nostoc linckia*), when an increased growth rate and a reduced nitrogenase production was observed.

The NTG treatment was not so effective in increasing the PL production of *Aspergillus* strains than in the case of α-amylase of *Bac. subtilis,* when the yield doubled. The highest average production (0.1115 μmol min^{-1}), achieved after a 120-min treatment was 16% higher than that of the original strain. This result was significantly and very highly significantly higher than the yield of those isolated after 240- and 60-, 30- or 15-min treatments and that of the original strain.

Ethylmethane sulphonate is a well known mutagen in the case of yeasts, bacteria and fungi (LINDENGREN et al. [6], VERLY et al. [8], MUSILKOVÁ & FENCL [7]). In our work the strain improvement by EMS was the most effective in increasing PL production of the isolated strains after 60-min treatment. This average yield was very highly significantly higher than PL production of the strains isolated after other treatment periods and that of the original strain. From the point of view of the mycelial yield the 120-min treatment (average: 13.2 g l^{-1}) proved to be optimal.

Gamma irradiation, produces its effect through mutagenic free radicals (AUERBACH [2]), causing damage in the DNA (WELKER & DEERING [9]).

Among doses of gamma irradiation used in the present work, 4 and 8 kGy resulted in the highest results (0.118 and 0.114 μmol min^{-1}), which were not significantly higher than those of the strains isolated after irradiation by other doses and that of the control. These results were also lower than the average of the strains isolated after other mutagenic treatments.

References

[1] ALBERSHEIM, P., H. NEUKOM und H. DEUEL: Über die Bildung von ungesättigten Abbauprodukten durch ein pektinabbauendes Enzym. Helv. Chim. Acta **43** (1960), 1422–1426

[2] AUERBACH, C.: Mutation research. Problems, results and perspectives. Chapman and Hall, London 1976, 338–339

[3] BAILEY, M. J., and P. H. MARKKANEN: Use of mutagenic agents in improvement of α-amylase production. J. Appl. Chem. Biotechnol. **25** (1975), 73–79

[4] ESSER, K.: Some aspects of basic genetic research on fungi and their practical implications. In: GHOSE, T. K., A. FIECHTER and M. BLAKEBOROUGH (eds.): Advances in Biochemical Engineering, Springer-Verlag, Berlin 1974, Vol. III, 69—87

[5] LADHA, J. K., and H. D. KUMAR: Some characteristics of two morphological mutants of Nostoc linckia induced by nitrosoguanidine. Z. Allg. Mikrobiol. 17 (1977), 513—519

[6] LINDEGREN, G., Y. L. HWANG, Y. OSHIMA and C. C. LINDEGREN: Genetical mutants induced by ethylmethane sulphonate in Saccharomyces. Can. J. Genet. and Cytol. 7 (1965), 491

[7] MUSILKOVA, M. and Z. FENCL: Isolation of auxotropic mutants of *Aspergillus niger* by ethylmethane sulphonate treatment. Fol. Microbiol. 15 (1970), 34—39

[8] VERLY, W. G., A. PETITPAS-DEWANDRE and H. BARBASON: Mutation de dépendance vis-a-vis de la streptomycine induite par le methanesulphonate d'ethyl chez *Escherichia coli*. Can. J. Biochem. 46 (1968), 225—233

[9] WELKER, D. L. and R. A. DEERING: Genetic analysis of radiation-sensitive mutations in the slime mould Dictyostelium discoideum. J. Gen. Microbiol. 97 (1976), 1—10

[10] ZETELAKI-HORVÁTH, K. and I. DOBRA-SERES: Improvement of polygalacturonase production of Aspergillus strains by UV-irradiation. Acta Alimentaria 1 (1972), 139—151

[11] ZETELAKI-HORVÁTH, K. (1978): Unpublished data

Институт микробиологии. Болгарская академия наук — София, НРБ

Связь между морфологическим состоянием и липазной продуктивностью некоторых дрожжей

А. Атев, К. Марков и И. Стоянов

Диссоциация дрожжей часто встрачающееся и все еще слабо исследованное явление. У некоторых видоврода *Candida* она обусла вливается количеством растежных веществ в питательной среде [7, 10]. Установлено [9], что диссоциация *Candida tropicalis* — связана с видом использованного углеродного источника. Вишневская и др. [3], находят, что у *C. scottii* диссоциация обуславливается различками в составе клеточных стен вариантов.

У спорогенных видов дрожжей установлено, [4], что диссоциация контролируется группой генов.

В литературе встречаются единичные сообщения [6, 10] о наблюдаемой диссоциации липазопродуцирующих дрожжей рода *Candida* при чем причины, которые вызывают ее не исследованы.

Цель настоящих исследований установить существует ли корреляция между липазной продуктивностью и морфологическом состоянием усследованных штаммов дрожжей и причины для различных липазных активностей вариантов.

Материал и методы

Исследования были проведены с двумя штаммами дрожжей: *Candida* sp. 73-4 и ее мутантом Л-86, полученным в нашей лаборатории, при комбинированном воздействии исходного штамма 73-4 нитрозогуанидином и УВ лучами [1].

Условия культивирования исследованных штаммов и их вариантов для липазного биосинтеза описаны в другой нашей работе [2]. Экзоклеточная липазная активность была определена методом Атева [2], а эндоклеточная липазная активность методом описанным Звягинцевой [5].

Ассимиляцию углеродных источников, протеолитическую, уреазную и β-галактозидазную активности вариантов исследованных штаммов определяли методом описанным Lodder [8].

Кислородное потребление исследованных штаммов и их вариантов определено методом описанным Атевым [2].

Устойчивость клеточных стен чистых S и R вариантов штаммов к действию литических ферментов пищеварительного сока *Helix pomatia* определяли методом описанным Вишневской и др. [3].

Число клеток и процент диссоциации штаммов и вариантов определяли после их посева на солодовом агаре и культивирования при 28 °C в течение 72 ч.

Гигантские колонии вариантов были культивированы в течение 40 дней на солодовом агаре при 28 °C.

Результаты и обсуждение

При культивировании штаммов на солодовом агаре установили, что они диссоциируют на S и R вариантах (рис. 1). Микроскопские исследования показали, что S варианты составлены из единичных клеток (рис. 2), а R варинты из единичных клеток и мицелярных образовании (рис. 3).

При продолжительном культивировании гигантских колоний из чистых S вариантов исследованных штаммов, последние переходят в R (рис. 4).

На табл. 1 показана липазная активность исследованных штаммов и их вариантов в зависимости от морфологического состояния продуцентов. На той же таблице изображен и процент диссоциации штаммов и их вариантов, и число клеток при их культивировании для липазного биосинтеза.

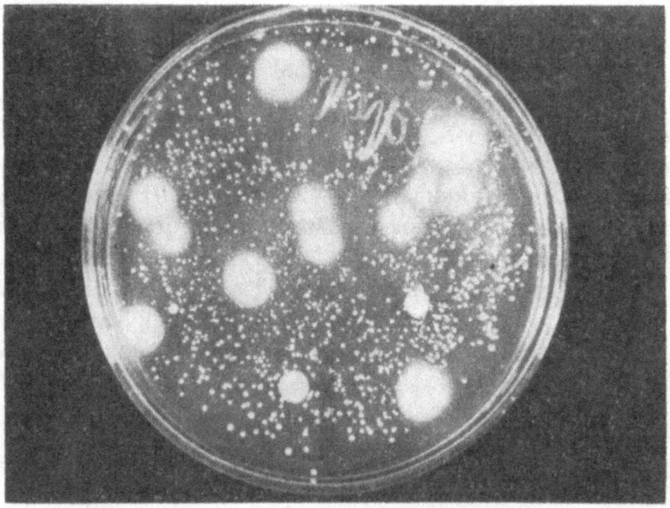

рис. 1. Диссоциация исследованных штаммов S и R вариантов.

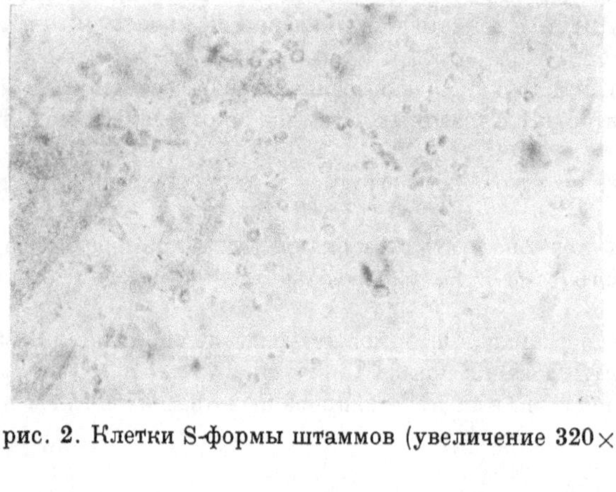

рис. 2. Клетки S-формы штаммов (увеличение 320×)

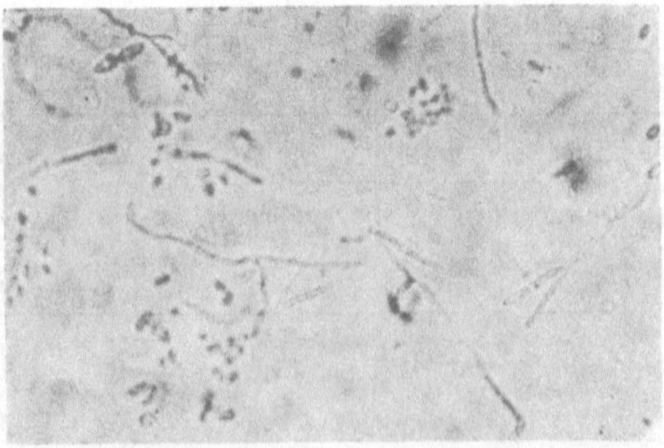

рис. 3. Клетки R-формы штаммов (увеличение 320×).

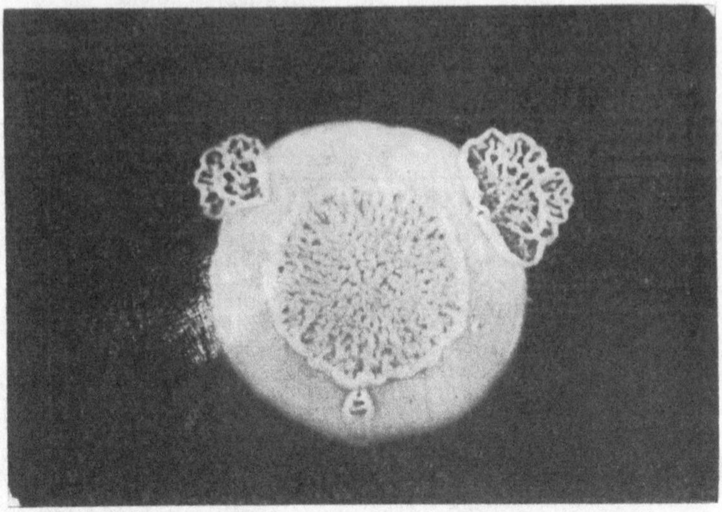

рис. 4. Переход S-формы исследованных штаммов в R, после 40-дневнего культивирования гигантских колоний.

Полученные результаты показывают, что S варианты штаммов характеризируются с более высокой экзоклеточной липазной активнистью, до тех пор пока R варианты обеих штаммов с более высокой эндоклеточной липазной активностью. Эти результаты, как и морфологические наблюдения коррелируют с исследованиями Звягинцевой и Рубана [6].

Подчеркнутым теоретическим и практическим интересом представляют исследования, свазанные с выяснением причин о более высокой экзолипазной активности S вариантов штаммов. Из результатов показанных в табл. 2 видно, что варианты обеих штаммов отличаются по кислородному потреблению при использовании глюкозы и фумарата как субстраты, по устойчивости их клеточных стен по отношению к литическим ферментам содержащимся в пищеварительном соке *Helix*

Таблица 1

Липазная активность и диссоциация исследованных штаммов и их вариантов

штаммы и варианты	pH культуральной жидкости	липазная активность		число клеток за мл средых 10^8	диссоциация В %	
		экзоклеточная мл 0,1 М	эндоклеточная NaOH		S варианты	R
73-4 S	6,5	6,5	13,0	2,4	90	10
73-4	6,5	6,0	15,5	2,3	53	47
73-4 R	7,0	3,0	20,0	2,0	26	74
Л-86 S	6,5	11,5	15,0	2,8	100	0
Л-86	6,5	11,5	16,5	3,0	95	5
Л-86 R	7,0	6,0	22,0	2,5	54	46

Таблица 2

Некоторые характеристики S и R вариантов исследованных штаммов

исследованные варианты	биохимические особенности			кислородное потребление μl O_2 за 60′ субстраты		действие пищеварительного сока *Helix pomatia*	
	уразная активность	протеолитическая активность	β-гликозидназная активность	глюкоза	фумарат		
73-4 S	+	—	—	14,0	12,8	+	
73-4 R	+	—	—	9,2	6,5	—	—
Л-86 S	+	—	+	14,3	12,0	+	
Л-86 R	+	—	+	8,1	6,6	—	

Заметки: + = положительный результат
— = отрицательный результат

pomatia. По отношению к остальным исследованным биохимическим критериям не существует разницы между S и R вариантами обеих штаммов.

Полученные результаты показывают, что между обеих вариантов штаммов существует разница в составе и структуре клеточной стены, которая в конечном счете обуславливает и вид колонии. Устойчивость клеточных стен R вариантов к литическим ферментам связано с более ниской экзолипазной активностью (табл.1), показывает, что синтезированная в клетках липаза трудно переходит через клеточную стену. Это потверждается и с более высокой эндолипазной активностью этих вариантов и с более нискими стоимостями кислородного потребления (табл. 2).

Установленный факт, что S варианты исследованных штаммов дрожжей более активные продуценты экзоклеточной липазы, дает возможность для контролирования липазного биосинтеза, при чем как посевный материал используется эта форма штаммов.

Заключение

Исследованные штаммы дрожжей диссоциируют на S и R вариантах в различной степени. S варианты штаммов имеют более высокую экзоклеточную липазную активность.

Варианты штаммов отличаются своей устойчивостью к литическому действию ферментов содержащихся в пищеварительном соке *Helix pomatia*. Устойчовсть клеточных стен R-вариантов к этим литическим ферментам обуславливает их более высокую эндоклеточную липазную активность.

При культивировании штаммов для липазного биосинтеза необходимо использовать как посевный материал S форму продуцентов, которая при старении культуры переходит в R.

Литература

[1] Атев, А. и К. Марков: Изолирование мутантов из *Candida lipolytica* с более высокой липазной активностью. Прикладная микробиология (София) **7** (1977), 39–46.

[2] Атев, А.: Физиологические и биохимические исследования *Candida* sp. и ее мутанты с более высокой липазной активностью. Кандидатская диссертация, 1978, 64–66.

[3] Вишневская, О., И. Панова и Т. Семушина: Морфологическая изменчивость *Candida scattii* K-1 Прикладная биохимия и микробиология, **10** (1974), 567–572.

[4] Захаров, И. А. и С. Г. Инге-Вечтомов: Генетическое изучение признака ,,Морщинистая колония'' у дрожжей. Генетика, **2** (1966), 112–119.

[5] Звягинцева, И. С.: Липазная активность некоторых дрожжей. Микробиология, **41** (1972), 24–29.

[6] Звягинцева, И. С. и Е. Н. Рубан: Диссоциация культуры *C. paralipolytica* и ее липазная активность. Микробиология, **42** (1973), 743.

[7] Azoulay, E., P. Couchand-Beaumont et J. C. Senez: Croissance des *C. lipolytica* a partie des glucides et a partie des hydrocarbures paraffiniques. Ann. L'Institut Pasteur **107** (1964), 520–533

[8] Lodder, J.: The Yeasts: A Taxonomic Study. North-Holland Publication, Amsterdam, 1970

[9] Pasebo, J., Z. Duvujak and E. Azoulay: Isolation and study of mutants selected from *C. tropicalis*. cultivated on hydrocarbons. Antonie van Leeuwenhoek **35** Suppl. (1969), F_{17}

[10] Ruban, E. D. and I. S. Zvyagintseva: Lipase activity of Some Yeast Cultures. Third Inter. Spec. Symposium of Yeasts, Stockholm 1973, **135**

[11] Yamaguchi, H.: Effect of biotin insufficiency on composition and ultrastructure of cell wall of C. albicans in relation of its mycelial morphogenesis. J. Gen. Appl. Microbiol. **20** (1974), 217–228

Sektion Biologie der Ernst-Moritz-Arndt-Universität, WB Molekularbiologie, Greifswald, DDR

Dehydrogenase-Muster bei *Pichia guilliermondii*-Mutanten und ihren Fusionsprodukten

M. Hartung und D. Birnbaum

Einleitung

Die Konstruktion von hochleistungsfähigen Mikroorganismen-Stämmen für eine industrielle Nutzung kann mit verschiedenen Mitteln erfolgen. Neben den traditionellen genetischen Methoden gewinnt dabei die parasexuelle Hybridisierung mittels Fusion von Protoplasten immer mehr an Bedeutung, zumal auf diesem Wege eine Kombination gewünschter Eigenschaften von verschiedenen Stämmen auch dann möglich ist, wenn diese Stämme nicht sexuell rekombinierbar sind.

In der vorliegenden Arbeit wurde durch einen Vergleich der Dehydrogenasemuster von 2 Wildstämmen, 2 daraus hervorgegangenen doppelt-auxotrophen Mutanten und 3 aus diesen Mutanten gewonnenen Fusionsprodukten untersucht, inwieweit auftretende Unterschiede im Enzymmuster, d. h. in der Enzymbestückung bei den Ausgangsstämmen, durch die Protoplastenfusion vereinigt werden können.

Material und Methoden

Stämme

Die Wildtyp-Stämme S 0799 und S 0809 von *Pichia guilliermondii* stammen vom Lehrstuhl für Mikrobiologie der Attila Jozsef Universität Szeged, VR Ungarn. Die mittels UV-Behandlung gewonnenen doppelt auxotrophen Mutanten Gg 22 (met^-, nic^-) und Gg 42 (his^-, ade^-) sowie die 3 aus diesen Mutanten durch Protoplastenfusion erhaltenen sexuellen Hybriden wurden uns durch die Arbeitsgruppe von Prof. Dr. F. Böttcher unserer Sektion zur Verfügung gestellt.

Medium und Kultivierung

Die Anzucht der Hefen erfolgte in 200 ml Minimalmedium (500-ml-Rundkolben) nach Tanaka [10] mit 1% Glucose als C-Quelle.

Für die Mutante Gg 22 wurden der Nährlösung außerdem 50 µg/ml Methionin und 20 µg/ml Nikotinsäureamid und für die Mutante Gg 42 je 50 µg/ml Adenin und Histidin zugesetzt.

Zellaufschluß

Die Desintegration der Zellen erfolgte im Mörser nach Mischung mit dem gleichen Volumen 0,5 M Tris-HCl-Puffer, pH 8,3 mittels Quarzsand. Sand und Zelltrümmer wurden anschließend durch Zentrifugation bei 15000 g (10 Min.) entfernt. Die Arbeitsgänge wurden bei 4 °C durchgeführt. Zur Bestimmung des Proteingehaltes im gewonnenen Extrakt wurde Folin-Reagenz verwendet [6]. Rinderserumalbumin diente als Standard.

Elektrophorese

Die discelektrophoretische Trennung wurde nach Maurer [8] in 7,5% Polyacrylamidgel bei 4 °C und 3 mA pro Gelröhrchen durchgeführt. Die Laufzeit betrug ca. 1,5 Stunden (Apparatur von Shandon, England). Als Marker für die exakte Einhaltung der Laufzeit wurde Bromphenolblau mitgeführt.

Dehydrogenasenachweise

Nach Entfernung der Gele aus den Glasröhrchen wurde die Inkubation nach Atzpodien u. a. [1] mit Modifikationen nach Luppa [7] sowie Worsfeld u. a. [12] durchgeführt. Das Inkubationsmedium war wie folgt zusammengesetzt: 10 ml 0,1 M Tris-HCl-Puffer pH 7,2; 8 ml A. dest., 7,5 mg NAD; 9 mg nitroblaues Tetrazoliumsalz; 3 mg Phenazinmethosulfat; 4 ml Aceton; 0,04 ml Tween 80. Je 5 ml dieses Gemisches wurden zu folgenden Substraten gegeben: DL-Malat — 66 mg; L-Lactat — 12,5 mg; Glycerin — 46 mg; Äthanol — 0,1 ml einer 9,6%igen wäßrigen Lösung. Die Inkubation erfolgte 20 Minuten bei 37 °C im Dunkeln. Danach wurden die Gele in A. dest. überführt. Nach einigen Stunden wurde densitometrisch gemessen. Für die R_f-Wert-Bestimmung wurde die Wanderungsstrecke des Bromphenolblau mit 1,0 festgelegt.

Ergebnisse

Malat-Dehydrogenase

Alle untersuchten Stämme zeigten ein annähernd gleiches Bild der Verteilung malatoxidierender Enzyme (Abb. 1). Im oberen Gelbereich tritt eine diffuse Bande auf. Bei beiden Wildtypen S 0809 und S 0799, sowie beim Stamm Gg 22 und den parasexuellen Hybriden fp 1-4 und fp 1-61 umfaßt sie den R_f-Bereich 0.10—0.40. Beim Stamm Gg 42 beschränkt sich diese aktive Zone auf den geringeren R_f-Bereich 0.20—0.40. Ebenfalls eingeengt stellt sie sich bei der Hybride fp 1-3 dar. Auffallend sind die Verschiebungen der maximalen Aktivität in diesem Bereich zwischen den Wildtypen und den ihnen entsprechenden Mutanten. Während sich die Hauptaktivität bei der Mutante Gg 22 in einen Bereich mit geringerem R_f-Wert als beim Wildtyp verschiebt, verengt sich bei der Mutante Gg 42 die gesamte aktive Zone. Ihr Maximum liegt bei R_f-Werten von 0.30—0.37, das des Wildtyps S 0809 zwischen 0.10 und 0.17.

Die parasexuellen Hybriden erweisen sich als „Additionsprodukte“ beider Mutanten, in denen die Verteilung im wesentlichen der bei den Wildtypen entspricht. Sie verfügen alle über eine breite aktive Zone, besitzen aber unterschiedliche Aktivitätsmaxima innerhalb dieses Bereiches. Während bei der Hybride fp 1-3 kein markanter peak auszumachen ist, gleicht der Stamm fp 1-4 mit seinem Aktivitätsmaximum dem Wildtyp S 0799 und im R_f-Bereich 0.40—0.50 der Mutante Gg 22. Das Fusionsprodukt fp 1-61 hingegen ist dem Wildtyp S 0809 mit dem Aktivitätsmaximum beim R_f-Wert 0.10—0.17 ähnlicher.

Ein völlig identisches Bild ergibt sich bei den untersuchten Stämmen für die Dehydrogenase mit einem R_f-Wert von 0.55. Sie ist in allen Fällen das aktivste Enzym.

Wesentlich ist weiterhin das Auftreten einer neuen aktiven Zone beim Stamm Gg 42 mit einem sehr großen R_f-Wert von 1.03, die bei keiner der anderen Hybriden nachweisbar war.

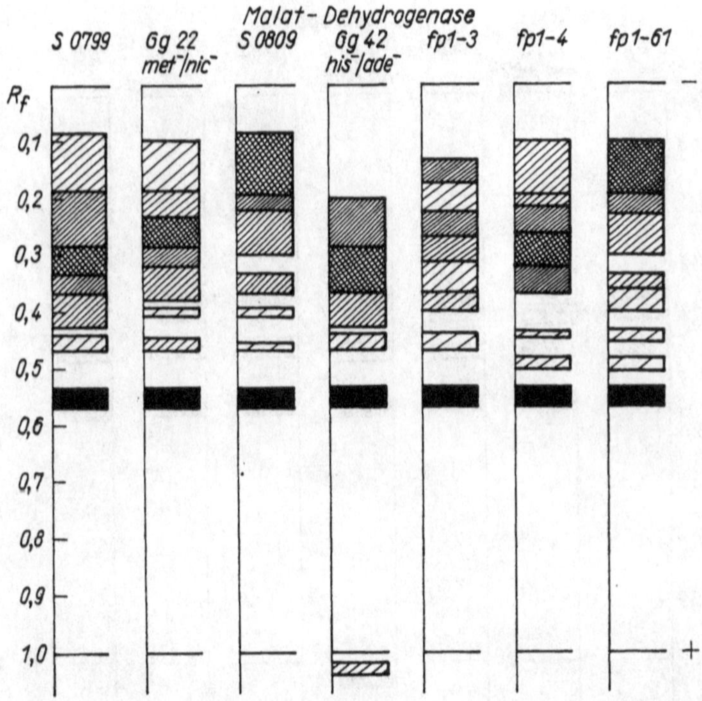

Abb. 1. Malat-Dehydrogenase-Muster von *Pichia guilliermondii* Wildstämmen, Mutanten und parasexuellen Hybriden

Lactat-Dehydrogenase

Die von uns nachgewiesenen Lactat-Dehydrogenasen sind in Abb. 2 dargestellt. Während sich die Wildtypen nur in einer aktiven Bande, R_f 0.32 bei S 0809, unterscheiden, ergaben sich nach Mutagenese deutliche Veränderungen des Dehydrogenasemusters. Die Mutationen des Wildstammes S 0799 zum methionin- und nicotinsäurebedürftigen Stamm Gg 22 bewirkten zwar keinen völligen Verlust an aktiver Lactat-Dehydrogenase, verursachten jedoch ein starkes Abfallen der Aktivität im R_f-Bereich 0.35.

Im Gegensatz dazu stehen die Verhältnisse beim Wildtyp S 0809 und dessen Mutante Gg 42. Hier führte die Mutation zu einem völligen Verlust zweier beim Wildtyp vorhandener aktiver Enzyme und zur Verringerung der Aktivität im Bereich R_f 0.35. Allerdings ist das Auftreten der auch für Malat spezifischen Dehydrogenase mit einem R_f-Wert von 1.03 zu vermerken, die über eine hohe Aktivität verfügt.

Die untersuchten Hybriden sind sich in ihrem Enzymmuster sehr ähnlich. Sie verfügen alle über 4 Dehydrogenasen, von denen die aktivste im R_f-Bereich 0.35 liegt. Hierbei zeigt der Stamm fp 1-4 gegenüber den anderen Stämmen eine Verbreiterung der aktiven Zone. Allerdings besitzen auch die beiden anderen Hybriden fp 1-3 und fp 1-61 an dieser Stelle eine höhere Aktivität als jede der beiden Mutanten. Man kann somit einen gewissen Additionseffekt der Mutantengenome annehmen, der eine Wiederherstellung im Fall des Hybridstammes fp 1-4 eine Verstärkung der Dehydrogenaseaktivität über die der Wildtypen hinaus bewirkt hat. Bei allen Hybriden war das aktive Enzym mit dem R_f-Wert 0.32 nachweisbar, das nur beim Wildtyp S 0809 auftrat.

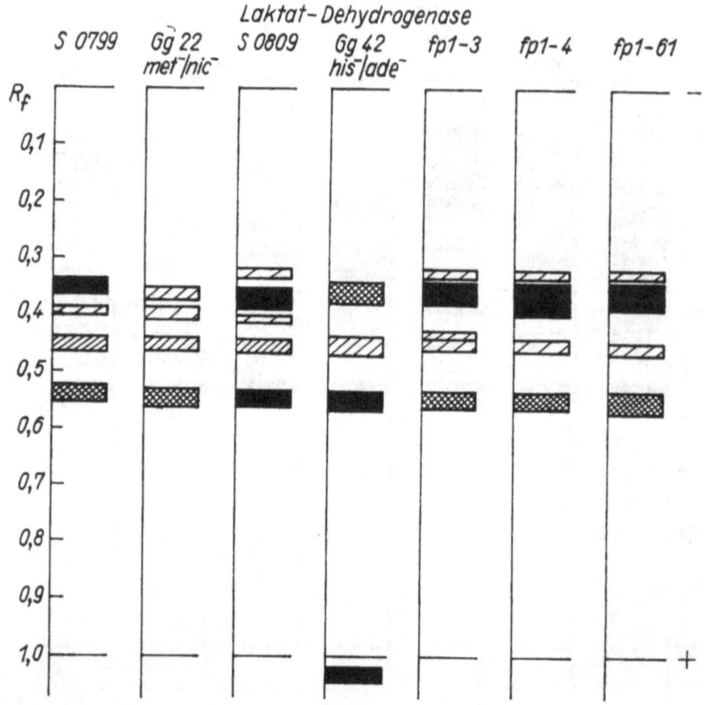

Abb. 2. Lactat-Dehydrogenase-Muster von *Pichia guilliermondii* Wildstämmen, Mutanten und parasexuellen Hybriden

Glycerin-Dehydrogenase

Ähnlich den Lactatdehydrogenasen gestaltet sich das Bild bei den Glycerin-Dehydrogenasen (Abb. 3). Die Wildtypen unterscheiden sich nicht prinzipiell voneinander. Jedoch bewirkte auch hier die UV-Behandlung des Wildtyps S 0799 einen starken Abfall der Dehydrogenaseaktivität im R_f-Bereich 0.35 sowie den Ausfall der Dehydrogenase mit dem R_f-Wert 0.32. Die Mutagenbehandlung beim Wildtyp S 0809 verursachte nur das Auftreten eines neuen aktiven Enzyms beim R_f 1.03. Bei den parasexuellen Hybriden wurde das Dehydrogenasemuster der Wildtypen wiederhergestellt.

Alkohol-Dehydrogenase

Die prägnantesten Veränderungen nach Mutagenbehandlung und parasexueller Hybridisierung traten bei den Alkoholdehydrogenasen auf, wie aus Abb. 4 hervorgeht. Vergleicht man die Wildtypen miteinander, so erscheinen die ADH-Muster sehr ähnlich. Die Hauptaktivität liegt im R_f-Bereich 0.35—0.43. Die zwei Dehydrogenasen des Stammes S 0799 bei R_f 0.36 und 0.43 wurden wahrscheinlich beim Wildtyp S 0809 in der Hauptbande, die eine hohe Aktivität besitzt, mit erfaßt. Diese Vermutung wird unterstützt durch die Befunde beim Stamm Gg 42, der über eine ADH mit dem R_f 0.35 verfügt. Betrachtet man den Wildtyp S 0799 und seine Mutante Gg 22, so ergibt sich nach UV-Behandlung eine Verschiebung der Hauptbande in einen R_f-Bereich von 0.30—0.40. Wesentlich ist

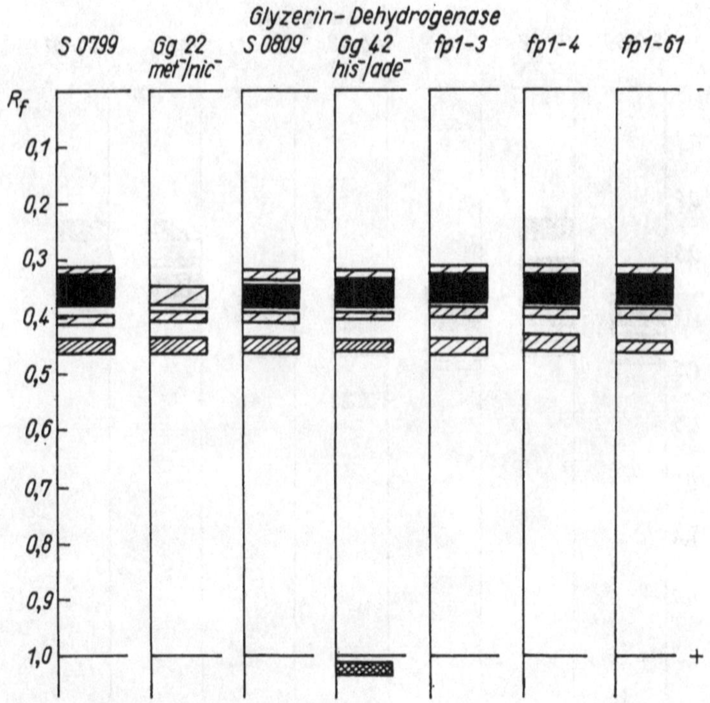

Abb. 3. Glycerin-Dehydrogenase-Muster von *Pichia guilliermondii* Wildstämmen, Mutanten und parasexuellen Hybriden

weiterhin das Auftreten eines neuen alkoholoxidierenden Enzyms mit einem R_f-Wert von 0.25, das eine relativ hohe Aktivität besitzt. Der durch UV-Behandlung entstandene Stamm Gg 42 zeigt im Vergleich zu seinem Wildtyp S 0809 ebenfalls neue aktive Proteinzonen mit Werten von 0.55 und 1.03. Das Enzym mit dem R_f-Wert 0.55 ist bei allen anderen Stämmen ebenfalls vorhanden, jedoch dort nur für Malat und Lactat spezifisch. Lediglich beim Stamm Gg 42 ist es in der Lage, auch Äthanol als Substrat zu verwerten. Ein Enzym hat im Vergleich mit dem Wildtyp S 0809 seine Fähigkeit zur Äthanoloxidation verloren (R_f 0.48).

Bei allen Hybriden tritt die bei der Mutante Gg 22 festgestellte Verschiebung der Hauptaktivität in einen R_f-Bereich von 0.32—0.40 auf. Weiterhin verfügen alle über eine ADH mit dem R_f 0.45 und entsprechen damit den beiden Mutanten. Bei keinem Stamm ließen sich jedoch die ADH mit den R_f-Werten 0.55 oder 1.03 nachweisen. Die Hybriden fp 1-4 und fp 1-61 besitzen eine ADH mit dem R_f-Wert 0.25, die vorher nur bei der Mutante Gg 22 nachweisbar war.

Diskussion

In den vorgelegten Untersuchungen konnte gezeigt werden, daß Mutagenbehandlung bei Wildtypen von *Pichia guilliermondii*, welche Methionin- und Nicotinsäure- bzw. Histidin- und Adeninbedürftigkeit hervorruft, auch Wirkung auf Enzyme zeigt, die in keiner direkten Verbindung zu den Mutationen stehen. Die Auswirkungen der Mutagen-

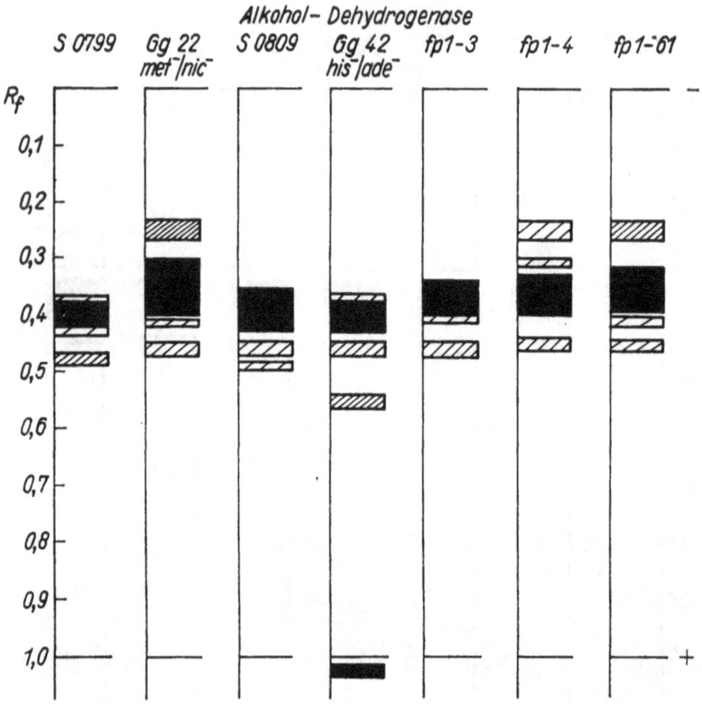

Abb. 4. Alkohol-Dehydrogenase-Muster von *Pichia guilliermondii* Wildstämmen, Mutanten und parasexuellen Hybriden

behandlung drücken sich einerseits in der Verminderung oder dem völligen Ausbleiben von Dehydrogenaseaktivitäten aus, andererseits wurden aber auch neue aktive Proteine nachgewiesen, über die der entsprechende Wildtyp nicht verfügte. So wurde bei der Mutante Gg 42 eine unspezifische Dehydrogenase mit einem sehr hohen R_f-Wert gefunden. Bei der gleichen Mutante erweiterte sich das Substratspektrum für die Dehydrogenase mit dem R_f 0.55.

Während das Enzym bei den beiden Wildtypen und der Mutante Gg 22 nur für Malat und Lactat spezifisch ist, besitzt es beim Stamm Gg 42 die Fähigkeit zur Äthanoloxidation. Dieser Effekt wurde jedoch durch die Hybridisation eliminiert.

Generell gilt für die parasexuellen Hybriden, daß größtenteils die Veränderungen im Dehydrogenasemuster, die nach Mutation entstanden waren, durch die Hybridisierung wieder aufgehoben wurden und somit die Hybriden wieder den Wildtypen analog sind. Lediglich im Falle der Alkoholdehydrogenasen blieb ein durch Mutation neu auftretendes aktives Enzym bei zwei Hybriden erhalten.

Untersuchungen zur Substratspezifität von Hefe-Dehydrogenasen nach Glukose-Kultur sind aus der Literatur nicht bekannt. In unseren Versuchen konnte festgestellt werden, daß allein die im R_f-Bereich von 0.10—0.20 lokalisierten Dehydrogenasen nur für das Substrat DL-Malat spezifisch sind. Alle anderen nachweisbaren Dehydrogenasen oxidieren bei der angebotenen, relativ hohen Substratkonzentration, zwei oder mehr Substrate, d. h., es treten offenbar auch unspezifische Umsetzungen durch diese Enzyme auf.

In verschiedenen Literaturquellen wurden Malat-Dehydrogenasen bei Hefen beschrieben. Bei *Saccharomyces carlsbergensis, Candida utilis, Hansenula anomala, Rhodotorula glutinis und Schizosaccharomyces pombe* wurde von DUNTZE u. a. [3] in Glucose-kultivierten Zellen eine Malatdehydrogenase nachgewiesen. Die in *Neurospora* gefundene cytoplasmatische Malatdehydrogenase tritt nur nach Wachstum auf Acetat auf [2]. In Gegenwart von Glucose wird sie reprimiert. Analoge Ergebnisse wurden von HÄGELE u. a. [5] bei *Saccharomyces cerevisiae* beschrieben. FLURY u. a. [4] fanden bei *Schizosaccharomyces pombe* zwei lösliche Malatdehydrogenasen, von denen eine bei Wachstum auf Glucose reprimiert ist und erst nach Absinken der Glucosekonzentration im Kulturmedium bis auf eine kritische Konzentration von 0.15% gebildet wird. Nach Verbrauch der Glucose im Medium sinkt die Aktivität der nicht durch Glucose reprimierbaren cytoplasmatischen Malatdehydrogenase bis auf Null ab. Die Autoren erörterten die Möglichkeit der Umwandlung beider Dehydrogenasen ineinander.

Nur die Ergebnisse von PERLMAN u. a. [9], der bei *Saccharomyces* in Stärkegel 5 Malatdehydrogenasen nachwies, entsprechen unseren Befunden, nach denen in *Pichia guilliermondii* nach Wachstum auf Glucose mehr als eine cytoplasmatische Malat oxidierende Dehydrogenase vorhanden ist.

Bezüglich anderer von uns untersuchter Dehydrogenasen ist nur die Glucoserepression einer Alkoholdehydrogenase in Hefe beschrieben [11], die analog der Malatdehydrogenase-Repression erfolgt.

Auf Grund der von uns durchgeführten Untersuchungen konnte nicht geklärt werden, ob das Fehlen von Dehydrogenase-Aktivitäten nach Mutagenbehandlung seine Ursache in der vollständigen Nichtsynthese des jeweiligen Enzyms oder in Konformationsänderungen der Proteine hat, welche zu völliger Inaktivierung führen.

Zusammenfassung

Die erhaltenen Ergebnisse machen deutlich, daß in *Pichia guilliermondii* Dehydrogenasen vorhanden sind, die mehrere Substrate oxidieren können, wenn diese im in-vitro-Versuch in entsprechenden Konzentrationen angeboten werden.

Durch Mutationen kann die Aktivität der Dehydrogenasen bis zum vollständigen Verlust sowie ihre Substratspezifität verändert werden. Auch das Auftreten von beim Wildstamm nicht vorhandenen Enzymbanden nach discelektrophoretischer Auftrennung ist möglich (Untereinheiten, Aggregate?).

Durch Protoplastenfusion können die Enzymeigenschaften der Ausgangspartner zusammengeführt werden. Handelt es sich bei den Ausgangspartnern um unterschiedliche Mutanten von Wildstämmen der gleichen Art, wird in überwiegendem Maße das Enzymmuster der Wildstämme wieder hergestellt.

Literatur

[1] ATZPODIEN, W., J. M. GANCEDO, W. DUNTZE and H. HOLZER: Isoenzymes of malate dehydrogenase in Saccharomyces cerevisiae. Europ. J. Biochem. 7 (1968), 58–62

[2] BENVENISTE, K. and K. D. MUNKRES: Cytoplasmic and mitochondrial malate dehydrogenases of Neurospora. Regulatoric and enzymic properties. Biochim. Biophys. Acta **220** (1970), 161–177

[3] DUNTZE, W., D. NEUMANN and H. HOLZER: Glucose induced inactivation of malate dehydrogenase in intact yeast cells. Europ. J. Biochem. **3** (1968), 326–331

[4] FLURY, U., B. HEER and A. FIECHTER: Isoenzyme pattern of malate dehydrogenase during respiratory derepression in *Schizosaccharomyces pombe*. Arch. Mikrobiol. **97** (1974), 141–148

[5] HÄGELE, E., J. NEEFF and D. MECKE: The malate dehydrogenase isoenzymes of Saccharomyces cerevisiae. Purification, characterization and studies on their regulation. Europ. J. Biochem. **83** (1978), 67–76

[6] LOWRY, O. H., N. J. ROSEBROUGH, A. L. FARR and R. J. RANDALL: Protein measurement with the Folin reagent. J. Biol. Chem. **193** (1951), 265–271

[7] LUPPA, H.: Grundlagen der Histochemie. Akademie-Verlag, Berlin (1977), 228–232

[8] MAURER, H. J.: Disk-Elektrophorese. Theorie und Praxis der diskontinuierlichen Polyacrylamid-Elektrophorese. Walter de Gruyter, Berlin (1967)

[9] PERLMAN, P. S., and H. R. MAHLER: Intracellular localization of enzymes in yeast. Arch. Biochem. Biophys. **136** (1970), 245–259

[10] TANAKA, A., N. OHISHI and S. FUKUI: Studies on the formation of vitamins and their function in hydrocarbon fermentation. Production of vitamin B_6 by *Candida albicans* in hydrocarbon medium. J. Ferment. Techn. **45** (1967), 617–623

[11] WITT, I., R. KRONAU and H. HOLZER: Repression von Alkoholdehydrogenase, Malatdehydrogenase, Isozitratlyase und Malatsynthase in Hefe durch Glucose. Biochim. Biophys. Acta **118** (1966), 522–537

[12] WORSFOLD, M., M. J. MARSHALL and E. B. ELLIS: Enzyme detecting using phenazine methosulphate and tetrazolium salts: Interference by oxygen. Anal. Biochem. **79** (1977), 152–156

Sektion Biologie der Ernst-Moritz-Arndt-Universität, WB Molekularbiologie, Greifswald, DDR

Veränderungen der Konzentration einiger Enzyme der Biosynthese aromatischer Aminosäuren bei *Hansenula henricii* durch Mutationen

R. BODE und D. BIRNBAUM

Einleitung

Tryptophan wird in *Hansenula henricii* in gleicher Weise synthetisiert wie bei allen anderen bisher untersuchten Mikroorganismen; es bestehen jedoch Unterschiede in der enzymatischen Organisation und in der Regulation im Vergleich mit anderen Objekten [1–5].

Von BODE u. a. [6] konnten Pyridoxin- und Histidin-Mutanten von dieser Hefe isoliert werden, deren prototrophe Revertanten eine hohe Anthranilsäure- und eine verstärkte Tryptophan-Exkretion aufweisen.

Das Auftreten von Anthranilsäure-Ausscheidern wurde durch EDDY und KIRSOP [8] bekannt, die einige Pyridoxin-bedürftige Stämme von *Saccharomyces cerevisiae* untersuchten. GUERZONI [9] konnte in diesen Hefen eine erhöhte Anthranilat-Synthase-Konzentration feststellen.

Für die von uns isolierten Revertanten wurde eine ähnliche Veränderung des Enzymlevels gefunden [6]. Um zu einer weiteren Erhöhung der Enzymkonzentrationen zu kommen, wurden aus diesen regulationsveränderten Stämmen Antimetabolit-resistente Mutanten gewonnen. Über die dabei gewonnenen Ergebnisse soll hier berichtet werden.

Material und Methodik

Stämme

Der Wildstamm CCY 38-10-2 der Hefe *Hansenula henricii* wurde von KOCKOVA-KRATOCHVILOVA, Bratislava/CSSR, zur Verfügung gestellt. Die Stämme Hg 46 (his 3), Hg 48 (pdx) und deren prototrophe Revertanten Hg 46-1 und Hg 48-2 wurden von uns isoliert.

Nährmedien und Kultivierung

Zur Selektion von Antimetabolit-Resistanten wurden 2%ige Agarlösungen eines Minimalmediums nach TANAKA u. a. [13] verwendet. Die Konzentration der beigefügten Supplemente betrug für DL-5-Methyltryptophan (Fluka), DL-5-Fluortryptophan (Fluka) und Amitrol (Chemapol) 1 g/l, für Anthranilsäure (Serva) und L-Histidin (Reanal) 5 g/l.

Die Kulturen für die Enzymbestimmung wurden in 500-ml-Steilbrustflaschen in TANAKA-Minimalmedium mit einem pH-Wert von 4,5 bei 30 °C angezogen. Die Nährlösung wurde während des Wachstums der Stämme mit Doppelkolbenpumpen belüftet. Zur Anzucht der his-Mutante wurden 20 mg/l L-Histidin und für die pdx-Mutante 5 mg/l Pyridoxin zugesetzt. Zusätzlich enthielten alle Medien noch 1 mg/l Biotin.

Isolierung von Resistenz-Mutanten

Etwa 10^8 Zellen wurden auf die supplementierten Platten ausgespatelt. Nach 5tägiger Bebrütung wurden die resistenten Stämme isoliert.

Bestimmung der Enzymaktivitäten

Die Zellen wurden mit Erreichen der stationären Phase aus der Kulturflüssigkeit abzentrifugiert, mit Aqua dest. gewaschen und bei −20 °C eingefroren. Der Zellaufschluß erfolgte durch Zerreiben mit Quarzsand im Mörser. Die 3-Desoxy-D-arabino-heptulonsäure-7-phosphat- (DAHP-) Synthase (EC 4.1.2.15) wurde nach BODE u. BIRNBAUM [1], die Glutamin-abhängige Reaktion der Anthranilat-Synthase (EC 4.1.3.27) nach BODE u. BIRNBAUM [2, 3], die Anthranilat-Phosphoribosylpyrophosphat-Phosphoribosyl- (PR-) Transferase (EC 2.4.2.18) nach BODE u. BIRNBAUM [4], die Phosphoribosyl-Anthranilat- (PRA-) Isomerase und die Indolglycerin-Phosphat- (InGP-) Synthase (EC 4.1.1.48) nach BODE u. BIRNBAUM [5] und die Tryptophan-Synthase (EC 4.2.1.20) nach BODE u. a. [6] bestimmt. Der Proteingehalt wurde nach LOWRY u. a. [10] mit Rinderserumalbumin als Standard gemessen. Die Angabe der Enzymaktivitäten erfolgt in pkat/mg Protein (1 pMol Substratumsatz pro s und mg Protein).

Ergebnisse

Enzymlevel einiger Tryptophan-Biosyntheseenzyme der Stämme CCY 38-10-2, Hg 46, Hg 46-1, Hg 48 und Hg 48-2

Die von BODE u. a. [6] isolierten Revertanten, die sich durch eine hohe Anthranilsäure-Exkretion auszeichneten, unterscheiden sich in ihrer Enzymkonzentration von den entsprechenden Mutanten oder den Wildstämmen dadurch, daß der Level der Anthranilat-Synthase und der PR-Transferase bis auf das 10fache erhöht ist (Tab. 1). Eine Veränderung der Enzymaktivitäten der Stämme Hg 46 und Hg 48 unter Histidin- bzw. Pyridoxin-Limitierung konnte nicht beobachtet werden.

Tabelle 1
Konzentration (pkat/mg) einiger Tryptophan-Biosyntheseenzyme im Wildstamm CCY 38-10-2, in der his-Mutante Hg 46, in ihrer prototrophen Revertante Hg 46-1, in der pdx-Mutante Hg 48 und ihrer prototrophen Revertante Hg 48-2

Enzym	Stamm				
	CCY 38-10-2	Hg 46	Hg 46-1	Hg 48	Hg 48-2
DAHP-Synthase (tyr)	63	60	67	65	67
DAHP-Synthase (phe)	50	47	52	52	52
Anthranilat-Synthase	1,3	1,0	10	1,4	9,9
PR-Transferase	0,22	0,18	1,7	0,25	1,3
PRA-Isomerase	5,0	4,7	4,2	5,5	4,7
InGP-Synthase	23	20	18	26	20
Tryptophan-Synthase	85	83	70	82	83

Charakterisierung der Resistenz-Mutanten

Für die weitere Bearbeitung ist der Stamm Hg 48-2 ausgewählt worden. Die spontane Häufigkeit für das Auftreten von Resistenz-Mutationen konnte für DL-5-Methyltryptophan mit 5×10^{-6} (Stämme: Hg 48-2-M1, -M5, -M25, -M6, -M39, -M16, -M14, -M29), für DL-5-Fluortryptophan mit 2×10^{-7} (Stämme: Hg 48-2-F1, -F3), für Anthranilsäure mit 2×10^{-6} (Stämme: Hg 48-2-AA4, -AA5) und für L-Histidin mit 1×10^{-7} (Stämme: Hg 48-2-H1, -H5) bestimmt werden. Vom Stamm Hg 48-2-H5 konnten Amitrol-Resistente mit einer Häufigkeit von 2×10^{-7} (Stämme Hg 48-2-H5-A1, -A2) isoliert werden.

Bei der weiteren Charakterisierung dieser Mutanten zeigt es sich, daß alle 5-Fluortryptophan-, alle Histidin- und ein Teil der 5-Methyltryptophan-Resistenten (-M14, -M29) eine defekte Permeation für Tryptophan aufwiesen. Daneben traten unter den 5-Methyltryptophan-Resistenten (-M6, -M39) und unter den Anthranilat-Resistenten (-AA5) Stämme auf, bei denen keine Reprimierung der Anthranilat-Synthase durch L-Tryptophan bei der angewandten Effektorkonzentration mehr gefunden wurde. Hg 48-2-M16 ist eine Mutante, deren Anthranilat-Synthase sensitiv für L-Tryptophan geworden ist. Ein Drittel aller 5-Methyltryptophan-Resistenten hat die Unempfindlichkeit gegenüber diesem Tryptophan-Antagonisten dadurch erworben, daß in dessen Gegenwart eine Deprimierung der Anthranilat-Synthase induziert wird (-M1, -M5, -M25).

Tabelle 2

Konzentration (pkat/mg) der Anthranilat-Synthase in Resistenz-Mutanten des Stammes Hg 48-2 unter verschiedenen Wachstumsbedingungen

Stamm	pkat/mg	relative Aktivität Wachstumsbedingung			
		L-Trp*)	D-Trp*)	L-His*)	Amitrol*)
Hg 48	9,9	0,3	0,8	0,9	1,7
Hg 48-2-M1	1,5	6,6	1,1	1,2	8,2
Hg 48-2-M5	10,0	3,0	1,6	0,9	1,3
Hg 48-2-M25	5,0	5,1	1,5	1,2	1,8
Hg 48-2-M6	8,3	0,9	1,1	1,1	1,6
Hg 48-2-M39	8,0	0,9	0,9	1,0	1,6
Hg 48-2-M16	10,2	0,5	0,9	1,0	1,7
Hg 48-2-M14	5,8	1,1	1,0	0,9	1,6
Hg 48-2-M29	3,3	1,0	1,0	1,1	1,9
Hg 48-2-F1	3,7	1,0	1,0	0,9	1,4
Hg 48-2-F3	12,1	1,0	1,1	1,0	1,4
Hg 48-2-AA4	16,8	0,3	0,9	1,0	1,6
Hg 48-2-AA5	15,0	1,0	1,1	1,0	1,5
Hg 48-2-H1	8,3	1,0	1,0	1,0	1,4**
Hg 48-2-H5	8,0	1,0	1,0	1,0	1,6**
Hg 48-2-H5-A1	10,7	0,4	0,9	1,0***	1,4**
Hg 48-2-H5-A2	11,5	0,3	0,8	0,9***	1,6**

*) 0,5 mM, **) 0,1 mM, ***) 0,25 mM

Anthranilat-Synthase-Level der Resistenz-Mutanten

Durch die Resistenz-Mutation wurde sowohl die Enzymkonzentration als auch die Regulation der Anthranilat-Synthase durch Tryptophan beeinflußt. Dagegen bleibt die leichte Dereprimierung durch Amitrol nahezu konstant (Tab. 2). Die Enzymkonzentration kann bis zum Wildtyp-Niveau zurückgehen bzw. wird bei allen Anthranilsäure-Resistenten gegenüber dem Ausgangsstamm Hg 48-2 nochmals um die Hälfte erhöht.

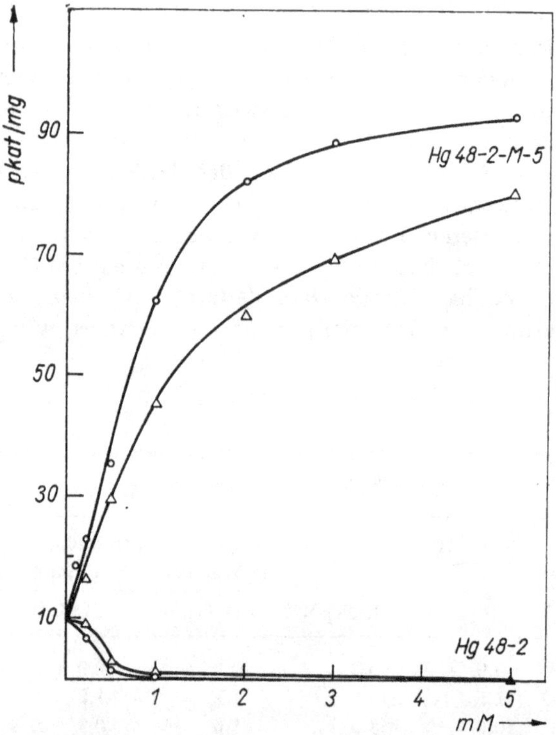

Abb. 1. Beeinflussung der Anthranilat-Synthase-Aktivität von *Hansenula-henricii*-Mutanten durch DL-5-Methyltryptophan (○) und L-Tryptophan (△)

Im Zusammenhang mit dem Anheben des Enzymlevels durch die Dereprimierung bei einem Teil der 5-Methyltryptophan-Resistenten wurde die Abhängigkeit dieses Effektes von der gebotenen Effektorkonzentration untersucht. Die Abb. 1 zeigt den Verlauf der Beeinflussung der Anthranilat-Synthase-Konzentration durch L-Tryptophan und DL-5-Methyltryptophan bei den Stämmen Hg 48-2 und Hg 48-2-M5. Während bei Ersterem eine völlige Reprimierung erzielt wurde, nähert sich der Level der Anthranilat-Synthase beim Stamm Hg 48-2-M5 asymptotisch etwa dem 10fachen der Ausgangsmenge. Die Anthranilat-Synthase selbst wurde durch diese Mutationen nicht verändert. Sowohl die Michaelis-Konstanten als auch die Inhibitor-Konstanten unterscheiden sich nur unwesentlich voneinander, so daß eine Beeinflussung der spezifischen

Aktivität des Enzyms und damit eine scheinbare Konzentrationsveränderung auszuschließen ist (Tab. 3). Die PR-Transferase des Stammes Hg 48-2-M5 wird wie auch im Ausgangsstamm Hg 48-2 durch L-Tryptophan stark reprimiert.

Tabelle 3

Kinetische Parameter der Anthranilat-Synthase und der PR-Transferase von H. henricii-Stämmen

Enzym		Stamm				
		CCY 38-10-2	Hg 48	Hg 48-2	Hg 48-2-M5	Hg 48-2-M5*
Anthranilat-Synthase						
pkat/mg		1,3	1,4	9,9	10	30
K_m Chorismat	(μM)	25	28	23	20	22
K_m L-Gln	(μM)	102	99	95	90	98
K_i L-Trp	(μM)	1	1	1	1	1
PR-Transferase						
pkat/mg		0,22	0,25	1,3	1,7	0,7
K_m Anthranilat	(μM)	6	5	5	5	—
K_m PRPP	(μM)	920	950	900	920	—
K_i Anthranilat	(μM)	40	40	35	39	—

* Wachstum mit 0,5 mM L-Tryptophan

Diskussion

Von *Hansenula henricii* konnten durch Selektion prototropher Revertanten von Histidin- und Pyridoxin-Mutanten, die eine Tryptophan-Überproduktion aufweisen, Stämme isoliert werden, die eine um das 10fache erhöhte Anthranilat-Synthase- und PR-Transferase-Aktivität besitzen [6]. Andere Enzyme der Tryptophan-Biosynthese wurden durch diese Mutationen nicht beeinflußt. Diese beiden Enzyme sind auch die einzigen, die in ihrer Konzentration wesentlich durch Metabolite und Endprodukte der Biosynthesekette regulierbar sind, so daß sie eine gewisse Variationsbreite in ihrer Expression zulassen müssen.

Die Frage nach der molekularen Grundlage dieser Veränderungen, die durch die Reversion einer his- und einer pdx-Mutante von *H. henricii* neben der Herstellung der Prototrophie induziert worden sind, muß noch weitgehend unbeantwortet bleiben. Nicht zu übersehen ist aber eine gewisse Parallelität mit den von GUERZONI [9] untersuchten Pyridoxin-bedürftigen Stämmen von *Sacch. cerevisiae*, obwohl bei diesem Objekt nur die Konzentration der Anthranilat-Synthase und nicht die der PR-Transferase beeinflußt wurde. Daneben führt die Mutation zur Prototrophie bei *H. henricii* zu Veränderungen der Resistenz gegenüber Analoga anderer Biosynthese-Endprodukte (z. B. Amitrol-Histidin) [6]. Eine cross-pathway-Regulation, wie sie etwa für *Neurospora crassa* [7] und *Sacch. cerevisiae* [11] beschrieben worden ist, kann dabei eine Rolle spielen.

Eine weitere Erhöhung der Anthranilat-Synthase-Konzentration von *H. henricii* wurde durch eine Mutation zur Resistenz gegenüber 5-Methyltryptophan induziert. Von Bakterien ist es seit längerem bekannt, daß solche Resistenzmutanten auftreten können [12, 14], während sie in Eucaryoten bisher nicht gefunden worden waren. SCHÜRCH u. a. [11] konnten schon beim Wildstamm von *Sacch. cerevisiae* eine Dereprimierung der Tryptophan-Enzyme (außer Tryptophan-Synthase) durch 5-Methyltryptophan feststellen, während L-Tryptophan nicht wirkte.

Aus dem Effektor-abhängigen Verlauf der Dereprimierung beim Stamm Hg 48-2-M5 geht deutlich hervor, daß die Anthranilat-Synthase sich einem maximalen Aktivitätswert von etwa 100 pkat/mg nähert. Auch bei der Untersuchung der anderen Methyltryptophan-Resistenten, die auf die Gegenwart des Effektors mit einer Dereprimierung antworten, wird diese Größe nicht überschritten. Es kann vermutet werden, daß dieser Wert einen maximalen erreichbaren Level der Anthranilat-Synthase darstellt, der von der Zelle mit dem vorhandenen Genmaterial synthetisiert werden kann.

Die Steigerungsraten der Konzentration der Anthranilat-Synthase und der PR-Transferase bei *H. henricii* durch die drei verwendeten Selektionsschritte Auxotrophie—Prototrophie—Resistenz sind in der Tab. 4 verdeutlicht. Die Anthranilat-Synthase konnte dabei durch Veränderung der Syntheseleistung gegenüber dem verwendeten Ausgangsstamm in der Zelle bis auf das 70fache angereichert werden.

Diese für uns noch mehr oder weniger unbekannten Steuerungsmechanismen der Enzymsynthesen zeigen, über welche Potenzen der Regulation die Zelle verfügt. Für die Entwicklung von Mikroorganismen zur mikrobiellen Produktion ist aber die Kenntnis solcher Regulationsmechanismen von entscheidender Bedeutung.

Tabelle 4

Enzymlevel der Anthranilat-Synthase und der PR-Transferase in Hansenula-henricii-Stämmen

Stamm	Supplement	relative Aktivität	
		Anthr.-Synth.	PR-Transf.
CCY 38-10-2		1	1
Hg 48		1,1	1,1
Hg 48-2		7,6	5,9
Hg 48-2	1 mM Amitrol	14	5,0
Hg 48-2-M5	—	7,7	7,8
Hg 48-2-M5	5 mM L-Tryptophan	61	0,1
Hg 48-2-M5	5 mM 5-Methyltryptophan	70	0,1

Literatur

[1] BODE, R., und D. BIRNBAUM: Die Enzyme der Biosynthese aromatischer Aminosäuren bei *Hansenula henricii*: 3-Desoxy-D-arabino-heptulonsäure-7-phosphat- (DAHP-) Synthase. Biochem. Physiol. Pflanzen **172** (1978), 233—243

[2] BODE, R., und D. BIRNBAUM: Die Enzyme der Biosynthese aromatischer Aminosäuren bei *Hansenula henricii*: Charakterisierung der Anthranilat-Synthase. Biochem. Physiol. Pflanzen **172** (1978), 245—253

[3] Bode, R., und D. Birnbaum: Die Enzyme der Biosynthese aromatischer Aminosäuren bei *Hansenula henricii*: Hemmung der Anthranilat-Synthase durch Tryptophan und Tryptophanderivate. Biochem. Physiol. Pflanzen **172** (1978), 255–261

[4] Bode, R., und D. Birnbaum: Die Enzyme der Biosynthese aromatischer Aminosäuren bei *Hansenula henricii*: Anthranilat-Phosphoribosylpyrophosphat-Phosphoribosyl-Transferase. Z. Allg. Mikrobiol. **18** (1978), 559–566

[5] Bode, R., und D. Birnbaum: Die Enzyme der Biosynthese aromatischer Aminosäuren bei *Hansenula henricii*: Phosphoribosyl-Anthranilat-Isomerase und Indolglycerin-Phosphat-Synthase. Z. Allg. Mikrobiol. **18** (1978), 629–635

[6] Bode, R., F. Böttcher und D. Birnbaum: Isolation and characterization of anthranilate-excreting mutants of *Hansenula henricii*. Cell. Molec. Biol. Zum Druck eingereicht

[7] Carsiotis, M., R. F. Jones and A. C. Wesseling: Cross-pathway regulation: histidine-mediated control of histidine, tryptophan, and arginine-biosynthetic enzymes in *Neurospora crassa*. J. Bact. **119** (1974), 893–898

[8] Eddy, A. A., and B. Kirsop: Accumulation of indole metabolites and of anthranilic acid in cultures of *Saccharomyces cerevisiae* deprived of pyridoxin. J. Inst. Brew. **61** (1955), 382–385

[9] Guerzoni, M. E.: Physiological and enzymatic aspects of histidine-mediated control of the tryptophan pathway. Arch. Mikrobiol. **86** (1972), 57–68

[10] Lowry, O. H., N. J. Rosebrough, A. L. Farr and R. J. Randall: Protein measurement with the folin-phenol-reagent. J. Biol. Chem. **193** (1951), 265–275

[11] Schürch, A., J. Miozarri and R. Hütter: Regulation of tryptophan biosynthesis in *Saccharomyces cerevisiae*: mode of action of 5-methyl-tryptophan and 5-methyl-tryptophan-sensitive mutants. J. Bact. **117** (1974), 617–623

[12] Shiio, I., K. Ishii and K. Yokozeki: Production of L-Tryptophan by 5-Fluorotryptophan resistant mutants of *Bacillus subtilis*. Agr. Biol. Chem. **37** (1973), 1991–2000

[13] Tanaka, A., N. Ohishi and S. Fukui: Studies on the formation of vitamins and their function in hydrocarbon fermentation. Production of vitamin B_6 by *Candida albicans* in hydrocarbon medium. J. Ferment. Techn. **45** (1967), 617–623

[14] Whitt, D. D., and B. C. Carlton: Non-coordinate regulation in 5-methyltryptophan-resistant mutants of *Bacillus subtilis*. Biochem. Biophys. Res. Commun. **33** (1968), 636–642

Lehrstuhl Virologie der Humboldt-Universität, 104 Berlin, DDR

Molekularbiologie der Virus-Zell-Wechselbeziehungen am Beispiel der Coliphagen T 3 und T 7

D. H. Krüger

1. Einleitung

Das Studium molekularer Prozesse der Wechselwirkung von Bakteriophagen mit ihren Wirtszellen hat nicht nur deshalb Bedeutung, weil Phagen nach wie vor wichtige Modellobjekte der Molekulargenetik und Virologie darstellen: Mit der Entwicklung der industriellen Mikrobiologie sind Phagen als Problemfaktoren in den Blickpunkt gerückt (Zellzerstörung, lysogene Konversion). Auch in diesem Zusammenhang sind Erkenntnisse über die Beziehungen zwischen Virus und Wirtszelle sowie über die Abhängigkeit dieser Prozesse von Mutationen und Modifikationen sowohl des Phagen als auch der Zelle von Wichtigkeit.

Am Beispiel der Phagen T3 und T7 sollen im folgenden einige Aspekte der Virus-Zell-Wechselwirkung dargelegt werden. T3 und T7 gehören zur Gruppe der von Demerec und Fano [12] klassifizierten T-Reihe von Coliphagen. Beide Viren besitzen lineare, nichtpermutierte dsDNA (MG 25×10^6 Dalton) als genetisches Material, das in den reifen Virien in polyedrische Köpfe mit kurzem, nichtkontraktilem Schwanz verpackt ist. Unter den üblichen Laborbedingungen bedingt Infektion permissiver Zellen eine rapide Virusvermehrung, schon 15 min nach Infektion werden etwa 200 reife Nachkommenphagen pro Zelle unter Zerstörung der Wirtszelle freigesetzt.

Beide Phagen sind eng miteinander verwandt, ihre DNA zeigt einen hohen Hybridisierungsgrad [10], und sie haben ein sehr ähnliches Genexpressionsmuster [21, 33].

2. Wirtsbereichsverhalten der Phagen

Die Empfänglichkeit einer Bakterienzelle gegenüber einer Virusinfektion hängt zuerst einmal davon ab, ob die Zelle an ihrer Oberfläche spezifische Rezeptorareale besitzt, an die der Phage mit seinen Rezeptoren adsorbieren kann. Die Rezeptoren für T3 und T7 werden durch Lipopolysaccharid-Strukturen in der Basalschicht der äußeren Zellwand-Membran rauher, gramnegativer Bakterienstämme (wie *E. coli*) gebildet [52, 61], von seiten des Phagen soll vor allem das von Gen 17 codierte Schwanzprotein eine wesentliche Rolle spielen [35, 36]. Der Adsorptionsprozeß kann in eine reversible, temperaturunabhängige und antiserumempfindliche sowie in eine irreversible, temperaturabhängige und antiserumresistente Phase unterteilt werden [1, 69].

Es ist seit langem bekannt, daß ursprünglich sensible *E. coli*-Zellen zur Resistenz gegenüber einem bestimmten Phagen mutieren können. Wirtsbereichsmutanten des Phagen können jedoch an diese veränderten Zellrezeptoren adsorbieren, sind also wieder für die Bakterienmutante (und meist auch für den Ausgangsstamm) infektiös. Eine neue Mutation der Wirtszelle kann erneute Resistenz bedingen, die durch eine zusätzliche Phagenmutation wiederum aufgehoben werden kann [1, 69]. Im Chemostaten läßt sich dieses Auftreten der verschiedenen Zell- und T3- bzw. T7-Mutanten und ihre Koexistenz in der Population gut verfolgen [7, 31].

Der Wirtsbereich von T3- und T7-Wildtyp erstreckt sich nicht nur auf den üblichen Laborwirt *Escherichia coli* B [12], sondern auch auf weitere *E.-coli*-Stämme [20] sowie auf Vertreter von *Shigella sonnei* [16, 25] und *Pasteurella* [22]. *Haemophilus influenzae* R_d ist gegen T3 und T7 resistent [38].

Das Adsorptionsverhalten von T3 und T7 ist nicht völlig identisch, der Wirtsbereich von T7 scheint größer zu sein als der von T3: Schon Demerec und Fano [12] fanden, daß gegen T7 resistente *E.-coli*-B-Stämme stets auch gegen T3 resistent waren, nicht aber umgekehrt. Es ist auch bekannt, daß die Adsorptionsgeschwindigkeit an permissive *E.-coli*-B-Zellen für T7 größer ist als für T3 [24]. Eine Reihe von *E.-coli*-K12-Derivaten ist gegen T3 resistent, aber für T7 empfindlich [49]; die Weiterführung dieser Untersuchungen einschließlich der Studien an T7-ähnlichen Wirtsbereichsmutanten von T3 ($T3h_W$) führte uns zu dem Schluß, daß sich T3 und T7 hinsichtlich ihrer Adsorptionsfähigkeit in mindestens 2 genetischen Markern voneinander unterscheiden [50].

3. „Nicht-klassische" Modifikation der Phagen

Die Fähigkeit zur Adsorption wird nicht nur durch die genetisch stabile Struktur von Virus- und Zellrezeptoren determiniert bzw. durch Mutation verändert. Bakteriophagen können ihr Adsorptionsverhalten auch in Abhängigkeit von der Modifikation durch die vorherige Wirtszelle ändern.

Bei Untersuchung der Adsorptions- und Vermehrungsfähigkeit von T3 und T7 an verschiedenen *E.-coli*-Stämmen fanden wir, daß die Phagen nach einer Passage auf einem bestimmten Zellstamm X im nächsten Vermehrungszyklus gut an diesen zu adsorbieren vermögen, nicht aber an einen Bakterienstamm Y. Nach einer Vermehrungsrunde auf Zellstamm Y ist jedoch das Bild verändert und der Phage vermag im darauffolgenden Zyklus gut an Y zu adsorbieren [43, 50]. Dieses Phänomen ist voll reversibel, was durch Passagen des Phagen über verschiedene Wirtsstämme nachgewiesen werden kann.

Phänotypisch tritt eine wirtskontrollierte Modifikation und Restriktion der Phagen T3 und T7 auf, ohne daß aber Prozesse am DNA-Molekül wie bei der „klassischen" Modifikation und Restriktion (vgl. Abschnitt 5) eine Rolle spielen. Vielmehr handelt es sich um wirtsabhängige Proteinmodifikationen genotypisch unveränderter Phagen; die Selektion von Wirtsbereichsmutanten konnte klar ausgeschlossen werden [43, 50].

Die „nicht-klassische" Modifikation ist neben dem Auftreten von Phagenmutanten und der „klassischen" DNA-Modifikation eine weitere Möglichkeit, wie sich Phagen an einen bestimmten Wirtsstamm zu adaptieren vermögen [44, 48].

4. Kontrolle der Phagen-Genexpression und Abschaltung von Wirtsfunktionen

Die Transkription der Phagen-DNA beginnt mit Hilfe der zellulären RNA-Polymerase, die vor allem die drei starken Promotoren am linken Ende des Phagengenoms nutzt. Die Transkription der frühen Gene (ca. 20% des Phagengenoms) endet rechts von Gen 1,3 am Terminator T_1. Unter den frühen Genen ist auch das Gen für die phageneigene RNA-Polymerase (Gen 1), dieses Enzym transkribiert die restlichen 80% des Genoms (späte Gene, die man nochmals in class-II- und class-III-Gene unterteilen kann). Die virale Polymerase hat eine hohe Spezifität für die homologe Phagen-DNA. Die Einteilung der Phagengene und ihrer Transkription wird stark schematisiert in Abb. 1 dargestellt. Die Feinmechanismen der Transkription (z. B. Lokalisierung und Effektivität der einzelnen Promotoren und Terminatoren, intercistronische Transkriptionsbarrieren, synthetisierte mRNA-Species, posttranskriptionelles mRNA-Processing durch das Wirtsenzym RNase III) sind in einer Fülle von Publikationen beschrieben (Übersichten bei [9, 13, 21, 22, 71]).

Zwei verschiedene Mechanismen dienen der Inaktivierung der zellulären RNA-Polymerase und damit der Abschaltung der Wirts- und frühen Phagentranskription. Zum ersten die Phosphorylierung der β'-Untereinheit der *E.-coli*-RNA-Polymerase, die durch das Gen-0,7-Protein (Proteinkinase) bewirkt wird und wodurch die RNA-Polymerase ihre Fähigkeit zur Reinitiation der Transkription verlieren sowie den Terminator T_1 erkennen soll [5, 65, 60, 62, 77]. Außerdem wird ein spätes Protein (Gen-2-Protein) unter der Kontrolle der phageneigenen RNA-Polymerase gebildet, das an die *E.-coli*-RNA-Polymerase bindet und diese damit direkt inaktiviert, dieses Hemmprotein soll eine weitaus effektivere Wirkung haben als die Proteinkinase [29, 30]. Es ist anzunehmen, daß das Gen-2-Protein den bereits früher für T3 und T7 beschriebenen „späten" Hemmproteinen [53, 54, 28, 60] entspricht.

Die bereits synthetisierten mRNA-Moleküle werden nach wenigen Minuten funktionell inaktiv [76, 26]. Die Gen-0,3-mRNA scheint allerdings eine besonders hohe Syntheserate und funktionelle Stabilität zu besitzen, was sich auch in einer überdurchschnittlich hohen und andauernden Synthese des Proteins manifestiert [26].

Offensichtlich kommt es auch zur Regulation der späten mRNA-Synthese, wobei die Expression der den frühen Genen nachfolgenden Gene (class-II-Gene) unterdrückt wird, so daß am Ende des intrazellulären Phagenzyklus nur noch die auf dem rechten Teil des Genoms liegenden Gene (class-III-Gene) transkribiert werden [70]. Für diese Umschaltung soll das Lysozym (Gen-3,5-Protein) der beiden Phagen verantwortlich sein [57].

Über die Existenz und Effizienz von Translationskontrollen bei der intrazellulären Expression des Phagen konnte in der Literatur bisher keine Einigung erzielt werden. Ebenso wird auch die Einbeziehung weiterer Phagengene in die Abschaltung der Makromolekül-Synthesen der Zelle diskutiert.

Das durch Gen 3,5 codierte „Lysozym" ist nach seiner in-vitro-Charakterisierung ein N-Acetylmuramyl-L-alaninamidase [34, 11], doch ist das Enzym nicht direkt für die Lyse der Wirtszelle verantwortlich, sondern erfüllt Regulationsfunktionen für die DNA- und RNA-Synthesen der Phagen [70, 68, 57]. Kürzlich konnte das eigentliche Lyse-Gen von T3 zwischen den Genen 17 und 19 lokalisiert werden [58], dies trifft sicherlich auch für T7 zu.

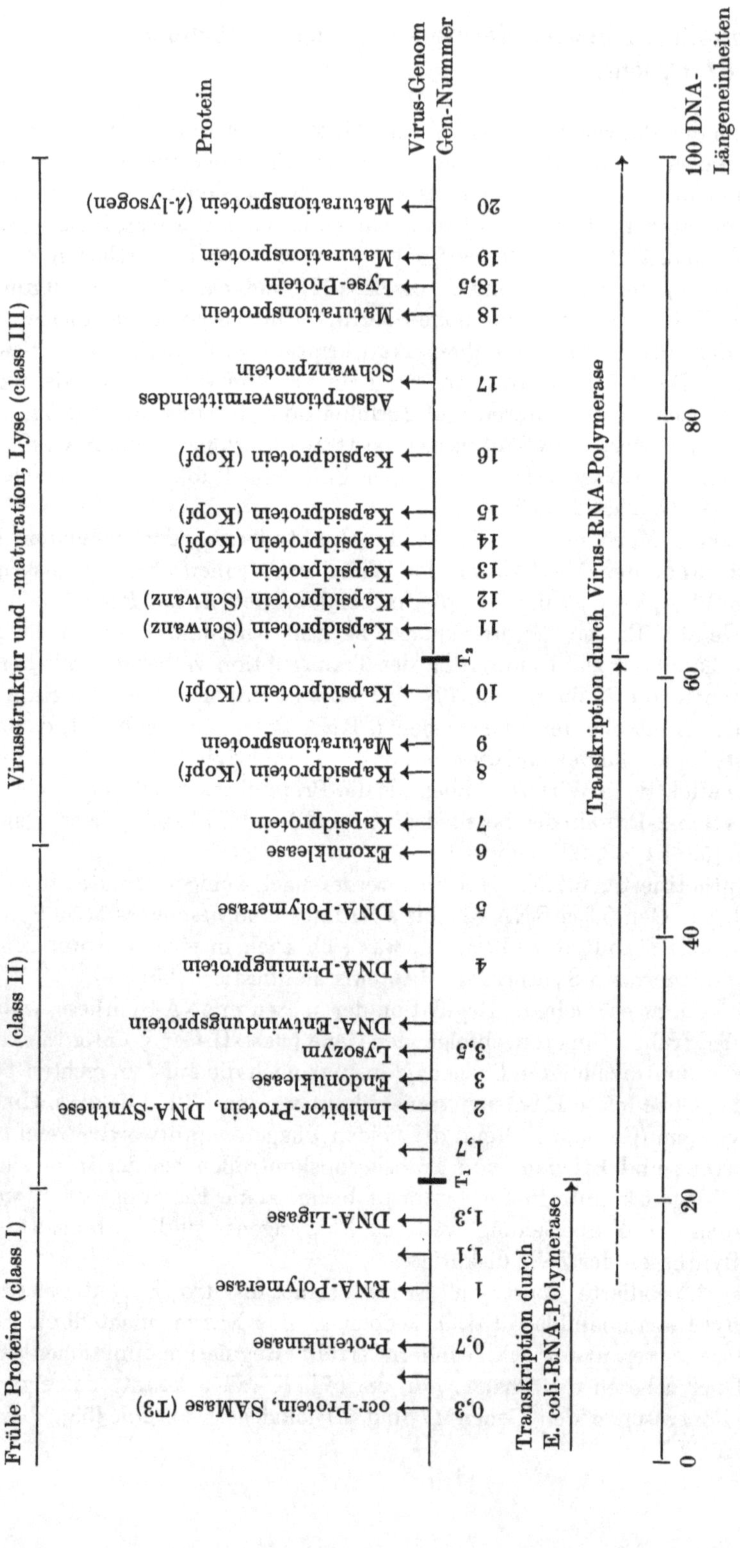

Abb. 1. Schematisierte Darstellung der Genkarten und Expressionsmuster der Phagen T3 und T7

5. Überwindung der DNA-Restriktionssysteme der Wirtszellen

Die DNA-Wirtsspezifität von Bakterienzellen ist eine wichtige Möglichkeit, um fremde DNA (z. B. die DNA eines auf einem anderen Bakterienstamm mit einer anderen DNA-Spezifität vermehrten Phagen) abzubauen und damit die Zelle vor Zerstörung durch den Phagen zu schützen [3, 2, 37].

Jedoch unterliegen T3 und T7 bei Passage über *E.-coli*-Stämme mit unterschiedlicher DNA-Spezifität (die z. B. den Phagen lambda wirtsspezifisch modifizieren und restringieren) keiner Modifikation und Restriktion [14]. Studier [72, 73] fand, daß diese Insensitivität von T3 und T7 gegenüber den Restriktionsenzymen der Zelle offensichtlich durch ein Phagenprotein bedingt wird, da Gen-0,3-Mutanten den Schutz verloren haben.

Die Untersuchungen über die Anti-Restriktions-Wirkung führten zu der Erkenntnis, daß sowohl T3 als auch T7 über eine frühe Genfunktion verfügen, die wir ocr$^+$ („overcomes classical restriction") nannten [42]. Die ocr$^+$-Genfunktion verhindert nicht nur die endonukleolytische, sondern auch die modifizierende Aktivität von Typ-I-Restriktionsenzymen [47]. Sowohl T3 als auch T7 besitzen beispielsweise für die Restriktase von *E. coli* B (endoR.EcoB) in ihren Genomen Erkennungsstellen, die intrazellulär trotz fehlender Modifikation dieser Sequenzen nicht Anlaß zur nukleolytischen DNA-Zerstörung sind. Da die ocr$^+$-Wirkung in einer aktiven Ausschaltung des zellulären Restriktionssystems besteht [42], ist nicht nur die Phagen-DNA selbst vor Abbau geschützt, sondern auch jede andere zellfremde DNA, die simultan mit dem Phagen in die Zelle eingebracht wird: Auf diese Weise ist es im experimentellen Gentransfer möglich, fremde Plasmid-DNA, die keine der DNA-Spezifität der Empfängerzelle entsprechende DNA-Modifikation trägt, in Zellen einzuschleusen und vor Restriktion zu schützen [46, 64].

Eine zweite frühe Genfunktion, über die im Gegensatz zu T7 nur T3 verfügt, besteht in einer S-Adenosylmethionin(SAM)-spaltenden Enzymaktivität (SAMase) [17, 15, 19, 41, 42]. Auch die SAMase (codiert durch das sam$^+$-Gen von T3) interferiert mit DNA-Modifikationsprozessen, da sie durch den intrazellulären SAM-Abbau jede SAM-abhängige Transmethylierung verhindert (vgl. Abschnitt 6). Außerdem beeinträchtigt sie die SAM-abhängige Bindung von Typ-I-Restriktionsenzymen, was besonders für den Schutz des T3-Genoms vor der Wirkung der P1-codierten Restriktase (endoR.EcoP1) von Bedeutung ist [45] (vgl. Abschnitt 7).

Die sam$^+$-Genfunktion scheint einen früheren Schritt der Wechselwirkung zwischen Restriktionsenzym und DNA-Molekül zu verhindern als die ocr$^+$-Genfunktion. Eine Übersicht über diese Wirkungsweisen findet sich bei Krüger und Rosenthal [39].

6. T3 als fakultativ temperenter Phage

Die Infektion schlecht ernährter (gehungerter) *E.-coli*-B-Zellen offenbart einen fundamentalen Unterschied zwischen T3 und T7. Während T7 in einen normalen lytischen Zyklus eintritt, bildet das T3-Genom mit der Zelle einen Komplex. Bei der langsamen Zellvermehrung im Minimalmedium wird sogar das Phagengenom mit vermehrt, und die Tochterzellen tragen wiederum die Virusinformation. Überführung der T3-lysogenen

Zellen in Vollmedium sorgt für eine Induktion des Prophagen, der Phage tritt also in den produktiven, lytischen Zyklus ein [27, 40, 38].

Bei Untersuchungen über den Mechanismus dieser temporären Lysogenie konnten wir feststellen [41, 38], daß das SAMase-Gen für dieses Verhalten von T3 verantwortlich ist. Offensichtlich wird das T3-Genom, das wegen der SAMase-Wirkung im vorangegangenen Vermehrungszyklus keine Methylgruppen trägt, in gehungerten *Coli*-Zellen nicht exprimiert. Jedoch findet eine Expression der SAMase-negativen Phagen mit methylierter DNA (T7, T3sam⁻) in solchen Zellen statt. Im Unterschied zur „echten" Lysogenie, z. B. von lambda, scheint die temporäre T3-Lysogenie nicht über eine Repressor-Wirkung reguliert zu werden, und es tritt auch keine Superinfektionsimmunität der T3-lysogenen Zellen auf.

T3 ist also als ein fakultativ temperenter Phage anzusehen, der in Abhängigkeit vom physiologischen Zustand der Wirtszelle (unterschiedliche Aktivitäten der Wirtsenzyme?) entweder eine lytische oder lysogene Reaktion bedingt. Bei Ernährungsmängeln der Zelle persistiert das Virusgenom in der Zelle und kann bei Verbesserung der Stoffwechsellage wieder induziert werden. Gleichzeitig bietet die T3-Lysogenie ein interessantes und relativ leicht handhabbares Modell zum Studium der molekularbiologischen Regulation von Genexpressions-Prozessen.

7. Beeinflussung der Virusvermehrung durch extrachromosomale genetische Elemente der Zelle

Ein intrazellulärer P1-Prophage (der in der Regel als Plasmid vorliegt), behindert die Vermehrung von T3 und T7 in starkem Maße [51, 20, 41]. Für diesen Ausschluß ist die Restriktionsendonuklease R.EcoP1 verantwortlich: Sie vermag zwar wegen der Aktivität des ocr⁺-Gens von T3 und T7 nicht die Phagen-DNA zu zerstören, blockiert aber deren Transkription und Replikation offensichtlich ähnlich wie ein Repressor [45, 38] (vgl. Abschnitt 5).

In Zellen, die ein F-Plasmid tragen, vermögen sich T3 und T7 nicht zu vermehren [67, 55]. Die Ursache dafür liegt nicht in einer DNA-Restriktion, sondern in einem anderen Ausschlußmechanismus, wobei zunächst die Verhinderung der Translation von Phagen-mRNAs in F⁺-Zellen diskutiert wurde, in letzter Zeit aber die Zunahme der Zellwand-Permeabilität und der Ausstrom von ATP als Grund für die Verhinderung der Phagenvermehrung angesehen wird. Für diese zur abortiven Infektion führende Veränderung intrazellulärer Makromolekül-Konzentrationen sollen sowohl Genfunktionen des F-Plasmids als auch des Phagen verantwortlich sein (Übersicht bei Condit [8]). Interferenz tritt auch mit einer Reihe Colizin-produzierender Plasmide auf [23, 18].

Watanabe et al. [75] beschrieben die Restriktion von T7 (nicht aber T3) durch den Resistenzfaktor N-1, wobei keine Untersuchungen über den Mechanismus des T7-Ausschlusses angestellt wurden. Unsere Experimente konnten eine ausgeprägte Behinderung von T7 nicht bestätigen, doch scheinen sam⁻-Derivate in N-1-tragenden Zellen gegenüber T3 in ihrer Vermehrung geringfügig benachteiligt zu sein [38].

Das Resistenzplasmid R124 [4] vermag zwar nicht die Vermehrung von T3 und T7 zu beeinträchtigen, führt aber zur Modifikation und Restriktion der T3-ocr⁻-Mutante T3/R7 [38]. Offensichtlich handelt es sich dabei um echte DNA-Modifikations- und

Restriktionsprozesse durch endoR.EcoR124, die ein komplexes Typ-I-Restriktionsenzym sind [32] und gegen deren Wirkung ocr⁺-Phagen geschützt sind [38].

Für den Ausschluß von T7 in *Shigella sonnei* D_2 371-48 [25] ist wahrscheinlich kein Plasmid verantwortlich, sondern ein chromosomales Gen [21], auf jeden Fall ist auch das Gen 10 von T7 (wahrscheinlich Verhinderung der Phagen-Morphogenese durch Wechselwirkung des Proteins 10 mit der Wirtsfunktion) beteiligt [74]. Hinzuweisen wäre auch auf den Block der T7-DNA-Synthese und Virusvermehrung in sogenannten tsnC⁻-Mutanten von *E. coli* [6], die Weiterführung dieser Untersuchungen führte übrigens zu der Erkenntnis, daß die T7-DNA-Polymerase (Gen-5-Protein) mit dem Wirtsprodukt Thioredoxin zur effektiven Phagen-DNA-Replikation einen Komplex bilden muß [59, 56].

Die Verhinderung der intrazellulären Phagenvermehrung durch Wirtsfaktoren (besonders Plasmide) kann also über vielfältige Mechanismen realisiert werden, wobei der Erwerb und Verlust von Plasmiden sowie Mutationen sowohl der Wirtszelle als auch des Phagen als Faktoren angesehen werden können, um solche Ausschlußmechanismen hervorzubringen bzw. aufzuheben.

Literatur

[1] ADAMS, M. H.: Bacteriophages. Interscience Publ., New York—London 1959

[2] ARBER, W.: What is the function of DNA restriction enzymes? Trends Biochem. Sci. **2** (1977), N 175—N 176

[3] ARBER, W., and S. LINN: DNA modification and restriction. Ann. Rev. Biochem. **38** (1969), 467—500

[4] BANNISTER, D., and S. W. GLOVER: The isolation and properties of non-restricting mutants of two different host specificities associated with drug resistance factors. J. gen. Microbiol. **61** (1970), 63—71

[5] BRUNOVSKIS, I., and W. C. SUMMERS: The process of infection with coliphage T7. V. Shutoff of host RNA synthesis by an early phage function. Virology **45** (1971), 224—231

[6] CHAMBERLIN, M.: Isolation and characterization of prototrophic mutants of *E. coli* unable to support the intracellular growth of T7. J. Virol. **14** (1974), 509—516

[7] CHAO, L., B. R. LEVIN and F. M. STEWART: A complex community in a simple habitat: An experimental study with bacteria and phage. Ecology **58** (1977), 369—378

[8] CONDIT, R.: Who killed T7? Nature **260** (1976), 287—288

[9] DARLIX, J. L., and M. HORAIST: Existence and possible roles of transcriptional barriers in T7 DNA early region as shown by electron microscopy. Nature **256** (1975), 288—292

[10] DAVIS, R. W., and R. W. HYMAN: A study in evolution: The DNA base sequence homology between coliphages T7 and T3. J. molec. Biol. **62** (1971), 285—301

[11] DE MARTINI, M., S. HALEGONA and M. INOUYE: Lysozymes from bacteriophages T3 and T5. J. Virol. **16** (1975), 459—461

[12] DEMEREC, M., and U. FANO: Bacteriophage-resistant mutants in *E. coli*. Genetics **30** (1945), 119—136

[13] DUNN, J. J., C. W. ANDERSON, J. F. ATKINS, D. C. BARTELT, and W. C. CROCKETT: Bacteriophages T7 and T3 as model systems for RNA synthesis and processing. In Progress in Nucleic Acid Research and Molecular Biology, Vol. 19, Academic Press, New York—San Francisco—London 1976, 263—273

[14] ESKRIDGE, R. W., H. WEINFELD and K. PAIGEN: Susceptibility of different coliphage genomes to hostcontrolled variation. J. Bacteriol. **93** (1967), 835—844

[15] Gefter, M., R. Hausmann, M. Gold and J. Hurwitz: The enzymatic methylation of RNA and DNA. X. Bacteriophage T3-induced S-adenosylmethionine cleavage. J. biol. Chem. **241** (1966), 1995–2005

[16] Goebel, W. F., and M. A. Jesaitis: The somatic antigen of a phage-resistant variant of phase II *Sh. sonnei*. J. exptl. Med. **96** (1952), 425–438

[17] Gold, M., R. Hausmann, U. Maitra and J. Hurwitz: The enzymatic methylation of RNA and DNA. VIII. Effects of bacteriophage infection on the activity of the methylating enzymes. Proc. natl. Acad. Sci. USA **52** (1964), 292–297

[18] Gomez, B., and L. Nualart: Requirement of the bacteriophage T7 0.7 gene for phage growth in the presence of the Col 1b factor. J. gen. Virol. **35** (1977), 99–106

[19] Hausmann, R.: Synthesis of an S-adenosylmethionine-cleaving enzyme in T3-infected *E. coli* and its disturbance by co-infection with enzymatically incompetent bacteriophage. J. Virol. **1** (1967), 57–63

[20] Hausmann, R.: Host-dependent gene expression of bacteriophages T3 and T7. In Hamkalo, B. A., and J. Papaconstantinou (eds.) / Molecular Cytogenetics, Plenum Publ., New York 1973, 263–276

[21] Hausmann, R.: The genetics of T-odd phages. Ann. Rev. Miciobiol. **27** (1973), 51–67

[22] Hausmann, R.: Bacteriophage T7 genetics. In Current Topics in Microbiology and Immunology, Vol. 75, Springer, Berlin–Heidelberg–New York 1976, 77–110

[23] Hausmann, R., and E. Härle: Expression of the genomes of the related bacteriophages T3 and T7. In Broda, E., A. Locker and H. Springer-Lederer (eds.) / Proceedings of the First European Biophysics Congress, Verlag der Wiener Medizinischen Akademie, Wien 1971, 467–488

[24] Hausmann, R., E. P. Almeida-Magalhaes and C. Araujo: Isolation and characterization of hybrids between bacteriophages T3 and T7. Annals Microbiol. **9** (1961), 511–526

[25] Hausmann, R., B. Gomez and B. Moody: Physiological and genetic aspects of abortive infection of a *Shigella sonnei* strain by coliphage T7. J. Virol. **2** (1968), 335–345

[26] Hercules, K., S. Jovanovich and W. Sauerbier: Early gene expression in bacteriophage T7. I. In vivo synthesis, inactivation, and translational utilization of early mRNAs. J. Virol. **17** (1976), 642–658

[27] Hershey, A. D., A. Garen, D. K. Fraser and J. D. Hudis: Growth and inheritance in bacteriophage. Carnegie Inst. Wash. Yearbook **53** (1954), 210–225

[28] Hesselbach, B. A., Y. Yamada and D. Nakada: Isolation of an inhibitor protein of *E. coli* RNA polymerase from T7 phage-infected cells. Nature **252** (1974), 71–74

[29] Hesselbach, B. A., and D. Nakada: "Host shutoff" function of bacteriophage T7: Involvement of T7 gene 2 and gene o.7 in the inactivation of *E. coli* RNA polymerase. J. Virol. **24** (1977), 736–745

[30] Hesselbach, B. A., and D. Nakada: I protein: Bacteriophage T7-coded inhibitor of *E. coli* RNA polymerase. J. Virol. **24** (1977), 746–760

[31] Horne, M. T.: Coevolution of E. coli and bacteriophage in chemostat culture. Science **168** (1970), 992–993

[32] Hughes, S.: persönliche Mitteilung

[33] Hyman, R. W., I. Brunovskis and W. C. Summers: A biochemical comparison of the related bacteriophages T7, ⌀ I, ⌀ II, W31, H, and T3. Virology **57** (1974), 189–206

[34] Inouye, M., N. Arnheim and R. Sternglanz: Bacteriophage T7 lysozyme is an N-acetylmuramyl-L-alanine amidase. J. biol. Chem. **248** (1973), 7247–7252

[35] Issinger, O. G.: Genetische Kontrolle der Proteinsynthese heptoider Phagen. Dissertation, Universität Freiburg i. Br. 1973

[36] Issinger, O. G., H. Beier and R. Hausmann: In vivo and in vitro "phenotyping mixing" with amber mutants of phages T3 and T7. Molec. gen. Genet. **122** (1973), 81–88

[37] Krüger, D. H.: Im Blickpunkt der Molekularbiologie: Restriktion und Modifikation der DNS. Wiss. Fortschr. **29** (1979), 24–26

[38] Krüger, D. H., und S. Hansen: unpublizierte Ergebnisse

[39] Krüger, D. H., and H. A. Rosenthal: Molecular biology of bacteriophages T3 and T7: Role of early phage genes for virus — host interactions. In Rosenthal, S., H. Bielka, C. Coutelle and C. Zimmer (eds.) / Gene Function, FEBS Proceedings, Vol. 51, Pergamon Press, Oxford—New York 1979, 347—351

[40] Krüger, D. H., W. Presber, W. Mann und H. A. Rosenthal: Untersuchungen an T3-Phagen. III. Über einen unterschiedlichen Nährstoffmangeleffekt auf die Vermehrung der Phagen T3 und T7. Acta biol. med. germ. **29** (1972), 477—482

[41] Krüger, D. H., W. Presber, S. Hansen and H. A. Rosenthal: Biological functions of the bacteriophage T3 SAMase gene. J. Virol. **16** (1975), 453—455

[42] Krüger, D. H., C. Schroeder, S. Hansen and H. A. Rosenthal: Active protection by bacteriophages T3 and T7 against *E. coli* B- and K-specific restriction of their DNA. Molec. gen. Genet. **153** (1977), 99—106

[43] Krüger, D. H., S. Hansen, C. Schroeder and W. Presber: Host-dependent modification of bacteriophage T7 and SAMase-negative T3 derivatives affecting their adsorption ability. Molec. gen. Genet. **153** (1977), 107—110

[44] Krüger, D. H., W. Presber, S. Hansen und C. Schroeder: Wirtsabhängige Modifikation von Virusstämmen: Bakterienviren als Modell. Dtsch. Ges.wesen **32** (1977), 2490—2492

[45] Krüger, D. H., W. Presber, S. Hansen and H. A. Rosenthal: Different restriction of bacteriophages T3 and T7 by P1-lysogenic cells and the role of the T3-coded SAMase. Z. allg. Mikrobiol. **17** (1977), 581—591

[46] Krüger, D. H., L. S. Chernin, S. Hansen, H. A. Rosenthal and D. M. Goldfarb: Protection of foreign DNA against host-controlled restriction in bacterial cells. I. Protection of F' plasmid DNA by preinfection with bacteriophages T3 or T7. Molec. gen. Genet. **159** (1978), 107—110

[47] Krüger, D. H., G. Gola, I. Weisshuhn and S. Hansen: The ocr gene funtion of bacterial viruses T3 and T7 prevents host-controlled modification. J. gen. Virol. **41** (1978), 189—192

[48] Krüger, D. H., S. Hansen, W. Presber and C. Schroeder: Host-dependent modification of virus strains affecting their adsorption ability. In Proceedings of the VIIth International Congress of Infectious and Parasitic Diseases, Publ. by the Union of Scientific Medical Societies in Bulgaria, Varna 1978, pt. III, 543—545

[49] Krüger, D. H., S. Hansen, W. Presber, M. Rudolph, D. Scholz und H. A. Rosenthal: Wirtsbereichsverhalten der Bakteriophagen T3 und T7 an *E. coli* K12-Stämmen. Z. allg. Mikrobiol. **19** (1979), im Druck

[50] Krüger, D. H., S. Hansen and C. Schroeder: Host-dependent "non-classical" modification of bacterial virus T3 affecting its adsorption ability. Zur Publikation eingeschickt

[51] Lederberg, S.: Suppression of the multiplication of heterologous bacteriophages in lysogenic bacteria. Virology **3** (1957), 496—513

[52] Lindberg, A.: Bacteriophage receptors. Ann. Rev. Microbiol. **27** (1973), 205—241

[53] Mahadik, S. P., R. Dharmgrougartama and P. R. Srinivasan: An inhibitory protein of *E. coli* RNA polymerase in bacteriophage T3-infected cells. Proc. natl. Acad. Sci. USA **69** (1972), 162—166

[54] Mahadik, S. P., B. Dharmgrougartama and P. R. Srinivasan: Regulation of host RNA synthesis in bacteriophage T3-infected cells. J. biol. Chem. **249** (1974), 1787—1791

[55] Mäkelä, O., P. H. Mäkelä and S. Soikkeli: Sex-specificity of the bacteriophage T7. Ann. med. exp. Fenn. **42** (1964), 188—195

[56] Mark, D. F., and C. C. Richardson: Bacteriophage T7 DNA replication in vitro. VII. E. coli thioredoxin: Subunit of bacteriophage T7 DNA polymerase. Proc. natl. Acad. Sci. USA **73** (1976), 780—784

[57] McAllister, W. T., and H. L. Wu: Regulation of transcription of late genes of bacteriophage T7. Proc. natl. Acad. Sci. USA **75** (1978), 804—808

[58] Miyazaki, J. I., Y. Ryo, H. Fujisawa and T. Minagawa: Mutation in bacteriophage T3 affecting host cell lysis. Virology **89** (1978), 327—329
[59] Modrich, P., and C. C. Richardson: Bacteriophage T7 DNA replication in vitro. III. Bacteriophage T7 DNA polymerase: An enzyme composed of phage- and host-specified subunits. J. biol. Chem. **250** (1975), 5515—5522
[60] Ponta, H., H. J. Rahmsdorf, S. H. Pai, P. Herrlich and M. Schweiger: Control of gene expression in bacteriophage T7. Isolation of a new control protein and mechanism of action. Molec. gen. Genet. **134** (1974), 29—38
[61] Prehm, P., B. Jann, K. Jann, G. Schmidt and S. Stirm: On a bacteriophage T3 and T7 receptor region within the cell wall lipopolysaccharide of *E. coli* B. J. molec. Biol. **101** (1976), 277—281
[62] Ramsdorf, H. J., S. H. Pai, H. Ponta, P. Herrlich, R. Roskoski, M. Schweiger and F. W. Studier: Protein kinase induction in *E. coli* by bacteriophage T7. Proc. natl. Acad. Sci. USA **71** (1974), 586—589
[63] Rao, R. N., and M. G. Pereira: Behavior of a hybrid F'(ts114)lac$^+$his$^+$ factor (F 42—400) in *Klebsiella pneumoniae* M5a1. J. Bacteriol. **123** (1975), 792—805
[64] Reuter, M., D. H. Krüger, D. Scholz and H. A. Rosenthal: Protection of foreign DNA against host-controlled restriction in bacterial cells. II. Protection of the pSF 2124 plasmid by the ocr gene function of phages T3 and T7. In Vorbereitung
[65] Rothmann-Denes, L. B., S. Muthukrishnan, R. Haselkorn and F. W. Studier: A T7 gene function required for shut-off of host and early T7 transcription. In Fox, C. F., and W. S. Robinson (eds.) / Virus Research, Academic Press, New York 1973, 227—239
[66] Satta, G., C. Pruzzo, E. Debbia and L. Calegari: Lysogenic conversion in *Klebsiella pneumoniae*: System which requires active immunity regulation for expression of the conversion phenomena. J. Virol. **28** (1978), 786—794
[67] Schell, J., S. W. Glover, K. A. Stacey, P. M. A. Broda and N. Symonds: The restriction of phage T3 by certain strains of *E. coli*. Genet. Res. **4** (1963), 483—484
[68] Silberstein, S., M. Inouye and F. W. Studier: Studies on the role of bacteriophage T7 lysozyme during phage infection. J. molec. Biol. **96** (1975), 1—11
[69] Stent, G.: Molecular biology of bacterial viruses. W. H. Freeman and Comp., San Francisco—London 1963
[70] Studier, F. W.: Bacteriophage T7. Science **176** (1972), 367—376
[71] Studier, F. W.: Gene expression after bacteriophage T7 infection. In FEBS Proceedings, Vol. 39, North-Holland / American Elsevier 1975, 45—53
[72] Studier, F. W.: Gene o.3 of bacteriophage T7 acts to overcome the DNA restriction system of the host. J. molec. Biol. **94** (1975), 283—295
[73] Studier, F. W., and N. R. Movva: SAMase gene of bacteriophage T3 is responsible for overcoming host restriction. J. Virol. **19** (1976), 136—145
[74] Vetter, D., L. Roberts, J. B. Jackowski and P. D. Sadowski: Location of the ss$^-$ mutation of bacteriophage T7 in gene 10, the structural gene for the major capsid protein. J. Virol. **22** (1977), 694—701
[75] Watanabe, T., H. Nishida, C. Ogata, T. Arai and S. Sato: Episome-mediated transfer of drug resistance in enterobacteriaceae. VII. Two types of naturally occuring R factors. J. Bacteriol. **88** (1964), 716—726
[76] Yamada, Y., P. A. Whitaker and D. Nakada: Functional instability of T7 early mRNA. Nature **248** (1974), 335—338
[77] Zillig, W., H. Fujiki, W. Blum, D. Janekovic, M. Schweiger, H. J. Rahmsdorf, H. Ponta and M. Hirsch-Kauffmann: In vivo and in vitro phosphorylation of DNA-dependent RNA polymerase of *E. coli* by bacteriophage T7-induced protein kinase. Proc. natl. Acad. Sci. USA **72** (1975), 2506—2510

Stoffwechsel und Regulation

Institut für Mikrobiologie
Westfälische Wilhelms-Universität, Münster (Westf.), BRD

Biotechnologische Entwicklungen in der Bundesrepublik Deutschland

H. J. Rehm

Es ist nicht möglich, über sämtliche der vielen z. T. in kleinen Gruppen durchgeführten Aktivitäten auf dem Gebiet der Biotechnologie in der BRD eine vollständige Übersicht zu geben. Ich kann nur einige wichtige Arbeitsgruppen erwähnen und Tendenzen in der Entwicklung herausgreifen, vgl. [1].

Zunächst möchte ich definieren, was wir in der BRD unter dem Begriff „Biotechnologie" verstehen:

Die Biotechnologie behandelt den Einsatz biologischer Prozesse im Rahmen technischer Verfahren und industrieller Produktionen. Sie ist also eine anwendungsorientierte Wissenschaft der Mikrobiologie und Biochemie in enger Verbindung mit der technischen Chemie und der Verfahrenstechnik. Sie behandelt Reaktionen biologischer Art, die entweder mit lebenden Zellen (Mikroorganismenzellen, pflanzlichen und tierischen Zellen bzw. Geweben) oder mit Enzymen aus Zellen durchgeführt werden. Hierin ist die Gewinnung von Biomasse aus den genannten Organismen und Organismenteilen eingeschlossen.

Diese Definition, die von einem Arbeitskreis „Technische Biochemie" der DECHEMA – einem wissenschaftlichen Verein – ausgearbeitet wurde, schließt bewußt das Gebiet der medizinischen Technik, das gelegentlich auch als Biotechnologie oder Biotechnik bezeichnet wird und das sich mit der Herstellung von Apparaturen für biologische Zwecke, besonders im medizinischen Bereich, z. B. Herz-Lungen-Maschinen, befaßt, aus. Mit dieser Definition werden auch sämtliche landwirtschaftlichen Techniken, soweit sie sich mit höheren Pflanzen befassen, ganz ausgeschlossen. Dies steht ein wenig im Gegensatz zu der Definition der Biotechnologie in Großbritannien, wo manche dieser Techniken auch zur Biotechnologie gerechnet werden.

I. Aktivitäten auf verschiedenen Gebieten der Biotechnologie

1. Lebensmittel-Biotechnologie

Deutschland hatte eine gute Tradition auf dem Gebiet der Herstellung von Lebensmitteln mit Hilfe von Mikroorganismen. Ein Teil dieser Tradition ist auf die BRD übergegangen.

Es existieren wichtige Forschungsstätten auf dem Gebiet der Biotechnologie des Bieres. Hierbei ist zunächst das Institut für Gärungsgewerbe und Biotechnologie in Berlin (West) zu erwähnen. Es wird dort sowohl über Brauereitechnologie als auch über

Brennereitechnologie geforscht. Darüber hinaus ist dort ein neues Technikum für allgemeine Biotechnologie gebaut worden, an dem über kontinuierliche Äthanolverfahren sowie über verfahrenstechnische Probleme an biotechnologischen Reaktoren geforscht wird. In einer brauereitechnologischen Fakultät in Weihenstephan bei München werden ebenfalls Probleme der Brauerei und Brennerei bearbeitet. An der Universität Stuttgart-Hohenheim wird nur Brennereitechnologie, vor allem die Technologie der Obstbrennerei, betrieben. Die Forschung über die Biotechnologie des Bieres wird in der BRD vorwiegend konservativ betrieben. Verfahren zur kontinuierlichen Bierherstellung, die vorzugsweise in der Tschechoslowakei und in Großbritannien entwickelt wurden, werden in der BRD, wo die Bierherstellung im „batch"-Verfahren einen sehr hohen technologischen Stand erreicht hat, nur am Rande bearbeitet.

Die Biotechnologie der Weinherstellung hat sich in den letzten Jahren in der BRD trotz vieler seit Jahrhunderten bewährter Methoden stark verändert. Das neue Weingesetz hat seit 1971 eine Änderung des Weinanbaues zur Folge gehabt. Durch Zusatz unvergorener Mostanteile wird bei vielen Weinen eine Süßreserve erzielt. Weiterhin wird durch die Einbettung der BRD in die EG mit Ländern mit großen Weinanbaugebieten und z. T. anderen Technologien eine Rationalisierung und technologische Angleichung notwendig, wie sie z. B. oft nur in größeren Genossenschaften möglich ist. Forschung wird u. a. in der Forschungsanstalt für Weinbau, Gartenbau, Getränketechnologie und Landespflege in Geisenheim durchgeführt. Der Trend der Weinbiotechnologie geht zu einem nicht geringen Teil zum geschmacklich gleichmäßigen Massenkonsumwein.

Im Vordergrund der Untersuchungen über Milch-Biotechnologie steht die Anwendung von Starterkulturen. Über Infektionen von Starterkulturen mit Bakteriophagen wird besonders in der Bundesanstalt für Milchforschung in Kiel gearbeitet. Weiterhin sind Fragen der Verhinderung der Mykotoxinbildung in pilzlichen Starterkulturen sowie auch in Milchprodukten von Interesse. Hier sind an der Süddeutschen Versuchs- und Forschungsanstalt für Milchwirtschaft in Weihenstephan viele Arbeiten im Gange. Nicht zuletzt werden an diesen beiden und anderen Instituten wissenschaftliche Arbeiten über die Milchsäurebakterien durchgeführt.

Von Milchprodukten, die mit Mikroorganismen hergestellt werden, haben sich verschiedene neue Käsesorten, Dickmilch, Joghurtarten, Kefir u. a. in großem Maße zu Massenprodukten entwickelt. Dabei hat die sichere Führung der Starterkulturen einen hohen Stand erreicht.

Die Biotechnologie des Sauerkrauts hat in Deutschland immer eine Rolle gespielt. Die Verfahren sind z. T. wissenschaftlich — ebenfalls durch geeignete Starterkulturen — besser begründet worden als früher. Die Haltbarkeit dieses Produktes macht kaum Schwierigkeiten, da Sauerkraut in vielen Fällen pasteurisiert wird.

Biotechnologisch-mikrobiologische Fragen der Brotherstellung, besonders die Aufklärung der Zusammensetzung und Wirkung der Mikroorganismen im Sauerteig, werden in der Bundesforschungsanstalt für Getreide- und Kartoffelverarbeitung in Detmold untersucht. Es ist bisher aber noch nicht gelungen, einen definierten Sauerteig mit Starterkulturen aus mikrobiellen Reinkulturen zusammenzustellen.

Die Herstellung von mikrobiellen Starterkulturen zur Wurstreifung, die in Kulmbach in der Bundesanstalt für Fleischforschung intensiv bearbeitet wird, hat zur Entwicklung einer ganzen Anzahl von Wurstherstellungsverfahren mit mykotoxinfreien Impfkulturen geführt.

Eine Lignin- und Celluloseverwertung durch Hutpilze, wobei nicht nur die Champignonzucht im Vordergrund steht, werden in einem neuen Biotechnikum an der Bundesforschungsanstalt für Landwirtschaft in Braunschweig-Völkenrode bearbeitet. Hierbei stehen auch Fragen der Verwertung landwirtschaftlicher Abfälle durch Hutpilze und weiterhin Fragen über die Regulation der Fruchtkörperbildung im Vordergrund.

Ein Industrieinstitut auf diesem Gebiet, das Institut für Pilzanbau, befindet sich in Krefeld.

2. Biomassebildung

Die Forschung über Biomassebildung durch Mikroorganismen aus konventionellen C-Quellen ist in der BRD auf die Backhefeherstellung (u. a. im Institut für Gärungsgewerbe und Biotechnologie in Berlin (West)) und auf die Nähr- und Futterhefeherstellung ausgerichtet. Es ist trotz mancher Versuche noch nicht gelungen, das Zulaufverfahren für die Backhefeherstellung, mit dem eine Katabolitrepression der Hefeentwicklung durch Glucose aufgehoben wird, durch kontinuierliche Verfahren zu ersetzen. Leider sind viele Fabriken zur Gewinnung von Nähr- und Futterhefen aus Sulfitablaugen zugunsten einer Verbrennung geschlossen worden, so daß auch eine Forschung auf diesem Gebiet kaum noch betrieben wird.

Von der Firma Hoechst AG ist eine Pilot-Plant-Anlage im halbtechnischen Maßstab zur Herstellung von Biomasse aus Methanol mit Methylomonas entwickelt worden. Grundlagen hierfür sind z. T. in der Gesellschaft für Biotechnologische Forschung in Braunschweig-Stöckheim, wohl der größten biotechnologischen Forschungsanstalt in der BRD, geschaffen worden. In Hoechst arbeitet man mit 2 Typen von Schlaufenreaktoren, die erstmalig halbtechnisch angewandt werden.

Ob es gelingen wird, mit wasserstoffoxidierenden Bakterien Biomasse zu gewinnen — ein solches Verfahren wurde in Göttingen (Institut für Mikrobiologie) vorgeschlagen und bearbeitet —, läßt sich gegenwärtig nicht abschätzen.

Biomassegewinnung aus Cellulose bzw. Ligno-Cellulose mit gleichzeitiger Abwasserverwertung ist ein Thema, das gegenwärtig hauptsächlich in einem neuen Institut für Biotechnologie der Kernforschungsanlage Jülich bearbeitet wird. Hier entsteht ein zweites großes biotechnologisches Zentrum, das ebenfalls vom Bundesministerium für Forschung und Technologie finanziert wird.

In der BRD hat man seit ca. 20 Jahren in Dortmund in der Abteilung für Algenforschung mit einer halbtechnischen Anlage über die Biomassegewinnung aus Algen gearbeitet. Hier hat man zum ersten Mal den Schritt von der Laborkultur in das Freiland durchgeführt. Diese Arbeiten, besonders mit *Scenedesmus,* die auch in Thailand, Peru und Israel durchgeführt wurden, arbeiteten mit Mäanderbecken und Schaufelradbewegung der Flüssigkeiten. Wegen der schlechten Lichtverhältnisse sowie der cancerogenhaltigen Luft im Ruhrgebiet werden die Arbeiten gegenwärtig nur noch in geringem Maße durchgeführt.

3. Primäre und sekundäre Produkte, Polymere

An primären Produkten wird Essigsäure heute weitgehend in semikontinuierlicher, vollautomatisierter Submerskultur hergestellt (Verfahren Frings, Bonn). Citronensäure wird besonders von 2 Firmen (Benckiser in Ladenburg und Boehringer Söhne in Ingelheim) in Oberflächen- und Submersverfahren, bisher noch aus konventionellen Kohlenstoffquellen, produziert. An mehreren Stellen wird die Citronensäurebildung aus Alkanen versucht.

Verschiedene Firmen befassen sich mit der Herstellung und Entwicklung von Antibiotika, u. a. die Hoechst AG, Bayer AG, Firma Grünenthal in Stolberg und Firma Lohmann in Cuxhaven. Im Institut für Mikrobiologie, Universität Tübingen, befaßt sich eine aktive Gruppe mit einem Screening nach Antibiotika und Substanzen, die u. a. auch gegen Insekten, Nematoden, Milben u. a. wirken. Neue Screeningmethoden werden dort ausgearbeitet.

Viele weitere sekundäre Produkte werden von Industriefirmen produziert, z. B. Stoffwechselregulatoren. Sie können hier aber im einzelnen nicht aufgeführt werden.

Interessant ist in diesem Zusammenhang vielleicht auch ein Verfahren zur Abspaltung der Acylseitenkette des Penicillins mit Penicillin-Acylase, das von der Firma Bayer entwickelt worden ist und das bereits großtechnisch mit trägergebundenen Enzymen arbeitet.

Technische Enzyme werden in verschiedenen Fabriken hergestellt, z. B. Röhm, Darmstadt, sowie — meistens in Lizenz — durch verschiedene andere Firmen, u. a. Proteasen für Waschmittel, Amylasen u. v. a. Dabei besteht eine große Tendenz, Verfahren auszuarbeiten, bei denen trägergebundene Enzyme angewandt werden. Die Technologie bei der Herstellung analytischer Enzyme hat einen sehr hohen Stand hinsichtlich der Reinheit der Enzyme und des Umfangs des Angebotes erreicht. Bedeutende Hersteller auf diesem Gebiet sind besonders Firma Boehringer, Mannheim, und Firma Merck, Darmstadt, die beide eine enge Zusammenarbeit mit wissenschaftlichen Universitätsinstituten pflegen.

4. Mikrobiologische Stoffumwandlungen

Im Vordergrund der mikrobiologischen Stoffumwandlungen stehen Steroidumwandlungen. Mindestens 2 Firmen in der BRD (Schering, Berlin (West), und Bergkamen und Merck, Darmstadt) stellen u. a. Ovulationshemmer, Cortison/Cortisol u. ä. Substanzen her. Von der Firma Schering wurde in den letzten Jahren ein wesentlicher Schritt zur Versorgung mit Steroidgrundmaterial entwickelt, in dem durch eine z. T. mikrobielle Seitenkettenabspaltung Cholesterol zu Östron umgesetzt wurde. Damit ist eine Unabhängigkeit z. B. von Diosgenin aus Dioscorea-Arten erreicht worden.

Man sollte auch den mikrobiologischen Schritt der Sorbit/Sorbose-Oxidation, der bei der Vitamin-C-Synthese notwendig ist, hier als eine wichtige mikrobiologische Stoffumwandlung erwähnen. 2 Firmen (Merck und Hoffmann-La Roche) produzieren Vitamin C auf diese Weise. Forschungsstätten, die ernsthaft über eine gesamtmikrobiologische Synthese von Vitamin C arbeiten, sind mir in der BRD nicht bekannt.

5. Weitere biotechnologische Aktivitäten

Viele weitere Forschungsgruppen an Universitäten und den Max-Planck-Instituten befassen sich mit theoretischen biotechnologischen Arbeiten. In Berlin (West) und vielen anderen Instituten werden z. B. Fragen der Stoffwechselregulation bei Fermentationen, in München Fragen des Stoffwechsels von Milchsäurebakterien, in Münster Fragen der

Oxidation längerkettiger Alkane durch Mikroorganismen, in Aachen Fragen der Amylasebildung durch Hefen, in Würzburg Fragen der Klonierung von Mikroorganismen, in Bochum und Münster Fragen der Stoffbildung aus Zellkulturen und viele andere Probleme bearbeitet.

Es sind noch weitere Aktivitäten in der BRD vorhanden, die man in den biotechnologischen Rahmen setzen könnte.

Leaching wird zeitweise z. T. in Braunschweig-Stöckheim durchgeführt, jetzt auch in Dortmund (Universität). Hier sind besonders Methoden zum Kupfer-Leaching, zur Aufarbeitung von Halden, die bereits als Abraum längere Zeit lagern, versucht worden. Allerdings kann man sagen, daß ein kleines Land wie die BRD mit sehr wenig natürlichen Rohstoffquellen, auf diesem Gebiet nur geringe Aktivitäten entwickeln kann.

Der Einfluß von Mikroorganismen auf Werkstoffe wird in der Bundesanstalt für Materialprüfung in Berlin (West) und in der Bundesanstalt für Geowissenschaften und Rohstoffe in Hannover besonders bearbeitet.

6. Abwasser-Biotechnologie

In den letzten Jahren sind durch besondere Gesetzgebungen viele neue Abwasseranlagen notwendig geworden, ganz besonders solche zur Beseitigung von industriellen Abfällen. Neue große Anlagen stehen u. a. bei den Firmen Bayer AG, Wuppertal und Leverkusen, Hoechst, Merck, der BASF u. a.

Besonders interessant ist die in Wuppertal aufgestellte Anlage, die mit reiner Sauerstoffeinspeisung arbeitet. Hier ist ein völlig neues Prinzip der Abwasserreinigung, das aus den USA stammt, angewandt worden. Die Einspeisung des Sauerstoffs erfolgt mit einer Strahldüse, die in Leverkusen entwickelt worden ist. Diese Düse mischt den reinen Sauerstoff so schnell mit dem Abwasser, daß Mikroorganismen nicht geschädigt werden. In einer zweistufigen Belebtschlamm-Anlage werden bei dieser Abwasseranlage nahezu sämtliche ankommenden organischen Substanzen, z. B. auch Zwischenprodukte aus Synthesen, von Pflanzenschutzmitteln, organische Lösungsmittel und viele andere Verbindungen nahezu vollständig abgebaut. Die Anlage ist völlig geschlossen und arbeitet daher für die Außenwelt lärmfrei und geruchsfrei. Ein sehr schönes Beispiel für eine Anlage, die vielleicht in Zukunft in vielen anderen Werken entwickelt werden kann.

Eine große neue Anlage der Firma Bayer in Leverkusen arbeitet mit der sog. Turmbiologie. In Reaktoren mit ca. 15000 bis 17000 m^3 wird das Abwasser geklärt. Die Anlage soll in Kürze in Betrieb gehen.

Die Hoechst AG hat kürzlich eine zweite Ausbaustufe einer Abwasserkläranlage in Betrieb genommen, so daß die Gesamtanlage jetzt mit der Leistung einer kommunalen Kläranlage für 1,6 Millionen Einwohner vergleichbar ist. Sie arbeitet mit einem fast 10 m tiefen, in 5 Kammern unterteilten Belebungsbecken. 2 schallgedämpfte Radialverdichter mit einer Leistung von 4000 KW versorgen die Bakterien über 2400 Belüftungsdüsen stündlich mit 120000 m^3 Luft. Die Vorklärung ist abgedeckt.

7. Biotechnologie im Bereich der Fermentationstechnik

In den letzten 10 Jahren ist auch in der BRD die Entwicklung neuer Fermentationsapparaturen begonnen worden. Es werden z. B. Blasensäulen-Fermenter an der TU Hannover, Schlaufen-Reaktoren an den Universitäten Dortmund und Stuttgart intensiv untersucht. An der Universität Berlin (West) wurden ein mehrstufiger Rührreaktor, sowie ein Hubstrahlapparat entwickelt. Im Institut für Gärungsgewerbe und Biotechnologie in Berlin (West) wird gegenwärtig ein Standard-Reaktor bearbeitet, an dem besonders physikalisch-chemische Daten ermittelt werden sollen. In München wurde ein Reaktor zur Algenzüchtung, besonders für die Messungen der Lichtaufnahme, entwickelt.

Die Tendenz geht dahin, für jedes wichtige mikrobiologische Verfahren einen optimalen Reaktor zu konstruieren. Allerdings ist man von diesem Ziel noch weit entfernt. Erstaunlicherweise hat sich der seit mehreren Jahrzehnten im Einsatz befindliche angelsächsische Rührfermenter in vielen Fällen wegen seiner großen Flexibilität als besonders geeignet erwiesen.

II. Organisation der biotechnologischen Aktivitäten

Bis 1970 waren die biotechnologischen Aktivitäten in der BRD relativ verstreut und wurden von den wissenschaftlichen Vereinen oder Ministerien kaum betreut.

In der DECHEMA wurde 1970 ein Ausschuß „Technische Biochemie" mit den Unterausschüssen „Kinetik biochemischer Reaktionen" und „Verfahrenstechnik" gegründet. Das Ziel dieses Ausschusses, der inzwischen in 4 Unterausschüsse untergliedert worden ist und jetzt Fachausschuß „Biotechnologie" heißt, war von Anfang an eine Kombination der Tätigkeiten der technischen Mikrobiologen mit denen der technischen Chemiker und Biochemiker und denen der Verfahrenstechniker.

Im Auftrag des Bundesministeriums für Forschung und Technologie (BMFT) wurde von diesem Fachausschuß in Zusammenarbeit von Wissenschaftlern aus Hochschule, Forschungsinstituten und Industrie eine Studie „Biotechnologie" erarbeitet [2]. Auf der Grundlage dieser Studie entwickelte das BMFT ein Programm zur Unterstützung biotechnologischer Aktivitäten in der Bundesrepublik. Die Studie enthält 11 fachliche Schwerpunkte, die im wesentlichen auch heute noch, in der 3. Auflage der Studie, gültig sind. Es sind dies:

1. Verfahrenstechnische Untersuchungen in Standard-Rührkessel-Reaktoren und anderen Reaktorarten als Basis für eine vergleichbare Prozeßkontrolle.
2. Neue fermentativ gewonnene Substanzen mit Aussicht auf eine praktische Verwertung (einschließlich der Entwicklung von Testmethoden).
3. Zwischensynthesen für wirtschaftliche Zwecke.
4. Züchtung von Human-, Tier- oder Pflanzenzellen zur Gewinnung praktisch verwendbarer Produkte.
5. Entwicklung von technisch anwendbaren Prozeßführungen mit trägergebundenen Enzymen.
6. Mikrobiologische Verfahren zur Abwasserreinigung.
7. Mikrobiologische Verwertung von Rückständen aus der Massentierhaltung.
8. Beseitigung und Verwertung von Fermentationsrückständen.
9. Genetische Methoden zur Entwicklung von Mikroorganismenstämmen.
10. Biologische Stickstoffixierung.
11. Biotechnologische Verfahren, die zur Rohstoffsicherung beitragen.

Der Ausschuß hat weiterhin eine Betreibernorm [3] für Fermenter ausgearbeitet. Diese Normierung ist von vielen Firmen angenommen worden, so daß trotz sehr unterschiedlicher Bauweise zumindest ähnliche Grundeinheiten bei vielen biotechnologischen Reaktoren verschiedener Hersteller existieren. Weiterhin wurden „Recommendations on Education in Biotechnology" [4] ausgearbeitet, die den zuständigen Ausbildungsstellen als Grundlage für ihren Ausbildungsplan dienen. Die DECHEMA ist dabei, in Verbindung mit der Gesellschaft Deutscher Chemiker und der ETH Zürich ein Netz einschlägiger Spezialkurse auf dem Gebiet der Biotechnologie zu organisieren. Einige von ihnen werden bereits angeboten.

Es sind verschiedene Symposien in der BRD von der DECHEMA in Tutzing organisiert worden [5, 6], ähnlich den Symposien hier in Reinhardsbrunn. Weiterhin sind in Berlin (West) durch das Institut für Gärungsgewerbe und Biotechnologie seit 1966 in etwa dreijährigem Abstand Kongresse über technische Mikrobiologie veranstaltet worden [7, 8, 9]. 1976 trat an diese Stelle das 5. Internationale Fermentations-Symposium, an dessen Organisation zusätzlich weitere wissenschaftliche Gesellschaften teilnahmen [10].

Inzwischen hat die Gesellschaft für Verfahrenstechnik einen Ausschuß gebildet, in dem verfahrenstechnische Probleme bearbeitet werden. Die Gesellschaft für Hygiene und Mikrobiologie hat eine Sektion für Angewandte Mikrobiologie gegründet und wird möglicherweise in naher Zukunft Aktivitäten in biotechnologischer Hinsicht entfalten.

Das BMFT hat sich nach Anlaufen der Förderung der Biotechnologie in der BRD einen großen Stab von Gutachtern für seine Förderungsprojekte geschaffen, die in sog. Statusseminaren den Fortschritt der geförderten Projekte diskutieren. Die Ergebnisse der Statusseminare werden veröffentlicht [11, 12].

Damit sind 2 große organisatorische Komplexe vorhanden:

1. die Entwicklung der Biotechnologie durch das BMFT,
2. die Entwicklung durch die wissenschaftlichen Vereine, vorrangig durch die DECHEMA, die durch die Art ihrer Organisation die beste Kombinationsmöglichkeit der 3 genannten Gruppen, die an Biotechnologie interessiert sind, besitzt.

Die Biotechnologie in den Ländern Europas steht in einem starken Wettbewerb mit Japan, den USA und sicherlich auch mit der UdSSR. Dies erfordert eine Koordinierung der Bestrebungen auf diesem Gebiet im gesamteuropäischen Maßstab. Die organisatorischen Aktivitäten führten zur Veranstaltung des First European Congress on Biotechnology in Interlaken im September 1978 durch die DECHEMA und verschiedene schweizerische wissenschaftliche Vereine [13, 14]. Anläßlich dieses Kongresses haben sich interessierte wissenschaftliche Vereine aus vielen europäischen Ländern aus Ost und West zur European Federation of Biotechnology zusammengeschlossen. Diese Federation wird auch den Second European Congress on Biotechnology in Eastbourne 1981 organisieren.

Damit ist die Organisation der Biotechnologie aus dem nationalen Bereich der Bundesrepublik Deutschland in den internationalen Bereich hineingehend geschildert worden. Lassen Sie mich hoffen, daß dieses sehr entwicklungsfähige, z. T. neue Gebiet der Biotechnologie sich in echter gesamteuropäischer Kooperation zum Wohle aller weiterentwickeln wird.

Literatur

[1] Rehm, H. J.: Industrielle Mikrobiologie. Springer-Verlag, Berlin—Heidelberg—New York 1979, 2. Aufl.
[2] Studie „Biotechnologie“. Schriftführer: H. J. Rehm. DECHEMA, Frankfurt 1974, 1975, 1976, 1.—3. Aufl.
[3] Betreibernorm für eine Fermenterreihe aus 3 Fermentergrößen. DECHEMA-Vervielfältigung 1975
[4] Recommendations on Training in Biotechnology. DECHEMA-Vervielfältigung 1976
[5] Rehm, H. J. (Hrsg.): Technische Biochemie. DECHEMA-Monographien, Bd. 71 (Behrens, D., und K. Fischbeck, Hrsg.). Verlag Chemie, Weinheim 1973
[6] Rehm, H. J. (Hrsg.): Biotechnologie. DECHEMA-Monographien Nr. 1670—1692, Bd. 81 (Behrens, D., und K. Fischbeck, Hrsg.). Verlag Chemie, Weinheim—New York 1977
[7] Windisch, S.: Arbeitsmethoden und aktuelle Ergebnisse der technischen Mikrobiologie. Zbl. Bakt. I. Abt., Supplementheft 2. Fischer-Verlag, Stuttgart 1967
[8] Dellweg, H. (Hrsg.): 2. Symposium Technische Mikrobiologie 1970. Lehr- und Versuchsanstalt für Spiritusfabrikation, Berlin 1970
[9] Dellweg, H. (Hrsg.): 3. Symposium Technische Mikrobiologie 1973. Lehr- und Versuchsanstalt für Spiritusfabrikation, Berlin 1973
[10] Dellweg, H. (Hrsg.): Fifth International Fermentation Symposium, Abstracts of Papers. Verlag Versuchs- und Lehranstalt für Spiritusfabrikation und Fermentationstechnologie im Institut für Gärungsgewerbe und Biotechnologie, Berlin 1976
[11] Bioreaktoren. BMFT-Statusseminar „Bioverfahrenstechnik“, Braunschweig—Stöckheim 1977. DFVLR, Köln 1977
[12] Biokonversion. Biologisch-Technische Systeme zur Energiegewinnung. BMFT, Bonn 1978
[13] First European Congress on Biotechnology. Reprints, Teil 1 und 2. DECHEMA, Frankfurt 1978
[14] Biotechnology. DECHEMA-Monographien Nr. 1693—1703, Bd. 82 (Behrens, D., und K. Fischbeck, Hrsg.). Proc. 1st Europ. Congr. Biotechnol. 1978. Verlag Chemie, Weinheim—New York 1978

Всесоюзный научно-исследовательский биотехнический институт, Москва, СССР

Способы регулирования биосинтеза гидролитических ферментов

К. А. Калунянц

В настоящее время выдвигаются на первый план методы регулирования биосинтеза ферментов, способные в значительной мере повысить активность ферментов в культуре и тем самым снизить себестоимость производимых ферментных препаратов.

Среди изученных в институте „ВНИИбиотехника" факторов, активно влияющих на регулирование биосинтеза гидролитических ферментов в наибольшей степени выпускаемых отечественной промышленностью, можно назвать такие как: интенсификация биосинтеза необходимого фермента в комплексе за счет направленного его образования путем использования рационального состава питательной среды и оптимальных условий культивирования; интенсификация биосинтеза необходимого фермента за счет новых специальных способов непрерывного культивирования; использование для процессов приготовления питательных сред и культивирования различных видов оборудования из специальных материалов, активирующих процесс биосинтеза определенного фермента; использование специальных методов, способствующих стабилизации клеток продуцентов, что дает возможность регулировать биосинтез требуемого фермента в сторону его интенсификации.

При разработке рациональных питательных сред для культивирования отобранных микроорганизмов необходимо в первую очередь изучать их физиологию. Из литературы известно, что биосинтез ферментов существенно зависит от источника углерода. В соответствии с данными многих авторов можно было ожидать, что лучшим индуктором для синтеза α-амилазы бактериями *Bac. subtilis* и *Bac. mesentericus* должен быть крахмал. Однако, проведенные нами в этом направлении исследования показали, что высокое по сравнению с крахмалом индуцирующее действие оказывает мальтоза. Но, как показали работы японских исследователей, из сорока обследованных углеводородов лучшими индукторами синтеза α-амилазы грибом *Asp. oryzae* является паноза и изомальтоза, т. е. олигосахариды, содержащие α-I-6 связь. Установленный факт, а также дефицит мальтозы натолкнули нас на мысль использовать как источник углерода не крахмал, а его ферментативный гидролизат и интенсифицировать таким образом процесс получения α-амилазы путем индуцирования ее синтеза продуктами гидролиза крахмала, в числе которых содержатся соединения с α-I-6 связью. Проведенные исследования подтвердили целесообразность внесения в среду ферментативного гидролизата крахмала, позволившего на 50% увеличить синтез α-амилазы по сравнению с синтезом его на среде, в которой источником углерода была мальтоза.

Многие авторы предлагали ранее для синтеза α-амилазы и протеазы среды, содержащие относительно низкое количество крахмала (2—3%).

В институте ,,ВНИИбиотехника" на примере с бактериями *Bac. subtilis*-IO3 было установлено, что с повышением концентрации крахмала в среде до 8% (для синтеза протеазы) и до 14% (для синтеза α-амилазы) значительно усиливается (в 3—20 раз) синтез этих ферментов. Однако, культивирование бактерий на таких ,,богатых" крахмалом средах проходит эффективно лишь в том случае, когда крахмал предварительно подвергается ферментативному гидролизу разработанным нами способом.

Известно, что микроорганизмы лучше растут и образуют большое количество пектиназы в том случае, когда в качестве источника углерода в среду добавляется пектин.

На примерах с культурами *Cl. pectinofermentans* 15 и *Asp. awamori* 16 нами впервые установлено, что продукты ферментативной деструкции пектина в большей степени, чем сам пектин, интенсифицируют синтез пектолитических ферментов. Было показано, что продукты ферментативной деструкции пектина, качественно отличные друг от друга, по-разному влияют на образование отдельных компонентов комплекса пектолитических ферментов.

Так, у *Cl. pectinofermentans* 15 можно затормозить образование пектинтрансэлиминазы (ПТЭ), если вместо свекловичного жома добавить в среду гидролизат свекловичного пектина, получаемый при действии препарата Пектаваморин Г10х. При культивировании *Asp. awamori* 16 можно получить в культуре фермент ПТЭ, обычно не синтезируемый этим грибом. Для этого в качестве источника углерода необходимо использовать продукты ферментативной деструкции свекловичного пектина, полученные при действии препарата Пектоклостридин Г10х. Очевидно, в данном случае образование продуктов с сдвойными связями между 4 и 5 углеродными атомами (уроновых кислот) стимулирует образование ПТЭ при культивировании продуцента.

Использование в составе среды продуктов ферментативной деструкции пектина при культивировании бактерий и микроскопических грибов с целью интенсификации (минимум в 2 раза) образования пектиназ и регулирования состава ферментного комплекса впервые в мире осуществлено нами в промышленном масштабе.

Таким образом, биосинтез амилолитических и пектолитических ферментов достигает своего максимума на средах, содержащих в качестве источника углерода продукты ферментативного гидролиза того субстрата, на который действует данный фермент.

Наибольшая интенсификация биосинтеза амилолитических и протеолитических ферментов достигается на высококонцентрированных по источнику углерода питательных средах. Подтверждены таким образом данные о том, что концентрированные растворы сахаров повышают стабильность клеток и протопластов микроорганизмов за счет их высокого осмотического давления.

Культура *Bac. subtilis* — продуцент амилолитических и протеолитических ферментов — выделяет в процессе роста полиамин (активный фактор), который стабилизирует протопласт, вследствие чего повышается активность продуцируемого фермента.

Известно, что большинство бактерий и микроскопических грибов используют для построения клеток и образования фермента самые разнообразные источники азота.

Наши исследования показали, что лучшими органическими источниками азота являются кукурузный экстракт, экстракт солодовых ростков и экстракт мицелия *Asp. awamori* 16. Было показано, что введение в среду экстракта мицелия при культивировании *Asp. awamori* 16 позволяет не только исключить из среды экстракт солодовых ростков, но и увеличить пектолитическую активность культуры.

В институте ,,ВНИИбиотехника" также была установлена целесообразность замены дефицитного кукурузного экстракта ферментативным гидролизатом БВК (кормовые дрожжи) в питательных средах для *Cl. pectinofermentans* 15 и ферментативным гидролизатом БКВ или щелочным экстрактом кукурузной муки — в средах для *Bac. subtilis* 103 и *Bac. mesenterians* ПБ. Использование новых органических источников азота не только не приводило к снижению ферментативной активности культур, но и способствовало ее повышению. Разработанный нами метод получения ферментативного гидролизата БВК предусматривал применение литических ферментов.

Опыт работы с микроорганизмами-продуцентами ферментов убедительно подтверждает важную роль в процессе биосинтеза не только состава среды, но и условий культивирования. При разработке параметров культивирования микроорганизмов мы исследовали влияние температуры, окислительно-восстановительного потенциала и активной кислотности среды, количества и возраста посевного материала, уровня аэрации и длительности выращивания на активность и состав образующихся ферментативных комплексов. Было показано, что регулируя указанные параметры, можно изменять в составе культуры количество и комплекс образуемых ферментов.

В институте ,,ВНИИбиотехника" разработаны составы питательных сред и предложены способы получения посевного материала в виде спор, позволяющие значительно сократить лаг-фазу и снизить расход посевного материала в 40—80 раз по сравнению с расходом вегетативного посевного материала, полученного при глубинном культивировании микроорганизмов.

Таким образом, проведенные исследования позволяют с уверенностью утверждать, что подбором состава среды, уточнением оптимального соотношения основных ее компонентов, установлением наиболее эффективного индуктора и оптимальных условий культивирования микроорганизмов можно повысить в несколько раз биосинтез ферментов и получить культуры с различным соотношением ферментов в комплексе.

Разработан новый способ непрерывного культивирования продуцентов в условиях открытой одноступенчатой системы — ,,метаболитостат", позволяющий стабилизировать культуру на стадии активного биосинтеза. При этом ,,экзогенные активаторы", включенные в состав проточной питательной среды, позволяют регулировать и фиксировать культуру на соответствующей стадии биосинтеза, а экзогенные метаболиты, включенные в состав проточной питательной среды, стабилизируют культуру на стадии активного биосинтеза.

При производстве ферментных препаратов микробного происхождения усиленно протекают коррозионные процессы, которые сокращают срок службы аппаратов, а главное — влияют на биосинтез и стабильность ферментов. Инактивация ферментов продуктами коррозии может привести к уменьшению выхода последних. Материал оборудования, обеспечивающий повышение биосинтеза и выхода ферментов, является важнейшим фактором при интенсификации процессов производства ферментных препаратов.

Углеродистая сталь СТ-3 в растворах питательной среды для производства щелочной протеиназы и пектиназы обладает достаточной коррозионной стойкостью. Стационарный потенциал сталей во времени мало изменяется. Повышение температуры резко ускоряет протекание анодного процесса. В питательной среде при получении щелочной протеиназы при температуре кипения на анодных кривых четко проявилась область активного растворения. Скорость растворения сталей при потенциале пассивации возросла на 1,5—2 порядка.

Процесс ферментации оказывает существенное влияние на коррозию металлов. Скорость коррозии углеродистой стали возрастает до 2 г/М^2 час, хромистые стали также подвергаются интенсивному коррозионному процессу. Углеродистые и хромистые стали подвержены язвенному разрушению, причем язва, как правило, образовывалась под телом растущего гриба. Легированные стали и титан наименее подвержены в этой среде коррозии.

Установив коррозионную стойкость металлов, казалось бы стойкие из них можно рекомендовать для изготовления оборудования. Однако было установлено, что металлы проявляют различное влияние на биосинтез ферментов.

Как показывают результаты исследований, все легированные стали в большей или меньшей степени инактивируют ферменты. Наименьшая потеря ферментативной активности была отмечена при глубинном культивировании *Asp. awamori* 16, *Asp. foetidus* М-45 и *Bac. subtilis* -72 с легированными сталями в пределах до 5%. Контакт со сталями 08Х13 и СТ-3 при биосинтезе пектиназы приводил к потере активности до 60%, щелочной протеиназы — на 53—88%. Инактивация ферментов вызвана действием ионов железа и хрома.

При глубинном культивировании *Asp. awamori* 16 и *Asp. foetidus* М-45 с образцами алюминия и титана и в металлических емкостях установлен активирующий эффект. Повышение биосинтеза пектиназы составило 50%. Влияние ионов алюминия и титана оказалось также на процессе роста и развития микроорганизмов — продуцентов. Отмечен прирост биомассы в среднем на 40%. Максимальный прирост ферментативной активности в металле из алюминия и титана был отмечен на 48-м часе роста продуцента, т. е. процесс биосинтеза пектиназы интенсифицировался на 24 часа или на 33%.

Laboratory of general and industrial microbiology
University of Ghent, Ghent, Belgium

Production of D(+)-Xylose Isomerase by *Streptomyces violaceus-ruber*

E. J. Vandamme. A. de Laporte, M. de Vocht and L. van Hoe

Introduction

D(+)-Xylose isomerase (D(+)-xyloseketolisomerase; E.C. 5.3.1.5.), is a microbial enzyme which reversibly catalyses the isomerisation between certain aldo- and keto-sugars. Its physiological function in the producing microbial cell is apparently to cata-

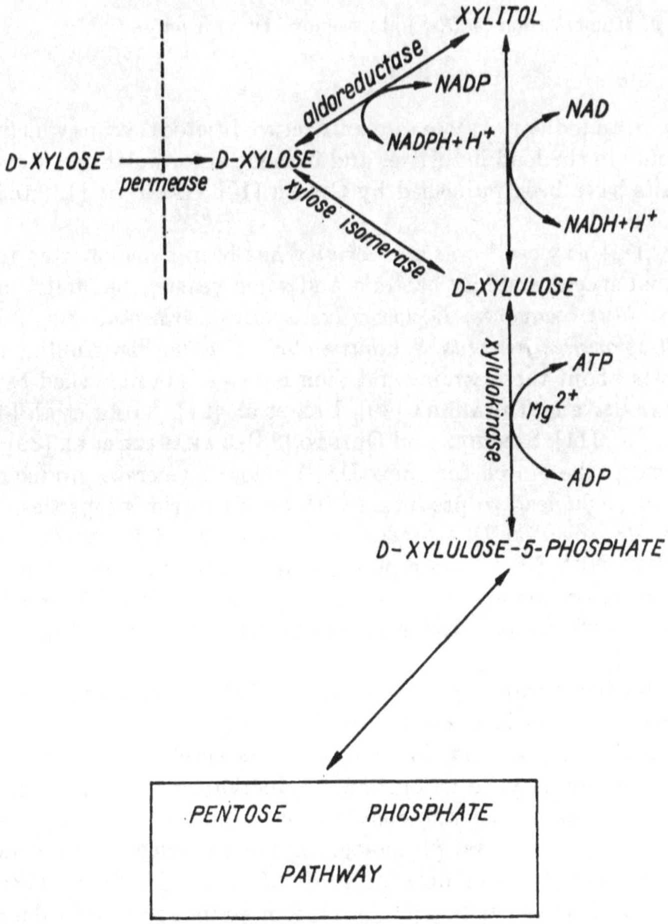

Fig. 1. Transport and Catabolism of D(+)-xylose

lyse the formation of D(+)-xylulose from D(+)-xylose, which is then phosphorylated to enter the pentose phosphate pathway: this has been shown by MORTLOCK and WOOD [26] and BISSON and MORTLOCK [3] in *Aerobacter aerogenes* PRL R3 and by DAVID and WIESMEYER [6] in *E. coli* X289 (Fig. 1).

However, only since its potential as a catalyst in the formation of D-fructose was reported by MARSHALL and KOOI [25] has the enzyme been the subject of intensified research (Fig. 2).

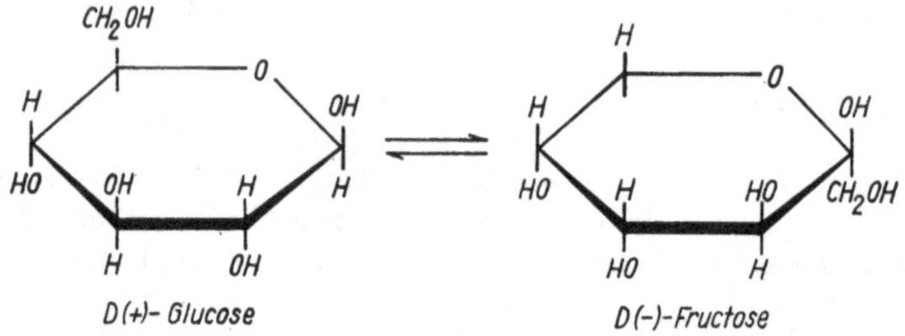

Fig. 2. Isomerisation of D(+)-glucose into D(—)-fructose

It is used now on an industrial scale to manufacture fructose syrups which find diverse applications mainly in the food industries and in medical formulations. Reviews dealing with these aspects have been published by GEYER [10], GRAMERA [12] and HAMILTON et al. [14].

Subsequently, D(+)-xylose isomerase activity has been demonstrated in at least 70 different microbial species (mainly bacteria and some yeasts), but today only the isomerases from *Bacillus coagulans*, *Lactobacillus xylosus*, *Arthrobacter* sp., *Actinoplanes missouriensis*, *Streptomyces griseolus*, *S. albus* and *S. olivaceus* have fullfilled commercial expectations. Data about these strains and their enzymes are published by DANNO [5], DIERS [7], YAMANAKA and TAKAHARA [49], LEE et al. [21], SHIEH et al. [35], HUPKES [18], GIOVENCO et al. [11], SANCHEZ and OUINTO [33], TAKASAKI et al. [39] and ZIENTY [52]. In this respect, the search for new D(+)-xylose isomerase producing strains is fully justified and might lead to producers with even superior properties.

In the genus *Streptomyces*, D(+)-xylose isomerase activity was first reported by TSUMURA and SATO [43]. Since then it has become clear that this enzymatic activity occurs rather frequently among streptomycete species, as is evidenced from reports by TAKASAKI et al. [39], VAHERI and KAUPPINEN [44], CHOU et al. [4], SIPOS [37] and HAMILTON et al. [14].

In this report, the fermentation pattern and typical characteristics of the D(+)-xylose isomerase of *Streptomyces violaceus-ruber* are described. This strain has so far not yet been described in this respect and therefore deserves surely a comparison with other producing microbial strains as to its enzyme production capacity and enzyme characteristics. Furthermore, as *S. violaceus-ruber* seems to be taxonomically closely related to *S. coelicolor*, — genetically and physiologically well studied by HOPWOOD [16] and HOPWOOD and MERRICK [17], — a detailed study of its D(+)-xylose isomerase activity is fully justified both from a fundamental and from an industrial microbiological point of view.

Experimental

Microorganisms and cultural conditions

Actinomycetes were isolated from local soil samples on glycerol-arginine agarmedia, as described by PORTER et al. [31] and on Actinomycetales Isolation Agar (Difco). Selection among these strains for D(+)-xylose isomerase producers occurred on the following synthetic medium (SSM-medium): D(+)-xylose 5.0 g (sterilised separately), NH_4NO_3 2.5 g; Na_2HPO_4 1 g; KH_2PO_4 0.5 g; $CoCl_2 \cdot 6H_2O$ 0.24 g; $MgSO_4 \cdot 7H_2O$ 0.5 g; $MnSO_4 \cdot 5H_2O$ 0.5 g; $FeSO_4 \cdot 7H_2O$ 0.1 g; EDTA-sodium salt 0.35 g; $CaCl_2$ 0.01 g; $ZnSO_4 \cdot 7H_2O$ 0.5 mg; $CuSO_4 \cdot 7H_2O$ 0.1 mg; $Na_2MoO_4 \cdot 2H_2O$ 0.05 mg; agar 20 g; aq. d. 1 liter (pH 7.0). Positive strains and stock cultures were maintained on Yeast Malt Agar slants, according to WILLIAMS and CROSS [46].

Spore inocula were harvested from 4 day-old slant cultures. For enzyme production, a complex medium (CM-medium) was arbitrarily composed, containing: D(+)-xylose 5.0 g; D(+)-glucose 5.0 g; caseine hydrolysate (Merck) 10.0 g; $CoCl_2 \cdot 6H_2O$ 0.24 g; $MgSO_4 \cdot 7H_2O$ 0.5 g; KH_2PO_4 0.7 g; yeast extract (Difco) 0.2 g; aq. d. 1 liter (pH 7.0). A chemically defined production medium (SM-medium), containing: D(+)-xylose 5.0 g; D(+)-glucose 5.0 g; L-histidine 10 g; $CoCl_2 \cdot 6H_2O$ 0.24 g; $MgSO_4 \cdot 7H_2O$ 0.5 g; KH_2PO_4 0.7 g; aq. d. 1 liter and adjusted to pH 7.0 was also used. Sugars were always autoclaved separately. Enzyme production occurred initially in 500 ml Erlenmeyer flasks, containing 100 ml of medium, incubated at 28 °C up to 90 hours on a rotary shaker at 220 rpm. The fermentation was scaled up to the 5 l level, using a Biolafitte lab-fermentor, and subsequently to the 20 l level in a Microferm CMF-128S New Brunswick pilot-fermentor. In fermentor runs, the agitation was normally kept at 300 rpm and an aeration rate of 20 liters of air per minute was applied.

Enzyme preparation

At regular intervals during the fermentation, culture samples were withdrawn and centrifuged at 5000 × g. The obtained cell mass (small pellets) was washed twice with phosphate buffer (M/15, pH 8.0) and diluted to a known dry cell weight (DCW). Cell suspensions (1 ml) were normally treated with lysozyme (0.1 ml; 18 mg/ml) during 1 hour at 37 °C. Other cell-disruption methods were: repeated freeze-thaw treatment at −20 °C, ultrasonic treatment (MSE-desintegration during 10 minutes at 20 Kc/sec), toluene treatment and thermal shock treatment (15 minutes at 70 °C). Cell free extracts were obtained by centrifugation of treated cell suspensions at 10.000 × g for 20 minutes. Cell preparations and supernatant fluid were subsequently checked for enzyme activity. This procedure allowed to follow the dynamics of isomerase synthesis in function of the fermentation cycle.

Enzyme assays

Isomerase activity was determined by incubating the cell or enzyme preparations with a substrate mixture (1 ml), containing 122 mM D(+)-glucose or another sugar, 0.1 M $MgSO_4 \cdot 7H_2O$, and 0.001 M $CoCl_2 \cdot 6H_2O$. The enzyme reaction was carried out at

70 °C at pH 8.0. At desired intervals, the isomerisation reaction was stopped by adding 10 ml 0.1 M $HClO_4$. Cells or debris were removed by centrifugation at 6000 rpm and fructose or other keto-sugars formed were quantitatively measured. This standard procedure was modified when necessary to characterize typical enzyme parameters as indicated in the text. One unit of enzyme (u) produces 1 mg of fructose per hour under the optimal reaction conditions. Specific activity relates to units per mg of dry cell weight (DCW). Volumetric activity relates to units per ml culture or reactor volume.

Sugar dosage

Fructose and other ketoses were quantitatively measured in the range 0—50 µg/ml with the modified cysteine-carbazol colorimetric method as described by DISCHE and BORENFREUND [8] and NAKAMURA [28].

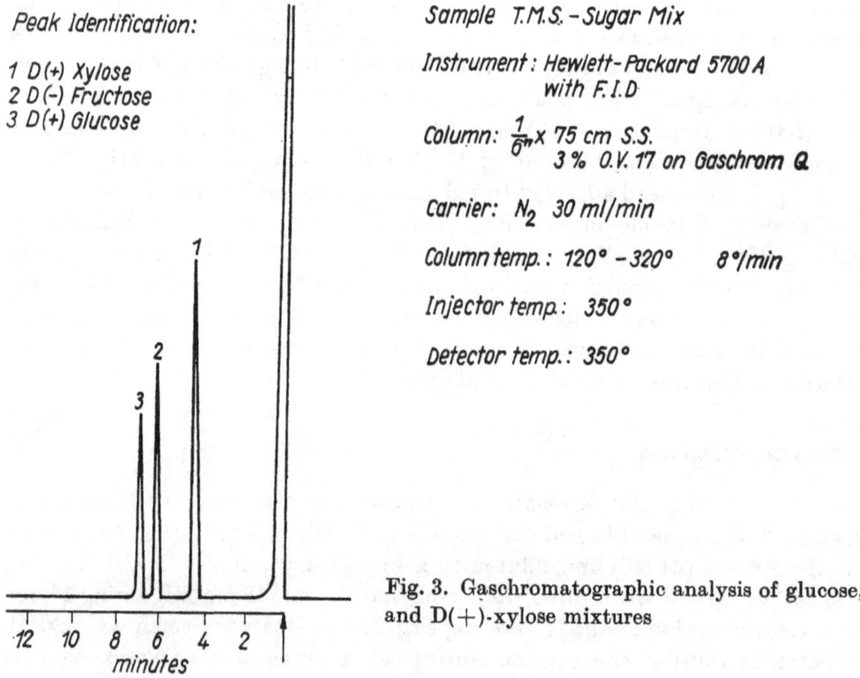

Fig. 3. Gaschromatographic analysis of glucose, fructose and D(+)-xylose mixtures

Qualitative detection of fructose and its separation from D(+)-glucose were performed by thin layer chromatography (TLC) on silicagel G-plates with acetonitrile-CS_2-H_2O (85:5:10) as a solvent. After multiple development (3 × 20 minutes), detection with triphenyltetrazoliumchloride spray-reagent allowed to detect 1 µg of sugar. The R_f-values for D(+)-glucose and D-fructose were respectively 0.40 and 0.50. The same TLC-system was also useful to detect and separate D(+)-xylose and D(+)-xylulose with R_f-values of 0.65 and 0.82 respectively. To be able to follow quantitatively D(+)-glucose and D(+)-xylose utilizazion during the course of the fermentation process, TLC was applied as above described and combined with TLD-100 densitometry measurements.

Gas chromatography was also applied for routine determination of the sugar utilization and conversion pattern during the fermentation process and for sugar conversions in enzyme reaction mixtures. Sugars were first converted into the corresponding oximes and then treated with hexamethyldisilazane to form volatile trimethylsilylethers (TMS). This method proved to be especially suitable for the quantitative sugar analysis of mixtures containing glucose, fructose and/or D(+)-xylose.

A Hewlett-Packard 5700 A gaschromatograph was used with Gaschrom Q as a column packing and 3% OV-17 as a stationary phase. A typical gaschromatogram is represented in Fig. 3. The method is quite reproducible, allows an accurate dosage, is much more sensitive than the TLC-densitometric technique and allows simultaneous identification and quantitation.

Cell immobilisation

Cells were harvested from SM-medium after 75 hours of fermentations, washed and concentrated to a suspension with a volumetric activity of 6.9 μ/ml in phosphate buffer (pH 8.0). Heating of the suspension during 15 minutes at 70 °C resulted in a fixation of the enzyme within the cells. Subsequently, these cells were immobilised in a polyacrylamide gel, following the procedure of Tomofumi et al. [41]: 2 g of acrylamide, 100 mg of N-N'-methylene-bis-acrylamide, 2 ml of a 5% NNN'N'-tetramethylethylenediamine solution and 2 ml of a 2% ammoniumpersulphate solution were added to 25 ml of cell suspension. The gel formed within 20 minutes and was then pressed through a metal screen to obtain gel particles of about 1 mm in diameter. The immobilised cells were stored in phosphate buffer (pH 8.0) at 4 °C. Recovery of immobilised cells from batch reactors was performed by simple filtration or centrifugation.

Protein determination

Protein in cell suspensions and enzyme reaction mixtures was determined according to Lowry et al. [24]. Cells and celldebris were previously dissolved with 1 N NaOH. Bovine serum albumine or lysozyme were used as standards.

Results and Discussion

I. Selection of D(+)-xylose isomerase producing actinomycetes

Of 75 randomly isolated morphologically different actinomycetes, about 45 strains could develop into colonies on the synthetic selective medium (SSM). Upon inoculation of these strains in the production medium, only 5 displayed a relatively high isomerase activity (0.2—0.1 μ/mg DCW) as compared to the average production level of the 45 strains (0.02 μ/mg DCW). The most promising strain was then identified as a *Streptomyces violaceus-ruber*, so far not yet described as a D(+)-xylose isomerase producer.

Direct selective isolation of D(+)-xylose isomerase producers is heavily hampered by lack of a rapid and specific agar-plate screening technique, so that one is left up to now with the laborious testing of each colony, appearing on SSM, by the procedure mentioned above. Indeed, colonial growth on SSM is not a prerequisite for isomerase synthesis as D(+)-xylose can also be reduced to xylitol by D(+)-xylose reductase, and then further metabolised as has been shown by YOSHITAKE et al. [51]. Growth might also occur at the expense of the agar in the medium. On the other hand, strains could be hit in a D(+)-xylose permease, as described by ALCORN and GRIFFITH [1], or a D-xylulose-kinase function, and therefore — eventhough they could produce D(+)-xylose isomerase — they do not grow on SSM then (Fig. 1).

Furthermore, NOLTMAN [30], TOMOYEDA and HORITSU [42] and DAVID and WIESMEYER [6] demonstrated that not all D(+)-xylose isomerases display activity towards glucose as a substrate.

II. Properties of the D(+)-xylose isomerase of Streptomyces violaceus-ruber

— Enzyme liberation

The enzyme was entirely intracellularly produced and could under no conditions be demonstrated in the culture medium. To characterize the enzyme, we found it preferable to use crude cell extracts as enzyme source.

Table 1
Activity of crude enzyme preparations

Cell-treatment	D(+)-xylose isomerase: Relative activity (%)
Washed intact cells	100*
Lysozyme treatment	158
Cell-free extract	147
Freeze treatment	120
Sonication	142
Toluene treatment	100
Heat-treatment	
10 min/70 °C	177
15 min/70 °C	214

*100 = 0.124 μ/mg DCW

As shown in Tab. 1, all enzyme release methods here applied resulted in a release of isomerase from washed intact cell suspensions. The apparent yields of enzyme released from cells were in all cases greater than 100%. Only toluene treatment had no effect on enzyme liberation. This increase in activity in treated cells might be attributed to diffusion resistance of the cellmembranes to substrates and products in intact whole cell-preparations. Especially, heat treatment (15 minutes at 70 °C) of homogenized cells resulted in a two-fold increase in specific activity over the untreated cell suspension. Mhis phenomenon has also been described with *Bacillus coagulans* enzyme by YOSHILURA et al. [50] and with *Streptomyces albus* by TAKASAKI et al. [39]. According to TLOYD et al. [23], this effect is mainly a result of inactivation of proteolytic and other autolytic enzymes. Lysozyme treatment of cells also enhanced the activity and resulted into an almost total liberation of the enzyme: this treatment was routinely used to prepare cell-free extracts. Ultrasonic treatment and freeze-thawing of cells had a less pronounced enzyme liberation effect. It is not known whether the enzyme is strictly cytoplasmatic, cell wall- or membrane bound.

— Enzyme characterization

Linear proportionality of enzyme activity to cell concentration was obtained over a range from 0 to 40 mg DCW/ml with 122 mM D(+)-glucose as a substrate. This indicated that under the reaction conditions used the enzyme is the limiting factor and that dosage of D-fructose quantitatively reflects the amount of enzyme present in reaction mixtures. Usually lysozyme treated cell suspensions were used at concentrations of 30 to 40 mg DCW/ml as enzyme source.

Table 2
Streptomyces violaceus-ruber enzyme characteristics

Temperature	70—75 °C
pH (phosphate buffer)	8,0
$MgSO_4 \cdot 7H_2O$	100 mM
$CoCl_2 \cdot 6H_2O$	1 mM
Km (D-Glucose)	12.8 mM
Keq (70 °C)	1.08 mM
Half life time $T_{1/2}$ (70 °C)	35 hours

Enzyme activity was found to be optimal at pH 8.0 with D(+)-glucose as a substrate. Conversion of D(+)-glucose to D-fructose, using lysed cell suspensions as crude enzyme source, functioned optimally at 70—75 °C, but was again very low at 80 °C. A sharp increase in activity was observed with temperatures from 50 °C onwards and above. These two parameters — optimal for enzyme activity — conflict with the fact that the substrate and end-product, — D(+)-glucose and D-fructose — under these conditions undergo alkaline degradation according to MOULIK et al. [27]. A literature survey indicated that indeed with most strains a very high temperature optimum (65—90 °C) is observed; this unusual temperature optimum for activity of this enzyme might well suggest that it could have originated from a thermophilic bacterium, from which the genes for its production might have been disseminated among microorganisms.

Isomerisation at 70 °C at pH 8.0 with glucose as a substrate was directly proportional with incubation time up to 1.5 hour to reach 40% of conversion, and then leveled off. After 5 hours of incubation maximal isomerisation was here obtained with an equilibrum constant Keq (70°) of 1.08. TAKASAKI et al. [39] and HAVEWALA and PITCHER [13] found for other *Streptomyces* isomerases Keq (70°) values of 1.3 and 1.06 respectively. The *S. violaceus-ruber* enzyme characteristics are summarized in Tab. 2.

Although D(+)-xylose was the sole inducer of the isomerase, the enzyme isomerized an interesting range of substrates, as represented in Tab. 3. This substrate spectrum indicates that the enzyme is a D(+)-xylose isomerase, with activity towards D-fructose, D-glucose, D-ribose and D-arabinose. D-mannose, D-galactose, L-rhamnose, L-xylose and L-arabinose were not isomerized at all. Specific L-arabinose isomerases were described by YAMANAKA and TAKAHARA [49] and are found in many heterofermentative lactic acid bacteria and specific D-ribose isomerase and D-xylose isomerase have been described in *Mycobacterium smegmatis* by IZUMORI et al. [19]. Isomerization of D-ribose by D-xylose isomerases has also been demonstrated by DANNO et al. [5], YAMANAKA [48] and SCALLET et al. [34]. Concomitant isomerization of D-arabinose appears to be an uncommon feature of the *S. violaceus-ruber* D(+)-xylose isomerase.

The effect of substrate concentration on glucose isomerization activity was followed at 70 °C at pH 8.0 and varying amounts of D(+)-glucose (0.006 M to 0.125 M) with a cell concentration of 37 mg DCW/ml. A Lineweaver-Burk [22] plot indicated a Km-value for glucose of 12.8 mM.

Table 3

Substrate specificity of D(+)-xylose isomerase of streptomyces violaceus-ruber

Substrate	Relative activity (%)
D-Xylose	100*
D-Fructose	64
D-Glucose	46.5
D-Ribose	10
D-Arabinose	3
D-Mannose	0
D-Galactose	0
L-Xylose	0
L-Arabinose	0
L-Rhamnose	0

*100 = 0.419 μ/mg DCW.

Mg^{++} and Co^{++}-ions were found to enhance the isomerase reaction 8 and 2.5 fold respectively at their optimal concentrations of 100 mM Mg^{++} and 1 mM Co^{++}, although these optimal concentrations might be dependent upon the cultural conditions of the cells. Similar observations were made by STRANDBERG and SMILEY [38] for the xylose isomerases of *Streptomyces phaeochromogenes*, by GIOVENCO et al. [11] with *Streptomyces griseus* and by SHIEH et al. [5] with *Actinoplanes missouriensis*. According to CHOU et al. [4], this increased activity in the presence of metal ions is largely due to protection of the enzymes against thermo-denaturation rather than to a real enzyme stimulation.

The crude enzyme from *S. violaceus-ruber* displayed a triphasic thermal stability curve upon prolonged incubation at 70 °C: between 0 and 30 minutes, a 10% to 30% increase in activity was observed; between 30 and 120 minutes, this increase in activity was again lost and from 2 hours onwards, the enzyme was stable with a half life of about 30 hours. This stability level is higher when compared with that of the *S. griseolus* and *B. coagulans* enzymes, described respectively by GIOVENCO et al. [11] and by DANNO [5], but lower than that of a *Streptomyces* sp. recently described by CHOU et al. [4].

III. Production pattern of D(+)-xylose isomerase

— Complex medium

The fermentation pattern of D(+)-xylose isomerase by *S. violaceus-ruber* in complex medium in a 30 l fermentor is shown in Fig. 4. Already after 38 hours, maximal biomass formation is attained (4.5 mg DCW/ml) and the cells enter the stationary phase. Apparent cell lysis occurs upon further incubation from 44 hours onwards. The pH drops gradually during the active growth phase from 7.0 to 4.5. No enzyme activity could be detected in the fermentation liquid. During exponential growth, only rather low levels of enzyme activity could be detected. Only at the onset of the transition phase (28 hrs)

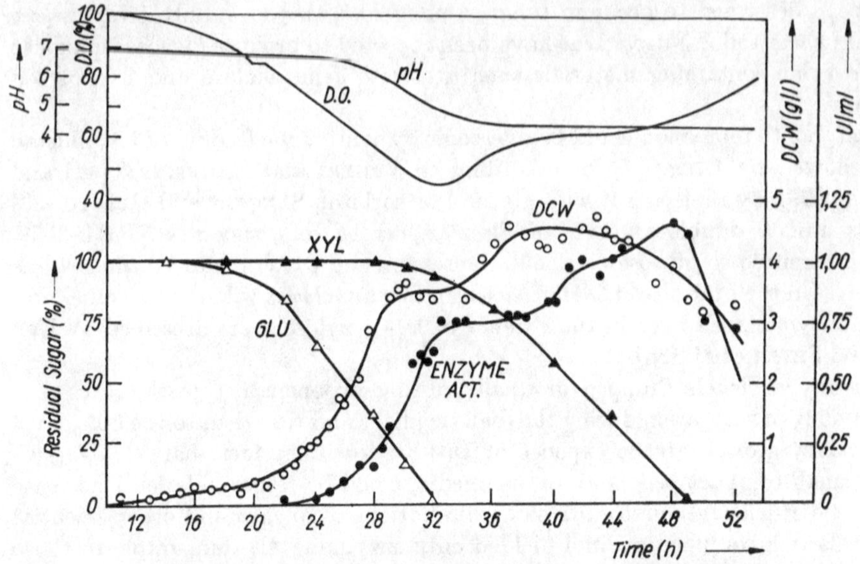

Fig. 4. Pattern of D(+)-xylose isomerase production in complex medium (CM) by *Streptomyces violaceus-ruber* in a 30 l pilot-fermentor

leading towards a secondary growth phase starts a period of active enzyme formation, which continues up to 32 hours; then it levels off gradually to regain importance and to reach a maximum specific activity of 0.20 μ/mg DCW at 50 hours of fermentation. Comparing the pattern of sugar utilisation with that of growth and the specific enzyme activity, it is clear that D(+)-glucose is preferentially used for active growth. Only upon depletion of glucose, and after a considerably diauxic lag period, D(+)-xylose is utilised. Furthermore, D(+)-xylose utilisation did result only in an inferior increase in biomass and enzyme level. These results show that high glucose levels repress enzyme synthesis and that D(+)-xylose is a good inducer but a poor carbon source. A critical ratio of D(+)-glucose to D(+)-xylose should here allow for an optimal enzyme production level, as has earlier been demonstrated by VENKATASUBRAMANIAN et al. [45] with *Streptomyces venezuelae* and IMANAKA et al. [20] with *Streptomyces* sp. It was reported by TAKASAKI et al. [39] that cheap D(+)-xylose sources such as wheat bran, corncob and chaff, containing xylan, could replace pure D(+)-xylose as an inducer provided that the strains involved produce xylanases. Xylanase (β-xylosidase, E.C. 3.2.1.37) activity has been reported to occur commonly in fungi, but only sporadically among bacteria (*Bacillus*) and yeasts; these include only *Trichosporon*, *Cryptococcus* and *Aureobasidium* species, this despite the fact that many yeasts can utilise D(+)-xylose as sole carbon source, as shown by BIELY et al. [2]. Xylan-utilising strains will obviously grow satisfactorily on xylose-oligosaccharides present in assorted wood liquors and spent sulphite liquors now mainly used as a SCP-substrate and are thus potential D(+)-xylose isomerase producers. In this perspective, it is not too surprising that among yeasts, the only strains so far reported to produce D(+)-xylose isomerase are *Candida utilis* and *Rhodotorula gracilis* respectively described by TOMOYEDA and HORITSU [42] and by HOFER et al. [15]. On the other hand, D(+)-xylose isomerase has so far not been described to occur in fungi. Among *Streptomycetes*, only *Streptomyces albus*, *S. bikiniensis* and *S. flavogriseus* have been reported to produce glucose isomerase on xylan or xylan-containing materials such as straw hemicellulose and hydrolysed ryegrass straw.

Glucose catabolite repression could be overcome by continuous feeding of low glucose levels, as reported by DIERS [7], or according to VAHERI and KAUPPINEN [44] and NOZINIC et al. [29], by replacing it with glycerol or sorbitol. SANCHEZ and QUINTO [33] were able to isolate double mutants of *Streptomyces phaeochromogenes* NRRL-3559, which were insensitive to glucose catabolite repression and which produced the enzyme constitutively. On the other hand, *Arthrobacter* and *Actinoplanes* wild-type strains, producing high enzyme levels even in the absence of D(+)-xylose, were described by LEE et al. [21] and SHIEH et al. [35].

Dissolved oxygen levels dropped gradually during exponential growth, reached a minimum at 45% of saturation during the diauxic phase and rose then to the 60% level during secundary growth at the expence of D(+)-xylose. The fact that *S. violaceus-ruber* forms small compact pellets in all our media, could be responsible for a decrease in its metabolic efficiency, due to diffusional limitations of oxygen and other essential nutrients. This rich complex medium yielded only enzyme levels comparable to those reached in the synthetic medium (0.20 μ/mg DCW).

— Synthetic medium

As far as we are aware, no literature data are available on D(+)-xylose isomerase production under chemically defined conditions. Several synthetic media described by PRIDHAM and LYONS [32], PORTER et al. [31], GAUSE et al. [9], SHINOBU et al. [36], WILLIAMS and KATZ [47], were tried out here, but our synthetic medium (SM) — arbitrarily composed — yielded the best growth and specific activity. In this medium, biomass attained a maximum after 80—85 hours of growth (1.6 g DCW/l) with a specific activity of 0.19 μ/mg DCW. The pH dropped gradually from 7.0 to 5.4 (Fig. 5). Again, growth was here initiated at the expense of glucose with only low enzyme levels (0.05 μ/mg DCW) produced during this first exponential growth phase. A second exponential growth phase started when D(+)-xylose was consumed and resulted here in a drastic increase as well in enzyme levels as in biomass.

The effect of different carbon sources in SM-medium on growth and enzyme production is summarized in Tab. 4. Without added sugar, a low enzyme activity could be detected; it was stimulated only by glycerol and expecially by D(+)-xylose, and completely repressed by other sugars, except L-arabinose. D-mannose and glucose were excellent carbon sources, but completely repressed enzyme synthesis. Replacing glucose in SM-medium with glycerol clearly resulted in a relief of enzyme repression. However, final growth and enzyme levels were comparable with glucose as a major carbon source.

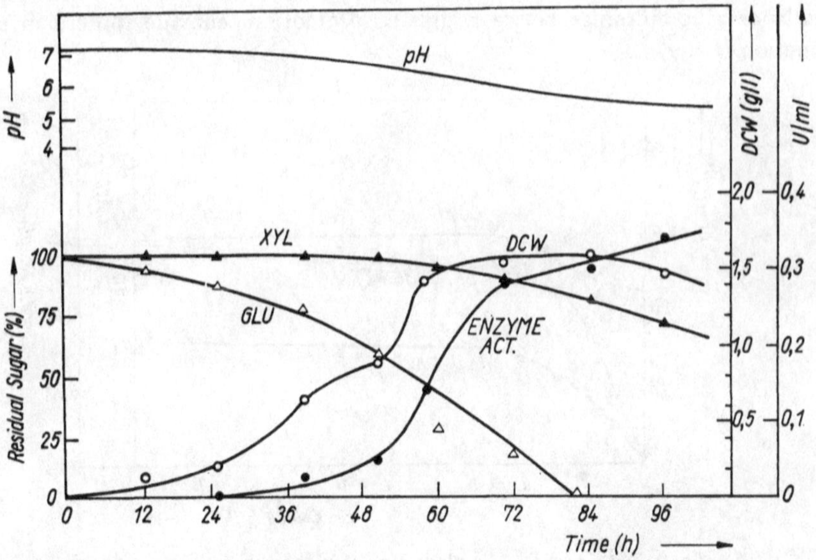

Fig. 5. Pattern of D(+)-xylose isomerase production in shake flasks by *Streptomyces violaceus-ruber* in synthetic medium (SM)

Subsequently, the effect of increasing D(+)-xylose concentration in SM was followed with glucose kept constant at 5 g/l. These results, represented in Fig. 6, show again that on glucose alone no enzyme is produced at all. Enzyme activity linearly increases with rising D(+)-xylose concentration up to 2 g/l, and then gradually levels off to reach a plateau at 5 g/l. Further increase of D(+)-xylose levels did practically not affect enzyme

Table 4

Effect of carbon sources on growth and isomerase production

Carbon source	Maximum DCW mg/ml	Vol. activity		Spec. activity		Final pH
None	0.37	0.0012	1%	0.003	2%	7.1
D-Xylose	0.87	0.1053	100%	0.121	100%	7.4
L-Xylose	0.57	0	—	0	—	7.05
D-Glucose	1.28	0	—	0	—	6.1
D-Fructose	0.268	0	—	0	—	7.4
Glycerol	1.4	0.012	11%	0.008	7%	6.25
L-Arabinose	1.88	0.0012	—	0.0006	1%	5.95
D-Mannose	1.86	0	—	0	—	7.75
D-Galactose	0.8	0	—	0	—	7.15

synthesis. Biomass production was not proportionally affected in the sense that maximal DCW increased only from 1.1 g/l to 1.5 g/l, while D(+)-xylose levels rose from 0 to 5 g/l. It appears thus again that D(+)-xylose is an excellent and sole inducer of D(+)-xylose isomerase, but is a poor carbon source for growth of *Streptomyces violaceus-ruber*. Mixtures of 5 g/l of D(+)-glucose and 5 g/l of D(+)-xylose were so far found to behave ideally as a compromise between growth promotion, enzyme repression and enzyme induction.

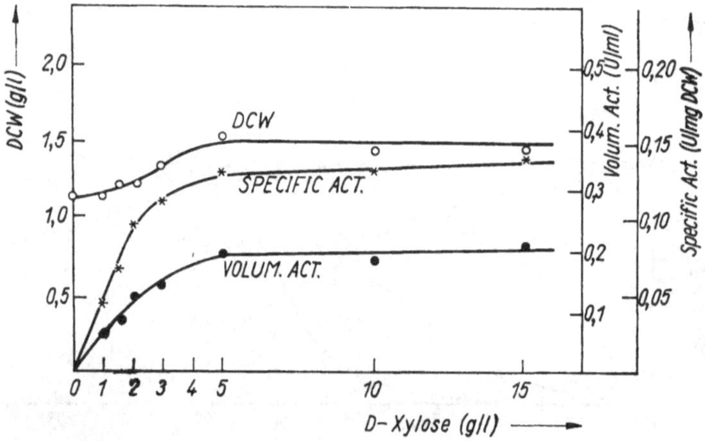

Fig. 6. Effect of D(+)-xylose levels on growth and D(+)-xylose isomerase production by *Streptomyces violaceus-ruber*. The medium used was SM-medium

Table 5

Effect of nitrogen sources on growth and isomerase production

N-Source (5 g/l)	DCW mg/ml	Vol. activity μ/ml	Spec. activity μ/mg DCW	Final pH
None	0.196	0	0	7.0
$(NH_4)_2SO_4$	0.196	0	0	6.6
KNO_3	0.286	0	0	7.0
L-Histidine	0.928	0.11	0.12	4.8
L-Glutamine	0.788	0.039	0.05	5.9
L-Asparagine	0.746	0.058	0.08	5.6
L-Methionine	0.328	0	0	7.0
L-Phenylalanine	0.286	0	0	7.0
L-Arginine	0.226	0	0	6.9

The effect of different nitrogen sources in SM-medium was tested as to their effect on growth and enzyme synthesis. The results are given in Tab. 5. L(+)-histidine appeared to be the best nitrogen source for growth and enzyme production, followed by L-asparagine and L-glutamine. Other amino acids and inorganic nitrogen sources were clearly inferior for growth and did not at all result in enzyme synthesis. Increasing the L(+)-histidine concentration from 0.4% to 1.4% had practically no effect on the specific enzyme production level, but resulted in a doubling of biomass production. Similar observations were made by VAHERI and KAUPPINEN [44] with *Streptomyces flavovirens* TK 1.

The effect of Co^{++}-ions on enzyme production learned that in fact highest growth yields and specific enzyme production levels were obtained without added Co^{++} (Fig. 7). In fact, increasing the Co^{++}-concentration resulted in a gradual inhibition of growth. Similar observations were only reported by CHOU et al. [4], as most other D(+)-xylose isomerase producing *Streptomyces* species do indeed need Co^{++} to activate enzyme

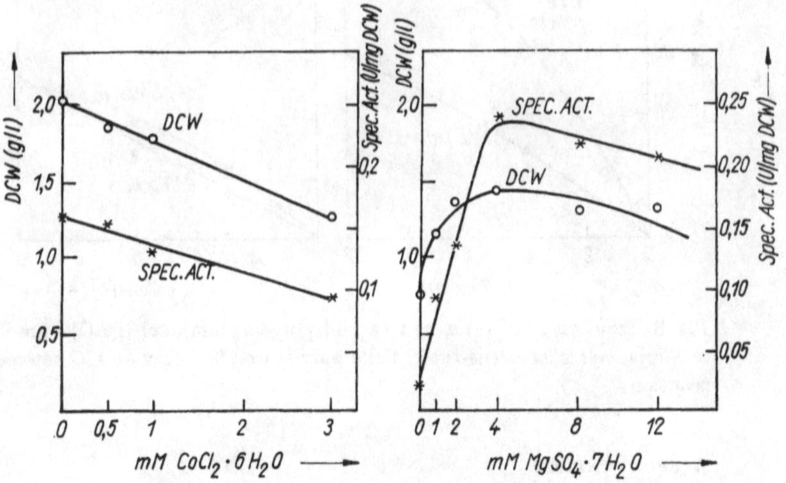

Fig. 7. Effect of Co^{++}- and Mg^{++}-ions on growth and D(+)-xylose isomerase production by *Streptomyces violaceus-ruber*

formation. Increasing amounts of $MgSO_4 \cdot 7H_2O$ up to a concentration of 0.1% stimulated growth and enzyme production. Higher concentration had no effect either on growth or on enzyme levels (Fig. 7).

IV. Batch-isomerisation reactions

A 1 liter batch isomerisation reaction was carried out with cell-free crude enzyme extract as enzyme source under optimal reaction conditions: temperature 70 °C, pH 8.0, D(+)-glucose 0.122 M, $MgSO_4 \cdot 7H_2O$ 0.1 M, $CoCl_2 \cdot 6H_2O$ 1 mM. After about 9 hours of reaction time, 40% of the added D(+)-glucose was converted to D-fructose. Within 20 hours, a maximal conversion of 52% was achieved. The initial pH lowered gradually during the first 10 hours of reaction time to a value of 7.0 and remained then constant upon prolonged incubation. According to TAKASAKI and LAMBAYASHI [40], this is mainly an effect of chemical oxidation reactions of the sugars.

A preliminary attempt to immobilise intact *Streptomyces* pellets in polyacrylamide gel (PAG) gave encouraging results: reuse of free pellets resulted in a loss of 50% of their original activity, whereas immobilised pellets lost only 12% of their activity under similar conditions (Fig. 8).

The conversion rates here obtained tend to believe that our strain produces an enzyme with a potential use in industrial batch or continuous isomerisation reactions whereby as well cell-free enzyme, immobilised enzyme as immobilised cells can be used as catalysts.

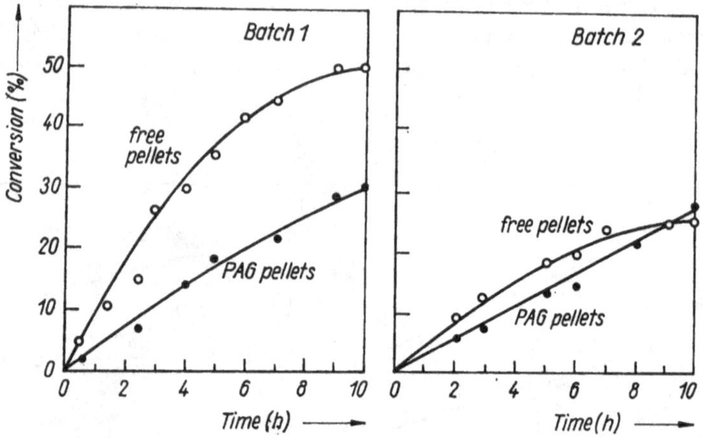

Fig. 8. Isomerisation rates of free and polyacrylamidgel (PAG)-immobilised pellets of *Streptomyces violaceus-ruber*. Cells were stored 24 hours at 4 °C between each batch reaction

Acknowledgment

The authors are indebted to the "National Collection of Industrial Bacteria", Torry Research Station, Aberdeen, Scotland, U.K., for help with the identification of streptomycete isolates and to Prof. Dr. K. YAMANAKA, Institute of Applied Biochemistry, University of Tsukuba, Japan for his continuous intetest and advice. Prof. Dr. A. WILSSENS, head of department, and Prof. Dr. G. C. VANSTEENKISTE, Seminar of Applied Mathematics and Biometrics, are thanked for their encouragement and support. VAN HOE L. and DE LAPORTE A. are recipients of fellowships, administered by the Belgian "Instituut tot Aanmoediging van het Wetenschappelijk Onderzoek in Nijverheid en Landbouw (IWONL)", for which they are grateful. The secretarial assistance of PIETERS W. is gratefully acknowledged.

References

[1] ALCORN, M. E., and C. C. GRIFFIN: A kinetic analysis of D-Xylose Transport in *Rhodotorula glutinis*. Biochim. Biophys. Acta **510** (1978), 361–371

[2] BIELY, P., Z. KRATKY, A. KOCKOVARRATOCHVILOVA and S. BAUER: Xylan-Degrading Activity in Yeasts: Growth on Xylose, Xylan and Hemicellulose. Folia Microbiologica **23** (1978), 366–371

[3] BISSON, T. M., and R. P. MORTLOCK: Regulation of Pentitol Metabolism by *Aerobacter aerogenes*. J. Bacteriol. **95** (1968), 925–931

[4] CHOU, C. C., M. R. LADISCH and G. T. TSAO: Studies on Glucose Isomerase from a *Streptomyces* species. Appl. Environm. Microbiol. **31** (1976), 489–493

[5] DANNO, G.: Studies on D-Glucose-isomerizing-enzyme of *Bacillus coagulans* HN-68. Part III. Induced Formation of D-Glucose-isomerizing-enzyme by D-Glucose grown Cells of *Bacillus coagulans* HN-68. Agr. Biol. Chem. **34** (1970), 1658–1667

[6] David, J. D., and H. Wiesmeyer: Control of xylose metabolism in *Escherichia coli*. Biochim. Biophys. Acta **201** (1970), 497–499

[7] Diers, I.: Glucose Isomerase in *Bacillus coagulans*. In Continuous Culture 6: Applications and new Fields. (Eds. Dean, A. C. R.; D. C. Ellwood, C. G. T. Evans and J. Melling); Horwood LTD, London (1975)

[8] Dische, Z., and E. Borenfreund: A new spectrofotometric method for the detection and determination of ketosugars and trioses. J. Biol. Chem. **192** (1951), 583–587

[9] Gause, G. I., T. P. Predbrazenskaya, E. S. Kudrina, N. O. Blinov, I. D. Rjabova and M. A. Sveshnikova: „Zur Klassifizierung der Actinomyceten", Fischer-Verlag, Jena, DDR (1958)

[10] Geyer, H. U.: Glucose-isomerase: Neue Möglichkeiten für die Stärke- und Lebensmittelindustrie. Die Stärke **26** (1974), 225–231

[11] Giovenco, S., F. Morisi and P. Pansolli: Properties of free and immobilized Glucose Isomerase. FEBS Letters **36** (1973), 57–60

[12] Gramera, R. E.: The Interrelationship between Agricultural Crops for the Production of Sweeteners. Starch/Stärke **30** (1978), 20–23

[13] Havewala, N. B., and W. H. Pitcher: Immobilized Glucose Isomerase for the Production of high Fructose Corn Syrups. In Enzyme Engineering II (Eds. Pye, E. K., and L. B. Wingard), Plenum Press (1974)

[14] Hamilton, B. K., C. K. Colton and C. L. Cooney: Glucose Isomerase: a Case Study of Enzyme-catalyzed Process Technology. Immobilized Enzymes in Food & Microbial Processes (Eds. Olson, N. F., and C. L. Cooney) (1974), 85–131

[15] Hofer, M., A. Betz and A. Kotyk: Metabolism of the Obligatory Aerobic Yeast *Rhodotorula gracilis*. Biochim. Biophys. Acta **252** (1971), 1–12

[16] Hopwood, D. A.: Genetic analysis and Genome Structure in *Streptomyces coelicolor*. Bacteriol. Rev. **31** (1967), 373–403

[17] Hopwood, D. A., and M. J. Merrick: Genetics of Antibiotic Production. Bacteriol. Rev. **41** (1977), 595–635

[18] Hupkes, J. V.: Practical Process Conditions for the Use of Immobilised Glucose Isomerase. Starch/Stärke **30** (1978), 24–28

[19] Izumori, K., Y. Ueda and K. Yamanaka: Pentose Metabolism in *Mycobacterium smegmatis*: Comparison of L-Arabinose Isomerase Induced by L-Arabinose and D-Galactose. J. Bacteriol. **133** (1978), 413–414

[20] Imanaka, T., K. O. Hokka, T. Yoshida and H. Taguchi: Kinetic Analysis for Glucose Isomerase Production by *Streptomyces* sp. Fifth International Fermentation Symposium, W.-Berlin, Abstracts (1976), 96

[21] Lee, C. K., L. E. Hayes and M. E. Long: Process of preparing Glucose Isomerase. U. S. patent 3,645,848 (1972)

[22] Lineweaver, H., and D. J. Burk: The determination of enzyme dissociation constants. J. Amer. Chem. Soc. **56** (1934), 658–666

[23] Lloyd, N. E., L. T. Lewis, R. M. Logan and D. N. Patel: Process for Isomerizing Glucose to Fructose. U. S. patent 3,694,314 (1972)

[24] Lowry, O. H., N. J. Rosenbrough, A. L. Farr, and R. J. Randall: Protein measurement with the phenol reagent. J. Biol. Chem. **193** (1951), 265–275

[25] Marshall, R. O., and E. R. Kooi: Enzymatic Conversion of D-Glucose to D-Fructose. Science **125** (1957), 648–649

[26] Mortlock, R. P., and W. A. Wood: Metabolism of Pentoses and Pentitols by *Aerobacter aerogenes*. J. Bacteriol. 88 (1964), 838–844

[27] Moulik, S. P., D. Basu and P. K. Bhattacharya: Effects of various conditions on the alkaline degradation of D-fructose and D-glucose. Carbohydrate Res. **63** (1978), 165–172

[28] Nakamara, M.: A modified cysteine-carbazol method. Agr. Biol. Chem. **32** (1968), 701–706

[29] NOZINIC, R., G. MARINKOVIC and M. BOSNJAK: Growth of *Streptomyces bambergiensis* and glucose isomerase biosynthesis. Preprints Part 2, First European Congress on Biotechnology (1978), Sept 25–29, Interlaken, Switzerland, p. 3/21–22

[30] NOLTMANN, E. A.: Aldose-Ketose Isomerases. In The Enzymes (Ed. BOYER, P. D.), third edition **6** (1972), 271–354

[31] PORTER, J. N., J. J. WILHEIM and H. D. TRESNER: Method for the Preferential Isolation of Actinomycetes from Soils. Appl. Microbiol. **8** (1960), 174–178

[32] PRIDHAM, T. G., and A. J. LYONS: *Streptomyces albus* (Rossi Doria) Waksman et Henrici: Taxonomic study of strains labelled *Streptomyces albus*. J. Bacteriol. **81** (1961), 431–441

[33] SANCHEZ, S., and C. M. QUINTO: D-Glucose Isomerase: Constitutive and Catabolite Repression – Resistant Mutants of *Streptomyces phaeochromogenes*. Appl. Microbiol. **30** (1975), 750–754

[34] SCALLET, B. L., K. SHIEH, I. EHERNTHAL and L. SLAPSHAK: Studies on the Isomerization of D-Glucose. Die Stärke **26** (1974), 405–408

[35] SHIEH, K. K., H. A. LEE and B. J. DONNELLY: Method of Making Glucose Isomerase and Using Same to Convert Glucose to Fructose. U. S. patent 3,834,988 (1974)

[36] SHINOBU, R.: Physiological and cultural study for the identification of soil actinomycete species. Mem. Osaka Univ. B. Nat. Sci. **7** (1958), 1–76

[37] SIPOS, T.: Syrup Conversion with Immobilized Glucose Isomerase. U. S. patent 3,708,397 (1973)

[38] STRANDBERG, G. W., and K. L. SMILEY: Free and Immobilized Glucose Isomerase from *Streptomyces phaeochromogenes*. Appl. Microbiol. **25** (1971), 588–593

[39] TAKASAKI, Y., Y. KOSUGI and A. KAMBAYASHI: Streptomyces Glucose Isomerase. Fermentation Advances (Ed. PERLMAN, D.), Academic Press (1969), 561–589

[40] TAKASAKI, Y., and A. KAMBAYASHI: Enzymatic Method for Manufacture of Fructose from Glucose. U. S. patent 3,715,276 (1973)

[41] TOMOFUMI, U., T. WATANABE, J. KATO and I. CHIBATA: Continuous Production of NADP by Immobilized *Achromobacter aceris* Cells. Biotech. Bioeng. **20** (1978), 255–266

[42] TOMOYEDA, M., and HORITSU, H.: Pentose Metabolism by *Candida utilis*. Part I. Xylose Isomerase. Agr. Biol. Chem. **28** (1964), 139–143

[43] TSUMURA, N., and T. SATO: Enzymatic Conversion of D-Glucose to D-Fructose. Part VI. Properties of the Enzyme from *Streptomyces phaeochromogenes*. Agr. Biol. Chem. **29** (1965), 1129–1134

[44] VAHERI, M., and V. KAUPPINEN: Improved Microbial Glucose Isomerase Production. Process Biochemistry (1977), July, 5–8

[45] VENKATASUBRAMANIAN, A., W. R. VIETH and R. CONSTANTINIDES: Induction and catabolite repression of glucose isomerase synthesis by *Streptomyces venezuelae* in continuous culture. Fifth International Fermentation Symposium, Berlin, Abstracts of Papers (1976), p. 125.

[46] WILLIAMS, S. T., and T. CROSS: Actinomycetes. Methods in Microbiology (Ed. BOOTH, C.), Academic Press (1971), 295–334

[47] WILLIAMS, W. K., and E. KATZ: Development of a Chemically Defined Medium for the Synthesis of Actinomycin D by *Streptomyces parvulus*. Antimicrob. Ag. & Chemother. **11** (1977), 281–290

[48] YAMANAKA, K.: Purification, Crystallisation, and Properties of the D-Xylose Isomerase from *Lactobacillus coagulans*. Biochim. Biophys. Acta **151** (1968), 670–680

[49] YAMANAKA, K., and N. TAKAHARA: Purification and Properties of D-Xylose Isomerase from *Lactobacillus xylosus*. Agr. Biol. Chem. **41** (1977), 1909–1915

[50] YOSHIMURA, S., G. DANNO and M. NAKATE: Studies on D-Glucose-Isomerizing Activity of D-Xylose grown Cells from *Bacillus coagulans* HN-68. Agr. Biol. Chem. **30** (1966), 1015–1023

[51] YOSHITAKE, J., M. SHIMAMURA, H. ISHIZAKI and Y. IRIE: Xylitol Production by *Enterobacter liquefaciens*. Agr. Biol. Chem. **40** (1976), 1493–1503

[52] ZIENTY, M. F.: Stabilization of Glucose Isomerase in *Streptomyces olivaceus* Cells. German patent 2,223,340 (1972)

Institut für Enzymologie und Technische Mikrobiologie, Berlin, DDR

Zur biochemischen Charakterisierung von enzymbildenden *Bacillus subtilis* Zellen in der Propagations- und Produktbildungsphase

M. Schultze, U. Graba, C. Scholz, B. Lebentrau, E. Harksen und M. Petzold

Im Bemühen, den Prozeß der Sporulation aufzuklären, sind in den letzten Jahren durch die Arbeitsgruppen Freese, Hanson und Ohné wichtige Erkenntnisse zum Stoffwechsel von *B. subtilis* gewonnen worden [2, 4, 6]. Große stammspezifische Unterschiede erschweren jedoch die Übertragbarkeit bekannter Ergebnisse und zwingen dazu, das eigene Stammaterial zweckgebunden zu analysieren. Die Reproduzierbarkeit der Ergebnisse in den verwendeten batch-Kulturen verlangt einen hohen Grad an Standardisierung der Fermentationsbedingungen und stellt hohe Ansprüche an die Stammhaltung. So können sich Stammvarianten z. B. durch die Temperaturstabilität der Phospho-

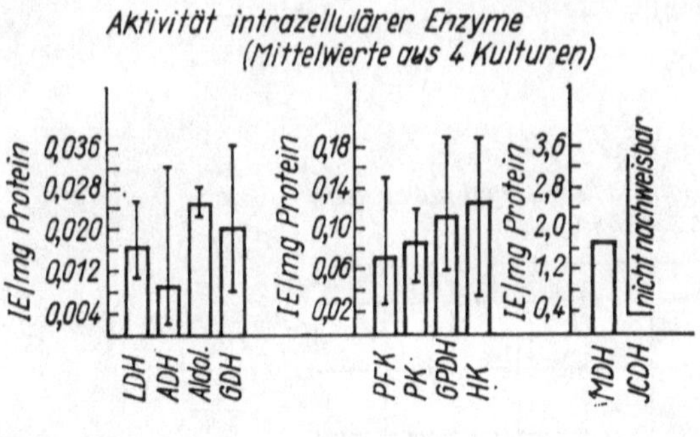

Abb. 1

fructokinase unterscheiden. Entsprechende Untersuchungen sind von Kopperschläger [5] durchgeführt worden. In Abb. 1 ist ein solches, noch nicht genügend standardisiertes Zellmaterial von *B. subtilis* in Hinblick auf einige intrazelluläre Enzymaktivitäten zusammengestellt.

Der Einfluß der Fermentationsdauer auf ausgewählte Enzymaktivitäten ist in Abb. 2 dargestellt. Während der Zellvermehrung in der batch-Kultur sinken entsprechend dem Substratverbrauch der sich vermehrenden Zellen die Glucose- und Aminosäurekonzentrationen im Fermentationsmedium (Abb. 3). Ausgehend von den Vorstellungen von Ohné [6] (Abb. 4) ist mit einer Dereprimierung von Enzymen des Tricarbonsäurecyclus zu rechnen. Auch der von uns verwendete Stamm zeigt die Repremierung der ICDH im Glucosemedium, während für Phosphofructokinase und Glucose-6-Phosphatdehydrogenase erhöhte Enzymaktivitäten verglichen mit Zellen, die unter Succinatzusatz kultiviert wurden, gemessen werden konnten (Abb. 5). BERNLOHR [3] beschreibt auch die Phosphofructokinase und Glucose-6-Phosphatdehydrogenase des *B. licheniformis* als relativ intensiv gegenüber veränderten Glucosekonzentrationen. Aus der Reprimierung des Tricarbonsäurecyclus im Glucosemedium bei unvermindertem Umsatz der Glucose über den Embden-Meyerhof-Weg kann eine hohe Pyruvatbildung resultieren, wie sie auch von RIEDEL [8] unter diesen Bedingungen an *B. subtilis* gemessen wurde.

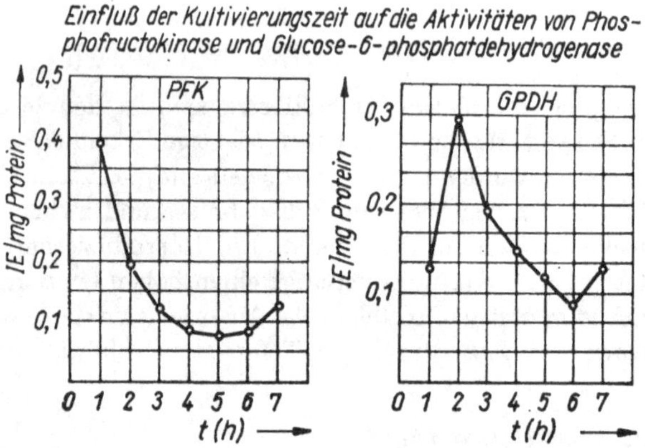

Abb. 2

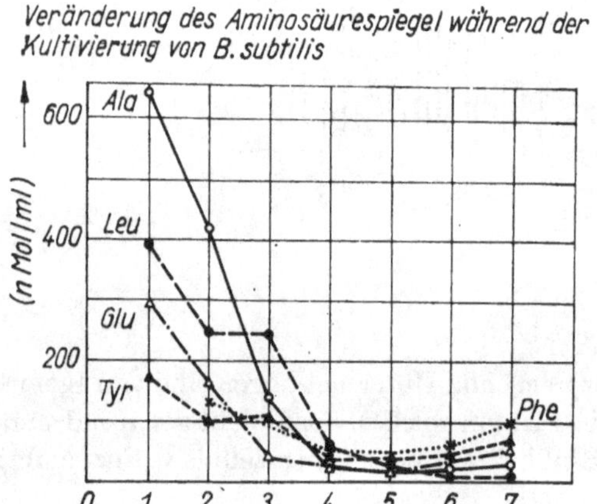

Abb. 3

In Abb. 6 ist die Gesamt-CO_2-Bildung der Zellen in Abhängigkeit von der Fermentationszeit aufgezeigt und der Anteil des CO_2, der aus Glucose bzw. aus Aminosäuren gebildet wird, ausgewiesen. Unter Verwendung von verschieden markierter Glucose konnte gezeigt werden, daß die Anteile an Glucose, die über den oxidativen Pentosephosphat- und über den Embden-Meyerhof-Weg verstoffwechselt werden, sich während des Fermentationsprozesses verändern. Auffallend ist der hohe Anteil des EMP gegenüber dem HMP. Nach Untersuchungen von RIEDEL [8] werden von ruhenden Zellen ca. 60–80% der Glucose über den EMP und 20% über den oxidativen und nicht oxidativen HMP abgebaut. Die unter Zusatz von Ribose gemessenen höheren RNS-Spiegel deuten auf eine limitierte Bereitstellung von Ribosephosphat durch den HMP.

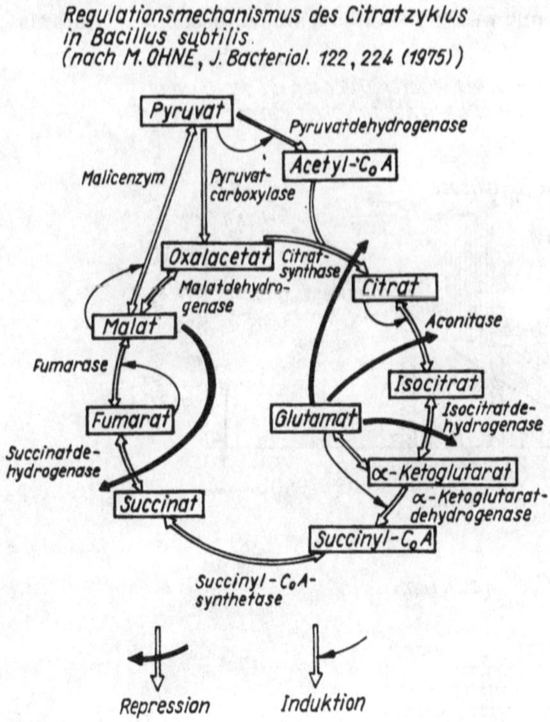

Abb. 4

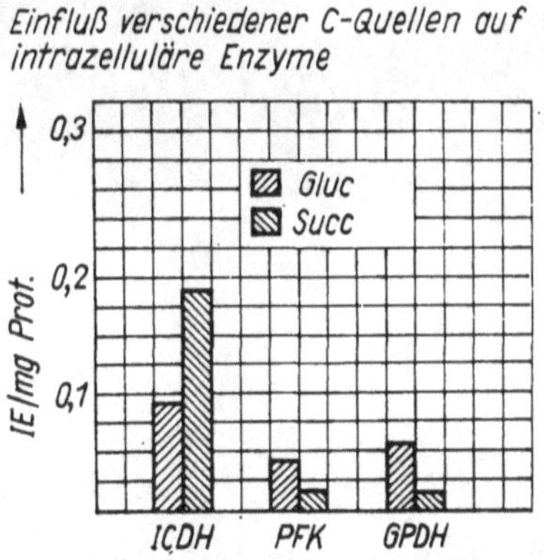

Abb. 5

Das Zellmaterial, das nach fünfstündiger Fermentationszeit gewonnen wurde, diente als Inokulum der sogenannten Hauptkultur, einem Fermentationsprozeß, der sowohl eine weitere Zellvermehrung als auch die extrazelluläre Enzymbildung umfaßt. Wir beobachteten in einem komplexen Fermentationsmedium mit Stärke als Kohlenhydratquelle ein mehrphasiges Wachstum unseres Enzymbildners (Abb. 7). Während der ersten Fermentationsstunden werden hauptsächlich Aminosäuren verstoffwechselt. Es konnte kaum $^{14}CO_2$ auf U-^{14}C markierter Glucose gemessen werden (Tab. 1).

Wie aus den gemessenen Aminosäurespiegeln (Abb.8) hervorgeht, ist der Verbrauch der einzelnen Aminosäuren unterschiedlich. Während sich der Spiegel aromatischer Aminosäuren und Histidin nur wenig verändert, sinken besonders Glutamat, Alanin und

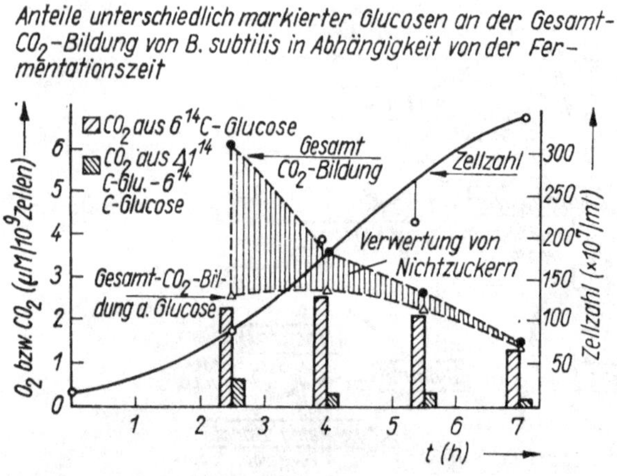

Abb. 6

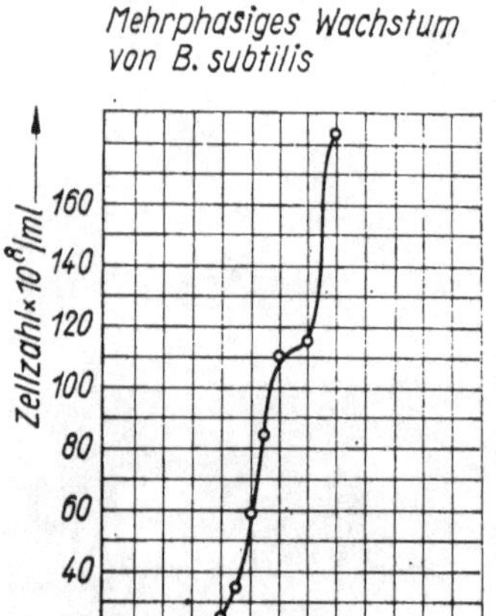

Abb. 7

Tabelle 1

Anteil der Glucose an der Gesamt-CO_2-Bildung von Bacillus subtilis

Stunden	0,5	1,5	2,0	3,0	3,5	4,0	4,5	5,0	5,5	6,0
Gesamt CO_2 μ Mol	0,7	1,2	2,0	3,9	4,0	5,6	6,0	9,5	11,0	12,0
% CO_2 (Gluc)	13,5	12,3	5,7	2,8	1,6	1,2	1,4	1,9	1,9	1,7

Aspartat. Die Aminosäuren Glycin und Serin erreichen zur 6. Fermentationsstunde auch sehr niedrige Werte. Glycin soll nach TSURU [10] die Bildung von α-Amylase hemmen. Wird die Fermentation hingegen ohne Stärkezusatz bei kontinuierlicher Glucosedosierung (Spiegel ~ 0,4 mg/ml) durchgeführt, so werden Aminosäuren und

Zellvermehrung und Aminosäurespiegel der Kulturlösung in Abhängigkeit von der Fermentationszeit

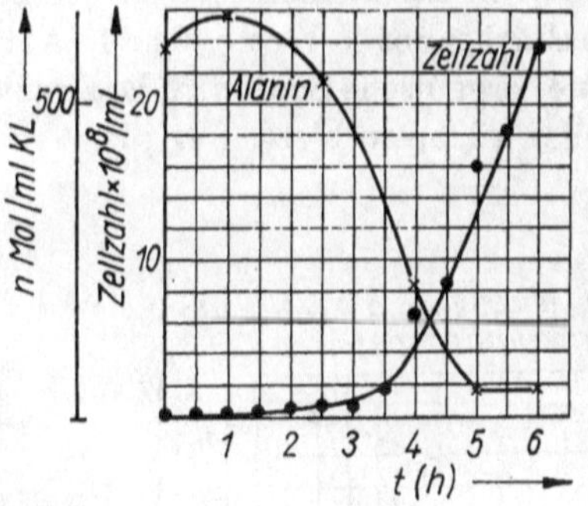

nMol / h	0	1,5	2,5	4	5	6
Gly	195	220	186	198	58	15
Ser	403	393	197	20	15	15
Glu	582	573	253	63	62	209
Asp	280	373	214	44	45	64
Val	250	315	261	192	155	148
Phe	456			437		466
Arg	136	149	0	0	0	0

Abb. 8

Beziehungen des Wachstums von B. subtilis und der Kohlehydratverwertung in Abhängigkeit von der Fermentationszeit

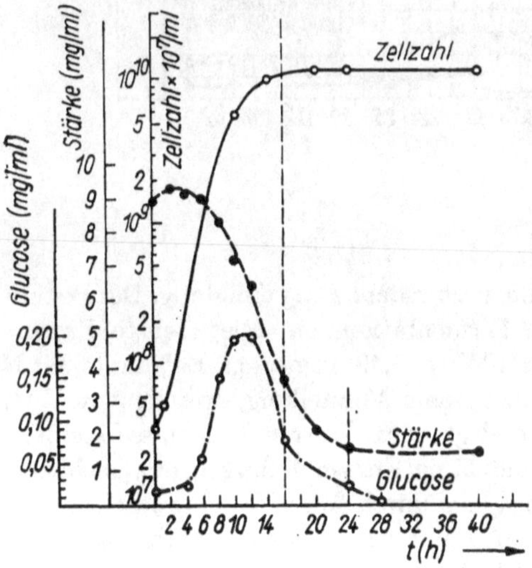

Abb. 9

Glucose gleichzeitig verstoffwechselt. Es werden z. T. höhere Wachstumsgeschwindigkeiten beobachtet.

Im stärkehaltigen Medium wird nach ca. sechsstündiger Fermentationszeit Stärke in den Zellstoffwechsel einbezogen (Abb. 9). Möglicherweise liegt zu diesem Zeitpunkt bereits, bedingt durch sehr niedrige Konzentrationen an α-Amylase, die von den Zellen des Inokulums herstammt, bzw. in sehr niedrigem Umfang von jungen Zellen produziert wurde, als Oligosaccharidgemisch vor. Analytisch wird sie als lösliche Stärke angezeigt (Stärkespaltung mittels Glucoamylase). Nach ca. 16—18 Stunden Fermentationszeit, korrelierend mit kaum mehr nachweisbarer Glucose im Medium, beginnt die Zellzahl abzusinken. Nach ca. 24 Stunden findet kein Stärkeabbau mehr statt. Ungefähr 15% der eingesetzten Stärke bleiben ungenutzt. Möglicherweise sind dies nicht utilisierbare Grenzdextrine. Eine Limitation durch NH_4^+ liegt unter unseren Versuchsbedingungen nicht vor. Die RQ-Werte verändern sich in der Reihenfolge der veratmeten Substrate und erreichen nach Beendigung des Stärkeabbaus Werte über 1 (Abb. 10). Unter diesen Bedingungen werden aus dem Medium organische Säuren, z. B. Pyruvat, aus dem Glucosestoffwechsel stammend, in die Zellen rückresorbiert. Der pH-Wert zeigt einen entsprechenden Verlauf.

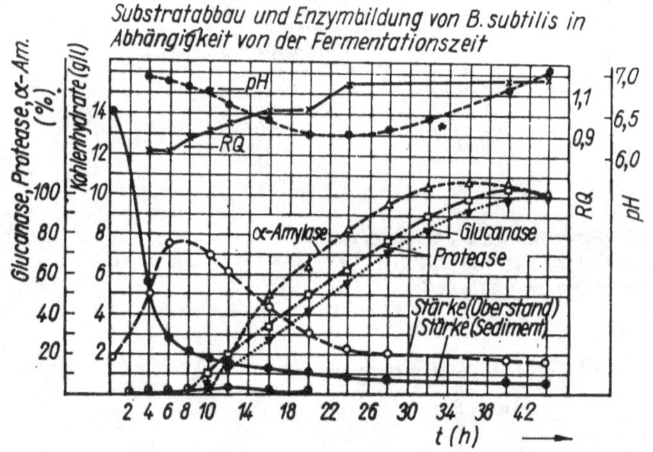

Abb. 10

Wir beobachteten eine wachstumsverbundene Enzymbildung. Der Beginn der Enzymbildung liegt bei sechs Stunden Fermentationszeit. Die höchste Enzymbildungsrate wurde bei einem relativ niedrigen μ-Wert (0,39) gemessen. Es könnte der Nucleinsäurepool eine Kontrollfunktion ausüben, eine Vorstellung, wie sie von COLEMAN [1] in seinem „Competition-Modell“ dargelegt wird. Unsere Ergebnisse können jedoch auch die Katabolitrepression der extrazellulären Enzymbildung nicht ausschließen, die bis zur sechsten Fermentationsstunde vor allem durch Aminosäuren ausgelöst werden könnten.

Werden die Enzymbildungsraten von α-Amylase einer Fermentation bei niedrigen Glucosespiegeln mit denen unter Stärkezusatz verglichen, so sind sie um eine Größenordnung niedriger. Es ist daher auch eine Induktionswirkung durch permeable Stärkeabbauprodukte anzunehmen, wie sie von WELKER und CAMPBELL [11] für α-Amylase bei *Bacillus stearothermophilus* und von SAITO und YAMAMOTO [9] für *Bacillus licheniformis* postuliert wird. Auch PRIEST [7] vertritt die Auffassung, daß der größte Teil der extrazellulären Enzyme der Bacillen induzierbar ist.

Weitere Untersuchungen zur Klärung der Regelmechanismen extrazellulärer Enzymbildung sind notwendig.

Literatur

[1] Coleman, G.: Studies on the regulation of extracellular enzyme synthesis by *Bacillus subtilis*. J. Gen. Microbiol. **49** (1967), 421–431

[2] Diesterhaft, M. D., and E. Freese: Role of pyruvate carboxylase, phosphoenolpyruvate carboxykinase and malic enzyme during growth and sporulation. J. Biol. Chem. **248** (1973), 6062–6070

[3] Donohue, T. J., and R. W. Bernlohr: Effect of Cultural Conditions on the Concentrations of Metabolic Intermediates during Growth and Sporulation of *Bacillus licheniformis*. J. Bacteriol. **135** [1978), 363–372

[4] Hanson, R. S.: Role of small molecules in regulation of gene expression in bacilli. p. 318–326 in Gerhardt, P., H. L. Sadoff and R. N. Costilow: Spores VI American Society for Microbiology, Washington, D.C. 1975
Regulation of sporulation and entry of carbon into tricarboxylic acid cycle. p. 196–211 in Campbell, L. L. (ed.): Spores IV. American Society for Microbiology, Bethesda Md, 1969

[5] Kopperschläger, G.: persönliche Mitteilung

[6] Ohné, M., and B. Rutberg: Repression of Sporulation in *Bacillus subtilis* by L-Malate. J. Bacteriol. **125** (1976), 453–460

[7] Priest, F. G.: Extracellular Enzyme Synthesis in the Genus Bacillus. Bacteriol. Rev. **41** (1977), 711–753

[8] Riedel, K.: persönliche Mitteilung, Publikation in Vorbereitung

[8] Saito, N., and K. Yamamoto: Regulatory factors affecting α-Amylase production in *Bacillus licheniformis*. J. Bacteriol. **121** (1975), 848–856

[10] Tsuru, D.: Inhibitory effect of glycine on the production of amylase and proteinase by *Bacillus subtilis*. I. Effect of glycin and glycinderivates on the enzyme production by the washed cells. Agr. Biol. Chem. **26** (1962), 288

[11] Welker, N. E., and L. L. Campbell: Induction of α-Amylase of *Bacillus stearothermophilus* by maltodextrins. J. Bacteriol. **86** (1963), 687–691

Institut für Enzymologie und Technische Mikrobiologie, Berlin, DDR
Bereich Lebensmittelchemie der Sektion Chemie der Humboldt-Universität, Berlin, DDR)*

Untersuchungen zur Glucoamylasebildung durch *Endomycopsis bispora*

P. LIEBS, G. RITTER, M. SCHULTZE und C. FRANZKE*), R. GÖBEL*), J. KROLL*)

Die Herstellung extrazellulärer Enzyme erfolgt vorwiegend durch batch-Fermentationen. Da sich bei dieser Art der Mikroorganismenkultivierung das Wachstum und der Stoffwechsel der Population sowie die aktuellen Substratkonzentrationen und Milieubedingungen ständig ändern, wird die Erkennung kausaler Zusammenhänge der Produktbildung generell erschwert. Für den Glucoamylase (1,4-α-D-Glucan-Glucohydrolase EC 3.2.1.3.) bildenden Mikroorganismus *Endomycopsis bispora* kommt hinzu, daß er ähnlich anderen Organismen [4, 5] in mehreren morphologischen Formen auftritt, das heißt, in Abhängigkeit vom Alter und den Milieubedingungen [7] einen Di- bzw. Polymorphismus zeigt, der in Korrelation zur Glucoamylasebildung steht.

Untersuchungen von WINKLER [7] ergaben, daß die Hyphenform zur Glucoamylasebildung befähigt ist, ebenso auch die aus alterndem Mycel in der stationären Wachstumsphase entstehenden Arthrosporen. Blastosporen, als vegetative Vermehrungsform des Organismus, durch subterminale Sprossung entstehend und unter Umständen als sogenannte Hefeformen weiterwachsend, zeigen eine geringe Glucoamylaseausschüttung.

Die hier vorgestellten Untersuchungen verfolgen das Ziel, Zusammenhänge zwischen Substratverwertung und Produktbildung zu erkennen.

In Abb. 1 sind die Verläufe einer charakteristischen *E.-bispora*-Fermentation dar-

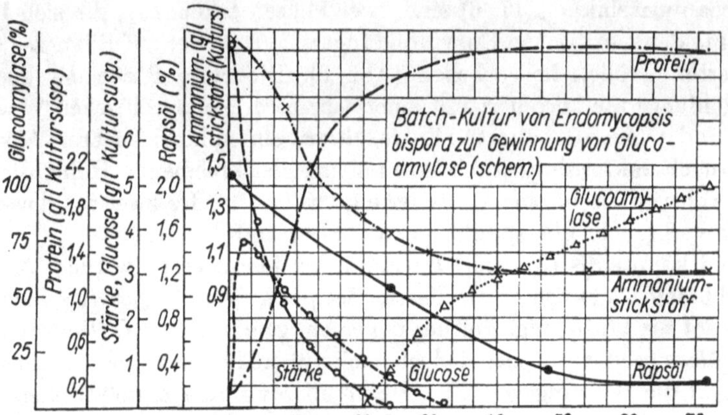

Abb. 1. Batch-Kultur von *Endomycopsis bispora* zur Gewinnung von Glucoamylase (schem.)

gestellt. Die Kultivierung erfolgte im zwangsbelüfteten Rührfermentor, als Medienbestandteile sind Maisstärke, Maisquellwasser, Rapsöl und Ammoniumsulfat zu nennen. Kurz nach Beimpfung der komplexen Nährlösung setzt ein intensiver Stärkeabbau zu Glucose ein. Nach kurzzeitiger Glucoseakkumulation im Medium ist eine deutliche Glucosemetabolisierung zu beobachten. Das Wachstum der Population hält solange an, wie Kohlenhydrate als Substrate zur Verfügung stehen. Bei Vorliegen einer aktuellen Glucosekonzentration um 0,1%, in der Übergangsphase zum stationären Wachstum, setzt die Glucoamylasebildung ein.

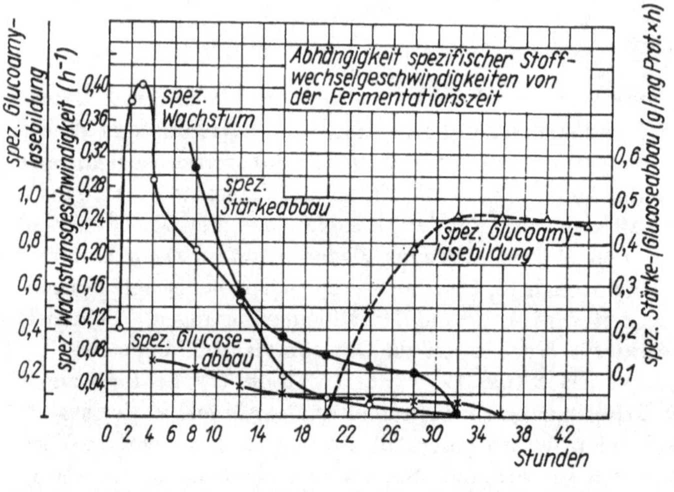

Abb. 2. Abhängigkeit spezifischer Stoffwechselgeschwindigkeiten von der Fermentationszeit

In der Kinetik der mit hoher Wahrscheinlichkeit einer katabolischen Repression unterworfenen Glucoamylasebildung [7, 6] sind zwei Phasen erkennbar, die sich besonders nach Berechnung der spezifischen Enzymbildungsrate (d. h. der auf Biomasse und Zeiteinheit normierten Größe), hervorheben (Abb. 2). Die erste Phase der spezifischen Glucoamylasebildungsrate korreliert mit einer sehr niedrigen spezifischen Wachstums-, Stärkeabbau- und Glucoseabbaurate. Es resultiert ein nahezu linearer Anstieg. Die zweite Phase ist charakterisiert durch ihre nahezu gleichbleibende Höhe, die bis zum Fermentationsabbruch kaum eine Veränderung erfährt. In der zweiten Phase sind die Kohlenhydrate verbraucht, die spezifische Wachstumsrate 0.

Dieser Befund könnte als Kohlenhydratlimitation interpretiert werden. Als Kohlenstoffquelle steht dem Organismus zu diesem Zeitpunkt jedoch noch das dem Medium zugesetzte Rapsöl zur Verfügung, welches bei einem gemessenen RQ-Wert zwischen 0,7 und 0,8 verstoffwechselt wird, sich jedoch nicht über die spezifische Wachstumsrate auswirkt [1]. Auf die Wirkung von Öl zur Stimulierung der amylolytischen Aktivität wurde erstmals von YAMAMOTO [8] an *Endomyces* spec. hingewiesen. Untersuchungen der Arbeitsgruppe um RUTTLOFF [7] sowie eigene Ergebnisse an *E. bispora* bestätigen diesen Befund. Es wurde festgestellt, daß das dem Medium zugesetzte Rapsöl im Verlauf der Fermentation einer Lipolyse unterliegt (Abb. 3). Primär werden die gebildeten freien Fettsäuren akkumuliert. Es ist zu erkennen, daß die einzelnen Fettsäuren in unterschiedlichem Ausmaß verstoffwechselt werden, wobei Linolsäure am stärksten, Erucasäure am spätesten und geringsten angegriffen werden.

Welche Rolle spielen nun die Lipide bzw. freien Fettsäuren im Stoffwechsel? Es ist bekannt, daß ihnen als Bestandteile der Zellmembran, der Membranen der Zellorganellen sowie beim Stofftransport eine entscheidende biologische Bedeutung zukommt. Auf die Fülle der Erkenntnisse, die zur Lipidproblematik vorliegen und größtenteils an tierischem Material erhalten wurden, soll jedoch hier nicht eingegangen werden. Es sollen

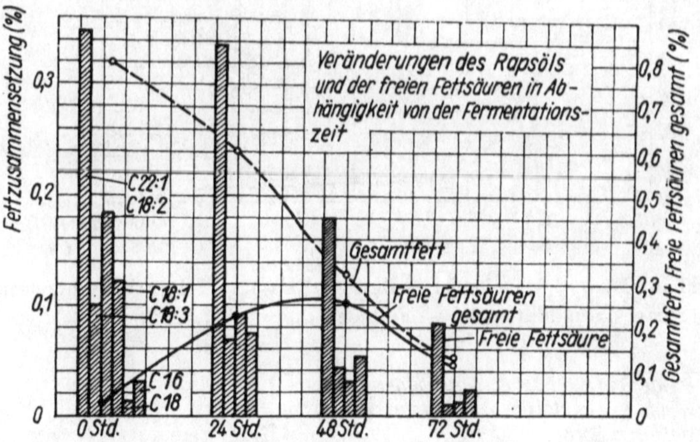

Abb. 3. **Veränderungen des Rapsöls und der freien Fettsäuren in Abhängigkeit von der Fermentationszeit**

lediglich einige Gesichtspunkte der Arbeiten von Hunkowa und Fencl [2, 3] diskutiert werden.

Die Autoren differenzieren den Einfluß freier Fettsäuren auf den Stoffwechsel verschiedener Hefespecies. Sie unterscheiden vier konzentrationsabhängige Wirkungen:

1. Eine Konzentration unterhalb eines Schwellenwertes, die zur Stimulation der O_2-Konsumtion führt.
2. Eine Schwellenwertkonzentration, die das Wachstum reduziert sowie die Phosphataufnahme hemmt. Die Substratverwertung wird jedoch ebensowenig wie die O_2-Konsumtion gehemmt.
3. Überschwellenwertkonzentration, die eine partielle Substratoxidationshemmung auslöst, sowie
4. eine mikrobizide Konzentration, die schließlich zur Zellyse führt.

Je nach der Kettenlänge der untersuchten Fettsäuren ist die Wirkung unterschiedlich. Freie Fettsäuren als Entkoppler der oxydativen Phosphorylierung sehen die Autoren primär als Auslöser einer Phosphataufnahmehemmung.

Weiterhin wurde gefunden, daß bei Verfütterung von Capronsäure (2 mM) an *C. utilis* die CO_2-Fixierung über das malic enzyme an Pyruvat blockiert ist. Das akkumulierte Pyruvat wird via Glycolyse zu Äthanol umgesetzt.

In ersten Untersuchungen über die Wirkung der freien Fettsäuren des Rapsöls auf die Glucoamylasebildung von *E. bispora* substituierten wir das dem Medium zugesetzte

Rapsöl durch steigende Konzentrationen von Rapsölhydrolysat (Abb. 4). Es ließ sich zeigen, daß die Glucoamylasebildung zu mehr als 90% inhibiert wird, wenn die Hälfte des Rapsöls durch Rapsölhydrolysat ersetzt wird. In unseren bisherigen Untersuchungen

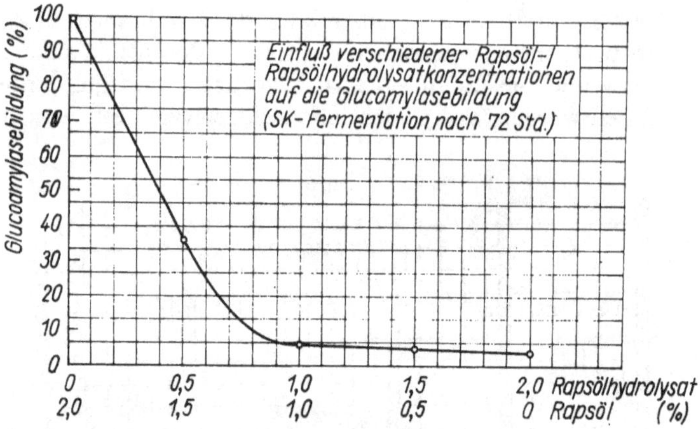

Abb. 4. Einfluß verschiedener Rapsöl-/Rapsölhydrolysatkonzentrationen auf die Glucoamylasebildung (SK — Fermentation nach 72 Std.)

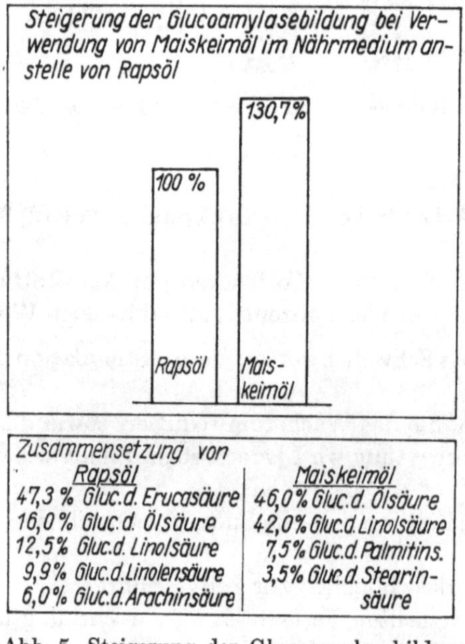

Abb. 5. Steigerung der Glucoamylasebildung bei der Verwendung von Maiskeimöl im Nährmedium anstelle von Rapsöl

ließ sich bei dieser Konzentration von 1% freien Fettsäuren weder ein Einfluß auf die O_2-Konsumtion noch auf das Biomassewachstum feststellen.

Ob eine der freien Fettsäuren des Rapsöls bevorzugt auf die Hemmung der Glucoamylasebildung wirkt, konnte bisher noch nicht ermittelt werden.

Abgeleitet aus dem Befund, daß Erucasäure schlechter metabolisiert wird als die anderen freien Fettsäuren des Rapsöls, wurden lediglich Untersuchungen mit Maiskeimöl durchgeführt, welches keine Erucasäure enthält, dafür aber in höheren Konzentrationen die gut metabolisierbare Linolsäure. Aus Abb. 5 geht hervor, daß sich die Glucoamylasebildung bei Schüttelkolbenfermentationen um ca. 30% steigern ließ. Ob dieses Ergebnis die Schlußfolgerung zuläßt, daß Erucasäure die Glucoamylasebildung inhibiert, kann zur Zeit noch nicht gesagt werden.

Wir hoffen, daß wir durch zukünftige Untersuchungen die im Moment schlecht überschaubare Wirkung der genannten Öle und ihrer Bestandteile auf den Stoffwechsel von *E. bispora* etwas differenzieren und aufhellen können.

Literatur

[1] Franzke, C., R. Göbel, J. Kroll, P. Liebs, G. Ritter und M. Schultze: Über die Veränderungen des Fettes bei der Kultivierung von *Endomycopsis bispora*. Nahrung; im Druck

[2] Hunkova, Z., and Z. Fencl: Toxic Effects of Fatty Acids on Yeast Cells; Dependence of Inhibitory Effects on Fatty Acid Concentration. Biotechn. and Bioeng. **19**, 1623 (1977)

[3] Hunkova, Z., and Z. Fencl: Toxic Effects of Fatty Acids on Yeast Cells; Possible Mechanism. Biotechn. and Bioeng. **20**, 1235 (1978)

[4] Nickerson, W. J., and Z. Mankowski: Role of nutrition in the maintenance of the yeastshape in *Candida*. Am. J. Bot. **40**, 584 (1953)

[5] Rippon, J. W.: Monitored environment system to control cell growth morphology and metabolic rate in fungi by oxydationsreduction potential. Appl. Microbiol. **16**, 144 (1968)

[6] Ruttloff, H.: Industrielle Enzyme. Fachbuchverlag, Leipzig 1978

[7] Winkler, K.: Untersuchungen zur Glucoamylasebildung von *Endomycopsis bispora* in Abhängigkeit von seinen morphologischen Formen. Dissertation, Math.-Nat.-Fakultät der TU Dresden, 1971

[8] Yamamoto, T., F. Hattori and M. Takatsu: The Effect of Lipids on Amylolytic Enzyme Production by *Endomyces* sp. Bull. Inst. Chem. Res. **42**, 252 (1964)

Institut für Mikrobiologie der Bulgarischen Akademie der Wissenschaften, Sofia, VR Bulgarien

Die Regulation der Lipasebiosynthese bei Hefen der Gattung *Candida*

A. Atew, K. Markow und I. Stojanow

Einleitung

Glycerinester höherer Fettsäuren werden von allen Mikroorganismengruppen hydrolysiert.

Die mit der industriellen Herstellung der Lipase (Glycerolester-Hydrolase EC. 3.1.1.3) aus Hefen verbundenen Untersuchungen begannen, als Yamada und Ota [15] die Hefe *Candida paralipolytica*, die eine hohe Lipaseaktivität besitzt, isolierten und identifizierten. Ota u. a. [10, 11, 12, 13, 14] haben die optimalen Kultivierungsbedingungen für die Lipasebiosynthese sowie die Induktionsphänomene, die physikalischen und chemischen Eigenschaften der Lipase aus *Candida paralipolytica* untersucht. Lipaseproduzenten sind z. B. auch die Hefen *Candida cylindraceae* und *Torulopsis ernobii* [8].

Ruban [2] wies auf die physiologische Rolle der Lipasen in Mikroorganismenzellen, auf die optimalen Kultivierungsbedingungen von Lipaseproduzenten und die Anwendung mikrobieller Lipasen in der Volkswirtschaft hin.

In der Literatur gibt es jedoch keine Mitteilungen über die Notwendigkeit von Wachstumsfaktoren bei Lipase produzierenden Hefen und über einen Zusammenhang zwischen diesen Faktoren und der Lipasebiosynthese, sowie über Möglichkeiten zur Regulierung der Lipasebiosynthese in Hefen.

Ziel der vorliegenden Untersuchungen ist die Aufklärung dieser Fragen.

Material und Methoden

Die Untersuchungen wurden mit zwei zur Gattung *Candida* gehörenden Hefestämmen durchgeführt, und zwar mit dem Stamm 73-4 und seiner Mutante L-86, die in unserem Laboratorium nach kombinierter Behandlung des Ausgangsstammes mit Nitrosoguanidin und UV-Strahlen erhalten wurde [5].

Die Assimilation der Kohlenstoffquellen Glucose, Galaktose, Saccharose, Laktose, Raffinose, Maltose, Sorbit, lösliche Stärke, Glyzerin, Dextrin und Inulin sowie die Urease- und proteolytische Aktivität der Stämme wurden nach den bei Lodder [7] beschriebenen Methoden ermittelt.

Die Notwendigkeit des Zusatzes von Wachstumsfaktoren (Thiamin, Aspartat, Methionin, Alanin, Paraaminobenzoesäure, Inosit, Pyridoxin, Biotin, Riboflavin und Folsäure) wurde nach einer in unseren früheren Arbeiten beschriebenen Methode bestimmt [4]. Das Wachstum in Abhängigkeit von der Konzentration an Wuchsstoffen (0,001 – 10 µg/ml) wurde nephelometrisch bestimmt und mit dem Wachstum auf vitaminfreiem Medium verglichen [4].

Die Züchtung der Stämme zur Lipasebiosynthese wurde in 200-ml-Kolben mit 50 ml des von Ota u. a. [3] beschriebenen Nährmediums bei einer Temperatur von 26 °C und einer Schütteldauer von 48 Stunden durchgeführt. Als Inoculum wurde eine 48-Stunden-Kultur verwendet. Das

Impfmaterial wurde auf Malzagar, Malzagar unter Zusatz von Thiamin (0,1 μg/ml) oder Malzagar mit Hefeextrakt angezüchtet.

Die Lipaseaktivität wurde nach der von Atew [6] beschriebenen Methode bestimmt und wird in Milliliter 0,1 N Natronlauge angegeben, die zur Neutralisation der unter der Wirkung der Lipase freigesetzten Fettsäuren verbraucht werden.

Die Biomasse wurde gravimetrisch bestimmt und ist in g absolut getrockneter Hefe (ATH) angegeben.

Ergebnisse

Tab. 1 zeigt die Ergebnisse der Untersuchungen über die Assimilation der Kohlenstoffquellen und andere biochemische Merkmale. Daraus ist ersichtlich, daß die von uns untersuchten Hefestämme nur eine geringe Anzahl von Verbindungen als C- und

Tabelle 1

Biochemische Charakteristik der untersuchten Hefestämme

Stämme	Assimilation von:												
	Glucose	Galaktose	Saccharose	Maltose	Laktose	Raffinose	Sorbitol	Lösl. Stärke	Dextrin	Inulin	Glyzerol	Proteolytische Aktivität	Urease-Aktivität
L-86	+	+	−	−	−	−	+	−	−	−	+	−	+
73-4	+	+	−	−	−	−	+	−	−	−	+	−	+

\+ = positives Ergebnis
− = negatives Ergebnis

Energiequelle verwenden. Polysaccharide (lösliche Stärke, Dextrin und Inulin) werden nicht assimiliert, d. h. die Hefestämme besitzen keine Amylaseaktivität. Die Stämme sind auch nicht fähig, Eiweiß als C- und Energiequelle zu nutzen; also auch keine extrazelluläre Protease zu bilden.

Die Untersuchungen haben gezeigt (Tab. 2), daß die beiden Stämme auxotroph gegenüber Thiamin, Pantothensäure und Folsäure sind. Sie sind nicht in der Lage, Aspartat und Methionin-Verbindungen, die am Aufbau des Pyrimidin- und Thiazolringes des Thiamins teilnehmen, zu synthetisieren. Gegenüber den anderen Wuchsstoffen sind die Stämme prototroph.

Tab. 3 zeigt die Lipaseaktivitäten und die Menge an Biomasse von *Candida* 73-4 und *Candida* L-86 bei Kultivierung des Inoculums auf Malzagar (Variante A), auf Malzagar mit Zusatz von Thiamin oder Hefeextrakt (Variante B). Wird das Impfmaterial auf Malzagar angezüchtet, ist die Lipaseaktivität der Proben hoch. In Anwesenheit von Thiamin oder Hefeextrakt wurde keine Lipaseaktivität gefunden. Unter diesen Bedingungen wurde jedoch bedeutend mehr Biomasse gebildet als in Abwesenheit von Thiamin bzw. Hefeextrakt.

Tabelle 2

Wachstum der untersuchten Stämme (Trübung — %) in Abhängigkeit von der Konzentration an Wuchsstoffen nach 144stündiger Kultivierung

Wuchsstoffe	Stamm L-86				Stamm 73-4			
	Kontrolle	µg			Kontrolle	µg		
		0,001	0,1	10		0,001	0,1	10
Biotin	24	26	25	25	25	25	25	26
Thiamin	24	53	100	100	25	100	100	100
Aspartat	24	25	39	100	25	25	45	100
Alanin	24	24	27	29	25	27	28	27
Methionin	24	25	48	100	25	76	100	100
Paraamino-benzoesäure	24	26	28	27	25	28	26	27
Ca-Pantothenat	24	38	89	100	25	76	100	100
Inosit	24	25	27	25	25	27	25	26
Nikotinamid	24	24	27	26	25	28	26	29
Pyridoxin	24	26	29	27	25	27	26	28
Riboflavin	24	27	28	27	25	27	29	27
Folsäure	24	100	100	100	25	100	100	100

Tabelle 3

Lipaseaktivität und Menge an Biomasse [ATH] in Abhängigkeit von den Kultivierungsbedingungen des Impfmaterials

Bedingungen	Stamm L-86		Stamm 73-4	
	Lipaseaktivität (ml 0,1 N NaOH)	ATH (g)	Lipaseaktivität (ml 0,1 N NaOH)	ATH (g)
Variante A auf Malzagar	12,0	0,925	5,4	1,010
Variante B auf Malzagar mit Thiamin	—	1,385	—	1,610
Variante B auf Malzagar mit Hefeextrakt	—	1,550	—	1,720

Diskussion

Die Synthese einer Lipase von hoher Aktivität gestattet den Zellen, Lipide als C- und Energiequelle zu nutzen. Diese Eigenschaft ist im Schema (Abb. 1) zur Regulation der Lipasesynthese dargestellt. Daraus ist ersichtlich, daß das Acetyl-Coenzym A für den Tricarbonsäurezyklus aus dem durch die gebildeten Lipasen katalysierten Lipidabbau stammt.

Es ist bekannt, daß Thiamin in Form von Thiamin-Pyrophosphat Coenzym der Decarboxylasen und Coenzym der Transaldolase und Transketolase ist. Die Thiamin- und Pantothensäure-Auxotrophie von *Candida* 73-4 und *Candida* L-86 macht das Funktionieren der Glykolyse und des Tricarbonsäurezyklus in diesen Hefen unmöglich. Die Energieversorgung der Zellen erfolgt über den Glyoxylsäurezyklus [8].

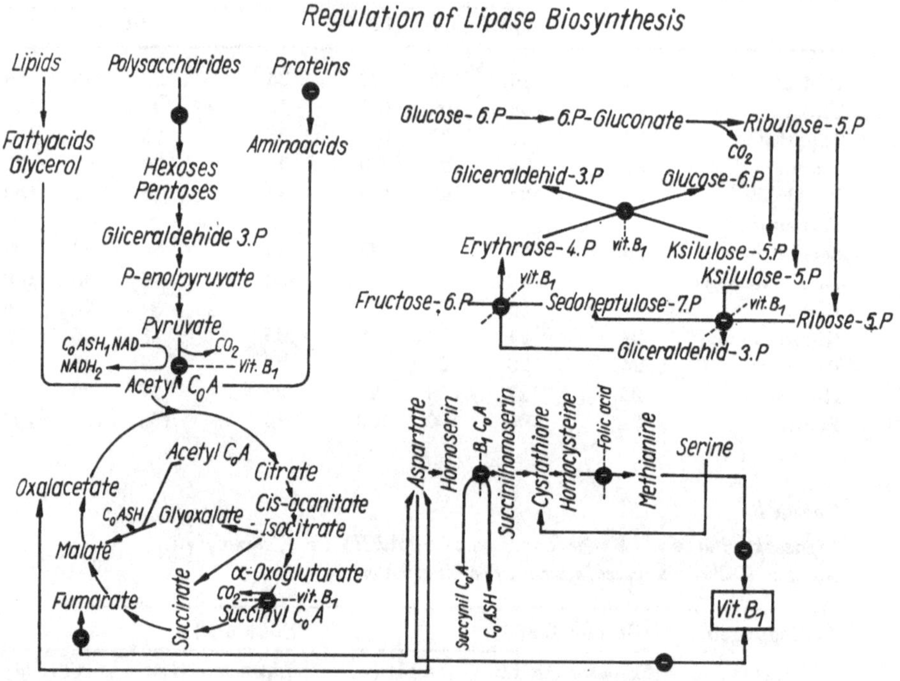

Abb. 1

Die Stämme benötigen Aspartat und Methionin — Bestandteile des Thiaminmoleküls Die Methionin-Auxotrophie wird auf die Unfähigkeit, Folsäure zu synthetisieren, zurückgeführt (Tab. 2). Letztere nimmt als Coenzym an der Übertragung von Methylgruppen auf Homocystein in der Biosynthese von Methionin teil. Die Blockierung der Biosynthese von Aspartat und Methionin in den untersuchten Stämmen verursacht ihre Thiamin-Auxotrophie [1].

Daß die Glykolyse, der Pentose-Phosphat-Zyklus wie der komplette Tricarbonsäure-Zyklus nicht funktionieren, wird auf die Thiamin-Auxotrophie zurückgeführt. Deshalb sind die Zellen nur in der Lage, Lipide als C- und Energiequelle mittels der von ihnen synthetisierten extrazellulären Lipasen zu nutzen.

Candida 73-4 und L-86 produzieren keine Amylasen und Proteasen (Tab. 1). Die Biosynthese von Lipasen ermöglicht jedoch eine ausreichende C- und Energieversorgung.

Die Lipasesynthese ist sehr effektiv reguliert. Je mehr Wuchsstoffe eine Mikrobenart in qualitativer wie in quantitativer Hinsicht benötigt, desto intensiver ist die Biosynthese der Enzyme, die die Assimilation der benötigten C- und Energiequelle ermöglichen.

Das vorliegende Schema (Abb. 1) wird von den in Tab. 3 angegebenen Ergebnissen gestützt. Bei Versorgung der Zellen mit den notwendigen Wuchsstoffen funktionieren die Glykolyse, der Tricarbonsäurezyklus und der Pentose-Phosphat-Zyklus normal. Die Biosynthese der Lipase wird eingestellt, unabhängig vom Vorhandensein von Induktoren im Nährmedium. Bei Versorgung der Zellen mit den notwendigen Wuchsstoffen sind sie in der Lage, auch andere C- und Energiequellen für das Wachstum zu nutzen (Tab. 3, Variante B).

Die Fähigkeit der beiden Stämme, Lipase zu synthetisieren, wird auch vom Vorhandensein von Aspartat und Methionin in den Zellen bestimmt. In Gegenwart dieser Substanzen wird — wie bereits erwähnt — die Lipasesynthese eingestellt. Das trifft auch für eine 96-Stunden-Kultur des Impfmaterials zu.

Zusammenfassung

Die Hefestämme *Candida* 73-4 und L-86 sind nicht in der Lage, Polysaccharide und Proteine zu assimilieren. Die Stämme sind auxotroph gegenüber Methionin, Aspartat, Thiamin, Pantothensäure und Folsäure. Die Auxotrophie gegenüber Thiamin und seinen Bestandteilen Aspartat und Methionin steht in direkter Verbindung zur Lipase-Biosynthese. Diese Abhängigkeit bietet eine Möglichkeit, die Biosynthese der Lipase in diesen beiden *Candida*-Stämmen zu regulieren.

Literatur

[1] Островский, Ю. М.: Основные физикохимические свойства и кислотно-щелочные превращения тиамина. в: Активные центры и групировки в молекуле тиамина. Наука и техника, Минск, 1975

[2] Рубан, Е. Л.: Микробные липиды и липазы. Наука, Москва, 1977

[3] Atew, A., and K. Markov: Lipase Biosynthesis by the *Candida* sp. Comptes rendus de l'Academie bulgare des Sciences, **29** (1976), 1809—1812

[4] Atew, A., and K. Markov: Study of Auxotrophy of Strain *Candida* sp. L-86 Exolipase Producer. Comptes rendus de l'Academie bulgare des Sciences, **30** (1977), 113—116

[5] Atew, A., and K. Markov: Isolation of *C. lipolytica* Mutants with Higher Lipase Activity. Applied Microbiology (Sofia) **7** (1977), 39—46

[6] Atew, A.: Physiologische und biochemische Untersuchungen von *Candida* sp. und ihrer Mutanten mit höherer Lipaseaktivität. Dissertation, Sofia, 1977

[7] Lodder, J.: The Yeasts. A Taxonomical study. North-Holland Publication, Amsterdam, 1970

[8] Nicolov, T.: General biochemistry. Science and art, Sofia, 1971

[9] Ota, Y.: Lipase of microorganisms. In: Laskin, R., and H. Lechevalier: Handbook of microbiology, CRC-Press, Vol. 3, 625—630

[10] Ota, Y., and K. Yamada: Lipase from *Candida paralipolytica*. Part I: Anionic Surfactans as the Essential Activator in the Systems Emulsified by Polyvinyl Alcohol. Agric. Biol. Chem. **30** (1966), 351—362

[11] Ota, Y., and K. Yamada: Lipase from *C. paralipolytica*. Part II. Alcaline Earth Metal Ions as the Cofactor in the Shaken System Containing no Emulsifier. Agric. Biol. Chem. **30** (1966), 1030—1038

[12] Ota, Y., M. Suzuki and K. Yamada: Lipids and Related Substances Inducing the Lipase Production by *C. paralipolytica*. Agric. Biol. Chem. **32** (1968), 391–393

[13] Ota, Y., T. Nakamiya and K. Yamada: Lipase from *Candida paralipolytica*. Part IV: Purification, some Properties and Modification of the Purified Enzyme with the Concentrated Solution of Sodium Chloride. Agric. Biol. Chem. **34** (1970), 1368–1374

[14] Ota, Y., K. Yoshioka, Y. Minoda and K. Yamada: Demonstration of the Lipid Lipase Activators Produced by *C. paralipolytica*. Agric. Biol. Chem. **37** (1973), 2879–2883

[15] Yamada, K., and Y. Ota: Identification of a New Strain and Determination of its Lipase Activity. Jour. of the Agric. Chem. Society of Japan **37** (1963), 649–652

Akademie der Wissenschaften der DDR
Institut für technische Chemie, Leipzig

Synthese und Akkumulation der Glycerin-Dehydrogenase in *Candida valida* H 122 in Abhängigkeit von der C-Quelle

K. H. Hofmann und W. Babel

1. Einleitung

Prokaryonten wie Eukaryonten assimilieren Glycerin in der Regel mittels Phosphorylierung durch das Enzym Glycerokinase (EC 2.7.1.30) und einer anschließenden Dehydrierung des entstehenden Glycerin-3-phosphates. Als Alternative dazu können verschiedene Bakterien Glycerin mit Hilfe einer NAD^+-spezifischen Glycerin-Dehydrogenase (EC 1.1.1.16) zu Dihydroxyaceton dehydrieren, das danach phosphoryliert wird [5, 6].

Mit Ausnahme einer $NADP^+$-spezifischen Glycerin-Dehydrogenase bei *Neurospora crassa*, deren Bedeutung für die Assimilation von Glycerin nachgewiesen wurde [11], wurde die Verbreitung wie die Funktion der bei eukaryontischen Mikroorganismen nur vereinzelt beschriebenen Glycerin-Dehydrogenase [12] bisher nicht untersucht.

In der vorliegenden Arbeit wurden die Aktivitäten der NAD^+-spezifischen Glycerin-Dehydrogenasen von acht Hefestämmen der Gattungen *Candida, Hansenula* und *Torulopsis* nach Wachstum auf Glucose bzw. Glycerin verglichen und die Synthese und Akkumulation dieses Enzyms in *Candida valida* H 122 in diskontinuierlicher Fermentation in Abhängigkeit von der C-Quelle untersucht.

2. Material und Methoden

Die Hefen wurden in 500-ml-Schüttelkolben mit jeweils 1,0% des angegebenen C-Substrates und 1,0 g/l NH_4Cl als N-Quelle in einer Mineralsalzlösung unter Zusatz von 0,1 Gew.-% Hefeextrakt bei einem Anfangs-pH von 5,5 und 30°C kultiviert. Die diskontinuierlichen Fermentationsversuche wurden in einem Laborfermentor LF 2 (Entwicklungswerkstätten der Tschechoslovakischen Akademie der Wissenschaften, Prag) durchgeführt.

Es wurde ein auf 5 g Hefetrockensubstanz/l bilanziertes Mineralsalzmedium unter Zusatz von je 0,4 mg Biotin und Thiamin · HCl/l eingesetzt. Der pH-Wert wurde mittels 0,25 N NaOH bei pH 4,5 ± 0,05 reguliert. Es wurde mit 18 l Luft/l Fermentorinhalt/Stunde belüftet und mit 800 Umdrehungen/min gerührt. Die Art des Kohlenstoffsubstrates, der Zeitpunkt und die Menge seiner Zugabe sind bei den jeweiligen Versuchen angegeben.

Das Wachstum wurde durch Messung der Extinktion bei 700 nm verfolgt. Die Glucose- und die Glycerinkonzentration im Fermentationsmedium wurden enzymatisch bestimmt [2].

Zur Präparation zellfreier Extrakte wurden die Hefezellen bei 6000 xg abzentrifugiert, einmal mit eiskaltem 0,05 M Kaliumphosphat-Puffer pH 7,6 (0,1 mM $MnCl_2$, 0,1 M $(NH_4)_2SO_4$) gewaschen, im gleichen Puffer aufgenommen (2 mg Hefetrockensubstanz/ml) und anschließend mittels Ultraschall desintegriert. Die nach Zentrifugieren bei 20000 xg und 0 bis 4°C erhaltenen Überstände dienten als Enzymextrakt.

Die Proteinbestimmung erfolgte nach der Biuret-Methode [1] mit Humanserum-Albumin als Standard. Die Aktivität der NAD^+-spezifischen Glycerin-Dehydrogenase wurde im optischen Test bei 340 nm und 30 °C in einem für das Enzym aus *Candida valida* H 122 in Anlehnung an Lin und Magasanik [7] optimierten Ansatz folgender Zusammensetzung gemessen: Glycin-NaOH-Puffer 100 mM, pH 9,9, $(NH_4)_2SO_4$ 35 mM, NAD 3,3 mM, Glycerin 550 mM und 0,2 ml Rohextrakt in 1,5 ml Gesamtvolumen.

Für die Überlassung der Hefestämme *Candida valida* H 100 und H 122 danken wir Dr. Koch (Medizinische Akademie Erfurt) und für *Candida methylica* Dr. Trotsenko (Akademie der Wissenschaften der UdSSR, Pushchino).

3. Ergebnisse und Diskussion

Der Vergleich von acht verschiedenen Hefespecies der Gattungen *Candida, Hansenula* und *Torulopsis* (Tab. 1), die — mit Ausnahme von *Candida valida* H 100 und H 122 — Methanol als einzige Kohlenstoff- und Energiequelle nutzen können, ergab bei fünf Hefespecies nach Wachstum auf Glycerin eine 5- bis 15fach höhere Glycerin-Dehydrogenase-Aktivität in den Ultraschall-Extrakten als nach Wachstum auf Glucose. Bei *Torulopsis ernobii* MH 7 war der Unterschied zwischen auf Glucose und auf Glycerin gewachsenen Zellen nicht so deutlich ausgeprägt. *Candida methylica* wächst nicht auf Glycerin. Auffällig ist, daß im Unterschied zu *Candida valida* H 122, wo die spezifische Aktivität in Rohextrakten aus auf Glycerin gewachsenen Zellen gegenüber aus auf Glucose gewachsenen Zellen deutlich erhöht ist, in Extrakten aus *Candida valida* H 100 nach Wachstum auf Glucose und auf Glycerin gleiche Aktivitäten gemessen wurden. Im Gegensatz zu den Angaben von van Dijken u. a. [12] konnten wir bei *Candida boidinii* MH 3 keine Glycerin-Dehydrogenase-Aktivität nachweisen.

Wenn auch einerseits die Erhöhung der spezifischen Aktivität der Glycerin-Dehydrogenase bei Wachstum auf Glycerin die Bedeutung für die Assimilation von Glycerin unterstreicht, weisen andererseits das Ausbleiben dieser Aktivitätszunahme bzw. das

Tabelle 1

Einfluß der C-Quelle auf die Aktivität der Glycerin-Dehydrogenase in verschiedenen Hefen

Stamm	Aktivität (nMol/min/mg Protein) nach Wachstum auf		
	Glucose	Glycerin	Methanol
Candida valida H 122	64	366	—
Candida valida H 100	192	195	—
Candida methylica	80	—	95
Candida boidinii MH 3	0	0	n. b.
Hansenula muscicula MH 18	84	455	n. b.
Torulopsis domerquii MH 1	58	483	n. b.
Torulopsis ernobii MH 7	402	552	n. b.
Torulopsis ingeniosa MH 2	9	168	n. b.

n. b.: nicht bestimmt; —: Organismus wächst nicht auf dem betreffenden Substrat völlige Fehlen der Glycerin-Dehydrogenase bei Stämmen gleicher oder nahe verwandter Hefearten auf die große Variabilität in der Ausbildung des Merkmals Glycerin-Dehydrogenase bei Hefen hin. Das steht in Analogie zu Befunden bei Bakterien [5].

Wird eine im Schüttelkolben auf Glucose angezüchtete Kultur von *Candida valida* H 122 im Fermentor weiter auf Glucose gezüchtet, so tritt auch innerhalb von zwei bis drei Stunden nach Glucoseverbrauch keine Zunahme in der spezifischen Aktivität der Glycerin-Dehydrogenase ein (Abb. 1). Nach Zugabe von Glycerin ist innerhalb von

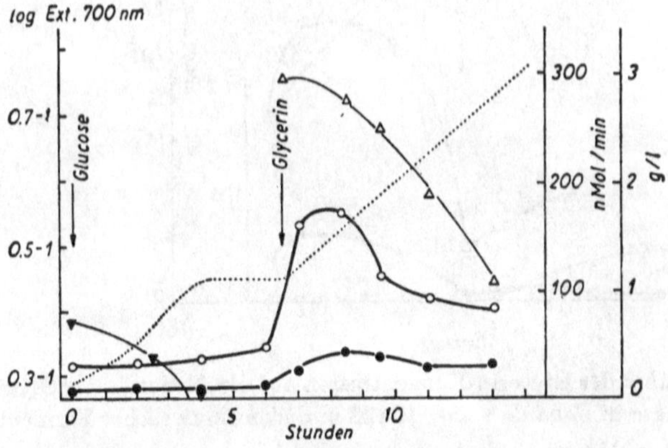

Abb. 1. Einfluß der C-Quelle auf die Aktivität der Glycerin-Dehydrogenase in *Candida valida* H 122 in diskontinuierlicher Fermentation
.... log Extinktion 700 nm; —▼— Glucose; —△— Glycerin; —○— spezifische Aktivität dei Glycerin-Dehydrogenase (nMol/min/mg Protein; —●— Volumenaktivität der Glycerin-Dehydrogenase (nMol/min/ml Fermentorinhalt)

30 min ein Anstieg auf etwa das Vierfache der Ausgangsaktivität nachweisbar. Nach weiteren zwei Stunden fällt die spezifische Aktivität bereits wieder ab, obwohl im Medium noch Glycerin vorhanden ist.

Die nach Glycerinzugabe (ca. 3 g/l) angestiegene Glycerin-Dehydrogenase-Aktivität entspricht nur etwa 50% der nach Schüttelkolbenkultur auf Glycerin (12,5 g Glycerin/l) erreichten Aktivität.

Die Abhängigkeit der Glycerin-Dehydrogenase-Aktivität in *Candida valida* H 122 von der Glycerin-Konzentration im Medium wurde in einem weiteren Versuch nachgewiesen (Abb. 2). Zu Beginn der Fermentation wurden ca. 2,5 g Glycerin/l als C-Quelle angeboten. Der Glycerinverbrauch, gekoppelt mit einem Anstieg der Glycerin-Dehydrogenase-Aktivität, setzte erst nach zwei Stunden ein. Vermutlich wuchsen die Zellen bis zu diesem Zeitpunkt auf Kosten einer intrazellulären Kohlenstoff- und Energiereserve. Ein Verschleppen von Glucose aus dem Inoculum kann ausgeschlossen werden. Nach dem erwarteten Abfall in der Glycerin-Dehydrogenase-Aktivität wurde erneut Glycerin — ca. 25 g/l — zugegeben. Unter diesen Bedingungen konnte eine deutlich höhere Glycerin-Dehydrogenase-Aktivität gemessen werden, die jedoch auch wieder abfällt, obwohl das Glycerin im Medium noch nicht verbraucht ist.

Werden Glucose und Glycerin zusammen als C-Quelle angeboten, dann wird zunächst Glucose als C-Quelle vollständig verbraucht (Abb. 3). Der darauffolgende Abfall in der Glycerinkonzentration im Medium wird erwartungsgemäß von einem Anstieg in der spezifischen Aktivität der Glycerin-Dehydrogenase begleitet. Nach erneuter Zugabe von Glucose auf dem Höhepunkt der Aktivität sinkt die spezifische Aktivität der

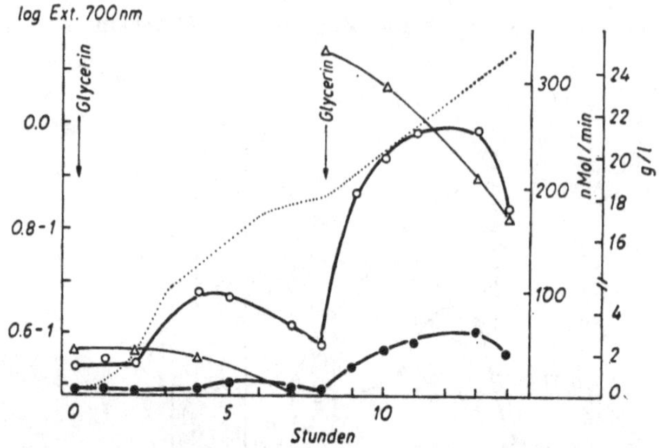

Abb. 2. Einfluß der Glycerin-Konzentration auf die Aktivität der Glycerin-Dehydrogenase in *Candida valida* H 122 in diskontinuierlicher Fermentation
Legende wie in Abb. 1

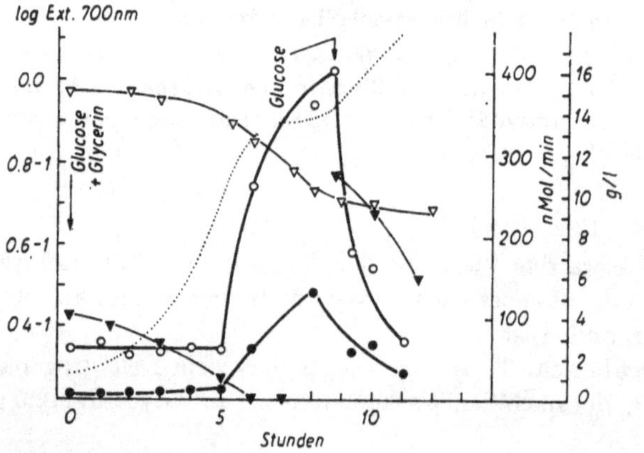

Abb. 3. Katabolit-Inaktivierung der Glycerin-Dehydrogenase in *Candida valida* H 122 in diskontinuierlicher Fermentation
Legende wie in Abb. 1

Glycerin-Dehydrogenase innerhalb von 20 min auf 50% und im Verlaufe von zwei Stunden auf das Niveau von auf Glucose gewachsenen Zellen ab. Auch die Aktivität der Glycerin-Dehydrogenase bezogen auf das Fermentorvolumen fällt in gleichem Maße ab. Die Glycerin-Dehydrogenase aus *Candida valida* H 122 ist demnach ein Enzym, das — wie bereits für eine Anzahl anderer Enzyme aus *Saccharomyces cerevisiae* und anderen Hefespezies beschrieben wurde [3, 4, 8, 9, 10] — einer von Glucose abhängigen Katabolit-Inaktivierung unterliegt.

Inwieweit der Anstieg der spezifischen Aktivität der Glycerin-Dehydrogenase das Ergebnis einer Synthese von Enzymprotein oder einer Aktivierung ist, kann gegenwärtig noch nicht eindeutig entschieden werden. Cycloheximid in Konzentrationen von 12,5 oder 25 µg/ml hemmte in Schüttelkolbenversuchen das Wachstum von *Candida valida* H 122 auf Glycerin nahezu vollständig (Abb. 4). Auch unter diesen Bedingungen

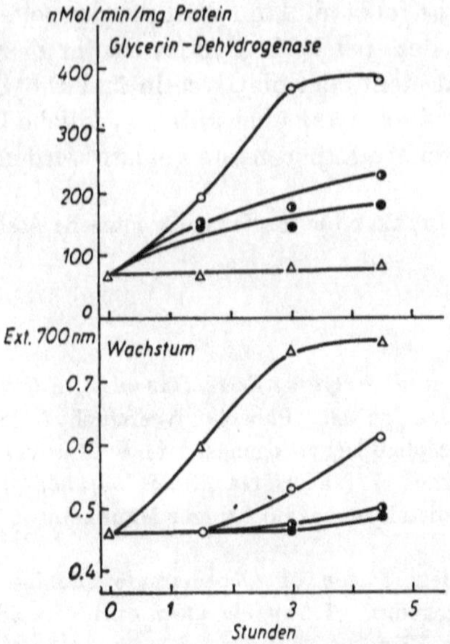

Abb. 4. Einfluß von Cycloheximid auf das Wachstum und die durch Glycerin verursachte Zunahme der spezifischen Aktivität der Glycerin-Dehydrogenase in *Candida valida* H 122

—△— Glucose; —○— Glycerin; —◐— Glycerin; 12,5 µg/ml Cycloheximid; —●— Glycerin, 25 µg/ml Cycloheximid

steigt die spezifische Aktivität der Glycerin-Dehydrogenase innerhalb von 4,5 Stunden auf 61% bzw. 47% im Vergleich zur Kontrolle ohne Cycloheximid an. Wenn auch eine Induktion der Glycerin-Dehydrogenase durch ihr Substrat nicht ausgeschlossen werden kann, muß man eine Aktivierung bereits vorhandener Enzymmoleküle in Betracht ziehen. Dafür spricht auch, daß in einzelnen Fermentationsexperimenten nach Zugabe von Glycerin kurzzeitig unter bisher noch nicht reproduzierbaren Bedingungen Aktivi-

Tabelle 2

Einfluß von Dihydroxyaceton als C-Quelle auf die Aktivität der Glycerin-Dehydrogenase in Candida valida H 122

C-Quelle	Aktivität (nMol/min/mg Protein)
Glucose	81
Glycerin	355
Dihydroxyaceton	302
Glycerin + Dihydroxyaceton	652

täten der Glycerin-Dehydrogenase im Rohextrakt von *Candida valida* H 122 bis zu 2,5 μMol/min/mg Protein, d. h. mehr als das Sechsfache der in der Regel gemessenen Höchstaktivitäten, gemessen wurden.

Wie in Schüttelkolben-Experimenten gezeigt wurde, kann nach Ersatz von Glycerin durch Dihydroxyaceton als C-Quelle der gleiche Anstieg der spezifischen Aktivität der Glycerin-Dehydrogenase in *Candida valida* H 122 gemessen werden (Tab. 2). Wird Dihydroxyaceton zusätzlich zu Glycerin angeboten, dann wird der doppelte Aktivitätsanstieg gefunden. Ob diese Zunahme in der spezifischen Aktivität im Zusammenhang mit dem erhöhten Angebot an C-Substrat steht oder ob Glycerin und Dihydroxyaceton die Glycerin-Dehydrogenase in *Candida valida* H 122 über unterschiedliche Regulationsmechanismen beeinflussen, muß durch weitere Experimente geklärt werden.

Wir danken Frau E. CLAUSS und Frau M. PICKERT für sorgfältige technische Assistenz.

Literatur

[1] BEISENHERZ, G., H. J. BOLTZE, Th. BÜCHER, R. CZOK, K. H. GARBADE, E. MEYER-ARENDT und G. PFLEIDERER: Diphosphofructose-Aldolase, Phosphoglyceraldehyd-Dehydrogenase, Milchsäure-Dehydrogenase, Glycerophosphat-Dehydrogenase und Pyruvat-Kinase aus Kaninchenmuskulatur in einem Arbeitsgang. Z. Naturforsch. **8b** (1953), 555–577

[2] Enzymatische Analysen für die Lebensmittelchemie. Boehringer Mannheim 1973, 2. ergänzter Nachdruck

[3] HEMMINGS, B. A.: Evidence for the degradation of nicotinamide adenine dinucleotide phosphate-dependent glutamate dehydrogenase of *Candida utilis* during rapid enzyme inactivation. J. Bacteriol. **133** (1978), 867–877

[4] HOLZER, H.: Catabolite inactivation in yeast. Trends Biochem. Sci. **1** (1976), 178–181

[5] LIN, E. C. C.: Glycerol dissimilation and its regulation in bacteria. Ann. Rev. Microbiol. **30** (1976), 535–578

[6] LIN, E. C. C.: Glycerol utilization and its regulation in mammals. Ann. Rev. Biochem. **46** (1977), 765–795

[7] LIN, E. C. C., and B. MAGASANIK: The activation of Glycerol dehydrogenase from *Aerobacter aerogenes* by monovalent cations. J. Biol. Chem. **235** (1960), 1820–1823

[8] NEEFF, J., E. HÄGELE, J. NAUHAUS, U. HEER and D. MECKE: Evidence for catabolite degradation in the glucose-dependent inactivation of yeast cytoplasmic malate dehydrogenase. Eur. J. Biochem. **87** (1978), 489–495

[9] SWITZER, R. L.: In vivo inactivation of microbial enzymes. Ann. Rev. Microbiol. **31** (1977), 135–157

[10] THURSTON, C. F.: Disappearing enzymes. Proc. Biochem. August 1972, 18–20

[11] TOM, G. D., M. VISWANATH-REDDY and H. BRAUCH HOWE jr.: Effect of carbon source on enzymes involved in glycerol metabolism in *Neurospora crassa*. Arch. Microbiol. **117** (1978), 259–263

[12] VAN DIJKEN, J. P., W. HARDER, A. J. BEARDSMORE and J. R. QUAYLE: Dihydroxyacetone: An intermediate in the assimilation of methanol by yeasts? FEMS Microbiol. Lett. **4** (1978), 97–102

Sektion Biowissenschaften, Bereich Biochemie der Karl-Marx-Universität, Leipzig, DDR

Bildung und Eigenschaften von Alkohol- und Aldehyd-dehydrierenden Enzymen in *Pseudomonas putida* bei Wachstum auf n-Alkanen

W. Schöpp, H. Tauchert und R. Lorenz

In *Pseudomonas putida* werden bei Wachstum auf mittelkettigen n-Alkanen mehrere durch ein Plasmid codierte Enzyme induziert, die zur Oxidation dieser Substrate bis zu den korrespondierenden Monocarbonsäuren benötigt werden (Baptist u. a. [1]; Chakrabarty u. a. [3]; Nieder und Shapiro [5]). Neben einem Hydroxylase-System konnte bisher eine Alkoholdehydrogenase nachgewiesen werden, die wie alle Alkohol-oxidierenden Enzyme durch eine breite Substratspezifität gekennzeichnet ist. Ungewöhnlich ist dagegen der partikuläre Charakter des Enzyms und insbesondere auch die Tatsache, daß die Alkoholoxidation ohne Zugabe eines Coenzyms abläuft (Benson und Shapiro [2]; Tauchert u. a. [7]). Als überraschend ist in diesem Zusammenhang der Befund zu werten, daß die für den Oxidationsprozeß ebenfalls notwendige Aldehyddehydrogenase konstitutiven Charakter hat und wahrscheinlich auf dem Chromosom lokalisiert ist (Grund u. a. [4]). Da diese Befunde jedoch allein auf der Grundlage von Warburg-Messungen ermittelt wurden, ist für eine endgültige Aussage auch die Messung individueller Enzymaktivitäten notwendig.

Tatsächlich konnte unter solchen Testbedingungen bei Wachstum von *Ps. putida* auf n-Octan die Induktion einer NAD^+-abhängigen Aldehyddehydrogenase nachgewiesen werden, die in geringem Umfang auch $NADP^+$ akzeptiert (Abb. 1). Die in Abwesenheit des Induktors Octan meßbare Aktivität weist auf die Existenz der von Grund u. a. [4] postulierten konstitutiven $NAD(P)^+$-abhängigen Aldehyddehydrogenase hin. Setzt man unter sonst gleichen Bedingungen den entsprechenden Alkohol als Substrat ein, lassen sich auch erhebliche Veränderungen für die Aktivität der Alkohol-oxidierenden Enzyme in Abhängigkeit vom Mikrobenwachstum nachweisen (Abb. 1). Dabei zeigt sich, daß *Pseudomonas putida* eine konstitutive NAD^+-abhängige Alkoholdehydrogenase enthält. Dieses Enzym ist im Gegensatz zur Pyridinnukleotid-unabhängigen Alkoholdehydrogenase durch eine bevorzugte Spezifität gegenüber kurzkettigen Alkoholen ausgezeichnet (Sirageldin und Tauchert [6]). Die während der n-Octanassimilation ansteigenden Aktivitäten sind als Ausdruck der Induktion der Pyridinnukleotid-unabhängigen Alkoholdehydrogenase (Tauchert u. a. [7]) zu werten. Die beobachtete NAD(P)H-Bildung ist hierbei nicht auf die direkte Wirkung dieses Enzyms sondern auf den Umsatz des gebildeten Aldehyds durch die gleichzeitig im Proteinrohextrakt vorhandene Aldehyddehydrogenase zurückzuführen. Dadurch erhält der Nachweis den Charakter eines gekoppelten optischen Testes, insbesondere wenn $NADP^+$ als Coenzym verwendet wird.

Wesentlich eindrucksvoller kann das Verhalten der Alkoholdehydrogenase jedoch in einem Test charakterisiert werden, in dem gleichzeitig auch die Coenzymunabhängigkeit demonstriert wird. Hierzu hat sich insbesondere der Einsatz von Alkoholen mit mehrfach konjugiert ungesättigtem Alkylrest als günstig erwiesen. Der bei der Reaktion gebildete Aldehyd besitzt eine zusätzliche konjugierte Doppelbindung, so daß eine direkte spektroskopische Erfassung möglich ist. Auf diese Weise konnte bereits die Stöchiometrie der Enzymreaktion exakt belegt werden. Aus Abb. 2 wird aber auch deutlich, daß das Anwachsen der auf diese Weise ermittelten Aktivität für die Pyridin-

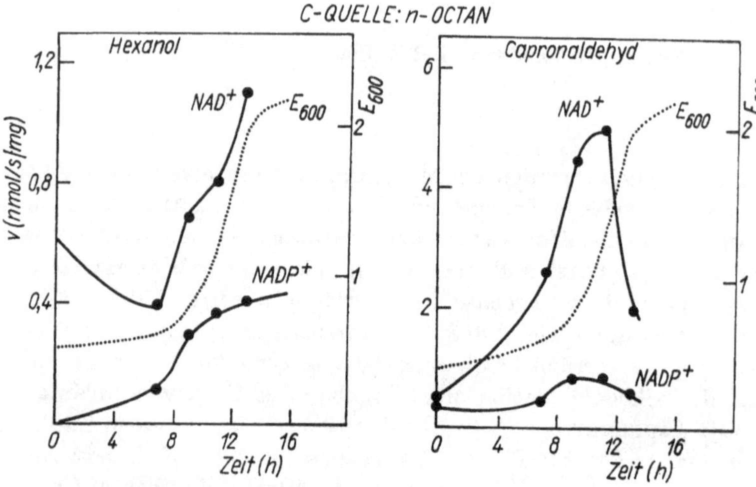

Abb. 1. Induktion der Alkoholdehydrogenase (links) und der Aldehyddehydrogenase (rechts) bei Wachstum von *Ps. putida* auf n-Octan

Die Enzymaktivität wurde auf der Basis der NAD(P)H-Bildung durch Messung der Extinktionszunahme bei 340 nm ermittelt

nukleotid-unabhängigen Alkoholdehydrogenase keineswegs so kontinuierlich erfolgt, wie das im gekoppelten Test zum Ausdruck kommt. Die beobachteten Aktivitätsschwankungen stimmen mit denen von verschiedenen Enzymen des Citrat- und Glyoxylatzyklus überein und sind möglicherweise ein wechselseitiger Ausdruck der reprimierenden Wirkung verschiedener Metabolite. Zusätzlich bestehen Unterschiede, die in Abhängigkeit von der Belüftung der Kultur auftreten. Hierbei ist besonders interessant, daß bei geringer Luftzufuhr 3-Hydroxybutyratdehydrogenase in beträchtlicher Aktivität gebildet wird. Obwohl es hierfür zur Zeit keine endgültige Erklärung gibt, könnte dies ein Zeichen für unterschiedliche Abbaumechanismen der n-Alkane sein, die von der Sauerstoffversorgung der Zellen abhängig sind. Eine solche Verhaltensweise würde außerordentlich komplexe Beziehungen von solchen Enzymen erwarten lassen, die für die Regulation des Stoffwechsels von Bedeutung sind.

Während für die Pyridinnukleotid-unabhängige Alkoholdehydrogenase bereits eine Reihe von strukturellen und kinetischen Daten vorliegen, gibt es für das unter n-Octanverwertung gebildete Aldehyd-oxidierende Enzym bisher keinerlei Angaben. Die ersten Versuche, dieses Enzym zu charakterisieren, ergaben ein überraschendes Ergebnis. So befindet sich die gesamte Aktivität in der gleichen partikulären Zellfraktion wie die Pyridinnukleotid-unabhängige Alkoholdehydrogenase. Unter Einbeziehung der Daten von GRUND u. a. [4] liegt damit der interessante Fall vor, daß zwei Enzyme mit unmittelbarer funktioneller Beziehung zwar auf zellulärer Ebene auch einheitlich organisiert sind, genetisch jedoch keinerlei Beziehung aufweisen. In Abb. 3 ist die Aktivität der Aldehyddehydrogenase gegenüber Capronaldehyd und $NAD(P)^+$ in einer ausgewählten partikulären Fraktion von *Ps. putida* wiedergegeben. Hierbei zeigt sich, daß die Präparation auch einen erheblichen Gehalt an NADH-Oxidase-Aktivität aufweist, die eine quantitative Erfassung der Aldehyddehydrogenase bei Einsatz von NAD^+ als Coenzym

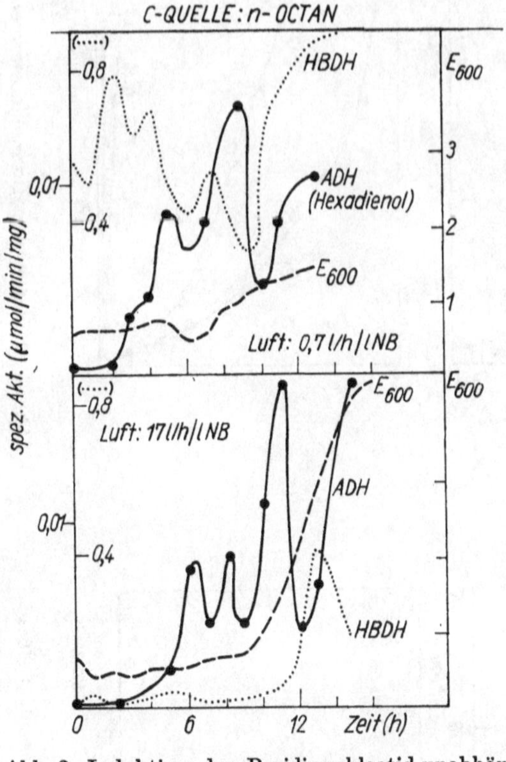

Abb. 2. Induktion der Pyridinnukleotid-unabhängigen Alkoholdehydrogenase bei Wachstum von *Ps. putida* auf n-Octan in Abhängigkeit von der Belüftung

Die Ermittlung der Enzymaktivität erfolgte in einem Testansatz, der allein 2,4-Hexadien-1-ol enthielt. Gemessen wurde die durch den entstehenden Aldehyd verursachte Extinktionszunahme bei 278 nm

sicherlich beeinträchtigt. Bei Verwendung von Hexanol als Substrat (Abb. 4) ergibt sich ein ähnliches Bild. Interessant ist hierbei, daß praktisch erst nach quantitativem Umsatz des Alkohols eine Reoxidation des NADH einsetzt. Bei Verwendung von $NADP^+$ hat diese Reaktion wiederum keine Bedeutung. Variiert man die Kettenlänge des Alkohols, erhält man für das Zweienzymsystem optimale Umsatzraten mit den Substraten, auf denen auch ein bevorzugtes Wachstum der Bakterien zu beobachten ist.

Alle diese Befunde brachten uns auf die Idee, die partikuläre Zellfraktion für eine Umwandlung von Alkoholen in die entsprechenden Carbonsäuren zu nutzen. Diese Reaktion sollte unter geeigneten Bedingungen (siehe Abb. 3 und 4) praktisch quanti-

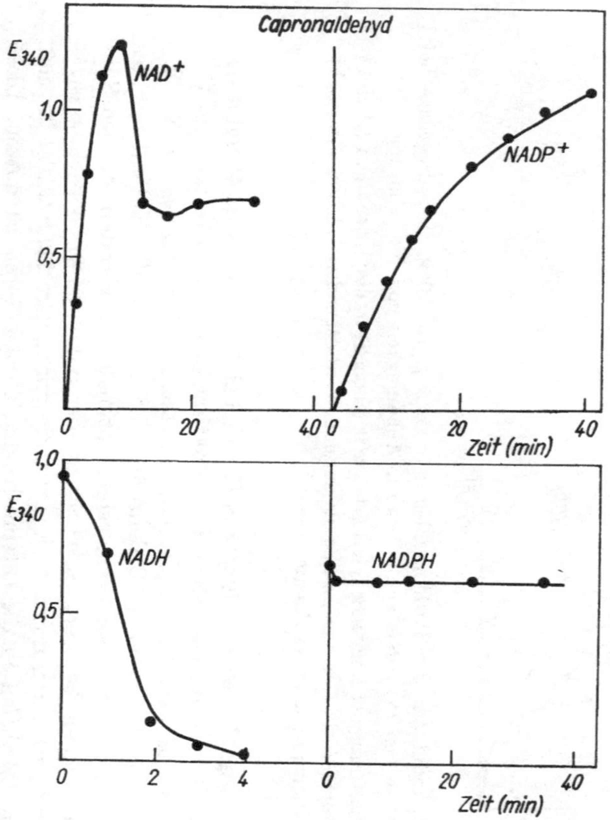

Abb. 3. Oxidation von Capronaldehyd in Anwesenheit eines Pyridinnukleotids (oben) bzw. NAD(P)H (unten) durch eine partikuläre Zellfraktion (100000 · g Sediment) aus *Ps. putida* nach Wachstum auf n-Octan

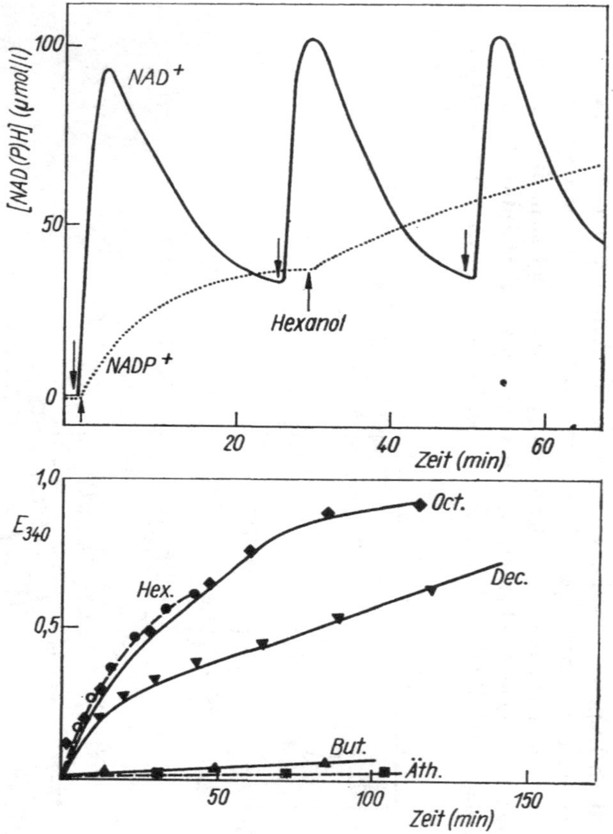

Abb. 4. Oxidation von Hexanol in Anwesenheit eines Pyridinnukleotids (oben) bzw. homologer primärer Alkohole in Anwesenheit von NADP+ (unten) durch eine partikuläre Zellfraktion aus *Ps. putida* nach Wachstum auf n-Octan
Die Reaktion wurde gestartet (↓) durch Zugabe von 80 µmol/l bzw. 40 µmol/l (...) Hexanol

tativ verlaufen und mit der Regeneration des Coenzyms einhergehen. Ein aktives immobilisiertes Enzympräparat wurde nach Einschluß der partikulären Zellfraktion in Agarosegel gewonnen und im kontinuierlichen Säulenbetrieb getestet. Bei Einsatz von 2,4-Hexadien-1-ol als Substrat konnte eindeutig nachgewiesen werden, daß in Abhängigkeit von der Flußgeschwindigkeit bevorzugt entweder der Aldehyd oder die Säure

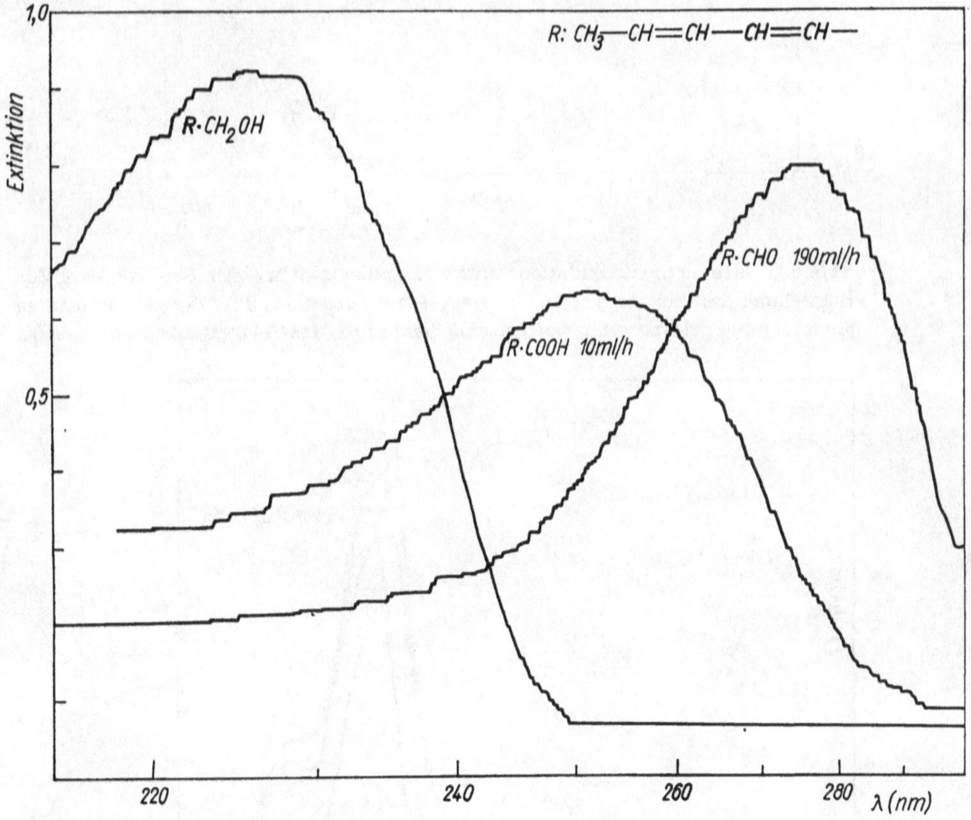

Abb. 5. Bildung von 2,4-Hexadien-1-al (λ_{max}: 278 nm) bzw. 2,4-Hexadien-1-carbonsäure (λ_{max}: 253 nm) aus 2,4-Hexadien-1-ol durch ein immobilisiertes partikuläres Enzymsystem aus *Ps. putida*

gebildet wird (Abb. 5). Darüber hinaus zeigte sich sehr bald, daß diese Umwandlung auch in Abwesenheit von NAD^+ bzw. $NADP^+$ im gleichen Ausmaß abläuft. Daraus ist abzuleiten, daß es sich bei dem Aldehyd-oxidierenden Enzym um eine Dehydrogenase handelt, deren physiologischer Akzeptor kein Pyridinnukleotid ist. Diese Eigenschaft ist insofern besonders günstig, als zur Überführung des Alkohols in die Carbonsäure keinerlei zusätzlicher Cofaktor benötigt wird.

Von überragender Bedeutung ist die Stabilität der immobilisierten Enzympräparation. Abb. 6 zeigt, daß selbst bei mehrwöchigem Betrieb der Säule bei 25 °C praktisch keine Aktivitätsverluste auftreten. Ebenso führt der Durchsatz von nahezu 20 l Substratlösung in einer 5-ml-Säule nicht zu einem Auswaschen des Enzyms. Der Umsatz anderer

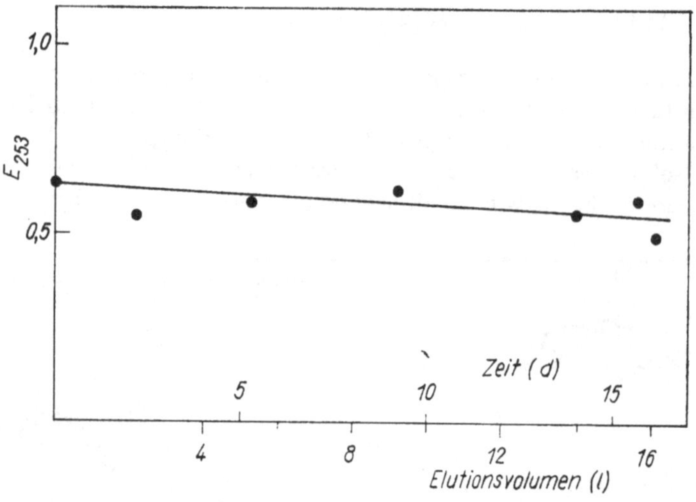

Abb. 6. Kontinuierliche Oxidation von 2,4-Hexadien-1-ol in einem 5-ml-Reaktor. Zur Herstellung des immobilisierten Enzymsystems wurden ca. 2 mg des Rohpräparates pro ml Agarosegel eingeschlossen. Anschließend wurde das Gel zerstückelt und gesiebt.

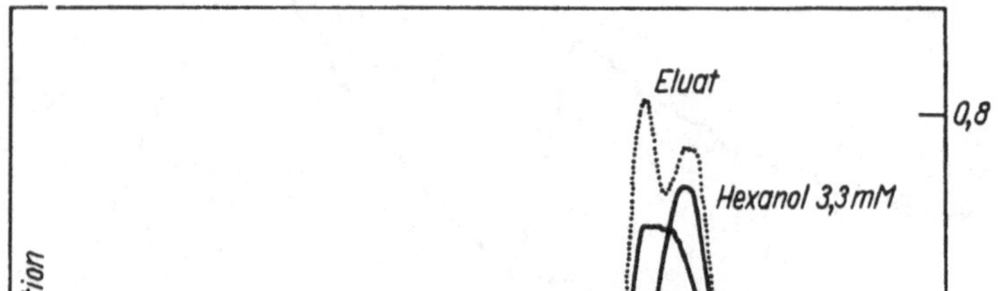

Abb. 7. Umsatz von Hexanol in Capronsäure durch das immobilisierte Zweienzymsystem aus *Ps. putida* und Adsorption der gebildeten Säure an Polyaminomethylstyrol. Der Betrieb der Säule erfolgte bei einer Flußgeschwindigkeit von 25 ml/h. Nach Durchfluß von 500 ml Substratlösung (20 mg/l Hexanol enthaltend) wurde das Reaktionsprodukt vom Ionenaustauscher abgelöst, mit Tetrachlorkohlenstoff extrahiert und im nahen IR analysiert

ungesättigter Alkohole mit Alkylresten unterschiedlicher Kettenlänge und Verzweigung ist mit ähnlichem Erfolg möglich. Ebenso verhält es sich für den Umsatz von Alkoholen mit aromatischer Seitenkette. Aber auch einfache gesättigte primäre Alkohole können zur entsprechenden Carbonsäure oxidiert werden. Wird das Eluat über eine weitere Säule, die einen Anionenaustauscher enthält, gegeben, kann die Säure im präparativen Ausmaß gewonnen werden. So konnten bei 20stündigem Betrieb einer solchen Säulenkombination aus 10 mg Hexanol 5 mg reine Capronsäure gewonnen werden (Abb. 7).

Wir glauben, daß auf der Basis der vorliegenden Befunde die Nutzung des Zweienzymsystems in einem größeren Reaktor durchaus realistisch ist. Dies gilt insbesondere aus der Sicht der sehr ökonomischen Immobilisierungstechnik, vor allem aber auch dadurch, daß ein Zusatz von kostspieligen Coenzymen nicht notwendig ist.

Literatur

[1] Baptist, J. N., R. K. Gholson and M. J. Coon: Hydrocarbon oxidation by a bacterial enzyme system. I. Products of octane oxidation. Biochim. Biophys. Acta **69** (1963), 40–47

[2] Benson, S., and J. Shapiro: Plasmid-determined alcohol dehydrogenase activity in alkane-utilizing strains of *Pseudomonas putida*. J. Bacteriol. **126** (1976), 794–798

[3] Chakrabarty, A. M., G. Chou and J. C. Gunsalus: Genetic regulation of octane dissimilation plasmid in Pseudomonas. Proc. Natl. Acad. Sci. U.S.A. **70** (1973), 1137–1140

[4] Grund, A., J. Shapiro, M. Fennewald, P. Bacha, J. Leahy, J. Markbreiter, M. Nieder and M. Toepfer: Regulation of alkane oxidation in *Pseudomonas putida*. J. Bacteriol. **123** (1975), 546–556

[5] Nieder, M., and J. Shapiro: Physiological function of the *Pseudomonas putida* PpG6 (*Pseudomonas oleovorans*) alkane hydroxylase: monoterminal oxidation of alkanes and fatty acids. J. Bacteriol. **122** (1975), 93–98

[6] Sirageldin, E., and H. Tauchert: Substrate specifity and physiological function of a pyridine nucleotide-independent and a NAD$^+$-dependent alcohol dehydrogenase from *Pseudomonas putida* PpG6. 12th FEBS-meeting, Dresden (1978)

[7] Tauchert, H., M. Grunow und H. Aurich: Regulation und einige Eigenschaften einer partikulären, akzeptorabhängigen Alkoholdehydrogenase aus *Pseudomonas putida* bei Wachstum auf n-Alkanen. Z. Allg. Mikrobiol. **18** (1978), 699–704

Sektion Biowissenschaften der Karl-Marx-Universität, Bereich Biochemie, Leipzig, DDR

Regulation von Enzymen des Citrat- und Glyoxylatcyclus bei Wachstum von *Pseudomonas putida* auf n-Alkanen

H. TAUCHERT, W. SCHÖPP und M. GRUNOW

Beim Wachstum von Mikroorganismen auf n-Alkanen als alleiniger C-Quelle werden zum Anschluß an zentrale Stoffwechselbahnen der Zelle Hilfsreaktionen und anaplerotische Sequenzen (KORNBERG [5]) zum Citratcyclus eingerichtet. Unter dieser Sicht wurde die Regulation der Enzyme des Glyoxylatcyclus sowie des NADP-abhängigen Malatenzyms in Beziehung zum Citratcyclus bei *Acinetobacter calcoaceticus* durch KLEBER [4] ausführlich untersucht. Bei *Pseudomonas putida* ist nach bekannten Schritten der Primäroxidation von n-Alkanen mit 6—10 C-Atomen und wahrscheinlich normaler β-Oxidation mit der Bildung größerer Mengen Acetyl-CoA zu rechnen. Daneben könnte durch gleichzeitig ablaufende ω-Hydroxylierung möglicherweise Succinyl-CoA entstehen (CLARKE und RICHMOND [1]).

Diese Bedingungen wurden durch Wachstum auf Acetat und Succinat simuliert und mit Glucose verglichen. Dabei ergaben sich die in Tab. 1 dargestellten Aktivitäten für die Isocitratlyase (IL), das erste Enzym des Glyoxylatcyclus, und für das NADP-abhängige Malatenzym (ME). Durch Glucose bzw. Metabolite des Glucoseabbaus und durch Succinat wird die Induktion der IL deutlich gehemmt, während die Aktivität nach Acetatwachstum um eine Zehnerpotenz höher ist. Bei gleichzeitigem Succinat- und Acetatangebot werden mittlere Aktivitäten gemessen. Das ME wird durch Acetat deutlich und durch Acetat + Succinat weniger reprimiert. Bei alleinigem Angebot an Succinat ist eine hohe ME-Aktivität meßbar. Durch Glucosewachstum wird vergleichbar mit *Acinetobacter calcoaceticus* (KLEBER [4]) im Gegensatz zu anderen Befunden (SANWAL und SMANDO [6]) keine Repression des ME bewirkt.

Tabelle 1
Vergleich der spezifischen Aktivitäten der Isocitratlyase (IL) und des NADP-abhängigen Malatenzyms (ME) nach Wachstum von Ps. putida auf unterschiedlichen Kohlenstoffquellen

C-Quelle	spez. Akt. (µmol/min/mg)	
	IL	ME
Glucose	0,006	0,13
Succinat	0,008	0,12
Acetat	0,07	0,02
Succ/AC	0,015	0,04

Werden auf Succinat vorkultivierte Zellen von *Ps. putida* auf Octanmedium umgesetzt, steigt — wie in Abb. 1 dargestellt — die Aktivität der IL deutlich an so wie die des ME ebenso deutlich abfällt. Damit entsteht das Bild der Acetatverwertung, wobei die IL vorher auf Succinat reprimiert war. Das ME wird offensichtlich durch das im Primärabbau des Octans entstehende Acetat reprimiert. Durch die steigende Aktivität der IL entsteht wieder Succinat, das einerseits als Katabolitrepressor (CLARKE und RICHMOND [1]) eine Hemmwirkung auf die Enzyme des Primärabbaus haben könnte — am Beispiel der Pyridinnukleotid-unabhängigen Alkoholdehydrogenase (ADH) sind

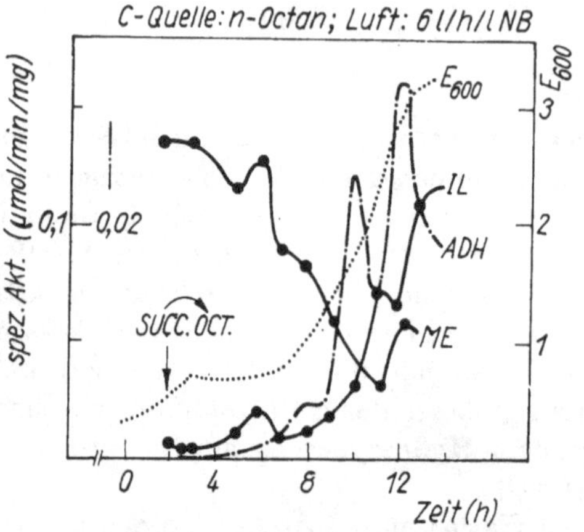

Abb. 1. Aktivitätsverhalten der Isocitratlyase (●—·—●) und des Malatenzyms (●—●) bei Wachstum von *Ps. putida* auf n-Octan. (↓) markiert das Umsetzen der Succinatvorkultur, (......) entspricht der Wachstumskurve als E_{600} und (— · —) entspricht der Pyridinnukleotid-unabhängigen ADH-Aktivität (s. Text)

solche Schwankungen erkennbar — und andererseits kurzzeitige Anstiege der ME-Aktivität erklären würden. Da wir aber auch durch Variation der Belüftung der Kulturen Änderungen von Enzymaktivitäten feststellen konnten, schien uns eine weitere Ursache möglich, die schwankenden Kurvenverläufe der Enzymaktivitäten zu erklären.

Aus diesen und anderen Erwägungen wurden Versuche unter zwei Extrembedingungen in der Belüftung mit vielen Meßpunkten durchgeführt. Wie aus Abb. 2 zu entnehmen ist, hat die Belüftung und damit der Sauerstoffeintrag keinen wesentlichen Einfluß auf den Verlauf der Aktivität der IL und des ME, so daß eher Schwankungen von Metabolitkonzentrationen als Ursache der Aktivitätsverläufe in Betracht kommen. Wenn die Aktivitäten der zwei Enzyme zueinander in regulativer Beziehung stehen, dann sollte der Quotient aus beiden eine Normalisierung des Kurvenverlaufes bewirken. Das läßt sich in der Tat im Bild rechts unten belegen. Bei Acetatwachstum sind die Werte der Quotienten aus ME und IL kleiner als 1,0 (0,3—0,4), bei Wachstum auf Succinat sind sie deutlich über 1,0 und liegen zwischen 5 und 20 in Abhängigkeit von der Belüftung. Durch den erhöhten O_2-Bedarf im Glyoxylatcyclus ist die Aktivität der IL stärker vom Lufteintrag abhängig und beeinflußt den Quotienten in deutlichem Maße. Damit sind die Schwankungen der Aktivitätsverläufe möglicherweise Ausdruck eines regulativen

Verhaltens beider Enzyme. Ein Ausgleich kommt nur dann zustande, wenn sich beide Enzyme in der Aktivität gleichsinnig verändern. Das führt zu einem ausgeglichenen Quotienten.

Wenn im Verlaufe der Octankultivierung die Aktivität der IL ansteigt, das ME aber durch Acetat reprimiert ist, sollte zunächst die Weiterverwertung des Malats nahezu ausschließlich zum Oxalacetat erfolgen. Deswegen schien das Aktivitätsverhalten der

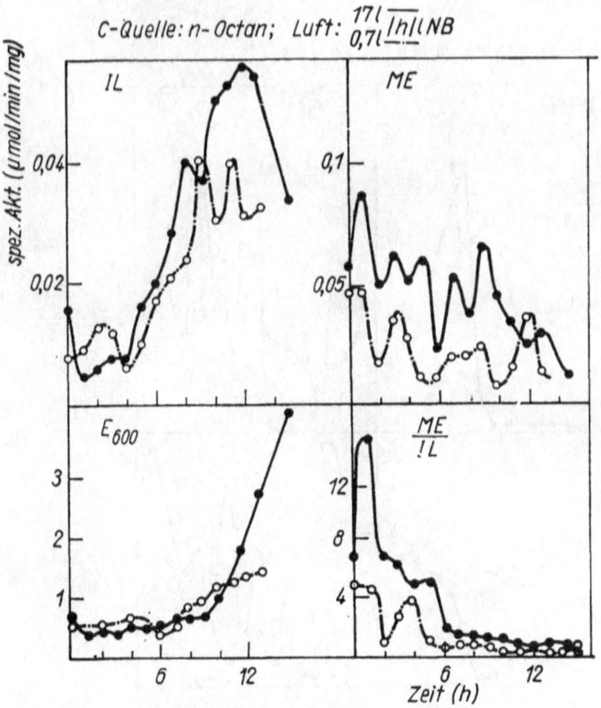

Abb. 2. Aktivitätsverlauf der Isocitratlyase und des Malatenzyms unter zwei extremen Belüftungsbedingungen

Umsetzen der 7,0 l Fermenterkultur von Succinat auf n-Octan am Zeitpunkt 0. Wachstumskurve links unten, Quotienten der spezifischen Aktivitäten rechts unten

Malatdehydrogenase (MDH) interessant, die unter diesen Umständen bei *Acinetobacter calcoaceticus* außerordentlich hoch ist (Kleber [4]). Es läßt sich aber in diesem Stamm kein malatoxidierendes Enzym nachweisen, weder mit NAD oder NADP noch eine in anderen Species meßbare Malatoxydase (Jurtschuk u. a. [3]). Das schließt zwar nicht völlig aus, daß ein solches Enzym vorhanden ist. Seine Aktivität müßte dann aber unverhältnismäßig niedrig sein und könnte die metabolischen Anforderungen nicht erfüllen.

Wenn man davon ausgeht, daß in diesem Stamm de facto ein unvollständiger Citratcyclus besteht — wie es u. a. in *Thiobacillus*-Species durch Fehlen der α-Ketoglutaratdehydrogenase nachgewiesen wurde (Weitzmann und Danson [7]) — dann sind zwei Verzweigungen sicher. Die eine ergibt sich am Isocitrat und die andere am Malat. Deshalb wurden zwei weitere Enzyme, die Isocitratdehydrogenase (ICDH) und die Fumarase (FU), in die Betrachtungen einbezogen. Die Aktivitätsverläufe bei Octanwachstum und unter zwei verschiedenen Belüftungbedingungen sind aus Abb. 3 oben zu ersehen. Die Fumarase unterliegt starken Aktivitätsschwankungen, die unabhängig von der Belüftung sind. Bemerkenswert sind die außerordentlich hohen spezifischen Aktivitäten bis 2,0 und darüber. Die ICDH zeigt eine bemerkenswerte Abhängigkeit von der Belüftung bereits auf Succinat, die sich nach Umsetzen auf Octan zunächst nicht ändert.

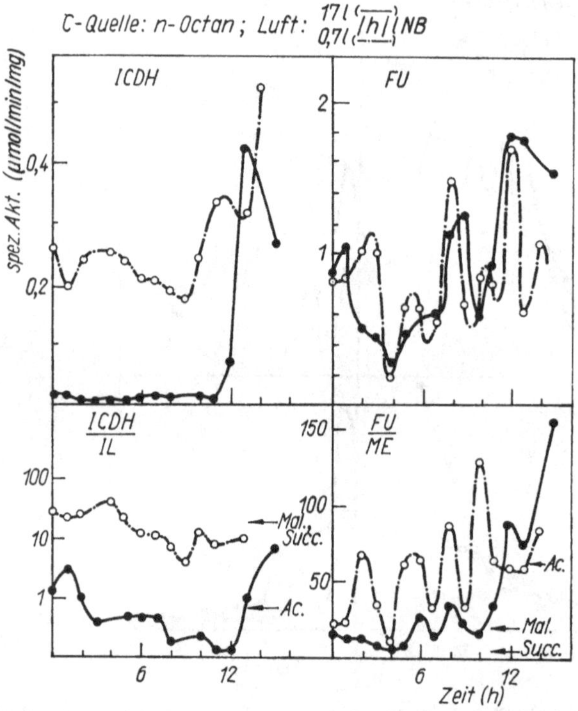

Abb. 3. Aktivitätsverlauf der Isocitratdehydrogenase (ICDH) und Fumarase (FU) Wachstumsbedingungen wie Abb. 2. Quotienten aus ICDH und IL links unten, aus FU und ME rechts unten. ← Angaben der jeweiligen Quotienten bei Wachstum von *Ps. putida* auf Acetat, Succinat und Malat

Erst in der logarithmischen Wachstumsphase erfolgt ein deutlicher Aktivitätsanstieg. Im unteren Teil der Abbildung sind die Quotienten der Enzyme an den genannten Verzweigungen dargestellt. Aus den ICDH/IL-Quotienten ist in Verbindung mit den Angaben über Acetat-, Malat- und Succinatwachstum (siehe Pfeile) ersichtlich, daß bei Kultivierung auf Octan und bei geringer Belüftung der Weg über die ICDH und bei ausreichender Belüftung über die IL beschritten wird. Die Unterschiede sind sehr deutlich und differieren nach 10 h Wachstum um mehr als den Faktor 100. Welche Aussagen sind an der zweiten Verzweigungsstelle des Citratcyclus durch den FU/ME-Quotienten zu treffen? Die Fumarase ist entweder durch den Anstau von Malat oder Succinat zwei Drücken ausgesetzt, das ME wird durch Acetat reprimiert. Somit werden die beim

Octanwachstum auftretenden Schwankungen sowohl des ME als auch der FU bei fehlender MDH verständlich. Bei geringer Aktivität des ME ist die Fumarase höher (in welcher Richtung der Umsatz erfolgt bleibt vorerst unberücksichtigt) und bei hoher ME-Aktivität ist die Fumarase gering. Dadurch werden mit Bildung der Quotienten die Schwankungen eher deutlicher. Bei Wachstum auf Acetat werden hohe, bei Succinat- und Malatwachstum niedrige Quotienten ermittelt (siehe Pfeile). Somit könnten die starken Schwankungen der Quotienten beim Octanwachstum erklärbar sein.

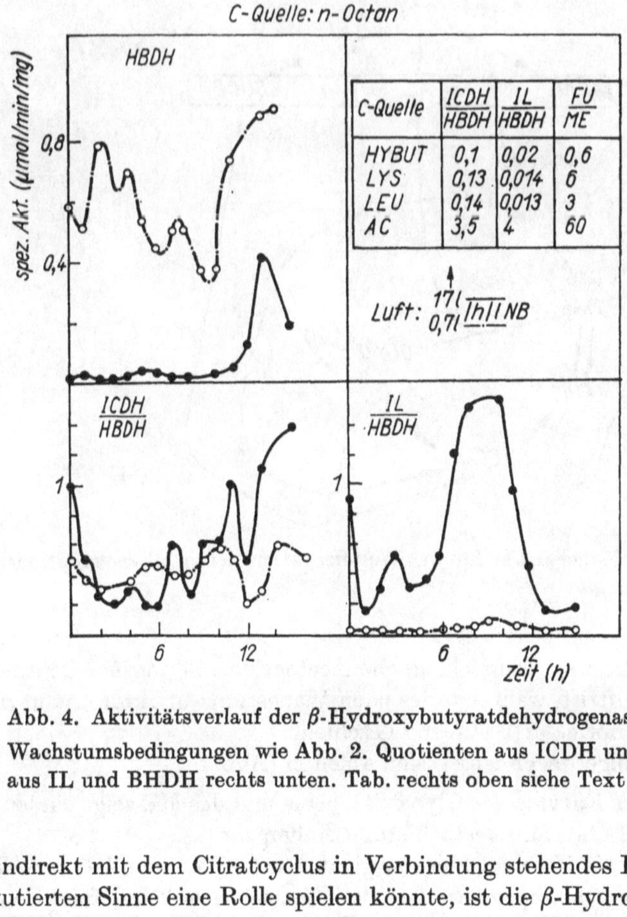

Abb. 4. Aktivitätsverlauf der β-Hydroxybutyratdehydrogenase (HBDH) Wachstumsbedingungen wie Abb. 2. Quotienten aus ICDH und HBDH links unten, aus IL und BHDH rechts unten. Tab. rechts oben siehe Text

Ein nur indirekt mit dem Citratcyclus in Verbindung stehendes Enzym, das aber im bereits diskutierten Sinne eine Rolle spielen könnte, ist die β-Hydroxybutyratdehydrogenase (HBDH). Wie in Abb. 4 dargestellt, treten vergleichbar mit der ICDH auch hierbei große Aktivitätsunterschiede in Abhängigkeit von der Belüftung auf. Im O_2-Mangel sind die Aktivitäten sowohl bei Succinat- als auch Octanwachstum sehr hoch. Die Quotienten aus ICDH und HBDH gleichen die großen Schwankungen der Einzelaktivitäten im Vergleich beider Kurven und innerhalb deren Verlauf weitgehend aus. Somit gibt es einen linearen Zusammenhang in der Aktivität der ICDH und der HBDH. Das ist insofern verwunderlich, da eher durch die Sequenz Acetoacetat, Hydroxybutyrat, Acetat mit einem Zusammenhang zwischen HBDH und IL zu rechnen wäre. Eine solche Beziehung existiert jedoch in keiner Weise (Abb. 4). Vielmehr werden folgende Beziehungen durch die Tabelle in Abb. 4 belegt: Bei Wachstum auf Hydroxybutyrat werden ähnliche Quotienten ermittelt, wie den dargestellten Kurven der Octankultivierung zu entnehmen sind. Bei Wachstum auf Acetat sind die Quotienten drastisch höher. Deswegen läßt sich schlußfolgern, daß bei Octanwachstum ICDH/HBDH-Quotienten auftreten, die der Hydroxybutyratverwertung gleichen, nicht aber der Acetatverwertung. Darüber hinaus ergeben die Quotienten nach Wachstum auf zwei Aminosäuren, die beide beim Abbau im Acetoacetat enden, ähnliche Werte. Vergleichbar hohe Unterschiede werden auch beim Quotienten FU/ME erhalten. Es bleibt

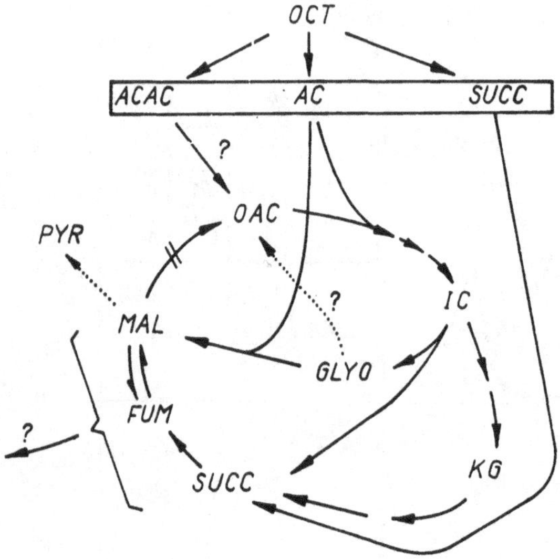

Abb. 5. Möglichkeiten für die Weiterreaktion der n-Alkanoxydationsprodukte bei *Ps. putida*

zu erwähnen, daß die sehr wahrscheinliche Acetoacetatbildung bei Octankultivierung nur im O_2-Mangel auftritt, während dies nach Wachstum auf Hydroxybutyrat und den Aminosäuren unter normaler Belüftung geschieht.

Folgende Schlußfolgerungen lassen sich ableiten (Abb. 5):

1. Das Verhalten der Enzyme des Glyoxylatcyclus und des ME zeigt eindeutig, daß die Verwertung von Octan mit Acetatbildung einhergeht.
2. Das Fehlen einer MDH bringt Schwierigkeiten mit sich, wenn bei der Alkanverwertung das Malatenzym reprimiert ist, da offensichtlich keine Reaktion zur Oxalacetatbildung führt. Evtl. wäre das über den Dicarbonsäureweg möglich (KORNBERG [5]).
3. Eine Reihe von Versuchen lassen an die Möglichkeit der Bildung von Oxalacetat aus Acetoacetat denken, das direkt dem n-Alkanabbau entnommen wird. Diese bisher nicht beschriebene Reaktion wäre mit Hilfe ähnlicher Enzyme vorstellbar, wie sie in der Bildung von Glykolat aus Acetat in der Literatur bekannt wurde (DUNSTON und ANTHONY [2]).
4. Das Auftreten der HBDH könnte ein Ausdruck dafür sein, daß Acetoacetat in Hydroxybuttersäure umgewandelt wird, die evtl. zu Polybetahydroxybutyrat führen könnte.

5. Inwieweit eine weitere Reaktion von Malat, Succinat oder Fumarat aus möglich ist, bleibt offen.
6. Trotz der noch offenen Probleme bleibt die bei einigen Substraten und Versuchsbedingungen gezeigte Anomalie in zentralen Stoffwechselbahnen, die zur erhöhten Synthese einiger Enzyme (FU, HBDH, ICDH usw.) führt. Für die Nutzung dieser günstigen Situation zur Gewinnung intrazellulärer Enzyme, die man evtl. noch auf andere Folgeenzyme ausdehnen könnte, sind noch weitere systematische Untersuchungen erforderlich. Es müßten vor allem Erkennungsmerkmale herausgefunden werden, an Hand derer man den Kultivierungsprozeß zur Enzymgewinnung unterbricht.

Literatur

[1] Clarke, P. H., and M. H. Richmond: Genetics and biochemistry of *Pseudomonas*. John Wiley and Sons, London, 1975

[2] Dunston, P. M., and C. Anthony: Microbial metabolism of C_1 and C_2 compounds. The role of acetate during growth of *Pseudomonas* AM 1 on C_1 compounds, ethanol and β-hydroxybutyrate. Biochem. J. (1973) **132**, 797

[3] Jurtschuk, P., A. J. Bednarz, P. Zey and C. H. Denton: L-Malate oxidation by the electron transport fraction of *Azotobacter vinelandii*. J. Bacteriol. (1969) **98**, 1120

[4] Kleber, H. P.: Regulation von Enzymen des Citrat- und Glyoxylatzyklus sowie des NADP-abhängigen Malatenzyms in *Acinetobacter calcoaceticus* unter dem Einfluß der Kohlenwasserstoffassimilation. Dissertation B, Karl-Marx-Universität, Leipzig 1972

[5] Kornberg, H. L.: Anaplerotische Sequenzen im mikrobiologischen Stoffwechsel. Angew. Chemie (1965) **77**, 601

[6] Sanwal, B. D., and R. Smando: Malic enzyme of *E. coli*. Possible mechanism for allosteric effects. J. biol. Chem. (1969) **244**, 1817

[7] Weitzmann, P. D. J., and M. J. Danson: Citrate synthase. Current topics in cellular regulation (1976) **10**, 161

Sektion Biowissenschaften der Karl-Marx-Universität Leipzig, Bereich Biochemie, Leipzig, DDR

Verhalten von Superoxiddismutase und Catalase in *Pseudomonas putida* bei Wachstum auf n-Alkanen

M. Grunow, F. Fritzsche und W. Schöpp

Im Zusammenhang mit Untersuchungen zum n-Alkanstoffwechsel von *Ps. putida* untersuchten wir auch das Verhalten der Superoxiddismutase und Catalase.

Da die Substrate beider Enzyme toxisch für Organismen jeglicher Herkunft sind, haben diese Enzyme große Bedeutung für das Überleben atmender Zellen. Insbesondere über Superoxidradikale, die sowohl spontan bei Autoxidationsprozessen als auch auf enzymatischem Wege entstehen können, gibt es eine Vielzahl von Arbeiten, in denen ihre Toxizität und in diesem Zusammenhang die Schutzwirkung der Superoxiddismutase nachgewiesen wurde (Halliwell [3]). Wenig Hinweise gibt es jedoch darüber, ob den Superoxiddismutasen bei der Regulation von O_2- bzw. O_2^--verbrauchenden bzw. erzeugenden Enzymsystemen eine Funktion zukommt.

So konnten Hassan u. Fridovich [4] zeigen, daß beim Wachstum von *E. coli* auf Glucose die intrazelluläre Superoxiddismutase-Konzentration um den Faktor 3–5 kleiner ist, als bei Verwertung eines Trypticase-Pepton-Mediums. Ursache dafür ist nach Ansicht der Autoren nicht die Katabolitrepression der Glucose, sondern die Art des Abbauweges der verwendeten Substrate. Außerdem gibt es Hinweise, daß die Superoxiddismutase in der Lage ist, eine Reihe von Oxidasen bzw. Hydroxylasen zu hemmen, in deren Reaktionszyklus ein O_2^--Radikal vermutet wird (Fridovich [2]).

Da Untersuchungen an unserem Teststamm *Ps. putida* gezeigt hatten, daß beim Alkanabbau in Abhängigkeit von der Belüftung große Aktivitätsunterschiede von Enzymen unterschiedlicher Stoffwechselbahnen (primäre Enzyme des n-Alkanabbaus, Enzyme des Citrat- und Glyoxylatzyklus) auftraten, war es unser Anliegen nachzuweisen, ob der Superoxiddismutase beim n-Alkanabbau eine regulative Funktion zukommt. Das hätte einerseits für die Optimierung der Ausbeuten dieser Enzyme große Bedeutung, andererseits könnte bei erhöhter Superoxiddismutase-Aktivität eine günstige Ausgangsbasis zur Präparation dieses Enzyms geschaffen werden. Gleichzeitig untersuchten wir das Aktivitätsverhalten der Catalase, die das Endprodukt der Dismutasereaktion umsetzt.

Bezüglich des n-Alkanabbaus ist die Catalase auch deshalb interessant, weil bei Hefen nach Wachstum auf Kohlenwasserstoffen ein Aktivitätsanstieg der Catalase nachgewiesen wurde (Hira u. a. [5], Schneider u. a. [7], Teranishi u. a. [8]). Außerdem wurden entsprechende Untersuchungen bei Bakterien noch nicht durchgeführt.

Wir hatten zunächst damit begonnen, die Superoxiddismutase aus *Ps. putida* zu reinigen, um sie in ihren Eigenschaften mit der Vielzahl schon charakterisierter Dismutasen zu vergleichen.

Die erfolgreich durchgeführte Reinigung des Enzyms aus *Ps. putida* mittels

$(NH_4)_2SO_4$-Fällung, Ionenaustauschchromatographie und Gelfiltration ließ bereits erkennen, daß es sich mit Sicherheit um eine typische Prokaryonten-Dismutase handelt.

Mit diesem kurz skizzierten Präparationsweg konnten wir das Enzym um den Faktor 83 anreichern. Die spezifische Aktivität stieg dabei von ca. 45 EE/mg auf 3700 EE/mg. Das Enzym konnte dann durch Dialyse gegen eine 50%ige $(NH_4)_2SO_4$-Lösung kristallin gewonnen werden (Abb. 1). Das Enzym hat ein Molekulargewicht von 40000. Das Molekulargewicht der Subeinheit beträgt 20000. Erste Atomabsorptionsuntersuchungen lassen Mangan als Zentralatom vermuten. Diese Eigenschaften entsprechen durchaus denen, die von anderen bakteriellen Dismutasen bekannt sind.

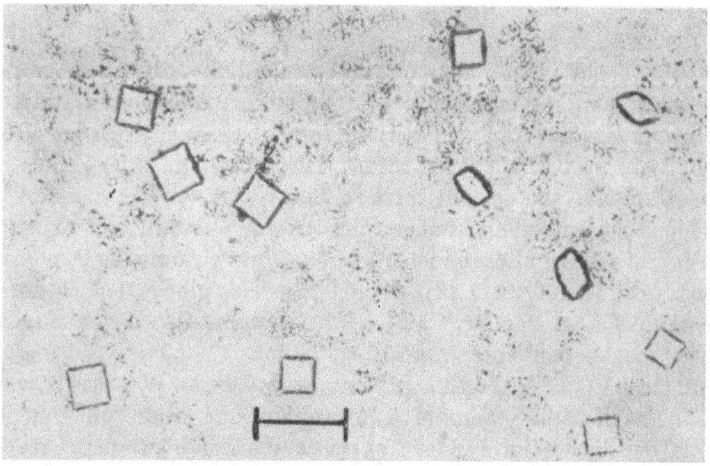

Abb. 1. Microphotographie kristalliner Superoxiddismutase aus *Ps. putida*, Maßstab: 150 µm

Wenn der Superoxiddismutase beim Kohlenwasserstoff-Abbau eine regulierende Funktion zukommen sollte, müßten Aktivitätsänderungen des Enzyms im Vergleich zum Abbau anderer C-Quellen meßbar sein.

In Tab. 1 sind spezifische Aktivitäten der Superoxiddismutase von Bakterienrohextrakten nach Wachstum von *Ps. putida* auf unterschiedlichen C-Quellen dargestellt. Es ist ersichtlich, daß sich die Aktivitäten der Superoxiddismutase bei Kohlenwasserstoff-Wachstum nicht drastisch von denen unterscheiden, die bei Wachstum auf anderen C-Quellen gemessen wurden.

Bei theoretischer Betrachtung wären sowohl erhöhte als auch verminderte Dismutaseaktivitäten denkbar gewesen. Verminderte Aktivitäten, wenn die Superoxiddismutase in der Lage wäre, das n-Alkan-Hydroxylasesystem zu hemmen. Erhöhte Aktivitäten, wenn beim Kohlenwasserstoff-Abbau vermehrt O_2^--Radikale anfallen würden. Wie die ermittelten Aktivitäten jedoch erkennen lassen, scheint die Superoxiddismutase in keinem direkten Zusammenhang mit dem Kohlenwasserstoff-Abbau zu stehen.

Eine Tatsache, die jedoch bei mehreren Mikroorganismen schon beobachtet werden konnte, ist der Anstieg der Superoxiddismutase-Aktivität, wenn man die Zellen einem erhöhten O_2-Druck aussetzt, oder umgekehrt eine größere Überlebenschance für alle aerob wachsenden Zellen, die eine erhöhte Superoxiddismutase-Aktivität besitzen. Wir

Tabelle 1
Abhängigkeit der SOD-Aktivität vom Kultursubstrat

Kultursubstrat	spezifische Aktivität der SOD (EE · mg^{-1})	Kultursubstrat	spezifische Aktivität der SOD (EE · mg^{-1})
Glucose	44	Succinat	46
Pyruvat	32	Fumarat	52
Acetat	30	Malat	30
Butyrat	47	Hexan	36
3-OH-Butyrat	40	Heptan	30
Valin	25	Octan	37
Tryptophan	20	Nonan	37

verglichen deshalb Superoxiddismutase-Aktivitäten, die sich bei Züchtung von *Ps. putida* mit unterschiedlicher Belüftung ergaben (Tab. 2). Gleichzeitig ist die Aktivität der Pyridinnucleotid-unabhängigen Alkoholdehydrogenase (ADH) angegeben, deren Induktion beim Umsetzen von einem Succinat- auf ein Kohlenwasserstoff-Medium deutlich zu erkennen ist. Die Aktivitäten dieses Enzyms scheinen auf den ersten Blick sehr klein zu sein, es sind jedoch die höchsten, die unter den gegebenen Testbedingungen meßbar sind. Im Vergleich zur Induktion der Pyridinnucleotid-unabhängigen Alkoholdehydrogenase, die als Maß für den Kohlenwasserstoff-Abbau anzusehen ist, zeigt die Superoxiddismutase (SOD) keine Aktivitätsänderung bei Substratwechsel. Das ist ein weiterer Beweis dafür, daß sie in keinem direkten Zusammenhang zum n-Alkanstoffwechsel steht. Ebenso konnten wir bei Variation der Belüftung keine Veränderung der Aktivität der Superoxiddismutase beobachten.

Ein interessanter Aspekt ergab sich jedoch, wenn man die Belüftungsbedingungen innerhalb eines Fermentationsansatzes ändert. Abb. 2 zeigt 3 Ansätze, von denen 2 mit Octan und einer mit Glucose als C-Quelle durchgeführt wurde. Die Variation der

Tabelle 2
Abhängigkeit der SOD- und ADH-Aktivität von der Belüftung und dem Kultursubstrat

Belüftung ($l \cdot h^{-1} \cdot l_{NL}^{-1}$)	Substrat	$E_{600}^{0,5}$	SOD (EE · mg^{-1})	ADH (µmol · min^{-1} · mg^{-1})
0,7	Succ.	0,30	47	0
	↓ Octan	0,85	35	0,014
5,7	Succ.	0,55	46	0
	↓ Octan	1,70	30	0,024
17,0	Succ.	0,70	40	0
	↓ Octan	1,85	45	0,018

Belüftung erfolgte in dem einen Fall von einem relativ hohen, auf einen kleinen Wert und im anderen Fall umgekehrt. Es ist zu erkennen, daß mit Octan als C-Quelle der Luftwechsel von groß nach klein nicht sofort einen Effekt auf das Wachstum der Mikroorganismen hat. Ändert man die Belüftung jedoch in entgegengesetzter Richtung, kommt es zum Absterben der Mikroorganismen — ein Effekt, der bei Verwendung von Glucose als C-Quelle nicht auftritt. Hier geht das Wachstum nach einer kurzen lag-

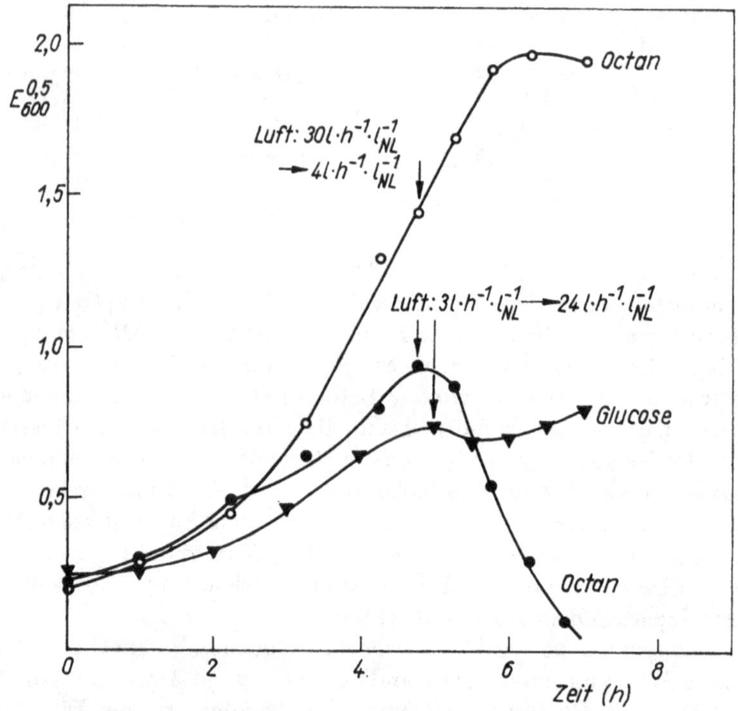

Abb. 2. Wachstum ($E_{600}^{0,5}$) von *Ps. putida* auf n-Octan und Glucose bei Variation der Belüftung

Phase weiter. Eine Veränderung der Superoxiddismutase-Aktivität war jedoch in keinem der 3 Ansätze zu beobachten. Wir interpretieren diese Befunde dahingehend, daß *Ps. putida* auf Grund der Eigenschaft n-Alkane verwerten zu können, nicht in der Lage ist, bei Erhöhung des O_2-Druckes mit der Dismutaseaktivität zu reagieren und die Zellen deshalb absterben. Verwendet man Glucose als C-Quelle, ein Substrat, das einem völlig anderen Abbaumechanismus unterliegt, scheint die O_2^--Radikalbelastung für die Zellen nicht so groß zu sein, die Mikroorganismen sind in der Lage, weiter zu wachsen. Paßt man die Zellen dem Glucosewachstum längere Zeit an, so ist auch *Ps. putida* in der Lage, bei starker Erhöhung der Belüftung, die Dismutaseaktivität um den Faktor 3 zu steigern. Alle diese Befunde deuten darauf hin, daß die Superoxiddismutase doch möglicherweise in ein komplizierteres Regulationssystem der n-Alkanverwertung mit einbezogen ist. Diese Tatsache wird durch den Befund gestützt, daß es bei gleichzeitigem Wechsel von Substrat und Belüftung auch bei n-Octan zu einer kurzzeitigen starken Erhöhung der Superoxiddismutase-Aktivität kommt, die aber mit beginnendem Wachstum wieder Normalwerte annimmt.

Wenn man davon ausgeht, daß die Catalase das Endprodukt der Dismutasereaktion umsetzt, wären bei einem möglichen Zusammenwirken von Superoxiddismutase und Catalase beim n-Alkanabbau in unserem Fall keine Aktivitätsänderungen der Catalase zu erwarten.

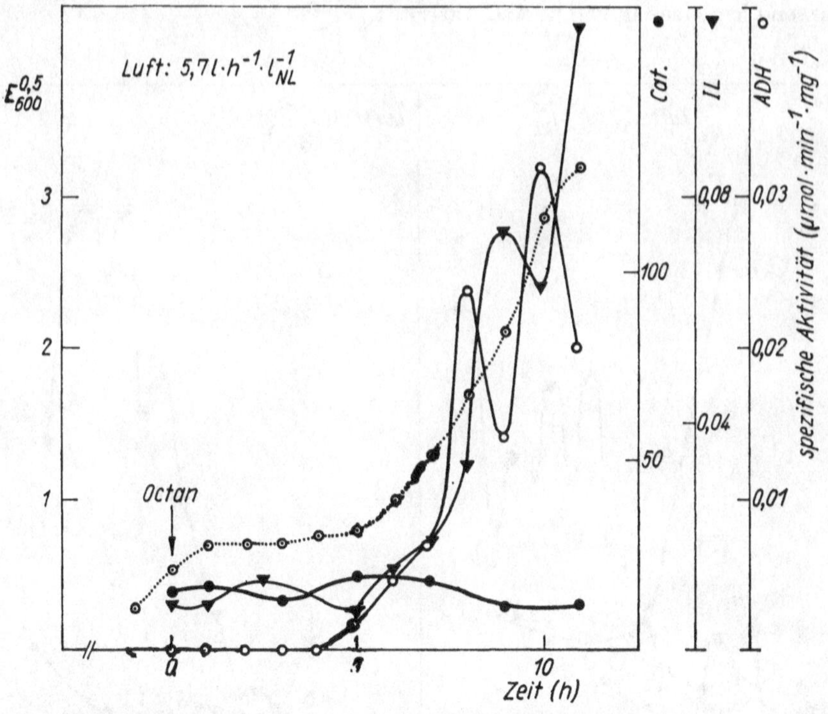

Abb. 3. Spezifische Aktivität der Catalase (Cat.; ●), Isocitratlyase (IL; ▼) und Pyridinnucleotid-unabhängigen Alkoholdehydrogenase (ADH; ○) aus *Ps. putida* nach Wachstum ($E_{600}^{0,5}$; •···•) auf n-Octan

In der Literatur gibt es jedoch Hinweise, daß bei Kohlenwasserstoffverwertung von *Candida tropicalis* die Catalaseaktivität stark ansteigt. So konnten HIRA u. a. [5] zeigen, daß die spezifische Aktivität der Catalase nach Wachstum auf n-Alkan um das 15fache gegenüber einer Glucose- bzw. um das 170fache gegenüber einer Acetatverwertung erhöht ist. Ursache dafür ist nach KAWAMOTO u. a. [6] eine Kopplung der Catalase mit der β-Oxidation der Fettsäuren. Diese Vermutung wird gestützt durch die Tatsache, daß sowohl β-Oxidation als auch Catalase in den Microbodies lokalisiert sind. Nach SCHNEIDER u. a. [7] wäre neben der Beziehung zur β-Oxidation im weitesten Sinne auch eine zum Glyoxylatzyklus denkbar.

Die Catalaseaktivität kann außerdem an bestimmte Oxidasen gebunden sein. So konnten BORMANN u. SAHM [1] zeigen, daß in der Methanol-verwertenden Hefe *Candida boidinii* der Aktivitätsverlauf der Catalase dem der H_2O_2-produzierenden Alkoholoxydase entspricht. Beide Enzyme sind ebenfalls in den Microbodies lokalisiert.

Unsere Untersuchungen an *Ps. putida* lassen keinen direkten Zusammenhang zwischen n-Alkanassimilation und Catalaseaktivität im oben diskutierten Sinne erkennen. Abb. 3 zeigt das Aktivitätsverhalten von Catalase, Isocitratlyase und Pyridinnucleotid-unabhängiger Alkoholdehydrogenase beim Umsetzen der Bakterien von Succinat auf n-Octan als C-Quelle. Es ist deutlich die Induktion eines der primären Enzyme des n-Alkanabbaus zu erkennen. Mit dem Anwachsen von C_2-Metaboliten steigt ebenfalls die Aktivität der Isocitratlyase. Die Catalase hingegen besitzt über alle Wachstumsphasen die gleiche unveränderte Aktivität.

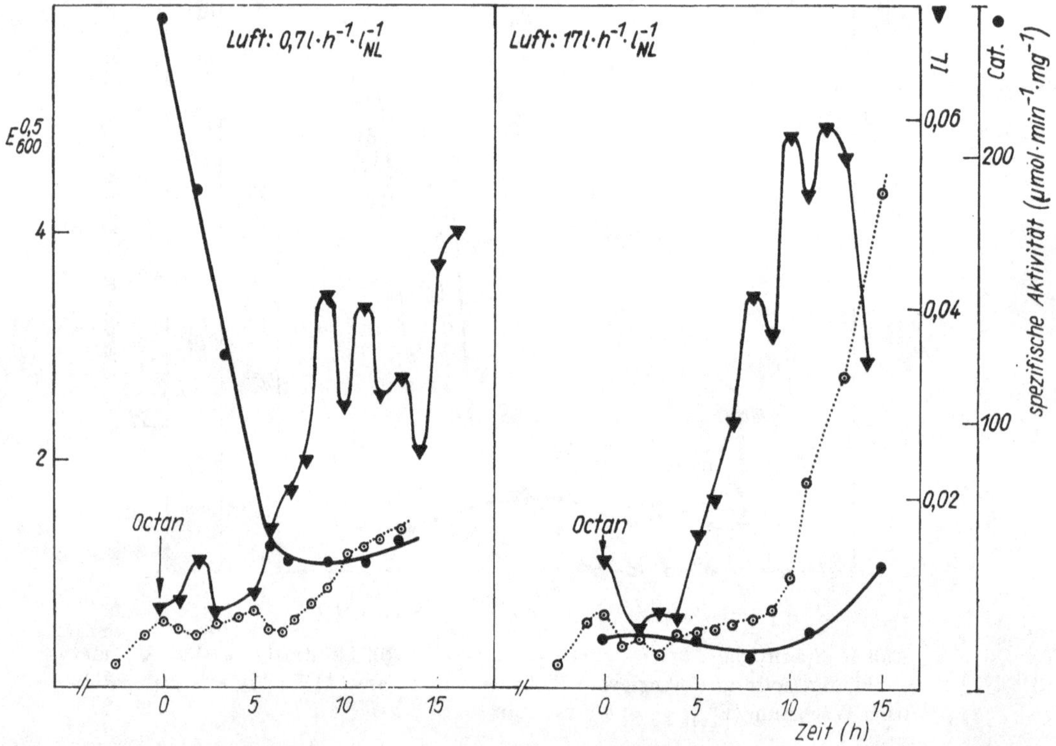

Abb. 4. Spezifische Aktivität der Catalase (Cat.; ●) und Isocitratlyase (IL; ▲) aus *Ps. putida* nach Wachstum ($E_{600}^{0,5}$; ●···●) auf n-Octan bei unterschiedlicher Belüftung

In weiterführenden Untersuchungen konnten wir jedoch eine deutliche Abhängigkeit der Catalaseaktivität von der Belüftung des Fermentoransatzes feststellen. Besonders deutlich wurde diese Abhängigkeit bei der Verwendung von Succinat als C-Quelle. Abb. 4 zeigt das Wachstum von *Ps. putida* bei unterschiedlicher Belüftung. Die Aktivitäten zum Zeitpunkt 0 entsprechen dem Wert der Succinatvorkultur. Es ist deutlich zu erkennen, daß bei geringerer Belüftung die Catalaseaktivität größer (um den Faktor 17) ist als bei stärkerer Belüftung. Beide Fermentoransätze unterscheiden sich stark im Wachstum, trotzdem steigt in beiden die Aktivität der Isocitratlyase als Zeichen der n-Alkanassimilation an.

Die Abhängigkeit der Catalaseaktivität von der Belüftung wird eigentlich auch bei n-Octan als C-Quelle sichtbar. Sie ist jedoch nicht so ausgeprägt wie beim Succinat und macht hier nur den Faktor 3 aus.

Für dieses Verhalten der Catalase haben wir zur Zeit keine befriedigende Erklärung. Lediglich die Abhängigkeit von der Belüftung zeigt Analogien zu verschiedenen Enzymen des Citrat- und Glyoxylatzyklus. Andererseits weisen auch die Catalaseaktivitäten auf mögliche Besonderheiten in der Succinatverwertung hin.

Zusammenfassend kann festgestellt werden, daß es keinen direkten Zusammenhang zwischen Superoxiddismutase, Catalase und primärem n-Alkanabbau zu geben scheint. Auffallend ist jedoch die starke Abhängigkeit bestimmter Enzymaktivitäten und Wachstumsanomalien von der Belüftung. Deshalb kommt der weiteren Bearbeitung von Enzymen, die mit diesen Besonderheiten im Zusammenhang stehen, große Bedeutung zu.

Literatur

[1] Bormann, Ch., and H. Sahm: Degradation of Microbodies in Relation to Activities of Alcohol Oxidase and Catalase in *Candida boidinii*. Arch. Microbiol. **117** (1978), 67–72

[2] Fridovich, I.: Superoxidedismutases. Ann. Rev. of Biochem. **44** (1975), 147–195

[3] Halliwell, B.: Biochemical Mechanisms Accounting for the Toxic Action of Oxygen on Living Organisms: The Key Role of Superoxide Dismutase. Cell Biology International Reports **2** (1978), 113–128

[4] Hassan, H. M., and I. Fridovich: Regulation of Superoxide Dismutase Synthesis in *Escherichia coli*: Glucose Effect. J. Bacteriol. **132** (1977), 505–510

[5] Hira, M., T. Shiotani, A. Tanaka and S. Fukui: Intracellular Localization of Several Enzymes in *Candida tropicalis* Grown on Different Carbon Sources. Agr. Biol. Chem. **40** (1976), 1979–1985

[6] Kawamoto, S., Ch. Nozaki, A. Tanaka and S. Fukui: Fatty Acid β-Oxidation System in Microbodies of n-Alkane-Grown *Candida tropicalis*. Eur. J. Biochem. **83** (1978), 609–613

[7] Schneider, H., F. Gmünder and A. Fiechter: n-Alkane Oxidation by *Candida tropicalis*. I. Hypothetical Role of Catalase Enzyme and the Microbodies in Hydrocarbon-Assimilating Yeast. Eur. J. Appl. Microbiol. **2** (1976), 221–230

[8] Teranishi, Y., S. Kawamoto, A. Tanaka, A. Osumi and S. Fukui: Induction of Catalase Activity by Hydrocarbons in *Candida tropicalis* pK 233. Agr. Biol. Chem. **38** (1974), 1221–1225

Sektion Biowissenschaften der Karl-Marx-Universität Leipzig, Bereich Biochemie, Leipzig, DDR

Untersuchungen zum Elektronentransportsystem in *Acinetobacter calcoaceticus*

O. Asperger, P. Borneleit und H.-P. Kleber

Einleitung

In den letzten beiden Jahrzehnten hat sich auf dem Boden der Biochemie und der Mikrobiologie ein neues Forschungsgebiet entwickelt, das man als „Erdölbiochemie“ oder „Biochemie der Kohlenwasserstoffe“ bezeichnet. Bis zu dieser Zeit galt der mikrobielle Abbau von Kohlenwasserstoffen, der seit der Jahrhundertwende bekannt ist, als Spezialleistung, zu der nur wenige Hefe- und Bakterienstämme fähig waren. Das Interesse an diesen Organismen wuchs erheblich, nachdem die enormen Möglichkeiten, die ihre technische Nutzung eröffnet, erkannt worden waren und die ersten Forschungslaboratorien der Erdölindustrie — insbesondere zur Entparaffinierung von Kerosin und Gasöl mit Hilfe von Hefen und zur Gewinnung von Hefeprotein — errichtet worden waren. Damit erhielt auch die Untersuchung des mikrobiellen Alkanstoffwechsels von Hefen und Bakterien einen starken Auftrieb.

Acinetobacter calcoaceticus gehört neben einigen *Pseudomonas*-Stämmen hinsichtlich der Erforschung des Alkanstoffwechsels zu den am meisten untersuchten Bakterienspezies. Anhand der Teststämme *Acinetobacter* sp. H01-N [14] und *Acinetobacter calcoaceticus* 69-V [18], die langkettige n-Alkane als C-Quelle verwerten, wurde durch Substratverwertungs- [1, 4, 18] und Produktbildungsstudien [13] ein Abbauweg des Alkans über den Alkohol und Aldehyd zur korrespondierenden Fettsäure nachgewiesen. Mit der Alkanverwertung sind auffallende Veränderungen in der Lipidzusammensetzung und Morphologie [14] sowie regulatorische Veränderungen des Citrat- und Glyoxylatzyklus [19] verbunden. Zellfreie Systeme von *Ac. calcoaceticus* oxidieren n-Alkane zur Fettsäure gleicher Kettenlänge [2], wobei eine membrangebundene Pyridinnukleotid-unabhängige Alkoholdehydrogenase [25] und eine $NADP^+$-abhängige, partikuläre Aldehyddehydrogenase [6, 7] nachgewiesen wurden.

Wenig Angaben — vor allem unter dem Aspekt des Alkanstoffwechsels — existieren hingegen über die Elektronentransportsysteme bei *Ac. calcoaceticus*. Eine systematische Untersuchung der Enzyme und anderer Komponenten, sogenannter „Elektronentransportsysteme“, erschien uns im Zusammenhang mit dem Alkanstoffwechsel von besonderer Bedeutung, da es sich bei den initialen Schritten der Alkanoxidation inklusive der verstärkt zu erwartenden β-Oxidation von Fettsäuren überwiegend um Redoxreaktionen handelt.

Die Untersuchung des Elektronentransportes geschah einerseits

- durch Charakterisierung und Bestimmung von Elektronentransportkomponenten anhand charakteristischer physikalischer Eigenschaften und andererseits
- durch Messung spezieller enzymatischer Aktivitäten (Tab. 1).

Tabelle 1

Enzymatische Testmethoden zur Charakterisierung von Elektronentransportsystemen bei Ac. calcoaceticus

A) Oxidase-Aktivitäten

Bezeichnung:	Substrat-Oxidase-System
Messung:	O_2-Verbrauch mittels Clark-Elektrode

B) Dehydrogenase-Aktivitäten

Bezeichnung:	Substrat-Akzeptor-Reduktase a) Substrat-Dichlorphenolindophenol-Reduktase b) Substrat-Hexacyanoferrat-Reduktase c) Substrat-Cytochrom-c-Reduktase
Messung:	a) photometrisch 600 nm b) photometrisch 420 nm c) photometrisch 550—540 nm jeweils in Gegenwart von CN^--Ionen

Cytochrome und Flavoproteine

Typische Komponenten von Elektronentransportsystemen sind bekanntlich Flavoproteine und Cytochrome. Eine stark erhöhte Aktivität der Enzyme der β-Oxidation und der Atmungskette, aber auch von Enzymen der initialen Alkanoxidationsschritte, könnte sich bereits in einem erhöhten Gesamtgehalt an diesen Komponenten widerspiegeln. In der Literatur sind gelegentlich Angaben in dieser Richtung für alkanverwertende Mikroorganismen zu finden [11, 20, 22, 23, 24 u. a.].

Um einen Überblick über den Gehalt an Flavoproteinen zu erhalten, bestimmten wir fluorimetrisch den Gesamtflavingehalt der Zellen in Abhängigkeit von der C-Quelle und

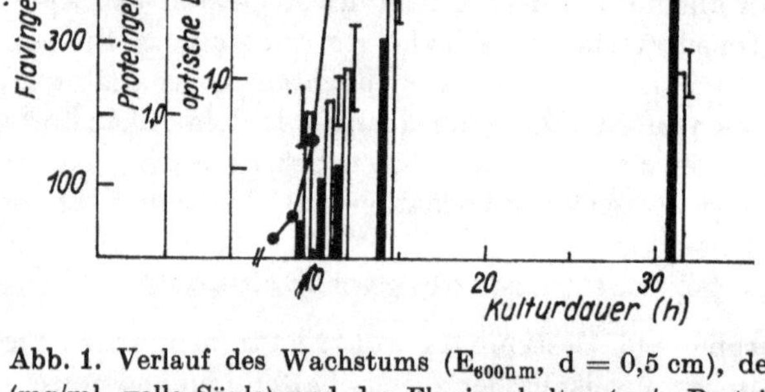

Abb. 1. Verlauf des Wachstums (E_{600nm}, d = 0,5 cm), des Protein- (mg/ml, volle Säule) und des Flavingehaltes (µg/g Protein, leere Säule) von *Acinetobacter calcoaceticus* mit n-Hexadekan als C-Quelle

der Wachstumsphase. Wie Abb. 1 zeigt, wird ein maximaler Flavingehalt beim Wachstum auf Hexadekan gegen Ende der exponentiellen Wachstumsphase erhalten. Bei Weiterkultivierung nimmt dieser wieder ab. Ähnliche Ergebnisse wurden auch mit Azetat oder Succinat als C-Quelle erhalten [12].

Tabelle 2
Einfluß der C-Quelle auf die Cytochrom-Zusammensetzung von Ac. calcoaceticus

C-Quelle	Cytochrom-Gehalt (nmol/mg Protein)		
	b	o	d
Hexadekan	0,17	0,10	–
Azetat		0,09	(+)
Succinat	0,17	0,10	(+)
Malat	0,13	0,07	(+)

An Cytochromen konnten wir nur Cytochrom b, o und gelegentlich d nachweisen [3]. Wie Tab. 2 zeigt, werden bei quantitativer Bestimmung der Cytochrome keine wesentlichen Unterschiede zwischen Bakterien, die auf Alkan oder anderen C-Quellen kultiviert wurden, gefunden. Cytochrom d war jeweils nur in sehr geringen Mengen und gelegentlich gar nicht nachzuweisen, wobei kein reproduzierbarer kausaler Zusammenhang zu den Kultivierungsbedingungen ermittelt werden konnte.

Hervorzuheben ist, daß in *Ac. calcoaceticus* Cytochrom P450, die Hydroxylase z. B. bei alkanverwertenden Hefen [15], nicht nachzuweisen war.

Oxidase-Systeme

Als Substrate dienten NADH und Sukzinat sowie nach den Ergebnissen von Vorversuchen auch Malat, Glukose sowie zum Vergleich NADPH.

Nachdem wir feststellten, daß zellfreie Rohextrakte von *Ac. calcoaceticus* neben NADH und Succinat ebenfalls Glucose, Malat und Glutamat auch ohne Zugabe von oxidierten Pyridinnukleotiden veratmen, wiederholten wir diese Versuche mit Zellpartikeln, die durch Zentrifugation bei 200000 × g und nochmaligem Waschen frei von Cytoplasma gewonnen wurden. Wie Tab. 3 zeigt, werden Glucose, Malat sowie schwächer Glutamat auch durch Partikel in mit NADH und Succinat vergleichbaren Raten veratmet, während mit NADPH nur geringe Aktivität gemessen wurde. Durch NAD^+- oder $NADP^+$-Zugabe (1 mmol/l) wird die Veratmung von Glucose, Malat und Glutamat nicht stimuliert. Dieser Befund spricht gegen eine Pyridinnukleotid-abhängige Dehydrierung mit gekoppelter Oxidation von NADH. Eine Ausnahme bildet hierbei die Oxidation von NADPH, was auf das Vorliegen einer Transhydrogenase hinweist. Außerdem zeigen die Partikel auch eine sogenannte Cytochrom-Oxidase-Aktivität, wie die Atmungsraten mit Ascorbinsäure plus Dichlorphenolindophenol zeigen. Bei anderen potentiellen Substraten für partikuläre bakterielle Oxidase-Systeme (D,L-Laktat, Pyruvat, Isocitrat, α-Ketoglutarat, Äthanol, Glycerin, Ameisensäure, γ-Hydroxybuttersäure, D,L-Alanin, u. a.) konnten wir hingegen keine Veratmung messen.

Tabelle 3

Spezifische Atmungsraten für die Oxidation einiger Substrate durch Zellpartikel von Ac. calcoaceticus nach Wachstum auf Hexadekan

(Die Bakterien wurden nach Kultivierung 2 h zur Entfernung von Restkohlenwasserstoffen verarmt)

Substrat	Konzentration (mmol/l)	Atmungsraten (nmol O_2/min/mg)	Steigerung in % durch NAD+	NADP+
D-Glucose	4	81	0	0
D,L-Malat	16	36	7	0
D,L-Glutamat	4	14	0	0
Succinat	14	25	0	0
NADH	30	266	—	—
NADPH	30	4	150	0
Ascorbat +	2	—		
Dichlorphenol-indophenol	0,1	25	—	—

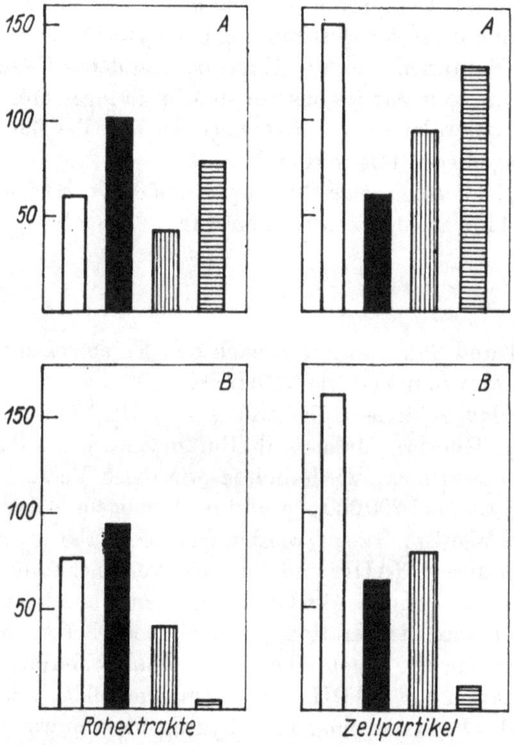

Abb. 2. Spezifische Aktivitäten (nmol O_2/min/mg) der Oxidase-Systeme in Rohextrakten und Zellpartikeln von *Acinetobacter calcoaceticus* nach Kultivierung auf n-Alkanen (A) oder Sukzinat (B)

Substrate: NADH ($2{,}3 \cdot 10^{-4}$ mol/l, (□)); Succinat ($1{,}4 \cdot 10^{-2}$ mol/l, (■)); D,L-Malat ($1{,}6 \cdot 10^{-2}$ mol/l, (▥)); D-Glucose ($4 \cdot 10^{-3}$ mol/l, (▤))

Während der Oxidation der Atmungssubstrate kommt es in allen Fällen zur Reduktion des in den Zellpartikeln enthaltenen Cytochrom b, die von uns durch 2-Wellenlängenphotometrie — zwischen 560 und 575 nm — kinetisch verfolgt wurde. Damit sollte es sich bei der Oxidation dieser Substrate immer um mit der Atmungskette gekoppelte Oxidase-Systeme handeln.

Ein Vergleich von Oxidase-Aktivitäten in Rohextrakten und Zellpartikeln zwischen Bakterien, die auf Alkan bzw. Succinat kultiviert wurden, ist in Abb. 2 dargestellt. Mit den membranfreien Überständen wurde in beiden Fällen keine Veratmung der aufgeführten Substrate gemessen. Auffallend sind die sehr niedrigen Aktivitäten für das Glucose-Oxidase-System nach Kultivierung von *Ac. calcoaceticus* auf Succinat, während für die anderen Oxidase-Systeme bei beiden C-Quellen ähnliche Relationen in den Aktivitäten vorlagen.

Nach Wachstum auf Alkanen werden alle Oxidase-Systeme durch CN^--Ionen in einer Konzentration von 3 mmol/l vollständig gehemmt. Allerdings variiert die Empfindlichkeit gegenüber CN^--Ionen mit der Wachstumsphase (Abb. 3). Es ist ersichtlich, daß die Hemmung der NADH- und Succinat-Oxidase-Systeme durch CN^--Ionen in der stationären Phase geringer als in der exponentiellen Phase ist. Eine Herabsetzung der Cyanid-Empfindlichkeit wurde auch nach Kultivierung auf Succinat beobachtet. Zu erwähnen ist, daß die Hemmstoffe der mitochondrialen Atmung, wie Rotenon und Antimycin A, die untersuchten Oxydase-Systeme unseres Teststammes nicht beeinflußten.

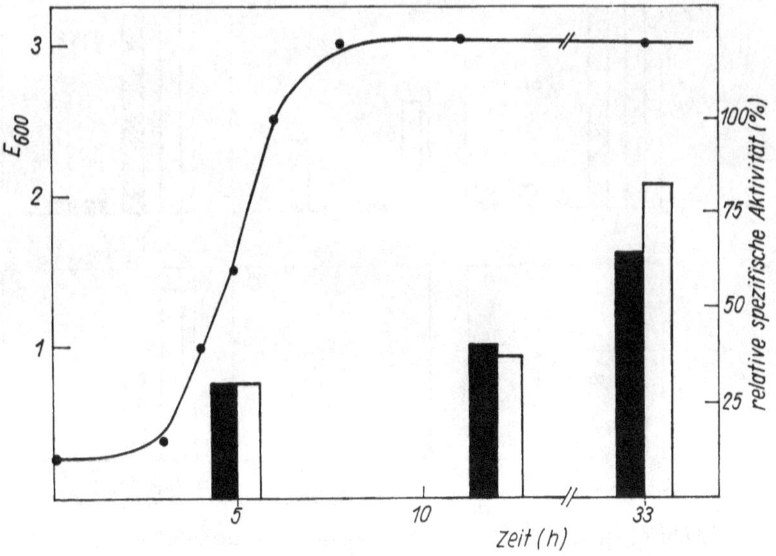

Abb. 3. Cyanid-Empfindlichkeit der NADH- und Succinat-Oxidase-Systeme bei *Acinetobacter calcoaceticus* in Abhängigkeit von der Wachstumsphase während Kultivierung auf n-Alkanen

□ NADH, ■ Succinat

Dehydrogenasen

Dehydrogenase-Aktivitäten mit den Substraten NADH, NADPH, Succinat, Malat und Glucose ergaben nach Kultivierung auf Alkanen das in Abb. 4 dargestellte Verteilungsmuster. Mit allen Substraten wurde in den Rohextrakten — wenn auch in unterschiedlichem Ausmaß — eine Dichlorphenolindophenol-Reduktase-Aktivität gemessen, wobei die Aktivität der Dichlorphenolindophenol-Reduktasen in der Partikelfraktion nahezu gleich hoch war, während der größte Teil der NADH- und NADPH-Dichlorphenolindophenol-Reduktasen im Cytoplasma zu finden ist.

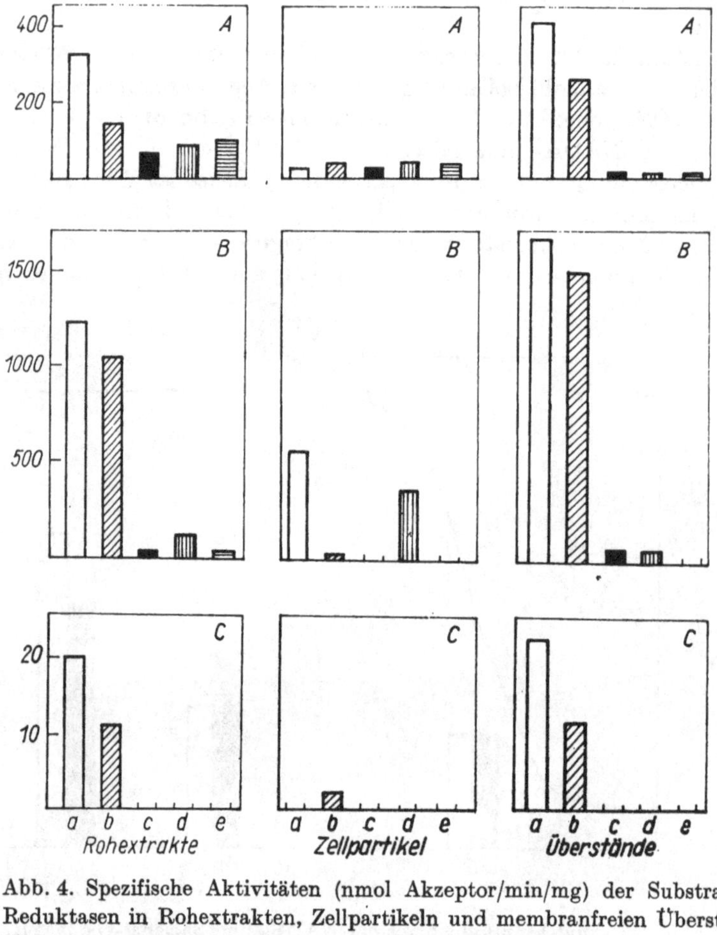

Abb. 4. Spezifische Aktivitäten (nmol Akzeptor/min/mg) der Substrat-Akzeptor-Reduktasen in Rohextrakten, Zellpartikeln und membranfreien Überständen nach Kultivierung von *Acinetobacter calcoaceticus* auf n-Alkanen

Substrate: NADH ($1{,}2 \cdot 10^{-4}$ mol/l, (□)); NADPH ($1{,}5 \cdot 10^{-4}$ mol/l, (▨)); Succinat ($1{,}4 \cdot 10^{-2}$ mol/l, (■)); D,L-Malat ($1{,}6 \cdot 10^{-2}$ mol/l, (▥)); D-Glucose ($4 \cdot 10^{-3}$ mol/l, (▤))

Akzeptoren: Dichlorphenolindophenol (10^{-4} mol/l, (A)); Hexacyanoferrat ($3 \cdot 10^{-4}$ mol/l, (B)); Cytochrom c, ($3 \cdot 10^{-5}$ mol/l, (C)). Alle Testansätze enthielten $5 \cdot 10^{-3}$ mol/l CN^-

Von den membrangebundenen Dehydrogenasen reagieren NADH- und Malatdehydrogenase gut mit Hexacyanoferrat, während Succinat- und Glucosedehydrogenase keine Aktivität zeigen. NADPH-Hexacyanoferrat-Reduktase-Aktivität ist mit Partikeln ebenfalls nur in äußerst geringem Maße nachweisbar. Vergleichsweise sehr hohe Raten sind — analog dem Dichlorphenolindophenol-Test — in den Überständen wiederum für NADH- und NADPH-Hexacyanoferrat-Reduktase zu messen.

Cytochrom-c-Reduktase-Aktivität ist nur mit den Pyridinnukleotiden als Substrat nachweisbar. Offensichtlich reagieren die membrangebundenen Komponenten der Oxidase-Systeme nicht mit Säugetier-Cytochrom c als Elektronenakzeptor, da bei Zellpartikeln auch keine NADH-Cytochrom-c-Reduktasen gefunden wurden, während eine solche für NADPH vorhanden ist. Hingegen gibt es sowohl für NADH und NADPH lösliche Cytochrom-c-Reduktasen.

Zur weiteren Charakterisierung der hohen Aktivitäten an cytoplasmatischen NADH- als auch NADPH-Akzeptor-Reduktasen untersuchten wir die membranfreien Überstände durch diskelektrophoretische Auftrennung und Aktivfärbung mit Jodnitrotetrazoliumchlorid, wodurch sich zahlreiche Flavoproteine in Gegenwart ihrer reduzierten Substrate nachweisen ließen. Sowohl mit NADH, aber auch mit NADPH als Substrat konnten mehrere Aktivbanden beobachtet werden, so daß — wie erwartet — mit einer größeren Anzahl von cytoplasmatischen NADH- und NADPH-Dehydrogenasen in *Ac. calcoaceticus* zu rechnen ist. Das Bandenmuster der Diskelektropherogramme unterschied sich (mit NADH als Substrat) kaum, wenn die Bakterien anstelle Alkan auf Succinat als C-Quelle gezüchtet wurden. Auch die Relationen der photometrisch mit Dichlorphenolindophenol und Hexacyanoferrat gemessenen Dehydrogenase-Aktivitäten werden bei Kultivierung auf Succinat im Vergleich zu Alkan als C-Quelle nicht wesentlich verändert (Abb. 5). Eine Ausnahme bilden wiederum die fehlenden Reduktase-Aktivitäten mit Glucose als Substrat, was die Ergebnisse der Atmungsmessungen bestätigt.

Der Einfluß von Alkan als C-Quelle auf die Aktivität der Substrat-Akzeptor-Reduktasen interessierte uns noch besonders im Zusammenhang mit einer eventuellen Induktion der NADH:Rubredoxin-Reduktase.

Rubredoxin und Rubredoxin-Reduktase sind Elektronentransportkomponenten des Alkanmonooxygenase-Systems (Abb. 6), das bei *Pseudomonas oleovorans* isoliert und charakterisiert wurde [26]. Bei unseren enzymatischen Untersuchungen zum ersten Schritt der Alkanoxidation konnten wir bei *Ac. calcoaceticus* ebenfalls ein Rubredoxin isolieren [5] und eine NADH:Rubredoxin-Reduktase anreichern [10]. Eine erhöhte Biosyntheserate der Reduktase nach Wachstum auf n-Alkanen sollte sich eventuell in relativ erhöhten NADH-Dichlorphenolindophenol-, NADH-Hexacyanoferrat- oder bei vorhandenem Rubredoxin auch in erhöhten NADH-Cytochrom-c-Reduktase-Aktivitäten bemerkbar machen, da Rubredoxin Cytochrom c rasch reduziert. Aus den dargestellten Ergebnissen und auch weiteren Untersuchungen zur Abhängigkeit der Aktivität der NADH-Cytochrom-c-Reduktase von der C-Quelle und der Wachstumsphase sind keine Anzeichen für eine stark erhöhte Biosynthese von NADH-Akzeptor-Reduktasen bei Kultivierung auf Alkanen zu erkennen. Die Versuche bestätigen aber die Ergebnisse der Flavonbestimmungen zum Einfluß der Wachstumsphase, daß — wie Abb. 7 anhand der NADH-Hexacyanoferrat- und der NADH-Cytochrom-c-Reduktasen zeigt — in der späten exponentiellen Wachstumsphase ein Maximum an diesen Aktivitäten durchlaufen wird.

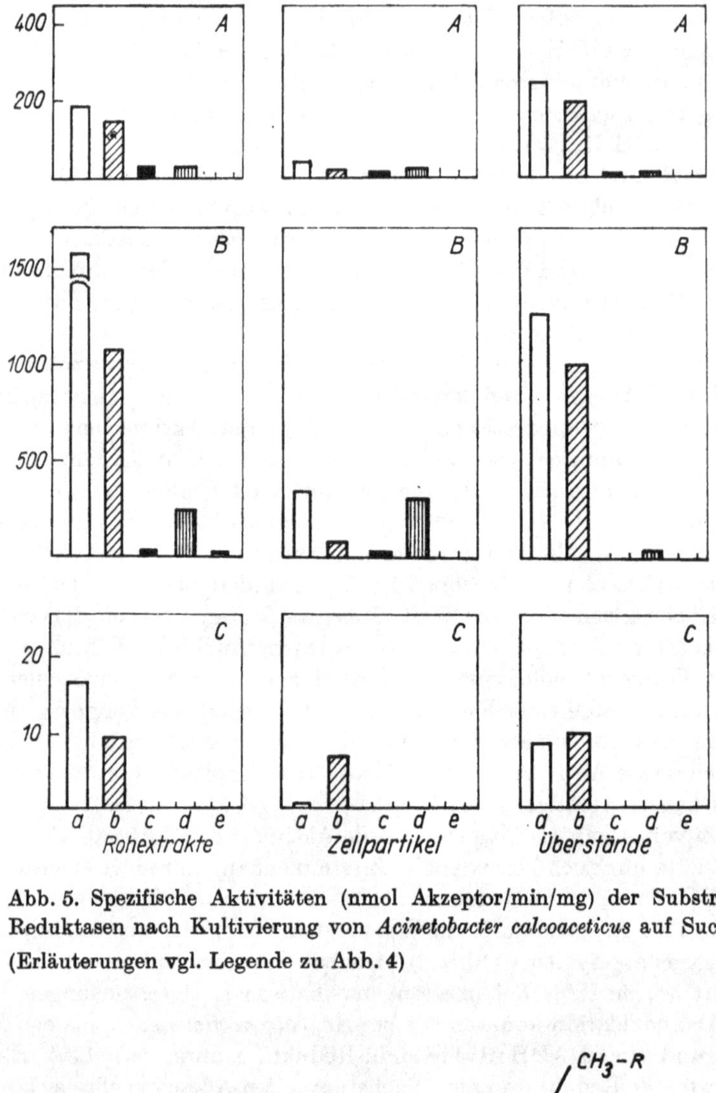

Abb. 5. Spezifische Aktivitäten (nmol Akzeptor/min/mg) der Substrat-Akzeptor-Reduktasen nach Kultivierung von *Acinetobacter calcoaceticus* auf Succinat (Erläuterungen vgl. Legende zu Abb. 4)

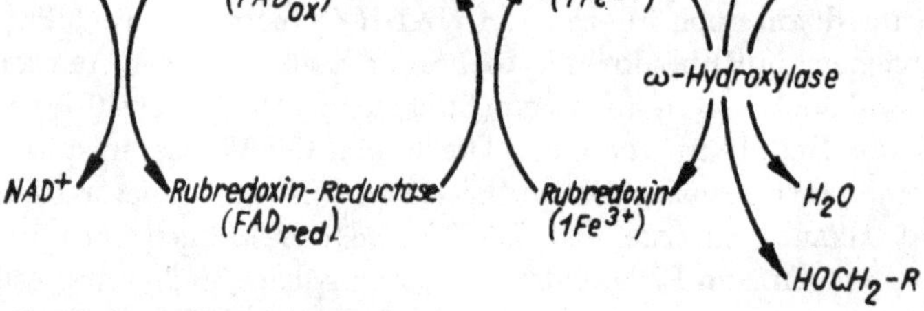

Abb. 6. Alkanmonooxygenase-System in *Pseudomonas oleovorans*

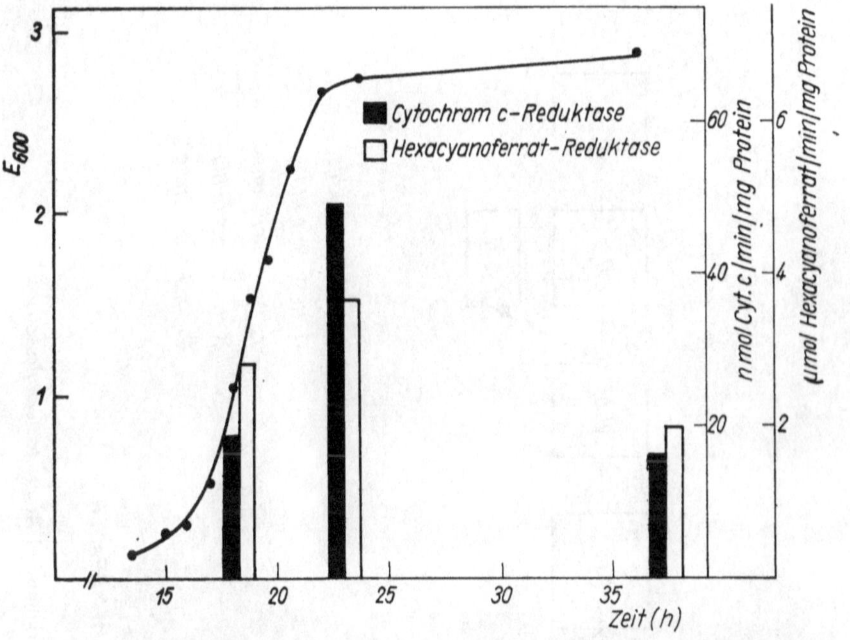

Abb. 7. Einfluß der Wachstumsphase auf die Aktivität der NADH-Cytochrom-c- und der NADH-Hexacyanoferrat-Reduktase in membranfreien Zellextrakten von *Acinetobacter calcoaceticus* bei Kultivierung auf n-Alkanen. Konzentrationen: Cytochrom c und Hexacyanoferrat wie in Abb. 4 angegeben; [NADH] = $3 \cdot 10^{-4}$ mol/l

Zusammenfassende Darstellung der Ergebnisse

Abschließend seien die Ergebnisse zu den Elektronentransportsystemen bei unserem Teststamm schematisch zusammengefaßt (Abb. 8): In bzw. an den Membranen sind Oxidasesysteme für NADH, Malat, Succinat, Glucose und Glutamat lokalisiert, die als Komponenten wahrscheinlich die entsprechenden Flavoproteine, Ubichinon [21], Cytochrom b sowie als terminale Oxidasen Cytochrom o und auch Cytochrom d enthalten [3]. Cytochrom c ist hingegen nicht vorhanden [3, 8]. Eine partikuläre Malat-Oxidase sowie eine ähnliche Cytochromzusammensetzung wurde auch von Jones u. King [17] bei *Moraxella wolffi* nachgewiesen, während ein partikuläres Glucose-Oxidase-System von Hauge [16] für *Bacterium anitratum* beschrieben wurde. Beide Stämme sind neuerdings der Gattung *Acinetobacter* zugeordnet [9].

Mit unseren Messungen vergleichbare Oxidaseaktivitäten für NADH und Succinat wurden bei *Ac. calcoaceticus* von Aurich u. a. [7] auch für Partikel, die durch Glasperlen-Aufschluß gewonnen wurden und die eine NADP$^+$-abhängige Aldehyddehydrogenase enthielten, erhalten.

Die membrangebundenen Dehydrogenasen der Oxidase-Systeme übertragen sämtlich Elektronen auf Dichlorphenolindophenol, NADH- und Malat-Dehydrogenase auch auf Hexacyanoferrat. In keinem Fall ist Säugetier-Cytochrom c Elektronenakzeptor. Außerdem enthalten die Membranen noch NADPH-Dehydrogenase, die sowohl Dichlorphenolindophenol als auch Cytochrom c reduzieren kann.

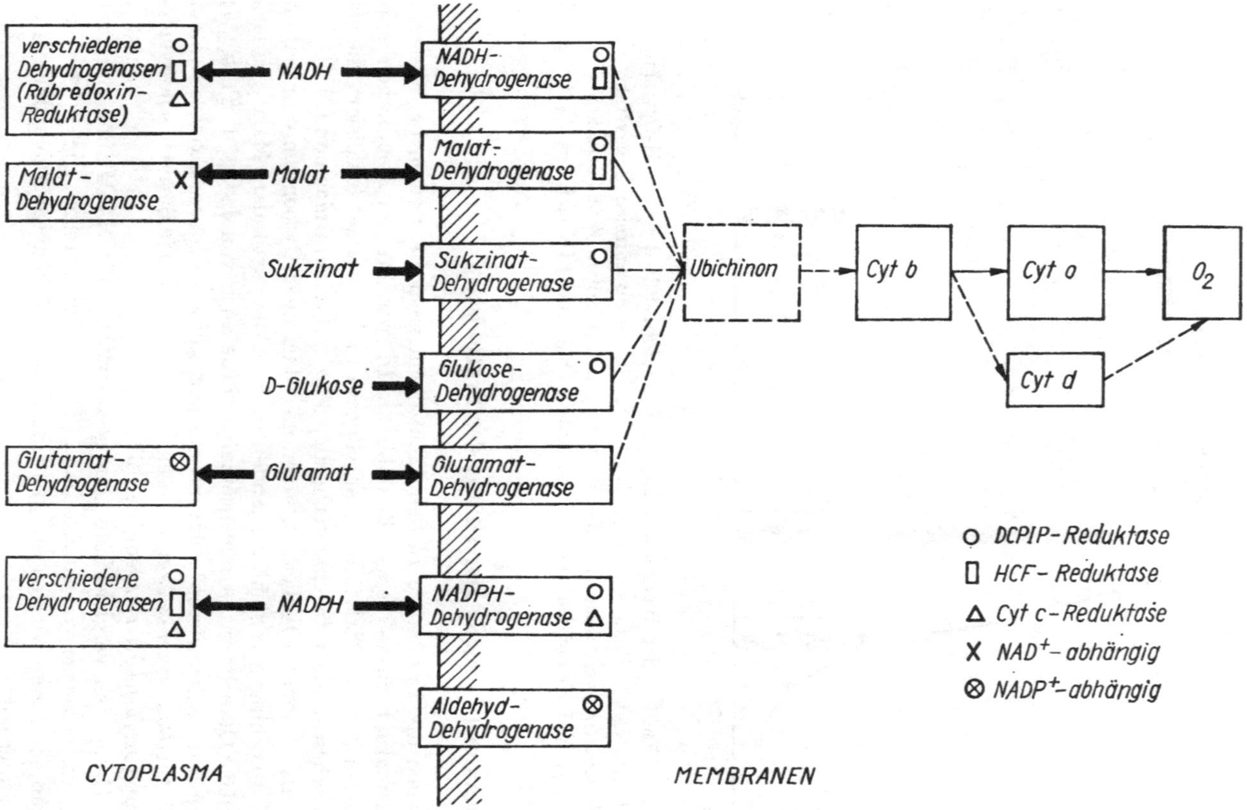

Abb. 8. Schematische Übersicht zu den Elektronentransportreaktionen bei *Acinetobacter calcoaceticus* (DCPIP = Dichlorphenolindophenol, HCF = Hexacyanoferrat)

Daneben existieren im Cytoplasma mehrere NADH- und NADPH-Dehydrogenasen, wobei unter diesen sowohl Dichlorphenolindophenol-, Hexacyanoferrat-, Cytochrom-c- als auch eine Rubredoxin-Reduktase vorkommen. Neben den partikulären Malat- und Glutamat-Oxidase-Systemen gibt es nach KLEBER [19] in *Ac. calcoaceticus* auch eine cytoplasmatische NAD-abhängige Malat- und eine NADP-abhängige Glutamat-Dehydrogenase.

Zum Einfluß der C-Quelle auf die von uns gemessenen Elektronentransportsysteme bei *Ac. calcoaceticus* läßt sich zusammenfassend sagen, daß die Bestimmung von Komponenten und Aktivitäten der untersuchten Systeme in nicht fraktionierten Zellpartikeln oder membranfreien Extrakten zwar eine Korrelation zur Wachstumsphase, aber keinen signifikanten Einfluß von Alkanen als C-Quelle auf diese Systeme erkennen läßt. Es muß angenommen werden, daß die spezifischen Enzyme des Alkanstoffwechsels nur einen geringen Anteil der Elektronentransportkomponenten ausmachen und damit zu keiner signifikanten Veränderung der konstitutionellen Elektronentransportsysteme führen.

Literatur

[1] ASPERGER, O., und H. AURICH: Anwendung polarographischer O_2-Messungen auf die Veratmung von n-Alkanen und deren Derivaten durch *Acinetobacter calcoaceticus*. Z. Allg. Mikrobiol. **17** (1977), 419–427

[2] ASPERGER, O., A. FUTTIG, B. BEHRENDS, H.-P. KLEBER und H. AURICH: Oxydation langkettiger n-Alkane durch zellfreie Extrakte von *Acinetobacter calcoaceticus*. — Identifizierung und Bestimmung von n-Tetradekansäure nach Inkubation mit n-Tetradekan. Wiss. Z. Karl-Marx-Univ. Leipzig, Math.-Nat. R. **27** (1978), 3–15

[3] ASPERGER, O., H.-P. KLEBER und H. AURICH: Zytochrom-Zusammensetzung von *Acinetobacter calcoaceticus*. Acta biol. med. germ. **37** (1978), 191–198

[4] AURICH, H., und G. EITNER: Oxydation von n-Hexadekan durch *Acinetobacter calcoaceticus*. Z. Allg. Mikrobiol. **13** (1973), 539–544

[5] AURICH, H., D. SORGER und O. ASPERGER: Isolierung und Charakterisierung eines Rubredoxins aus *Acinetobacter calcoaceticus*. Acta biol. med. germ. **35** (1976), 443–451

[6] AURICH, H., und G. EITNER: Induktion der $NADP^+$-abhängigen Aldehyddehydrogenase durch Kohlenwasserstoffe bei *Acinetobacter calcoaceticus*. Z. Allg. Mikrobiol. **17** (1977), 263 bis 266

[7] AURICH, H., H. SORGER und H. MÜLLER: Isolierung und Charakterisierung der Zellgrenzschichten von *Acinetobacter calcoaceticus*. Z. Allg. Mikrobiol. **17** (1977), 333–338

[8] BAUMANN, P., M. DOUDOROFF and R. Y. STANIER: A study of the *Moraxella* group. I. Genus *Moraxella* and the *Neisseria catarrhalis* group. J. Bacteriol. **95** (1967), 58–73

[9] BUCHANAN, R. E., and N. E. GIBBONS: Bergey's manual of determinative bacteriology. Williams and Wilkins, Baltimore 1974, 8. Aufl.

[10] CLAUS, R., O. ASPERGER und H.-P. KLEBER: Nachweis und partielle Anreicherung von Rubredoxin-Reductase aus *Acinetobacter calcoaceticus*. Wiss. Z. Karl-Marx-Univ. Leipzig, Math.-Nat. R. **27** (1978), 17–24

[11] DIKANSKAJA, E. M., und T. A. GOROBTZOVA: Der Flavingehalt in Hefezellen bei Wachstum auf n-Alkanen. Mikrobiologiya **43** (1974), 961–966

[12] FALZ, D.: Der Flavingehalt von *Acinetobacter calcoaceticus* nach Wachstum auf verschiedenen Kohlenstoffquellen. Diplomarbeit, KMU Leipzig, Math.-Nat. Fak. 1978

[13] FINNERTY, W. R., and R. E. KALLIO: Origin of palmitic acid carbon in palmitates formed from hexadecane-1-^{14}C- and tetradecane-1-^{14}C by *Micrococcus cerificans*. J. Bacteriol. **87** (1964), 1261–1265

[14] Finnerty, W. R.: The biochemistry of microbial alkane oxidation; new insights and perspectives. Trends in Biochemical Sciences (Reference Ed.) **2** (1977), 73–75

[15] Gallo, M., J. C. Bertrand et E. Azoulay: Participation du cytochrome P450 dans l'oxydation des alcanes chez *Candida tropicalis*. FEBS Lett. **19** (1971), 45–49

[16] Hauge, J. C.: Purification and properties of glucose dehydrogenase and cytochrome b from *Bacterium anitratum*. Biochim. Biophys. Acta **45** (1960), 250–262

[17] Jones, M., and H. K. King: Particulate malate oxidation in strictly aerobic bacteria: the respiratory chain of *Moraxella lwoffi*. FEBS Lett. **22** (1972), 277–279

[18] Kleber, H.-P., W. Schöpp und H. Aurich: Verwertung von n-Alkanen durch einen Stamm von *Acinetobacter calcoaceticus*. Z. Allg. Mikrobiol. **13** (1973), 445–447

[19] Kleber, H.-P.: Regulation der Synthese und Aktivität von Enzymen des Citrat- und Glyoxylatzyklus in *Acinetobacter calcoaceticus* unter dem Einfluß der n-Alkanassimilation. Wiss. Z. Karl-Marx-Univ. Leipzig, Math.-Nat. R. **27** (1978), 55–66

[20] Koronelli, T. V., und N. A. Bisko: Cytochrom-Spektren kohlenwasserstoffoxydierender Kulturen von *Mycobacterium ceroformans*. Mikrobiologiya **44** (1975), 1112–1114

[21] Makula, R. A., P. J. Lockwood and W. R. Finnerty: Comparative analysis of the lipids of *Acinetobacter* species grown on hexadecane. J. Bacteriol. **121** (1975), 250–258

[22] Milko, E. S., und N. P. Iwanowa: Dynamik der Flavinakkumulation bei *Mycobacterium lactiocolum* 104 auf Medien mit unterschiedlichem Phosphorgehalt. Mikrobiologiya **39** (1970), 779–782

[23] Peterson, J. A.: Cytochrome content of two *Pseudomonas* containing mixed-function oxidase systems. J. Bacteriol. **103** (1970), 714–721

[24] Pozmogova, I. N., S. D. Taptykova und G. G. Sotnikow: Einige physiologische Eigenschaften thermotoleranter und thermophiler Mikroorganismen bei Wachstum auf Medien mit flüssigen Paraffinen. Mikrobiologiya **41** (1972), 299–305

[25] Tauchert, H., M., Roy W. Schöpp und H. Aurich: Pyridinnucleotid-unabhängige Oxydation von längerkettigen aliphatischen Alkoholen durch ein Enzym aus *Acinetobacter calcoaceticus*. Z. Allg. Mikrobiol. **15** (1975), 457–460

[26] Ueda, T., and M. J. Coon: Enzymatic ω-Oxidation VII. Reduced diphosphopyridine nucleotide-rubredoxin reductase: properties and function as an electron carrier in ω-hydroxylation. J. biol. Chem. **247** (1972), 5010–5016

Wachstum und Enzymbildung

Department of Fermentation Technology and Department of Biochemical Engineering, Osaka University, Yamada-kami, Suita-shi, Osaka 565, Japan

Physiological and Kinetic Bases for Enzyme Production by Microbes

G. Terui, A. Shinmyo and M. Okazaki

Introduction

We have presented a series of reports on the physiology and kinetics of enzyme formation in microbial cultures since 1963 with special reference to secretory hydrolases of industrial interest. We wish firstly to outline and summarize the results of our studies, in which emphasis has been laid, in the first place, on the stability of a mRNA specific for a hydrolase in question, and, in the second, the enzyme production kinetics (Terui *et al.* [21]) based on the behaviours of mRNAs in connection with repression patterns.

We wish to describe some of the recent results of analytical investigations into the behaviors of glucoamylase mRNA and on the in vitro synthesis of bacterial α-amylase. Enzymes here dealt with are inducible enzymes: *Bacillus subtilis* α-amylase, *Aspergillus niger* glucoamylase, acid protease and depolymeric polygalacturonase (DPG), *Aspergillus oryzae* tannase and *Penicillium variabile* cellulase. Except *A. oryzae* tannase, which may be regarded as a semi-secretory enzyme, the results seem to be in accord with the general postulation that the microbial exoenzymes are formed by polysomes attached to or within the cell membrane and secreted during or shortly after this process without existing in a free state within the cytoplasm.

Stability of mRNAs for secretory hydrolases

It is generally accepted that a mRNA for an enzyme is the rate-limiting entity of the enzyme-forming system (EFS) under ordinary culture conditions. In our studies it is assumed that the quantity of the mRNAf(denoted r) per unit weight of cells which represents the activity of EFS is proportional to the specific rate of enzyme formation denoted ε (units $\times$ mg^{-1} $\times$ hr^{-1}):

$$\varepsilon \propto r \quad (1)$$

$$\varepsilon = (\mathrm{d}E/\mathrm{d}t)/X, \quad (2)$$

where X and E are cells concentration (mg dry weight/ml) and enzyme concentration (units/ml), respectively.

It is well-known that mRNAs for most of the endogenous enzymes are extremely short-lived, e.g. having a half-life of a few minutes in bacteria growing at a doubling time of 50 minutes.

So the existing amount of these mRNAs is considered to be proportional to the specific rate of mRNA formation which is presumed to be parallel to the specific growth rate,

μ (hr^{-1}). Kinetically it is regarded that r or ε is increased at a rate closely associated with μ, but is decreased by monomolecular kinetics in which the decay rate constant k is very large:

$$d\varepsilon/dt = a\mu - k\varepsilon, \tag{3}$$

where a is a system constant. Solving Eq. (3) and assuming that k-value is very large, e.g. 21 (hr^{-1}) which corresponds to a half-life of ca. 2 minutes, the relationship can be simplified by approximation,

$$\varepsilon \simeq (a/k)\,\mu, \tag{4}$$

which represents the kinetics of growth-associated enzyme production. Enzymes or proteins basically needed for building up biomass are produced according to this process type. Among hydrolases here dealt with, tannase of *A. oxyzae* (DOI et al. [1]) is formed in close association with growth as shown in Fig. 1: ε for the sum of exogenous and endogenous tannase (the latter can be excreted to become the former) runs parallel to μ.

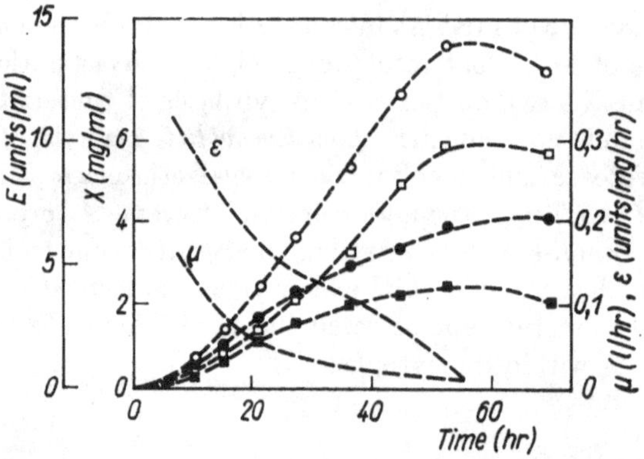

Fig. 1. Time course of growth and tannase production in gallic acid medium (2% gallic acid, 0.7% $(NH_4)H_2PO_4$, 0.2% KH_2PO_4, 0.05% $MgSO_4 \cdot 7H_2O$ in tap water, pH adjusted to 4.0). Enzyme concentration E (units/ml) was expressed by μmoles of ester bond of tannin hydrolyzed per minute at pH 5.0 and 30 °C (*A. oryzae* var. *pseudoflavus*)

●--●: Growth (X: dry cell weight/ml)

■--■: Tannase activity of mycelia extract, which was prepared by grinding mycelia with citrate buffer (pH 5) containing 0.1 mg/ml of Tween 80

□--□: Tannase activity in culture filtrate

○--○: Total tannase activity

The enzyme-forming activity was immediately lost when growing cells were transfered to an inducer-free medium, but on addition of gallate, tannase formation resumed (Fig. 2). The above results indicate that the mRNA formed in the presence of the inducer in growing phase is very short lived.

In contrast to the above, hydrolytic, exoenzymes here dealt with have been proved in our laboratory to be concerned with long-life mRNA. Duration of enzyme-forming activity after cessation of RNA synthesis is the indication of long-life mRNA for an enzyme in question. For inhibiting RNA synthesis, actinomycin D or S_5 was used. The inhibition was always checked by testing the incorporation into RNA fraction of labeled purine or pyrimidine base. Also continuation of inducible enzyme synthesis after remo-

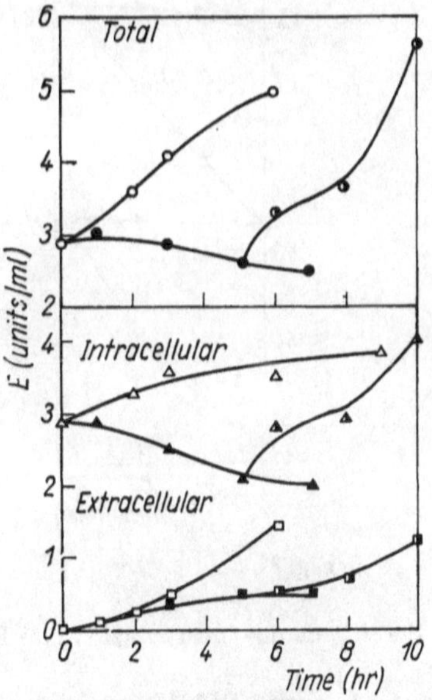

Fig. 2. Time course of tannase production after deinduction. Mycelia grown in gallic acid medium were washed with water and suspended in glucose medium; then the suspension was divided into three portions. To one of them was added 1% gallic acid at zero time (△—△; □—□; ○—○) or after 4.5 hr (◭—◭; ◨—◨; ◑—◑). Unadded controls are shown by: ▲—▲; ■—■; •—•. Glucose does not repress tannase formation

val of inducer also indicate the stability of the mRNA concerned. A few typical examples will be given.

(a) Alpha-amylase production by *B. subtilis* strain KA64L. It proceeded at a fairly high rate after almost complete inhibition of RNA synthesis (Kinoshita et al. [3]) by 0.6 μg/ml of actinomycin D, while in this condition, alkaline phosphatase formation, which is growth associated, was sharply arrested (Fig. 3).

(b) Glucoamylase and acid protease production by *A. niger* U20-2-5. Production of these enzymes by the adenine-requiring strain was shown to be insensitive to actinomycin D (150 μg/ml) which almost completely arrested RNA synthesis. Acid phosphatase formation, which is growth-associated, and growth was sharply inhibited in this condition (Okazaki et al. [13]; Shinmyo et al. [16]) (Figs. 4; 5).

(c) DPG production by *A. niger* U20-2-5 (Tahara et al. [19]). Fully induced cells suspended in an inducer-free, adenine-free medium continued to produce DPG while the ε-value gradually decreased. Logarithmic degradation of EFS started after a time lag of 16 hr. The rate constant estimated was 0.14 hr^{-1} corresponding to a half-life of ca. 5 hr (Fig. 6). The EFS for DPG is insensitive to actinomycin as shown later.

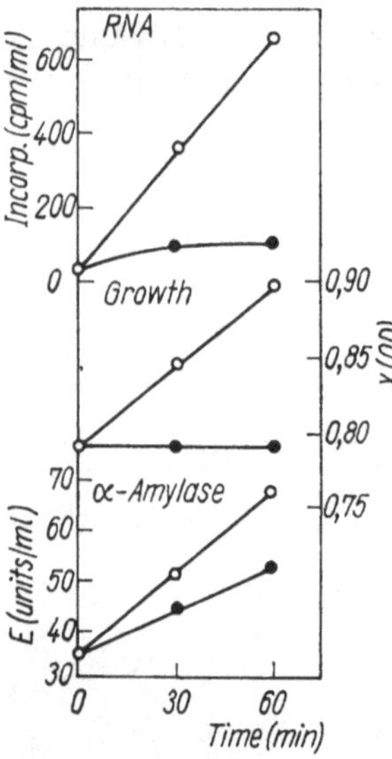

Fig. 3a

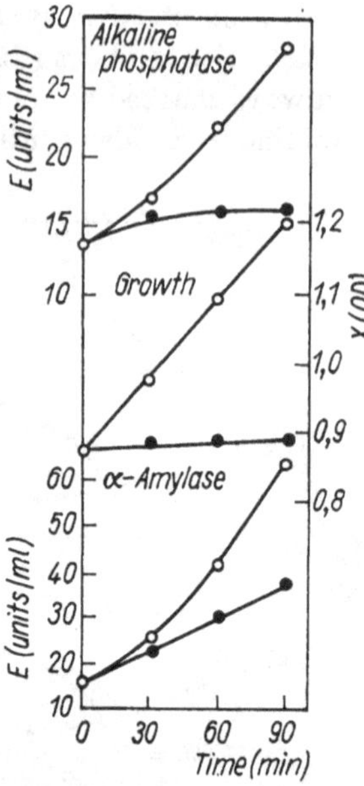

Fig. 3b

Fig. 3a. Effect of actinomycin D on the ^{14}C-adenine incorporation into RNA fraction of *B. subtilis* KA64L cells.
The leucineless strain was grown in the L-leucine-added minimal medium (50 g of soluble starch; 5.6 g of NH_4NO_3, 2.8 g sodium citrate ($2H_2O$); 1.3 g KH_2PO_4; 0.5 g of $MgSO_4 \cdot 7H_2O$; 0.1 g KCl; 0.1 g $CaCl_2 \cdot 2H_2O$ per l of tap water, pH 6.8) and resuspended to the minimal medium added with 100 μg/ml of leucine and ^{14}C-adenine (5.3×10^4 cpm/ml; 10 μg/ml).
Alpha-amylase activity was measured by the method of WOHLGEMUTH with a slight modification. The methods of SCHMIDT, THANHAUSER and SCHNEIDER were applied for estimating nucleic acid

○, Control; ●, with actinomycin D (0.6 μg/ml)

Fig. 3b. Effect of actinomycin D on alkaline phosphatase formation making a comparison with α-amylase formation. General conditions: cf. Fig. 3a

○, Control; ●, with added actinomycin D (0.6 μg/ml)

Kinetics in relation to growth-associated repression (TERUI et al. [20])

When the stability of the specific mRNA for an enzyme is higher than of the ordinary growthassociated mRNAs, the enzyme production is not closely associated with growth but tails behind growth. The peak of $\varepsilon(\varepsilon_m)$ appears after the maximum specific growth rate (μ_m) is attained. The separation of ε- and μ-curves may become more remarkable when the enzyme production is repressed in association with growth; in deceleration phase, ε is increased by derepression. Thus the distinct and typical process type of nongrowth-associated enzyme production can be observed in such a case.

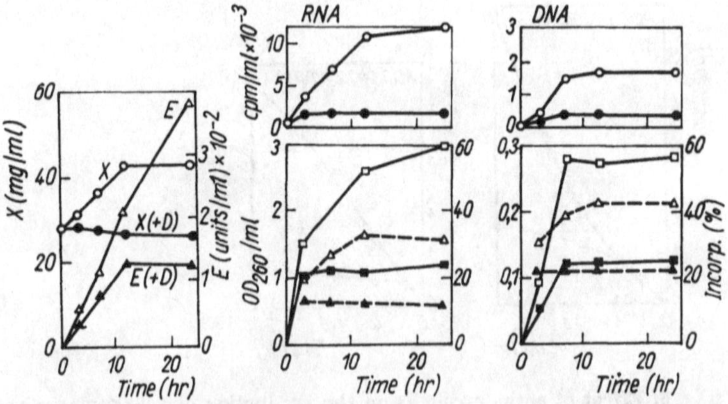

Fig. 4. Effect of actinomycin D on activities of *A. niger* cells. Change of cell concentration (X), glucoamylase concentration (E) and the incorporation of ^{14}C-adenine into nucleic acid fractions were followed with an adenine-requiring strain U20-2-5.

Cells were grown in a growth medium containing yeast extract (1%), liquefied corn starch (15%), sodium glutamate (1%), NH_4NO_3 (0.5%), KH_2PO_4 (0.3%), $CaCl_2 \cdot 2H_2O$ (0.05%) and $MgSO_4 \cdot 7H_2O$ (0.05%) at 30 °C until maximum growth was attained. Washed cells were replaced in a synthetic medium (500 μM ^{14}C-adenine with spec. act. of 0.36 μCi/μmole, 7% maltose, 1% monosodium glutamate, 0.5% NH_4NO_3, 0.3% KH_2PO_4, 0.05% $MgSO_4 \cdot 7H_2O$, 0.05% $CaCl_2 \cdot 2H_2O$, pH 3.6), and cultures, were shaken at 30 °C. One unit of glucoamylase corresponds to the activity to produce from soluble starch one mg of glucose per minute at 40 °C and pH 5

Total quantity (per ml)	with actinomycin D: ▲---▲
	control: △---△
Incorporation (cpm)	with actinomycin D: ●—●
	control: ○——○
Incorporation (%)	with actinomycin D: ■—■
	control: □——□

E(+D) and X(+D) are, respectively, E- and X-values in a culture with actinomycin D

When growth-associated repression is remarkable, the process will take an appearence of negatively growth-associated enzyme production. The nature of growth-associated repression has been elucidated partly. In a variety of cases here dealt with, such a repression can be observed without confusion in the absence of catabolite repression. In the case of glucoamylase production by *A. niger* U20-2-5, no glucose effect can be observed as shown in Fig. 7. Though DPG production by the same strain is very sensitive to glucose, a remarkable growth-associated repression was observed in a medium containing peptone plus pectin or peptone plus galacturonate as the only organic constituents.

A characteristic feature of growth-associated, noncatabolite repression is exemplified in the behavior of secretory hydrolase production by *A. niger* U20-2-5 toward adenine. The growth is controlled by adenine concentration in a synthetic medium in accordance with Monod's kinetics (Fig. 8). Guanine does not support growth. Studies on the effect of nucleic acid related compounds upon growth have revealed (Okazaki [12]) that the

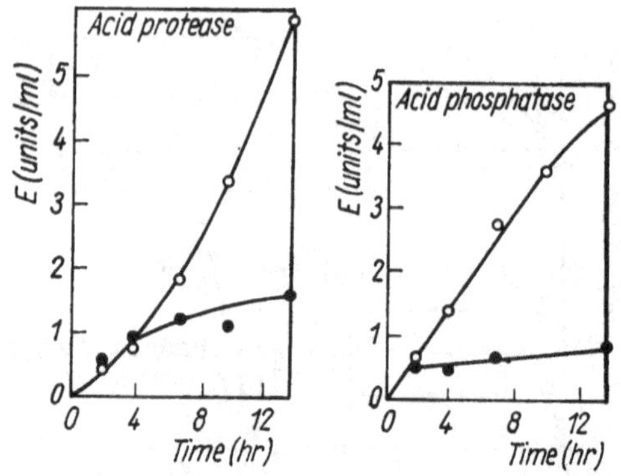

Fig. 5. Effect of actinomycin D on the production of acid protease and acid phosphatase.

Cells grown in the basal medium (1 mM adenine, 7% glucose, 2% peptone, 0.4% KH_2PO_4, 0.05% $MgSO_4 \cdot 7H_2O$, 0.05% $CaCl_2 \cdot 2H_2O$, 0.01% $ZnSO_4$, tap water) were inoculated (inoculum size: 10% by volume) to the above medium. After shaking culture for 13 hr at 30 °C, the culture was diluted 2 fold by the same medium, then experiments were started. Acid protease activity was measured by modified Anson's method. One acid phosphatase unit is the activity to cause the increase in OD at 420 μm of 1 per hr, when reaction was run at 40 °C and pH 3.5 with *p*-nitrophenyl phosphate as the substrate. Solid circle, added with actinomycin D; open circle, control

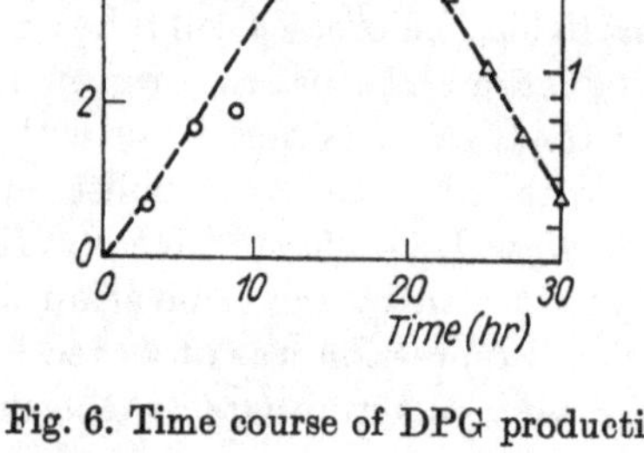

Fig. 6. Time course of DPG production in an inducer-free replacement medium.

Fully induced, washed mycelia that had fully grown in a semi-synthetic medium (750 μM adenine, 0.7% peptone preparation, 0.4% KH_2PO_4, 0.05% $MgSO_4 \cdot 7H_2O$, 0.05% $CaC._2 \cdot 2H_2O$, 0.01% $FeCl_3 \cdot 6H_2O$, 5% pectin, tap water) were replaced in a malate medium, which contained 5% D,L-malic acid instead of pectin in the above medium. Time course was followed at 30 °C. The activity of DPG was expressed on the basis of viscosity lowering action at 30 °C with pectic acid as the substrate

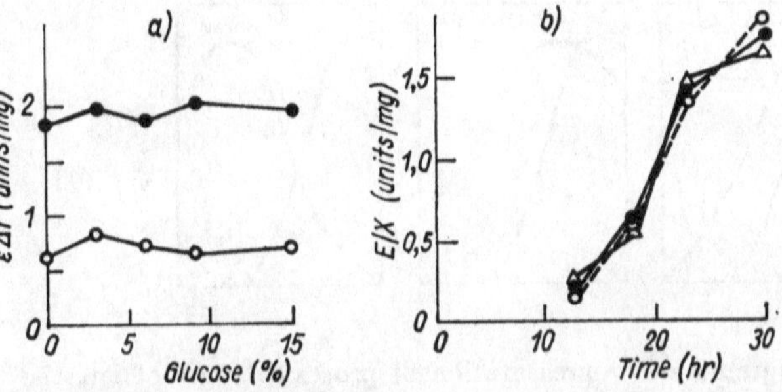

Fig. 7. Effect of glucose on the glucoamylase-producing activity of *A. niger* U20-2-5.

Experiments were started with uninduced cells harvested from a 48 hr culture with a synthetic medium similar to that listed in the legend of Fig. 4 except that maltose was replaced by sorbitol (5%).

Replacement was done with the maltose-containing synthetic medium (cf. Fig. 4) to which glucose was added in varying amounts

Δt: time of incubation

(a) ●—●: $\Delta t = 23$ hr
○—○: $\Delta t = 18$ hr
○—○: Glucose concn. 0%
(b) ●—●: Glucose concn. 6%
△—△: Glucose concn. 15%

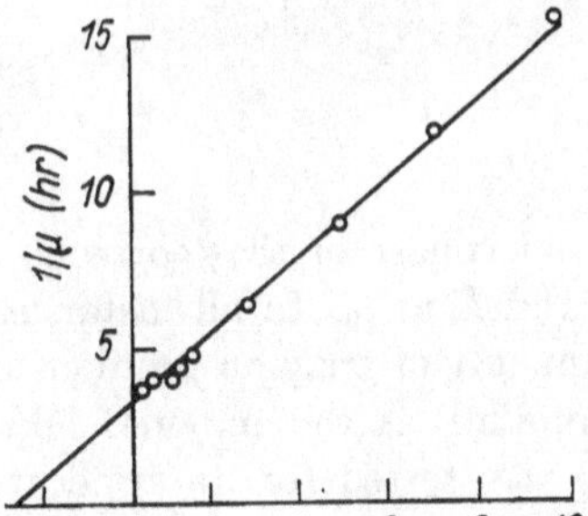

Fig. 8. Lineweaver-Burk's plot representing the relation of specific growth rate (μ) to adenine concentration (S). Fifty mg (dry basis) of cells harvested from 56-hr culture, in which growth was ceased by adenine limitation, were suspended in 100 ml of the synthetic medium containing varying amounts of adenine, and shaken for 4 to 8 hr at 30 °C. Saturation constant (K_s) found was 37 μM. The maximum growth rate (μm) in this experiment was 0.32 hr^{-1}

de novo synthesis of inosine monophosphate and conversion of guanine monophosphate to inosine monophosphate are blocked in this strain. Among the following diagrammatic process patterns, which express the relation of ε to μ in the case of long-life specific mRNA (Fig. 9), patterns b and c represents growth-associated repression; the latter exhibiting stronger repression. Negative correlation of ε with μ which is controlled by

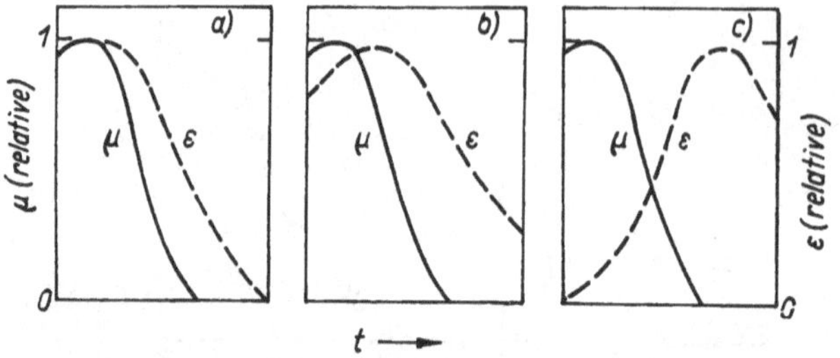

Fig. 9. Diagrammatic representation of processes types of enzyme production, in which specific mRNA for an enzyme is long-lived. (See the text for details.)

adenine will be seen. Such a repression may be called anabolite repression. Representing the tendency of $\mathrm{d}\varepsilon = -b\,\mathrm{d}\mu$ where b is a system constant, and incorporating the tendency in Eq. (3), we have a mathematical model:

$$\frac{\mathrm{d}\varepsilon}{\mathrm{d}t} = a\mu - b\frac{\mathrm{d}\mu}{\mathrm{d}t} - k\varepsilon. \tag{5}$$

From Eq. (5) it follows that

$$\varepsilon = e^{-k(t-t_0)}\left\{a\int_{t_0}^{t} \mu e^{k(t-t_0)}\,\mathrm{d}t + b\left|\int_{t_0}^{t}\left(-\frac{d\mu}{\mathrm{d}t}\right)e^{k(t-t_0)}\,\mathrm{d}t\right| + \varepsilon_0\right\} \tag{6}$$

and

$$E = \int_{t_0}^{t} \varepsilon X\,\mathrm{d}t + E_0, \tag{7}$$

where t_0 is the time point in the early logarithmic phase or that corresponding to the peak of $\mu(\mu_m)$; ε_0 and E_0 are the values of ε and E at t_0. In all instances presented, E-value, which originally means cumulative amount of enzyme production, is practically the same as existing concentration in units/ml, as the enzymes here dealt with have been proved to be fairly stable. Eq. (6) was tested for its applicability to the observed time courses of hydrolase production that were considered to belong to the process type of b or c. With probable values of system constants obtained through com-

Table 1
System constants for Fig. 14
O. D.: optical density representing cell concn.

Constants	Temperature °C				
	45	40	35	30	27
k	0.175	0.14	0.11	0.09	0.075
a [units/O.D./hr]	12	11	11	12	14
b [units/O.D.]	91	91	91	107	145

putation by Eq. (6), the following figures were depicted, in which Figs. 10, 11 and 12 are for experiments with *A. niger* U20-2-5 (TAHARA et al. [19]; SHINMYO et al. [17]), and Figs. 13 and 14 are for experiments with two strains of *B. subtilis* (KINOSHITA et al. [3]). The conformity of our kinetic model with the experimental results seems to be sufficient to prove that it is valid. Among these results it is of interest to note that the change of system constants, especially k, with temperature ranging from 27° to 45 °C (cf. Tab. 1) was in accord with Arrhenius' rule.

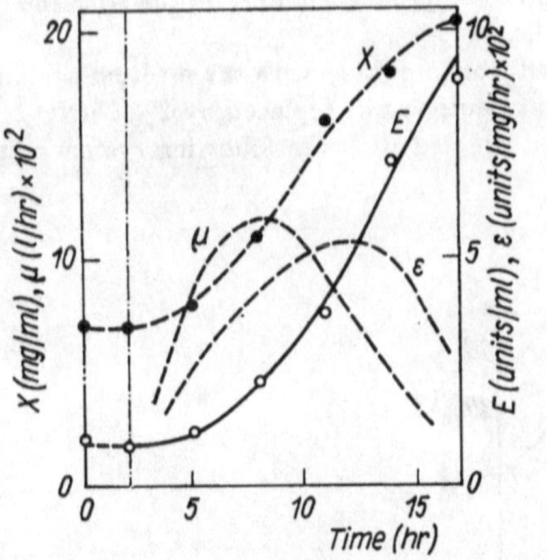

Fig. 10. Time course of DPG production with a medium free from carbon source causing catabolite repression.
Cells harvested from a malate-culture (cf. Fig. 6) were used as the inoculum. Filtrate from a 42-hr pectin-culture, in which carbon source catabolite repression had been used up, was used as the culture medium. The pectin medium initially contained 750 μM adenine.
Theoretical plot (solid line) is depicted in accordance with our kinetic model, Eq. (6) and (7), in which system constants for the growing phase were determined as follows:

$k = 0.14$; $a = 0.10$; $b = 0$; $t_0 = 2$; $\varepsilon_0 = 0$

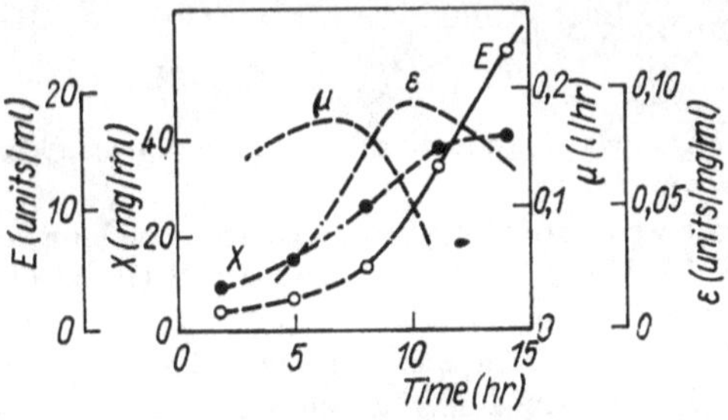

Fig. 11. Time course of acid protease production in a culture with the basal medium (cf. Fig. 5) inoculated with fully induced (derepressed) cells.
Theoretical plot (solid line) is depicted with the following system constants calculated by Eq. (6) and (7)

$a = 0.10$; $b = 0$; $k = 0.09$

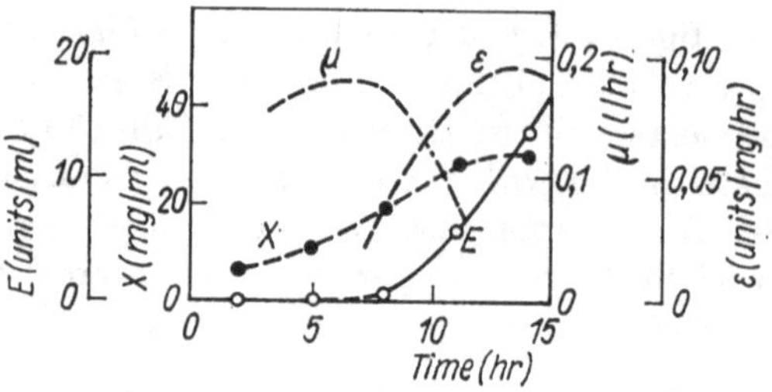

Fig. 12. Time course of acid protease production in a culture with the basal medium inoculated with uninduced cells.
Uninduced cells were harvested from a culture with the medium similar to the basal medium (cf. Fig. 5) except that peptone was replaced by 2% $NaNO_3$.
Theoretical plot (solid line) is depicted with the following system constants determined by Eq. (6) and (7)

$a = 0.11;\quad b = 0.14;\quad k = 0.06$

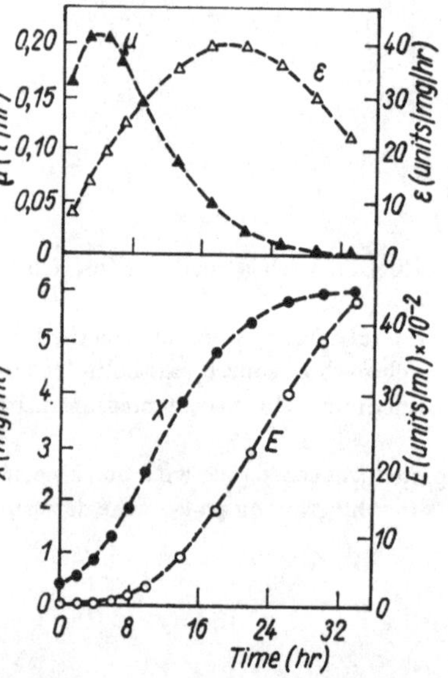

Fig. 13a

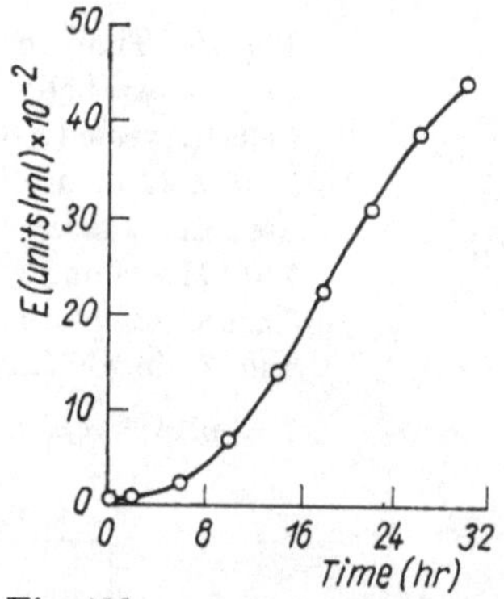

Fig. 13b

Fig. 13a. Time course of α-amylase production by *Bacillus amylosolvens* (now classified as a var. of *B. subtilis*).
Jar fermentor experiments were carried out with a complex medium containing 6% liquefied starch, 1% $(NH_4)_2HPO_4$, 1% sodium citrate $(2H_2O)$, 0.06% $(NH_4)_2SO_4$, 0.15% KCl, 0.013% $CaCl_2$ and 3% corn distillers solubles in tap water (pH adjusted to 6.8 with HCl). Dissolved oxygen concentration was maintained at 0.2 mM. Temperature was 30 °C throughout. Alpha-amylase activity was expressed by Wohlgemuth unit

Fig. 13b. Test for the conformity of the kinetic model, Eq. (6) and (7), to the time course shown in Fig. 13a. Solid line: Theoretical plot with the following system constants:

$k = 0.085;\quad a \simeq 0;\quad b = 430$

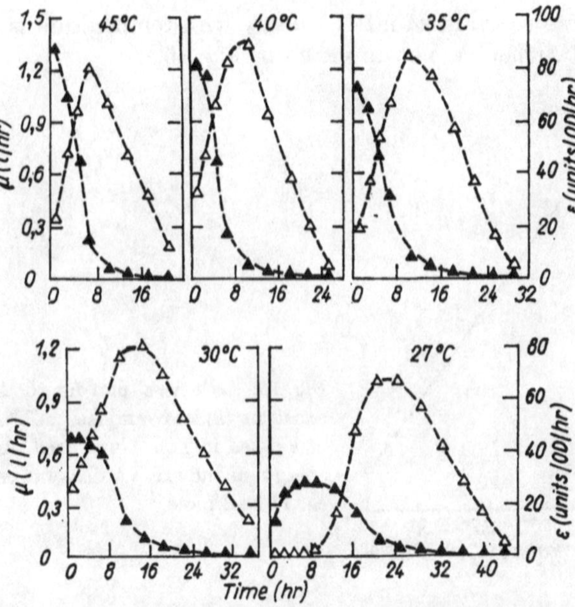

Fig. 14a. Time courses of specific rates in α-amylase producing cultures of *B. subtilis* KA63 at various temperatures. Strain KA63 is a prototype of KA64L. The minimal medium listed in the legend of Fig. 3a was used. Shaken cultures at 30 °C

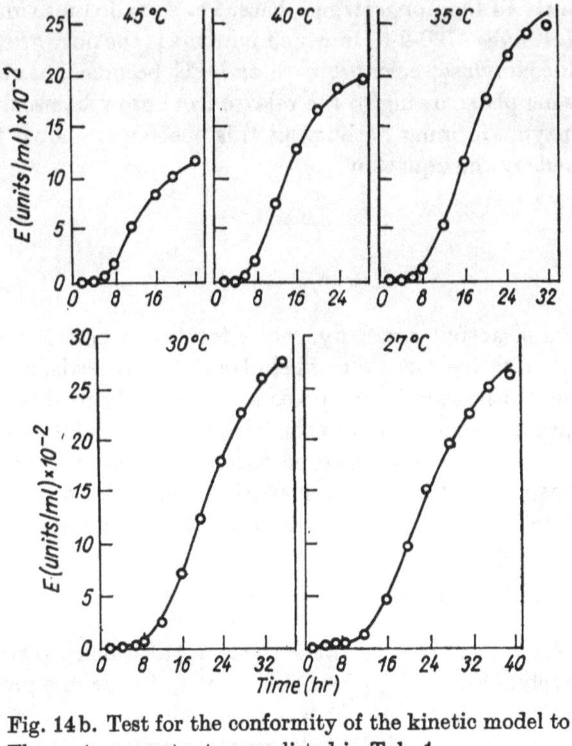

Fig. 14b. Test for the conformity of the kinetic model to cultures shown in Fig. 14a. The system constants were listed in Tab. 1

The change of the rate constant of mRNA decay with temperature is shown to coincide with the typical Arrhenius plot as shown in Fig. 15.

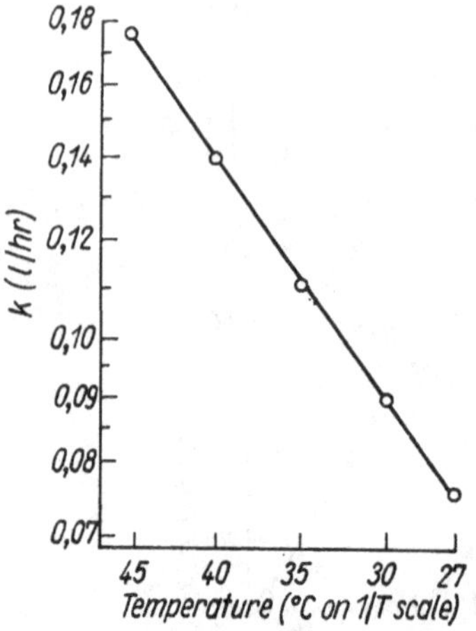

Fig. 15. Arrhenius' plot for the assumed decay constant (k) of α-amylase mRNA. The values of k listed in Tab. 1 was used. Activation energy of the mRNA decay is estimated to be ca. 11 kcal/mole

Kinetics of mold hydrolase production in nongrowing phase

In a variety of cases of fungal cultures, exoenzymes are formed not only in the growing phase but rather abundantly in the nongrowing phase, i.e. so-called maximum stationary phase. In cultures of *A. niger* U20-2-5, in which adenine is the only growth-limiting substance, ε-value for glucoamylase, acid protease or DPG becomes maximum in the beginning of the nongrowing phase owing to the release from growth-associated repression. But the level of enzyme-forming activity in this phase was shown to be much higher than that calculated by the equation:

$$d\varepsilon/dt = -k\varepsilon$$

or (8)

$$\varepsilon = \varepsilon_m e^{-kt}$$

in which ε_m is the maximum activity of a hydrolase formation emerged through derepression. It was found that active turnover of cellular RNA proceeds, and through it the specific mRNA can be synthesized in the presence of inducer; in this case the raw materials for the transcription are considered to come from the degradation of cell RNA. Fig. 16 shows that the RNA degradation proceeded according to monomolecular kinetics with the rate constant λ. The turnover synthesis of RNA was demonstrated by the incorporation into cell RNA of ^{14}C-guanine (Fig. 17). The monomolecular RNA degradation is expressed by Eq. (9)

$$\lambda R = \lambda R_0 e^{\lambda(t-t_m)} = K' e^{\lambda(t-t_m)} \quad (9)$$

where R_0 and R are the RNA content (per mg) at the time (t_m) at which growth maximum is attained and t, respectively. Ordinarily, ε becomes ε_m at t_m in enzyme producing cultures repressed in association with growth. It was assumed that the rate of turnover synthesis of RNA is limited by the rate of RNA degradation by which the raw materials

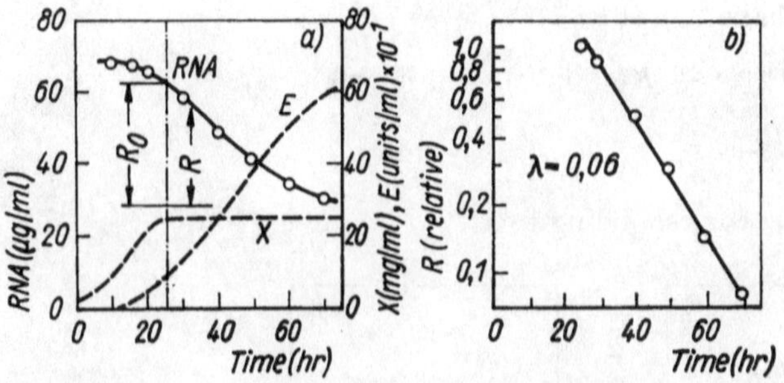

Fig. 16. Degradation of cell RNA in the nongrowing phase of culture. (a) Time course of a culture with the growth medium (cf. Fig. 4). (b) Kinetics of RNA degradation in the nongrowing phase of culture. λ, Degradation rate constant for cell RNA (hr^{-1})

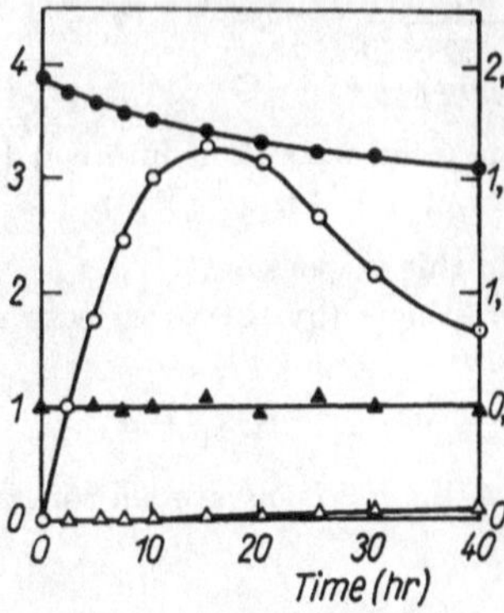

Fig. 17. Incorporation of ^{14}C-guanine into RNA and DNA in nongrowing cells. Cells were harvested from a 48-hr culture with the growth medium. Replacement cultures were conducted with the synthetic medium (cf. Fig. 4) added with 8-^{14}C-guanine (spec. activity: 0.9 µCi/µmole). Cell concentration was ca. 20 mg/ml

DNA	quantity: ▲—▲	
	incorporation: △—△	
RNA	quantity: ●—●	
	incorporation: ○—○	

are supplied, and that the rate of specific mRNA synthesis is proportional to the turnover synthesis of gross RNA. So we have

$$(\mathrm{d}r/\mathrm{d}t)_{\text{by turnover}} = CK' e^{\lambda(t-t_m)}$$
$$K'' e^{\lambda(t-t_m)} \tag{10}$$

where C, K' and K'' are the system constants. Taking into account the degradation of resynthesized mRNA, the overall rate becomes

$$\begin{aligned} \mathrm{d}r/\mathrm{d}t &= (\mathrm{d}r/\mathrm{d}t)_{\text{by turnover}} - kr \\ &= K'' e^{-\lambda(t-t_m)} - kr\,. \end{aligned} \tag{11}$$

Solving Eq. (11), we have

$$r = r_m e^{-k(t-t_m)} + K(e^{-\lambda(t-t_m)} - e^{-k(t-t_m)})$$

or

$$\varepsilon = \varepsilon_m e^{-k(t-t_m)} + K(e^{\lambda(t-t_m)} - e^{-k(t-t_m)}), \qquad (12)$$

where r_m is the r-value corresponding to ε_m.

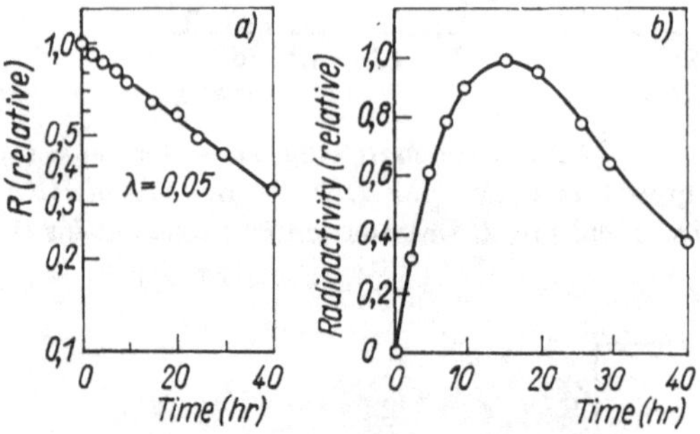

Fig. 18. Kinetic investigation of ^{14}C-guanine incorporation into cell RNA in nongrowing cell suspension. General condition: cf. Fig. 17

(a) Monomolecular degradation of RNA in this suspension.

(b) Conformity of Eq. (9) solved for expressing r (by turnover) with experimental results

r (by turnover) $= K(e^{\lambda(t-t_m)} - e^{-k(t-t_m)})$

Solid line: plot of the above equation with the following system constants:

$k = 0.09$; $\lambda = 0.05$

Open circles: experimental values

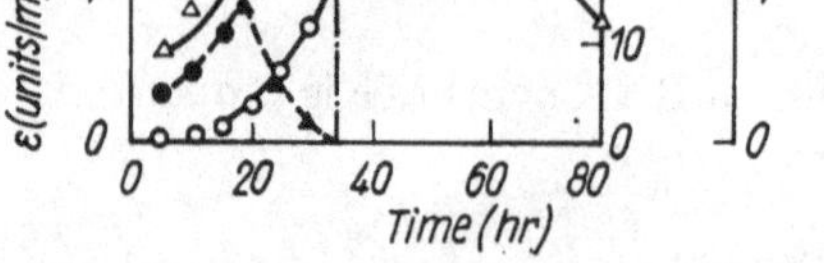

Fig. 19. Conformity of kinetic models, Eq. (12), (5) and (6), to the time course of glucoamylase production in growing and nongrowing phases.

The synthetic medium listed in the legend of Fig. 4 was used.

Solid lines: theoretical plots with the following constants:

$k = 0.05$; $\lambda = 0.01$; $K_1 = -0.4$; $b = 4.7$; $\varepsilon_0 = 0.088$; $E_0 = 3.0$;

$t_0 = 5$; $t_m = 35$

Broken lines: experimental plots

Fig. 18 shows the conformity of Eq. (9) with the results of incorporation study with ^{14}C-guanine. The validity of Eq. (12) together with Eq. (6) is shown by the examples of *A. niger* glucoamylase (Fig. 19) (OKAZAKI et al. [14]) and DPG (Fig. 20) (TAHARA [19]).

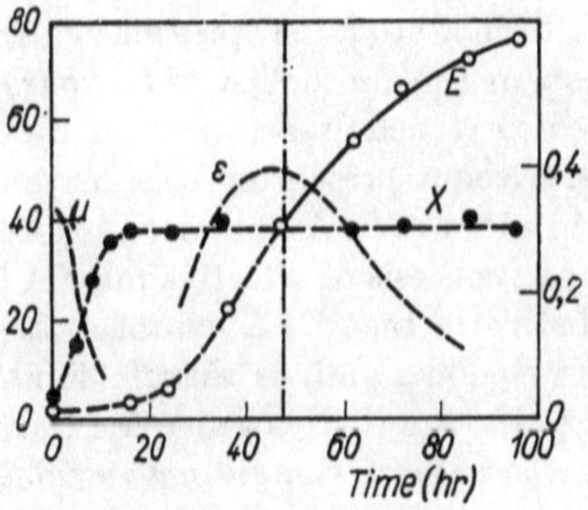

Fig. 20. Conformity of kinetic models, Eq. (12), (5) and (6) to the time course of DPG production in growing and nongrowing phases. The pectin medium (cf. Fig. 6) was inoculated with uninduced cells from a starch culture

$k = 0.14$; $\lambda = 0.05$; $K_1 = 0.066$; $t_m = 48$; $\varepsilon_m = 0.039$

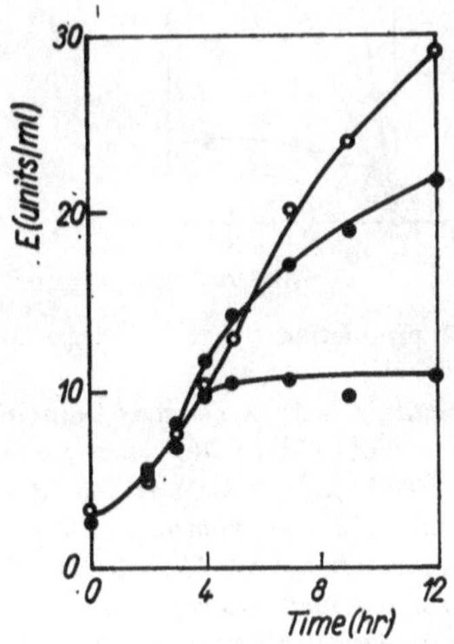

Fig. 21. Effect of glucose on DPG production by actinomycin-treated *A. niger* cells. Experiments were started with 42 hr culture with the pectin medium (cf. legend of Fig. 6) grown at 30 °C. The culture was cooled to 22 °C to prevent a rapid degradation of mRNA, and the culture was continued.

In this condition the incorporation of ^{14}C-guanidine into RNA fraction was stopped by actinomycin S_3 (50 μg/ml) within 4 hr.

Control culture: ○—○; culture with actinomycin S_3 added at zero time: ●—●; culture with actinomycin S_3 added at zero time, then, after 2 hr, glucose (0.5%) was added: ⊙—⊙

Translational repression

Several authors dealing with *Escherichia coli* have presented results suggesting that the catabolite repression occurs at the level of transcription (NAKADA et al. [7]; LOOMIS et al. [2]). On the other hand PASTAN et al. [16] indicated tryptophan synthetase of *E. coli* was released from catabolite repression by 3′,5′-cyclic APM at the level of translation. With regard to eukaryotes, VAN WIJK et al. [24] present evidence for catabolite repression at the level of translation in the protoplast of *Saccharomyces carlsbergensis*. NISHIZAWA et al. [10] suggested that cellulase formation by *Trichoderma viride* may occur at the translational level without presenting conclusive evidence for the absence of turnover synthesis of mRNA in that case. As indicated before, precaution should be taken to exclude the possibility of synthesis of effective mRNA by means of an adequate inhibitor. Fig. 21 indicates distinctly that DPG synthesis at the level of translation in the presence of actinomycin S_3 (50 μg/ml) is sharply inhibited by the addition of glucose (0.5%) (TAHARA et al. [20]). Another example for translational repression of secretory hydrolase is given in the case of *Penicillium variabile* producing

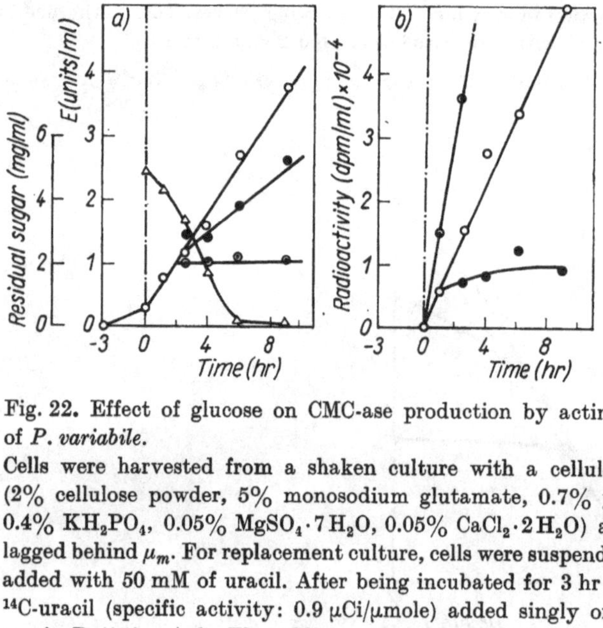

Fig. 22. Effect of glucose on CMC-ase production by actinomycin D-treated cells of *P. variabile*.

Cells were harvested from a shaken culture with a cellulose containing medium (2% cellulose powder, 5% monosodium glutamate, 0.7% yeast extract (powder), 0.4% KH_2PO_4, 0.05% $MgSO_4 \cdot 7H_2O$, 0.05% $CaCl_2 \cdot 2H_2O$) at the time of ε_m which lagged behind μ_m. For replacement culture, cells were suspended in the above medium added with 50 mM of uracil. After being incubated for 3 hr with shaking, 50 μM of ^{14}C-uracil (specific activity: 0.9 μCi/μmole) added singly or together with actinomycin D (150 μg/ml). The addition of glucose (0.5%) was done singly or together with actinomycin

(a) E without actinomycin: ○—○
E with actinomycin: ●—●
E with actinomycin plus glucose: ⊙—⊙
Residual sugar: △—△

(b) ^{14}C-uracil incorporation into cell RNA in cultures
without actinomycin: ○—○
with actinomycin: ●—●
with glucose: ⊙—⊙

CMC-ase expressed by CMC-SP, i.e. activity measured by the saccharifying power with carboxymethyl cellulose as the substrate (TERUI et al. [22]). Fig. 22 shows that actinomycin D, which strongly inhibits incorporation of ^{14}C-uracil into cell RNA, only slightly lowered the rate of CMC-ase synthesis due presumably to the inhibition of turnover synthesis of the specific mRNA. On addition of glucose (0.5%) to the actinomycin-added CMC-ase producing culture, the enzyme production was arrested promptly. The above results afford evidence for the translational repression by glucose in the case of eukaryotes.

Analytical investigation into the behavior of glucoamylase mRNA

As to the analytical bases for the above theories, we have recently disclosed evidence for the long-lived mRNA associated with membrane-bound RNA, which is increased through induction treatment with maltose as the inducer for glucoamylase (OKAZAKI et al. [15]). Firstly, cytoplasmic RNA and membrane bound RNA in mycelia of *A. niger* U20-2-5 were fractionated according to ONO et al. [11]. It was shown that the membrane-bound RNA is increased as the culture is aged as listed in Table 2.

Table 2
Contents of cytoplasmic and membrane-bound RNAs in growing and nongrowing mycelia

	Growing mycelia		Nongrowing mycelia	
	μg RNA/mg mycelia	%	μg RNA/mg mycelia	%
Cytoplasmic RNA	69	100	34	69
Bound RNA	Trace	0	15	31

Growing and nongrowing mycelia were harvested after 8 and 40 hr of incubation.

The fractionation of nucleic acids was performed by use of methylated albumin-kieselgur (MAK) column according to SUEOKA et al. [18]. Among four fractions eluted with linearly increasing concentration of NaCl, only a fraction $RNA_{0,55}$ corresponding to mRNA showed no hyperchromicity (Fig. 23).

In mycelia harvested from a glucoamylase producing culture, ca 50% of the mRNA fraction are found in bound form (Table 3). The incorporation of ^{14}C-guanine into the fractions of nucleic acids in nongrowing mycelia in a incubation time of 30 minutes is depicted in Fig. 24. Both in cytoplasmic and membrane-bound RNAs, the peaks of $RNA_{0,55}$ corresponding to mRNA is distinctly observed. The $RNA_{0,55}$ fractions were orcinol positive and showed no hyperchromic response to temperature change.

A higher incorporation of ^{14}C-guanine into mRNA in bound polysomes is expected when uninduced mycelia are transferred to a state of induction for glucoamylase as compared with those kept uninduced. To mycelia grown on sorbitol as a gratuitous carbon source, maltose was added to allow glucoamylase induction, and the bound

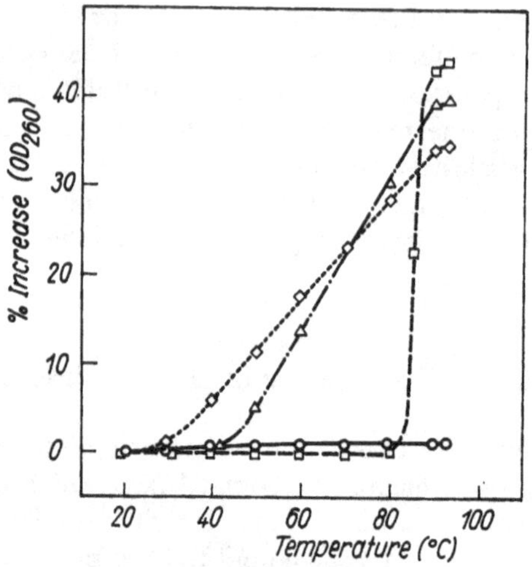

Fig. 23. Hyperchromic response of nucleic acid fractions.
Nucleic acids fractionated by MAK column chromatography were dialyzed and concentrated in a Collodion Pack, then dissolved in 0.05 M acetate buffer (pH 6.7). The $RNA_{0.55}$ fraction was rechromatographed on a MAK column by the same procedure before dissolving in the acetate buffer. Hyperchromicity was measured at an increasing temperature (1 °C/min) after elimination of dissolved air *in vacuo.*

$RNA_{0.35-0.50}$: ◇----◇, $RNA_{0.55}$: ○—○, DNA: □---□, $RNA_{0.7-1.0}$: △—-—△

Table 3

Compositions of cytoplasmic and membrane-bound nucleic acids in growing and nongrowing mycelia

	tRNA	mRNA	DNA	tRNA	Total
	(Percent)				
Growing mycelia	12.4	1.8	5.0	80.8	100
Nongrowing mycelia					
Total	22.0	1.8	10.2	66.0	100
(Cytoplasmic)	(90)	(49)	(100)	(40)	(54)
(Bound)	(10)	(51)	(0)	(60)	(46)

Growing and nongrowing mycelia were harvested from 6- and 48-hr cultures, respectively. The amounts of nucleic acids were estimated from OD_{260}.

RNA was analyzed by MAK column chromatography (Fig. 25a). The results were compared with those of uninduced control (Fig. 25b). It is evident from table 4 that the increase in the specific activity of mRNA associated with bound polysomes was accelerated by 23% due to the induction treatment.

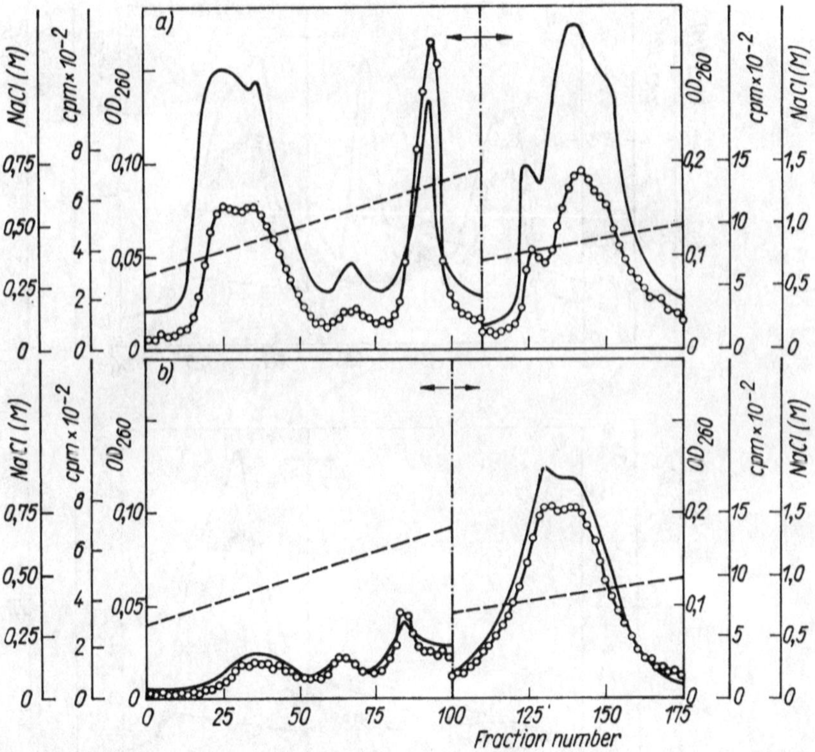

Fig. 24. MAK column chromatograms of cytoplasmic RNA (a) and membrane-bound RNA (b) in nongrowing mycelia labeled with ^{14}C-guanine for 30 min. For experimental details see the text

OD_{260}: ——, cpm: o——o, NaCl: — — —

Table 4

Incorporation of ^{14}C-guanine into membrane-bound and cytoplasmic RNAs in nongrowing mycelia induced with maltose for 12 hr

RNA fraction	With or without Induction	mRNA			tRNA		rRNA	
		µg RNA / mg mycelia	cpm / OD_{260}	%[1])	cpm / OD_{260}	%[1])	cpm / OD_{260}	%[1])
Bound	Control	0.20	18,500	100	20,000	100	20,400	100
	Induction	0.19	23,800	123	19,000	95	21,400	105
Cytoplasmic	Control	0.19	13,600	100	20,300	100	18,900	100
	Induction	0.21	13,200	97	21,100	104	18,200	96

The values were calculated from Fig. 25 and the rest of the same experimental series.

[1]) Percentage of specific radioactivities.

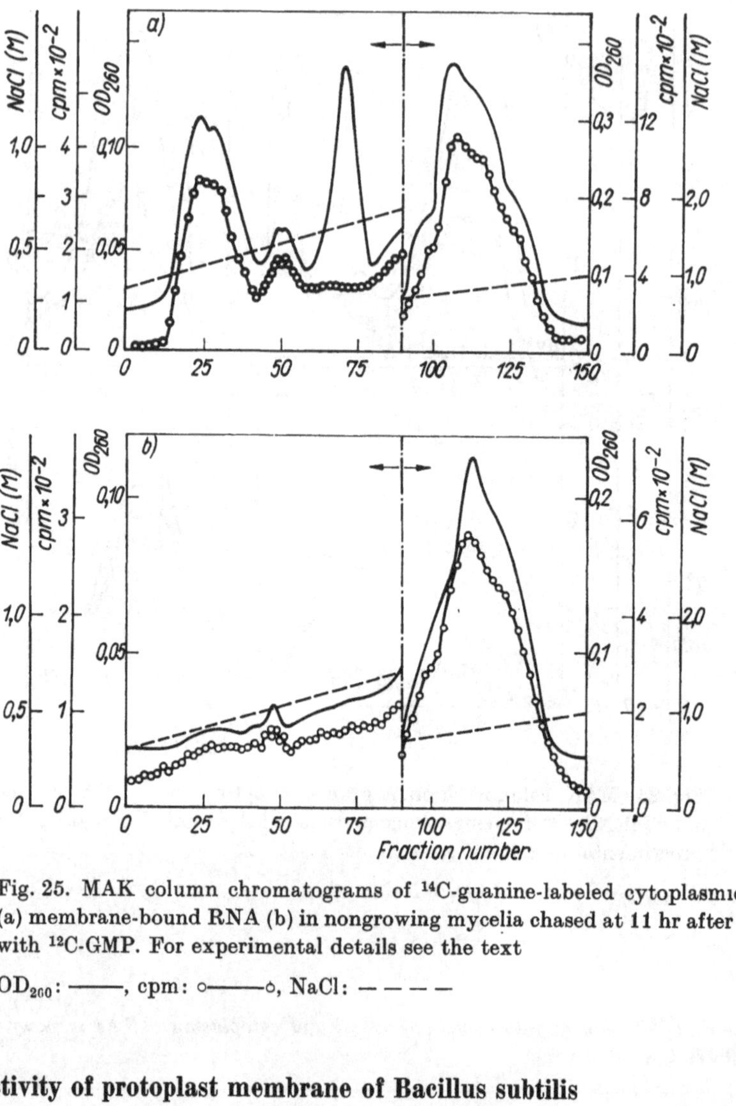

Fig. 25. MAK column chromatograms of ^{14}C-guanine-labeled cytoplasmic RNA (a) membrane-bound RNA (b) in nongrowing mycelia chased at 11 hr after dilution with ^{12}C-GMP. For experimental details see the text

OD_{260}: ——, cpm: o——o, NaCl: – – – –

Activity of protoplast membrane of Bacillus subtilis

Our studies on the α-amylase formation by a strain of *B. subtilis* (afterwards, it was classified as *Bacillus amyloliquefaciens*) strongly suggested that the mRNA for the enzyme might have a remarkably longer life than the mRNAs for cell proteins.

In our investigation (NINOMIYA et al. [8]) efforts have been focused on the in vitro synthesis of *B. subtilis* α-amylase based on the hypothesis that the mRNA for the enzyme is stabilized in a membrane-bound state. For obtaining membrane preparation, cells were harvested from a culture with the growth medium in the middle of exponential growth phase after being chilled with ice.

Membranes were prepared throughout at a temperature between 0 and 4 °C. Cells harvested from the chilled broth by centrifugation at 12,000 ×g were washed in Standard Buffer I (10 mM Tris-HCl buffer containing 60 mM NH_4Cl and 10 mM magnesium acetate, pH 7.6). Washed cells

(4.3 g wet weight) were suspended in 50 ml of the same buffer containing 10% sucrose, 35 mg of lysozyme preparation (Kinki Yakult Co.) were added.

The suspension was agitated gently for 60 min, and cells were isolated by centrifugation at 12,000 × *g* für 10 min and washed in 50 ml of the above buffer containing 10% sucrose and 6 mM β-mercaptoethanol. The recentrifuged cells were disrupted osmotically by suspending them in 50 ml of Standard Buffer II (100 mM Tris-HCl buffer containing 60 mM NH_4Cl, 10 mM magnesium acetate and 6 mM β-mercaptoethanol). The lysate was centrifuged at 30,000 × *g* for 10 min, and the supernatant was centrifuged again at 30,000 × *g* for 20 min.

The second supernatant and the first precipitate from the above lysate were termed, respectively, S-30 and crude membranes. Crude membranes were resuspended in 25 ml of Standard Buffer II, and 10 ml of the suspension were layered over a discontinuous sucrose gradient consisting of 10 ml of 20% sucrose and 10 ml of 60% sucrose in Standard Buffer I in rotor tubes. The samples were centrifuged for 60 min using the HB4 swinging bucket rotor of a Soval RC2-B superspeed centrifuge. The dense layer around the 20%/60% sucrose interface was removed by aspiration, along with the pellet, and was suspended in Standard Buffer II. Purified membranes were obtained by centrifuging the above suspension at 30,000 × *g* for 20 min. On the other hand, S-30 was centrifuged at 105,000 × *g* for 60 min using an Hitachi 55P superspeed centrifuge, and the supernatant was termed S-105.

Ribosomes were prepared from S-30 by centrifugation at 105,000 × *g* for 60 min followed by resuspension of the precipitate in 10 mM Tris-HCl buffer containing 10 mM $MgCl_2$ and 500 mM NH_4Cl, centrifugation at 20,000 × *g* for 20 min to remove the precipitate, and recentrifugation of the supernatant at 105,000 × *g* for 90 min. The ribosomal pellets thus obtained were washed three times more by repeating the above operations of suspensions and centrifugation.

For demonstrating amino acid incorporation into protein fraction *in vitro*, the following cell-free system was prepared according to MATTHAEI et al. [6]. Unless otherwise noted, the complete reaction mixture (final volume 500 µl) contained: 100 mM Tris-HCl buffer (pH 7.6), 10 mM magnesium acetate, 60 mM NH_4Cl, 6 mM β-mercaptoethanol, 2 mM ATP, 0.4 mM GTP, 10 mM creatine phosphate (Sigma), 0.05 mM each of 20 unlabeled amino acids, 2 µCi/ml of ^{14}C-amino acid mixture (chlorella protein hydrolysate having a specific acticity of 40 mCi/mg atom C, Daiichi Pure Chem. Co.), purified membranes (0.13 ~ 0.25 mg of protein/ml), S-30 or S-105 (1.3 ~ 1.5 mg of protein/ml), and 40 µg/ml of creatine phosphokinase (Sigma). Before adding creatine phosphokinase the mixture was warmed to 30 °C, and the reaction was started by adding creatine phosphokinase to complete the reaction mixture. During incubation at 30 °C, 100 µl samples of the mixture were withdrawn at intervals. The reaction was stopped by pouring the sample into 10 ml of chilled water, and 2 ml of 30% trichloroacetic acid (TCA) were added. After heating at 90 °C for 10 min and cooling, hot TCA-insoluble material was separated by filtration through a glass fiber filter (Millipore QTY 25). The filter was dried at 80 °C for 30 min and radioactivity was measured using a scintillation counter (Beckman SL-250). Protein was estimated by the method of LOWRY et al. [5] with bovine serum albumin (Sigma) as the standard.

Table 5 summarizes the important characteristics of the amino acid-incorporating membrane system. A supernatant fraction, S-30 or S-105, and an energy generating system were essential for the system. Whereas the protein synthesis of the intact cells of the aerobic bacteria is inhibited almost completely by KCN (100 µg/ml), amino acid incorporation in this in vitro system was practically insensitive to this drug. The action of actinomycin D or rifampicin was slight, while puromycin and chloramphenicol are strongly inhibitory, indicating that the reaction was directed by the mRNA originally present in the membrane preparation (Tab. 4). The time courses of protein synthesis in reaction mixtures are shown in Fig. 26.

It is seen that no significant loss of activity occurred through the treatment for purifying membranes. It was estimated from the result that the activity per unit weight of

Table 5

Characteristics of ^{14}C-amino acid incorporation by cell-free system

Exp.	Addition	Incorp. (%)
I Complete		100
	− S-30	0
	− ATP, GTP, PC and PC kinase	0
	+ 100 µg/ml KCN	86
	+ 100 µg/ml Chloramphenicol	13
	+ 50 µg/ml Puromycin	14
	+ 10 µg/ml Rifampicin	85
	+ 10 µg/ml Actinomycin D	77
II Complete		100
	− S-105	0

Complete reaction mixture contained S-30 in Exp. I and S-105 in Exp. II. Reaction mixtures were incubated at 30°C for 60 min. The amounts of ^{14}C-amino acids incorporated into the hot TCA-insoluble fraction in complete reaction mixtures of Exp. I and II were 9,500 cpm/ml and 5,440 cmp/ml, respectively.
PC: phosphocreatine.

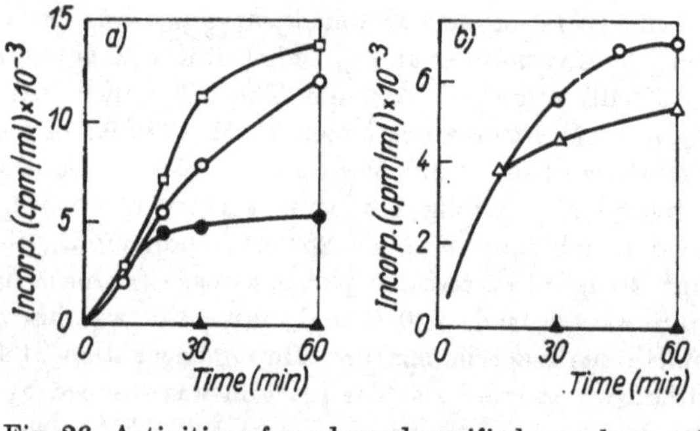

Fig. 26. Activities of crude and purified membranes incorporating amino acids into protein

(a) □—□: Crude membranes with S-30
○—○: Purified membranes with S-30
●—●: S-30 without membranes
▲—▲: Crude membranes without supernatant fraction.

(b) ○—○: Purified membranes with S-30
△—△: Purified membranes with S-105
▲—▲: S-105 without membranes.

Protein concentrations of membranes in reaction mixtures were made uniform

protein was raised three to four times by this purification procedure. S-30 itself showed amino acid-incorporation activity even without membranes, though it was much lower than that of the complete reaction system and diminished within 20 min. On the other hand, S-105 showed no protein-synthesizing activity in the absence of membranes.

Purified membranes combined with S-105 exhibited a high activity though somewhat lower than with S-30.

For the qualitative verification of the formation of α-amylase, an immunological test was carried out with anti-α-amylase serum (prepared with *B. subtilis* α-amylase) kindly provided by Professor M. KITAGAWA of the Institute for Cancer Research, Medical School, Osaka University. The cross reaction was tested between the anti-amylase serum and a purified preparation of α-amylase from the above reaction mixture; only one single precipitation line was distinctly formed, but no such line was formed with cell lysate of the strain employed.

The quantitative determination of α-amylase synthesized in the cell-free system was carried out by an immunoprecipitation method as follows:

0.25 ml of supernatant obtained by centrifugation of the reaction mixture of the *in vitro* protein synthesis at 105,000 × *g* for 40 min, and 0.25 ml of purified α-amylase solution (0.5 mg per ml) were mixed and 0.5 ml of anti-amylase serum was added to the mixture. An α-amylase preparation used as carrier was obtained from culture broth (24 hr) of strain KA-63 according to the purification method of TSUJISAKA. It was confirmed that the preparation showed a single peak on sodium dodecyl sulfate (SDS) gel electrophoresis. After incubation at 37 °C for 60 min, the mixture was left for a few days at 4 °C after which the formation of immunoprecipitate was virtually complete. The precipitate thus formed was collected by centrifugation at 3,000 × *g* for 10 min and washed at least three times with 0.85% NaCl solution until washing did not cause appreciable liberation of 280 nm absorbing materials. The amount of protein and radioactivity of the resulting immunoprecipitate were determined.

Table 6
In vitro synthesis of α-amylase

Exp.	System	The amount of radioactivity in hot TCA-insoluble material (A) (cpm/ml)	The amount of radioactivity in immunoprecipitate (B) (cpm/ml)	Recovery (B/A) (%)
1	Membrane[1])	15,080	2,600	17.2
	S-30[2])	49,810	360	0.7
2	Membrane	9,890	1,600	16.2
	S-30	35,780	600	1.7

[1]) Complete reaction mixture.
[2]) Without membrane.

As shown in Tab. 6 (NINOMIYA et al. [9]), a considerable amount of radioactivity was observed in the immunoprecipitate corresponding to 16.2 ~ 17.2% of the total radioactivity incorporated into hot TCA-insoluble material.

The results indicate that *B. subtilis* α-amylase is synthesized on membrane-bound polysomes and the mRNA for the enzyme is accumulated in the membrane fraction escaping from degradation.

Summary

(1) A variety of inducible exohydrolases including *Bacillus subtilis* α-amylase, *Aspergillus niger* glucoamylase, acid protease, depolymeric polygalacturonase, *Penicillium variabile* cellulase were mainly dealt with from the view-point of physiological and kinetic natures of enzyme-forming systems in which mRNAs are rate-limiting entities. It has been revealed that the process type of enzyme formation is primarily determined by the stability of a mRNA for an enzyme in question: enzyme production concerned with a short-life mRNA results in a growth-associated enzyme formation (e.g. tannase by *Aspergillus oryzae*), and the greater the longevity of the specific mRNA is, the more remarkably the phases of growth and enzyme production separates. A conspicuous feature of nongrowth-associated enzyme production is the result not only of long-life specific mRNA but also of growth-associated repression, which is different from catabolite repression as exemplified by the behaviour of an adenine requiring strain of *A. niger*.

(2) Kinetic models presented by the authors which include the decay rate of mRNA and growth-associated repression have been shown to be valid for a variety of processes of enzyme production.

(3) Analytical investigations have revealed the existence of highly stable membrane-bound mRNA which is increased in amount through induction treatment in the case of *A. niger* glucoamylase.

(4) An active protein synthesizing reaction mixture was composed with purified protoplast membrane preparation from *B. subtilis* cells. Incorporation of labeled amino acid into protein was shown to be insensitive to actinomycin, D rifampicin and KCN but sensitive to puromycin and chloramphenicol. The final amount of protein synthesized was dependent on the amount of purified membranes. A purified preparation of α-amylase from the reaction mixture showed cross-reaction with anti-α-amylase serum prepared with *B. subtilis* α-amylase. By means of labeled amino acid incorporation and immunoprecipitation methods, it was shown that α-amylase protein accounted for a significant part of the total protein synthesized in vitro.

References

[1] Doi, S., A. Shinmyo, T. Enatsu and G. Terui: Growth-associated production of tannase by a strain of *Aspergillus oryzae*. J. Ferment. Technol. **51** (1973), 768–774

[2] Jacqut, M., and A. Kepes: The step sensitive to catabolite repression and its reversal by 3′-5′ cyclic AMP during induced synthesis of β-galactosidase in *E. coli*. Biochem. Biophys. Res. Commun., **36** (1969), 84–92

[3] Kinoshita, S., H. Okada and G. Terui: On the nature of α-amylase forming system in *Bacillus subtilis*. J. Ferment. Technol., **46** (1968), 427–436
Process kinetics of *α-amylase* production by *Bacillus subtilis*. J. Ferment. Technol., **45** (1967), 504–510

[4] Loomis, W. F., and B. Magasanik: Glucose-lactose diauxie in *Escherichia coli*. J. Bacteriol., **93** (1967), 1397–1401

[5] Lowry, O. H., N. J. Rosebrough, A. L. Farr and R. J. Randall: Protein measurement with the folin phenol reagent. J. Biol. Chem., **193** (1951), 265–275

[6] Matthaei, J. H., and M. W. Nierenberg: Characteristics and stabilization of DNAase-sensitive protein synthesis in *E. coli* extracts. Proc. Nat. Acad. Sc., **47** (1961), 1580–1588

[7] Nakada, D., and B. Magasanik: The roles of inducer and catabolite repressor in the synthesis of β-galactosidase by *Escherichia coli*. J. Mol. Biol., **8** (1964), 105–127

[8] Ninomiya, Y., T. Imanishi, A. Shinmyo, T. Enatsu and G. Terui: Protein synthesis by protoplast membranes of *Bacillus subtilis*. J. Ferment. Technol., **58** (1975), 189–198

[9] Ninomiya, Y., T. Imanishi, A. Shinmyo and T. Enatsu: Immunological detection of α-amylase synthesis by protoplast membranes of *Bacillus amyloliquefaciens*. J. Ferment. Technol., **54** (1976), 374–382

[10] Nishizawa, T., H. Suzuki and K. Nishizawa: Catabolite repression of cellulase formation in *Trichoderma viride*. J. Biol. Chem., **71** (1972), 999–1007

[11] Ono, T., K. Kimura and T. Yanagita: Sequential synthesis of various molecular species of ribonucleic acid in the early phase of conidia germination in *Aspergillus oryzae*. J. Gen. Appl. Microbiol., **12** (1966), 13–26

[12] Okazaki, M., G. Terui and N. Konno: An inquiry into the physiology of preferential synthesis of glucamylase in relation to multi-stage continuous culture (I). J. Ferment. Technol., **41** (1963), 266–275

[13] Okazaki, M., and G. Terui: An inquiry into the physiology of preferential synthesis of glucamylase in relation to multi-stage continuous culture (II); (III). J. Ferment. Technol. **44** (1966), 276–286; 287–294

[14] Okazaki, M., and G. Terui: Process kinetics of glucamylase production by *Aspergillus niger*. J. Ferment. Technol., **45** (1967), 1147–1155

[15] Okazaki, M., Y. Miura and G. Terui: Preferential synthesis of extracellular glucamylase by *Aspergillus niger*: Stability of mRNA associated with membranebound polysomes in non-growing mycelia. J. Ferment. Technol., **56** (1978), 279–288

[16] Pastan, I., and R. L. Perlman: Stimulation of tryptophan synthesis in *Escherichia coli* by cyclic 3′,5′-adenosine monophosphate. J. Biol. Chem., **244** (1969), 2226–2232

[17] Shinmyo, A., M. Okazaki and G. Terui: Process kinetics of acid protease production by *Aspergillus niger*. J. Ferment. Technol., **46** (1968), 1000–1006

[18] Sueoka, N., and T. Y. Cheng: Fractionation of nucleic acids with the methylated albumin column. J. Mol. Biol., **4** (1962), 161–172

[19] Tahara, T., A. Shinmyo, T. Enatsu and G. Terui: Process kinetics of polygalacturonase production by *Aspergillus niger*. J. Ferment. Technol., **52** (1974), 517–525

[20] Tahara, T., S. Doi, A. Shinmyo and G. Terui: Translational repression in the preferential synthesis of some mold enzymes (I). J. Ferment. Technol., **50** (1972), 655–661

[21] Terui, G., M. Okazaki and S. Kinoshita: Kinetic studies on enzyme production by microbes (I). On kinetic models. J. Ferment. Technol., **45** (1967), 497–503

[22] Terui, G.: Process kinetics of hydrolase production by microbes. In Text of lectures for International Post-Graduate University Course in Microbiology in Japan (1974), 100–108

[23] Tyler, B., W. F. Loomis, Jr. and B. Magasanik: Transient repression of the *lac* operon. J. Bacteriol., **94** (1967), 2001–2011

[24] Van Wijk, R., J. Ouwehand, T. van den Bos and V. V. Koningsberger: Induction and catabolite repression of α-glucosidase synthesis in protoplasts of *Saccharomyces carlsbergensis*. Biochim. Biophys. Acta, **186** (1968), 178–191

Sektion Nahrungsgüterwirtschaft und Lebensmitteltechnologie der Humboldt-Universität zu Berlin, Bereich Mikrobiologie, Außenstelle Kleinmachnow, DDR

Untersuchungen zum Einfluß von Milieufaktoren auf Wachstum und Cellulasebildung bei der Submerskultivierung von Pilzen

G. SCHULZ und W. F. HIRTE

Während Kenntnisse über die Cellulasebildung bei der Gattung *Trichoderma* vorliegen, sind andere Gattungen wie *Aspergillus* und *Penicillium* weit weniger untersucht worden. Da selbst innerhalb der besonders gut untersuchten Art *T. viride* von mehreren Autoren wie MANDELS u. REESE [5] bzw. MANDELS u. a. [6] oder GHOSE u. a. [1] unterschiedliche Ergebnisse, z. B. zur Frage der als Induktor wirksamen Cellobiosekonzentration publiziert worden sind, liegt es auf der Hand, daß Ergebnisse, die bei einem Organismus oder Stamm gewonnen wurden, nicht für verschiedene Cellulaseproduzenten verallgemeinert werden können.

Im folgenden wird anhand ausgewählter Experimente versucht, einige Gemeinsamkeiten und Unterschiede im Wachstums- und Enzymbildungsverhalten von 3 Cellulasebildnern herauszuarbeiten, die schon von HIRTE [2] auf diesem Symposium vorgestellt wurden.

Zunächst einige kurze Erläuterungen zum experimentellen Vorgehen: Als Stammmaterial wurden jeweils 8 Tage alte Schrägagarkulturen von

– *Gliocladium* spec. HUGk 2642
– *Penicillium-citreo-viride* HUPc 2711
– *Trichoderma viride* HUTv 2713

verwendet.

Für die Submerskultivierung wurden 2 verschiedene Medien eingesetzt:

1. Ein Mineralsalzmedium (MSM) nach NORKRANS u. JOHANNSEN [7, 3] mit Ammoniumdihydrogenphosphat als Stickstoffquelle, 0,1% Hefeextrakt und 0,5% Cellulosepulver, Schleicher u. Schüll 123a.
2. Ein grünmehlhaltiges Komplexmedium (GKM), das keinen Hefeextrakt, aber zu den Mineralsalzen und Cellulose des NORKRANS-Mediums 20% alkalisches Grünmehlhydrolysat enthält.

Die *Submerskultivierung* wurde mit 100 ml des jeweiligen Mediums in 500-ml-Schüttelkolben auf einer FANAL-Rundrüttelmaschine mit 270 U/min bei 28 °C durchgeführt.

Die Hauptkultivierungen wurden jeweils mit der gleichen Menge (3–10%) einer 20stündigen, unter gleichen Bedingungen gewachsenen, Vorkultur beimpft.

In entsprechenden Zeitabständen wurden folgende Analysen durchgeführt:

1. Mikroskopische Charakterisierung
2. pH-Wert und Filterpapieraktivität nach MANDELS u. WEBER [4] in der Kulturlösung
3. Ammonium-Stickstoff im Kulturfiltrat, nach PARNAS-WAGNER
4. Reduzierende Zucker im Kulturfiltrat mit der Dinitro-Salizylsäure-Methode
5. Glucose im Kulturfiltrat durch enzymatische Bestimmung: GOD-POD-Methode.

Bei den übrigen Experimenten wurden folgende Enzymaktivitäten im Kulturfiltrat bestimmt:

- Filterpapier-Destruktions-Aktivität (FPD-Aktivität) modifiziert nach TOYAMA [8], als Maß für die C_1-Aktivität
- Carboxymethylcellulose-liquifizierende Aktivität (CMC(L)-Akt.) als Maß für die C_x-Aktivität
- Cellobiase-Aktivität
- Xylanase-Aktivität
- Lichenase-Aktivität.

Die Enzymaktivitäten werden als relative Werte, bezogen auf die maximale Enzymausschüttung bzw. auf Standardbedingungen, angegeben.

Ergebnisse und Diskussion

Alle 3 Cellulasebildner zeigen den typisch induktiven Charakter der Cellulasebildung (Tab. 1). Bereits im hefeextrakthaltigen Mineralsalzmedium ohne Cellulose wird eine geringe Menge Cellulase gebildet, die durch Zugabe von 0,5% Glucose, Cellobiose oder

Tabelle 1

Einfluß verschiedener C-Quellen und Medien auf die Cellulasebildung der Pilzstämme Gliocladium HUGk, Penicillium HUPc und Trichoderma HUTv
— Relative FP-Aktivität nach Mandels u. Weber [4] —

	HUGk	HUTv	HUPc
Mineralsalzmedium (MSM) ohne Cellulose	100	100	100
MSM + 0,5% Glucose	102	89	—
MSM + 0,5% Cellobiose	100	89	—
MSM + 0,5% Lactose	108	96	—
MSM + 0,5% Cellulose	120	144	150
Grünmehlmedium ohne Cellulose	142	203	191
Grünmehlmedium + Cellulose (= GKM)	197	289	283

Lactose nicht oder unwesentlich gesteigert wird. Eine deutliche Steigerung der Cellulasebildung erfolgt erst bei Verwendung von Cellulose als Induktorvorstufe, die zwischen 20% bei HUGk und 50% bei HUPc liegt. Die höchsten Cellulaseaktivitäten werden bei allen 3 Stämmen im Grünmehlkomplexmedium erhalten. Sie liegen um 100—200% über denen im Mineralsalzmedium ohne Cellulose und um 50—100% über denen im Mineralsalzmedium mit Cellulose.

Unterschiede zwischen den 3 Gattungen werden jedoch bereits am Einfluß der Cellulosequelle sichtbar. In Abb. 1 sind die C_1-Aktivitäten, hier gemessen als Filterpapier-Aktivitäten von Kulturfiltraten der 3 Cellulasebildner nach 6tägiger Kultivierung im

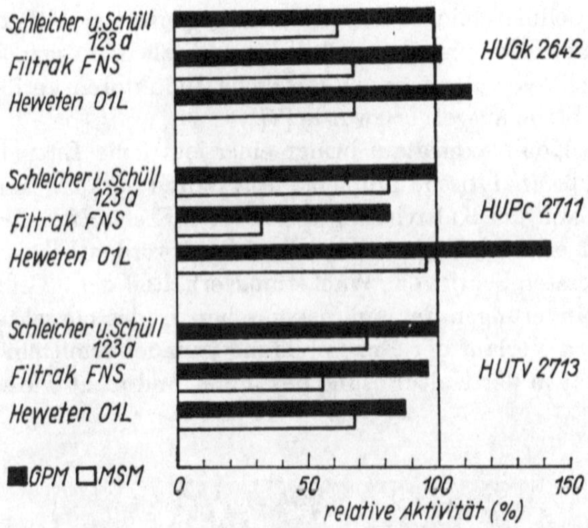

Abb. 1. Der unterschiedliche Einfluß verschiedener Cellulasequellen auf die Cellulasebildung in einem Mineralsalzmedium (MSM) und Grünmehlkomplexmedium (GKM) bei 3 verschiedenen Cellulaseproduzenten

Grünmehlkomplexmedium und Mineralsalzmedium mit 0,5% des jeweiligen Cellulosepulvers erkennbar. Die mit dem Cellulosepulver Schleicher und Schüll 123a erhaltenen Aktivitäten wurden gleich 100% gesetzt und die Aktivitäten im Mineralsalzmedium zusätzlich auf GMK gleich 100% bezogen.

Aus diesen Ergebnissen ist für die behandelte Problematik folgendes wichtig:

1. Ohne daß wir gegenwärtig eine eindeutige Erklärung dafür haben, werden die 3 Cellulasebildner sowohl im Mineralsalzmedium als auch im GMK in unterschiedlicher Weise durch verschiedene Cellulosequellen beeinflußt. So erhöht das nur mechanisch zerkleinerte Linterspulver Heweten 01 L die Cellulaseaktivität im GKM bei HUPc um 42% und bei HUGk um 13%, führt jedoch bei HUTv zu einem Abfall von 13%. Das Cellulosepulver FNS steigert im Mineralsalzmedium die Cellulaseaktivität bei HUGk geringfügig um 6%, führt jedoch bei HUTv zu einem eben solchen Abfall und bei HUPc zu einem starken Abfall um ca. 55%.
2. Die Wirkung der einzelnen Cellulosepulver ist qualitativ oder quantitativ im Mineralsalzmedium und GKM nicht gleich. So steigert z. B. Heweten 01 L bei HUGk die Cellulaseaktivität im GKM viel stärker als FNS, während im Mineralsalzmedium beide gleich wirksam sind. Bei HUTv fallen die Aktivitäten mit FNS-Cellulose im GKM mit 4% gegenüber 13% mit Heweten-01-L-Cellulose viel weniger ab, während die Verhältnisse im Mineralsalzmedium genau umgekehrt sind.

Die zuletzt am Beispiel der Cellulosequelle getroffene Feststellung, daß der gleiche Einflußfaktor beim gleichen Cellulasebildner im Mineralsalzmedium und Komplexmedium ganz verschieden wirkt, zwingt vor allem im Hinblick auf eine Cellulaseproduktion dazu, wichtige Einflußfaktoren nicht in einem Medium zu untersuchen, in dem die deutlichsten Unterschiede auftreten, sondern in dem Medium, das für eben diese Produktion von Bedeutung ist.

Für die 3 selektierten Cellulasebildner ist dies zum gegenwärtigen Zeitpunkt ohne Zweifel ein grünmehlhaltiges Medium, das außer der zusätzlichen organischen Stickstoff- und Kohlenstoffquelle vor allem über zusätzliche Induktoren verfügt, wie von HIRTE bereits an anderer Stelle ausgeführt wurde [2].

Dieses grünmehlhaltige Komplexmedium bringt einerseits hohe Enzymaktivitäten, andererseits aber auch große analytische Probleme. Auf Grund der drei sich in wechselseitiger Abhängigkeit im Laufe der Kultivierung veränderten Feststoffanteile Grünmehl, Cellulose und Myzel sind exakte Wachstumsanalysen außerordentlich schwierig. Es wurden deshalb in einem ersten Schritt das Wachstumsverhalten der 3 Cellulasebildner durch Erfassung der Veränderungen des mikroskopischen Bildes charakterisiert. Um parallel dazu den zeitlichen Verlauf der Enzymbildung genauer ermitteln zu können, wurde die Cellulaseaktivität in der Kulturlösung bestimmt, und nicht wie sonst üblich, im Kulturfiltrat.

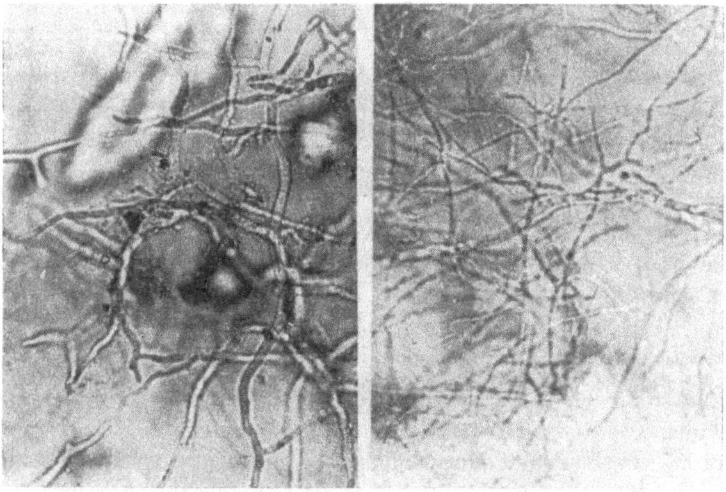

Abb. 2. Junges Myzel von *Gliocladium* HUGk (links) und *Penicillium* HUPc (rechts), 20–24 h alt

Anhand einiger Bilder soll die unterschiedliche Myzelmorphologie kurz erläutert werden: *Gliocladium* HUGk wächst mit kräftigem, stark verzweigtem kurzfädigem Myzel, *Penicillium* HUPc mit dünnem, wenig verzweigtem langfädigem Myzel (Abb. 2 links und rechts). *Gliocladium* wächst sehr schnell an und bildet bereits nach 24 h Konidienträger. Nach 30 h ist das Myzel noch kurzkettiger, dicker und vakuolisierter geworden, es kommt zur Ausbildung von Chlamydosporen (Abb. 3). Nach 48 h sind bereits autolytische Erscheinungen zu beobachten. Demgegenüber wächst die *Penicillium*-Kultur viel langsamer an. Aus anfangs kurzfädigen, kräftigen Hyphen der Vorkultur entwickelt sich erst nach 24 h ein langfädiges Myzel (Abb. 2, rechts). Bis 48 h nimmt dieses dünne, langfädige Myzel an Masse zu, das z. T. bündelförmig wächst und Pellets von 0,2–0,1 mm Durchmesser bilden kann. Zwischen 48 und 72 h beginnt die Kultur bereits zu altern. Das Wachstumsverhalten von *Trichoderma* HUTv ähnelt dem von *Gliocladium*. Auf gewisse Unterschiede kann hier nicht näher eingegangen werden.

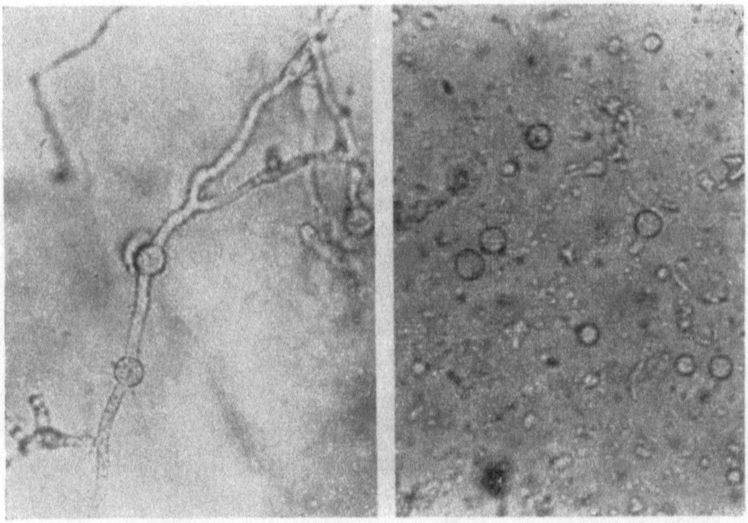

Abb. 3. *Gliocladium* HUGk
links nach 30 h: kurze, dicke Hyphen, teilweise vakuolisiert, Chlamydosporenbildung
rechts nach 72 h: autolysierte Hyphen

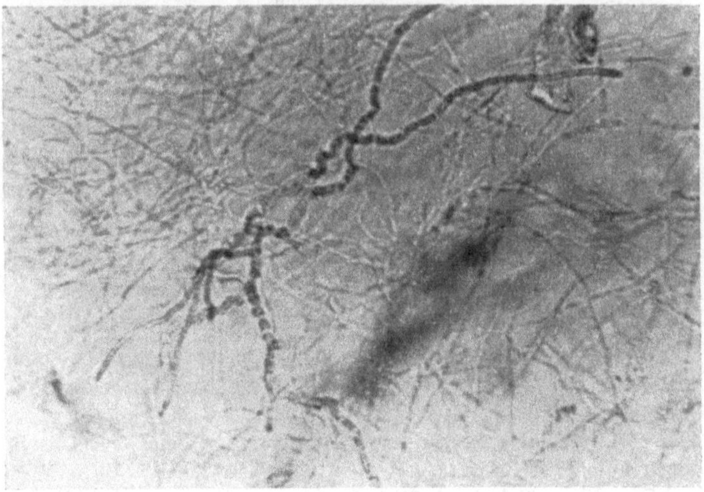

Abb. 4. *Penicillium* HUPc, fädige, schmale Hyphen neben dicken, stärker lichtbrechenden Hyphen

Wesentlich war die mikroskopische Beobachtung bei *Penicillium*, daß sich in gewissen Kulturansätzen die langfädigen feinen Hyphen stärker entwickeln, in anderen dagegen die kurzfädigen, dicken (Abb. 4). In letzterem Fall nimmt die Biomasse schneller, im ersteren langsamer zu. In den schneller wachsenden Kulturansätzen von *Penicillium* HUPc mit kurzfädigem Myzel und stärkerer Pelletbildung wird zwar schnell Cellulase gebildet, durch schnelle Autolyse dieser Myzelien ist aber die produzierte Enzymmenge gering. Ein gegenteiliges Verhalten zeigten langsam wachsende Kulturchargen, von denen in Abb. 5 weitere Daten dargestellt werden.

Der Zusammenhang zwischen dem Wachstumsstadium der 3 Cellulasebildner und der Enzymbildung ist wie folgt einzuschätzen: Alle 3 Kulturen zeigen eine wachstumsabhängige lag-Phase in der Enzymbildung (FP(S)-Aktivität), in der das durch die Vorkultur eingebrachte Aktivitätsniveau weitgehend unverändert bleibt. Diese Phase ist beim Stamm HUGk mit 14 h am kürzesten und mit 30—36 h beim Stamm HUPc am längsten. Dies korreliert mit dem relativ schnellen Wachstum von *Gliocladium* HUGk

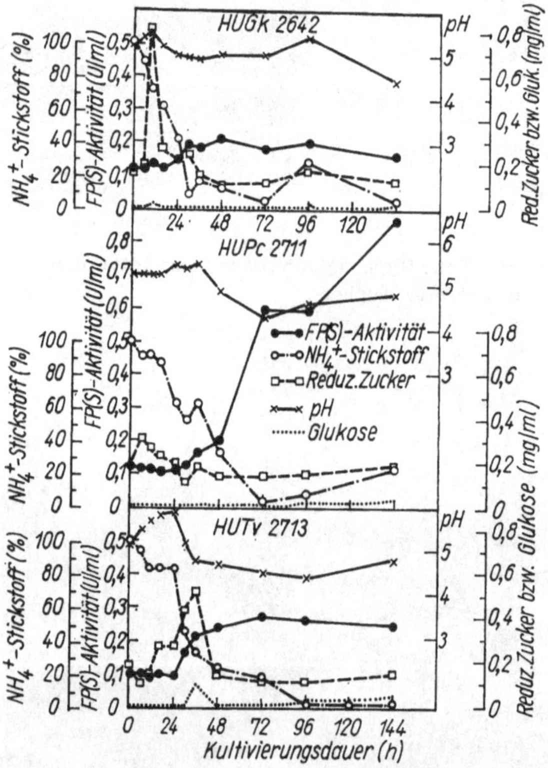

Abb. 5. Darstellung verschiedener Parameter während der Kultivierung der drei Cellulasebildner: *Gliocladium* HUGk 2642, *Penicillium* HUPc 2711 und *Trichoderma* HUTv 2713

und dem relativ langsamen Wachstum bei *Penicillium* HUPc. Schnelles Wachstum führt damit zu schneller Enzymsynthese aber, wie ein Blick auf die Endaktivitäten zeigt, nicht unbedingt zu den höchsten Cellulaseaktivitäten. Bemerkenswert ist, daß der langen lag-Phase bei HUPc ein steiler Anstieg der Cellulasesynthese folgt und daß die Kultur trotz deutlicher autolytischer Erscheinungen bei 96 h weiter Enzym bildet, während bei den anderen Pilzstämmen die Autolyse nicht zu einem Anstieg der Enzymaktivität führt, eher zu einer geringen Abnahme.

Auf die physiologischen Unterschiede der 3 Cellulasebildner weisen pH-Verlauf, Stickstoff-Verbrauch und das Auftreten von Zuckern hin. Den größten pH-Anstieg zeigt die HUTv-Kultur mit einem Maximum von 5,9, was auf eine stärkere Nutzung des organischen Stickstoffs hinweisen könnte. Während dieser Zeit wird auch kaum Ammoniumstickstoff verbraucht. Der pH-Anstieg bei *Gliocladium* und *Penicillium* ist demgegenüber schwächer, das Maximum wird bei *Gliocladium* eher erreicht als bei *Penicillium*, was eine Abhängigkeit von der Geschwindigkeit des Wachstums sein könnte. Welchen Einfluß das pH-Profil auf die Cellulasebildung im Grünmehl-Medium hat, konnte aus diesen und anderen Versuchen bisher noch nicht ermittelt werden. Deutlich festzustellen ist aber, daß die Enzymbildung erst in der Phase des pH-Abfalls beginnt.

Die Abnahme des Ammoniumstickstoffs korreliert klar mit dem schnelleren Wachstum bei HUGk, dem etwas langsameren von HUTv und noch langsameren von HUPc.

Da bekannt ist, daß löslicher Zucker (Cellobiose und Glucose) reprimierend auf die Cellulasebildung wirken können, wurden reduzierende Zucker und Glucose in dem Kulturfiltrat bestimmt. Bei *Gliocladium* und *Trichoderma* treten kurzfristig größere Mengen reduzierender Zucker auf, bei ersterem mehr und zu einem früheren Zeitpunkt. In *Penicillium*-HUPc-Kulturen wurden demgegenüber keine derartigen peaks gefunden. In späteren Stadien pegelt sich der Zuckerspiegel bei allen 3 Kulturen auf ein ähnliches Niveau ein. Läßt sich bei HUGk und HUPc kein Zusammenhang zwischen Menge und Zeitpunkt des Auftretens reduzierender Zucker bzw. Glucose und der Cellulasebildung herstellen, so ist bei HUTv auffällig, daß das Maximum von reduzierenden Zuckern und Glucose mit dem Abflachen der Enzymbildungskurve zusammenfällt. Eine Begrenzung der Enzymsynthese durch freie Zucker erscheint damit bei *Trichoderma* HUTv denkbar und würde in Übereinstimmung stehen mit anderen Ergebnissen, die bei *Trichoderma* erhalten wurden. Weitere Untersuchungen müssen zeigen, wie die Kinetik der Zuckerproduktion die Cellulasebildung bei verschiedenen Pilzen beeinflußt.

Aus dem Dargestellten sollten Gemeinsamkeiten und Unterschiede im Wachstums- und Enzymbildungsverhalten der 3 Cellulasebildner in einem gleichen Medium deutlich gemacht werden: Alle 3 Kulturen bilden Cellulase erst, wenn die Kultur die stationäre Phase erreicht hat. Abweichungen davon können durch das stets asynchrone Wachstum eines bestimmten Teils der Kultur bedingt sein. Dies wäre auch eine Erklärung für die trotz der Autolyse großer Teile des Myzels weitergehende Cellulasebildung der HUPc-Kultur.

Eine weitere wichtige Erkenntnis kann aus den mikroskopischen Untersuchungen gewonnen werden. Für die Cellulasebildung ist die Größe der Biomasse nicht allein ausschlaggebend, sondern ebenso der physiologische Zustand des Myzels. Mikroskopische Beobachtungen gekoppelt mit der Ermittlung weiterer Parameter geben über diesen Zustand und über die Cellulasebildung mindestens ebenso wichtige Aufschlüsse für die Cellulaseproduktion wie die quantitative Erfassung der Biomasse, die aber im Komplexmedium mit Feststoffanteilen äußerst problematisch ist.

Abschließend soll noch ein bei der Cellulaseproduktion praktischer Aspekt Erwähnung finden. Bisher wurde bezüglich der Enzymbildung vereinfachend von Cellulase gesprochen. Die mit dem GMK gewonnenen Kulturfiltrate enthalten jedoch Cellulasen und Hemicellulasen. Wie Abb. 6 am Beispiel einer Schüttelkultivierung von HUPc zeigt, werden die einzelnen Enzyme nicht gleichzeitig, sondern nacheinander gebildet, zuerst können hemicellulolytische, dann die cellulolytischen Aktivitäten und zuletzt die Cellobiase-Aktivität nachgewiesen werden. Eine kurze Kultivierungszeit von 48 h führt damit zu einem mehr hemicellulolytisch wirksamen Enzympräparat, eine 5—6-tägige Kultivierung zu einem cellulolytisch und hemicellulolytisch wirksamen Präparat und jede weitere Verlängerung reichert das Präparat mit Cellobiase an.

Ähnlich wirkt bei gleicher Kultivierungsdauer eine Verschiebung des Ausgangs-pH-Wertes des Grünmehlkomplexmediums. In Abb. 7 wird am Beispiel von HUTv sichtbar, daß bei niedrigen pH-Werten bis 5,2 die cellulolytischen Enzymaktivitäten dominieren und nur ca. 80% der Xylanase-Aktivität gebildet werden sowie 20—60% der Cellobiase-Aktivität. Bei pH 6,0 liegt dagegen das Maximum der Xylanasen- und Cellobiase-Produktion, während nur noch 80% der Cellulaseaktivitäten gebildet werden.

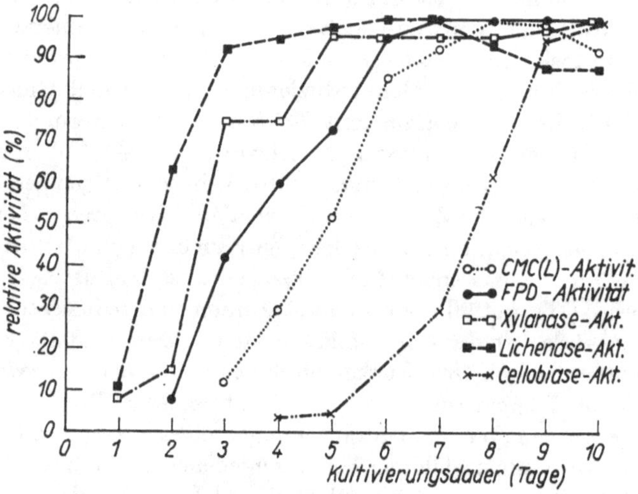

Abb. 6. Zeitlicher Verlauf der Bildung verschiedener Enzymaktivitäten während der Kultivierung von *Penicillium* HUPc

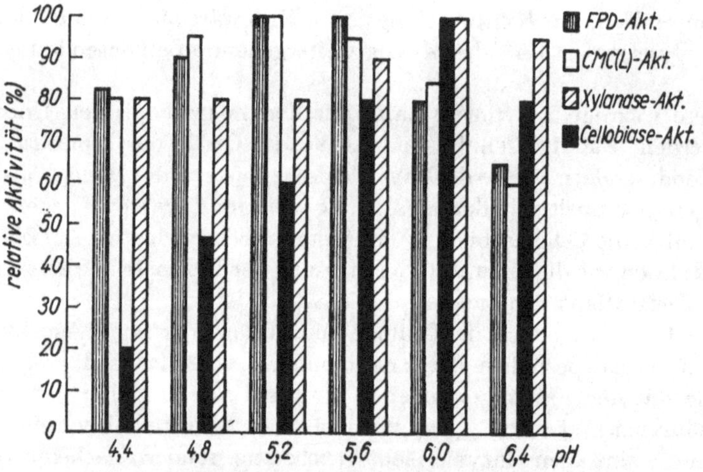

Abb. 7. Abhängigkeit der Enzymbildung vom pH-Wert des Kulturmediums bei *Trichoderma* HUTv

Aus beiden Abhängigkeiten ergibt sich die Möglichkeit, die Zusammensetzung der Enzymkomplexe in bestimmten Grenzen bei der Produktion steuern zu können, entsprechend den spezifischen Anforderungen der Applikationsgebiete.

Die hier aufgeführten Ergebnisse haben gezeigt, daß die Ermittlung von Einflußgrößen auf die Cellulasebildung in dem cellulose- und grünmehlhaltigen Medium erfolgen muß, da Ergebnisse aus einfacher zusammengesetztem Medium nicht übertragbar sind. In derartigen feststoffhaltigen, komplex zusammengesetzten Medien ist die Ermittlung von Einflußgrößen aber komplizierter, so daß die hier aufgeführten Ergebnisse nur einen Ausschnitt aus einem langfristigen Programm darstellen.

Literatur

[1] Ghose, T. K., A. N. Pathak and V. S. Bisario: Kinetic and dynamic studies of *Trichoderma viride* cellulase production. In Bailey, M., T.-M. Enari and M. Linko (eds.): Symposium on enzymatic hydrolysis of cellulose, Aulanko 1975, 111–136

[2] Hirte, W. F.: Möglichkeiten und Grenzen bei der Selektion von cellulolytisch aktiven Mikroorganismen. VII. Reinhardsbrunner Symposium „Mikrobielle Enzymproduktion" 1979

[3] Johannsen, M.: A comparison between the cellulolytic activity of white an brown rot fungi. I. The activity on insoluble cellulose. Physiol. Plant. **19** (1966), 709–715

[4] Mandels, M., and J. Weber: The production of cellulases. Adv. Chem. Series **95** (1969), 391

[5] Mandels, M., and E. T. Reese: Induction of cellulase in fungi by cellobiose. J. Bact. **79** (1969), 816

[6] Mandels, M., D. Sternberg and R. E. Andreotti: Growth and cellulase production by *Trichoderma*. In Bailey, M., T.-M. Enari and M. Linko (eds.): Symposium on enzymatic hydrolysis of cellulose, Aulanko 1975, 81–103

[7] Norkrans, B.: Studies of β-glucoside and cellulose splitting enzymes from polyporus annosus. Physiol. Plant. **10** (1957), 198–205

[8] Toyama, N.: Degradation of food stuffs by cellulase and related enzymes. In Reese, E. T. (ed.): Advances in enzymic hydrolysis of cellulose and related materials, Pergamon Press, Oxford–London–New York–Paris 1963, 235–253

Insitut für technische Chemie der Akademie der Wissenschaften der DDR, Leipzig, DDR

Zur Kinetik des Wachstums und der Enzymsynthese von Cellulasebildnern

G. Klappach, G. Kerns und K. Tannenberger

Das ItC hat vor wenigen Jahren mit der Bearbeitung der Cellulasefermentation begonnen. Wir haben uns das Ziel gestellt, Zusammenhänge zwischen der Kinetik des Zellwachstums und der Enzymbildung zu untersuchen und damit Grundlagen für eine kontinuierliche Cellulasefermentation zu erarbeiten. Für diese Untersuchungen stellte uns Herr Dr. Hirte von der Humboldt-Universität Berlin in dankenswerter Weise zwei Pilzstämme sowie Informationen über die Züchtungsbedingungen zur Verfügung.

Obwohl die in letzter Zeit sprunghaft angewachsene Zahl der Publikationen über Cellulasebildner und ihre Kultivierung interessante Ergebnisse enthalten, möchte ich mich auf die Darstellung eigener Ergebnisse konzentrieren und auf eine Bewertung der Literatur verzichten.

Ich möchte hier nur ein Schema vorstellen, das die Wechselwirkungen zwischen enzymatischem Celluloseabbau, mikrobiellem Wachstum und neuerlicher Enzymbildung darstellt (Abb. 1).

Das gleiche gedankliche Konzept liegt dem Modell von Humphrey et al. [2] zugrunde (Abb. 2). Es beschreibt die Geschwindigkeit des Celluloseabbaus mittels des Cellulasekomplexes, hier mit E_x bezeichnet, zu Cellobiose, die Geschwindigkeit der Cellobiosespaltung mittels Cellobiase, hier mit E_2 bezeichnet, die Geschwindigkeit der Glucosebildung, wobei die Zellvermehrung auf Kosten der Glucose berücksichtigt ist, die Geschwindigkeit des mikrobiellen Wachstums sowie die Geschwindigkeit der Cellulase-

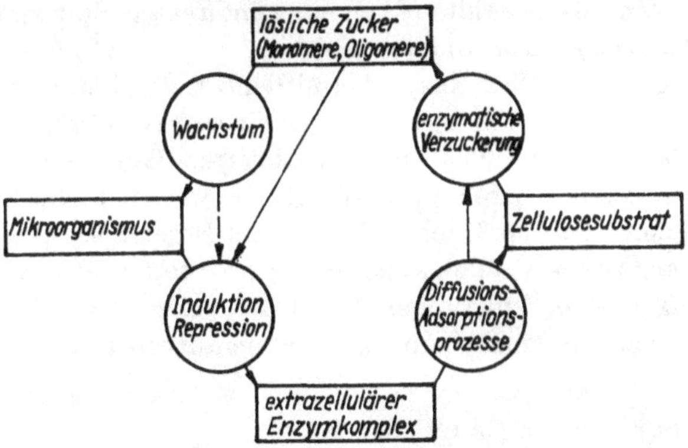

Abb. 1. Schema der Wechselwirkung verschiedener Teilprozesse bei der Cellulase-Fermentation

$$\text{Cellulose:}\quad \frac{dC_x}{dt} = +KS\left[\frac{K'SE_x}{\alpha + E_x}\right]\frac{I^2}{I^2 + C_2}$$

$$\text{Cellobiose:}\quad \frac{dC_2}{dt} = +\frac{dC_x}{dt} - \frac{k_2E_2C_2}{K_M + C_2 + \frac{K_M}{I_1}C_1}$$

$$\text{Glucose:}\quad \frac{dC_1}{dt} = +\frac{k_2E_2C_2}{K_M + C_2 + \frac{K_M}{I_1}C_1} - \left(\frac{1}{Y_{x/C_1}}\frac{dX}{dt} + mX\right)$$

$$\text{Cells:}\quad \frac{dX}{dt} = +\frac{\mu_{\max}C_1X}{K_S + C_1}$$

$$\text{Enzyme}_x\text{:}\quad \frac{dE_x}{dt} = Y_{E_x/x}\left(1 - \frac{C_1}{R_x + C_1}\right)\frac{dX}{dt}$$

$$\text{Enzyme}_2\text{:}\quad \frac{dE_2}{dt} = Y_{E_2/x}\left(1 - \frac{C_1}{R_2 + C_1}\right)\frac{dX}{dt}$$

Abb. 2. Kinetisches Modell der Cellulase-Fermentation nach HUMPHREY

und Cellobiasebildung. Beide sind als wachstums-assozierte Prozesse dargestellt. Für unsere oben definierte Zielstellung sind insbesondere die unteren 3 Teilprozesse und die Wechselbeziehungen zueinander wichtig.

Bevor wir Ihnen über unsere ersten Ergebnisse zur Kinetik des Wachstums und der Enzymbildung berichten, erlauben Sie bitte einige Bemerkungen zu den methodischen und apparativen Voraussetzungen.

Für unsere Untersuchungen setzten wir einen Gliocladium-Stamm HUGK-2642 der Humboldt-Universität ein. Für die Kultivierung verwendeten wir ein mineralisches Nährmedium, dem für Untersuchungen zum Myzelwachstum nur Glucose als einzige Kohlenstoffquelle und für Untersuchungen zur Enzymsynthese Cellulosepulver und Pflanzenhydrolysate zugesetzt wurden. Die analytische Verfolgung von Myzelwachstum und Enzymbildung ist nicht unproblematisch. Die zur Biomassebestimmung gebräuchlichen Methoden der Gravimetrie oder Turbidometrie versagen in den feststoffhaltigen Kulturmedien. Auf den von uns gewählten Weg einer indirekten Bestimmung werden wir an anderer Stelle etwas ausführlicher eingehen.

Zur Bestimmung der cellulolytischen Enzyme ermitteln wir die Bildung reduzierender Zucker mittels Dinitrosalizylsäure nach Durchführung eines enzymatischen Abbaus von Filterpapier bzw. Carboxymethylcellulose unter definierten Bedingungen. Auf diese Weise erhalten wir gut reproduzierbare und für Vergleichszwecke geeignete Ergebnisse, obgleich wir uns bewußt sind, daß eine Übertragbarkeit der Ergebnisse zur Einschätzung des enzymatischen Abbaus anderer cellulosehaltiger Substrate nur schwer möglich ist.

Für die Durchführung unserer kinetischen Untersuchungen sowie der kontinuierlichen Fermentation haben wir uns einen Laborfermentorversuchsstand aufgebaut (Abb. 3), der aus

— 3 Fermentoren unterschiedlicher Baugröße,
— den peripheren Versorgungsgeräten und
— der Meß- und Regeltechnik

besteht. Die Fermentoren, die die Durchführung von Fermentationsversuchen unter sterilen Bedingungen über längere Zeit erlauben, wurden nach unseren Angaben in unseren Werkstätten konstruiert und gefertigt. Es sind Rührfermentoren in Ganzmetallbauweise. Die Fermentoren sind mit austauschbaren Rührern ausgestattet. In den bisherigen Untersuchungen sorgte ein 6-Blatt-Scheibenrührer für einen intensiven Sauerstoffübergang. Ganz links im Bild ist die Meßvorrichtung für die Füllmasse im Fermentor zu sehen, die die Voraussetzung für die Durchführung der kontinuierlichen

Abb. 3. Laborfermenter-Versuchsstand

Fermentation darstellt. Über dem Fermentor erkennt man links das zylindrische Gefäß des beheizbaren Luftfilters und rechts den Abluftkühler.

Zur kontinuierlichen Dosierung der homogenen Nährlösungen setzen wir zur Zeit Schlauchpumpen ein. Für die Dosierung der feststoffhaltigen Medien erproben wir zur Zeit ein speziell entwickeltes Verdrängerprinzip. Die am Fermentor angeschlossenen Meßfühler erlauben die ständige Messung und Registrierung

der Fermentationstemperatur,
des pH-Wertes,
der gelöst-O_2-Konzentration,
der O_2- und CO_2-Konzentration der Abluft und
des Schaumpegels.

Die Temperatur, der pH-Wert und die Füllmasse können konstant gehalten werden. Auf technische Details und die vielfältigen Untersuchungsmöglichkeiten des Versuchsstandes einzugehen, verbietet das Zeitlimit.

Zur Untersuchung der Kinetik des Myzelwachstums führten wir diskontinuierliche Fermentationen auf einem Glukose als einzige C-Quelle enthaltenden Nährmedium durch.

Die für die experimentelle Untersuchung der Wachstumskinetik von Myzelbildnern erforderliche analytische Verfolgung der Biomassekonzentration stößt infolge des Bewuchses der Fermentorwände und -einbauten auf Schwierigkeiten. Die Pelletbildung erschwert die Entnahme repräsentativer Proben und führt zu ungenauen Analysenwerten. Wir wählten deshalb eine indirekte Methode zur Aufnahme der Wachstumskurve und zur Bestimmung der spezifischen Wachstumsrate. Von Boyles [1] wurde eine indirekte Methode zur Ermittlung der spezifischen Wachstumsrate durch Verfolgung der gelöst-Sauerstoffkonzentration beschrieben, die die Konstanz des spezifischen

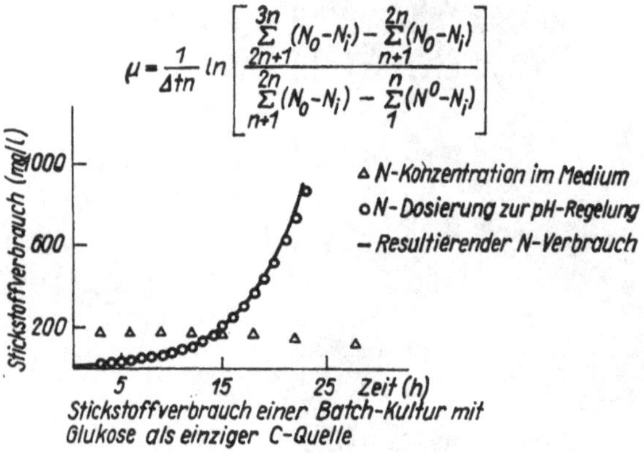

Abb. 4. Stickstoff-Verbrauch einer diskontinuierlichen Kultur auf Glucose

Sauerstoffbedarfs für das Zellwachstum voraussetzt und für die exponentielle Wachstumsphase gute Resultate ergibt. Wir gingen davon aus, daß der für den Sauerstoffverbrauch entwickelte Ansatz auch für andere Nährlösungskomponenten, die beim Zellwachstum verbraucht werden, gültig ist, sofern die Bedingung konstanter Bedarfskennziffern gegeben ist. Der von uns verwendete Wildstamm ist in der Lage, Ammonium-Stickstoff für das Zellwachstum zu verwerten.

Da in Abwesenheit von Cellulose kaum extrazelluläre Cellulase gebildet wird, ist der verbrauchte Ammonium-Stickstoff als Maßstab für die Zellvermehrung zu verwenden. Während unserer Untersuchungen wurde der benötigte Ammoniak über die pH-Regelstrecke dem Fermentor zugeführt sowie die aktuelle Ammoniumkonzentration im Fermentationsmedium analytisch ermittelt.

Abb. 4 zeigt den Verlauf der NH_4-Konzentration im Fermentationsmedium und die über die pH-Regelstrecke zudosierte Ammoniummenge. Aus der Differenz ergibt sich der Gesamtverbrauch an Stickstoff. Daraus wurde die spezifische Wachstumsrate nach dem angegebenen Ansatz berechnet.

Die Auswertung ergab eine spezifische Wachstumsrate von $\mu = 0{,}24\ h^{-1}$ für den ersten Teil der Wachstumskurve. Im weiteren Verlauf wurde eine geringere spezifische Wachstumsrate von $\mu = 0{,}17\ h^{-1}$ ermittelt. Die Auswertung des Glucose- bzw. Phosphatverbrauches zur Ermittlung der spezifischen Wachstumsrate ergab nahezu die gleichen Werte für μ.

Ein weiteres Ergebnis dieser Untersuchungen zur Wachstumskinetik war, daß eine Sauerstofflimitation unter den gewählten Versuchsbedingungen nicht eintrat und deshalb mit Sicherheit auch für die nachfolgend beschriebenen Untersuchungen ausgeschlossen werden konnte.

In weiteren diskontinuierlichen Fermentationen untersuchten wir die Cellulasebildung unter Verwendung eines mineral. Nährmediums, das anstelle der Glucose nur Cellulose als Kohlenstoffquelle sowie den Zusatz eines Pflanzenhydrolysats enthielt. Es war das Ziel dieser Versuche zu klären, welche Unterschiede in der Geschwindigkeit des Wachstums und der Enzymbildung im Vergleich zu dem oben ausgewerteten Versuch mit Glucose auftreten und welche zeitlichen Differenzen es zwischen Zellvermehrung und Enzymbildung bei dem verwendeten Stamm gibt.

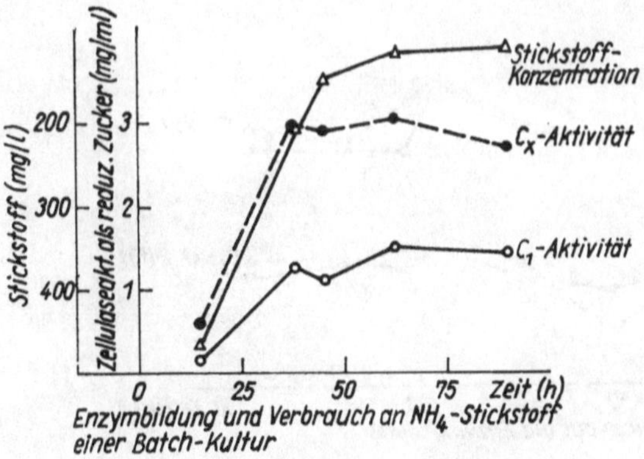

Abb. 5. Enzymbildung und Verbrauch von Ammonium-Stickstoff einer diskontinuierlichen Kultur auf Cellulose

Die in Abb. 5 dargestellten Ergebnisse eines solchen Versuches lassen erkennen, daß die Geschwindigkeiten des Wachstums und der Cellulasebildung wesentlich geringer sind als die Wachstumsgeschwindigkeit des Myzels auf Glucose-Nährmedien.

Verschiedene Autoren sehen in der enzymatischen Glucosefreisetzung den limitierenden Schritt des Gesamtprozesses. Diese Vermutung scheint auch auf den von uns eingesetzten Wildstamm zuzutreffen. Weitere Untersuchungen müssen dies jedoch erst noch bestätigen.

Die gleichzeitige Bildung des C_x-Enzyms während des Myzelwachstums läßt auf eine wachstumsassoziierte Enzymsynthese schließen. Das C_1-Enzym tritt gegenüber der Bildung des C_x-Enzyms zeitlich verzögert auf. Als mögliche Ursache hierfür kommt die Adsorption der C_1-Cellulase an die Cellulose in Betracht. Weitere Untersuchungen zum Adsorptionsverhalten würden zur Klärung beitragen, ob auch die Bildung des C_1-Enzyms ein wachstumsassoziierter Prozeß ist.

Unser nächstes Ziel war dann, durch eine Massenzüchtung des Myzels unter Verwendung einer glucosehaltigen Nährlösung, günstige Voraussetzungen für eine nachfolgende Cellulasebildung auf dem cellulosehaltigen Substrat zu schaffen. Wilke und

Mitarbeiter [3] hatten bei Untersuchungen mit einer *Trichoderma*-Mutante in einer mehrstufigen kontinuierlichen Fermentation nachgewiesen, daß eine Proportionalität zwischen der gebildeten Enzymaktivität und der Myzelkonzentration im Zulauf zur 2. Fermentationsstufe besteht, nachdem das Myzel in der 1. Fermentationsstufe auf Glucose gezüchtet wurde und cellulosehaltiges Substrat zur Enzyminduktion in die 2. Stufe dosiert wurde.

Um zu klären, ob ein solcher Zusammenhang auch bei dem von uns verwendeten Stamm besteht, untersuchten wir den Einfluß der unterschiedlichen Myzelanzucht auf die nachfolgende Enzymbildung. Hierzu führten wir gleichzeitig zwei diskontinuierliche Fermentationsversuche mit dem gleichen Impfmaterial und unter gleichen Operationsbedingungen durch, die sich lediglich darin unterschieden, daß das eine Nährmedium zusätzlich 2% Glucose enthielt, um schnell eine hohe Myzelkonzentration zu erreichen. Abb. 6 zeigt, daß in beiden Versuchen die gleiche Enzymausbeute erhalten wurde.

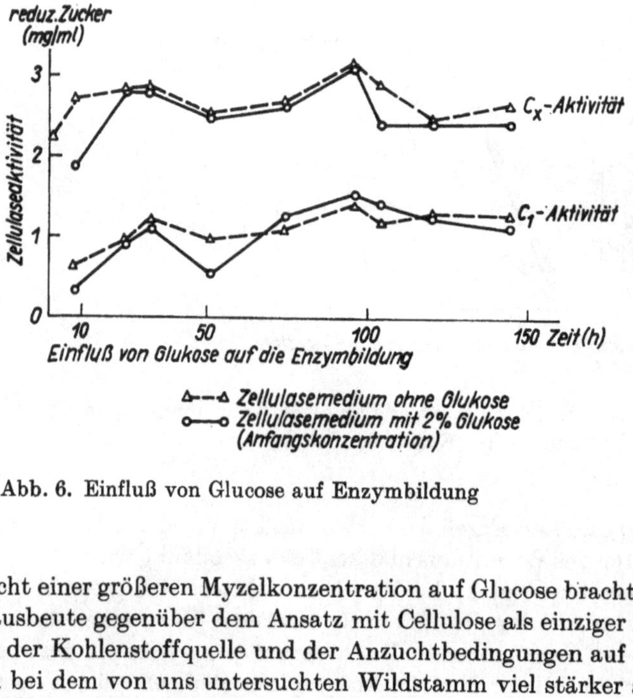

Abb. 6. Einfluß von Glucose auf Enzymbildung

Die Anzucht einer größeren Myzelkonzentration auf Glucose brachte keine Steigerung der Enzymausbeute gegenüber dem Ansatz mit Cellulose als einziger Kohlenstoffquelle. Der Einfluß der Kohlenstoffquelle und der Anzuchtbedingungen auf die Enzymbildung ist demnach bei dem von uns untersuchten Wildstamm viel stärker ausgeprägt als der Einfluß der Biomassekonzentration. Unsere Erfahrungen bei der Stammhaltung, die hin und wieder Passagierungen auf Celluloseagar zur Aufrechterhaltung des Enzymbildungsvermögens erfordert, bestätigen dies ebenfalls.

Eine zeitliche Trennung in Wachstumsphase auf Glucose und Enzymbildungsphase auf Cellulose konnte deshalb nicht festgestellt werden. Eine gute Enzymbildung setzte die Myzelanzucht auf dem cellulosehaltigen Medium voraus und konnte durch Glucosezusatz auch nicht verbessert werden.

Wir leiteten daraus die Schlußfolgerung ab, daß die Cellulasebildung mit dem verwendeten Wildstamm in einer einstufigen kontinuierlichen Fermentation durchführbar sein müßte. Die Abb. 7 zeigt die Ergebnisse eines solchen Versuches. Nach einer diskontinuierlichen Anzuchtphase nahmen wir die kontinuierliche Fermentation in Betrieb. Wir wählten eine Verweilzeit von 48 Stunden. Die Festlegung der Verweilzeit erfolgte auf der Basis des vorhin zitierten diskontinuierlichen Fermentationsversuches auf cellulosehaltigem Medium.

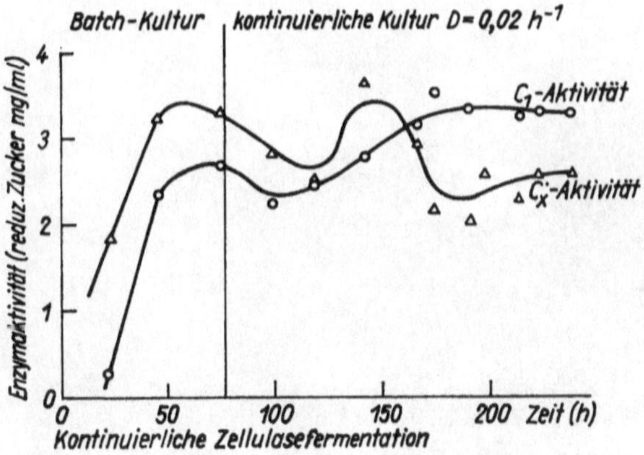

Abb. 7. Kontinuierliche Cellulasefermentation

Während des kontinuierlichen Fermentationsversuches wurde über 10 Tage keine Verringerung der Enzymaktivität gegenüber der diskontinuierlichen Anfangsphase beobachtet. Die Enzymbildungsrate blieb konstant. Auch Wiederholungen verliefen mit dem gleichen Ergebnis. Wir konnten auf diese Weise unsere aus den Ergebnissen der diskontinuierlichen Versuche abgeleitete Arbeitshypothese bestätigen.

Erlauben Sie bitte, daß ich kurz zusammenfasse:

- kinetische Untersuchungen in diskontinuierlichen Fermentationsversuchen bilden die notwendige Grundlage für die Gestaltung und Beherrschung des kontinuierlichen Prozesses.
- Die Möglichkeit einer einstufigen kontinuierlichen Cellulasefermentation mit einem Wildstamm wurde aufgezeigt und experimentell bestätigt.
- Zur Vertiefung der Kenntnisse zur Kinetik, insbesondere über den Zusammenhang von Myzelwachstum und Cellulasebildung in der kontinuierlichen Fermentation ist noch umfangreiche Arbeit auf mikrobiologischem und biochemischem Gebiet zu leisten.

Deshalb können auch die heute vorgetragenen Ergebnisse nur erste Informationen sein.

Literatur

[1] Boyles, D. T.: Specific growth rate measurement in an oxygen electrode chamber. Biotechnol. Bioeng. **20** (1978), 1101–1103

[2] Humphrey, A. E., A. Moreira, W. Arminger and D. Zabriskie: Production of Single Cell Protein from Cellulose Wastes. Biotechnol. Bioeng. Symp. **7** (1977), 45–64

[3] Wilke, C. R., Ren der Yang and Urs von Stockar: Preliminary Cost Analyses for Enzymatic Hydrolysis of Newsprint. Biotechnol. Bioeng. **6** (1876), 155–175

Institut für technische Chemie der Akademie der Wissenschaften der DDR, Leipzig, DDR

Zur Parameterschätzung eines stückweise stetigen Wachstumsmodells

H.-J. Schulz und M. Prause

Zur Beschreibung des Wachstums mikrobieller Populationen existiert eine große Zahl von Modellvorschlägen. Diese Mannigfaltigkeit der Modelle ist zurückzuführen sowohl auf unterschiedliche Konzeptionen im Zusammenhang mit dem Verwendungszweck der Modelle, als auch auf das Bemühen, die bei der Fittung auftretenden Probleme, wie z. B. Nichtlinearitäten und/oder Gültigkeitsbereiche, zu verringern. Häufig wird der Weg beschritten, das Gesamtmodell aus Teilmodellen zusammenzusetzen. Dann sind außer den Koeffizienten für die Teilmodelle auch deren Lagebereiche zu schätzen. Für ein spezielles Wachstumsmodell wird ein Algorithmus zur Lösung dieser Probleme vorgestellt.

Modell und Schätzproblem

Das spezielle Modell entspricht im wesentlichen dem von Kono und Asai [1] vorgestellten. Die Teilmodelle für den Verlauf der Biomassekonzentration $x(t)$ haben mit der Bezeichnung $x^i := x(T_i)$ für $i = 0, 1, 2, 3, 4, 5$ folgende Gestalt:

Phase I — Induktionsphase

$$x(t) = x^0 = x^1; \qquad t \in [T_0, T_1] \tag{1}$$

Phase II — Übergangsphase

$$x(t) = x^1 + (x^2 - x^1)\left(\frac{t - T_1}{T_2 - T_1}\right)^2; \qquad t \in [T_1, T_2] \tag{2}$$

Phase III — Exponentielle Phase

$$x(t) = x^2 \cdot e^{\mu(t-T_2)}; \qquad t \in [T_2, T_3] \tag{3}$$

Phase IV — Konstante Phase

$$x(t) = x^3\big(1 + \mu(t - T_3)\big); \qquad t \in [T_3, T_4] \tag{4}$$

Phase V — Abklingende Phase

$$x(t) = x^5 - (x^5 - x^4) \cdot \exp \frac{x^3 \cdot \mu(T_4 - t)}{x^5 - x^4}; \qquad t \in [T_4, T_5] \tag{5}$$

Die T_i entsprechen den Zeitpunkten, die die Gültigkeitsbereiche der einzelnen Phasen begrenzen. Die Phasen IV und/oder V dürfen fehlen. In Abb. 1 ist der Modellverlauf in x/t- und in Abbildung 2 in $\dot{x}/x$-Darstellung gegeben.

Mit μ und (x^i, T_i) ist das Modell vollständig beschrieben. In den weiteren Betrachtungen wird die Phase I nicht mehr berücksichtigt ($T_0 := T_1$), da sie einerseits relativ leicht zu erkennen ist ($\dot{x} = 0$) und andererseits die Schätzprozedur ohne Schwierigkeiten

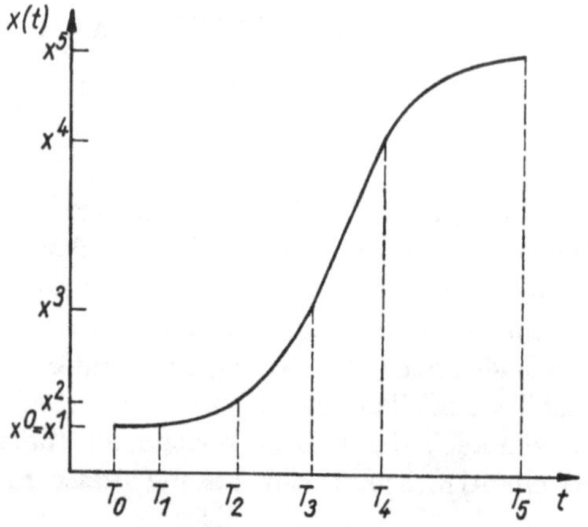

Abb. 1. Modellverlauf in x/t-Darstellung

die Einbeziehung von Phase I ermöglicht. In den Zeitpunkten T_1 und T_5 (Anfang bzw. Ende der auszuwertenden Meßreihe) werden die Meßwerte x_1 und x_N als Modellwerte behandelt (N ist die Anzahl der Messungen). Als zu schätzende Größen verbleiben μ, T_2, T_3 und T_4, denn durch Vorwärts- bzw. Rückwärtsrechnung von Phase III ausgehend, kann mit ihnen der Modellverlauf ermittelt werden.

Schätzalgorithmus

Mögen T_2', T_3' und T_4' die gesuchten Lageparameter sein, dann wird das zugehörige μ' nach der Methode der kleinsten Fehlerquadrate nach Linearisierung der Gleichung für Phase III durch Logarithmierung bestimmt. Die diskrete Variation des Tripels (T_2, T_3, T_4) gestattet es, einen Satz von Parametern (T_2^0, T_3^0, T_4^0, μ^0) so zu bestimmen, daß die Gesamtfehlerquadratsumme Q zwischen den Meßwerten x_j und den Modellwerten $\bar{x}_j$ minimal wird.

$$Q = \sum_{j=1}^{N} (x_j - \bar{x}_j)^2 \to \text{Min!} \tag{6}$$

Dazu müssen Variationsintervalle vorgegeben werden.

Bei der praktischen Anwendung der Schätzprozedur in dieser Form werden häufig folgende Probleme auftreten:

— x_N ist für die Phase V Modellasymptote. An dieser Stelle ist daher der Einfluß von Meßfehlern auf die gewonnenen Ergebnisse besonders groß.

- Die Wahl von Lage und Größe der Variationsintervalle kann unter Umständen erschwert sein. Dies tritt insbesondere dann auf, wenn die Variationsmöglichkeiten durch kleines N schon stark beschränkt werden.

Die genannten Probleme können durch eine Vorglättung mit anschließender Interpolation der Meßreihe mit einer lokalangepaßten Spline-Funktion 3. Ordnung nach THIELE [2] abgeschwächt bzw. gelöst werden.

Vorglättung der Meßreihe

Es wird vorausgesetzt, daß eine äquidistante Meßreihe, die von zufälligen Fehlern überlagert ist, mit der Schrittweite h vorliegt. Die Glättungsfunktion $z(t)$ wird dabei stückweise aus Parabeln 3. Ordnung so zusammengesetzt, daß an den Nahtstellen eine stetige 1. und 2. Ableitung existieren. Die Glättung erfolgt schrittweise (lokal). Die Glättungs-Funktion hat im Intervall $k \cdot h = t_k \leqq t \leqq t_{k+1} = (k+1) \cdot h$ folgende Gestalt:

$$z(t) = a_k + b_k \frac{(t - k \cdot h)}{h} + c_k \left(\frac{t - k \cdot h}{h}\right)^2 + d_k \left(\frac{t - kh}{h}\right)^3 \qquad (7)$$

Mit den gewählten Anschlußbedingungen liegen beim Übergang zum nächsten Intervall a_{k+1}, b_{k+1} und c_{k+1} fest. Man bestimmt d_{k+1} so, daß sich $z(t)$ den nächsten r auf x_{k+1} folgenden Werten möglichst gut (im Sinne der kleinsten Fehlerquadratsumme) anpaßt. Mit der Vergabe von Anfangswerten $a_0 = z_0$, b_0 und c_0 wird die ursprüngliche Meßreihe $\{x_i\}$ in die geglättete Reihe $\{z_i\}$ überführt. Zusätzlich erhält man die Reihe der 1. Ableitungen $\{\dot{z}_i\}$ und aus (7) die gewünschten Interpolationsstellen. Diese Ergebnisse werden im folgenden für die Behandlung der oben genannten Probleme genutzt.

Wahl der Variationsintervalle

Gesucht sind die Größen I_1^A, I_1^E, I_2^A, I_2^E und I_3^E, für die gelten soll:

$$T_2^0 \in [I_1^A, I_1^E]; \quad T_3^0 \in [I_2^A, I_2^E]; \quad T_4^0 \in [T_3, I_3^E]$$

Unter Ausnutzung der Modellgleichungen (vgl. Abbildung 2) und der Reihe $\{\dot{z}_i\}$ kann man die Intervallgrenzen nach folgendem Algorithmus bestimmen:

$$I_1^A = 1 + n_{sw}$$

$$I_1^E = I_2^A - n_{sw}$$

$$I_2^A = \frac{1}{2}$$

$$I_2^E = \begin{cases} l + n_{sw} & \text{für} \quad l < M \\ M & \text{sonst} \end{cases}$$

$$I_3^E = \begin{cases} \dfrac{M-1}{2} & \text{für} \quad I_2^E < M - 2n_{sw} \\ M & \text{sonst} \end{cases}$$

In den um die Interpolationsstellen erweiterten Reihen $\{x_j\}$, $\{z_j\}$ und $\{\dot{z}_j\}$ mit $j = 1, \ldots, M$ $(M > N)$ sind $n_{sw} = h$ die Anfangsschrittweite und l der Index, für den gilt:

$$\dot{z}(l) = \max_{j = 1, \ldots, M} \{\dot{z}_j\}$$

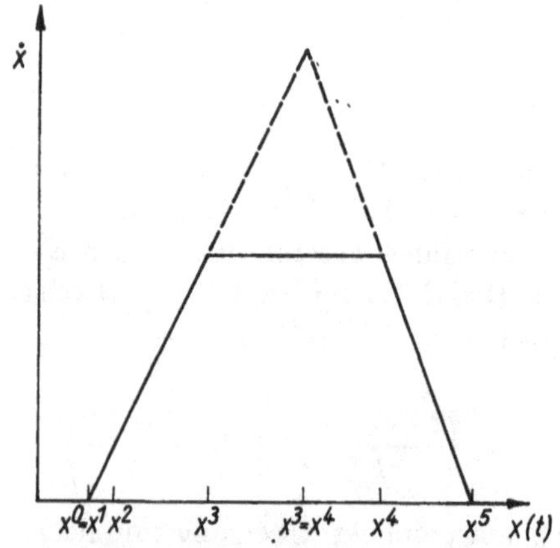

Abb. 2. Modellverlauf in $\dot{x}/x$-Darstellung

Gesamtablauf der Schätzung

Der Gesamtablauf wird für eine äquidistante Meßreihe vorgestellt. In einer rechentechnischen Realisierung läßt sich der nichtäquidistante Fall mit externer Vorgabe der Variationsintervalle leicht einbeziehen. Nach Vorglättung der Reihe $\{x_i\}$ werden $x_N = z_N$ (bzw. $x_M = z_M$) gesetzt und die Variationsintervalle bestimmt. Danach wird der 1. Schätzschritt mit der Anfangsschrittweite $n_{sw} = h$ durchgeführt. Die geschätzten Parameter seien μ_1, T_2^1, T_3^1 und T_4^1. Um T_2^1, T_3^1 und T_4^1 werden neue Variationsintervalle (hier $\pm 2n_{sw}$) unter Berücksichtigung der notwendigen Bedingen nach erfolgter Schrittweitenverkürzung gebildet. Nach einem 2. Schätzschritt werden die Ergebnisse verglichen. Denkbar sind Vergleiche über alle vier Größen. Wir haben vorerst einen Test über μ benutzt, der folgendermaßen gestaltet wurde:

$$\frac{100\,|\mu_1 - \mu_2|\,2}{\mu_1 + \mu_2} \leqq \varepsilon$$

Ist diese Ungleichung nicht erfüllt, erfolgt ein weiterer Schätzschritt. Zweckmäßig gibt man noch eine begrenzte Zahl von Schrittweitenverkürzungen vor.

Anwendung

Für ein vorgegebenes Modell wurde der Einfluß des Meßfehlers σ, der Zahl der Meßwerte N und der Abbruchschranke ε auf die Ergebnisse der Schätzung durch Simulationsrechnungen untersucht. Zur Erzeugung der Meßreihen wurden die vorgegebenen Werte mit normalverteilten Zufallszahlen $Z \sim N(0, 1)$ folgendermaßen überlagert:

$$x = x + Z \cdot \sigma$$

Für σ und ε stellten sich die zu erwartenden Tendenzen ein, nämlich für größeres σ schlechtere Ergebnisse und für kleines ε starke Erhöhung der Zahl der Schätzschritte S ohne nennenswerte Ergebnisverbesserung.

Tabelle 1

Schätzergebnisse für $N = 8$, 12 bei vorgegebenem Modell mit $\varepsilon = 1$ [%] und $\sigma = 1$

Schätzung	N	μ	T_2	T_3	T_4	h	S	x_N bzw. z_N
vorgegebenes Modell	—	0,255	4	12	15	—	—	33
ohne Vorglättung	8	0,293	10	13	13	3	—	32,69
mit Vorglättung	8	0,214	5,5	14,5	14,5	3	3	33,38
ohne Vorglättung	12	0,198	5	15	15	2	—	34,09
mit Vorglättung	12	0,221	7	13	15	2	2	33,45

Von besonderem Interesse waren der Einfluß der Zahl der Meßwerte auf die Schätzergebnisse und die Sinnfälligkeit der Vorglättung. In Tab. 1 sind die vorgegebenen und geschätzten Parameter für $N = 8$ und $N = 12$ bei $\varepsilon = 1$[%] und $\sigma = 1$ mit und ohne

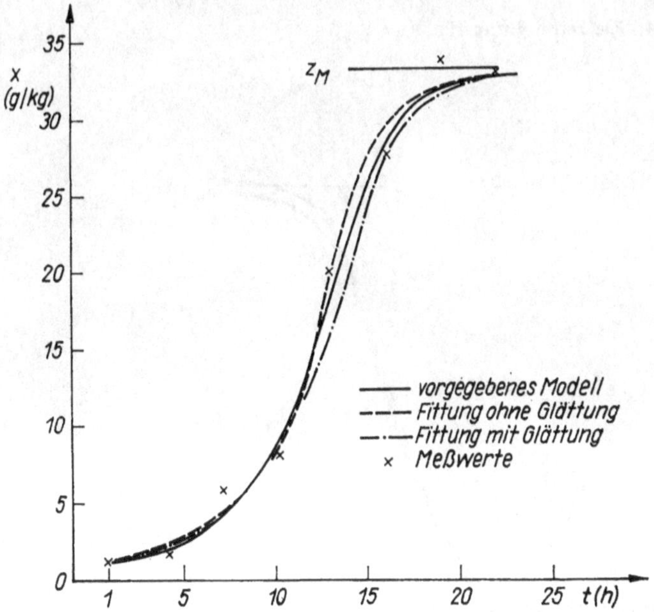

Abb. 3. x/t-Darstellung für $N = 8$

Vorglättung aufgeführt. Die Abbildungen 3 und 4 für $N = 8$ sowie 5 und 6 für $N = 12$ zeigen die Modellverläufe mit den in Tab. 1 angegebenen Parametern. Insbesondere in den $\dot{x}/x$-Darstellungen werden die besseren Ergebnisse bei Schätzung mit Vorglättung deutlich. Für das behandelte Beispiel lassen sich ähnlich gute Ergebnisse wie für

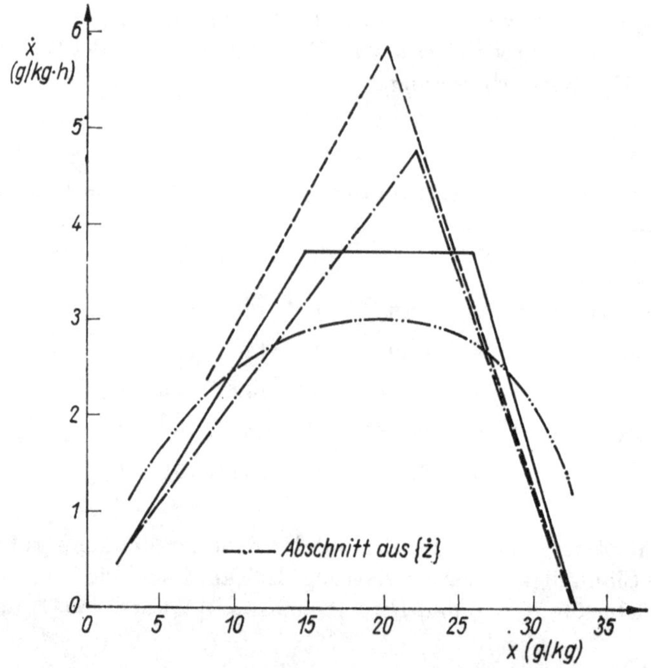

Abb. 4. $\dot{x}/x$-Darstellung für $N = 8$

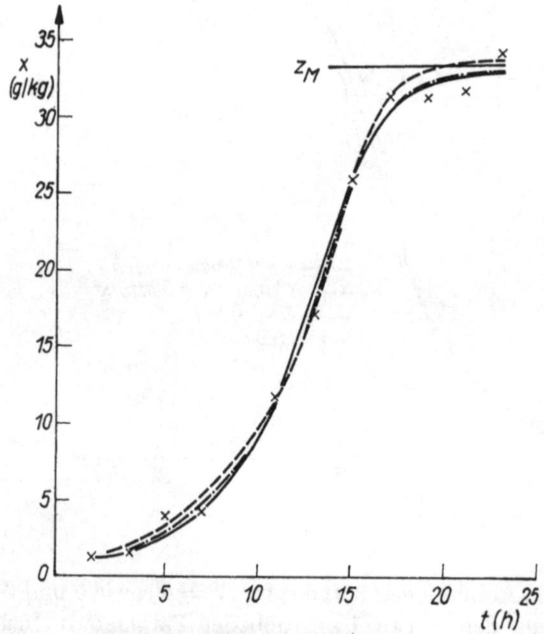

Abb. 5. x/t-Darstellung für $N = 12$

$N = 12$ und Vorglättung erst mit $N = 24$ ohne Vorglättung erzielen. Die in den Abbildungen 4 und 6 dargestellten Abschnitte aus den Reihen $\{\dot{z}_i\}$ demonstrieren den guten Zugang zur Wahl der Variationsintervalle.

Die für das spezielle Wachstumsmodell erzielten guten Ergebnisse lassen eine sinngemäße Übertragung der vorgestellten Auswertemethode auf ähnlich gelagerte Probleme aussichtsreich erscheinen.

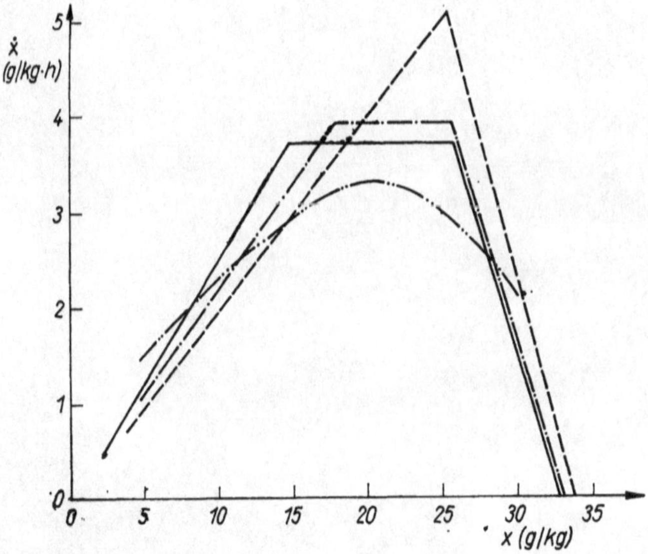

Abb. 6. $\dot{x}/x$-Darstellung für $N = 12$

Literatur

[1] KONO, T., and T. ASAI: Kinetics of Continuous Cultivation. Biotechn. and Bioeng. XI (1969), 19–36

[2] THIELE, H.: Zur Glättung von Beobachtungsreihen mit Spline-Funktionen. Biom. Zeitschrift 17 (1975), 415–430

Institute of Microbiology, USSR Academy of Sciences, Moscow, USSR

Conditions Favouring Active Protease Biosynthesis in the Thermotolerant Culture of *Thermoactinomyces Vulgaris* PA II 4a

L. G. Loginova and I. A. Usaite

Production of proteolytic enzymes by thermophilic microorganisms is the subject of an ever increasing number of publications in recent years. These organisms can grow at high temperatures, have a short growth cycle and a high biochemical activity, and their enzymes are thermostable; because of these properties, thermophilic microorganisms are preferred as cultures producing a number of enzymes.

Since proteolytic enzymes are widely employed in various fields, it is necessary to look for new organisms producing these enzymes in high quantities as well as to increase the rate of their biosynthesis.

One of the most promising ways to increase the rate of enzyme biosynthesis is to select the appropriate conditions for growing the cultures which produce these enzymes.

The object of our studies was the thermotolerant actinomycete *Thermoactinomyces vulgaris* PA II 4a which produced active protease with lytic properties [7]. The strain had a substrate mycelium of dark-brown colour and was a variant of the parent culture which lost the capacity to form aerial mycelium. The optimal growth temperature of the actinomycete on a solid peptone-maize medium was 50 °C while the active enzyme synthesis in a liquid medium was found at 45 °C. The strain was cultivated in 250-ml flasks containing 50 ml of a complex growth medium with shaking (280 rpm) for 48 hours. The composition of the medium was as follows (%): maize flour, 2.0; dry ground fodder yeast, 0.5; ammonium sulfate, 0.1; chalk, 0.1; tap water; pH 7.0—7.2.

The level of the proteolytic activity on this medium was $20.0—25.0 \times 10^{-3}$ PU/ml on the average. As has been shown earlier, the lytic activity of the culture is typical of protease. The enzyme preparation isolated from the centrifugate of the cultural broth using precipitation with ammonium sulfate (0.8 saturation) exhibited lytic activity towards gram-positive and gram-negative bacteria and yeasts [3].

The actinomycete was cultivated also on a chemically defined medium. Its composition was selected on the basis of published data so that it contained the main components and salts favouring the synthesis of active proteases. A number of media containing either starch or glucose as a sole source of carbon were tested. Among seven tested variants, the best results were obtained with a growth medium which contained 2% of starch.

The actinomycete did not grow and did not produce protease on media with glucose taken either at high (7.1%) or low (0.4%) concentrations. It has been reported by several authors that glucose used as a sole carbon source inhibits growth or repressed protease synthesis in different strains of *Micromonospora vulgaris* [4], *Thermoactinomyces vulgaris* [5] and *Streptomyces fradiae* [6].

Therefore, a chemically defined medium of the following composition (%) was used in further experiments: soluble starch, 2.0; KNO_3, 0.1; $(NH_4)_2SO_4$, 0.1; $CaCO_3$, 0.1; Na_2HPO_4, 0.1; $MgSO_4 \cdot 7H_2O$, 0.075; $FeSO_4 \cdot 7H_2O$, 0.0001; tap water; pH 7.0—7.2.

A certain correlation was found to exist between the proteolytic activity an d pigmentation of *Th. vulgaris* PA II 4a colonies: the darker the mycelium colour, the higher the protease activity. Having in mind to find out what was the basis of this correlation, we considered it necessary to characterize preliminarily the dark-brown pigment. According to a number of criteria typical of melanin pigments, the dark-brown pigment was assigned to this group of substances.

Table 1

Growth of Thermoactinomyces vulgaris PA II 4a and synthesis of exocellular proteases by it on a medium with various amino acids

Amino acid	Proteolytic activity, PU × 10^{-5}/mg	Biomass, mg%
Asparagine	5.5	100.0
Leucine	0.9	116.2
Cystine	0.0	0.0
Tyrosine	0.7	132.5
Threonine	0.6	115,4
Glutamic acid	0.0	0.0
Proline	10.4	115.4
Isoleucine	0.0	0.0
Serine	0.2	110.3
Arginine · HCl	25.4	105.6
Tryptophan	20.4	106.8
Aspartic acid	1.1	133.8
Phenylalanine	0.0	0.0
Valine	0.0	0.0
Histidine	0.0	0.0
Lysine	0.8	112.8
Methionine	0.0	0.0
Ornithine	0.9	103.0

In order to elucidate a possible correlation between the synthesis of protease and pigment formation in *Th. vulgaris* Pa II 4a, we conducted experiments on the chemically defined medium containing an inductor of protease synthesis.

To select this inductor, we studied the effect of various amino acids on the synthesis of exocellular protease by the strain. Amino acids are known to be capable of inducing or repressing the formation of these enzymes as effectors of regulatory mechanisms.

Various amino acids at a concentration of 0.5% were added to the chemically defined medium. Tab. 1 presents data about the effect of various amino acids on the growth and proteolytic activity (calculated per biomass unit) at the maximum of protease synthesis.

Individual amino acids were found to have different effect on the growth and protease synthesis. Methionine, histidine, phenylalanine, valine, isoleucine, cystine and glutamic acid inhibited both the growth and the enzyme synthesis. Addition, to the medium, of tyrosine, threonine, leucine, lysine, serine, ornithine and aspartic acid was favourable for biomass accumulation though the enzyme synthesis was supressed to a considerable extent. Asparagine had no effect either on the growth or on the enzyme production.

The biosynthesis of protease was stimulated as compared with the control medium (without an inductor) upon the addition of arginine hydrochloride (4.6 times), tryptophan (3.7 times), and proline (1.9 times).

Consequently, arginine hydrochloride was added as an inductor to the chemically defined medium containing starch to study the correlation between the protease synthesis and the pigment production.

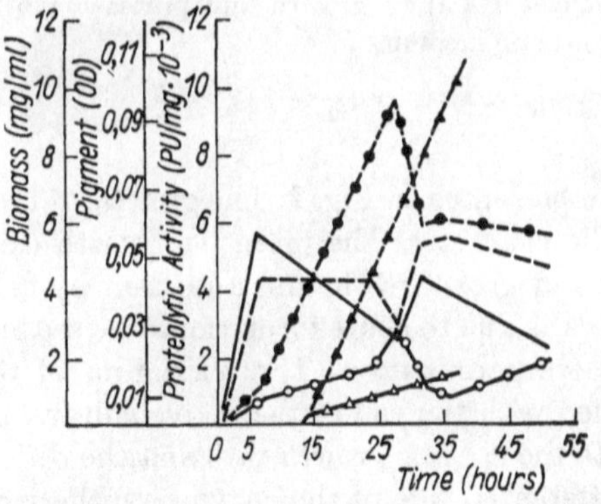

Fig. 1. Growth, protease synthesis and pigment production by *Thermoactinomyces vulgaris* PA II 4a on a chemically defined medium with an inductor of the enzyme synthesis

The medium without arginine: Biomass (——; mg/ml), proteolytic activity (•—•), pigment (▲——▲). The medium with arginine: Biomass (— —; mg/ml), proteolytic activity (•--•), pigment (▲ — — ▲)

It was found that a considerable increase in the rate of protease synthesis on this medium was accompanied with a more intensive production of the pigment (5 times) (Fig. 1). The dynamics of the growth and the synthesis of the enzyme and the pigment was studied on the medium with 0.5% of arginine hydrochloride; the pigment synthesis was shown to parallel, after a certain delay, the production of protease. The enzyme activity and the production of melanin were maximal during cell autolysis.

Our further purpose was to study the dynamics of the cultural growth and protease synthesis by this organism. Studies on the kinetics of protease production by microorganisms is one of the important steps necessary for gaining a better insight into the synthesis of these enzymes. Determination of time periods within which maximal quantities of the enzyme are accumulated is a prerequisite for its isolation.

The growth of *Th. vulgaris* PA II 4a and the synthesis of protease by this culture were studied on a semidefined medium since the strain produced low quantities of the enzyme on the defined medium with starch. The composition of the semisynthetic medium was the following (%): soluble starch, 1.0; KNO_3, 0.5; KH_2PO_4, 0.08; peptone, 0.5; NaCl, 0.1; $MgSO_4$, 0.05. The medium was inoculated with spores at a concentration

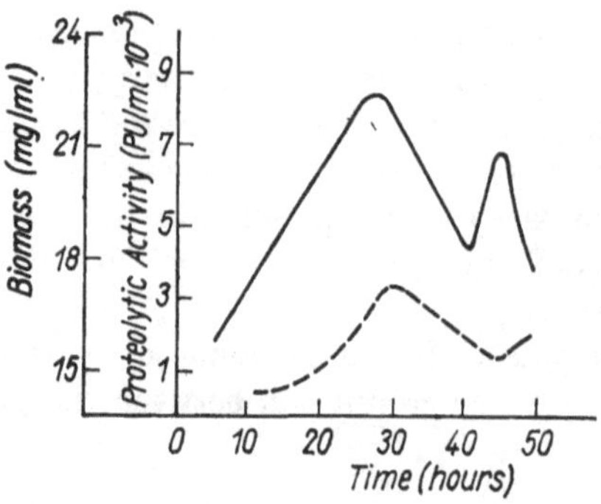

Fig. 2. Dynamics of *Th. vulgaris* PA II 4a growth and protease synthesis by this culture on a semisynthetic medium

Biomass (——; mg/ml), proteolytic activity (— —)

of 10^6 spores per 1 ml. The results are presented in Fig. 2. The growth of the strain and the enzyme synthesis were of a cyclic character. The intensive growth (for 25 hours) was followed by a temporal cessation of growth (3 hours) and then by cell autolysis. Autolysis after the logarithmic phase was due to spore formation. The secondary rise in the growth curve was caused by spore germination. The maximum of the protease activity in the cultural broth coincided with the end of the active cultural growth.

These results were used to calculate the specific growth rate and the differential rate of protease synthesis (Fig. 3). The differential rate of the enzyme synthesis was highest during the stationary phase and cell autolysis, and corresponded to the period of growth deceleration.

Therefore, the kinetics of protease synthesis obeys the following principle: the higher the growth rate of the strain, the lower the rate of the enzyme production.

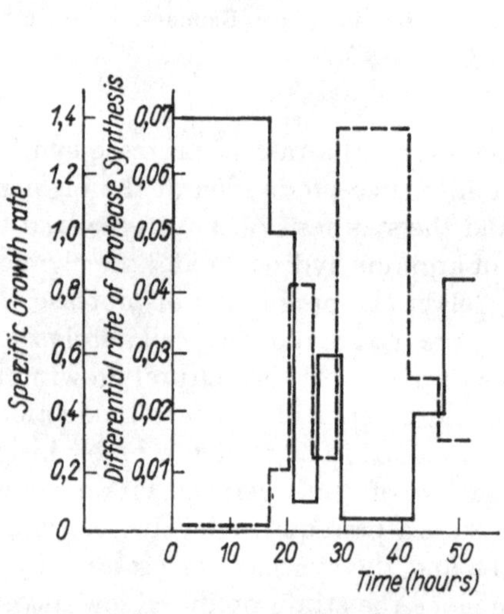

Fig. 3. Specific growth rate and differential rate of protease synthesis for *Th. vulgaris* PA II 4a growing on the semisynthetic medium

Specific growth rate (——), differential rate of protease synthesis (— —)

An important factor affecting the production of proteases by microorganisms is the amount of inoculated material and the stage of its growth.

Therefore, we decided to study the growth and the enzyme synthesis in *Th. vulgaris* PA II 4a when different quantities of the inoculation material were introduced into the semisynthetic medium. Moreover, we wanted to find out which kind of the inoculated material (spores or vegetative mycelium) would provide for the maximal accumulation of the enzyme.

It is a well known fact that the concentration of spores inoculated into the growth medium determines the type of colonies being formed in the submerged conditions (spherical or filamentous colonies). This, in turn, determines the yield of the final product.

While studying the dependence of protease synthesis on the density of inoculated material, the number of spores added to the medium was varied from 10^6 to 10^8 per 1 ml (Tab. 2).

Table 2
Synthesis of proteolytic enzymes by Th. vulgaris PA II 4a as a function of the quantity of inoculated spores

Quantity of spores in 1 ml of medium	Proteolytic activity, PU × 10^{-5}/mg	Biomass, mg/ml
10^6	43.0	17.8
10^7	36.0	18.8
10^8	27.0	19.7

When a small number of spores (10^6 per 1 ml) was inoculated, the culture grew slowly forming small spheres. The biomass yield was 17.8 mg/ml. When the quantity of inoculated spores was increased from 10^7 to 10^8 spores per 1 ml, the actinomycete formed large spheres. The yield of dry biomass was 18.8 and 19.7 mg/ml, respectively. The greatest amount of the enzyme was produced when 10^6 spores were inoculated into 1 ml of the medium. The productivity of the strain decreased by 59.3% with an increase in the density of inoculation from 10^6 to 10^8 spores per 1 ml.

Vegetative mycelium grown on the semisynthetic medium of the same composition was used as inoculation material in the following experiments.

As can be seen from the data in Fig. 4, more proteolytic enzymes were produced if the medium was inoculated with substrate mycelium the age of which corresponded to the middle of the exponential cultural growth and which was taken at a concentration of 2.4 or 10% (v/v) than if the medium was inoculated with a spore suspension. The maximum of the enzyme accumulation was reached in this case 17 hours earlier. The highest proteolytic activity was observed on the medium inoculated with 10% (v/v) of substrate mycelium. The productivity on this medium was by 68.4 and 88.2% higher than on the media with 2 and 4% (v/v) of vegetative mycelium, respectively, and by 56.1% higher than on the control medium. An inverse correlation was found to exist between the biomass production and the enzyme activity of the strain; the higher the biomass yield, the lower the productivity of the culture (Fig. 5).

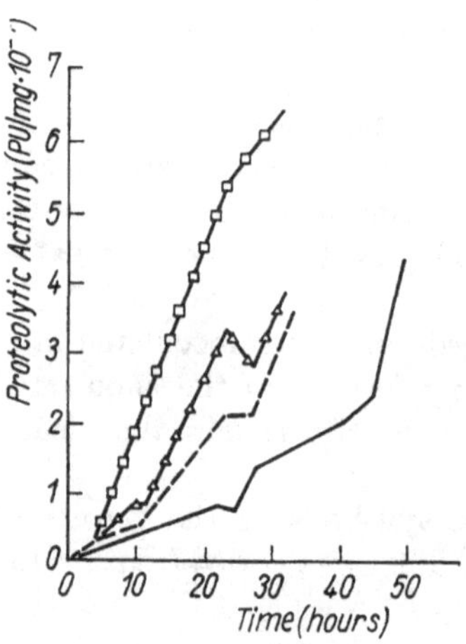

Fig. 4. Productivity of *Th. vulgaris* PA II 4a as a function of the quantity of vegetative inoculation material. The medium was inoculated with spores (——) and with vegetative mycelium: 2 (— —), 4 (△—△) and 10 (□—□) % (v/v)

Enzyme biosynthesis is known to depend, to a considerable degree, on the age of inoculated material. No growth of the culture was detected if mycelium taken at the beginning of the logarithmic growth phase or at the end of the stationary phase was used for inoculation. Such cells do not possess the necessary high content of RNA and ATP, and the rate of amino acid incorporation in them is low [1, 2, 8].

The regulations for cultivating the strain on a complex medium in a 10-litre "Biotec" fermenter have been elaborated.

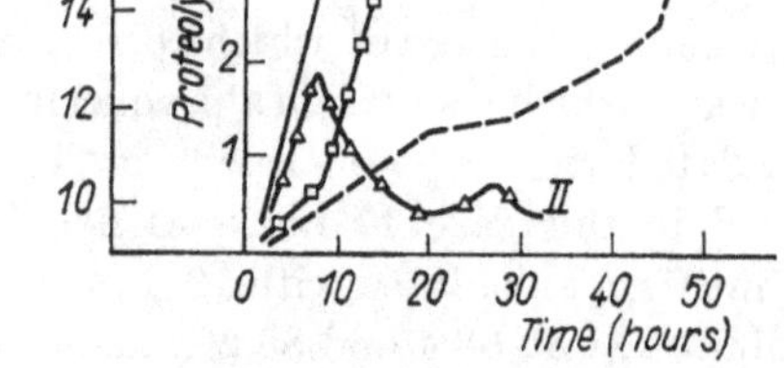

Fig. 5. Effect of inoculation material on the growth and productivity of *Th. vulgaris* PA II 4a. The medium was inoculated with spores (I, III) and with vegetative mycelium (II, IV; 10% v/v), (I, II — Biomass, mg/ml); (III, IV — Proteolytic activity, PU/mg × 10^{-5})

References

[1] Gonzalez, N. S., S. H. Goldenberg and J. D. Algranati: Biochim. Biophys. Acta **166** (1968), 760–763

[2] Ivanova, I. I.: The effect of cultivation conditions on the physiological-biochemical properties of *Bac. megaterium* in the conditions of continuous cultivation. (1963), Ph. D. Theses, Moscow

[3] Loginova, L. G., M. B. Yakovleva, I. G. Golovina and T. M. Bogdanova: Microbiology **45** (1976), 291–299

[4] Morihara, J., T. Oka and H. Tsuzuki: Biochim. Biophys. Acta **139** (1967), 382–385

[5] Orlowska, B., and A. Szewczuk: Arch. Immunol. Thor. Exp. **20** (1972), 543–548

[6] Ovcharov, A. K.: Mikrobiologiya (Microbiology) **36** (1967), 585–588

[7] Loginova, L. G., I. G. Golovina, L. M. Seregina and E. P. Guzova: (1973), Patent No. 407945

[8] Tsaplina, I. A.: Protease synthesis by the thermophilic culture of *Bacillus brevis*. (1972), Ph. D. Theses, Moscow

Zentralinstitut für Mikrobiologie und experimentelle Therapie der Akademie der Wissenschaften, Jena, DDR

Wachstums- und Differenzierungskinetik von *Thermoactinomyces vulgaris*

G. STROHBACH, S. KRETSCHMER und H.-E. JACOB

Thermoactinomyces vulgaris gehört zu den mycelbildenden Actinomyceten, die in ihrem Lebenszyklus sequentiell Differenzierungsprozesse durchlaufen (CHATER u. HOPWOOD [2], ENSIGN [3], KALAKOUTSKII u. AGRE [4]). Die Bildung und Ausschüttung von Produkten des Sekundärstoffwechsels, im vorliegenden Falle die Bildung des hitzestabilen proteolytischen Enzyms Thermitase, erfolgt nur während bestimmter Entwicklungszustände des Organismus (SCHAEFFER [12], VYBORNYKH u. a. [14]). Es wurde deshalb die Kinetik der Wachstums- und Differenzierungsprozesse studiert, um nach einer möglichen Korrelation der Enzymbildung mit bestimmten Differenzierungsstadien zu suchen.

Als Stammaterial wurden Selektanten des von KLINGENBERG [5, 6] isolierten Stammes *Thermoactinomyces vulgaris* G 4 verwendet. Die Bedingungen für die Submerskultur (STROHBACH und KRETSCHMER [13]), für die Mikrokultur (KRETSCHMER [9]) und für die Kultivierung mit kontinuierlicher Extinktionsmessung (KRETSCHMER und JACOB [10]) wurden bereits an anderer Stelle angegeben.

Der Begriff Keimung beschreibt den Übergang einer ruhenden Zelle, der Spore, in einen vegetativ wachsenden Organismus. Morphologische, physiologische und biochemische Veränderungen charakterisieren diesen Differenzierungsprozeß.

Werden bei 20 °C aktivierte Sporen in ein Saccharose/Mineralsalzmedium mit Casamino acids bei 50 °C geimpft, beginnt ein Abbau verschiedener Sporenkomponenten. Abb. 1 zeigt, daß die Sporen dabei von einem phasenoptisch hellen in einen phasenoptisch dunklen Zustand übergehen. Die Extinktion fällt deutlich ab. Danach quellen die Sporen und bilden nach etwa 60 Min. einen Keimschlauch. Die Initiation der Makromolekülsynthesen während der Keimung erfolgt sequentiell in der Reihenfolge RNS-, Protein- und schließlich DNS-Synthese. Die Einbaukurven für radioaktiv markiertes Uridin, Leucin bzw. Thymidin zeigen, daß die RNS-Synthese sofort nach Überführung der Sporen in das Kulturmedium einsetzt. Die Proteinsynthese beginnt nach etwa 40 Min. und die DNS-Synthese erst zur Zeit der Keimschlauchbildung.

Applikation von Inhibitoren der Synthesen von RNS (Actinomycin D, 5 $\mu g\ ml^{-1}$), Protein (Chloramphenicol, 10 $\mu g\ ml^{-1}$) bzw. DNS (Nalidixinsäure, 200 $\mu g\ ml^{-1}$) zu Kultivierungsbeginn hemmt die Inkorporation markierter Präkursoren in die entsprechenden Makromoleküle spezifisch. Hemmung der RNS-Synthese verhindert gleichzeitig Protein- und DNS-Synthese, und die Hemmung der Proteinsynthese verhindert die DNS-Synthese. Bei Hemmung der DNS-Synthese durch Nalidixinsäure erfolgt für einige Zeit Proteinsynthese mit sehr geringer Rate, und ein Teil der Sporen bildet noch kurze Keimschläuche aus. Hemmung der RNS- bzw. Proteinsynthese verhindert das Auswachsen von Keimschläuchen völlig.

Während der Wachstumsphase befinden sich die Syntheseprozesse im vegetativen Mycel in einem Gleichgewicht. Zunahme der Extinktion, Protein- und DNS-Synthese erfolgen exponentiell. Bei 50 °C wächst das vegetative Mycel in Abhängigkeit von den

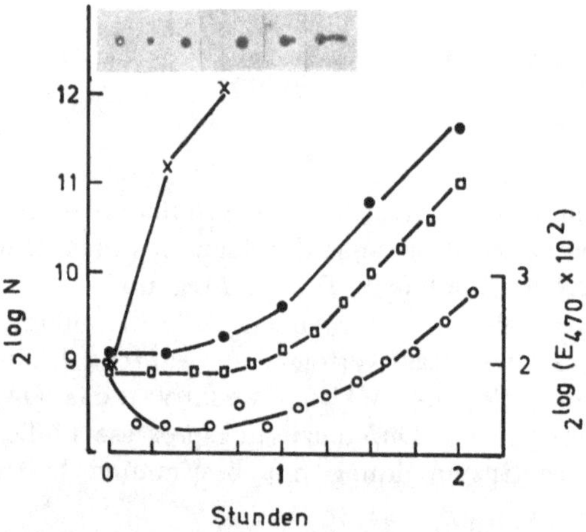

Abb. 1. Morphologische, physiologische und biochemische Veränderungen während der Sporenkeimung. Die Bildfolge zeigt die Morphologie der keimenden Spore zu den angegebenen Zeiten

Die Initiation der RNS-, Protein- bzw. DNS-Synthese wird nachgewiesen durch den Einbau von ^{14}C-Uridin (×), ^{3}H-Leucin (•) bzw. ^{3}H-Thymidin (□). Veränderungen der Extinktion (○)

Kultivierungsbedingungen mit Verdopplungszeiten von 20 bis 30 Min. In Abb. 2 wird das Wachstum von 3 Submerskulturen dargestellt. Die Extinktionswerte wurden über mindestens 12 Stdn. registriert. Das Wachstum wurde sowohl ohne experimentell festgelegte Limitation als auch nach Limitation der C- bzw. N-Quelle bestimmt. Alle Kurven zeigen einen typischen Verlauf. Nach dem Abfall der Extinktion in der Keimungsphase wächst das Mycel exponentiell. Nach Eintritt limitierender Bedingungen folgt eine Ruhephase, deren Dauer abhängig ist von der Art der Limitation und den Belüftungsbedingungen. Anschließend nimmt die Extinktion wieder zu. Wir verzeichnen ein Sekundärwachstum, dessen Kinetik sich von der des primären Wachstums unterscheidet. Es wurden deshalb die Begriffe Primär- und Sekundärmycel eingeführt (KRETSCHMER [8]). Aus cytologischen Beobachtungen und aus Untersuchungen des DNS-Stoffwechsels geht hervor, daß nach Beendigung des primären Wachstums durch Nährstoff- oder Sauerstofflimitation degradative Prozesse einsetzen. Ein Teil der dabei freigesetzten Produkte wird wahrscheinlich für das Sekundärwachstum verwertet.

Die weitere Entwicklung einer Submerskultur ist in starkem Maße abhängig von den Übergangsbedingungen in die nachfolgende Phase und von der Art der limitierenden Faktoren. Es sind 3 prinzipiell verschiedene Entwicklungsmöglichkeiten zu beobachten: 1. Altes Primärmycel wird ständig in geringem Maße abgebaut und mit Hilfe der Lyse-

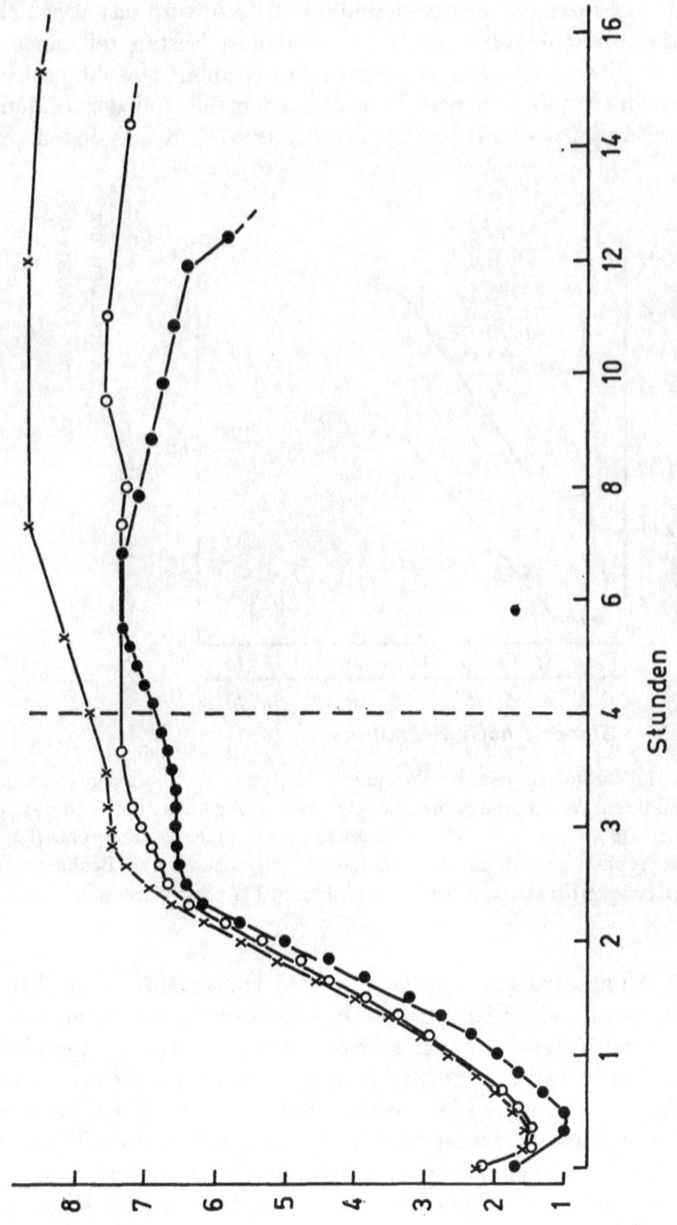

Abb. 2. Extinktionsverlauf in 3 unterschiedlich geführten Kulturen: 0,6% Casamino acids, 1% Saccharose (×); 0,6% Casamino acids, 0,1% Saccharose (○); 0,2% Casamino acids, 1% Saccharose (●). Keine Sauerstofflimitation

produkte bildet sich über längere Zeit Sekundärmycel, das sich nicht weiter differenziert. 2. Sekundärmycel entwickelt sich zu propagativen Hyphen. Diese bilden Endosporen. 3. Die degradativen Prozesse überwiegen und durch Lyse wird das Mycel abgebaut.

Der Prozeß der Sporenbildung ist ein wesentlicher Bestandteil eines kompletten Lebenszyklus von *Thermoactinomyces vulgaris*. Es wurden sowohl positive als auch negative Korrelationen zwischen dem Sporulationsprozeß und der Bildung von Produkten des Sekundärstoffwechsels beschrieben (COHEN [1], KALAKOUTSKII u. AGRE [4],

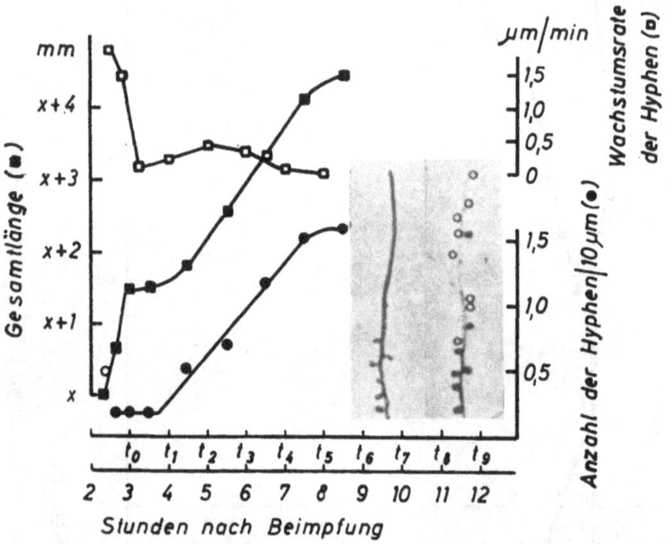

Abb. 3. Veränderungen der Parameter während des Überganges vom primären zum sekundären Wachstum. Zunahme der Gesamtlänge des Mycels in dem beobachteten Gebiet (■), durchschnittliche Wachstumsrate einer Einzelhyphe (□), Anzahl der Seitenhyphen pro 10 µm Mycellänge (•). Mikroskopische Beobachtung der Differenzierungsprozesse: $t_{6,5}$: Präsporenbildung, $t_{8,5}$: Sporenreifung

SCHAEFFER [12], VYBORNYKH u. a. [14]). Da eine kontinuierliche Beobachtung eines bestimmten Ausschnittes einer Kultur nur bei Kultivierung auf festen Medien möglich ist, sind die folgenden Untersuchungen der Sporulationskinetik auf Agar-Mikrokulturen durchgeführt worden (KRETSCHMER [8]). In Abb. 3 sind die Parameter des Übergangs von der primären zur sekundären Wachstumsphase dargestellt. Die Längenmessungen begannen mit der zum Beobachtungszeitpunkt schon vorhandenen Mycellänge x. Dargestellt sind außer der Zunahme der Gesamtlänge des Mycels in dem beobachteten Ausschnitt die durchschnittliche Wachstumsrate von 11 einzelnen Hyphenspitzen und die Zunahme der Verzweigungsrate. Aus den Untersuchungen geht hervor, daß 3 Stunden nach Beimpfung das exponentielle Wachstum entsprechend dem Verbrauch der N-Quellen abrupt abgebrochen wird (t_0) und eine Ruheperiode von etwa 1 Stunde eintritt. Danach setzt Sekundärwachstum mit geringerer Rate und linearer Kinetik ein. Etwa 1,5 Stunden nach t_0 werden im Primärmycel lytische Prozesse beobachtet. Dadurch wird wahrscheinlich das Material für die 2. Wachstumsphase bereitgestellt. Der

Verzweigungsgrad steigt etwa um den Faktor 10 an. Das Sekundärwachstum hört etwa nach 5 Stunden auf. 1,5 Stunden danach treten in großen Teilen des Mycels sporenspezifische Emergenzen auf. Nach weiteren 2 Stunden ist die Sporenreifung

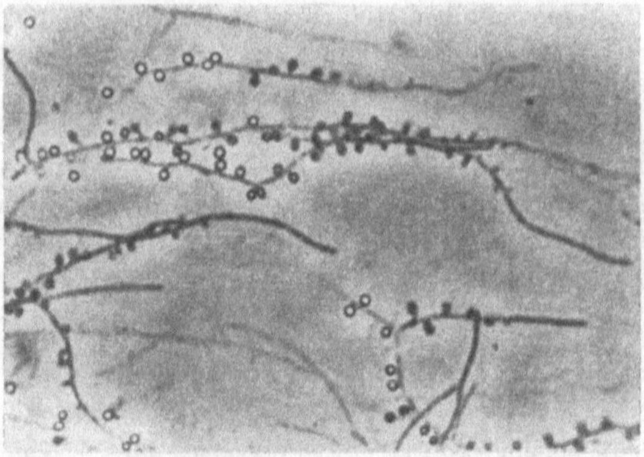

Abb. 4. Sporulierende Hyphe

soweit fortgeschritten, daß die meisten Emergenzen refraktile Sporen enthalten. Der durchschnittliche Abstand zwischen den sporentragenden Emergenzen beträgt 1,7 μm. Nicht sporulierende Hyphenabschnitte tragen kleine Seitenverzweigungen, die offenbar den sporenbildenden Emergenzen homolog sind. Abb. 4 zeigt einen Ausschnitt mit

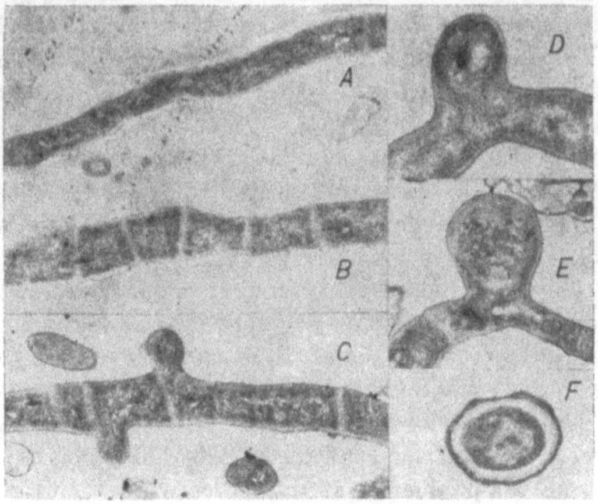

Abb. 5. Ultrastrukturelle Veränderungen während der Endosporenbildung im Sekundärmycel. Erklärungen im Text

sporulierenden Hyphen. Die folgenden elektronenmikroskopischen Aufnahmen zeigen die Bildung der Endosporen in Submerskultur (Abb. 5). In den Hyphen des Sekundärmycels (A) steigt die Septationsrate, es werden vermehrt Querwände eingezogen (B). Seitlich an den Hyphen bilden sich Emergenzen (C), deren Inhalt durch ein sich bildendes Sporenseptum abgegrenzt wird (D), das fortschreitend den gesamten Inhalt der Präspore umwächst (E). Auf der letzten Aufnahme (F) ist eine reife Endospore dargestellt, die potentiell befähigt ist, einen neuen Lebenszyklus zu beginnen.

Mit der vorliegenden Darstellung wurde versucht, die Wachstums- und Differenzierungskinetik während eines Lebenszyklus von *Thermoactinomyces vulgaris* zu beschreiben. Generell sind die Entwicklungsmöglichkeiten sehr vielseitig. Art und Ablauf der Differenzierungsprozesse sind in starkem Maße abhängig von den Übergangsbedingungen in das jeweils nächste Stadium.

Nach Untersuchungen von Leuchtenberger u. a. [11] und Körner [7] kann ausgesagt werden, daß die Bildung der Thermitase am Ende der sekundären Wachstumsphase beginnt und dann linear fortschreitet. Der Proteasegehalt der Kultur erreicht nach mehreren Stunden Kultivierung ein Maximum. Zu diesem Zeitpunkt herrschen weder Autolyse noch Sporulation in der Kultur vor.

Literatur

[1] Cohen, B. L.: The neutral and alkaline protease of *Aspergillus nidulans*. J. Gen. Microbiol. **77** (1973), 521–528

[2] Chater, K. F., and D. A. Hopwood: Differentiation in actinomycetes. Symp. Soc. Gen. Microbiol. **23** (1973), 143–160

[3] Ensign, J. C.: Formation, properties, and germination of actinomycete spores: Ann. Rev. Microbiol. **32** (1978), 185–219

[4] Kalakoutskii, L. V., and N. S. Agre: Comparative aspects of development and differentiation in actinomycetes. Bacteriol. Rev. **40** (1976), 469–524

[5] Klingenberg, P.: Taxonomische und physiologische Untersuchungen an thermophilen Streptomyceten. Diplomarbeit, Ernst-Moritz-Arndt-Universität, Greifswald 1966

[6] Klingenberg, P.: Untersuchungen zur Entwicklung eines Verfahrens zur Gewinnung extrazellulärer Proteasen aus *Thermoactinomyces vulgaris*. Dissertation, Ernst-Moritz-Arndt-Universität, Greifswald 1975

[7] Körner, D.: persönliche Mitteilung

[8] Kretschmer, S.: Transition of *Thermoactinomyces* substrate mycelium from growth to sporulation. Zeitschr. Allg. Mikrobiol. **18** (1978), 613–616

[9] Kretschmer, S.: Kinetics of vegetative growth of *Thermoactinomyces vulgaris*. Zeitschr. Allg. Mikrobiol. **18** (1978), 701–711

[10] Kretschmer, S., and H.-E. Jacob: Carbon dioxide requirement for outgrowth of *Thermoactinomyces vulgaris* spores. In Mordarski, M., W. Kurylowicz and J. Jeljaszewicz (Ed.): Nocardia and Streptomyces, Gustav Fischer Verlag, Stuttgart–New York 1978, 381–387

[11] Leuchtenberger, A., P. Klingenberg und H. Ruttloff: Gewinnung und Charakterisierung von Proteasen aus *Thermoactinomyces vulgaris* III. Untersuchungen zur Proteasebildung in einer kleintechnischen Versuchsanlage. Zeitschr. Allg. Mikrobiol. **19** (1979), 27–35

[12] Schaeffer, P.: Sporulation and the production of antibiotics, exoenzymes, and exotoxins. Bacteriol. Rev. **33** (1969), 48–71

[13] Strohbach, G., and S. Kretschmer: Einbau von Thymidin in die DNS von Actinomyceten I. Der Einbau exogenen Thymidins in die DNS von *Thermoactinomyces vulgaris*. Zeitschr. Allg. Mikrobiol. **17** (1977), 559–568

[14] Vybornykh, S. H., J. K. Coria and N. S. Egorov: The effect of amino acids on synthesis of exocellular proteases by *Actinomyces thermovulgaris*. Mikrobiologiya **46** (1978), 227–231

Zentralinstitut für Ernährung, Potsdam-Rehbrücke
und Zentralinstitut für Mikrobiologie und experimentelle Therapie, Jena
der Akademie der Wissenschaften der DDR

Zur Bedeutung von CO_2 und O_2 für Keimung und Proteaseproduktion durch *Thermoactinomyces vulgaris*

D. Körner, H. E. Jacob, S. Kretschmer, P. Klingenberg und H. Ruttloff

Einleitung

Bei der Dimensionsvergrößerung mikrobieller Verfahren treten häufig Abweichungen im Wachstums- und Produktbildungsverhalten der Kultur auf. Vielfach spielen dabei Faktoren des gasseitigen Stoffaustausches eine wesentliche Rolle. Während sich in der Regel durch die maßstabsgerechte Gestaltung der Bedingungen des Sauerstoffeintrages negative Auswirkungen auf das Fermentationsergebnis ausschalten lassen, darf bei einigen Prozessen die Wirkung auch anderer Gaskomponenten nicht übersehen werden. Die folgenden Ausführungen sollen einen Beitrag hierzu leisten.

Problemstellung

Der Wechsel der Fermentationseinrichtung führte bei einem Verfahren zur Gewinnung einer thermophilen Protease aus *Thermoactinomyces vulgaris* zu unerwarteten Störungen im Keimungsverlauf der als Inoculum verwendeten Sporen. Sie äußerten sich in einer Verzögerung der Keimschlauchausbildung, einer Verringerung der Anzahl auswachsender Sporen und zum Teil in einem völligen Ausbleiben der Mycelentwicklung. Folgen dieser ungünstigen Startbedingungen waren Verlangsamung des Wachstums und der Proteasesynthese sowie eine Erhöhung des Fremdinfektionsrisikos. Die Aufgabe bestand darin, die Ursachen dieser Effekte aufzuklären und durch geeignete Maßnahmen zu beseitigen.

Ergebnisse

Aus der Literatur ist bekannt, daß bei einer Reihe von aeroben Mikroorganismen neben der Versorgung mit Sauerstoff in verschiedenen Kulturstadien auch die Konzentration an Kohlendioxid im Nährmedium von Einfluß sein kann. Zum Beispiel wurde von Gandhi und Kjaergaard [1] bei Anreicherung der Begasungsluft mit CO_2 eine Steigerung der α-Amylasebildung aus *Bacillus subtilis* nachgewiesen. Über CO_2 als wichtigen Faktor zur Initiation bei der Keimung einiger Clostridien- und Streptomycesstämme berichten Gould [2] sowie Hirsch und Ensign [3].

Kretschmer und Jacob [4] untersuchten die Keimung der Sporen von *Thermoactinomyces vulgaris* und stellten eine deutliche Abhängigkeit des Auswachsens der Keimschläuche von der CO_2-Konzentration fest (Abb. 1). Das mittels Extinktionsmessung nachgewiesen Hyphenwachstum ist bei Anwendung von 2—40% CO_2 gegenüber reiner Luft erheblich beschleunigt, wobei der optimale Konzentrationsbereich bei 2—5% liegt. Bei Begasung mit reiner Luft wird ferner eine Senkung des Anteils ausgewachsener Sporen beobachtet.

Nach diesen Befunden ist eine Erklärung für die geschilderten Störungen im Fermentor leicht möglich. Infolge der unmittelbar nach der Beimpfung einsetzenden Atmung der Sporen erfolgt die Ausscheidung von CO_2 in die Kulturlösung. In Abhängigkeit von der Begasungsintensität wird es mehr oder weniger mit der Abluft ausgetragen. Auf diese Weise ist es möglich, daß bereits durch eine geringfügige Vergrößerung des O_2-Übergangskoeffizienten die für das Auswachsen notwendige CO_2-Konzentration unterschritten wird und der Prozeß langsamer verläuft bzw. stagniert.

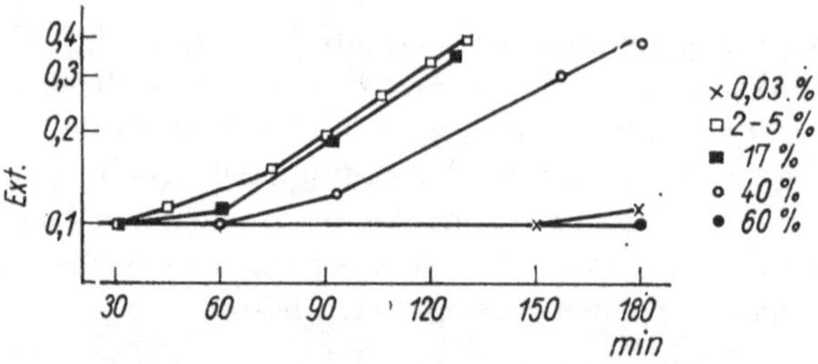

Abb. 1. Abhängigkeit des Auswachsens von verschiedenen CO_2-Konzentrationen (kontinuierliche Belüftung mit Luft-CO_2-Mischungen; 100 l/h; 70 ml Medium) [4]

Weil die den Gasaustausch im Fermentor bestimmenden Parameter in der technischen Dimension erfahrungsgemäß schwanken können, erscheint es wenig aussichtsreich, durch Optimierung der Begasung zu einheitlichen Keimungsbedingungen zu gelangen. Die Anzuchtphase wird daher in einer gesonderten Prozeßstufe realisiert. An diese sind folgende Forderungen zu stellen:

— Gewährleistung einer reproduzierbaren und weitgehend vollständigen Sporenkeimung,
— Möglichkeiten zur meßtechnischen Kontrolle des Keimungsverlaufes und
— routinemäßige Anwendbarkeit unter klein- und großtechnischen Bedingungen.

Es liegt nahe, das durch die Sporenatmung endogen produzierte CO_2 für die erforderliche Anreicherung zu nutzen und durch anfängliche Ausschaltung äußerer Austauschvorgänge für ein optimales Verhältnis zwischen Sauerstoff und Kohlendioxid zu sorgen.

Die verwendete Anordnung (Abb. 2) besteht aus einem 1-l-Glaskolben, der mittels Thermostat im Wasserbad temperiert werden kann. Der Kolben ist mit einem Impfstutzen versehen (in der Abb. nicht dargestellt) und ermöglicht durch weitere Öffnungen die Installation einer O_2-Meßsonde sowie die Versorgung mit steriler Luft und die Beimpfung bzw. Probenahme. Ein Magnetrührer sorgt für die Durchmischung der Kulturlösung. Zur Durchführung eines Kulturansatzes wird das Gefäß zusammen mit dem Medium und der O_2-Sonde sterilisiert. Vor der Beimpfung ist durch Einleiten steriler Luft eine O_2-Sättigung erforderlich. Nach Zugabe der Sporen wird das System luftdicht verschlossen.

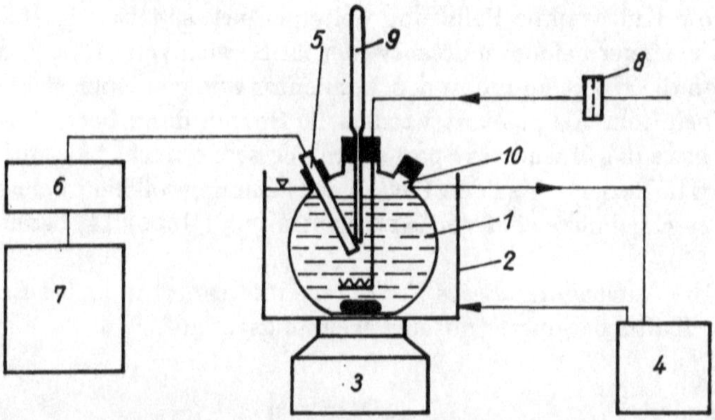

Abb. 2. Apparatur für die Vorkulturführung

1 — Kulturgefäß	6 — Meßverstärker
2 — Wasserbad	7 — Registriergerät
3 — Rührerantrieb	8 — Luftfilter
4 — Thermostat	9 — Thermometer
5 — Sauerstoffsonde	10 — Impf- und Probenahmestutzen

Da für die Respiration der Sporen nur der im Medium gelöste und in dem geringen Luftraum enthaltene Sauerstoff zur Verfügung steht, ist dessen Verbrauch in unmittelbarer Beziehung zur Entwicklung der Kultur zu sehen. Abb. 3 zeigt das Verhältnis zwischen der gemessenen O_2-Konzentration, der durch Auszählung bestimmten Keimungsrate und dem Hyphenwachstum (Verfolgung mittels Trübungsmessung). Die Atmung beginnt unmittelbar nach der Beimpfung und nimmt exponentiell zu. Etwa zur 40. Minute können erste Hyphen beobachtet werden. In den nächsten 20 min steigt die Keimungsrate sprunghaft an. Nach 80 min sind nahezu 100% der Sporen aus-

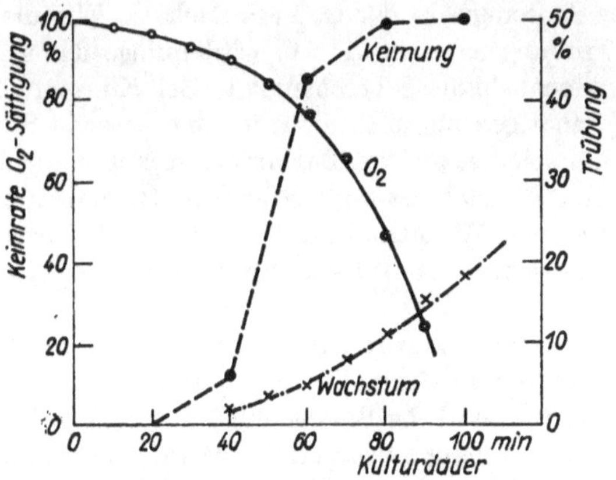

Abb. 3. Sauerstoffverbrauch, Keimrate und Hyphenwachstum während der Sporenkeimung

(10^7 Sporen/ml Kulturlösung; Medium I)

gewachsen. Wird die Kultur ohne Belüftung weitergeführt, so tritt schließlich O_2-Limitation ein. Um diese zu vermeiden, muß entweder im Bereich von ca. 30% der O_2-Sättigungskonzentration die Übertragung in den Fermentor erfolgen, oder es ist von diesem Zeitpunkt an zu belüften. Als gekeimt werden die Sporen dann betrachtet, wenn die Länge der Hyphe etwa das 3fache des Sporendurchmessers erreicht hat. Auf die Kinetik des O_2-Verbrauches in Beziehung zu den Phasen der Keimung soll hier nicht eingegangen werden. Detaillierte Ergebnisse sind von Kretschmer und Jacob [4] bereits veröffentlicht worden.

Für die praktische Anwendung dieses Verfahrens interessiert in erster Linie der Einfluß verschiedener Kulturparameter auf den Keimungsverlauf.

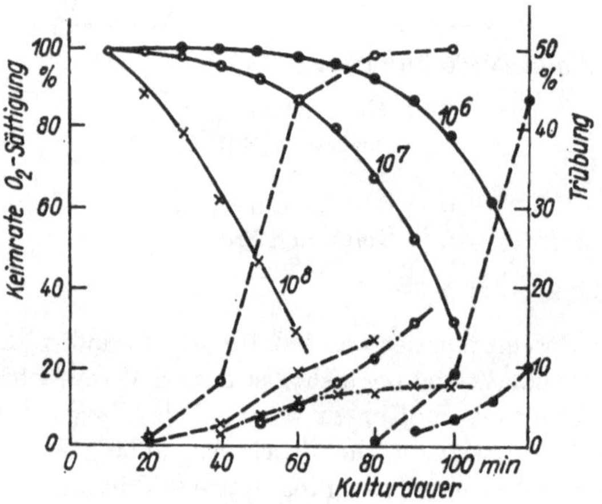

Abb. 4. Sauerstoffverbrauch (——), Keimrate (- - -) und Hyphenwachstum (- · -) in Abhängigkeit von der Sporenkonzentration (Medium I)

Von besonderer Bedeutung ist die Konzentration der Sporen (Abb. 4). Erwartungsgemäß nimmt mit steigender Sporenanzahl der O_2-Verbrauch zu. Wie die Ergebnisse einer parallel ausgeführten Trübungsmessung zeigen, wird infolge der stärkeren Anreicherung von CO_2 die Hyphenausbildung beschleunigt. Bei Konzentrationen über 10^7 Sporen/ml Kulturlösung benötigen die noch nicht ausgewachsenen Sporen bereits soviel Sauerstoff, daß eine Limitation schon vor Beginn der Keimschlauchbildung eintritt. In diesem Fall muß Sauerstoff zugeführt werden, um eine Hemmung der Keimung zu vermeiden. Ein Vergleich zwischen Wachstum der Hyphen und O_2-Verbrauch unterstreicht dessen unmittelbare Beziehung zum Keimungsverlauf unter den gewählten Verhältnissen.

Die Variation der Fermentationstemperatur (Abb. 5) bewirkt bei Unterschreitung des als optimal bekannten Wertes von 50 °C eine Verlangsamung des Keimungsablaufes. Eine Erhöhung um 5 °C hat keine wesentliche Beschleunigung zur Folge.

Da wegen der routinemäßigen Anwendung des Verfahrens auf eine komplizierte meß- und regelungstechnische Ausstattung verzichtet wurde, können Differenzen des Anfangs-pH-Wertes auftreten (Abb. 6). Bei einem pH-Wert von 6 wird die Keimung deutlich verzögert, während bis zum untersuchten pH-Wert von 8 eine Zunahme der Geschwindigkeit feststellbar ist.

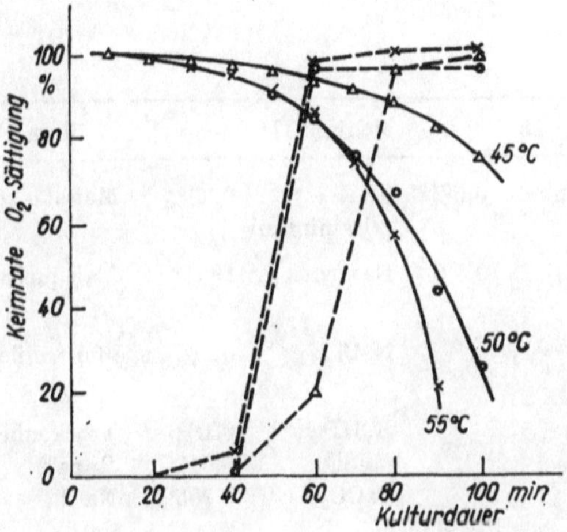

Abb. 5. Sauerstoffverbrauch (——) und Keimrate (- - -) in Abhängigkeit von der Temperatur

(10[7] Sporen/ml Kulturlösung; Medium I)

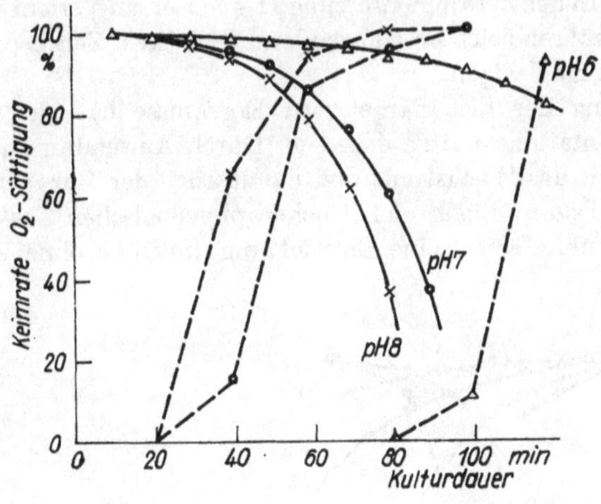

Abb. 6. Sauerstoffverbrauch (——) und Keimrate (- - -) in Abhängigkeit vom pH-Wert

(10[7] Sporen/ml Kulturlösung; Medium I)

Zur Untersuchung des Medieneinflusses wurden verschiedene in Tab. 1 angegebene Kulturlösungen eingesetzt. Das Standardmedium I setzt sich aus einem Stärkehydrolyseprodukt, Maisquellwasser und Salzen zusammen. Nach einem thermischen Extraktionsprozeß (20 min bei 90 °C) erfolgt eine Abtrennung der ungelösten Bestandteile durch Filtration. Medium II enthält nur Trockenhefe und Pepton. Variante III basiert auf einem vitaminfreien Aminosäuregemisch (Casaminoacids), Dextrin und Salzen, und das Medium IV entspricht einem komplexen Nährboden, wie er auch für die Fermentation

Tabelle 1

Zusammensetzung der Kulturmedien

Medium I		Medium II		Medium III		Medium IV	
Maisquellwasser	1%	Trockenhefe	0,5%	CAA (vitaminfrei)	0,35%	Maisstärke	1%
Stärkehydrolyse-produkt	1%	Pepton	0,5%	Dextrin	1%	Maisquellwasser	1%
NaCl	0,5%			NaCl	0,1%	Magermilch-pulver	0,05%
CaCl	0,05%			K_2HPO_4	0,1%	Trockenhefe	0,03%
				$MgSO_4$	0,01%	Rapsöl	0,2%
				$CaCO_3$	0,005%	NaCl	0,5%
						$CaCl_2$	0,05%
						Essigsäure	0,5%

verwendet wird. Wie aus der Abb. 7 ersichtlich ist, begünstigen komplexe Nährstoffe den Keimungsverlauf. Die genaue Bestimmung der Keimungsrate ist nur in den feststofffreien Medien möglich. In der Zusammensetzung II wachsen im Verlauf von 100 min nur vereinzelt Sporen aus, während sich im Nährboden IV zu dieser Zeit bereits Hyphen mit beginnenden Verzweigungen zeigen.

Die praktische Bedeutung der hier dargelegten Ergebnisse hat sich inzwischen während zahlreicher Fermentationsansätze erwiesen. Durch Anwendung der Methode kann die Reproduzierbarkeit des Wachstums und damit auch der Enzymsynthese erheblich gesteigert werden. Das in einem einheitlichen physilogischen Zustand in den Fermentor gelangende Inoculum setzt seine Entwicklung praktisch ohne Verzögerung

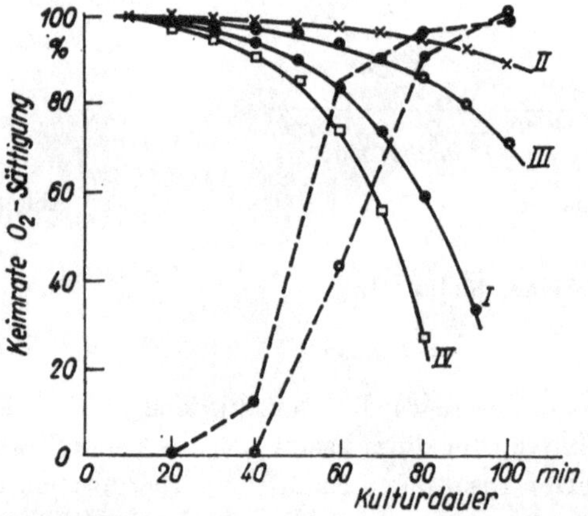

Abb. 7. Sauerstoffverbrauch (——) und Keimrate (- - -) in Abhängigkeit von der Medienzusammensetzung

(10^7 Sporen/ml Kulturlösung; Medienzusammensetzung nach Tab. 1)

fort. Bei Durchführung der früheren Verfahrensweise beginnt die Mycelentwicklung in der Regel nach 4 bis 6 Stunden. Dagegen findet sie jetzt unter Einbeziehung der Vorkulturdauer mit Sicherheit nach 2 h statt. Daraus resultiert eine für praktische Belange wesentliche Einsparung an Fermentationszeit. Schließlich wird durch den raschen Start der Kultur das Risiko einer Fremdinfektion stark gesenkt.

Zusammenfassung

1. Bei *Thermoactinomyces vulgaris* führt im Rührfermentor die Abhängigkeit des Auswachsens der Sporen von CO_2 zu mehr oder weniger sporadischen Keimungsverläufen.
2. Unter Ausnutzung des durch die Atmung der Sporen erzeugten Kohlendioxids und durch Ausschaltung äußerer Begasungseinflüsse kann der Keimungsprozeß reproduzierbar gestaltet werden.
3. Zur Erzielung optimaler Keimungsbedingungen sind Einflüsse durch Sporenkonzentration, Temperatur, pH-Wert und Medium zu berücksichtigen.
4. Die Anwendung der Methode führt zu reproduzierbaren Verfahrensbedingungen und zur Erhöhung der Zuverlässigkeit des Biosyntheseprozesses.

Literatur

[1] Gandhi, A. P., und L. Kjaergaard: Effect of carbon dioxide on the formation of α-amylase by *Bacillus subtilis* growing in continuous and batch cultures. Biotechnology and Bioengineering **17** (1975), 1109–1118

[2] Gould, G. W.: Germination. In Gould, G. W., and A. Hurst (Hsg.)/The bacterial spore, Academic Press Inc., London 1969

[3] Hirsch, C. F., and J. C. Ensign: Nutritionally defined conditions for germination of *Streptomyces viridochromogenes* spores. J. Bacteriol. **126** (1976), 13–23

[4] Kretschmer, S., und H. E. Jacob: Carbon dioxide requirement for outgrowth of *Thermoactinomyces vulgaris* spores. In Modarski, M., W. Kurylowicz and J. Jeljaszewicz (Hsg.)/ Nocardia and Streptomyces. Gustav Fischer Verlag, Stuttgart–New York 1978

Zentralinstitut für Ernährung der Akademie der Wissenschaften, Potsdam-Rehbrücke, DDR

Steigerung der Proteasebildung bei *Thermoactinomyces vulgaris* durch Zugabe von Öl

A. LEUCHTENBERGER und H. RUTTLOFF

1. Einleitung

Fermentationsversuche im 30-l-Fermentor zur Gewinnung der temperaturstabilen Protease „Thermitase" unter Verwendung des Stammes *Thermoactinomyces vulgaris* führten u. a. zu dem Ergebnis, daß Zusätze von Rapsöl als Entschäumer die Proteasebildung fördern (LEUCHTENBERGER und RUTTLOFF [7]). Das Studium der Literatur ergab, daß bei Stoffwechselprozessen sowohl eine stimulierende als auch eine hemmende Wirkung von Ölen und Fettsäuren möglich ist. Hinsichtlich der Wirkung solcher Verbindungen auf die Enzymbildung konnten u. a. die in Tab. 1 zusammengefaßt auf-

Tabelle 1

Einfluß von Ölen und Fettsäuren auf die Bildung mikrobieller Enzyme

Öl bzw. Fettsäure	Konzentration	Organismus	Enzym	Effekt	Quelle
Reisöl, Rapsöl, Palmöl, Erdnußöl, Schweinefett, Sojaöl, Leinöl, Walöl	3%	*Endomycopsis* spec.	Amylase	stimuliert (500–1000%)	YAMAMOTO u. a. 1964
Rapsöl	2%	*Endomycopsis bispora*	Glukoamylase	stimuliert (300%)	RUTTLOFF u. a., 1966 WINKLER, 1971
Rapsöl, Sojaöl, Reisöl, Sesamöl, Baumwollsaatöl, Erdnußöl	1–5%	*Penicillium duponti*	saure, thermostabile Protease	stimuliert (200–500%)	YOKOTSUKA u. a., 1972
Ölsäure, Erucasäure	0,1–1%	*Penicillium duponti*	saure, thermostabile Protease	stimuliert (200–500%)	YOKOTSUKA u. a., 1972
Olivenöl, Maisöl	0,1%	*Actinomyces* spec.	Protease	stimuliert (30–50%)	EKLUND u. a., 1974
Reisöl	1–2%	*Bacillus subtilis*	Protease Amylase	stimuliert (20–30%)	EL SAIED u. a., 1973
Ölsäure	1%	*Aspergillus oryzae*	Protease	stimuliert (100%)	KANN u. a., 1973

geführten Angaben gefunden werden. Wie daraus hervorgeht, können Öle pflanzlichen und tierischen Ursprungs sowie C_{12}- bis C_{20}-Fettsäuren, insbesondere ungesättigte C_{18}-Fettsäure, im Konzentrationsbereich von 0,1 bis 5% die Bildung verschiedener Enzyme fördern. In Abhängigkeit vom Mikroorganismus, von den Kulturbedingungen und vom Enzym kann die Steigerungsrate 20% bis 1000% im Vergleich zum Kontrollansatz betragen. In bezug auf die Ursachen, die zu diesem „Öleffekt" führen, gibt es noch relativ wenig und vielfach kontroverse Informationen (Leuchtenberger und Ruttloff [8]). Aus der Literatur läßt sich eine Reihe von Möglichkeiten zur Erklärung dieses Effektes ableiten. Es sind dies insbesondere:

1. Veränderung des Stoffaustausches zwischen Zelle und Medium durch Beeinflussung der Zellmembran.
2. Beeinflussung der Regulation der Enzymsynthese.
3. Beeinflussung von Enzym-Substrat-Wechselwirkungen.
4. Wirkung auf den Energiestoffwechsel durch Ausnutzung von Öl und Fettsäuren als C-Quelle.

Es ist anzunehmen, daß diese und andere Effekte im gegebenen Einzelfall auch komplex wirksam sein können.

Erste Befunde über den Öleinfluß auf die Proteasebildung sowie über die Wirkung von Öl auf den C-Stoffwechsel von Thermoactinomyces vulgaris sind Inhalt der nachfolgenden Ausführungen.

2. Versuchsdurchführung

Die Untersuchungen wurden in 500-ml-Rundkolben mit jeweils 4 Schikanen sowie in 2-l- und 30-l-Fermentoren durchgeführt. Eine schematische Darstellung des Ablaufes dieser 3 Fermentationsvarianten zeigt Abb. 1. Ausgehend von einer Sporensuspension, die zur Langzeitlagerung

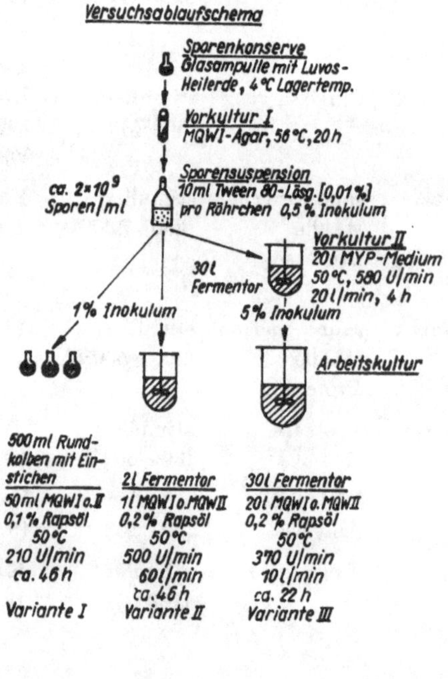

Abb. 1. Schematische Darstellung des Versuchsablaufes in drei verschiedenen Kulturgefäßen

bei +4°C mit Luvos-Heilerde lyophilisiert ist, wird zur Aktivierung des Sporenmaterials eine Schrägagarkultur angelegt. Nach 20 h Bebrütung bei 55°C erfolgt mit 0,01%iger Tween-80-Lösung eine Sporenabschwemmung. Diese Sporensuspension dient bei den Varianten I und II direkt zur Beimpfung der Arbeitskultur, bei Variante III zur Inokulation einer Vorkultur, mit der nach 4 h die Arbeitskultur beimpft wird. Als Fermentationsmedien dienen das komplexe Medium MQW I, bestehend aus 1% Maisquellwasser, 1% Maisstärke, 0,5% NaCl und 0,05% $CaCl_2$ sowie ein durch Zusatz von Hefe, Magermilchpulver und Essigsäure verbessertes MQW-II-Medium.

Wachstumsmessungen erfolgen über die Ermittlung der Biomasse mittels Filtrationstechnik. Die Proteaseaktivität wird mit einer modifizierten Anson-Methode bestimmt (Klingenberg [5]). Der Gehalt an Gesamtkohlenhydraten wird mittels ANTHRON gemessen (Keil und Šormova [4]). Halbquantitative papierchromatographische Untersuchungen erfolgen entsprechend einer Methode, die bei Leuchtenberger und Ruttloff [6] näher erläutert ist. Die amylolytische Aktivität wird unter Verwendung von Dinitrosalicylsäure ermittelt (Ruttloff u. a. [9]).

3. Ergebnisse und Diskussion

Wirkung verschiedener Öle und Medien

Zunächst interessierte die Frage, ob außer Rapsöl auch andere Öle einen aktivitätssteigernden Effekt ausüben. Versuche dazu wurden in Schüttelkulturansätzen (Variante I in Abb. 1) durchgeführt. Bei Verwendung von 0,1% Raps-, Soja-, Fisch- und Rinderklauenöl werden z. B. in MQW-I-Medium Ergebnisse gemäß Abb. 2 erzielt. Sämtliche

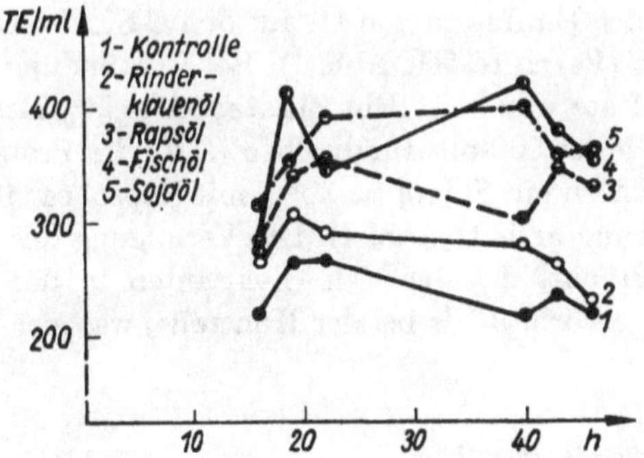

Abb. 2. Beeinflussung der Proteasebildung von *Thermoactinomyces vulgaris* durch Zusätze von 0,1% verschiedener Öle
(MWQ I, 46 h, 50°C, 500-ml-Rundkolben mit 4 Schikanen)

eingesetzten Öle bewirken eine erhöhte Proteaseausschüttung; der stimulierende Effekt ist jedoch unterschiedlich. Nach 19 bis 22 h Fermentationsdauer ergeben Zusätze von Rinderklauenöl ca. 25%, von Rapsöl 40% sowie von Fisch- und Sojaöl 50 bis 60% höhere Enzymausbeuten als die Kontrolle. Diese Befunde stimmen gut mit Ergebnissen von Eklund u. a. [1] überein. Bei Verwendung von 0,1% Maisöl und Olivenöl erhalten diese Autoren eine Steigerung der Proteasebildung durch Actinomyces spec. um 30 bis 50%.

Daß der Stimulationseffekt von der Medienzusammensetzung abhängt, zeigt eine vergleichende Gegenüberstellung des Ausgangsmediums MQW I und des durch Optimierung verbesserten Mediums MQW II (Abb. 3). Nach Versuchsansätzen in 2-l-Fermentoren (Variante II in Abb. 1) wird die höchste Enzymausbeute bei MQW-II-Medium mit Ölzusatz erreicht. In MQW-I-Medium mit Rapsöl werden ca. 10% niedrigere Werte erzielt. Betrachtet man dagegen die durch Rapsöl bewirkte Aktivitätssteigerung in beiden Medien, so ergibt sich im MQW-I-Medium eine Erhöhung um 140% und im MQW-II-Medium eine solche um 45% gegenüber den Kontrollen.

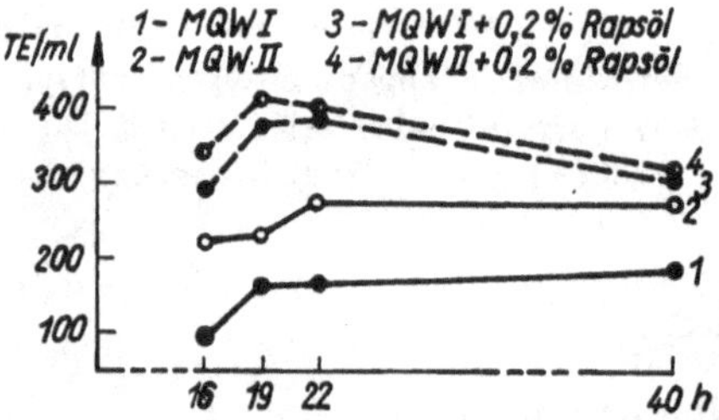

Abb. 3. Abhängigkeit der Rapsölwirkung von der Medienzusammensetzung (2-l-Fermentor, 1-l-MQW-I- bzw. MQW-II-Medium, 40 h, 50 °C, 500 U/min, 60 l Luft/min. 0,2% Rapsöl)

Einfluß von Öl auf den C-Stoffwechsel

Untersuchungen zur Ermittlung des Einflusses von Öl auf den C-Stoffwechsel wurden in 30-l-Fermentoren durchgeführt (Variante III, Abb. 1). Bei Verwendung von MQW-I-Medium werden folgende Resultate erhalten: Ein Zusatz von 0,2% Rapsöl, Sojaöl bzw. Fischöl stimuliert ähnlich wie im 500-ml-Rundkolben (s. o.) die Proteasebildung. Nach 22 h Fermentationsdauer werden mit Sojaöl ca. 30%, mit Rapsöl ca. 45% und mit Fischöl ca. 90% Aktivitätssteigerung erzielt (Abb. 4). Die Verfolgung des Wachstums mittels Filtrationstechnik verdeutlicht, daß bei den Ölvarianten in der stationären Phase eine größere Biomassemenge vorliegt als bei der Kontrolle, was sich auf die En-

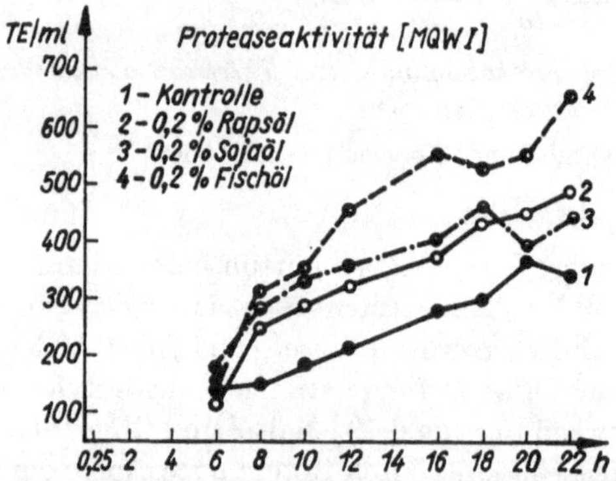

Abb. 4. Wirkung verschiedener Öle auf die Proteasebildung im 30-l-Fermentor (20 l MQW I, 22 h, 50 °C, 10 l/min, 370 U/min)

zymbildung positiv auswirkt (Abb. 5). Wie auch mikroskopische Beobachtungen zeigen, ist die Lyseneigung des Mycels bei Ölzusatz geringer.

Eine Messung der in der Kulturlösung während der Fermentation vorliegenden löslichen Kohlenhydrate mittels Anthron-Methode führt zu den in Abb. 6 dargelegten Ergebnissen. Daraus läßt sich ableiten, daß die in den Kulturmedien mit Ölzusatz vorhandenen löslichen Kohlenhydrate in geringerem Maße verstoffwechselt werden als in der Kontrolle. Es drängt sich die Frage auf, um welche Kohlenhydrate es sich handelt. Papierchromatographische Untersuchungen geben darüber Aufschluß. Abb. 7 zeigt, daß im Verlaufe der Fermentation bei der Kontrolle ohne Ölzusatz zur 6. Stunde eine geringfügige Anreicherung von Glucose und Maltose zu beobachten ist. Beide Saccharide werden jedoch bis zur 18. Stunde vollständig abgebaut. Abb. 8 verdeutlicht diese Befunde in einem Diagramm nach halbquantitativer Auswertung. Daraus geht hervor, daß beide Zucker unterhalb einer Konzentration von 1 mg/ml verbleiben. Anders sind die Befunde bei den Kulturmedien mit Ölzusatz (Abb. 9). Wie sich zeigt, kommt es bei dem Kulturansatz mit 0,2% Rapsöl nach 6 h zu einer verstärkten An-

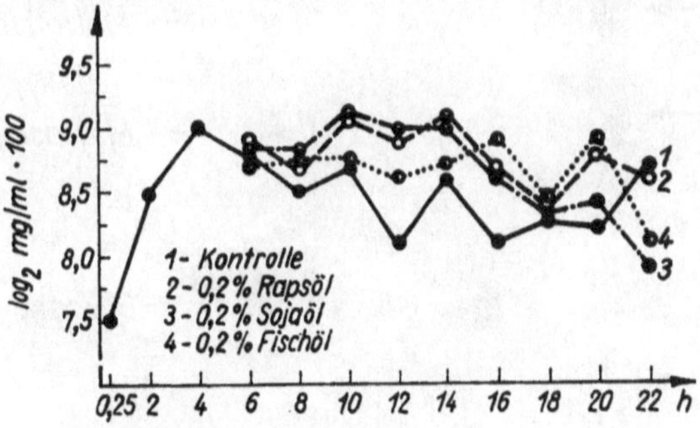

Abb. 5. Beeinflussung der Biomassebildung durch Ölzusätze (Kulturbedingungen wie in Abb. 4)

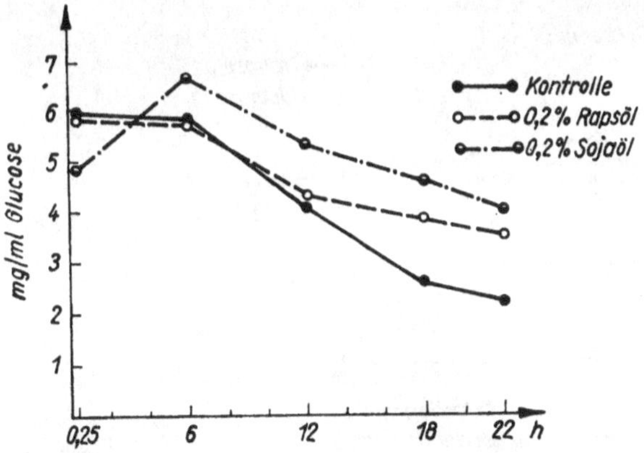

Abb. 6. Gehalt an löslichen Kohlenhydraten während der Fermentation (Kulturbedingungen wie in Abb. 4)

sammlung von Glucose, die jedoch nach 12 h wieder verschwunden ist. Maltose wird zur 12. Fermentationsstunde angereichert und nachfolgend bis zur 22. Stunde allmählich wieder verbraucht. Geringfügige Mengen bleiben jedoch noch erhalten. Die gemäß Abb. 10 vorgenommene halbquantitative Auswertung zeigt, daß Glucose zur 6. Stunde in einer Menge von 1,5 mg/ml und Maltose zur 12. Stunde in einer solchen von 1,7 mg/ml vorliegen. Diese Mengen liegen deutlich über denjenigen Werten, wie sie im Kontrollansatz ohne Öl gefunden wurden. Analoges gilt auch für die im unteren Teil der Abb. dargestellten Zwischenprodukte des Stärkeabbaus. Eine teilweise noch größere Anreicherung, insbesondere von Maltose, wird auch bei den anderen Ölvarianten beobachtet (Abb. 11). Hier sind die zum Fermentationsende (nach 22 h) vorliegenden Maltosekonzentrationen noch sehr erheblich. Da durch Ölzugabe das Wachstum nicht gemindert,

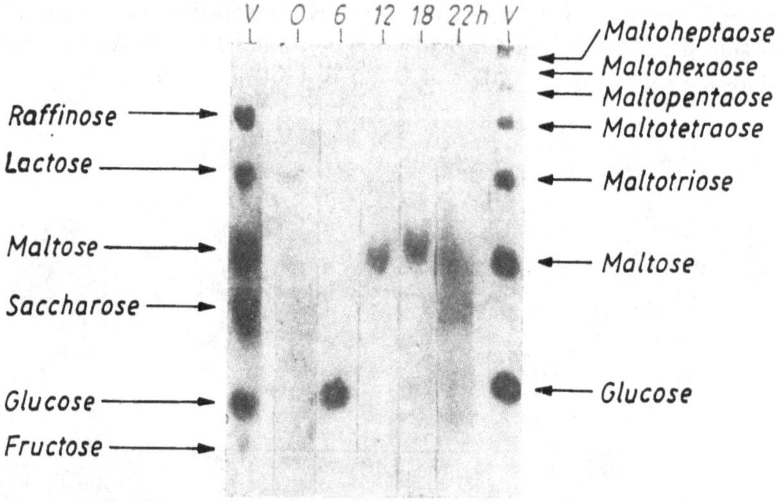

Abb. 7. Kinetik des Kohlenhydratabbaus ohne Ölzusatz (Papierchromatogramm, Kulturbedingungen wie in Abb. 4)

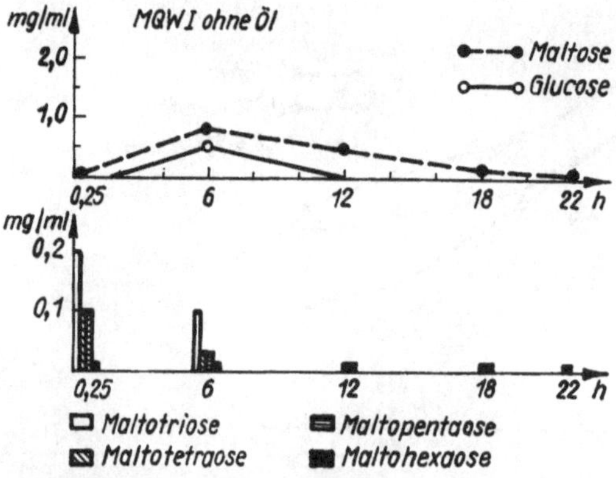

Abb. 8. Kinetik des Kohlenhydratabbaus ohne Ölzusatz (halbquantitative Darstellung)

sondern sogar leicht erhöht ist, läßt sich die Saccharidanreicherung in zweierlei Hinsicht interpretieren:

1. Es erfolgt ein verstärkter Stärkeabbau durch Stimulierung der amylolytischen Aktivität.
2. Der Mikroorganismus nutzt neben Stärke auch Öl als C-Quelle.

Erste Versuche dazu haben ergeben, daß beide Effekte eine Rolle spielen. Abb. 12 läßt erkennen, daß durch Ölzusätze auch die Bildung amylolytischer Enzyme stimuliert wird. Hinsichtlich der Wirksamkeit ergibt sich die gleiche Reihenfolge wie bei der

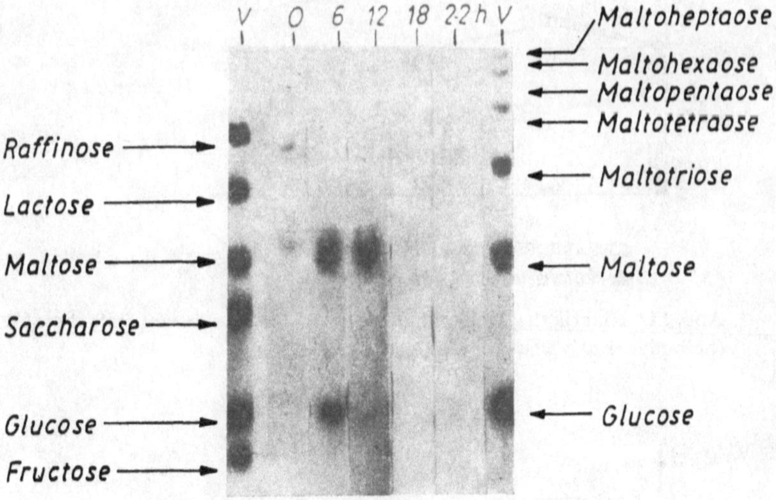

Abb. 9. Kinetik des Kohlenhydratabbaus mit 0,2% Rapsölzusatz (Papierchromatogramm, Kulturbedingungen wie in Abb. 4)

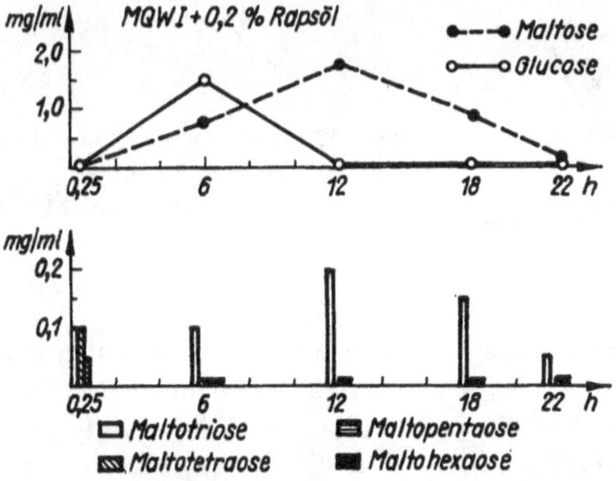

Abb. 10. Kinetik des Kohlenhydratabbaus mit 0,2% Rapsölzusatz (halbquantitative Darstellung)

Proteasebildung, nämlich Rapsöl, Sojaöl, Fischöl. Die Bestimmung des Fettgehaltes zu Beginn und nach 22 h Fermentationsdauer zeigt, daß das zugesetzte Öl zu mehr als 50% verstoffwechselt wird (Abb. 13). *Thermoactinomyces vulgaris* nutzt somit Öl als zusätzliche C-Quelle. Zu ähnlichen Ergebnissen kommen auch YAMAMOTO u. a. [10]. Bei Zusatz von 3% an verschiedenen pflanzlichen und tierischen Ölen erhalten diese Autoren

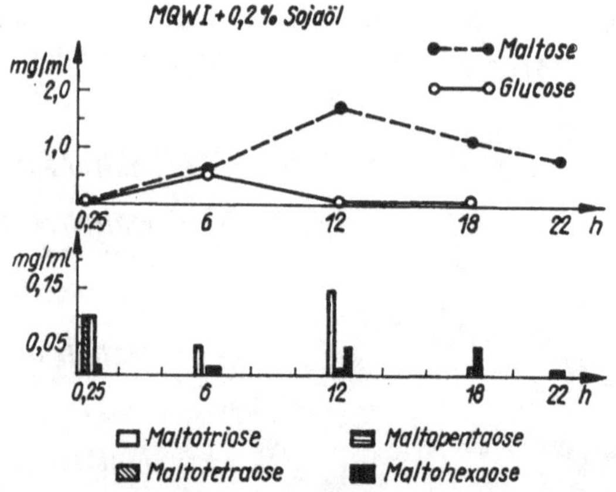

Abb. 11. Kinetik des Kohlenhydratabbaus bei Zusatz von 0,2% Sojaöl (halbquantitative Darstellung)

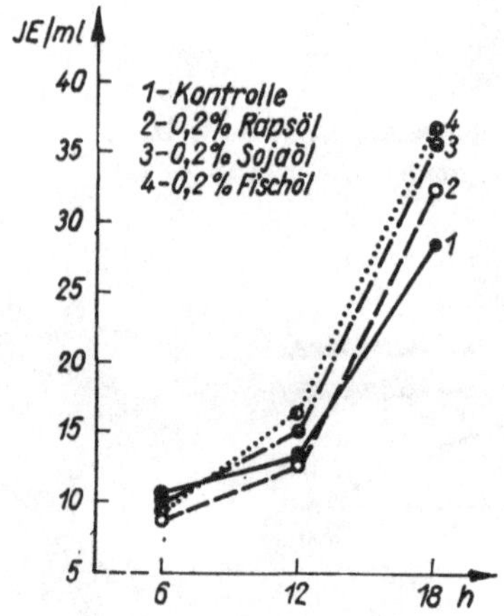

Abb. 12. Wirkung von Öl auf die Bildung amylolytischer Enzyme (Kulturbedingungen wie in Abb. 4)

eine Erhöhung der amylolytischen Aktivität um das 10fache. Nach 45 h Fermentationsdauer im 25-l-Fermentor sind 80% des zugesetzten Öles umgesetzt. KANN u. a. [3] vermuten, daß *Aspergillus oryzae* Ölsäure als zusätzliche C-Quelle nutzt. Mit 1% Zusatz von Ölsäure zu einem Molkenmedium können sie die Proteaseaktivität um 100% steigern. Auch EVANS u. a. [2] vertreten die Ansicht, daß als Antischaummittel genutzte natürliche Öle von Mikroorganismen als C-Quelle verbraucht werden. Die vorgestellten

Ergebnisse lassen folgende Schlußfolgerungen zu:

1. Außer Rapsöl führen auch Zusätze anderer Öle (z. B. Rinderklauenöl, Sojaöl und Fischöl) in einer Konzentration von 0,1 bis 0,2% zu einer Steigerung der Proteaseaktivität. In Abhängigkeit vom Öl beträgt sie in Schüttelkultur 25 bis 60%, im 30-l-Rührfermentor 30 bis 90%, jeweils nach 19 bis 22 h Fermentationsdauer.

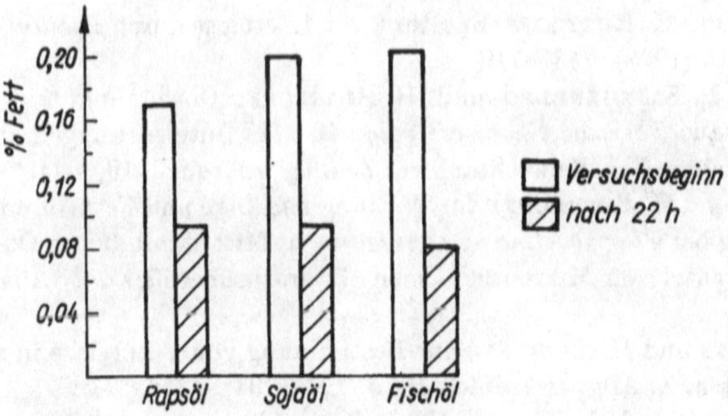

Abb. 13. Abbau von Öl im Verlaufe der Fermentation im 30-l-Fermentor (Kulturbedingungen wie in Abb. 4)

2. Der durch Öl verursachte Stimulationseffekt ist von der Medienzusammensetzung abhängig. Er beträgt z. B. bei Zusatz von 0,2% Rapsöl im 2-l-Rührfermentor im nährstoffärmeren MQW-I-Medium 140% und im nährstoffreicheren MQW-II-Medium 45%.
3. Ölzusätze von 0,1 bis 0,2% zum Fermentationsmedium führen im 30-l-Rührfermentor zu einer erhöhten Biomassemenge in der stationären Phase, was sich positiv auf die Proteasebildung auswirkt. Die Mycellyse ist in dieser Wachstumsphase gegenüber der Kontrolle gemindert.
4. Die Verstoffwechselung von mehr als 50% des Öles deutet darauf hin, daß *Thermoactinomyces vulgaris* Öl als zusätzliche C-Quelle nutzt, um den durch die größere Biomassemenge bedingten erhöhten Energiebedarf für die Enzymproduktion zu decken.
5. Die Anreicherung von Sacchariden, vor allem von Maltose, in den ölhaltigen Medien ist vermutlich eine Folge der verstärkten Wirkung amylolytischer Enzyme. Die vermehrt anfallenden Saccharide werden jedoch infolge der gleichzeitig ablaufenden Verstoffwechselung von Öl nicht so stark verbraucht, so daß sich für diese eine positive Bilanz ergibt.

Literatur

[1] Eklund, E., H. Heinonen and H. G. Gyllenberg: Extracellular proteases from soil Actinomycetes. III. Effect of growth medium and temperature on the protease production by an Actinomycete, isolated from peat. Zbl. Bakt. Abt. II **129** (1974), 12–19

[2] Evans, J. J., and M. J. Hall: Foams and antifoams in fermentation. Proc. Biochem. April (1971), 23–26

[3] KANN, A. G., and K. K. RAJA: Effect of some additions on the synthesis of amylolytic and proteolytic enzymes by cultivating *Aspergillus oryzae* 3-9-15 in milk whey. Tr. Tallin Politechn. Inst. **331** (1973), 77–87

[4] KEIL, B., und Z. ŠORMOVA: Laboratoriumstechnik für Biochemiker. Akademische Verlagsgesellschaft Geest und Portig KG Leipzig 1965

[5] KLINGENBERG, P., F. ZICKLER, A. LEUCHTENBERGER und H. RUTTLOFF: Gewinnung und Charakterisierung von Proteasen aus *Thermoactinomyces vulgaris*. II. Selektion von leistungsfähigen Stämmen. Z. Allg. Mikrobiol. **19** (1979), 17–25

[6] LEUCHTENBERGER, A., und H. RUTTLOFF: Spaltung von Lactulose durch *Bacillus megaterium*. Z. Allg. Mikrobiol. **18**, 10 (1978), 713–719

[7] LEUCHTENBERGER, A., P. KLINGENBERG und H. RUTTLOFF: Gewinnung und Charakterisierung von Proteasen aus *Thermoactinomyces vulgaris*. III. Untersuchungen zur Proteasebildung in einer kleintechnischen Versuchsanlage. Z. Allg. Mikrobiol. **19, 1** (1979), 27–35

[8] LEUCHTENBERGER, A., und H. RUTTLOFF: Zur Wirkung von Ölen und Fettsäuren auf Wachstum und Enzymbildung bei *Thermoactinomyces vulgaris*. 1. Mitt. Einfluß von Ölen und Fettsäuren auf den Stoffwechsel von Mikroorganismen (Literaturüberblick). Z. Allg. Mikrobiol. **19**, 9 (1979), 609–627

[9] RUTTLOFF, H., R. FRIESE und M. RICHTER: Zur Bestimmung von α-Amylase in mikrobiellen Glukoamylase-Präparaten. Z. Allg. Mikrobiol. **10**, 5 (1970), 341–352

[10] YAMAMOTO, T., F. HATTORI and H. TAKATSU: The effect of lipids on amylolytic enzyme production by *Endomyces spec.* Bull. Inst. Chem. Res. Kyoto **42** (1964), 252–269

Institut für Lebensmitteltechnologie, Universität für Bodenkultur, Wien

Beobachtungen zur Bildung von Glucoseisomerase bei einigen *Bac. stearothermophilus*-Stämmen

H. KLAUSHOFER und W. MUNDT

Seit den grundlegenden Untersuchungen von MARSHALL und KOOI [6], auf denen aufbauend TAKASAKI und TANABE [8] den MITI-Prozeß entwickelt haben, hat weltweit die Suche nach Mikroorganismen nicht aufgehört, die in der Lage sind, Enzyme zu bilden, mit deren Hilfe man Glucose zu Fructose isomerisieren kann. Hat sich doch in einigen Ländern der Welt, insbesondere in den Vereinigten Staaten, die Herstellung von Isosirupen nicht nur als gewinnbringend, sondern auch als volkswirtschaftlich attraktiv erwiesen. Aus einem im Überschuß vorhandenen Rohstoff — dem Mais — läßt sich ein dem Zucker aus Rohr, der in beträchtlichen Mengen importiert werden muß, für ein weites Anwendungsgebiet adäquates Süßungsmittel herstellen.

Man weiß heute, daß die Fähigkeit zur Bildung von Glucose-isomerisierenden Enzymen unter den Mikroorganismen weit verbreitet ist. Tab. 1 gibt einen Eindruck von der diesbezüglichen Vielfalt an Familien, Gattungen und Arten, ohne einen Anspruch auf Vollständigkeit zu erheben. Freilich werden nur ganz wenige von ihnen für die Produktion von im industriellen Maßstab angewandten Präparaten verwendet. Es sind

Tabelle 1
Einige Glucoseisomerase produzierende Mikroorganismen

Bacillus	coagulans, stearothermophilus, megaterium . . .
Actinoplanes	missouriensis, philippinensis, armeniacus . . .
Streptomyces	olivaceus, albus, phaeochromogenes, echinatus, venezuelae . . .
Arthrobacter	sp.
Aerobacter	cloacae, aerogenes . . .
Brevibacterium	
Lactobacillus	brevis, fermenti, lycopersici
Leuconostoc	mesenteroides
Escherichia	intermedia
Pseudomonas	hydrophila
Acetobacter	suboxydans, oxydans . . .
Nocardia	asteroides . . .
Micromonospora	rosea . . .
Microellobospora	
Paracolobacterium	
Curtobacterium	

dies vor allem *Bac. coagulans*, *Actinoplanes* sp., *Str. olivaceus*, *Str. albus*, *Str. phaeochromogenes*, *Arthrobacter* sp. Auch *Bac. stearothermophilus* befindet sich unter den angeführten Arten. In einem der Snam Progetti S.p.A., Mailand, [7] erteilten Patent über ein „Verfahren und Mittel zur Herstellung von Fructose und Fructose und Glucose enthaltenden Sirups" wird ein *Bac. stearothermophilus*-Stamm als Glucoseisomeraseproduzent verwendet.

Für unseren Entschluß, Studien über die Glucoseisomerasebildung von *Bac.-stearothermophilus*-Stämmen durchzuführen, waren 3 Gründe maßgebend. Die Reihenfolge, in der ich sie nenne, soll kein Maß für ihre Bedeutung sein.

1. Seit über 20 Jahren beschäftigen wir uns in Wien, in den letzten 10 Jahren insbesondere im Rahmen des Österreichischen Zuckerforschungsinstituts, mit thermophilen aeroben Sporenbildnern im Zusammenhang mit der Mikrobiologie der Rübenzuckerfabrikation. Im Laufe der Zeit wurde eine Sammlung von etwa 80 Isolierungen angelegt, die von Hollaus [5] gründlich untersucht, identifiziert und hinsichtlich ihres Verwandtschaftsgrades innerhalb der Arten nach den Methoden der numerischen Taxonomie charakterisiert wurden. Von den Stämmen erwiesen sich 54 als zur Art *Bac. stearothermophilus* gehörig.
2. *Bac. stearothermophilus* ist mit *Bac. coagulans* nahe verwandt. Eines der bestens eingeführten technischen Enzyme zur Isomerisierung der Glucose, das „Sweetzyme" der Firma Novo, wird aus *Bac. coagulans* hergestellt.
3. Zu den 4 Grundforderungen, die eine Glucoseisomerase für die industrielle Anwendung nach H. U. Geyer [3] erfüllen muß, gehört, daß sie bei Temperaturen von mindestens 60 °C eingesetzt werden kann, damit während der Isomerisierung kein Mikroorganismenwachstum erfolgt. *Bac. stearothermophilus* als hochthermophiler, d. h. noch bei Temperaturen von 65 °C und darüber vermehrungsfähiger Keim, verfügt naturgemäß über Enzyme mit hohem Temperaturoptimum.

Die Glucoseisomerase ist ein Biokatalysator, der Glucose zu Fructose isomerisiert. Sie ist aber durch den Namen insofern nicht klar definiert, als es sich nach A. F. Fratzke [2] um mindestens 3 Enzyme handelt, die sich durch die für die Reaktion benötigten Co-Faktoren unterscheiden. Die von den meisten Mikroorganismen produzierten Enzyme zeigen höhere Affinität zu Xylose als zu Glucose, sind daher tatsächlich Xyloseisomerasen (E. C. 5.3.1.5).

Diese Tatsache war dafür maßgebend, daß wir für unsere Untersuchungen nur jene Stämme der Sammlung heranzogen, bei denen Hollaus die Fähigkeit zum Wachstum auf einem Medium mit Xylose als einziger Kohlenhydratquelle festgestellt hatte. Wie Hollaus [5] zeigen konnte, ist das Vermögen der Stämme der Gruppe IIIA und IIIB, aus Xylose Säure zu bilden, unterschiedlich. Die Mehrzahl der Stämme ist zur Verwertung unter Säurebildung nicht fähig. Gleiches Verhalten gilt hinsichtlich Trehalose, Laktose und l(+)-Rhamnose. Immerhin erwiesen sich 17 Stämme als Xyloseverwerter. Um daraus die besten Glucoseisomerase-(GI)-Bildner auszuwählen, bedienten wir uns zunächst eines einfachen, schnell durchzuführenden Testverfahrens, dessen Aussagewert sich freilich als nicht so groß wie erwartet herausstellen sollte.

Von den auf Hefeextrakt-Pepton-Fleischextrakt-Schrägagar mit 0,4 g Saccharose/l (NB I) (Tab. 2) über Nacht bei 65 °C vorgezüchteten Kulturen wurde eine Öse in 30 ml flüssigen Nährboden (NB II) überimpft, der Xylose, in manchen Fällen aber auch xylanhaltiges Material (Weizenkleie) enthielt.

Tabelle 2

Nährbodenzusammensetzung

Nährboden I.	
Pepton aus Casein (tryptisch verdaut) (Merck)	10,0 g
Fleischextrakt (Liebig)	5,0 g
Hefeextract (Difco)	5,0 g
Saccharose	0,4 g
K_2HPO_4	1,0 g
$MgSO_4 \cdot 7\,H_2O$	0,1 g
$FeSO_4$	0,01 g
Agar	25,0 g
dest. H_2O	1000 ml
pH = 7,2	
Nährboden II.	
$(NH_4)_2HPO_4$	1,0 g
KCl	0,2 g
$MgSO_4 \cdot 7\,H_2O$	0,2 g
Hefeextrakt (Difco)	0,2 g
dest. H_2O	1000 ml
pH = 7,0	
+ 10 ml 0,04% Bromkresolpurpurlsg.	
+ 10 g Xylose	
oder	
+ 30 g Weizenkleie	
Nährboden III.	
Pepton aus Casein (tryptisch verdaut) (Merck)	2,0 g
Hefeextrakt (Difco)	1,0 g
K_2HPO_4	0,5 g
$MgSO_4 \cdot 7\,H_2O$	100 mg
$MnSO_4 \cdot 7\,H_2O$	100 mg
Leitungswasser	1000 ml
0,5–3,0% Xylose	
pH = 7,0	
Nährboden IV.	
Wie Nährboden III, aber ohne Pepton und mit 7,5 g Hefeextrakt/l	

Als Kulturgefäße dienten Erlenmeyerkölbchen zu 100 ml, die bei geringer Schüttelfrequenz in einem Schüttelwasserbad (GFL Type 1083, Gesellschaft für Labortechnik GmbH., Hannover-Vinhorst, BRD) bei 65 °C über 12 Stunden gehalten wurden. Jedesmal, wenn die Farbe des Indikators auf eine entsprechende Absenkung des pH-Wertes schließen ließ, wurde durch Zugabe von 0,1 n NaOH eine Korrektur vorgenommen.

Die Biomasse wurde durch Zentrifugieren geerntet, gewaschen und einer mit 0,05 m Phosphat-Puffer auf pH 7,5 gebrachten, 4%igen Glucoselösung zugesetzt. Die Suspension wurde bei 65 °C sechs Stunden gehalten und die durch Glucoseisomerasewirkung gebildete Fructose dünnschichtchromatographisch nachzuweisen versucht. Durch Vergleich mit ebenfalls der Chromatographie unterworfenen Lösungen bekannten Fructosegehaltes war eine halbquantitative Bestimmung möglich. Die Einzelheiten der Versuchsbedingungen sind in Tab. 3 zusammengefaßt.

Tabelle 3

Versuchsbedingungen für den Nachweis von Fruktose

Gepufferte Glucoselösung	5 ml
Biomasse feucht	50 mg
Reaktionsgefäß:	Eprouvetten 15 × 155 mm
Dünnschichtfolien:	Kieselgel 60F (Merck 5554)
Aufgegebene Flüssigkeitsmenge	1 µl
Fructose-Vergleichslösung	1,0 – 2,5 – 5,0 mg/ml
Laufmittel:	Äthylacetat: Äthanol: Eisessig: Borsäure = 10:10:5:5
Fructose-Nachweis	Naphtoresorcin-Schwefelsäure

Besondere Probleme entstanden bei der Arbeit mit Weizenkleie, wo nur die Abtrennung der gröberen Bestandteile durch Filtration über Glaswolle gelang. Die Feinanteile konnten von der Biomasse nicht abgetrennt werden.

Wir konnten schließlich mit diesem Testverfahren die 17 *Bac.-stearothermophilus*-Stämme in 3 Gruppen mit unterschiedlicher GI-Aktivität einteilen (Tab. 4). In der Folge wurden die Stämme E 4, E 32, E 8, G und B 27 näher untersucht. B 27 deswegen, um die Aussage der Vorversuche nochmals zu überprüfen.

Tabelle 4

Differenzierung von Bac. stearothermophilus-Stämmen

GI-Aktivität	Fruktose µg/µl Ansatz	Stammbezeichnung
hoch	> 1–2,5	*E 4, E 32*
mittel	~ 1	D 13, *E 8*, E 10, E 23, E 36, E 43, E 44, *G*, H 6, T 5, ZP
gering	< 1	*B 27*, E 6, H 5, L 36

Wir bedienten uns jetzt eines mit einem Magnetstäbchen als Rührorgan ausgestatteten Kleinfermentors mit 500 ml Totalvolumen, in den während des Bakterienwachstums Luft eingeleitet und der pH-Wert des Mediums durch Zudosieren von Lauge konstant gehalten werden konnte. Hier und bei den später beschriebenen Versuchen wurde die Keimzahl mittels Thomakammer und Messung der Extinktion bei 660 nm verfolgt.

Die GI-Produktion muß in einem zu ihrer Bildung befähigten Mikroorganismus durch ein geeignetes Kohlenhydrat induziert werden. Einflußgrößen ihrer Bildung sind neben der Art und Menge der Kohlenstoffquelle die Quelle für Stickstoff und Metallionen, die als Aktivatoren oder Inhibitoren wirken können, ferner der pH-Wert während der Züchtung und die Züchtungstemperatur.

Beim Vergleich der 5 ausgewählten Stämme haben wir alle Züchtungsparameter konstant gehalten. Sie sind tieferstehend angeführt.

Nährboden:	Pepton-Hefeextrakt (NB III) (Tab. 2)	pH = 7,0 (konstant gehalten durch Zugabe von 1 n NaOH bei pH-Stat-Regelung)
	Xylose: 5 g/l	Temp. = 65 °C

Von Zeit zu Zeit wurden Proben aus dem Fermentor entnommen, die Zellen abzentrifugiert, gewaschen und auf ihre GI-Aktivität durch quantitative Bestimmung der innerhalb von 60 Minuten aus Glucose bei pH 7,5 gebildeten Fructose nach der Cystein-Carbazolmethode geprüft. Detaillierte Angaben über die Verfahrensbedingungen in Abb. 1.

ENZYMANSATZ — BLINDWERT

100 mg feuchte Zellen

in 10 ml Glucoselösung (1,8 g Glucose in 100 ml 0,05 m Phosphatpuffer pH = 7, 0,04% $MgSO_4 \cdot 7H_2O$, 0,004% $CoCl_2 \cdot 6H_2O$) + 0,5 ml Toluol

↓ ↓

Reaktion im Schüttelwasserbad bei 70° über 1 Stunde

↓ ↓

1 ml + 4 ml 0,05 m Perchlorsäure

↓ ↓

0,1 ml + 0,9 ml H_2O

↓ ↓

+ 0,2 ml Cystein—HCl (1,5%)

↓ ↓

+ 5 ml H_2SO_4 (75%)

↓ ↓

+ 0,2 ml Carbazol (0,12%)

↓ ↓

Farbentwicklung bei 60° über 10 Minuten

↓ ↓

Abkühlung im Eisbad

↓ ↓

Extinktion bei 500 nm gegen Blindwert

Abb. 1. Enzymansatz zur Bestimmung der GI-Aktivität

Es zeigte sich nun zu unserer Überraschung, daß unter den hinsichtlich pH-Wert, Temperatur und Medienzusammensetzung gleich gehaltenen Bedingungen die Fähigkeit der 5 Stämme, GI zu bilden, nicht so verschieden war, wie es die Vorversuche erwarten ließen. Auch B 27, dessen GI-Aktivität zunächst als sehr gering gefunden wurde, erwies sich als nicht wesentlich schlechter als E 4 und E 32, jene Stämme, die wir ursprünglich als hoch aktiv einstuften (Tab. 5).

Tabelle 5

Vergleich der in Feuchtmasse gebildeten Fruktose zu verschiedenen Zeiten bei ausgewählten Bac.-stearothermophilus-Stämmen

Stamm	Zeitpunkt der Probenahme (Stunden nach Züchtungsbeginn)	mg feuchte Zellen pro ml Suspension	Gebildete Fructose in µg/10 mg feuchte Zellen
E 4	5	1,1	330
	7	1,9	440
	11	4,2	540
	14	4,5	530
	24	4,0	380
E 32	18	1,5	540
	24	2,2	450
	32	2,8	300
E 8	10	0,6	300
	16	2,0	370
	24	2,5	430
	32	2,6	450
G	14	1,6	370
	16	1,8	410
	18	1,9	440
	32	4,2	500
B 27	18	2,8	300
	22	3,1	490
	32	4,2	500

Was sich als verschieden erwies, war das Wachstumsverhalten der einzelnen Stämme und der Zeitpunkt der maximalen GI-Aktivität in den Zellen, bezogen auf die Biomasse (Abb. 2).

Wird, wie in den Vorversuchen, die Züchtung für alle Stämme nach derselben Zeit abgebrochen — ohne Rücksicht darauf, ob das Maximum der GI-Bildung schon erreicht ist — kann sich die Klassifizierung eines Stammes als mittelmäßig oder gering aktiv als durchaus falsch erweisen. Andererseits werden als gute GI-Bildner ermittelte Isolate — weil sie sich unter den Versuchsbedingungen schneller vermehren — ihr Prädikat behalten. Von den beiden zunächst als hoch aktiv eingestuften Stämmen E 4 und E 32 zeichnete sich der erstere durch das bessere Wachstum mit Xylose aus. Aus diesem

Grunde wurden sämtliche weiteren Experimente mit E 4 durchgeführt. Diese betrafen im wesentlichen die Ermittlung der optimalen Bedingungen für Wachstum und GI-Bildung. Zur Bestimmung der jeweiligen Konzentration an reduzierenden Zuckern im Medium nach der Hexocyanoferrat-Methode bedienten wir uns in diesem Abschnitt unserer Arbeiten eines Autoanalyzers (HOFFMAN [4]).

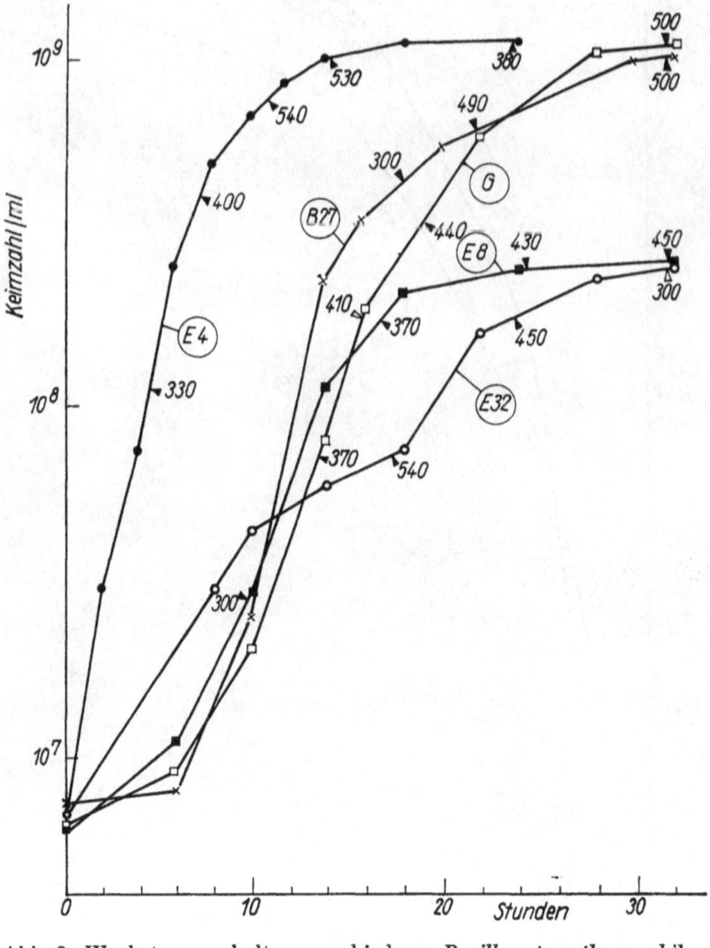

Abb. 2. Wachstumsverhalten verschiedener *Bacillus-stearothermophilus*-Stämme und Zeitpunkt der maximalen GI-Aktivitäten in den Zellen

▶ gebildete Fructose in µg pro 10 mg Feuchtzellen

Der erste Schritt bestand darin, den Einfluß der Xylosekonzentration auf Wachstumsverhalten, Ausbeute an Biomasse und GI-Aktivität zu ermitteln. Dabei wurden bei sonst gleichen Züchtungsbedingungen — denselben wie bei den schon vorhin beschriebenen Fermentorexperimenten — 0,5, 1,5 und 3,0% Xylose dem Medium zugesetzt. Die Versuche, die jeweils einige Male wiederholt wurden, zeigten zunächst, daß das Wachstum, ausgedrückt als Keimzahl/ml (Thomakammer) oder als E_{660}^{1cm} mit 0,5% Zucker, langsamer verlief als bei den höheren Konzentrationen; bei diesen decken sich die Wachstumskurven (Abb. 3).

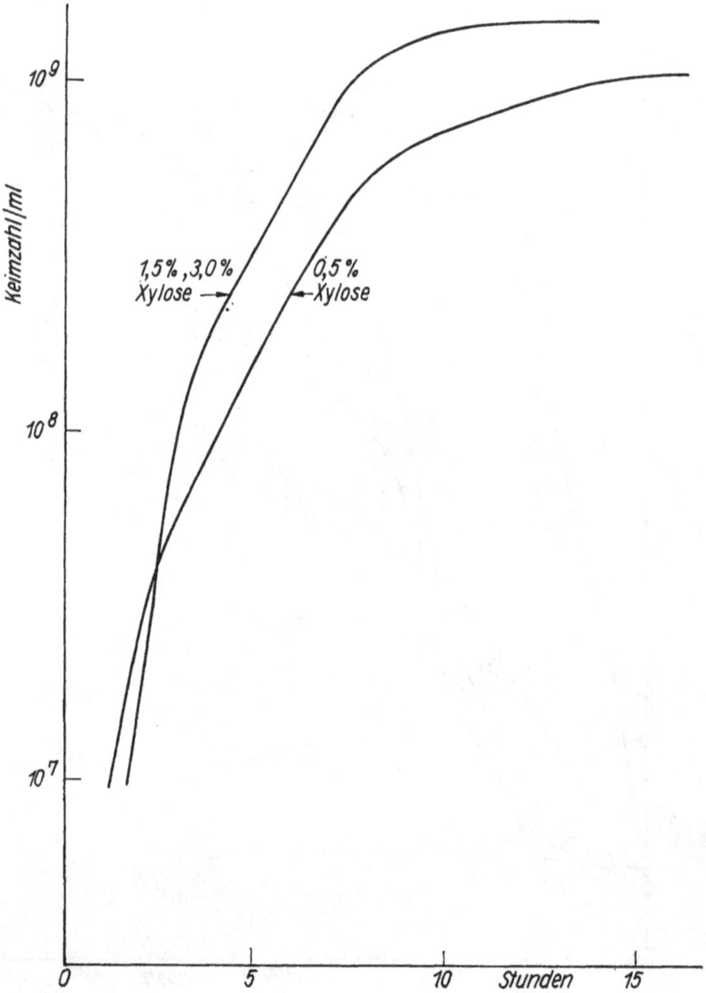

Abb. 3. Wachstumsverhalten des Stammes E 4 bei verschiedenen Xylosekonzentrationen

Im Gegensatz dazu nahm jedoch die Biomasse-TS je ml Fermentorinhalt bis 3,0% Xylose deutlich zu, freilich bei weitem nicht in jenem Maße, in dem sich die Zuckerkonzentration im Medium erhöhte (Tab. 6). Die GI-Aktivität der in einem Milliliter Fermentor-Inhalt enthaltenen Biomasse war bei 1,5% Xylose fast 100% höher als in der 0,5%igen Lösung. Die Verdoppelung der Xylosekonzentration auf 3% brachte nur eine vergleichsweise geringe Zunahme der Aktivität.

Tabelle 6

Einfluß der Xylose-Konzentration auf Biomasse und GI-Aktivität (s. Text)

Xylose-Konzentration im Medium (%)	Max. Biomasse-TS g/l Kultur	GI-Aktivität Einheiten/l Kultur
0,5	0,65–0,70	215–230
1,5	0,75–0,85	380–420
3,0	0,95–1,1	440–480

Die höchsten Enzymwerte wurden am Beginn der stationären Wachstumsphase erreicht. In der Folge stieg bei etwa gleichbleibender Gesamtkeimzahl/ml die Biomasse-TS weiter an, die darauf bezogene GI-Aktivität blieb gleich oder nahm geringfügig ab.

Unter Rücksichtnahme auf die Bedeutung, welche der Stickstoffquelle nach Qualität und Quantität für die GI-Bildung zukommt, wurden in einer nächsten Versuchsserie die Mengen an Pepton und Hefeextrakt im Medium verdreifacht (0,6% Pepton, 0,3% Hefeextrakt). Xylose wurde in 1,5- und 3,0%iger Konzentration zur Anwendung gebracht. Die übrigen Versuchsbedingungen wurden konstant gehalten. Die Ergebnisse waren folgende (Abb. 4):

a) Keine wesentlichen Unterschiede im Wachstumsverhalten bei 1,5% bzw. 3,0% Xylose im Medium.

b) Am Beginn der Züchtung schnelleres Wachstum als in der ersten Versuchsreihe, dann aber starke Verlangsamung und zu Beginn der stationären Wachstumsphase niedrige Zellzahl pro ml Kultur.

c) Nach Aufhören der Zellteilung in der Folge auch in dieser Versuchsreihe Zunahme der Biomasse-TS, aber zum Unterschied gegen früher höhere Enzymaktivität der Kultur am Ende der Züchtung (Tab. 7).

Tabelle 7

Einfluß der Xylose-Konzentration auf Biomasse und GI-Aktivität (s. Text)

In Klammern Ergebnisse der ersten Versuchsreihe

Xylose-Konzentration im Medium (%)	Max. Biomasse-TS g/l Kultur	GI-Aktivität Einheiten/l Kultur
1,5	0,8–0,9 (0,75–0,85)	520–580 (380–420)
3,0	0,95–1,1 (0,95–1,1)	520–580 (440–480)

In diesem Stadium der Versuche kam es zu einer Erscheinung, für die wir bis heute keine Erklärung haben, so erfreulich sie auch grundsätzlich war. Die Arbeiten waren wegen Urlaubs einige Wochen unterbrochen, die Stammkultur in dieser Zeit bei +4 °C aufbewahrt worden. Vor der Fortsetzung der Fermentorversuche wurde sie durch einige Passagen auf Hefeextrakt-Pepton-Saccharose-Schrägagar (NB I) (Tab. 2) aufgefrischt, und siehe da — derselbe Stamm E 4 zeigte bei den gleichen Bedingungen weitaus besseres Wachstum, es wurde mehr Biomasse gebildet, und die GI-Aktivität der pro l Kultur enthaltenen Zellen betrug jetzt das 3,5- bis 4fache.

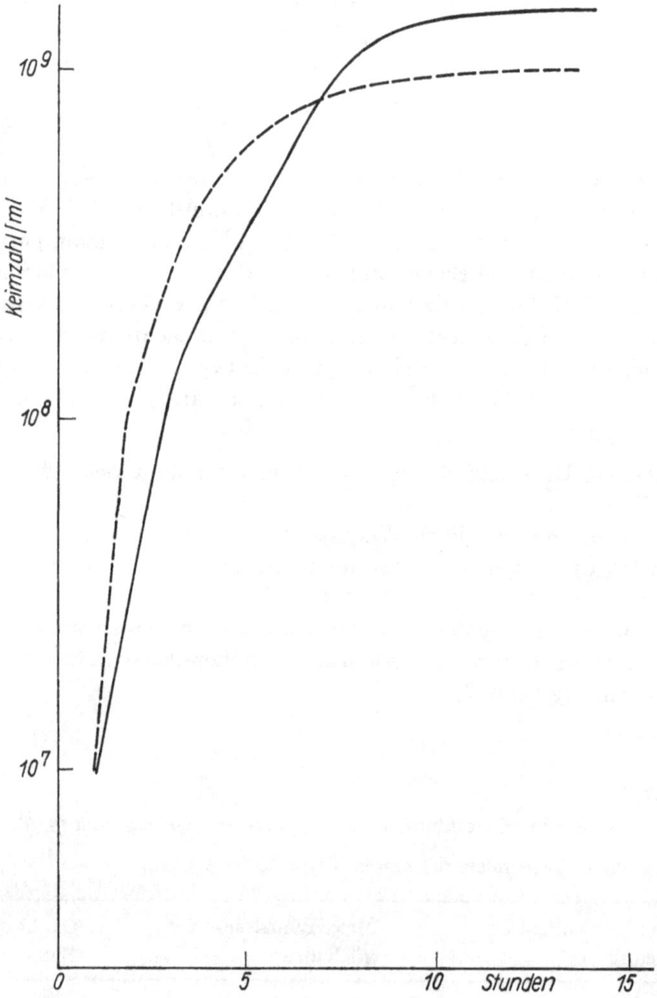

Abb. 4. Wachstumsverhalten des Stammes E 4 bei verschiedenen Pepton- und Hefeextraktkonzentrationen

——— 0,2% Pepton; 0,1% Hefeextrakt + 1,5 bzw. 3,0% Xylose
- - - 0,6% Pepton; 0,3% Hefeextrakt + 1,5 bzw. 3,0% Xylose

Die folgenden Versuchsansätze sollten es uns ermöglichen, Aussagen über die Wiederholbarkeit der Ergebnisse (bei gleichen Züchtungsbedingungen) für Wachstumsverhalten, Biomasse-Ausbeute und GI-Aktivität zu machen. Ein Versuch wurde abgebrochen, wenn der Gehalt des Mediums an Xylose auf 2‰ gesunken war. Dieser Zeitpunkt war in den meisten Fällen nach 11—12 Stunden erreicht. Die Streuung der Ergebnisse lag innerhalb der bei solchen Versuchen zu erwartenden Grenzen (Tab. 8).

Aus diesen Ergebnissen läßt sich ebenso wie aus den mit dem „alten“ Stamm E 4 erhaltenen unschwer ersehen, daß eine Erhöhung der Xylosekonzentration über 1,5% außer einer Zunahme der Biomasse-TS keinen Effekt hat. Die GI-Aktivität der Biomasse aus dem Medium mit 3% Xylose ist dieselbe wie aus dem Medium mit 1,5% Zucker.

Tabelle 8

Einfluß der Xylose-Konzentration auf Biomasse und Gl-Aktivität (s. Text)

In Klammern Ergebnisse mit dem „alten“ Stamm E 4

Xylose-Konzentration im Medium (%)	Max. Biomasse-TS g/l Kultur	GI-Aktivität Einheiten/l Kultur
0,75	0,95—1,0	1800—1900
1,5	1,2—1,4	2150—2250
	(0,8—0,9)	(520—580)
3,0	1,7—1,9	2150—2250
	(0,95—1,1)	(520—580)

Einfluß des pH-Wertes

Änderungen des pH-Wertes, bei dem die Züchtung erfolgte, hatten im Bereich zwischen 6,0 und 7,0 weder auf die Biomasse-Produktion noch auf die GI-Aktivität einen Einfluß, wie aus der Tab. 9 hervorgeht.

Tabelle 9

Einfluß des pH-Wertes auf Biomasse und GI-Aktivität

In allen Fällen 1,5% Xylose und Nährboden III mit 0,6% Pepton und 0,3% Hefeextrakt

Züchtung bei 65° und pH	max. Biomasse TS g/l	GI-Aktivität Einheiten/l
6,0	1,2—1,4	2100—2200
6,5	1,2—1,4	2150—2250
7,0	1,2—1,3	2050—2150
Züchtung bei 55° und pH		
6,5	1,5—1,7	2050—2150

Einfluß der Züchtungstemperatur

HOLLAUS hat für die Gruppe III A, zu der der Stamm E 4 gehört, ein Temperaturmaximum für das Wachstum von 68 bis 73 °C und ein Minimum von 37 bis 45 °C gefunden. Wurde im Fermentor bei 55 °C gezüchtet, so wurde etwas mehr Biomasse produziert, die GI-Aktivität je l Kultur blieb jedoch unverändert.

Einfluß der Art der Stickstoffquelle

Wie schon vorhin ausgeführt, hat eine Erhöhung der Konzentration an Hefeextrakt und Pepton im Medium in den ersten Stunden schnelleres Wachstum und am Ende höhere GI-Aktivität der Zellen gebracht. Bei dem Versuch, Hefeextrakt im Medium wegzulassen und durch Pepton zu ersetzen, hörte das Bakterienwachstum schon nach wenigen Stunden auf. Geringe Biomasseausbeute und GI-Aktivität waren die Folge. Bei Zugabe der üblichen Hefeextraktmenge begannen die Zellen sogleich, sich weiter zu vermehren, und die üblichen Ergebnisse hinsichtlich Ausbeute und GI-Aktivität konnten erreicht werden. Das Weglassen von Pepton hatte keinen Effekt. Deshalb wurde in der Folge nur mehr Hefeextrakt als Stickstoffquelle verwendet.

Einfluß der Hefeextrakt-Konzentration

Bei gleichbleibender Xylosekonzentration im Medium (1,5%) zeigte sich mit ansteigender Hefeextrakt-Menge sowohl eine Zunahme der GI-Aktivität in der Kultur als auch — bis zu einem gewissen Ausmaß — der Biomasse-Trockensubstanz (Tab. 10).

Tabelle 10

Einfluß von Hefeextrakt auf Biomasse und GI-Aktivität im Vergleich mit Pepton

Hefeextraktkonzentration	max. Biomasse-TS g/l Kultur	GI-Aktivität Einheiten/l Kultur
0,5%	1,1–1,2	600–650
0,75%	1,5–1,6	1650–1750
1,0%	1,5–1,6	2800–3000
0,3% + 0,6% Pepton	1,2–1,4	2150–2250

Daraus könnte man schließen, daß nur im Hefeextrakt, nicht aber im Pepton eine genügende Menge für das Wachstum von E 4 essentiellen Faktoren (Vitamine?) vorhanden ist.

In einigen Versuchen wurden 0,3% Hefeextrakt und 0,6% Pepton eingesetzt. Aus den dabei erhaltenen Ergebnissen könnte man wiederum schließen, daß die Art der Stickstoffquelle auf Biomasse- und Enzymbildung jeweils in verschiedener Weise wirkt. 0,3% Hefeextrakt lassen nach Tab. 10 nur eine geringe GI-Aktivität erwarten. Die gleichzeitige Anwesenheit von Pepton zeigt — neben einem gewissen Effekt auf die Bildung von Biomasse — einen beträchtlichen auf jene von Glucoseisomerase.

Glucose als Kohlenhydratquelle

Bei einer ganzen Reihe von zur Glucoseisomerase-Produktion fähigen Mikroorganismen kann bei Verwendung einer anderen C-Quelle als Xylose keine oder nur geringe GI-Bildung erreicht werden. Es stellte sich aber heraus, daß die ausschließliche Verwendung der relativ teuren Xylose häufig dadurch umgangen werden kann, daß die auf irgend einer C-Quelle vorgezüchteten Organismen für einige Zeit in ein Medium transferiert werden, das Xylose enthält. Aus der großen Zahl diesbezüglicher Publikationen seien nur zwei zitiert. So berichten S. Yoshimura u. a. [10] über eine GI-Aktivitätsinduzierung in einem *Bac.-coagulans*-Stamm, der zunächst auf Glucose und anschließend auf Xylose gezüchtet worden war. War dabei gleichzeitig eine größere Peptonmenge im Medium vorhanden, so wurde eine um ca. 40% höhere GI-Aktivität erhalten, als wenn nur Xylose als Kohlenhydrat verwendet wurde. Die Biomassemenge nahm während der Induktionsphase praktisch nicht mehr zu.

Tabelle 11

Einfluß von Glucose auf Biomasse und GI-Aktivität im Vergleich mit Xylose (s. Text)

Glucose-Konzentration im Medium (%)	max. Biomasse-TS g/l Kultur	GI-Aktivität Einheiten/l Kultur
0,87	1,2–1,4	750–850
1,00	1,4–1,5	900–1000
1,25	1,6–1,7	1000–1100
2,00	1,8–1,9	1200–1250
1,5% Xylose	1,5–1,6	1650–1750

Auch G. Danno [1] schreibt über ähnliche Erfahrungen beim Arbeiten mit diesem Stamm. Er fand, daß die höchste Isomerase-Aktivität jene Zellen besaßen, die bis zur stationären Phase auf Glucose vermehrt und aus diesem Wachstumszustand in Xylose-Medium übertragen wurden.

Bei eigenen, noch nicht abgeschlossenen Untersuchungen wurde zunächst gefunden, daß auch die auf Glucose als C-Quelle gezüchteten Zellen GI-Aktivität besitzen (Tab. 11). Der bei diesen Versuchen verwendete Nährboden (Nährboden IV; Tab. 2) entspricht in seiner Zusammensetzung dem bisher für die Fermentorexperimente verwendeten mit der Ausnahme, daß nur Hefeextrakt als N-Quelle verwendet wurde. In einer weiteren Versuchsreihe wurde die aktuelle Zuckerkonzentration im Fermentor stets auf einem Wert nahe Null gehalten, und zwar dadurch, daß nach Verbrauch der ursprünglich vorgelegten Glucose (15 g/l) und Entnahme eines Teiles des Fermentorinhaltes über eine längere Periode 400 mg Glucose (gelöst in H_2O) pro Stunde zudosiert wurden. Unter diesen Bedingungen blieb die Aktivität pro Liter Kultur gleich, auf Biomasse-Trockensubstanz bezogen nahm sie jedoch um bis zu 40% zu.

Einfluß der Sauerstoffversorgung

Frühere Untersuchungen haben gezeigt, daß der Sauerstoffgehalt des Mediums von Einfluß auf die Art der beim Kohlenhydratstoffwechsel von *Bac. stearothermophilus* entstehenden Endprodukte ist. Das bei unserer Versuchsanordnung verwendete Belüftungssystem — Eintragung der Luft in das Medium durch ein Kapillarrohr, Verteilung derselben durch ein mit 500 l/min rotierendes Magnetstäbchen — ist sicher wenig wirksam. Wie Messungen ergaben, läßt sich, abhängig von der Rührgeschwindigkeit, in der wachsenden Kultur eine Sauerstoffsättigung von 20—40% erreichen. Einer 100%igen Sättigung würde für Wasser von 65 °C eine O_2-Konzentration von 178 nmol/ml entsprechen.

Tabelle 12

Einfluß der Rührgeschwindigkeit bei verschiedenen Hefeextraktkonzentrationen (HE) im Nährboden IV (NB IV; Tab. 2) auf Biomasse und GI-Aktivität

Rührgeschwindigkeit l/min	Konzentration an HE in NB IV %	Biomasse-TS g/l Kultur	GI-Aktivität Einheiten/l Kultur
500	0,75	1,5—1,6	1650—1750
	1,0	1,5—1,6	2800—3000
900	0,75	2,0—2,2	1900—2100
	1,0	2,5—2,6	2950—3000

Bei Verwendung einer Fritte erreichten wir wohl eine bedeutend bessere Sauerstoffeintragung, für die Bekämpfung des entstehenden Schaumes waren jedoch so große Mengen von Antischaummittel notwendig, daß sich dadurch Schwierigkeiten ergaben.

Den Einfluß der Vergrößerung des Sauerstoffangebotes im Medium konnten wir auch dadurch studieren, daß bei gleichbleibender Menge an zugeführter Luft die Rührgeschwindigkeit (Drehfrequenz des Magnetstäbchens) erhöht wurde. Wie Tab. 12 zeigt, erreicht man durch eine Erhöhung der Drehfrequenz eine Steigerung der Biomasseausbeute und — was aus der Tabelle nicht hervorgeht — eine Erhöhung der Wachstumsgeschwindigkeit, nicht jedoch eine größere GI-Aktivität.

Überraschende Ergebnisse haben auch die z. Z. noch in Gang befindlichen Versuche mit kontinuierlicher Züchtung des Stammes E 4 ergeben, über die nach ihrem Abschluß noch zu berichten sein wird.

Literatur

[1] DANNO, G.: Studies on D-Glucose Isomerizing Enzyme of *Bac. coagulans* Strain HN 68. Agr. Biol. Chem. **34** (1970), 1658—1667

[2] FRATZKE, A. F.: Factors, affecting the Activity and Stability of Glucose Isomerase immobilized on Porous Glass. Thesis, Iowa State University, Ames, Iowa 1974

[3] GEYER, H. U.: Glucoseisomerase. Neue Möglichkeiten für die Stärke- und Lebensmittelindustrie. Die Stärke **26** (1974), 225—232

[4] HOFFMAN, W. S.: A rapid Photoelectric Method for the Determination of Glucose in Blood and Urine. J. Biol. Chem. **120** (1937), 51–55

[5] KLAUSHOFER, H., and F. HOLLAUS: Zur Taxonomie der hochthermophilen, in Zuckersäften vorkommenden aeroben Sporenbildner. Z. Zuckerind. **20** (1970), 465–470

[6] MARSHALL, O. R., and E. R. KOOI: Enzymatic Conversion of D-Glucose to D-Fructose. Science **125** (1957), 648–649

[7] Snam Progetti S. p. A. Mailand DOS 2, 413.939. 10. 10. 1974 (Offenlegungstag)

[8] TAKASAKI, Y., und O. TANABE: U.S. Patent 3,616.221 (1971). Enzyme Method for Converting Glucose in Glucose Syrup to Fructose.

[9] TAKASAKI, Y., und O. TANABE: Japan. Patent 27.525 (1965)

[10] YOSHIMURA, S., G. DANNO and M. MATAKE: Studies on D-Glucose Isomerizing Activity of D-Xylose grown Cells from *B. coagulans*, Strain HN-68. Agr. Biol. Chem. **30** (1966), 1015 bis 1023

Die Arbeit wurde aus Mitteln des Bundesministeriums für Land- und Forstwirtschaft gefördert.

Institute of the Fermentation Industry, Warsaw, Poland

Effect of pH, Temperature and O_2-Concentration in Medium on Proteolytic Enzyme Production by *Bacillus subtilis 40*

R. Sawicka-Żukowska, J. Malanowska, A. Zakrzewski and G. Zięba

In the industrial production of microbial enzymes, including proteolytic ones, it is very important to select an appropriate strain, most often a mutant, and to choose the most suitable culture conditions. Optimal conditions for growth are not always the most appropriate ones for the production of extracellular proteolytic enzymes. The relationship between the production of these enzymes and conditions of microbial culture is very complex. The production and yield of extracellular proteolytic enzymes are greatly influenced by the quality and amount of the sources of nitrogen and carbon, the presence of different mineral components, especially trace metals and some bivalent cations, e.g. Ca^{2+} and Mn^{2+}, as well as by other culture conditions including pH, temperature, aeration of medium etc. (Aunstrup, Bissel et al., Fogarty and Griffin, Keay et al., Keay, Markkanen and Bailey).

In the presented studies on the technology of production of a bacterial proteolytic preparation, after selection of mutant *Bacillus subtilis* 40 and of the medium, investigation was made on the effect of several other factors on the course of the biosynthesis of proteolytic and amylolytic enzymes, including pH, oxygen concentration in medium and temperature.

Methods

Studies were carried out on laboratory scale using a reciprocal shaker (180 shakes/min; maximal throw-off 3.8 cm) and conical flasks (500 cm³) which contained 100 cm³ of medium, at 35 °C, during 16—96 hours. Microtechnical scale studies were performed in a New Brunswick fermenter (total capacity 14000 cm³, working capacity 10000 cm³) fitted with equipment for measurement and control of pH, temperature and oxygen concentration of medium, and permitting smooth regulation of the impeller rotation rate.

Analytical control comprised the following determinations:

- pH-potentiometrically;
- Oxygen saturation of medium-polarographically, taking readings of oxygen electrode;
- Total proteolytic activity in Hb.U. by modified Anson's method, with denaturated haemoglobin as substrate; one Hb.U. was defined as that amount of enzyme, which produces during 1-hr hydrolysis of haemoglobin under the conditions of the assay (30°C, optimal pH) TCA soluble fragments giving with Folin-Ciocalteu reagent blue color equivalent to 1 μmole $\times 10^{-1}$ L-tyrosine;
- Proteolytic activity in the presence of EDTA (inhibitor of metalloenzymes), defined as activity of serine proteinases: post-culture medium was incubated in the presence of 0,002 M EDTA

at room temperature for 30 min, whereupon the residual proteolytic activity was determined by modified Anson's method (to the haemoglobin substrate EDTA was added at the same concentration as to the post-culture medium);

- Amylolytic activity in AS.U. by the method of KLIMOVSKI and RODZEVIČ [8]; one AS.U. was defined as that amount of amylase which hydrolysed 1 g of soluble starch to dextrines not stained by iodine, during 1-hr hydrolysis at 30 °C, at optimal pH;
- Total carbohydrates (after acid hydrolysis) by the method using the DNS reagent [7];
- Ammonium nitrogen by Kjeldahl's method, with omitting of the step of sample combustion;
- Relative increase in biomass by measurement of the optical density of sample diluted 40 times with distilled water, at 600 nm, using a Specol colorimeter (Carl Zeiss Jena).

Results

The effect of initial pH of medium (before sterilization 6.0—9.0, after sterilization 5.9—8.5; in further text presterilization values are given) on growth of *B. subtilis* 40 and the biosynthesis of proteolytic and amylolytic enzymes on laboratory scale is presented in Fig. 1. Bacterial density, total proteolytic activity, activity of serine proteinases and amylolytic activity were measured. The results indicate that the initial value of pH of medium greatly influences the course of the *B. subtilis* 40 culture. The highest total proteolytic activity (about 17000 Hb.U./cm³ after 42 hrs of culture)

Fig. 1. Effect of initial pH of medium on bacterial growth and biosynthesis of proteolytic and amylolytic enzymes in laboratory-scale cultures of *B. subtilis* 40 at 35 °C. Symbols:

1 – – – pH of medium before sterilization 6,0, after 5,9
2 —— pH of medium before sterilization 7,0, after 6,8
3 –··– pH of medium before sterilization 8,0, after 7,6
4 –·– pH of medium before sterilization 9,0, after 8,5

was obtained at initial pH of medium = 7.0, and a somewhat lower one (16000 Hb.U./cm^3 after 60 hrs of culture) at pH = 8.0. Although at initial pH 6.0 the biosynthesis of both types of enzymes was somewhat accelerated, the maximal proteolytic activity obtained after 30 hrs of culture, was much lower (11000 Hb.U./cm^3). At initial pH of 9.0 no bacterial growth occured, and therefore no proteolytic and amylolytic activities were present in post-culture medium.

As concerning serine proteinases, their activity was very low (2000—3000 Hb.U./cm^3), accounting for 10—20% of the total proteolytic activity; their activity was highest at initial pH of 8.0.

According to subsequent experiments, the biosynthesis of proteolytic enzymes was optimal if pH of medium was 6.5—7.0, and then during culture it dropped spontaneously to 5.2—5.5. Adjustment of pH from the beginning to the end of culture to 6.0, 6.5 and 7.0, respectively, failed to increase the production of proteolytic enzymes.

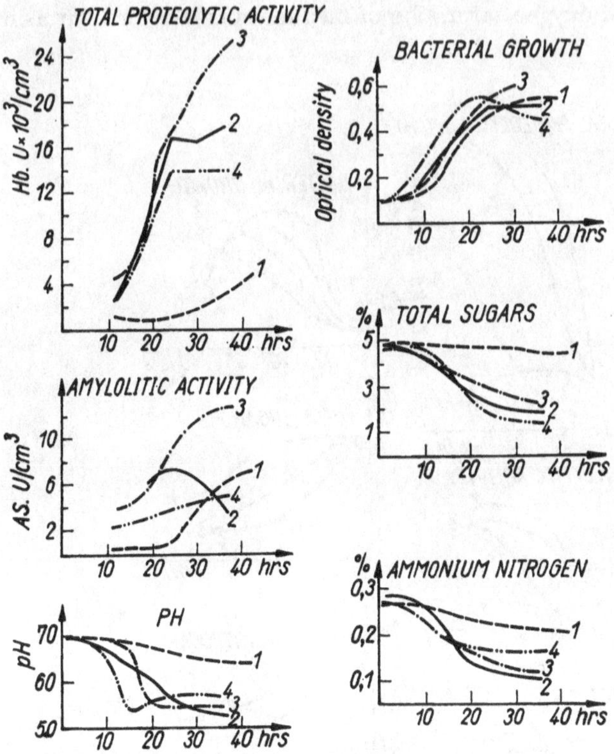

Fig. 2. Effect of oxygen saturation od medium on bacterial growth and biosynthesis of proteolytic and amylolytic enzymes in microtechnical-scale cultures of *B. subtilis* 40 at 35 °C (New Brunswick fermenter). Symbols:

1 – – – O_2 sat. about 0% (300 rpm; v air/(v medium × min)
2 —— O_2 sat. about 20% (500 rpm; v air/(v medium × min)
3 —·— sat. about 50% (adjusted automatically be regulation of impeller rotation rate and aeration)
4 –···– O_2 sat. 70—80% (adjusted automatically as above)

The effect of aeration of medium on the biosynthesis of proteolytic and amylolytic enzymes was investigated introducing different volumes of air into medium and using various impeller rotation rates. In several experiments oxygen saturation in the medium was automatically regulated to be about 50% or 70—80% by changing the impeller rotation rate and the volume of air introduced into the fermenter. Results of some experiments are recorded in Fig. 2 showing changes, during incubation, in the bacterial density, total proteolytic activity, amylolytic activity, pH, total carbohydrates and ammonium nitrogen. The results indicate that the proteolytic activity was highest (about 25000 Hb.U./cm³ of post culture medium) after 36 h of culture if oxygen saturation of medium was adjusted to remain relatively constant at the level of about 50%. In case of higher oxygen saturation of medium (70—80%), despite acceleration of bacterial growth and enzyme biosynthesis, much lower proteolytic activity was obtained (only 14000 Hb.U./cm³) after 24 h of culture. When oxygen saturation of medium remained at the level of 20% or less, bacterial growth and biosynthesis of proteolytic enzymes were greatly delayed and reduced. Concerning the amylolytic activity, the effect of oxygen saturation of medium was fairly similar as in case of the proteolytic activity.

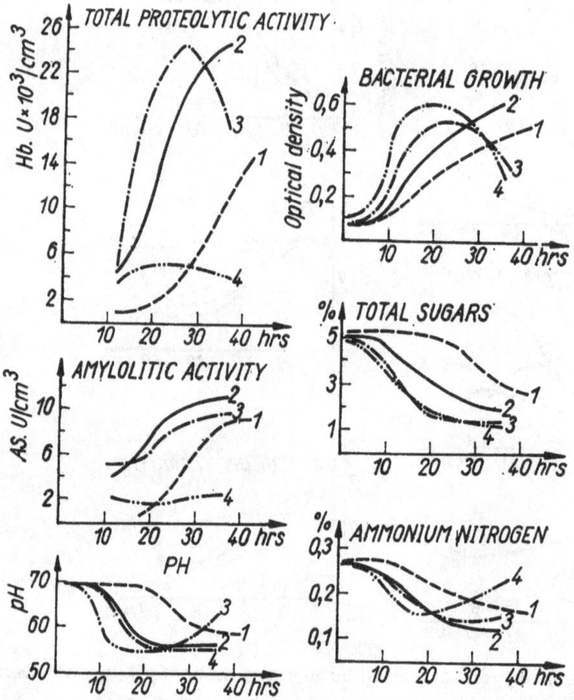

Fig. 3. Effect of temperature on bacterial growth and biosynthesis of proteolytic and amylolytic enzymes in microtechnical-scale cultures of *B. subtilis* 40 at oxygen saturation of about 50% (New Brunswick fermenter; oxygen saturation adjusted automatically by regulation of impeller rotation rate and aeration). Symbols:

1 - - - 30°C; 3 — · — 37°C;
2 —— 35°C; 4 - ··· - 40°C

Subsequently the effect of temperature on enzyme biosynthesis was investigated by comparison of the influence of temperatures of 30 °C, 37 °C and 40 °C with that of 35 °C; cultures were carried out in a New Brunswick fermenter with oxygen saturation in medium adjusted to the level of about 50% (automatically). The results are shown in Fig. 3, presenting changes in the bacterial density, total proteolytic activity, amylolytic activity, pH, total carbohydrates and ammonium nitrogen. These results indicate that elevation of temperature of the culture from 35 °C to 37 °C accelerated the proteolytic enzyme biosynthesis by about 12 h (from 36 h to 24 h). After 24 h of culture at 37 °C the proteolytic activity was maximal (about 25000 Hb.U./cm^3), whereupon it decreased to about 18000 Hb.U./cm^3 after 36 h. Elevation of temperature of the culture from 35 °C to 40 °C gave a much inferior result (5000 Hb.U./cm^3), despite a rapid increase in biomass, speedy drop in pH and accelerated utilization of total carbohydrates. The effect of temperature on changes in the amylolytic activity was fairly similar.

According to the present experiments, proper selection of some cultur conditions: initial pH of medium — 7.0, oxygen saturation of medium — about 50% and temperature — 37 °C, permitted us to increase the total proteolytic activity by about 50% (from about 17000 Hb.U./cm^3 to 25000 Hb.U./cm^3) and to shorten the culture time under microtechnical scale by about 12 h (from 36 h to 24 h).

Other results concerning the biosynthesis of proteolytic enzymes by *Bacillus subtilis* 40 will be reported elsewhere.

References

[1] Aunstrup, K.: Industrial Production of Proteolytic Enzymes. Proc. of the Ninth Meeting of FEBS (Dublin, April 1973) vol. 30 part I Industrial Aspects of Biochemistry (B. Spencer ed.), North Holland/American Elsevier, 1974, 23—29

[2] Bissel, M. J., R. Tosi and L. Gorini: Mechanism of Excretion of Bacterial Proteinase: Factors Controlling Accumulation of the Extracellular Proteinase of a Sarcina Strain (Coccus P). J. Bacteriol. **105** (1971), 1099—1109

[3] Fogarty, W. M., and P. J. Griffin: Production and Purification of the Metalloprotease of *Bacillus polymyxa*. Appl. Microbiol. **26** (1973), 185—190

[4] Keay, L., M. H. Moseley, R. G. Anderson, R. J. O'Connor and B. S. Wildi: Production and Isolation of Microbial Proteases. Enzyme Engineering. Biotechnol. Bioeng. Symp. 3 (Wingard L. B. Jr. ed.). Interscience Publishers, New York 1972, 63—92

[5] Keay, L.: Proteases of the Genus Bacillus. Proc. IV IFS: Fermentation Technology Today (Terui G. ed.), Society of Fermentation Technology, Japan 1972, 289—298

[6] Markkanen, P. H., and M. J. Bailey: Simultaneous Production of α-Amylase, β-Glucanase and Proteolytic Enzymes by *Bacillus subtilis*. J. Appl. Chem. Biotechnol. **24** (1974), 93—103

[7] Miller, G. L.: Use of Dinitrosalicylic Acid Reagent for Determination of Reducing Sugar. Analytical Chem. **31** (1959), 426—428

[8] Pronin, C. J.: Amiloliticeskie fermenty i ich rol' v piščevoj promyšlennosti Piščepromizdat, Moskva 1953, 164—170

Institute of Fermentation Industry, Warsaw, Poland

Fungal Beta-1,3-1,4-Glucanase from *Aspergillus niger* Strain 27

J. A. Bernat

Introduction

It is generally known that beta-glucan, the most important non-starch polysaccharide, can cause problems in the beer brewing process, such as filtration difficulties and flocculation in finished beer [16]. Beta-glucan can be found in a number of cereals, including barley and malt. The content of watersoluble beta-glucan in barley grain is 1 to 6.9% weight [2, 5, 4]. It is a linear polysaccharide composed of anhydroglucose residues linked by approximately 20—25% of beta-1,3 bonds and 75—80% of beta-1,4 bonds. The degree of polymerisation of the material is about 100 anhydroglucose residues per molecule. The function of beta-glucan in barley grain is to form the cell wall material, together with hemicellulose, protein etc.

Beta-glucan is hydrolyzed by glucosidases which can be divided into exo and endo enzymes. Malt contains at least the following beta-glucan hydrolyzing enzymes of the endo type: barley endo-beta-glucanase which hydrolyzes the beta-1,4-glucosidic bonds and requires the presence of beta-1,3 bonds; endo-beta-1,4-glucanase hydrolyzing beta-1,4 bonds of barley beta-glucan and of carboxymethylcellulose, but which does not attack native cellulose, and finally endo-beta-glucanase which hydrolyzes substrates containing only beta-1,3 bonds, such as laminarin [4, 10]. Similar enzymes are also produced by some moulds, such as *Aspergillus, Chaetomium, Fusarium, Myrothecium, Penicillium, Rhizopus, Trichoderma* and *Trichothecium* [3, 4, 13] and by bacteria such as *Bacillus subtilis* ,*B. amyloliquefaciens* and *B. pumilus* [5, 7, 8, 15].

In the selection of enzymes for use in mashing, their activities and stability at pH and temperature used have to be considered. Fungal enzymes have broad optimal pH ranges near 5; but optimum pH for bacterial enzymes is 7. Thermal stability is also of great importance. Bacterial enzymes are rapidly inactivated at temperatures exceeding 55 °C at all investigated pH values, whereas the fungal enzymes are more stable at high temperatures.

Materials and Methods

Aspergillus niger strain 27 was used as producer of beta-1,3-1,4-glucanases. It was selected earlier from 150 different fungi strains [3].

Culture methods

Spores of *A. niger* strain 27 were transferred from malt-extract agar slants to shaking flasks (500 cm^3) containing 100 cm^3 of a mineral salts solution according to Czapek-Dox, in addition to other components. As the carbohydrate source, the media contained sucrose in case of fungal growth inoculum, and wheat bran with dry beet pulp for enzymes biosynthesis. In studies on the effect of inoculum on the dynamics of biosynthesis of beta-glucanases, the mycelium was grown in medium containing, in addition to mineral salts solution, sucrose (3%) and peptone (0,05%). The mycelium obtained was transferred to fresh medium.

Shaker cultures of inoculum were grown at 28—29 °C, using a Polish rotary shaker at 200 rpm. Fermenter studies of inoculum and of the enzyme biosynthesis were carried out in Polish unit comprising 6 fermenters, total capacity 12 or 25 dm^3 each. Standard culture conditions were: impeller rotation rate 450 rpm, temperature 28—29 °C and aeration V air/V medium · minute.

Determination of enzymic activity

All enzymic activities were determined in filtered post-culture medium. Beta-glucan, used as substrate in the activity determinations, was prepared from ungerminated barley according to the method of PREECE and MACKENZIE [12].

Exo-beta-1,3-1,4-glucanase (EXBG) activity was measured according to the method of ABM [1]. Reducing sugars liberated after 10 minutes incubation from a 1% barley beta-glucan solution at 50 °C were determined by the DNS method. One activity unit is the amount of enzyme, which liberates reducing sugars corresponding to 1 mg maltose, under the conditions used.

Endo-beta-1,3-1,4-glucanase (ENBG) activity was measured by the viscosimetric method of SANDEGREN and ENEBO [14], using a 0,5% barley beta-glucan solution as substrate, with 20 minutes incubation at 50 °C. One activity unit is the amount of enzyme which reduces the viscosity of the solution by 1 cp per minute (owing to hydrolytic cleavage of beta-glucan).

Cellulase (endo-carboxymethylocellulase — EN-CMC) activity was measured by the viscosimetric method using a 1% carboxymethylcellulose solution as substrate. with 20 minutes incubation at 30 °C. One activity unit is the amount of enzyme reducing the viscosity by 25%.

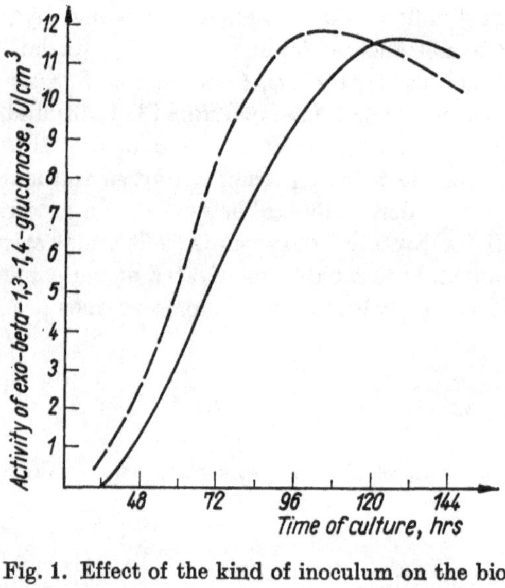

Fig. 1. Effect of the kind of inoculum on the biosynthesie of beta-1,3-1,4-glucanase by *A. niger* strain 27

- - - inoculation with mycelium
—— inoculation with conidia

Results and Discussion

At first the effect of the kind of inoculum on the biosynthesis of beta-1,3-1,4-glucanase was studied. For this purpose the medium was inoculated either with a suspension of fungal conidia ($5 \cdot 10^5$ into 100 cm^3 of medium) or with mycelium after 48 hrs culture. In the latter case, the volume of mycelium accounted for 10% of the volume of medium.

The results (Fig. 1) indicate that the kind of inoculum markedly influenced the dynamics of production of beta-1,3-1,4-glucanase, but did not affect the obtained activity level. Inoculation of medium with the mycelium permitted shortening of culture time by about 24 hrs. Consequently, in further experiments the conditions were established for preparation of the inoculum in the form of mycelium. Namely, the effect of the amount of inoculum, impeller rotation rate and aeration of medium on growth of mycelium was determined.

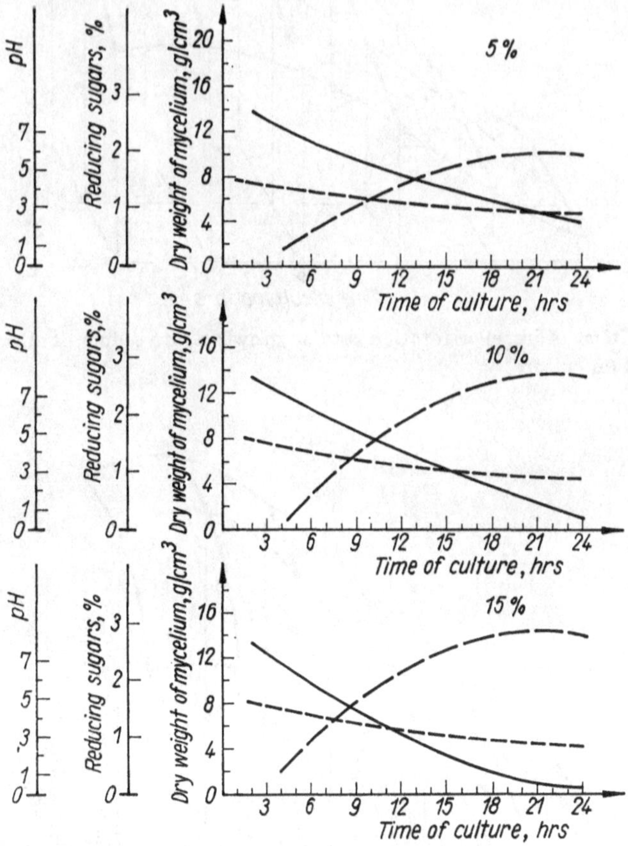

Fig. 2. Effect of the amount of inoculum on growth of *A. niger* strain 27 in seed fermenters

— — yield of mycelium
—— concentration of reducing sugars
----- pH

In order to estimate the necessary amount of shaker inoculum, into a fermenter 5, 10 and 15% of shaker inoculum (calculated against the volume of medium) were introduced. The results presented in Fig. 2 indicate that there was a relationship between the amount of inoculum, on the one hand, and the mycelial growth rate and utilization of reducing sugars, on the other. Upon use of 5% of inoculum, the maximal amount of mycelium was 10.2 g dry weight per dm^3 of medium after 22 hrs with utilization of only 60% of reducing sugars. Introduction of 10% or 15% of inoculum greatly accelerated the mycelial growth; after 20 hrs the amount of mycelium obtained per dm^3 of

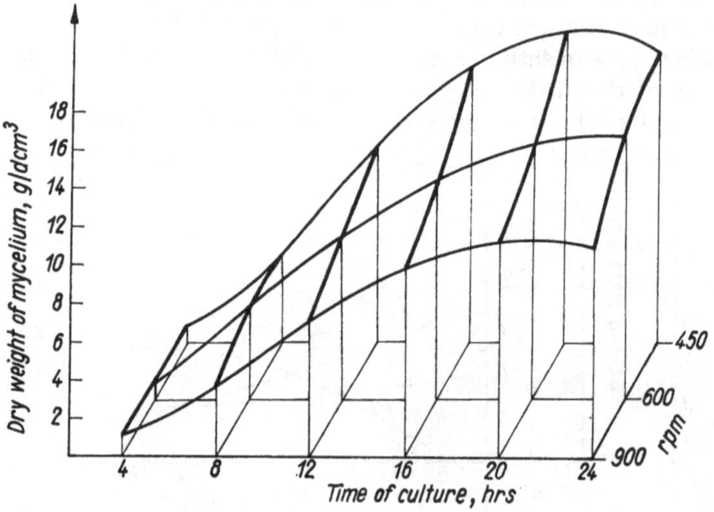

Fig. 3. Effect of impeller rotation rate on growth of mycelium of *A. niger* strain 27 in inoculum culture

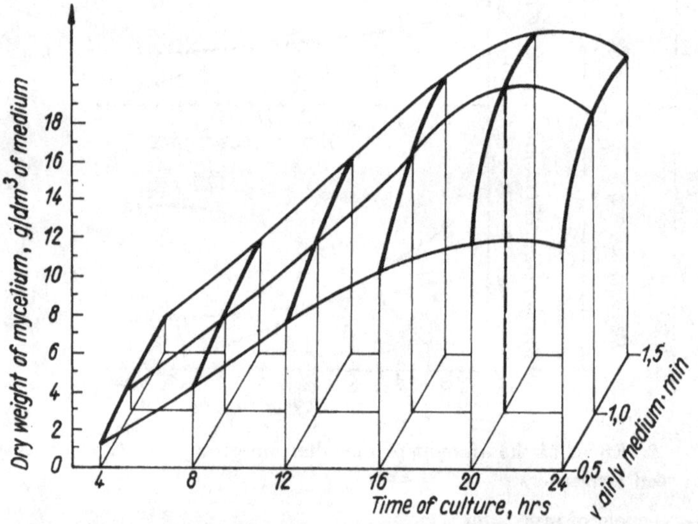

Fig. 4. Effect of aeration on growth of mycelium of *A. niger* strain 27 in inoculum culture

medium was 13.6 and 14.3 g dry weight, respectively, with utilization of 89 and 92% of reducing sugars, respectively. Prolongation of culture time to 24 hrs caused partial autolysis of mycelium and reduced its amount. The results indicate that the optimal amount of inoculum was 10%.

Subsequently the effect of agitation on mycelial growth in the inoculum culture was investigated (Fig. 3). According to Fig. 3, an increase in the agitation rate considerably reduced the amount of mycelium. This could be explained by mechanical damage to the mycelial hyphae, observed under a microscope, resulting in inhibition of mycelial growth.

In view of the close relationship between the agitation rate and oxygen saturation of medium, the effect of aeration on mycelial growth was investigated (Fig. 4). According to Fig. 4, the oxygen saturation degree of medium pronouncedly influenced mycelial growth. Aeration of V air/V medium · minute was optimum. An increase in aeration of medium did not perceptibly influence the yield of mycelium.

In further experiments the effect of the amount of inoculum on the dynamics of enzyme biosynthesis was studied (Fig. 5). Enzymic activity was highest upon use of 7% of inoculum. Greater or smaller amount of inoculum reduced the beta-1,3-1,4-glucanase activity by 20—30%.

Furthermore, the effect of the age of inoculum on the course of beta-1,3-1,4-glucanase biosynthesis was investigated. For this purpose the inoculum obtained after 12, 16 and 20 hrs of culture (corresponding to the initial, medium and final phase of intense

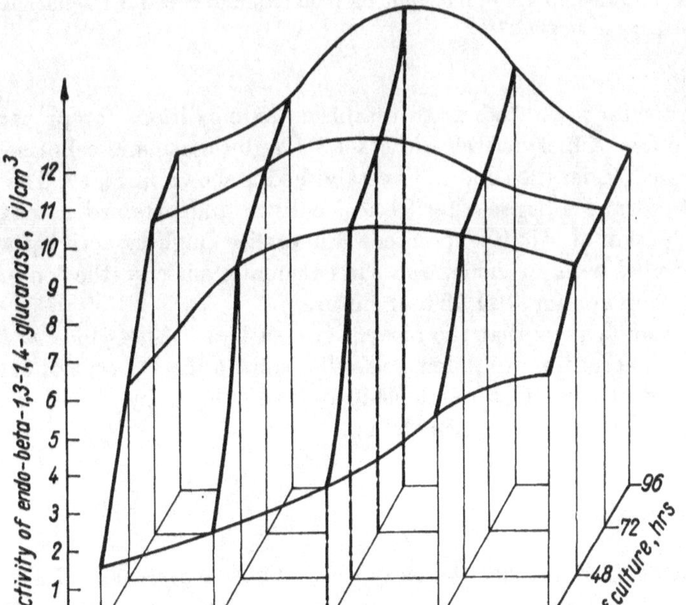

Fig. 5. Effect of the amount inoculum on production of beta-1,3-1,4-glucanase by *A. niger* strain 27

growth) and after 24 hrs (corresponding to the equilibrium phase) was used. The results are recorded in Fig. 6 showing that the age of inoculum considerably influenced the dynamics of enzyme production. The activity of beta-1,3-1,4-glucanase was maximal (12.9 U per cm^3) upon use of inoculum obtained after 20 hrs of culture.

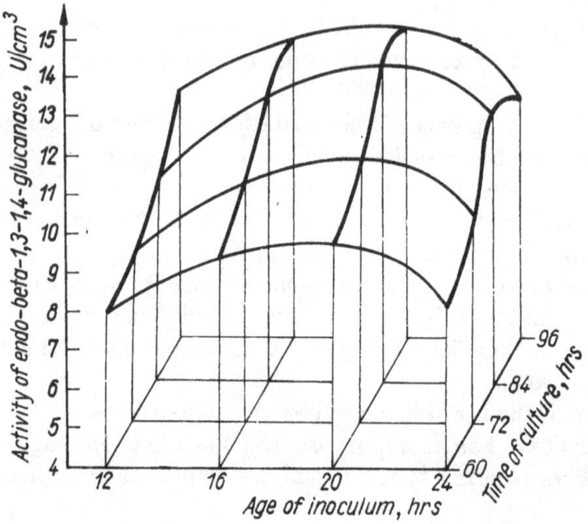

Fig. 6. Effect of age of inoculum on production of beta-1,3-1,4-glucanase by *A. niger* strain 27

These experiments permitted us to establish the conditions for preparation of inoculum. The course of biosynthesis of beta-1,3-1,4-glucanase and cellulase upon use of inoculum prepared under the conditions established is shown in Fig. 7. The biosynthesis of beta-1,3-1,4-glucanase began after 84 h of culture and attained a maximum after 96 h. The production of cellulase proceede 3 h earlier (highest activity after 88 h of culture). In parallel with an increase in the enzymatic activity, the content of protein rose, attaining a maximum after 72 h of culture.

The present results show that the biosynthesis of beta-1,3-1,4-glucanase by *A. niger* strain 27 belongs, according to Gaden's classification, to the III type of culture characterized by a lack of a distinct relationship between the biosynthesis of product and utilization of the carbon source in medium.

Conclusions

The present results indicate that the biosynthesis by *A. niger* strain 27 is most effective when

- the medium is inoculated with fungal mycelium, as compared with conidia; in this case the biosynthesis takes place about 24 h earlier;
- the amount of inoculum accounts for 7% of the volume of medium;
- the age of inoculum corresponds to the final phase of intense growth.

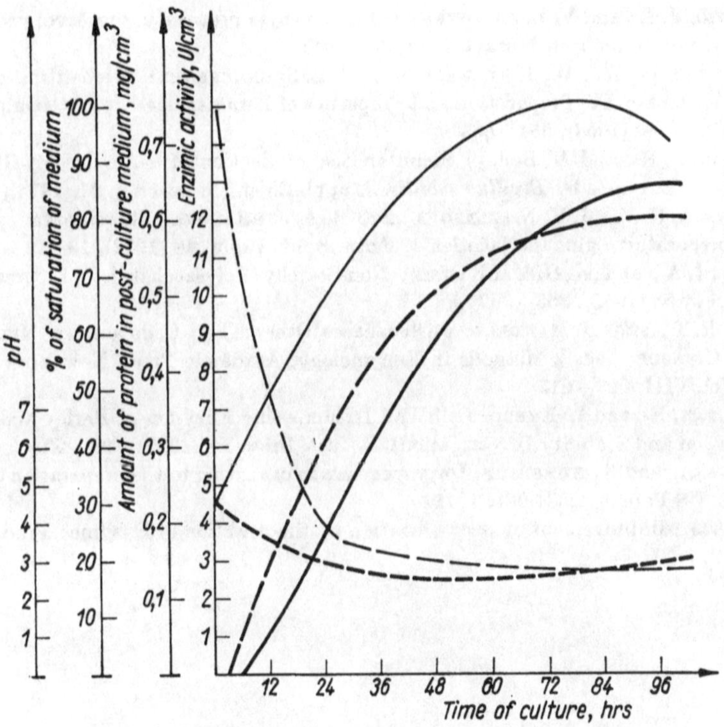

Fig. 7. Dynamic of the production beta-1,3-1,4-glucanase and cellulase by *A. niger* strain 27 in 25 dcm³ fermenter

——— amount of protein in post-culture medium
——— exo-beta-1,3-1,4-glucanase activity
— — — cellulase activity
- - - - - pH
— — — % of oxygen saturation of medium

References

[1] Associated British Maltszers Export Co., Ltd., Beta-glucanase estimation. Technical Bul. ABM, 1972

[2] BENDELOW, V. M.: Determination of non-starch polysaccharides in Barley breeding programmes. J. Inst. Brew. **81** (1975), 127–130

[3] BERNAT, J. A., and W. RZĘDOWSKI: Wytwarzanie β-1,3-1,4-glukanazy przez *Aspergillus niger*. Przem. Ferm. i Rolny **22** (1978), 11–12

[4] DUCROO, P., and R. DELECOURT: Hydrolyse Enzymatique des Beta-Glucanase de l'orge. BIOS **2** (1971), 9–17

[5] ENARI, T.-M., and P. H. MARKKANEN: Microbial β-Glucanases in Brewing. Proc. Ann. Meet. Am. Soc. Brew. Chem., 1974, 13–17

[6] ERDAL, K., and P. GJERTSEN: B-Glucans in Malting and Brewing. III. The Action of endo-β-Glucanases. Proc. Eur. Brew. Conw., Estrol 1971, 49–57

[7] HUBER, J., H. MÜLLER, R. DICKSCHEIT, B. HÄFNER, B. HERFOT and K. RIEDEL: Verfahren zur biotechnischen Herstellung eines Pflanzenglucan abbauenden Enzyms. Patentschrift DDR, 69330, 1967.

[8] Kretovič, V. L., and V. L. Jarovienko: Fermentnyje preparaty v piščevoi promyšlennosti. Piščevaja promyšlennost, Moskva 1975, 307–411

[9] Luchsinger, W. W., W. J. Ferrell and G. L. Schneberger: Mechanism of Action of Malt β-Glucanase, IV. Preparation and Properties of Laminarinases from Germinated Barley. Cereal Chem. 40 (1963), 554–563

[10] Markkanen, H., and M. Bailey: Simultaneous Production of α-Amylase, β-Glucanase and Proteolytic Enzymes by *Bacillus subtilis*. J. appl. Chem. Biotechnol. 24 (1974), 93–103

[11] Pokrovska, N. V., J. V. Niefiedova and R. A. Jermakova: Razrabotka sposoba polučenija preparatov β-glukana jačmienia. Ferm. Spirt. Prom. 48 (1972), 19–21

[12] Preece, I. A., and K. G. MacKenzie: Non-Starchy Polysaccharides of Cereal Grains. J. Inst. Brew. 58 (1952), 353–362

[13] Reese, E. T., and M. Mandels: β-Glucanases Other Than Cellulase. In Neufeld, E. N., and V. Ginsburg (eds.), Methods in Enzymology, Academic Press, New York and London 1966, Vol. VIII, 607–615

[14] Sandegren, E., and L. Enebo: Cell Wall Decomposing Enzymes of Barley and Malt, I. Determination and Stability Investigations. J. Inst. Brew. 58 (1952), 198–203

[15] Tomkins, A., and K. Aunstrup: Improvements in or reating to the preparation of an enzyme product. US Patent, 1.384.051, 1971

[16] Wieg, A. J.: Improvement of Beer Filtration by the Addition of Enzymes. Proc. Biochem. 10 (1976), 27–29

Central Food Research Institute, Budapest, Hungary

Production of a Rennin-like Enzyme in Submerged Culture of *Endothia parasitica*: a Kinetic Study on Growth and Enzyme Production

A. ERDÉLYI and E. KISS

Introduction

It is a well-known effort in microbiological enzymology to substitute the enzyme calf rennet used for cheese-making by enzymes of similar action obtained from plants or microorganisms. As this possibility has a great importance from the point of view of economy it seemed necessary to deal with the production of microbial rennets also in Hungary.

During the last years the basis of the production of a rennin-like enzyme in submerged culture of *Endothia parasitica* has been worked out. The enzyme had similar characteristics in many respects to the preparation Sure Curd from *Endothia parasitica*, according to the investigations of Kiss and co-workers [2]. Considering, that the cheese-making experiments had given favourable results, experimental fermentation started in the industry (Phylaxia Pharmaceutical Works). However, laboratory work was continued. In order to increase the milk-clotting activity in the fermentation broths, the composition of the nutrient medium was optimized [1], and the kinetics of the fermentation processes were studied. The present work reports on the experience related to the latter field.

To obtain information on the effects of the fermentation parameters on the changes of milk-clotting enzyme formation, the relationship between cell growth and enzyme production was investigated, first of all.

Materials and methods

For the fermentation experiments *Endothia parasitica* (CBS 25051 Baarn) was used.

The microorganism was maintained on the surface of malt agar medium at 25 °C. The spore cultures were prepared in a similar way. After a month of incubation a well sporulating culture of brick-red colour was obtained. The spore suspension obtained from the surface culture by washing with distilled water was used to inoculate the fermentation medium. The spore cultures were stored at +5 °C until use.

The milk-clotting enzyme was produced in submerged culture of *Endothia parasitica*, in Erlenmeyer-flasks shaken at 350 rpm and 28 °C. The medium consisted of glucose (3.00%), $CaCO_3$ (0.50%) and sunflower oil as antifoam agent dissolved and suspended in 100 ml of soy-bean meal extract. The extract was prepared by boiling of a suspension of 1.75% soy-bean meal. After sterilization the media were inoculated with a spore count of $7 \cdot 10^8$.

The parameters applied to characterize the fermentation process were the following:

— The pH of the fermentation broth was measured by a Radelkis pH-meter.

— The cell concentration was characterized by the weight of dry mycelium in 100 ml of the fermentation broth.

— The milk-clotting activity of the culture filtrate was determined by Soxhlet's method [6] and expressed in Soxhlet units/ml.

— In addition, the fermentation broth was characterized by the reducing effects of reducing enzymes on the basis of decolorization of a resazurin solution. 5 ml of the fermentation broth and 1 ml of a 0.01% resazurin solution were mixed and incubated at 35 °C. The time required for the total decolorization — reduction time — was measured. The method was elaborated for the rapid determination of the exponential growth phase. Therefore, the ratio of fermentation broth and resazurin was selected to give a short and well measurable time of decolorization, below 20 minutes, at least. In the case of kinetic experiments the cultivation was carried out in one step. However, the enzyme produced generally in two steps. In the latter case the fermentation medium was inoculated with a pre-culture of exponential phase. Consequently, the determination of the exponential growth phase and inoculation time of the pre-culture were performed in the same way.

— In order to study the kinetics of cell growth and enzyme formation, the methods of KONO and ASAI [3, 4, 5] were applied.

Results

The changes in the parameters have been studied during the fermentation time. The results are shown in Fig. 1. The mycelium concentration started to increase 20 hours after inoculation. The maximum of dry mycelium appeared at the age of 50 hours and did not change further.

The milk-clotting activity of the fermentation broth varied together with the mycelium concentration. Between 45 and 52 hours it reached the maximum value of 420 SU/ml, than decreased rapidly.

The value of pH was 5.6 at the start. It decreased after 20 hours, reached a minimum at the age of 45 hours, than increased, exceeding the initial value.

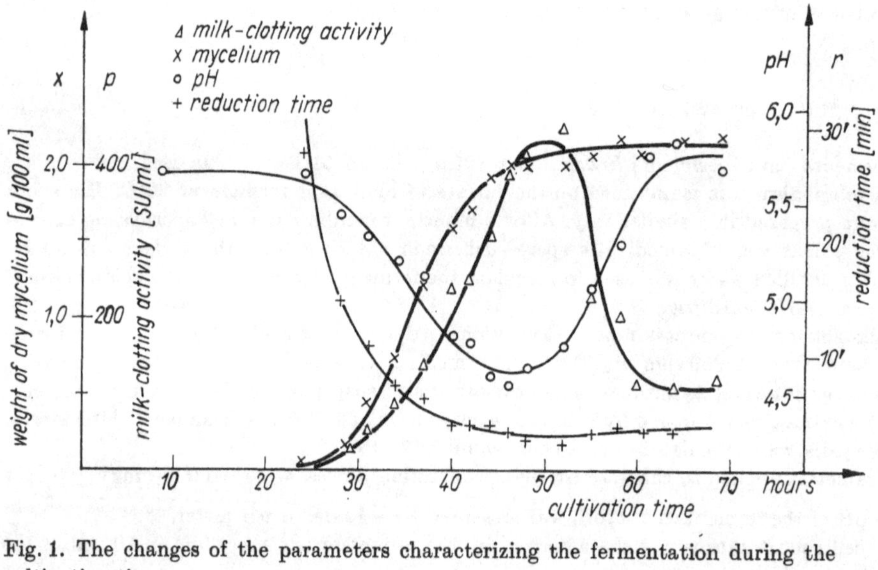

Fig. 1. The changes of the parameters characterizing the fermentation during the cultivation time

At the beginning of the cultivation, the reduction time was not measurable, because of the long time of decolorization (> 30 minutes). The rapid decrease in reduction time appeared in the phase of intensive growth.

The decline of growth, the minimum of pH and the maximum of milk-clotting activity occurred in the same period.

The change in growth rate (dx/dt) and enzyme production rate (dp/dt) together with the change in reduction time were studied as a function of mycelium concentration (x). The relationships observed are shown in Fig. 2. The growth rate had five phases as established by the method of Kono and Asai [4].

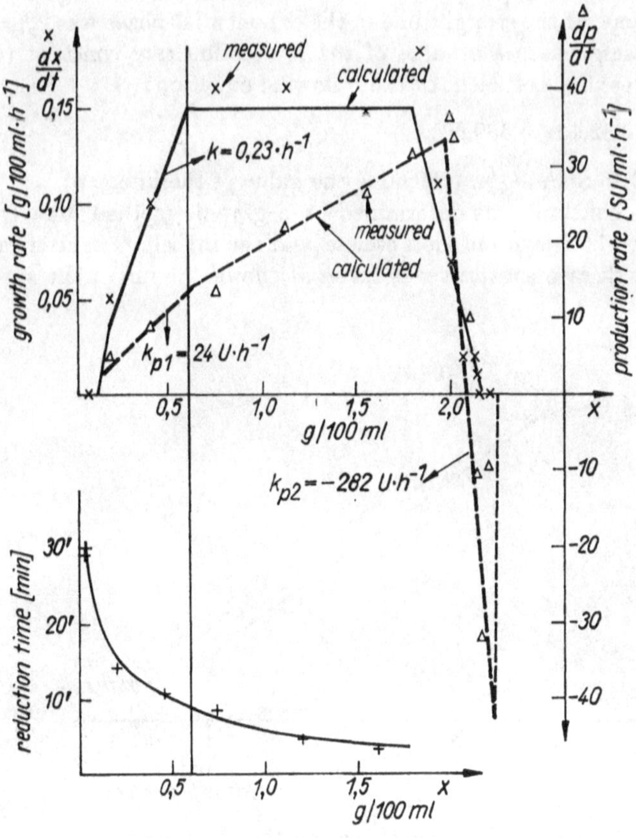

Fig. 2. Dependence of growth rate, production rate and reduction time on the mycelium concentration

The lag, transient, exponential, constant and declining growth phases are well distinguished. As the exponential phase has no growth limiting effect, the rate of cell growth is highest in this phase, under the given conditions. The maximum of the specific growth rate (k) — otherwise known as growth rate constant — is given by a slope of the straight line representing the exponential phase at value of 0.23 hour. The generation (doubling) time (t_g) was derived from the growth rate constant by the following equation:

$$t_g = \frac{\ln 2}{k} = 3.01 \text{ hours} \tag{1}$$

The change in reduction time is represented by a thin line. Its value at the beginning of the cultivation was above 30 minutes. In the transient growth phase it began to fall rapidly and during the exponential phase it decreased from 18 to 8 minutes.

The production rate was marked by a broken line. Its value increased during growth. The decrease in growth rate was followed by the decline of production rate. Moreover, the latter had a negative value, due to the decrease of enzyme activity in the fermentation broth. In the increasing phase of product formation the production rate constant derived from the slope of the straight line in the exponential phase was $k_{p1} = 24$ SU/ml/g/h. In the decreasing phase the value of the production rate constant (k_{p2}) was expressed as the regression coefficient of the following equation:

$$y = -282.16x + 589.60, \tag{2}$$

where $k_{p2} = -282.16$ SU/ml/g/h. (589.60 is the value of the intercept.)

The growth rate constant was determined by a graphic method, too. In Fig. 3 the specific growth rate is shown on the abscissa and the mycelium concentration on the ordinate. The growth rate constant was given at the maximum of the specific growth rate of 0.23/h.

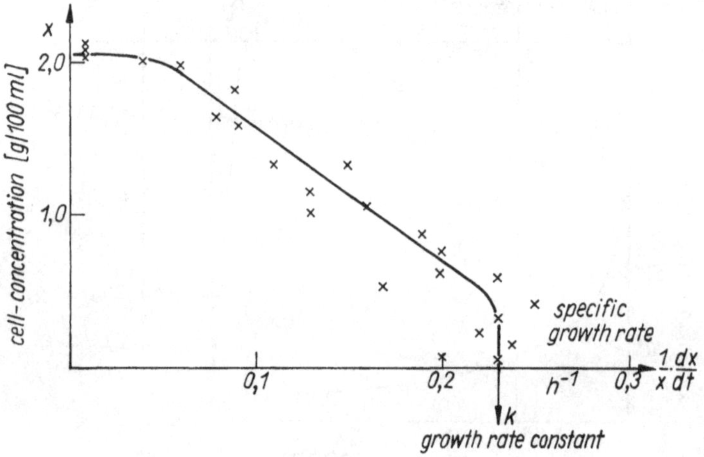

Fig. 3. Graphic determination of the growth rate constant

The characteristic kinetic constants are shown in Tab. 1. It appeared on the diagrams shown, that this was a type of fermentation process, where product formation was associated with growth, and decreased with nongrowth. However, the decrease in cell growth was not immediately followed by the decrease in production rate. The change of the latter and of pH as a function of cell growth rate are shown in Fig. 4. Curve number III. contained the data of the exponential phase, curve number V. the data of the constant growth phase and curve number IV. the data of the declining

Table 1

Characteristic data of the fermentation

interval of the exponential growth phase	25–30 hours
mycelium concentration exponential growth phase	0.20–0.63 g/100 ml
k	0.23 h^{-1}
t_g	3.01 h
x_M maximum of the mycelium concentration	2.17 g/100 ml
p_M maximum of the enzyme activity	420 SU/ml
k_{p1} } production rate constants	24 } SU/ml/g · h^{-1}
k_{p2} } production rate constants	−282 } U · h^{-1}

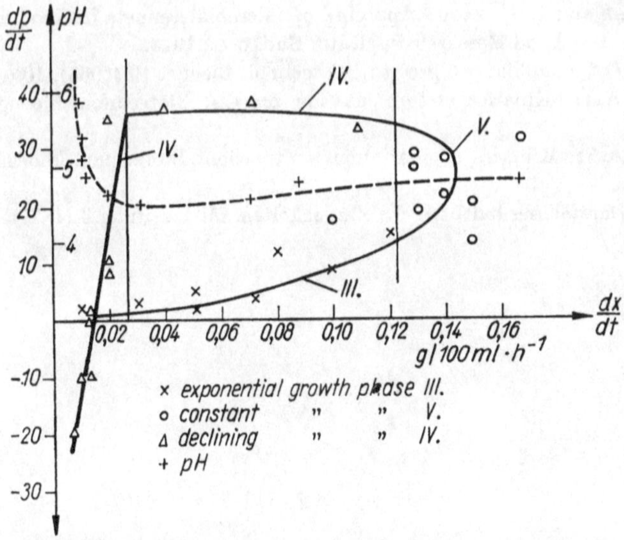

Fig. 4. The changes of the production rate and the pH as a function of the growth rate

phase. The second part of the declining phase was emphasized by a thick line. The pH marked by a broken line was represented only in the declining phase. The production rate increased in the exponential and constant growth phases. It showed a negligible change in the first part of the declining phase. However, a rapid decrease was observed in the second part at the same time, when the pH started increasing.

Summary

The growth and enzyme production kinetics were studied in submerged culture of *Endothia parasitica*. The mold showed five phases of growth under the given conditions. The measurement of reduction time proved to be suitable for rapid indication of the exponential growth phase and, consequently, for determination of the cultivation time of pre-cultures. The contact line of the exponential and constant growth was indicated by reduction time between 10 and 5 minutes.

The milk-clotting activity increased together with the mycelium content. After reaching a minimum the activity of the fermentation broth decreased significantly. This phenomenon — resulting in a negative value of the production rate k_{p2} — seems to be closely related to nongrowth as well as to the increase in pH.

The results obtained gave useful information for the further laboratory work and for industrial batch fermentation, too.

References

[1] Erdélyi, A., and E. Kiss: Optimization of the composition of the medium for the production of milk-clotting enzyme of microbial origin in submerged culture. Acta Alimentaria 7 (1978), 155—166

[2] Kiss, E., K. Pozsár and I. Gajzágó: Applying of microbial rennets for food industry. Research report of Central Food Research Institute, Budapest, 1974.

[3] Kono, T.: Kinetics of microbial cell growth. Biotechnol. Bioeng. 10 (1968), 105—131

[4] Kono, T., and T. Asai: Kinetics of fermentation process. Biotechnol. Bioeng. 11 (1969), 293—321

[5] Kono, T., and T. Asai: Kinetics of continuous cultivation. Biotechnol. Bioeng. 11 (1969), 19—36

[6] Soxhlet, F.: Die Darstellung haltbarer Labflüssigkeiten. Milchzeitung 6 (1877), 497—501

Public Health Laboratory Service Centre for Applied Microbiology and Research Porton, U.K.

The Production of L-Asparaginase from *Erwinia carotovora*

K. SARGEANT and H. E. WADE

Introduction

Following the demonstration by BROOME [1] that guinea pig l-asparaginase cures certain tumours in laboratory mice a more practical source of the enzyme was sought. It was soon demonstrated that l-asparaginase was present in many microorganisms, but some forms were found not to be effective in curing tumours. For example ROBERTS et al. [7], and CAMPBELL et al. [2], respectively, showed that *Escherichia coli* ATCC 11303, and *Escherichia coli* B each produce two l-asparaginases, one of which has anti-tumour activity.

When work was started in our laboratory, the active enzyme from *Escherichia coli* was already giving useful results in patients suffering from acute lymphatic leukaemia. We therefore directed our efforts towards finding a new active enzyme, which was immunologically different from the one in use. Such an enzyme was expected to be of value in the treatment of patients who had become sensitized to the *Escherichia coli* enzyme. This paper describes how such an enzyme was discovered, and prepared in useful amounts.

The discovery of *Erwinia carotovora* as a good source of l-asparaginase

The search for a new l-asparaginase was concentrated on organisms having only remote association with man to minimize his initial immunological sensitivity. Bacterial plant pathogens were included because many plants contain asparagine in substantial amounts and pathogenic bacteria could therefore be expected to have evolved an asparaginase for harnessing this convenient source of nutrient nitrogen.

The candidate bacteria were grown on a nutrient agar at 30° for 48 hours. Their protein contents were determined by the LOWRY method, and their l-asparaginase contents by incubation with l-asparagine, followed by estimation of the ammonia produced by the NESSLER method, as described by HERBERT and WADE [6].

Some of the results obtained are given in Tab. 1. They show that l-asparaginase is produced by many strains of the genus *Erwinia*, including some of *Erwinia carotovora* which contain the enzyme at specific activities over 10 times higher than *Escherichia coli* ATCC 11303. The later strain was included in the test system for comparative purposes, because it was the source of one of the *Escherichia coli* l-asparaginases used in the early clinical trials [7]. A more comprehensive survey of the l-asparaginase activities of plant pathogens and other bacteria is given in another paper by WADE et al. [9].

Table 1

The l-asparaginase activities of selected bacteria

Bacterium	Collection number	Specific l-asparaginase activity
		iu
Escherichia coli	ATCC 11303	0.48
Erwinia aroideae	NCPPB 1274	0.54
Erwinia aroideae	NCPPB 1380	1.15
Erwinia atroseptica	NCPPB 549	0.54
Erwinia carotovora	NCPPB 708	4.9
Erwinia carotovora	NCPPB 1065	4.1
Erwinia carotovora	NCPPB 1066	6.3
Erwinia chrysanthemi	NCPPB 516	0.68

ATCC is the American Type Culture Collection
NCPPB is the National Collection of Plant Pathogenic Bacteria

l-asparaginase activity in whole bacterial cells is measured in International Units (iu), i. e. in micromoles of ammonia produced per minute; as described by HERBERT and WADE [6]

Specific l-asparaginase activity is the ratio of this activity to mg of protein present in the cells, determined by the LOWRY method; as described by HERBERT and WADE [6]

Many other bacteria were found to contain l-asparaginase, but it was necessary to restrict our work to one source of the enzyme only, in order to produce material for clinical trials quickly. *Erwinia carotovora* NCPPB 1066 was chosen for development because its enzyme, as reported by WADE et al. [8], was found to be active against tumours in laboratory mice; and because the highly basic character of the enzyme, and its relative abundance in the microbial cells, were expected to make easier the development of a large-scale purification process.

The development of a satisfactory microbial culture method

The first production cultures of *Erwinia carotovora* NCPPB 1066 were grown in 400 l stirred aerated fermenters using 4.5% yeast extract (The English Grains Co. Ltd., Burton-on-Trent), which had been adjusted to pH 6.8–7.0 by the addition of about 0.5 l of 10 N sodium hydroxide. There was rapid bacterial growth, accompanied by a progressive increase in the rate of carbon dioxide evolution from the culture for about 8 hours, during the later stages of which the pH value of the culture was maintained at 7.0 by the automatic addition of phosphoric acid. At about 8 hours the rate of bacterial growth fell sharply and this fall was reflected in the carbon dioxide evolution rate and in the requirement for phosphoric acid. Cell paste recovered from the culture at this stage contained about 4 iu/mg protein, and the cell density was about 2.8 g/litre dry weight. If growth was allowed to continue it proceeded much more slowly, and

Table 2
400 litre cultures of Erwinia carotovora

Group Number	Organism grown	Number of cultures for which average results are given	Culture medium (approx.)	Age of culture at harvest	K_3PO_4 used in pH control	Final dry cell mass per ml	Final 1-asparaginase per ml	Specific 1-asparaginase activity of final cells
				hr	moles	mg	i.u.	i.u./mg protein
1	1066 S 10	10	4.5% yeastextract, 1.75% sodium 1-glutamate monohydrate	19	44.2	5.8	60.6	14.9
2	NCPPB 1066	7	4.5% yeastextract, 1.75% sodium 1-glutamate monohydrate	22	45.4	8.4	44.5	7.6
3	NCPPB 1066	10	4.5% yeastextract	8	7.1	2.8	8.2	4.2

NCPPB is the National Collection of Plant Pathogenic Bacteria
Dry cell mass was determined by the method of Ford [5]
l-asparaginase was determined as stated in Table 1
Specific l-asparaginase activity of final cells was calculated assuming that 70% of final dry cell mass was protein

although the cell density increased, the l-asparaginase content of the culture remained static.

The results obtained for a series of ten 400 l batch cultures which were harvested at about 8 hours are given in Tab. 2 (group 3). The average l-asparaginase yield per ml of culture was 8.2 iu and the average specific activity of the cell paste was 4.2 iu/mg protein.

Yeast extract contains a number of amino acids, and it was shown by Elsworth et al. [4] that four of these, glutamate, serine, threonine, and aspartate had been completely removed from the culture medium when the growth rate fell sharply and l-asparaginase accumulation ceased. Accordingly experiments were carried out in which the culture medium was supplemented in various ways with the least expensive of these, l-glutamate. Increased bacterial growth took place and an even sharper increase in the l-asparaginase content of the culture occurred. Thus l-glutamate was acting not only as a nutrient for the microbial cells, but also as an l-asparaginase inducer.

The results obtained for a series of seven 400 l batch cultures, which were grown in 4.5% yeastextract supplemented with 1.75% sodium glutamate monohydrate are given in Tab. 2 (group 2). A much increased volume of phosphoric acid was required for pH control, and when the cultures were harvested after all the glutamate had been consumed, the average asparaginase yield per ml of culture was 44.5 iu and the specific activity of the cell paste was 7.6 iu/mg protein.

More recently, an improved strain, designated *Erwinia carotovora* 1066/S 10 has been used for production work. It was derived from the original strain by Callow et al. [3], during experiments in which the parent strain was cultivated for long periods in continuous flow culture, and improved further by repeated transfers in nutrient broth. When grown in the yeastextract-sodium l-glutamate medium described above it produced less cell paste and more l-asparaginase. Thus for a series of ten 400 l cultures the average l-asparaginase yield was 60.6 iu/ml, and the specific activity of the cell paste produced was 14.9 iu/mg protein. Since the pure enzyme has a specific activity of about 700 iu/mg protein about 2% of the cell protein is l-asparaginase.

The maintenance of a satisfactory culture method

Erwinia l-asparaginase has become accepted as a useful addition to the antileukaemic drugs, and production has been maintained for a number of years. Two difficulties have occasionally threatened production.

Firstly some batches of yeast extract have consistently given reduced yields both of cell paste and of l-asparaginase. The reason for this phenomenon has not been found, but the difficulty has been overcome by purchasing the yeast extract in bulk after trial cultures had shown the batch to be satisfactory.

Secondly both the original strain NCPPB 1066 and the derived strain 1066/S 10 have shown a tendency to lose some of the ability to produce l-asparaginase after prolonged storage in the freeze-dried state. This difficulty has been met by maintaining several banks of freeze-dried cultures, each having a slightly different history, so that several alternative sources of seed material were always available. Recent experimental work by Sharp (personal communication) suggests that storage of cultures by freezing in liquid nitrogen will overcome this problem.

Extraction and purification of l-asparaginase

Erwinia carotovora is recovered as a paste from mature cultures by centrifugation, and this is quickly frozen for storage at −20° until required. The cell paste is suspended in 0.3% EDTA solution, and treated with 2M NaOH solution until the pH is 12.3−12.5, at which value it is held for 20 min. The pH is adjusted to 6.5 by the addition of 25% glacial acetic acid, and the resultant precipitate removed by centrifugation. The pH is next adjusted to 4.8 by further addition of 25% acetic acid and the precipitate is again removed by centrifugation. (If the pH adjustment is made in a single step considerable loss of l-asparaginase can occur by adsorption to the precipitate). The clarified extract is diluted to a conductivity of about 2000 μS, and treated with CM-cellulose for 18 hours to adsorb the enzyme.

The CM-cellulose is separated, and l-asparaginase eluted from it by treatment with 0.35 M NaOH, containing 0.38 g/l EDTA, and adjusted to pH 10.3 by passing in gaseous carbon dioxide. The eluate has a specific activity of about 200 u/mg protein, and is about 25% pure.

Pure enzyme is prepared, in an overall yield of 20% from the cell paste, by subjecting the eluate to a series of further purification steps which include chromatography on CM-cellulose, chromatography on DE-cellulose, ammonium sulphate precipitation, alcohol precipitation, and crystallisation from aqueous alcohol.

References

[1] Broome, J. D.: Evidence that the l-asparaginase activity of guinea pig serum is responsible for its antilymphoma effects. Nature **191** (1961), 1114−1115

[2] Campbell, H. A., L. T. Mashburn, E. A. Boyse and L. J. Old: Two l-asparaginases from *Escherichia coli* B. Their separation, purification and antitumour activity. Biochemistry **6** (1967), 721−730

[3] Callow, D. S., B. J. Capel and C. G. T. Evans: Experimental Continuous culture production of the enzyme l-asparaginase by *Erwinia carotovora*. J. gen. Microbiol. **65** (1971)

[4] Elsworth, R., D. Herbert, K. Sargeant and A. A. Christie: Improvements in or relating to l-asparaginase production. British Patent (1969), 32554

[5] Ford, J. W. S.: Measurement of bacterial dry weight using an infrared oven. Chem. Ind. (London) (1967), 1556−1557

[6] Herbert, D., and H. E. Wade: Improvements in or relating to enzyme production. British Patent (1968), 40343

[7] Roberts, J., M. D. Prager and N. Bachynsky: The antitumour acticity of *Escherichia coli* l-asparaginase. Cancer Research **26** (1966), 2213−2217

[8] Wade, H. E., R. Elsworth, D. Herbert, J. Keppie and K. Sargeant: A new l-asparaginase with antitumour activity. The Lancet (1968), 776−777

[9] Wade, H. E., H. K. Robinson and B. W. Phillips: Asparaginase and glutaminase activities of bacteria. J. gen. Microbiol. **69** (1971), 299−312

Lokalisation und Ausscheidung von Enzymen

Institute of Microbiology, Department of Bacterial Genetics, Czechoslovak Academy of Sciences, Prague, Czechoslovakia

Regulation of the Synthesis of a Neutral Metalloproteinase in *Bacillus megaterium*

J. Chaloupka, J. Čechová and T. Džundová

Synthesis and excretion of proteolytic enzymes in bacilli is usually related to sporogenesis. Most strains of *Bacillus megaterium*, however, produce an exocellular proteinase also during growth. This enzyme is a neutral metalloproteinase containing zinc in its molecule. We studied regulation of its synthesis during growth of the sporogenous strains MA and 27 and of the asporogenous strain KM.

Formation of the proteinase is apparently controlled by repression in all the strains used. A simultaneous presence of glucose and amino acids is necessary for an almost complete repression of the enzyme (Fig. 1). Several amino acids can suppress the formation of the proteinase when added to the mineral salts + glucose medium. Threo-

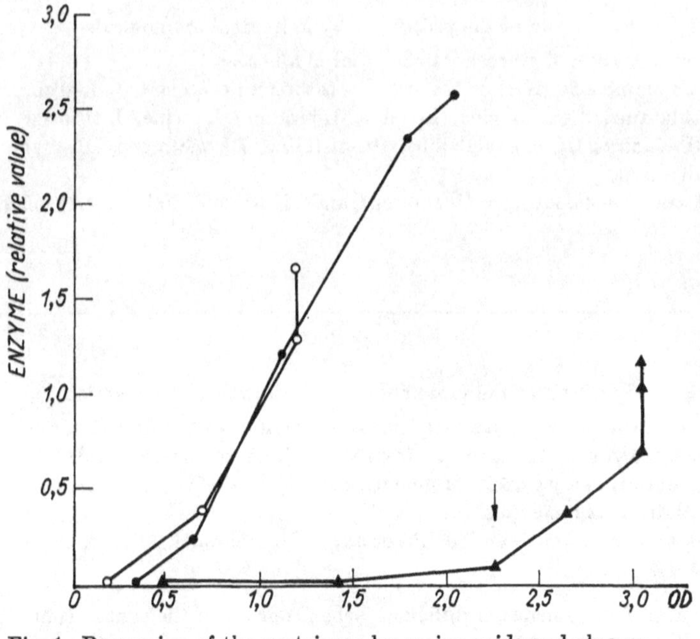

Fig. 1. Repression of the proteinase by amino acids and glucose
o no casamino acids, glucose 1 mg/ml; • casamino acids (AA) 3 mg/ml; glucose 0,1 mg/ml; ▲ casamino acids 3 mg/ml; glucose 1 mg/ml
The arrow indicates exhaustion of glucose
(Data were taken from Chaloupka, Ann. Inst. Pasteur **117** (1969), 631)

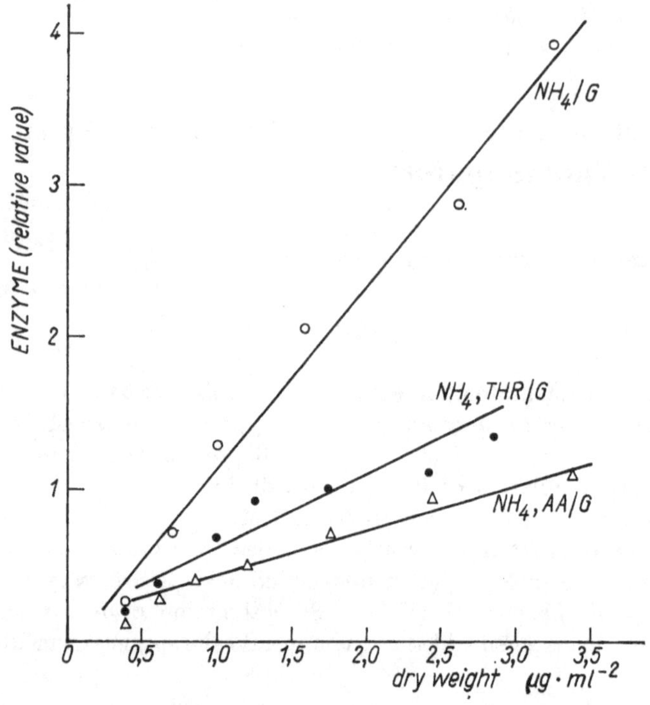

Fig. 2. Repression of the proteinase by individual amino-acids

Concentration of glucose was 5 mg/ml in all cases

○ no amino acid (NH_4 as N source); • L-threonine 0,5 mM, △ L-arginine, L-cysteine, L-glutamic acid, glycine, L-lysine, L-prolime, L-serine, L-tyrosine (all 0,5 mM); DL-alanine, DL-phenylalanine, DL-histidine, DL-methione, DL-tryptophan (all 1 mM)

(Data were taken from CHALOUPKA and KŘEČKOVÁ, Folia microbiol. **11** (1966), 82)

→

Fig. 3. Synthesis of the proteinase during growth and starvation

The culture growing in a NO_3/glucose medium was transferred in intervals indicated by the arrow to the medium, from which N source was omitted

▲ optical density and • proteolytic activity in a NO_3/glucose medium; ○ proteolytic activity in the medium without N

(Data were taken from Ud Din et al., Folia microbiol. **14** (1969), 70)

Fig. 4. The influence of different carbon sources on the synthesis of β-galactosidase and proteinase

▲ glucose 2 mg/ml + galactose + 2 mg/ml;

○ glycerol 2 mg/ml + galactose + 2 mg/ml;

• galactose 2 mg/ml;

NH_4^+ was the N source

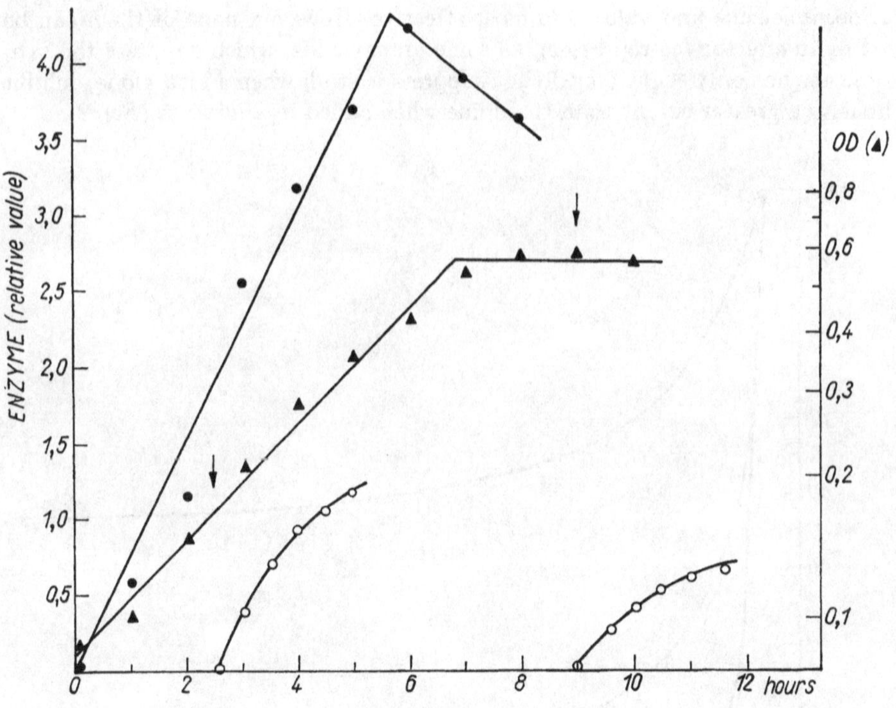
ENZYME (relative value)
OD (▲)
hours
4,0
3,5
3,0
2,5
2,0
1,5
1,0
0,5
0
2
4
6
8
10
12
0,8
0,6
0,4
0,3
0,2
0,1

Fig. 3.

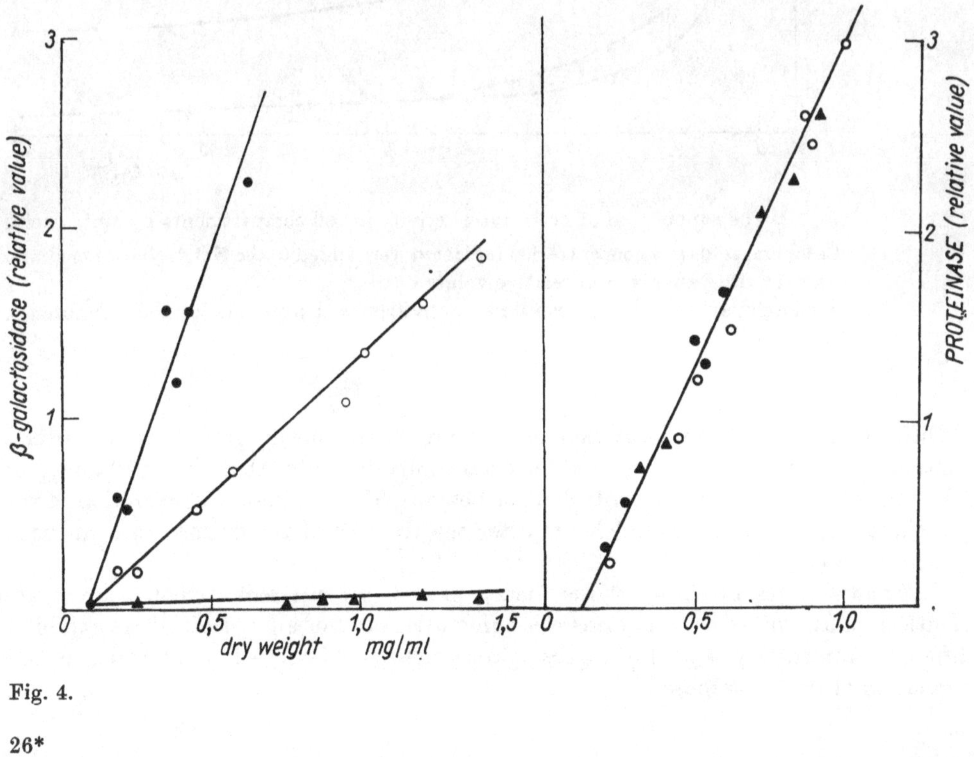
β-galactosidase (relative value)
PROTEINASE (relative value)
dry weight mg/ml
3
2
1
0
0,5
1,0
1,5

Fig. 4.

nine, leucine, isoleucine and valine are most effective. However, none of them can be considered as an effector (co-repressor), as some amino acids, which suppress the synthesis of the enzyme only slightly or do not suppress it at all when added alone, inhibit its synthesis to a greater extent than threonine when added in a mixture (Fig. 2).

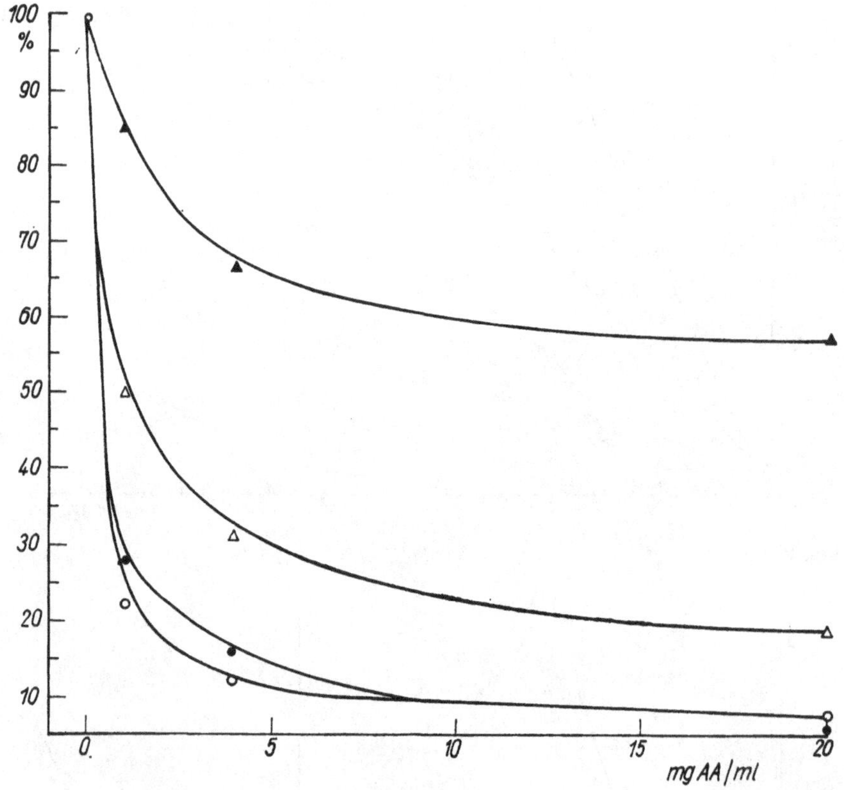

Fig. 5. The suppression of proteolytic activity in cell compartments by amino acids Casamino acids at a concentration indicated were added to the NH_4^+/glucose medium. The activities are given in relative values
○ exocellular activity. Intracellular activities: ● periplasm, △ cell membranes, ▲ cell sap

Differential rate of the formation of this proteinase during growth in a medium containing either NH_4^+ or NO_3 as a nitrogen source indicates that the availability of NH_4^+ may be involved in the control of the enzyme. The synthesis and excretion of the proteinase continues for several hours after the transfer of the culture to a nitrogen free medium (Fig. 3.).

Differential rates of its synthesis during growth on different carbon sources are identical, under the same conditions the differential rates of a β-galactosidase exhibit a different pattern (Fig. 4.). This argues against the role of catabolite repression in the regulation of this proteinase.

Bacterial cells contain intracellular proteolytic activity which corresponds to less than 1% of the activity excreted into the medium.

The intracellular activity is present in the periplasmic space, plasma membrane and soluble fraction. The enzyme activities in different compartments are also controled by the composition of the growth medium (Fig. 5). The degree of the repression of the exocellular and periplasmic proteinase brought about by different concentrations of amino acids is very similar. The activities in the membrane and especially in the soluble fraction are more resistant to the repression.

Institut für Molekularbiologie und Biophysik
der Eidgenössischen Technischen Hochschule, Zürich, Schweiz

Produktion und Isolation thermostabiler Proteasen und Amylasen aus *Bacillus stearothermophilus* und *Bacillus cereus*

W. Sidler und H. Zuber

Einleitung

Thermolysin ist unbestritten die am besten untersuchte neutrale Protease. Sie wird vom thermophilen *Bacillus thermoproteolyticus* (Species *B. stearothermophilus*) ins Nährmedium ausgeschieden. Die hervorstechendste Eigenschaft von Thermolysin ist seine Hitzestabilität bis zu einer Temperatur von 80 °C. Im Modell der dreidimensionalen Struktur, welches von Neurath, Matthews und Mitarbeitern aufgeklärt wurde [1], erkennt man ein Zink-Atom im Reaktionszentrum, welches für die proteolytische Aktivität essentiell ist. Für die Thermostabilität dieser Metalloendopeptidase sind vier proteingebundene Calciumionen verantwortlich. Im Rahmen der Bemühungen, strukturelle Ursachen für die Thermostabilität dieser Protease zu finden, wurde von Feder, Neurath und Matthews die thermostabile neutrale Protease von *Bacillus subtilis* zum Vergleich herangezogen. Diese Arbeiten wurden dadurch erschwert, daß bis jetzt noch keine brauchbaren Kristalle erhalten wurden und die Homologie in der Primärstruktur der beiden verglichenen Proteasen mit ca. 50% eher klein ist [2].

Ein Hauptthema unserer Proteingruppe an der ETH in Zürich sind die strukturellen Ursachen der Thermostabilität und die speziellen Eigenschaften thermophiler Proteine. Beim Beispiel der thermostabilen neutralen Proteasen arbeiten wir nach dem Konzept, daß es um so wahrscheinlicher ist, strukturelle Beziehungen zur unterschiedlichen Thermostabilität zweier Proteasen zu finden, je homologer ihre Primärstrukturen (Aminosäuresequenzen) sind. Deshalb suchten wir neutrale Proteasen, welche von der gleichen *Bacillus*-Species ausgeschieden werden, von welcher Thermolysin produziert wird, nämlich *Bacillus stearothermophilus* oder nahe verwandte Species.

Thermolysin ist zudem nicht zuletzt deshalb ein sehr beliebtes Untersuchungsobjekt, weil es in reiner Form in Gramm Mengen gekauft werden kann. Dasselbe gilt für die neutrale Protease von *B. subtilis*. Als wir aber selber versuchten, thermostabile neutrale Proteasen zu produzieren, fanden wir, daß erstens *Bacillus thermoproteolyticus* nicht erhältlich ist und zweitens, daß im flüssigen Kulturmedium von *B. stearothermophilus* Kultivationen keine proteolytische Aktivität zu finden war, obwohl die Gelatinetests auf Agarplatten positiv waren, und drittens, daß das Reinigungsverfahren für Thermolysin [4] nur für den speziellen Fall Thermolysin anwendbar ist, da nur die Protease eines sehr stark proteolytischen Stammes mit Ammoniumsulfat direkt aus dem Medium ausgefällt und mittels Umkristallisieren gereinigt werden kann. Bevor wir uns also den Sequenzanalysen zuwenden konnten, arbeiteten wir folgende Verfahren aus:

1. Ein einfaches Screening-Verfahren für stark proteolytische thermophile Bacillen.
2. Die Produktionsbedingungen für thermostabile neutrale Proteasen im Fermenter.
3. Isolationsverfahren für thermostabile neutrale Proteasen.

Screening-Verfahren für stark proteolytische Bacillenstämme aus heißen Quellen

Bacillus stearothermophilus-Stämme, welche als Lebensmittelverderber, aus Zuckerrohr oder gärenden Heustöcken isoliert wurden, scheinen andere Nährstoffansprüche zu stellen als Stämme aus heißen Quellen. Für die letzteren wurde das von HEINEN [5] beschriebene Medium mit Basalsalzen, Spurenelementen, Glucose und Brain Heart Infusion als Komplexmediumanteil verwendet. Aus heißen Quellen in Island entnahmen wir Proben, welche auch Bodenpartikel enthielten. An diese heften sich die Organismen an, um nicht ausgeschwemmt zu werden. Millilitermengen dieser Proben wurden auf Kasein-Agar-Platten bei 65 °C inkubiert. Der Agar bestand aus dem von HEINEN [5] für *Bacillus caldolyticus* beschriebenen Medium und uperisierter, fettfreier Magermilch aus dem Milchladen. Zellkolonien von proteolytischen Stämmen hydrolysieren bekanntlich das Kasein und bilden große, klare Höfe um die Kolonien. Diese Zellen wurden auf manganhaltige Agarplatten übertragen, wo aerobe sporenbildende Stäbchen, d. h. Stämme des Genus *Bacillus*, versporen. Damit und mit der Eigenschaft, bei 60—70 °C zu wachsen, sind sie als proteolytische thermophile Bacillen selektioniert. Im versporten Zustand in verschließbaren Schrägagarröhrchen lassen sie sich zur weiteren Reinigung und Identifizierung bestens transportieren und aufbewahren.

Produktionsbedingungen für thermostabile neutrale Proteasen

Bei Beginn unserer Arbeiten war die Produktion thermostabiler Proteasen von *Bacillus stearothermophilus* nicht reproduzierbar. Aus unbekannten Gründen wurde nur bei 300 l Batch Kulturen proteolytische Aktivität gefunden, alle anderen Batch- und Schüttelkulturen waren negativ. So stellte sich zuerst das Problem, die Faktoren zu finden, welche die Proteasebildung und die Proteaseausbeute beeinflussen und die zweite Aufgabe bestand darin, die Fermentationsparameter zu optimieren.

Für diese Experimente wurden der schwach proteolytische Stamm *Bacillus stearothermophilus* NCIB 8924 und der stärker proteolytische Stamm *Bacillus stearothermophilus* NRRL B-3880 verwendet. Die Thermostabilität ihrer Proteasen ist um 5 °C verschieden. Die NCIB 8924 thermostabile neutrale Protease ist stabil bis 65 °C und die NRRL 3880 thermostabile neutrale Protease bis 70 °C [6]. Ohne Calciumionen sind beide Enzyme thermolabil. Die Experimente ergaben, daß die unreproduzierbaren, unterschiedlichen Proteaseausbeuten durch das Sterilisationsverfahren und den Phosphatpuffer verursacht wurden: Wird im Autoklaven ohne zu Rühren sterilisiert, komplexiert das Phosphat die gelösten Calciumionen, welche für die Thermostabilität nötig sind, was eine sehr schlechte Proteaseausbeute zur Folge hat. Wenn dagegen das mit Leitungswasser zubereitete Medium im Fermenter unter Rühren sterilisiert wird und die gelösten Gase beim Erwärmen entweichen können, fällt das gelöste Calciumhydrogencarbonat aus und das Calcium kann nicht mit dem Phosphat reagieren. Nach der Sterilisation geht das Calciumcarbonat bei der anschließenden Belüftung unter Rühren wieder in Lösung und kann die Protease wieder stabilisieren:

$$Ca(HCO_3)_2 \xrightarrow{\Delta} \underset{\downarrow}{\underline{CaCO_3}} + \overset{\nearrow}{CO^2} + H_2O$$

Dieser Vorgang konnte durch die Analyse der ungelösten Komponenten des Mediums während dem Sterilisationsvorgang belegt werden. Bei unterschiedlichen Sterilisationsverfahren wurden nach dem Sterilisieren bei 90 °C Proben entnommen und die ungelösten Partikel analysiert: Niederschlag, welcher beim Sterilisieren mit Rühren entnommen wurde, enthielt Calciumcarbonat, während der Niederschlag im Medium aus dem Autoklaven, sterilisiert ohne Rühren, nur unlösliches Calciumphosphat enthielt [6].

Die Messung der Konzentration gelöster Calciumionen während der anschließenden Kultivation bei 55 °C zeigte, daß auch der pH-Wert die Calciumionen-Konzentration und somit die Proteasenausbeute beeinflußt: Sobald der pH-Wert durch die Säureausscheidung von *Bacillus stearothermophilus* sank, stieg die Konzentration an gelöstem Calcium zusammen mit der proteolytischen Aktivität an.

Statt zu versuchen, die komplizierten Wechselwirkungen zwischen Calciumionen, Calciumcarbonat, Kohlendioxid, pH-Wert und Phosphat weiter aufzuklären und unter Kontrolle zu bringen, war es viel einfacher, zusätzliches Phosphat im Fermentationsmedium wegzulassen. Das ergab sich auf Grund der Feststellungen anderer Autoren, daß *Bacillus stearothermophilus* nur 0,022—0,1 mM Phosphat benötigt [7, 8]. Phosphatfreies Medium ermöglicht den Gebrauch von Leitungswasser für die Herstellung des Mediums, sofern Komplexmedienanteile mit sehr geringem Phosphatgehalt verwendet werden. Im Fermenter wurde der pH-Wert anstelle des Puffers mit dem pH-Stat reguliert und für die Schüttelkultur wurde der phosphatfreie Puffer Pyrromellitsäure/Triethanolamin [9] verwendet.

Die Optimierung des Calciumgehaltes im Medium ergab, daß die beiden *Bacillus stearothermophilus*-Stämme verschiedene Calciumkonzentrationen für die optimale Proteasebildung benötigten. Mit 80—120 mg/l benötigt Stamm NCIB 8924 viel mehr Calcium als Stamm 3880 mit 20 mg/pro Liter für optimale Ausbeute. Für die Thermostabilisierung jedoch waren nur 10—20 mg Calcium/l nötig (Abb. 1).

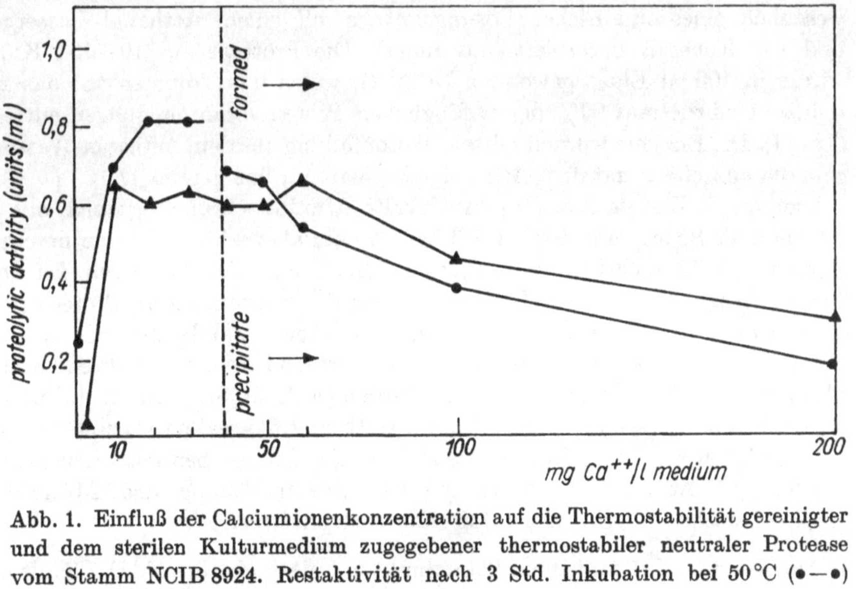

Abb. 1. Einfluß der Calciumionenkonzentration auf die Thermostabilität gereinigter und dem sterilen Kulturmedium zugegebener thermostabiler neutraler Protease vom Stamm NCIB 8924. Restaktivität nach 3 Std. Inkubation bei 50 °C (●—●) und nach 30 min Inkubation bei 65 °C (▲—▲)

Batch Fermentationen mit Medium ohne Phosphatpuffer und optimiertem Calciumgehalt ergaben reproduzierbare Ausbeuten an Enzymen. Protease und α-Amylase wurden schon während der exponentiellen Wachstumsphase ausgeschieden.

Isolationsverfahren

Wie anfangs erwähnt, ist die für Thermolysin beschriebene Isolationsmethode und diejenige für thermolabile neutrale Proteasen [3] für unsere thermostabilen Proteasen nicht anwendbar. Die Schwierigkeiten beginnen, sobald kleinere Mengen Protein aus großen Volumina Nährmedium ausgefällt werden sollten. Das Abzentrifugieren von Proteinniederschlag in nahezu gesättigter Ammoniumsulfatlösung ergibt wegen der hohen Dichte der Lösung schlechte Ausbeuten. Zudem wird die thermostabile neutrale Protease weder an Hydroxylapatit noch an Carboxymethyl-Zellulose adsorbiert wie die thermolabilen Proteasen.

Bei der Isolation extrazellulärer Enzyme besteht das Problem darin, beim ersten Reinigungsschritt die großen Volumina an Kulturmedium zu bewältigen. Dabei sollten folgende Voraussetzungen erfüllt werden:

- Die erste Reinigungsstufe muß neben einem guten Reinigungsfaktor einen großen Konzentrierungseffekt haben und schonend für das Enzym sein.
- Sie muß in vernünftiger Zeitspanne (4—12 h) und mit kleinem Aufwand durchführbar sein.

Eine Adsorptionschromatographie mit dem schwach polaren Akrylester-Harz Amberlite XAD-7 schien die gewünschten Eigenschaften zu besitzen: Das Harz hat eine adsorbierende Oberfläche von 450 m^2 pro Gramm und kann mit einer Durchflußrate von 1—7 Säulenvolumina pro Stunde gefahren werden. Das geklärte Kulturmedium kann direkt auf die Säule aufgetragen werden. Die extrazellulären Enzyme werden in Anwesenheit eines organischen Lösungsmittels mit einem Aethanol-Wassergemisch 1:1 und 1 M Kochsalz desorbiert und eluiert. Die Protease aus 10—15 l Kulturmedium wurde in 400 ml Eluat gewonnen (Abb. 2), wobei das Volumen auf das 25—38fache reduziert wurde und 90% der anfänglichen Proteinverunreinigungen entfernt wurden (Tab. 1). Die Enzyme wurden mittels Acetonfällung aus dem Aethanol-Wasser-Kochsalzgemisch ausgefällt und über Affinitätschromatographie gereinigt.

Die von K. WALSH u. a. [10] entwickelte Affinitätschromatographie mit Triethylentetramin als Spacer und Glycyl-D-Phenylalanin als reaktive Gruppe bewährte sich erwartungsgemäß auch für unsere thermostabilen neutralen Proteasen. Im Gegensatz zu Thermolysin, welches bei pH 9,0 eluiert wurde, wurden unsere Proteasen bei pH 8,0 desorbiert. Überraschenderweise wurde die thermostabile neutrale α-Amylase von *Bacillus stearothermophilus* ebenfalls adsorbiert und konnte durch einen stufenweisen pH-Gradienten bei pH 6,0 rein eluiert werden (Abb. 3). Sie wird nicht durch die Sepharose 4 B, sondern entweder durch den Spacer oder die reaktive Gruppe adsorbiert.

Vergleichen wir ältere Isolationsverfahren mit dem soeben beschriebenen Verfahren, welches aus Adsorptionschromatographie, Aceton-Fällung und Affinitätschromatographie besteht, so ergeben sich folgende vorteilhafte Aspekte:

1. Das geklärte Kulturmedium kann direkt auf die Amberlite XAD-7-Säule aufgetragen werden.

2. Die physikalischen Eigenschaften des XAD-7-Harzes ermöglichen eine Erhöhung der Durchflußrate proportional zum „scaling up“ des Kulturmedium-Volumens und des Säulenvolumens.
3. Der erste Reinigungsschritt hat einen großen Konzentrierungseffekt wie auch einen hohen Reinigungsfaktor.

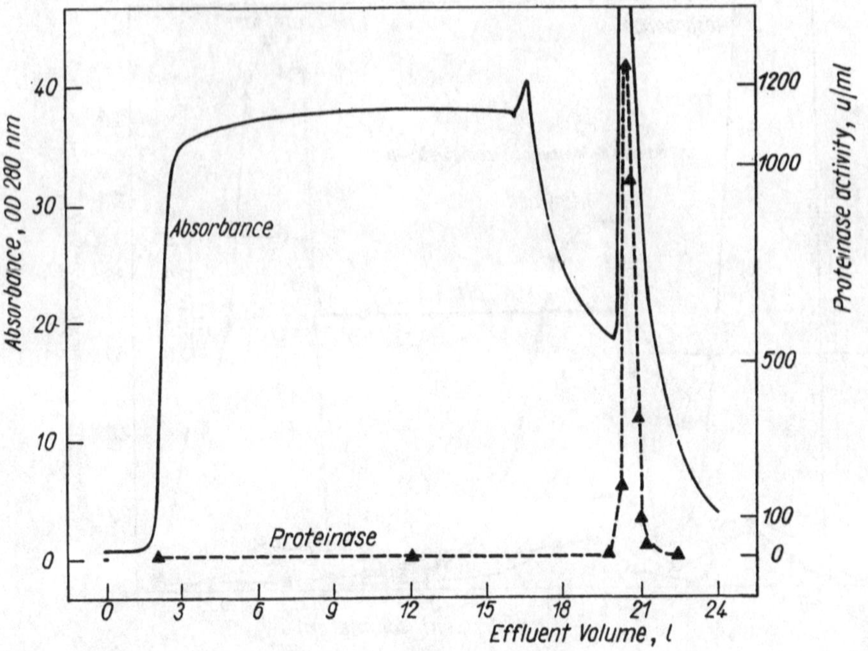

Abb. 2. Adsorptionschromatographie von 10 l Kulturmedium mit Amberlite-XAD-7-Harz. (Säulendimension 4 × 80 cm, Durchflußrate 1 Liter/h)

Tabelle 1

Reinigungsschema B. stearothermophilus NRRL-3880 thermostabile neutrale Protease

		Volumen ml	Protein mg	Protease U	spez. Aktivität U/mg
	Kulturmedium	10000	20000	45700	22.85
	↓				
Konzentration Extraktion Reinigung	Amberlite XAD-7 Chromatographie	616	1850	345200	186.59
	↓				
Pufferwechsel	Acetonfällung	60	1280	368000	287.50
	↓				
Reinigung	Affinitätschromatographie	57	241	141000	585.06

4. Die neutralen Proteasen werden nicht niederen Ionenstärken oder Bedingungen mit Calciummangel ausgesetzt, wie es während den Dialysen oder bei Pufferwechseln der Fall ist, besonders bei Pufferwechseln von Phosphat oder Ammoniumsulfat zu Calcium-haltigen Puffern, was leicht zur Ausfällung des stabilisierenden Calciums führt.

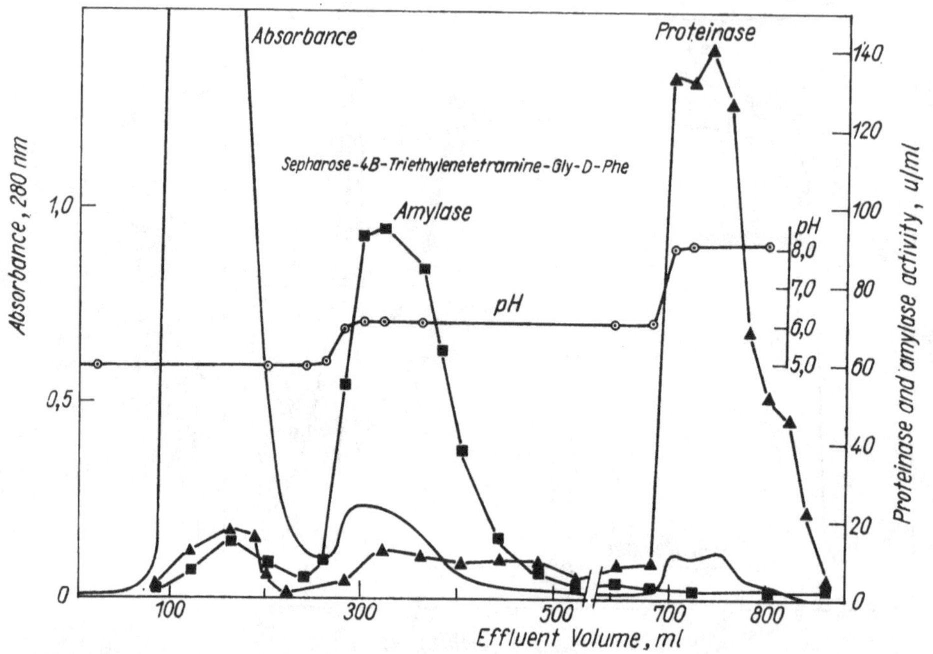

Abb. 3. Affinitätschromatographie von *B. stearothermophilus* NCIB 8924 extrazellulären Enzymen. Säulenvolumen 100 ml

Bemerkungen über die Homologien im N-terminalen Bereich der Primärstrukturen

Mit dem vorangehend beschriebenen Verfahren wurde die neutrale Protease von *Bacillus cereus* Stamm X-3 isoliert. Sie ist um 20 °C weniger thermostabil als Thermolysin. Die N-terminale Aminosäuresequenz wurde mit dem Sequenator (automatisierter Edman-Abbau) von Frank in unserem Institut bestimmt und mit den anderen Sequenzen verglichen. Der Vergleich (Abb. 4a) zeigt, daß die *Bacillus cereus* neutrale Protease in den ersten 30 Aminosäureresten des N-terminalen Bereiches 70% homolog zu Thermolysin ist, während die *Bacillus subtilis* neutrale Protease in diesem Bereich nur 28% Homologie aufweist. Diese Resultate erklären die Ergebnisse von serologischen Immun-Kreuzreaktions-Experimenten, welche Feder im Jahre 1971 [11] ausführte. Er beobachtete Immunreaktionen zwischen Anti-Thermolysinserum und *Bacillus cereus*-Protease, während Anti-Thermolysinserum und *Bacillus subtilis* neutrale Protease nicht reagierten. Zudem gelang es kürzlich Jansonius im Bio-Zentrum in Basel, die *Bacillus cereus* neutrale Protease zu kristallisieren. Somit haben wir möglicherweise ein

System gefunden, mit welchem ein struktureller Vergleich zweier verschieden thermostabiler Proteasen realisierbar wäre. Die Regionen des Proteins, in welchen die Calciumionen gebunden werden, sind natürlich von besonderem Interesse, da die Calciumionen bei den beiden Proteasen einen um 20 °C verschieden großen Thermostabilisierungseffekt haben.

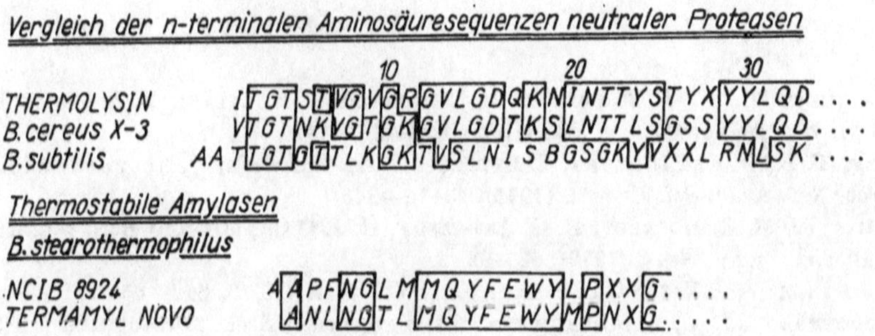

Abb. 4a. Homologievergleich der N-terminalen Aminosäuresequenz der *B. cereus* neutralen Protease mit den von NEURATH et al. [1, 2] bestimmten Sequenzen von Thermolysin und *B. subtilis* neutraler Protease

Abb. 4b. Homologievergleich der N-terminalen Sequenzen von *B. stearothermophilus* NCIB 8924 thermostabiler α-Amylase und TERMAMYL (NOVO Industri Dänemark)

Da die thermostabile α-Amylase von *Bacillus stearothermophilus* unverhofft rein erhalten werden konnte, wurde auch ihre N-terminale Aminosäuresequenz bestimmt. Wir erhielten zudem die Gelegenheit, diese α-Amylase mit einer anderen thermostabilen Amylase, dem TERMAMYL zu vergleichen, welche wir freundlicherweise von der NOVO INDUSTRI in Dänemark erhielten. TERMAMYL wird von *Bacillus licheniformis* ins Kulturmedium ausgeschieden. Wir fanden eine große Homologie der beiden Amylasen (Abb. 4b), welche beide ein Molekulargewicht von etwa 52000—59000 besitzen.

Zusammenfassung

A. Ein einfaches Screening-Verfahren erlaubt die rasche Erkennung stark proteolytischer thermophiler Bacillen. Dabei müssen die sich abzeichnenden verschiedenen Nährstoffansprüche von *Bacillus stearothermophilus* als Bodenbakterium und Heißwasserbakterium berücksichtigt werden.

B. Bei der Produktion thermostabiler neutraler Proteasen bei hohen Temperaturen muß Phosphat im Medium vermieden werden, da Phosphat die Calciumionen komplexiert, welche zur Bildung und Thermostabilisierung der Protease nötig sind. Weiter wird bei Calciummangel die Protease an Calciumphosphat adsorbiert und die ausgeschiedene Polypeptidkette kann sich nicht zur proteolytisch aktiven Konfiguration formen.

C. Die Isolation extrazellulärer Enzyme mit XAD-7 Adsorptionschromatographie und Affinitätschromatographie ist ein sehr effektives Verfahren. Es kann für größere

Volumina verwendet werden und ist auch für geringe Protein- oder Proteasekonzentrationen des Nährmediums geeignet.

D. Die *Bacillus cereus* neutrale Protease scheint für den Strukturvergleich mit Thermolysin geeignet zu sein, da sie eine große Homologie zu Thermolysin besitzt und kristallisierbar ist.

Literatur

[1] MATTHEWS, B. W., P. M. COLMAN, J. N. JANSONIUS, K. TITANI, K. S. WALSH and H. NEURATH: Nature New Biology **238** (1972), 41–43

[2] LEVI, P. L., M. K. PANGBURN, Y. BURSTEIN, L. H. ERICSSON, H. NEURATH and K. A. WALSH: Proc. Nat. Acad. Sci. USA **72** (1975), 4341–4345

[3] KEAY, L., M. H. MOSELEY, R. G. ANDERSON, R. J. O'CONNOR and B. S. WILDI: Biotechnol. & Bioeng. Symp. No. 3 (1972), 63–92

[4] MATSUBARA, H.: Methods in Enzymology. Vol. XIX (1970), 642–651

[5] GROOTEGROD, J. A., A. M. LAUWERS and W. HEINEN: Arch. Microbiol. **95** (1973), 267–274

[6] SIDLER, W., and H. ZUBER: European J. Appl. Microbiol. **4** (1977), 255–266

[7] ROWE, J. J., I. D. GOLDBERG, and R. E. AMELUNXEN: J. Bact. **124** (1975), 279–284

[8] HEINEN, W., and A. M. LAUWERS: Arch. Microbiol. **26** (1974), 313–346

[9] BAKER, H., O. FRANK, J. PASHER, B. BLACK, S. A. HUHRER and H. SOBOTKA: Can. J. Microbiol. **6** (1960), 577–563

[10] WALSH, K. A., Y. BURSTEIN and M. K. PANGBURN: Methods in Enzymology, Vol. XXXIV (1974), 435–440

[11] FEDER, J., L. KEAY, L. R. GARRET, N. CIRULIS, H. MOSELEY and B. S. WILDI: Biochem. Biophys. Acta **251** (1971), 74–78

Allunionsforschungsinstitut für Gärungsprodukte, Moskau, UdSSR
Zentralinstitut für Ernährung der Akademie der Wissenschaften, Potsdam-Rehbrücke, DDR
Institut für die Gärungs- und Getränkeindustrie, Berlin, DDR

Kultivierung von *Aspergillus batatae* und *Endomycopsis bispora* mit dem Ziel ihrer Anwendung in der Spritindustrie

V. Jarowenko, A. Täufel, H. Ruttloff, W. Ustinnikov, P. Steffen und P. Lietz

In neuerer Zeit findet der Einsatz amylolytischer Enzyme von Mikroorganismen zur Hydrolyse von Stärke bei der Äthanolgewinnung aus Getreide und Kartoffeln immer größeres Interesse. Besondere Intensität gewann die Einführung mikrobieller Enzyme in die Äthanolproduktion, nachdem man begonnen hatte, Kulturen von Mikroorganismen mit hoher Glucoamylaseaktivität bzw. konzentrierte Präparate dieses Enzyms großtechnisch herzustellen.

Die Fähigkeit der Glucoamylase, sowohl die α-1,4- als auch die α-1,6-Bindungen der Stärke bzw. der Dextrine unter Glucosebildung zu hydrolysieren, ermöglicht die Erzielung einer nahezu 100%igen Ausbeute an vergärungsfähigem Zucker aus Stärke und demzufolge auch der höchsten Äthanolausbeute aus den verarbeiteten Rohstoffen. Aus diesem Grund werden Glucoamylasepräparate der Firmen Novo und Naarden bei den Äthanolherstellern Westeuropas und der USA in großem Umfang eingesetzt, während viele große Äthanolhersteller Flüssigkulturen von Mikroorganismen mit hoher Glucoamylaseaktivität verwenden (z. B. die Firma Sigrem in den USA, die Firma Aiko in Finnland u. a.). Die erwähnte Besonderheit der Glucoamylase läßt diese zum wichtigsten mikrobiellen Enzym werden, das die Effektivität der Substitution von Malz in der Produktion von Äthanol aus Stärke bestimmt. Darum ist der Einsatz einer Kultur von Mikroorganismen um so effektiver, je höher ihre Glucoamylaseaktivität liegt.

Die Glucoamylase allein stellt jedoch noch keine hinreichende Voraussetzung für einen intensiven Verzuckerungs- und Gärungsprozeß dar. Notwendig ist auch α-Amylase zur Aufspaltung des Stärkekleisters, Protease zur Akkumulation von Aminosäuren für die Lebenstätigkeit der Hefe und schließlich — zumindest in geringen Mengen — die Gegenwart des Hemicellulase- und Cellulaseenzymkomplexes, der den Abbau der Zellstruktur des Rohmaterials erleichtert und die Äthanolausbeute etwas erhöht.

Zur Glucoamylaseproduktion werden in der Regel Mikroorganismen aus der Gruppe der Ascomyceten und Phycomyceten, besonders der Gattung *Aspergillus, Endomyces, Endomycopsis* und *Rhizopus* verwendet. Sie produzieren gewöhnlich hochaktive Glucoamylase, erzeugen jedoch die übrigen zur Verzuckerung erforderlichen Enzyme entweder gar nicht oder doch nur in sehr geringer Menge. Deshalb setzt man zur Verzuckerung von Stärke in der Äthanolproduktion Gemische ein, die Malz oder bakterielle α-Amylasen enthalten. Die partielle Substitution von Malz ist unter technischen Bedingungen nicht immer bequem und auch weniger effektiv im Vergleich zur vollständigen Substitution durch mikrobielle Enzyme. Der Zusatz bakterieller α-Amylase ist nicht immer günstig, da bakterielle amylolytische Präparate oftmals hochaktiv in bezug auf α-Amylase, aber nur wenig aktiv in bezug auf andere Enzyme (z. B. Hemicellulase und

Cellulase) sind, so daß im Ergebnis besonders bei Gerste, Roggen u. a. Arten keine hohe Äthanolausbeute erzielt wird. Darum ist hinsichtlich der Verbesserung des effektiven Enzymeinsatzes in der Äthanolproduktion das Problem der Auswahl günstigerer Präparatgemische, die eine optimale Zusammensetzung gewährleisten, bis heute nicht endgültig gelöst. Vom Enzymgemisch hängen aber Geschwindigkeit und Grad der Verzuckerung und der Vergärung der Rohstärke ab. Die gemeinsame Arbeit der Fachleute aus der DDR und der UdSSR, und zwar aus dem Zentralinstitut für Ernährung der Akademie der Wissenschaften (DDR), dem Institut für die Gärungs- und Getränkeindustrie (DDR) und dem Allunionsforschungsinstitut für Gärungsprodukte (UdSSR) war deshalb auch auf die Auswahl solcher Enzymgemische gerichtet, die — bei vergleichsweise geringen Kosten des Präparats — eine schnelle und vollständige Verzuckerung gewährleisten. Die Fachleute aus der DDR waren im Besitz einer in bezug auf Glucoamylase hochaktiven Kultur von *Endomycopsis bispora*, die praktisch keine anderen Enzyme aufwies.

In der UdSSR wurde dagegen bereits seit langem in der Äthanolproduktion eine Kultur von *Aspergillus batatae* verwendet, die ein reiches Enzymspektrum produziert, jedoch eine vergleichsweise niedrige Glucoamylaseaktivität aufweist, was bei der Verzuckerung zu einer hohen Einsatzmenge (80—100%, bezogen auf die Stärkemasse) führte.

Zu den gemeinsamen Forschungsaufgaben gehörten: Entwicklung optimaler Einsatzbedingungen für das Gemisch und Präzisierung der Kulturbedingungen unter Berücksichtigung der Spezifik von Äthanolbetrieben sowie Senkung der Kosten und des Einsatzes von defizitären Rohstoffen für das Nährmedium.

Die Zusammensetzung der von den Fachleuten aus der DDR anfänglich vorgeschlagenen Nährmedien für die Kultivierung von *Endomycopsis bispora* war für Äthanolbetriebe in der UdSSR verhältnismäßig kompliziert und beinhaltete defizitäre Rohstoffe, erbrachte allerdings auch eine sehr hohe Glucoamylaseaktivität. Es wurden Kultivierungsbedingungen für ein billiges und verfügbares Nährmedium entwickelt, das unter anderem Maische-Grobfiltrat enthielt. Bei diesem Kulturverfahren für *Endomycopsis bispora* beginnt man mit einer Kultur auf Agar, der Stärke, Glucose, Maisextrakt und KH_2PO_4 enthält.

Die Hauptfermentation erfolgt im Arbeitsmedium, das aus einem Grobfiltrat von Getreide-Kartoffel-Schlempe besteht und 0,5 bis 2,0% Maismehl, 0,5% Maisextrakt sowie 0,5% Kaliumdihydrogenphosphat enthält. Die Dauer der betriebsmäßigen Fermentation beträgt 72 bis 96 h bei 25 bis 30 °C. Das Medium mit Schlempeanteil ist jedoch nicht optimal für die Akkumulation einer hohen Glucoamylaseaktivität. Darum liegt die Aktivität bei diesem Medium höchstens bei 30 bis 35 Einheiten/ml (Glucoseoxydase-Peroxydase-Verfahren [1] bei 30 °C und pH 4,7 in mg Glucose je min) bzw. bei 25 bis 30 Einheiten/ml unter Betriebsbedingungen (vgl. Tab. 1). Die Anwendung der Methode mit 3,5-Dinitrosalicylsäure [2] erbrachte Aktivitäten bis 108 Einheiten/ml. Zur Erzielung einer höheren Aktivität wurde daher ein schlempefreies Nährmedium mit 2,5% Maismehl, 1,5% Sojamehl, 1,5% Maisextrakt und 0,5% KH_2PO_4 entwickelt. Dieses Medium ist etwas teurer, doch die Glucoamylaseaktivität betrug in diesem Fall mindestens 40 bis 50 Einheiten/ml unter Betriebsbedingungen. Im Anschluß hieran wurde ein Nährmedium mit 3% Maisextrakt entwickelt, worin die Aktivität der fertigen Kultur bis 100 Einheiten/ml betrug (vgl. Tab. 2). Somit wurde eine Glucoamylaseaktivität der Kultur von *Endomycopsis bispora* erreicht, die das fünf- bis zehnfache der

Aktivität von *Aspergillus* betrug. Das anfänglich zur Kultivierung von *Aspergillus batatae* verwendete Nährmedium enthielt 1,5% Maismehl, 0,5% Maisextrakt sowie 0,2% $CaCO_3$ und Magnesit. Dabei betrug die α-Amylaseaktivität 4 bis 5 Einheiten/ml und die Glucoamylaseaktivität ebenfalls 4 bis 5 Einheiten/ml. Nach einer gewissen Präzisierung wurde ein Nährmedium vorgeschlagen, das 2,5% Maismehl und 0,75% Maisextrakt enthielt. Die Aktivität unter Betriebsbedingungen erhöhte sich auf 6 bis 7 Einheiten/ml.

Tabelle 1

Kultivation (Schüttelkolben) von Endomycopsis bispora im Schlempemedium

Kultivationsdauer	Aktivität [E/ml]	
[h]	DNSS-Methode[1])	GOD-Methode[2])
48	16,6[3])	7,4[4])
72	67,0	14,7
96	108,6	35,4

[1]) 3,5-Dinitrosalicylsäure-Verfahren
[2]) Glucoseoxydase-Peroxydase-Verfahren
[3]) Mittelwert von 12 Ansätzen
[4]) Mittelwert von 8 Ansätzen

Die Optimierung der Kultivierungsbedingungen für *Aspergillus batatae* im Labormaßstab unter Anwendung der mathematischen Versuchsplanung erlaubte eine weitere Erhöhung der Aktivität. Durch Steigerung der Maismehldosis auf 4%, verstärkte Belüftung und Vergrößerung des Impfkulturvolumens auf 10% wurde die Glucoamylaseaktivität auf 20 bis 25 Einheiten/ml gebracht. Dies entspricht aber noch immer nur dem vierten bis fünften Teil der maximalen Aktivität von *Endomycopsis bispora.* Doch im Unterschied zu *Endomycopsis bispora* besaß *Aspergillus batatae* neben α-Amylase-, Xylanase-, β-Glucanase-, C_1- und C_x-Enzym-Aktivität sowie eine geringe Proteaseaktivität.

Tabelle 2

Kultivation (Schüttelkolben) von Endomycopsis bispora im optimierten Medium mit 3% Maisquellwasser

Kultivationsdauer	Aktivität [E/ml]	
[h]	DNSS-Methode	GOD-Methode
72	158,3 (136,1)*)	52,8 (53,0)*)
96	218,2 (190,7)*)	75,3 (64,0)*)
120	301,7 (275,0)*)	100,0 (90,0)*)

*) Einsatz von sowjetischem Maisquellwasser

Als die gemeinsame Arbeitsgruppe von Fachleuten aus der DDR und der UdSSR die ersten Betriebsversuche zur Heranzüchtung und zum gemeinsamen Einsatz dieser Kulturen im Mitschurin-Werk unternahm, wurde zur möglichst weitgehenden Kostenverringerung das arme Medium mit Schlempezusatz verwendet. Jedoch wurden unter Betriebsbedingungen niedrige Kulturaktivitäten erhalten (vgl. Tab. 3). Aber selbst bei diesen Aktivitäten war der gemeinsame Einsatz beider Kulturen zur Verzuckerung von stärkehaltigen Rohstoffen hocheffektiv.

Tabelle 3

Amylolytische Aktivitäten der Submerskulturen von Aspergillus batatae-61 und Endomycopsis bispora

Nummer des Fermenters	Aktivität der Kulturlösung [E/ml]		
	A. batatae-61		*E. bispora*
	α-Amylase	Glucoamylase*)	Glucoamylase*)
9	6,1	4,4	—
1	—	—	20
5	7,1	5,2	—
3	—	—	20
6	—	—	24
10	6,8	3,7	—
11	—	—	15,7
1	—	—	21,8
7	7,5	5,8	—
2	—	—	24,0
12	—	—	24,0

*) GOD-Methode, 25 °C

Der Einsatz wurde wie folgt durchgeführt: Das Kochen der Rohstärke und der Gärprozeß der verzuckerten Maische erfolgten in herkömmlicher Weise.

Die Verzuckerung zeichnete sich jedoch dadurch aus, daß anstatt Körnermalz die Kulturen von *A. batatae* und *E. bispora* in den Verzuckerungsreaktor gegeben wurden. Dabei betrug die Dosierung von *A. batatae* unter Berücksichtigung des α-Amylasebedarfs 1,0 bis 1,5 Einheiten je 1 g Stärke. Dies war durch Vorversuche optimiert worden. Bei dieser Dosierung entsprach der Kultureinsatz etwa 20 bis 30% der Stärkemasse. Naturgemäß wurden hierbei mit der Kultur auch andere Enzyme, darunter insbesondere Glucoamylase eingebracht.

Die fehlende Glucoamylasemenge wurde mit der Kultur von *E. bispora* eingetragen. Während durch *A. batatae* 1 bis 1,5 Einheiten/1 g Stärke eingebracht wurden, waren es bei *E. bispora* 5, 8 bzw. 14 Einheiten/1 g Stärke.

Wie aus Tab. 4 ersichtlich ist, betrug die Menge nichtvergärter Zucker höchstens 0,25 g/100 ml vergorener Maische bei sämtlichen Versuchen. Das entspricht den besten mit Malz erzielten Werten. Diese werden allerdings bei kürzeren Vergärungszeiten erreicht, und zwar abhängig von der Vergrößerung des Glucoamylaseeinsatzes. Abb. 1 veranschaulicht, wie die Vergärung in Abhängigkeit von der Glucoamylasedosierung verläuft. Demnach kann die Verzuckerungs- und Vergärungsgeschwindigkeit geregelt werden, wenn ein Präparat mit hoher Glucoamylaseaktivität zur Verfügung steht. Die Leistung des Werkes kann dadurch innerhalb eines verhältnismäßig breiten Intervalls gesteigert werden.

Die Äthanolausbeute lag während der Versuche um 1 bis 1,5% höher als beim Einsatz von Malz bzw. auf der gleichen Höhe wie bei alleinigem Einsatz von *A.-batatae*-Kultur. Anders jedoch als bei alleiniger Anwendung von *A.-batatae*-Kultur verringerte sich der Verbrauch an Enzymgemisch, bezogen auf das vorgegebene Produktionsvolumen, um

Tabelle 4

Abhängigkeit der Gärzeit und der technologischen Kennwerte der Maische von der Enzymdosierung

Versuch Nr.	Enzymverbrauch zur Verzuckerung Einheiten/g Stärke		Trockensubstanz der Würze [%]	Vergorene Maische			Gärzeit [h]
	α-Amylase	Glucoamylase		Säurezahl	Alkohol Vol.-%	Unvergorene Kohlenhydrate [g/100 ml]	
1	1,5	6,0	15,80	0,5	7,9	0,26	72
2	1,5	9,1	15,75	0,5	7,86	0,25	60
3	1,5	15,0	15,55	0,5	7,68	0,25	48

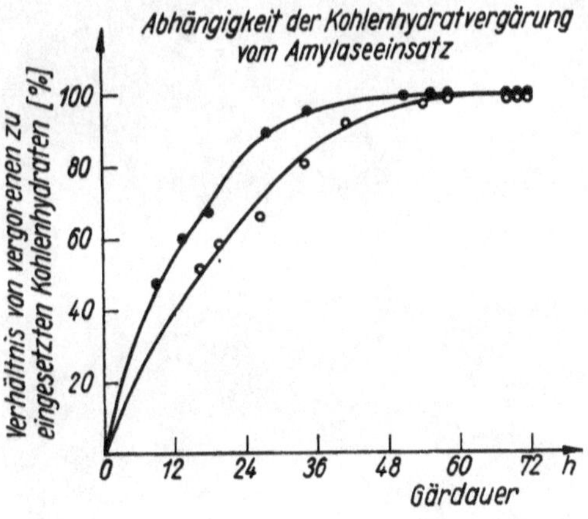

Abb. 1. Abhängigkeit der Kohlenhydratvergärung vom Amylaseeinsatz
o——o 1,7 E α-Amylase + 9 E Glucoamylase je 1 g Stärke
x——x 1,5 E α-Amylase + 15 E Glucoamylase je 1 g Stärke

die Hälfte bis ein Drittel. Die ökonomische Effektivität im Vergleich zur Verwendung von Malz betrug 60 bis 70 Rubel je 1000 dl Äthanol und im Vergleich zum alleinigen Einsatz von *A.-batatae*-Kultur 30 bis 40 Rubel je 1000 dl Äthanol. 1973 wurde das hier entwickelte Verfahren in einer Brennerei eingeführt, 1975 in einer weiteren und 1977 in einer dritten. Nach dem vorgeschlagenen Verfahren wurden über 3 Millionen dl Äthanol hoher Qualität gewonnen. Für die nächste Zukunft ist in der DDR die Rekonstruktion eines großen Werkes unter Umstellung der Verzuckerung auf das hier beschriebene

Verfahren vorgesehen. Somit führte die zweiseitige Zusammenarbeit von Fachleuten aus dem Zentralinstitut für Ernährung der Akademie der Wissenschaften und dem Institut für die Gärungs- und Getränkeindustrie (beide DDR) einerseits und dem Allunionsforschungsinstitut für Gärungsprodukte (UdSSR) andererseits zu einem positiven Ergebnis hinsichtlich der Intensivierung und der Erhöhung der ökonomischen Effektivität der Produktion von genußfähigem Äthanol aus Getreide und Kartoffeln. Für das Verfahren wurde ein gemeinsames Patent erteilt [3].

Literatur

[1] RUCHLJADEWA, A. P., und M. G. GOVJATSCHEWA: Methoden zur Bestimmung der Aktivität von amylolytischen Enzymen. Fermentnaja i spirtowaja promyschlennost **1966**, 9—11

[2] RUTTLOFF, H., R. FRIESE, A. TÄUFEL und K. TÄUFEL: Zur Bestimmung der mikrobiellen Glucoamylase. Nahrung **12** (1968), 53—60

[3] JAROWENKO, V. L., A. TÄUFEL, H. RUTTLOFF, G. KUPKE, F. ZICKLER, K. PEGLOW, H.-V. LAATSCH, K. SATTELBERG, B. A. USTINNIKOV, S. V. PYCHOWA, E. P. MOSKVIČEVA, A. N. LAZAREVA, V. M. GUSEVA, E. S. PAVLOVA und P. A. BELOZEROW: Verfahren zur Herstellung von Spiritus aus stärkehaltigen Rohstoffen. DDR-WP 90733; SU-355217

Friedrich-Schiller-University, Section of Biology, Plant Physiology, 6900 Jena, GDR

Regulative Properties of Surface Located Hydrolases in *Candida utilis* and in Some Lemnaceae

F. Jungnickel

Summary

Phosphate starvation induces the formation of two surface located pyrophosphate splitting enzymes in *Candida utilis*. They differ in heat stability (10 min preincubation at 72 °C) and pH optima (Enzyme I: Heat stable, pH 3; Enzyme II: Heat labile, pH 6). Enzyme I is able to split orthophosphoric monoesters, low molecular inorganic polyphosphates and nucleotides. Thus, it is an unspecific acid orthophosphoric monoester phosphohydrolase (E.C. 3.1.3.2). Enzyme II, however, splits high molecular inorganic polyphosphates as well as other compounds with pyrophosphate bonds, for example ATP, ADP and low molecular inorganic polyphosphates. This enzyme is known as polyphosphate phosphohydrolase (E.C. 3.6.1.11).

In *Candida* cells the activity of both enzymes was not changed markedly after treatment with NaN_3 or heat (10 min, 55 °C) and could be modified by application of different buffers.

For comparison, some axenically cultivated flowering plants (Lemnaceae) were investigated under normal (P+) or phosphate deficient (P−) conditions. Additional multiple forms of phosphohydrolases occur only under (P−) conditions in these plants. They differ from the bulk of (P+) enzymes by high heat stability, low mobility on polyacrylamide gels and less acidic pH optima. These (P−) specific enzymes are able to split a wide variety of orthophosphoric monoesters and, according to E.C. 3.1.3.2, pyrophosphate bonds of ATP, ADP and other compounds.

In contrast to normal plants, (P−) plants realize high splitting rates even under in vivo conditions and are able to release a part of these (P−) specific phosphohydrolases into the cultivation media.

Introduction

Surface located phosphohydrolases are known to occur in bacteria as well as in fungi, yeast or algae [1, 2, 3]. According to Weimberg and Orton [14] they are repressed by high orthophosphate content of nutrient media and can be formed during the period of phosphate starvation.

In phosphate deficient cells of *Candida utilis* we found two different enzymes which were very active in splitting inorganic pyrophosphate even under in vivo conditions [4]. Enzyme I was an unspecific orthophosphoric monoester phosphohydrolase. Enzyme II, however, did not split orthophosphoric monoesters [5]. Thus we were interested in further substrates of the enzyme II as well as in cooperative actions of both enzymes.

For comparison, we investigated the same type of enzymes in some axenically cultivated duckweeds (Lemnaceae). Orthophosphate starvation also increases the activity of phosphatase in these true flowering plants [10]. According to Reid and Bieleski [12] phosphorus deficient plants of *Spirodela oligorrhiza* are characterized by additional isoenzymes, which are assumed to be located at the surface of the epidermis cells of the plants. In *Wolffia arrhiza* these additional multiple phosphohydrolase forms could be characterized in more detail [8]. Here we report the action of these (P—) specific enzymes under in vivo conditions.

Material and Methods

Cultivation conditions of phosphorus deficient *Candida utilis* cells have been reported previously [4]. The following duckweed strains were axenized as already described [7] and maintained in the strain culture collection of our group in Jena: *Lemna minor* forma leptophylla Domin, strain LLJ; *Spirodela polyrhiza* (L.) Schleiden, strain SJ; *Wolffia arrhiza* (L.) Wimm., strain WJ. The axenic cultures of the Lemnaceae were provided with 1500 μM (P+) or 60 μM (P—) orthophosphate in a modified Kuhls medium [7]. The plants were harvested in the early stationary phase. Using 60 μM orthophosphate, growth was limited by the phosphate content of the medium.

Enzymatic activity of *Candida* cells was tested using cell suspensions. Under in vivo conditions, net uptake of orthophosphate must be taken into consideration. 2×10^{-3} M NaN_3 completely inhibited net phosphate uptake but did not inhibit the phosphohydrolases. Even moderate heating (10 min, 55 °C) did not markedly effect the phosphohydrolases but destroyed the cytoplasmic membranes. Attempts to release the phosphohydrolases of *Candida* from their attachment to the cell wall were not successful. Thus, all experiments with the *Candida* enzymes were done with cell suspensions.

In the duckweeds, it was possible to compare the activity of intact organisms, nutrient media and crude enzyme extracts. The methods for enzyme extracts and media have been already described [8]. Intact plants of *Lemna minor* f. leptophylla or *Wolffia arrhiza* were shaken in the test solutions; from *Spirodela polyrhiza* we preferred to test the so-called turions (overwintering buds).

All chemicals used were reagent grade. GRAHAMS salt $(NaPO_3)_n$ was always freshly prepared by heating (900 °C) of NaH_2PO_4. The substrate p-Nitrophenylphosphate was tested with n/10 NaOH [13]. The release of orthophosphate from other compounds was determined according to PULSS [11]. Gels were prepared and stained with the naphthalene phosphate reaction mixture as previously described [7].

Results and Discussion

Phosphorus deficient cells of *C. utilis* are able to split orthophosphoric monoesters as well as macromolecular inorganic polyphosphate (GRAHAMS salt). Fig. 1 shows the pH characteristic of both substrates. One typical orthophosphoric monoester (p-Nitrophenylphosphate) is hydrolysed by a surface located enzyme (pH optimum between pH 2.5 and pH 3.0). At pH 6, however, only a small amount of orthophosphoric monoester is split. By contrast, using the substrate GRAHAMS salt, the hydrolytic activity of (P—) *Candida* cells shows one peak at pH 6 and an additional one at pH 2.5—3.0. Thus, two surface located phosphohydrolases seem to be involved in the hydrolysis of this macromolecular, energy-rich substrate. The latter fact is also known [4] when inorganic pyrophosphate is split by (P—) cells of *G. utilis*.

After heat pretreatment (10 min, 71 °C) the two polyphosphatase peaks disappear completely. The acid phosphatase, however, is not modified markedly under the same conditions. When inorganic pyrophosphate is hydrolized by heat pretreated cells at pH 6, a similiar behaviour can be seen (Fig. 2). Thus, the pyrophosphate splitting enzyme II could be the same one which splits macromolecular inorganic polyphosphate. At pH 3, however, the specifity of GRAHAMS salt and inorganic pyrophosphate is differ-

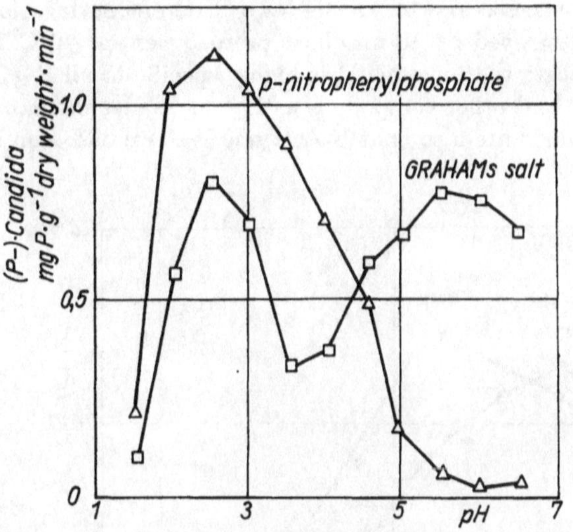

Fig. 1. Phosphohydrolase activity of phosphorus deficient cells of *Candida utilis* using different substrates. Incubation at 30 °C

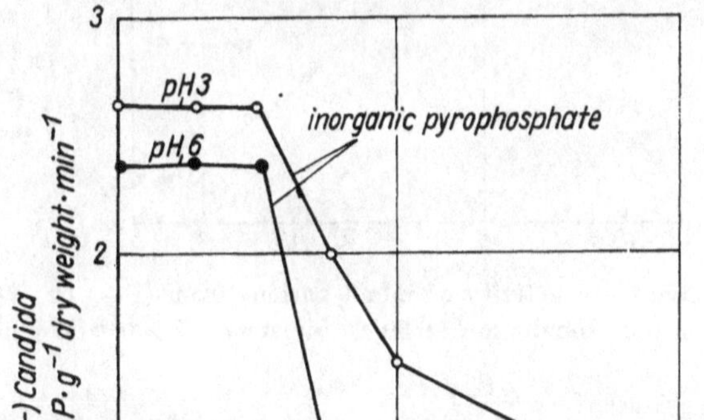

Fig. 2. Splitting rates of phosphorus deficient cells of *Candida utilis* cells after heat pretreatment at different temperature. Incubation at 30 °C

ent: Inorganic pyrophosphate can be split by the more heat stable enzyme I as well as by the polyphosphate splitting enzyme II (Fig. 2). Thus, the "polyphosphatase" peak near pH 3 (Fig. 1) could reflect an optimum interaction between enzyme I and enzyme II in splitting of high molecular inorganic polyphosphate and their low molecular degradation products. It is not nessecary to assume two different surface located polyphosphatases which are destroyed by 10 min heat pretreatment at 70 °C. In addition, our unpublished data indicate that enzyme II is highly specific to all P—O—P bonds, for instance in ATP, ADP and other compounds as low molecular inorganic polyphosphates. The latter compounds are also split by enzyme I as we had seen in inorganic pyrophosphate.

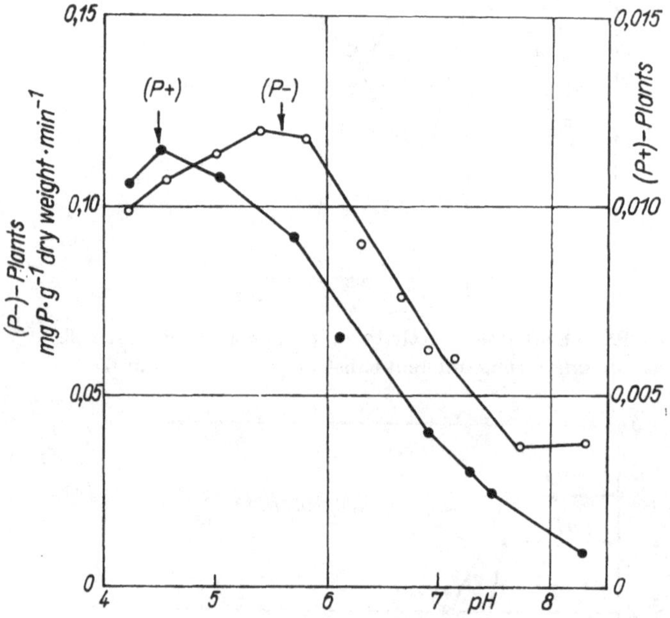

Fig. 3. Phosphohydrolase activity of intact turions from (P+) or (P—) plants of *Spirodela polyrhiza*. Incubation at 30 °C. Substrate: 2×10^{-3} M p-nitrophenylphosphate

Comparing the activity of surface located phosphohydrolases in (P+) and (P—) *Candida* cells we found a relation of about 1:420 (enzyme I: orthophosphoric monoester phosphohydrolase — E.C. 3.1.3.2) and 1:180 (enzyme II: polyphosphate phosphohydrolase — E.C. 3.6.1.11).

Lemnaceae belong to the monocotyledons, thus they are true flowering plants. Their size and shape varies from the rootless *Wolffia arrhiza* ($^1/_2$—$1^1/_2$ mm) to the largest member of the Lemnaceae, *Spirodela polyrhiza* (not larger than 8 mm). All species of Lemnaceae can be cultivated under sterile conditions. The common microbiological techniques are applicable to these subjects.

Spirodela polyrhiza produces the so-called turions in the late stationary phase. We compared the phosphohydrolase activity of these specialised overwintering buds after their formation under normal (P+) or phosphorus deficient (P—) conditions (Fig. 3). It can be seen that the splitting rates of (P—) turions are about 10 times higher than those of (P+) turions. For a better comparison of the optimum and the slope of the curves we applied two different ordinata. So we see a less acidic optimum in the (P—) turions and the strongest difference between the variants in the alkaline range (Fig. 3).

These main principles could also be found using *Wolffia arrhiza* and *Lemna minor* f. leptophylla plants. These three Lemnaceae mentioned above are very suitable for investigations of the hydrolytic activity of intact plant organs, because their turions or fronds have either no roots or very small ones.

In Fig. 4 we see multiple forms of phosphatase in *Wolffia arrhiza* after different cultivation conditions. After phosphate starvation some multiple forms occur, which cannot

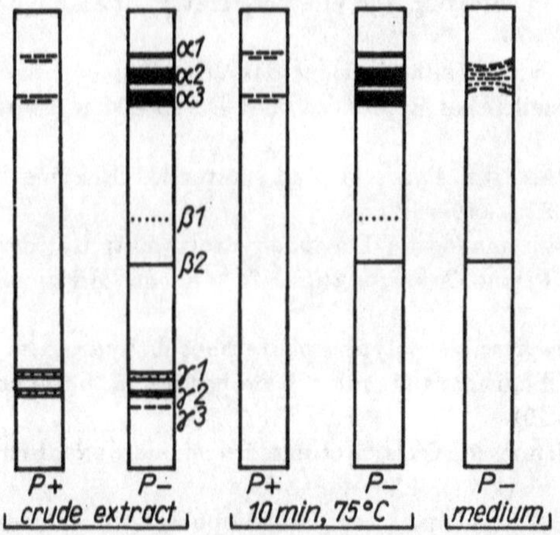

Fig. 4. Multiple forms of phosphohydrolase in crude enzyme extracts of *Wolffia arrhiza*. Polyacrylamide electrophoresis as described previously (8)

be found under normal conditions (for instance α_2 and β_2). These newly occuring multiple forms belong chiefly to the heat stable isoenzymes and can be found even in the concentrated cultivation medium of (P−) plants. The bulk of (P+) phosphohydrolases are located in the range of γ-forms. These latter can be found also under (P−) conditions and are completely destroyed by heat treatment (10 min, 75 °C). At no stage could any phosphatase activity be found in the cultivation media of (P+ plants). Surface located phosphohydrolases of duckweeds were able to split a wide variety of orthophosphoric monoesters and, according to E.C. 3.1.3.2, pyrophosphate bonds of ATP, ADP and similiar compounds.

Regulation phenomena which are well known in microorganisms can also be found in true flowering plants. These regulative properties allow the organisms to adapt to different environmental conditions and to utilize such phosphorus compounds as are released from dying plants or microorganisms. Even in sterile culture this capacity might be useful for the survival of some organisms, if the stationary phase is caused by phosphate deficiency [10]. Enzymes which are surface located or which are released into the cultivation medium prepare compounds of the surrounding substrate for utilization by the enzyme producing strains.

References

[1] GALLOWAY, R. A., and R. W. KRAUSS: Utilization of phosphorus sources by Chlorella. In: Studies in microalgae and photosynthetic bacteria. The University of Tokyo Press, Tokyo, Japan 1963

[2] GAREN, A., and C. LEVINTHAL: A finestructure genetic and chemical study of the enzyme alkaline phosphatase of *E. coli*. I. Purification and characterization of alkaline phosphatase. Biochim. biophys. Acta **38** (1960), 470–483

[3] GÜNTHER, Th., W. KATTNER und H. J. MERKER: Über das Verhalten und die Lokalisation der sauren Phosphatase von Hefezellen bei Repression und Derepression. Exp. Cell Res. **45** (1967), 133–147

[4] JUNGNICKEL, F.: Einige Charakteristika Pyrophosphat-spaltender Enzyme von *Candida utilis*. Z. Allgem. Mikrobiol. **12** (1972), 119–126

[5] JUNGNICKEL, F.: Orthophosphorsäuremonoester-Phosphohydrolaseaktivität der repressiblen Pyrophosphat-Phosphohydrolase I von *Candida utilis*. Z. Allgem. Mikrobiol. **12** (1972), 451–457

[6] JUNGNICKEL, F.: Significance of repressible polyphosphate phosphohydrolases in yeast and higher plants. In: Reaction mechanisms and control properties of phosphotransferases. Akademie-Verlag Berlin 1973, 87–91

[7] JUNGNICKEL, F.: Phosphatbedarf und Mangelsymptome bei einigen axenisch kultivierten Lemnaceen. Limnologica (Berlin) **11** (1978), 469–478

[8] JUNGNICKEL, F., and Beate VÖLKSCH: Multiple forms of orthophosphoric monoester phosphohydrolase in phosphate starved *Wolffia arrhiza*. Biochem. Physiol. Pflanzen **174** (1979), 44–50

[9] KNYPL, J. S.: Reversal of the symptoms of phosphate deficiency on *Spirodela* by RNA and adenosine monophosphates. Z. Pflanzenphysiol. **90** (1978), 265–277

[10] KNYPL, J. S., and E. KABZINSKA: Growth, phosphatase and ribonuclease activity in phosphate-deficient *Spirodela oligorrhiza* cultures. Biochem. Physiol. Pflanzen **171** (1977), 279–287

[11] PULSS, G.: Eine einfache Mikrobestimmung der Phosphorsäure im Kjeldahl-Aufschluß von biologischem Material nach der Molybdat-Vanadat-Methode. Z. analyt. Chem. **176** (1960), 412–421

[12] REID, M. S., and R. L. BIELESKI: Changes in phosphatase activity in phosphorus-deficient *Spirodela*. Planta (Berl.) **94** (1970), 273–281

[13] VÖLKSCH, B., und H. AUGSTEN: Einfluß von Gibberellinsäure auf die Phosphohydrolasen keimender Embryonen von *Triticum aestivum* L. Biochem. Physiol. Pflanzen **168** (1975), 443–452

[14] WEIMBERG, R., and W. L. ORTON: Repressible acid phosphomonoesterase and constitutive pyrophosphatase of *Saccharomyces mellis*. J. Bacteriol. **86** (1963), 805–813

Zentralinstitut für Ernährung der Akademie der Wissenschaften, Potsdam-Rehbrücke, DDR

Ausscheidung mikrobieller extrazellulärer Hydrolasen in Abhängigkeit von der Kultivationsdauer

A. Täufel, U. Behnke und H. Ruttloff

Nach wie vor nehmen hydrolytische Enzyme den größten Anteil bei der Enzymproduktion ein. Dabei wird auf eine hohe Biosyntheseleistung und eine möglichst gleichbleibende Enzymzusammensetzung orientiert, um bei der Applikation stets eine reproduzierbare Wirkung zu gewährleisten.

Bekanntlich werden von Mikroorganismen vielfach mehrere Komponenten — einschließlich multipler Formen — synthetisiert und ausgeschüttet, die gleiche oder ähnliche Reaktionen des Substrats katalysieren. Derartige Gemische liegen in den Handelspräparaten vor. Im Schrifttum gibt es zahlreiche Angaben über Fraktionierung, Reinigung und Charakterisierung extrazellulärer Hydrolasen. Geringer sind dagegen Informationen über die Regulation ihrer Biosynthese. In diesem Zusammenhang wird die Regulation der Bildung extrazellulärer Enzyme als Funktion der Medienzusammensetzung dargestellt [1, 5]. Ein Teilgebiet ist die Dynamik der Verteilung extrazellulärer Hydrolasen im Kulturmedium während der Kultivation. Dieser Frage wird am Beispiel der Glucoamylasebildung aus *Endomycopsis bispora* und der Proteasebildung aus *Thermoactinomyces vulgaris* nachgegangen. Die Kultivierung beider Stämme erfolgt in 250-l-Fermentoren [2, 3, 4, 7]. Es werden Nährmedien mit komplexen Nährbodenbestandteilen — jeweils aus einer Charge — eingesetzt. Im Fall von *Endomycopsis bispora* sind dies Maisquellwasser, Maisstärke, Natriumhydrogenphosphat und Rapsöl; bei *Thermoactinomyces vulgaris* handelt es sich um Maisquellwasser, Maisstärke, Natriumchlorid und Calciumchlorid. Die Probenahmen erfolgen gegen Ende der log-Wachstumsphase sowie in der beginnenden und der fortgeschrittenen stationären Phase. Abb. 1 und 2 veranschaulichen die Wachstumskurven beider Mikroorganismen und die Gesamtaktivität an Glucoamylase und Protease. Hierbei werden lösliche Nährbodenbestandteile eingesetzt, um eine Aussage über den Wachstumsverlauf zu erhalten. Die Probenahmen erfolgen bei *Endomycopsis* nach 15, 20, 25, 30, 45 und 70 h, bei *Thermoactinomyces vulgaris* nach 7, 10, 12 und 22 Fermentationsstunden. Der Aufarbeitungsweg soll zur Vermeidung von Verlusten möglichst wenige Schritte enthalten und wird wie folgt vorgenommen: Einengung auf 10% des Ausgangsvolumens, Fraktionierung mit Äthanol, gelchromatographische Trennung des zwischen 60 und 80% Äthanol erhaltenen Niederschlags an Sephadex und Fraktionierung mit DEAE-Cellulose (Abb. 3). Bei Endomycopsis sind 3 Glucoamylase-Komponenten nachweisbar.

Der Aufarbeitungsweg von *Thermoactinomyces vulgaris* entspricht etwa demjenigen von *Endomycopsis* (Konzentrierung, Äthanolfällung, Chromatographie an Sephadex). Mit Sephadex G-75 sind 3 Protease-Komponenten nachweisbar (Abb. 4). Das Nachschalten einer Reinigungsstufe mit DEAE-Cellulose ist nicht erforderlich.

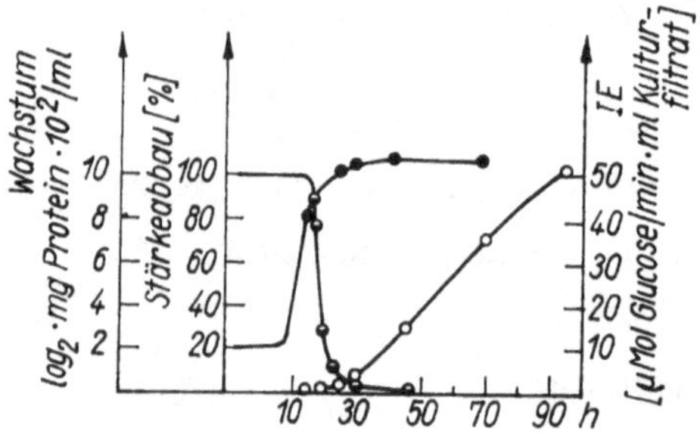

Abb. 1. Wachstum und Glucoamylaseaktivität während der Kultivation von *Endomycopsis bispora*

•—• Wachstum

◒—◒ Stärkeabbau

○—○ Glucoamylaseaktivität

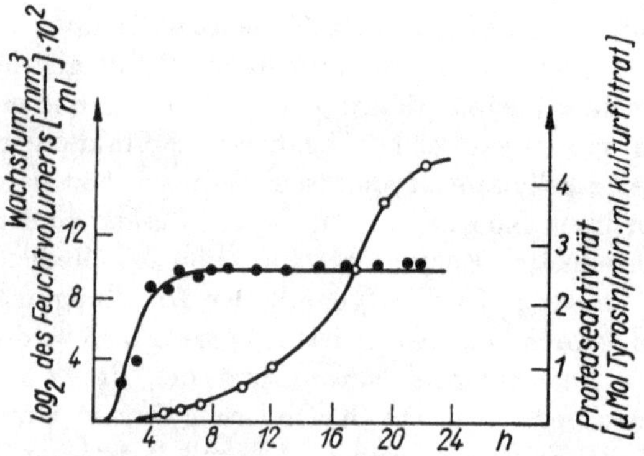

Abb. 2. Wachstum und proteolytische Aktivität während der Kultivation von *Thermoactinomyces vulgaris*

•—• Wachstum

○—○ Proteaseaktivität

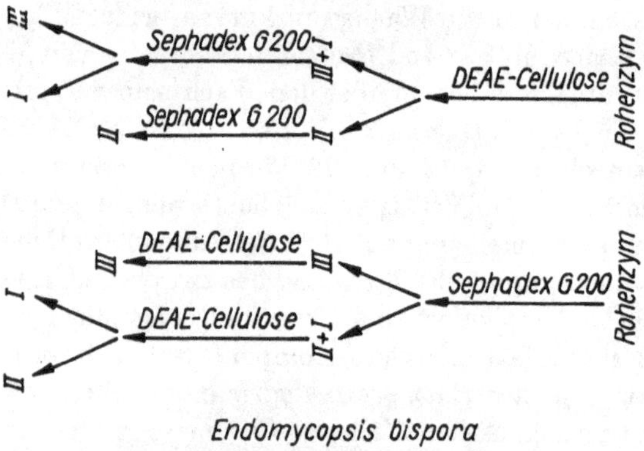

Abb. 3. Schematische Darstellung einer säulenchromatographischen Fraktionierung von Glucoamylase-Rohenzym

In beiden Fällen ändern sich die Mengen-Verhältnisse dieser Glucoamylase- bzw. Protease-Komponenten während der Kultivation. Abb. 5 veranschaulicht die Verteilung der 3 Komponenten mit Glucoamylase-Aktivität. Hierbei ist die den einzelnen Komponenten zugehörige Aktivität in Prozent der Gesamtaktivität aufgetragen. Danach dominiert in der Übergangsphase Glucoamylase III. Mit Beginn der stationären Phase vermindert sich ihr Anteil zugunsten von Glucoamylase I. Letztere steigt im weiteren Verlauf der Fermentation auf mehr als 90% der Gesamtaktivität. Kompo-

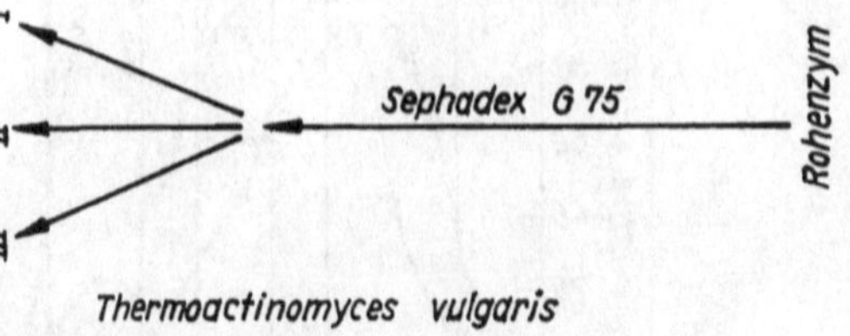

Abb. 4. Schematische Darstellung einer säulenchromatographischen Fraktionierung von Protease-Rohenzym

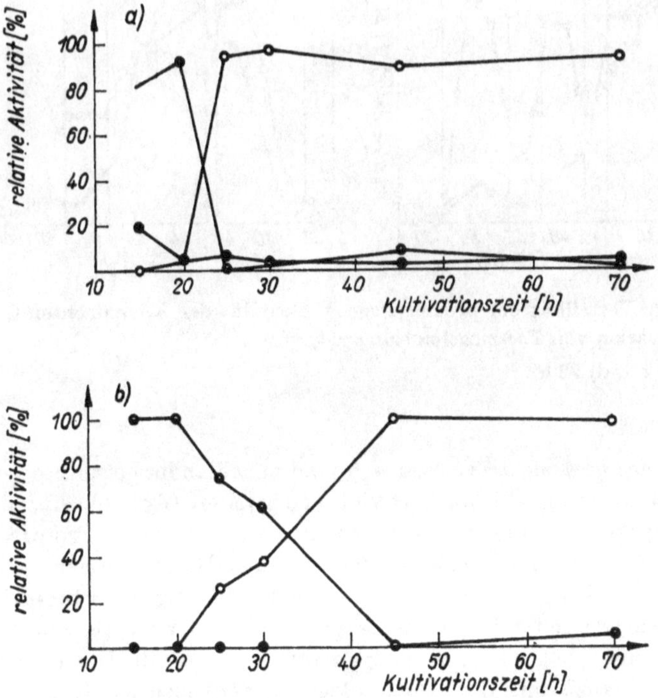

Abb. 5. Glucoamylaseaktivität der Komponenten I, II und III während der Kultivation von *Endomycopsis bispora*

a) Kohlenstoffquelle: Stärke; b) Kohlenstoffquelle: Glucose

○—○ Glucoamylase I

●—● Glucoamylase II

◒—◒ Glucoamylase III

nente II spielt nur eine untergeordnete Rolle. Ersetzt man Maisstärke durch Glucose, so stellen sich ähnliche Verhältnisse ein: Komponente III nimmt ab, Komponente I zu, während Glucoamylase II nur geringe Veränderungen erfährt. Die Verzögerung der Bildung von Glucoamylase kann auf eine katabolische Repression dieser Komponente zurückgeführt werden.

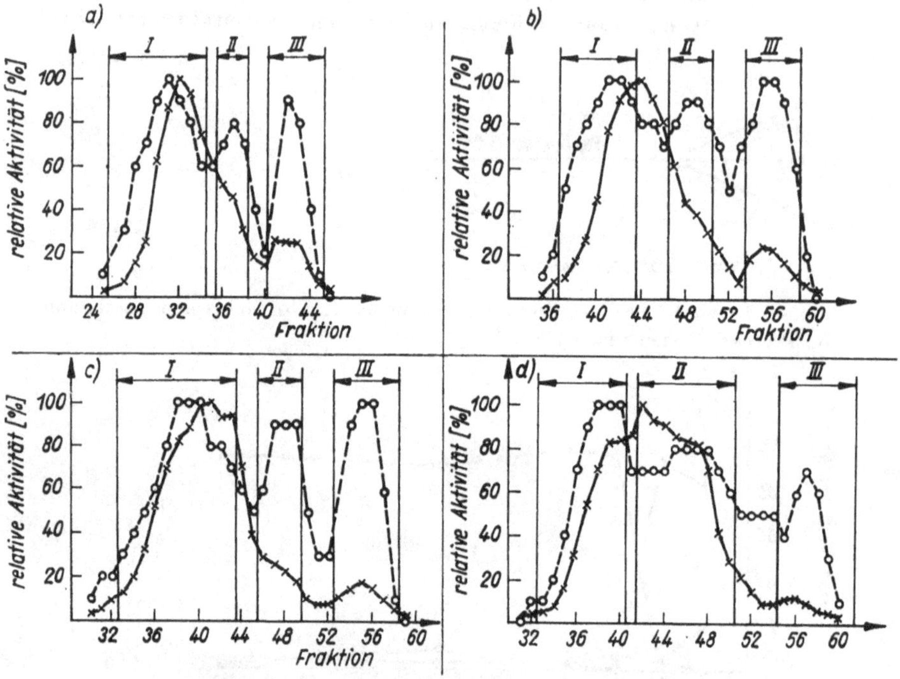

Abb. 6. Prozentuale Verteilung der proteolytischen Aktivität der Komponenten I, II und III während der Kultivation von *Thermoactinomyces vulgaris*
a) 7 h, b) 10 h, c) 12 h, d) 22 h

Bei *Thermoactinomyces vulgaris* lassen sich zwei voneinander getrennte, proteolytisch aktive Peaks mit unterschiedlicher Aktivität nachweisen (Abb. 6). Aus der Schulter am Peak der Hauptkomponente ist abzuleiten, daß noch eine dritte Protease vorhanden ist. Mit Hilfe des Tüpfeltestes — ein auf der Basis der Hydrolyse der Gelatineschicht von Röntgenfilm beruhender Nachweis [6] — sind eindeutig 3 Proteasekomponenten nachweisbar. Mit fortschreitender Fermentationsdauer ist eine Verlagerung der Aktivität von Komponente I zugunsten derjenigen von Komponente II zu beobachten. In Tab. 1 wird eine Bilanzierung der Gesamtaktivität der einzelnen Komponenten vorgenommen. Trotz der noch teilweisen Überlagerung der Peaks ergeben sich deutliche Unterschiede der Aktivität. Danach entfallen bei der 7-h-Probe nahezu zwei Drittel der proteolytischen Aktivität auf Komponente I. Nach 22 h hat sich der Hauptanteil zugunsten von Komponente II verschoben, während die Aktivität der Komponente I auf etwa ein Drittel absinkt. Der ohnehin geringe Anteil von Komponente II hat sich ebenfalls prozentual weiter vermindert. Nach den errechneten Faktoren der Aktivitätszunahme steigt Komponente II mit 30% am stärksten an, während die Komponenten I und III mit Faktoren von 8 bzw. 5 in wesentlich geringerem Maße zunehmen. Protease II stellt am Ende der Fermentation die Hauptkomponente dar. Die elektrophoretische Auftrennung der lyophilisierten Komponenten der 22-h-Probe an Polyacrylamidgel liefert jeweils mehrere proteolytisch aktive Banden (Abb. 7). Die 3 Komponenten ent-

Tabelle 1
Aktivität der proteolytisch aktiven Komponenten nach 7 und 22 h Kultivationsdauer

Komponente	Proteolytische Aktivität*)				Faktor für die Aktivitätszunahme bei Erhöhung der Kulturdauer von 7 auf 22 h
	7 h		22 h		
	µMol Tyr / min · ml	[%]	µMol Tyr / min · ml	[%]	
I	67,8	60,3	541	33,2	8,0
II	35,9	32,0	1044	64,1	29,1
III	8,6	7,7	43	2,7	5,0
Σ	112,3	100	1628	100	

* Gesamtaktivität der eluierten Fraktionen; Mittelwert aus drei Versuchen

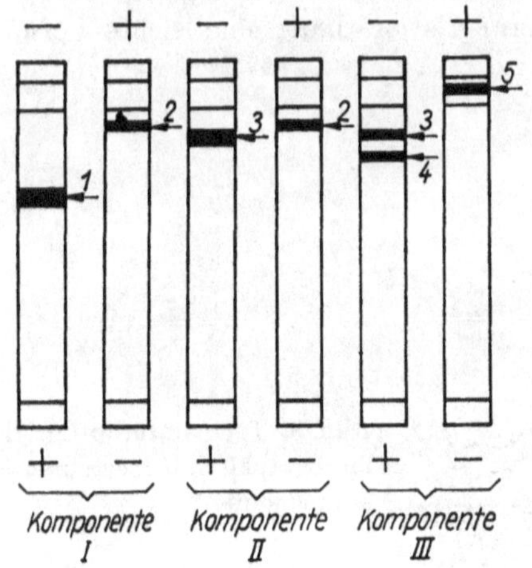

Abb. 7. Proteolytisch aktive Banden in Polycrylamidgel-Elektropherogrammen (Gelsystem 1 nach MAURER, 1971) der gelchromatographisch hergestellten Proteasekomponenten (Nachweis auf Photopapier)

halten insgesamt 5 deutlich nachweisbare Banden, von denen unter den gewählten Trennbedingungen zwei in kationischer und 3 in anionischer Richtung wandern. Hiernach enthält Komponente II die Banden 2 und 3. In Komponente I ist neben Bande 1 auch die Proteasebande 2 der Komponente II nachweisbar und Komponente III enthält die proteolytisch aktiven Banden 3 bis 5. Tab. 2 faßt die Verteilung zusammen.

Die Eigenschaften dieser Proteasen sind erwartungsgemäß nicht gleich. Ermittelt man das Temperaturoptimum (Abb. 8), dann erreicht die Hauptkomponente mit 70 °C den höchsten Wert. Die Optima der Komponenten I und III liegen bei 68 bzw. 60 °C.

Wie Abb. 9 ausweist, liegen die pH-Optima der 3 Komponenten bei 7,5 (I), 8,5 (II) bzw. 9 (III). Während bei Komponente III im pH-Bereich unterhalb 9 ein rascher

Tabelle 2

Verteilung von proteolytisch aktiven Banden (PAGE, Röntgenfilm) in den gelchromatographisch getrennten Komponenten

Komponente	proteolytisch aktive Banden				
	1	2	3	4	5
I	+	+			
II		+	+		
III			+	+	+

Rückgang der proteolytischen Aktivität zu verzeichnen ist, lassen Komponente I sowie insbesondere die Hauptkomponente II im alkalischen Milieu einen verhältnismäßig breiten Bereich hoher Aktivität erkennen. Bei Berücksichtigung der während der Kultivierung nachweisbaren Veränderung der prozentualen Zusammensetzung der Einzelkomponenten ist mit zunehmender Fermentationsdauer eine leichte Verschiebung des

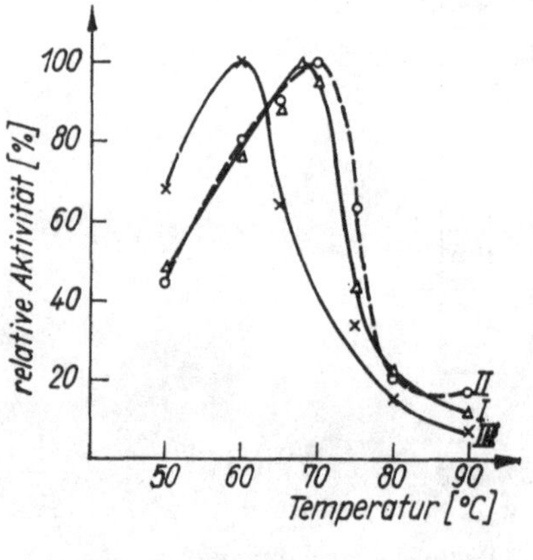

Abb. 8. Temperaturoptima der gelchromatographisch hergestellten Proteasekomponenten

pH-Optimums in den alkalischen Bereich zu erwarten. Zu den 3 Glucoamylasekomponenten sei nur so viel gesagt, daß sie bei der elektrophoretischen Trennung ebenfalls mehrere aktive Banden zeigen.

Aus den Befunden ergeben sich folgende Schlußfolgerungen: Das Enzymspektrum verändert sich in quantitativer Hinsicht, d. h., es werden während des Übergangs in die stationäre Phase die Enzymkomponenten in anderen Relationen zueinander ausgeschüttet als in der späten stationären Phase. Zu Beginn der stationären Phase verschiebt sich das Enzymspektrum zugunsten von Komponenten, die mit Sicherheit bei *Endomycopsis bispora* katabolisch reprimierbar sind. Es erscheint als ein Widerspruch, daß solche Hydrolasen in unphysiologisch hoher Konzentration zu einem Zeitpunkt ausgeschüttet werden, bei dem die Prozesse des Substratabbaus im wesentlichen vollzogen sind. Da die einzelnen Komponenten jeweils eine Bande enthalten, die in den übrigen Komponenten nicht nachweisbar sind, stellt sich die Frage nach dem Vorliegen verschiedener Enzymindividuen.

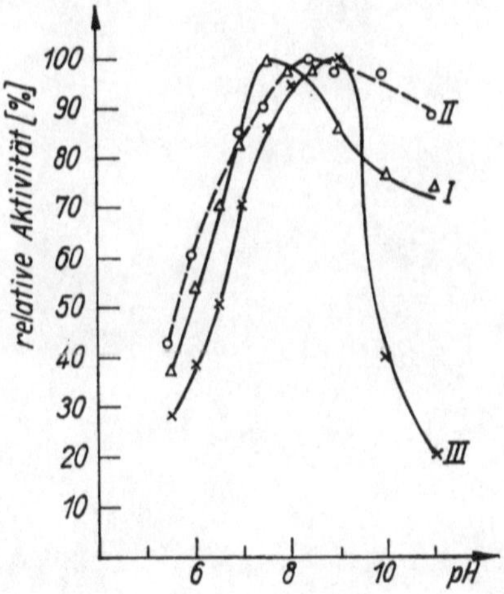

Abb. 9. pH-Optima der gelchromatographisch hergestellten Proteasekomponenten

Literatur

[1] Daatselaar, M. C. C., and W. Harder: Some Aspects of the Regulation of the Production of Extracellular Proteolytic Enzymes by a Marine Bacterium. Arch. Microbiol. **101** (1974), 21–34

[2] Klingenberg, P., F. Zickler, A. Leuchtenberger und H. Ruttloff: Gewinnung und Charakterisierung von Proteasen aus *Thermoactinomyces vulgaris*. II. Selektion von leistungsfähigen Stämmen. Z. Allg. Mikrobiol. **19** (1979), 17–25

[3] Leuchtenberger, A., P. Klingenberg und H. Ruttloff: Gewinnung und Charakterisierung von Proteasen aus *Thermoactinomyces vulgaris*. III. Untersuchungen zur Proteasebildung in einer kleintechnischen Versuchsanlage. Z. Allg. Mikrobiol. **19** (1979), 27–35

[4] Ruttloff, H., A. Täufel und F. Zickler: Glucoamylase aus *Endomycopsis bispora*. I. Produktion des Enzyms in Schüttelkultur. Z. Allg. Mikrobiol. **19** (1979), 195–201

[5] Saito, N., and K. Yamamoto: Regulatory Factors Affecting α-Amylase Production in *Bacillus licheniformis*. J. Bacteriology **121** (1975), 848–856

[6] Täufel, A., R. Friese und H. Ruttloff: Rapid assay of proteolytic enzymes on film material. J. Chromatography **93** (1974), 487–490

[7] Täufel, A., U. Behnke und H. Ruttloff: Gewinnung und Charakterisierung von Proteasen aus *Thermoactinomyces vulgaris*. IV. Extrazelluläres Proteasespektrum im Verlauf der Kultivierung. Z. Allg. Mikrobiol. **19** (1979), 129–138

Fermentationstechnik

E. Merck, Biochemische Forschung, Darmstadt, BRD

Optimierung und Reproduzierbarkeit mikrobieller Enzymproduktionen

H. Metz

Mikrobiologische Produktionsprozesse sind in Europa und den USA meistens im Bereich der Chemie angesiedelt. Lange Zeit hat man ihren „biologischen Schwankungen" breiten Raum zugestanden — das war ein Zeichen von Überlegenheit oder Toleranz aus der Sicht chemischer Produktion gegenüber den Schwierigkeiten biologischer Verfahren. Zwangsläufig mangelte es lange an der Einsicht in komplexe Zusammenhänge. Heute ist auch bei biologischen Verfahren eine hohe Reproduzierbarkeit erreichbar. Der Aufwand dafür kann allerdings hoch sein. Er erfordert das Ausfeilen flexibler Strategien, Fleißarbeit und Durchhaltevermögen.

Zu einem mikrobiologischen Produktionsprozeß gehören drei Komponenten: der produzierende Organismus, die Apparatur und das Verfahren.

Unter Verfahren ist das Know-how für den ganzen Prozeß zu verstehen: die richtige Behandlung des Organismus, die dem Prozeß angepaßte Betriebsweise der Apparatur und die Methoden zur Isolierung des Produktes. Die Apparatur ist in der Regel vorgegeben; die Betrachtung soll hier auf den Bioreaktor beschränkt sein. Der Organismus muß für die folgenden Überlegungen ebenfalls als gegeben angesehen werden; die Beschaffung des produzierenden Stammes aus Screeningarbeiten, seine genetische Bearbeitung und die Untersuchung der Mechanismen der Enzymbildung sollen hier ausgeklammert werden. Optimierung bezweckt, das vorhandene biochemische Potential des Organismus in einem Produktionsprozeß weitgehend nutzen zu können.

In den Methoden läßt sich allerdings die Bearbeitung des Stammes nicht von den ersten Schritten der Verfahrens-Optimierung trennen. Selektionsarbeiten bei der Stammverbesserung können z. B. kaum auf den Schüttelkolben-Versuch verzichten, der auch für die Ermittlung der Ernährungsansprüche des Hochleistungsstammes eingesetzt wird. Erkenntnisse der Verfahrens-Optimierung fließen selbstverständlich auch in die Stamm-Bearbeitung ein.

Optimierung

Für die Verfahrens-Optimierung mit einem Hochleistungsstamm werden auch Ergebnisse der Stamm-Bearbeitung verwertbar, die z. B. Serienversuchen zur systematischen Erarbeitung der Nährstoffansprüche zugrunde gelegt werden. Der Übergang in den Fermenter ist für jedes Fermentationsverfahren ein kritischer Schritt, da sich vor allem die Zusammensetzung der Gasphase (O_2- und CO_2-Konzentration) und die mechanische Belastung der Zellen wesentlich ändert.

Optimierung im Fermenter ist die Erarbeitung der für den Organismus zur Produktbildung günstigsten Lebensbedingungen. Eine Fermentation erfordert neben dem geeigneten Organismus die für diesen im Produktionsprozeß richtigen Lebensbedingungen, welche auf chemischen Faktoren (in Form der Nährlösung) und physikalischen Faktoren, den technischen Betriebsbedingungen, beruhen.

Kultur
↓ Alter, Menge, Qualität
Fermentation → Isolierung
↑
Lebensbedingungen

Chemische Faktoren Nährlösung	Physikalische Faktoren Betriebsbedingungen
Komponenten Qualität Konzentration Mengenverhältnis Viskosität oberflächenakt. Subst. Herstellung Lösen, Vorlösen Reihenfolge, Zeit Ausfällungen pH-Wert beim Lösen vor Sterilisation nach Sterilisation Separate Sterilisation bestimmter Komponenten Sterilisation Materialeinflüsse (Metalle) Aufheizzeit Temperatur Sterilisationszeit Kühlzeit Temperaturverteilung (lokale Erhitzung) Schädigung pH-Wert-Verschiebung Veränderung durch Belüftung beim Stehen	Fermenter Material Oberflächen Einbauten Temperatur Konstanz Temperaturschritte Belüftung Luftmenge Rührerdrehzahl O_2-Gehalt Gaswechsel Blasengröße Füllhöhe Verweilzeit Druck CO_2-Gehalt Mischverhalten Toträume Turbulenzen Scherkräfte mechan. Belastung Grenzflächen Oberflächen Schaumbildung Entschäumer pH-Wert-Regelung Redox-Potential Beeinflussung

Abb. 1. Wirksame Faktoren bei Fermentationen

Zu den beeinflußbaren Betriebsbedingungen (Abb. 1) gehören Temperatur, Rührvorgang (Rührsystem, Drehzahl), Luftmenge und Druck. Die Belüftung mit ihren Komponenten Luftmenge/Drehzahl/Druck beeinflußt die Kultur nicht nur durch die Belüftungsleistung des Systems. Die Belüftung soll nicht unbedingt eine maximale, sondern besser eine optimale O_2-Versorgung ermöglichen. Vielfach geht es weniger um die Übertragung einer bestimmten O_2-Menge, als um die Lage des daraus resultierenden Redox-Potentials. Die Belüftung bewirkt gleichzeitig die Entgasung und beeinflußt so den CO_2-Gehalt der Lösung; auch mechanische Wirkungen des Belüftungssystems auf die Zellen müssen mit berücksichtigt werden.

Die Zusammensetzung der Nährlösung wird endgültig im Fermenter festgelegt, da ihre Eignung sich unter den Betriebsbedingungen des Fermenters erweisen muß. Das pH-Verhalten der Kultur hängt sowohl von der Nährlösung als auch von der Belüftung ab; Wechselwirkungen müssen beachtet werden. Das Redox-Potential resultiert aus Nährlösung, pH, Belüftung und O_2-Verbrauch durch den Organismus. Es ist unvermeidbar, daß die wesentlichen Parameter der Lebensbedingungen nicht nur allein, sondern in unterschiedlichen Kombinationen geprüft und optimiert werden.

Produktionsprozeß

Das Ergebnis der Optimierung bestimmt den Verlauf des Produktionsprozesses. Zwei Beispiele sollen den typischen Ablauf einer mikrobiologischen Enzymproduktion demonstrieren:

1. Bildung von Proteinase K. Proteinase K [2] hat in der biochemischen Forschung Bedeutung besonders für die Isolierung von DNA und RNA erlangt, da sie Nucleasen sehr schnell und vollständig abbaut. Das Enzym wird gebildet von dem imperfekten Pilz *Tritirachium album*. Den typischen Fermentationsverlauf zeigt Abb. 2: Normales Wachstum mit relativ schnellem Verbrauch der Glucose und pH-Absenken, ab etwa

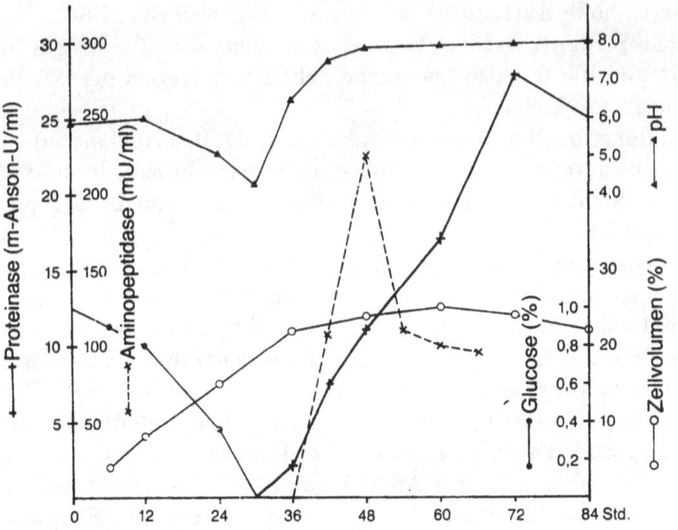

Abb. 2. Proteinase-K-Fermentation

30 Stunden Enzymbildung bis zu einem Maximum nach etwa 72 Stunden, gefolgt von relativ schnellem Rückgang der Aktivität. Die Kultur benötigt Glucose, bestimmte Peptone und komplexe Materialien; die Belüftung ist in engen Grenzen festgelegt. Zusatz von Nitrat, Ammoniumsalzen oder Aminosäuren bewirkt drastische Reduktion der Proteinase-Aktivität. Als wesentliche Nebenaktivität tritt eine Aminopeptidase auf, deren Aktivität nach einem scharfen Maximum schnell wieder abnimmt.

2. Bildung von Glucose-dehydrogenase durch *Bacillus megaterium* [1]. Die als Endoenzym gebildete Glucosedehydrogenase dient zur schnellen und einfachen Glucosebestimmung, besonders in der klinischen Analytik. Die Bildung des Enzyms (Abb. 3)

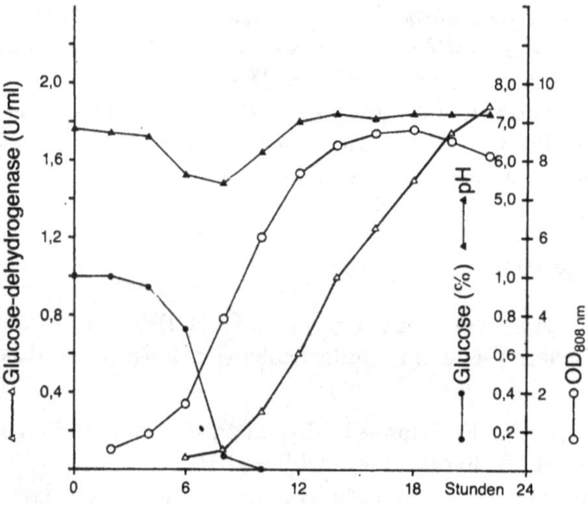

Abb. 3. Glucose-dehydrogenase-Fermentation

setzt in der logarithmischen Wachstumsphase ein und erreicht ihr Maximum in der stationären Phase; hohe Aktivitäten werden erreicht, weil die Kultur nicht versport. Die (nachweisbare) Enzymbildung beginnt, nachdem die Kultur ein pH-Minimum durchlaufen hat und die Glucose fast verbraucht ist. Während der Enzymbildung ist Glucose nicht mehr vorhanden.

Die Enzymbildung in Mikroorganismenkulturen läuft manchmal dem Wachstum parallel, setzt aber häufig erst relativ spät ein und erstreckt sich dann in die stationäre Wachstumsphase. Nicht selten ist eine Aktivität nur mit einem ausgeprägten kurzen Maximum festzustellen.

Bei Entwicklungsarbeiten für Produktionsprozesse ist es in der Regel nicht möglich, Bildung und Abbau der Enzyme exakt zu untersuchen; wichtig ist eine zuverlässige Erfassung der aktuellen Aktivität, nach der zum richtigen Zeitpunkt die Aufarbeitung des Ansatzes beginnen kann. Wenn nach einem ausgeprägten Maximum die Aktivität abnimmt, ist meist nicht bekannt, ob die Bildung des Enzyms durch die Zelle eingestellt wurde oder ob abbauende Prozesse so zugenommen haben, daß die Abbaugeschwindigkeit die Bildungsgeschwindigkeit übertrifft. Bei Exoenzymen kann das Auftreten der Enzyme in der Nährlösung auch mit Änderungen der Permeabilität zusammenhängen; das gilt aber auch für den beschleunigten Abbau des gewünschten Enzyms. Die für den Herstellungsprozeß optimale Enzymaktivität muß nicht der maximal erreichbaren entsprechen. Es kann z. B. sinnvoll sein, eine Fermentation vor Erreichen maximaler Aktivität abzubrechen, wenn dadurch der Anteil eines unerwünschten, aber später gebildeten Enzyms niedrig gehalten wird; gelegentlich kann auch ein Absinken der gewünschten Aktivität in Kauf genommen werden, wenn Nebenaktivitäten gleichzeitig wesentlich schneller sinken und so die Isolierung erleichtert wird.

Reproduzierbarkeit

Trotz der Erarbeitung optimaler Werte für alle wichtigen Parameter der Fermentationsbedingungen ist die Reproduzierbarkeit von Fermentationen oft unbefriedigend. Ein Produktionsprozeß setzt aber voraus, daß Fermentationsdauer, Ausbeute und Qualität des Enzyms in engen Grenzen reproduzierbar sind. Bei vielen Fermentationen — wie der Bildung von Antibiotika oder der Umsetzung von Steroiden — erfolgt die Produktbildung kumulierend, d. h. bei geringerer Leistung der Kultur wird die erwartete Produktmenge und -qualität mit verlängerter Fermentationsdauer erreicht. Solche Schwankungen können zugelassen werden, wenn das Produkt nicht durch Abbauvorgänge gefährdet ist. Bei Enzym-Fermentationen muß oft mit wechselnder Höhe des Aktivitätsmaximums gerechnet werden; verlängerte Fermentationszeiten bringen nicht die Höchstwerte, wenn abbauende Vorgänge relativ schnell einsetzen und eine noch laufende Enzymsynthese dadurch nicht mehr zur Aktivitätssteigerung nutzbar wird.

Schwankungen einzelner Parameter der Fermentation sind unvermeidlich; so sind vor allem Rohstoff-Einflüsse kaum zu umgehen. Diese Parameter dürfen aber oft nicht unabhängig voneinander betrachtet werden; so können beispielsweise unterschiedliche Qualitäten eines Rohstoffes eine daran angepaßte Belüftung erfordern. Der Rohstoff kann auch direkt oder über veränderte Inanspruchnahme des verfügbaren Sauerstoffs einen veränderten pH-Gang bewirken, was wiederum die Enzymbildung oder den Enzym-Abbau beeinflussen kann. Optimale Werte für einen Parameter sind also keine Absolutwerte, sondern müssen sich anderen Faktoren anpassen lassen.

Die Impfkultur des produzierenden Mikroorganismus wird meist nach Menge und Alter definiert. Es zeigt sich bei vielen mikrobiologischen Prozessen, daß diese Definition völlig unzureichend ist. Man muß Merkmale der Kultur berücksichtigen, die grob als „Qualität" zusammenzufassen sind. Spezielle biosynthetische Leistungen — wie die Enzymbildung — stehen oft in keinem direktem Zusammenhang mit dem Wachstum. Die Beurteilung einer Vorkultur allein nach dem Wachstum der Folgekultur ist nicht ausreichend. Häufig läßt sich feststellen, daß die Vorgeschichte der Impfkultur entscheidenden Einfluß auf die Leistung der Produktionskultur hat.

Man bemüht sich, den Einfluß aller wichtigen Faktoren auf die Produktionskultur zu erfassen und zu beherrschen — wie z. B. die Nährlösung und ihre Herstellung, Belüftung, pH usw. Dagegen werden Vorkulturen viel schematischer bearbeitet, obwohl jede einzelne Stufe den gleichen unterschiedlichsten Einflüssen ausgesetzt ist. In der Regel läuft eine Anzucht bis zum Produktionsfermenter über 4 und mehr Stufen, und in jeder einzelnen kann z. B. die Nährlösung oder die Belüftung die Entwicklung der Kultur und ihrer Eigenschaften entscheidend beeinflussen. Im Anzuchtweg wird also mehrfach eine Beeinflussung der Kultur durch viele verschiedene Faktoren wirksam; diese und das Alter der Kultur bedingen deren Eignung als Impfkultur. Dazu kommt, daß unvermeidbar Selektionsbedingungen auf die Organismen-Population einwirken:

Bedingungen bei der Züchtung — aber auch bei der Handhabung der Kultur, vorübergehende Unterbrechung der Belüftung, Temperaturwechsel, pH-Verschiebung, Aufbewahrung, evtl. bei niedriger Temperatur, über Stunden oder Tage.

Fehler in der Aufzucht, die zunächst als solche nicht zu erkennen sind, beeinflussen die Qualität der Impfkultur so stark, daß die Produktionsstufe schlechte Enzymbildung zeigt. Enzym-Fermentationen sind gegenüber solchen Einflüssen offenbar besonders empfindlich. Es ist z. B. möglich, daß falsche Behandlung der ersten Anzuchtstufen in Röhrchen oder Kolben zu Qualitätsverschiebungen führt, die sich erst im Produktionsfermenter bemerkbar machen und nicht von den zwischengeschalteten Stufen ausgeglichen werden. Konsequenz solcher Beobachtungen ist, daß für jede einzelne Stufe die richtigen Bedingungen ermittelt werden müssen bzw. daß ungünstige Bedingungen erkannt und vermieden werden müssen — auch wenn der Zusammenhang nicht eindeutig erklärbar ist. Richtige Bedingung muß in der Anzucht keineswegs der optimalen Bedingung entsprechen; so kann z. B. schnelles und starkes Wachstum zu einer ungeeigneten Kultur führen.

Zur Reproduzierbarkeit von Fermentationen ist eine angemessene Verfahrensdisziplin unumgänglich, die an sich mögliche methodische und organisatorische Freizügigkeit weitgehend ausschaltet. Mit reproduzierbarer Vorkultur-Qualität wird die Optimierung der Produktionsstufe wesentlich erleichtert. Von einer optimierten Produktionskultur her läßt sich wiederum die Reproduzierbarkeit der Vorkulturen besser bearbeiten und bewerten. Das Know-how mikrobiologischer Verfahren besteht in wesentlichen Teilen aus in dieser Weise erarbeiteten Verfahrens-Merkmalen.

Die geschilderte Bedeutung der Vorkultur-Qualität neben den Fermentationsbedingungen gilt für alle mikrobiologischen Produktionsprozesse. Für viele Enzymproduktionen ist sie aber besonders wichtig, da die Reproduzierbarkeit und Beurteilung von Produktionsansätzen zusätzlichen Schwierigkeiten unterliegen. Gegenläufige Vorgänge zum Aufbau und Abbau der Enzyme erschweren die Erfassung. Die Beurteilung muß sich auf relativ wenige Analysenwerte stützen, es müssen möglichst Schnellmethoden zur Enzym-Analyse herangezogen werden, die weniger genau sind. Aus Untereinheiten bestehende Enzyme erschweren die quantitative Beurteilung; die Bestimmung in Rohextrakten, die je nach Kulturdauer unterschiedlich zusammengesetzt sind, und möglicherweise wechselnde Inhibitor-Konzentrationen geben zusätzliche Probleme.

Das komplizierte Zusammenspiel von Bedingungen und Faktoren, die nur zum Teil quantitativ erfaßbar sind, entscheidet mit über die Leistungsfähigkeit einer Produktionskultur. Eine große Hilfe bei der Beurteilung können pH- und Redox-Kurven des Fermentationsverlaufs bieten. Man kann typische Merkmale für guten und schlechten Verlauf und für richtige und schlechtere Bedingungen finden. So lassen sich die Einflüsse der Bedingungen im Fermenter nicht nur auf die Enzymbildung, sondern auf das begleitende pH- und Redox-Verhalten der Kultur vergleichen und danach z. B. die Luftmenge an die Ansprüche des Systems Kultur/Fermenter oder Kultur/Nährlösung anpassen. Gelingt so die Beurteilung und damit die Optimierung der Produktionsstufe, dann unterliegt nach ähnlichen Maßstäben auch die Qualität der Vorkultur einer Beurteilung. Verlaufskurven für pH und Redoxpotential lassen wichtige Schlüsse für die Optimierung und auf die Reproduzierbarkeit zu.

Schlußbemerkung

Die Entwicklung mikrobiologischer Enzymproduktionen enthält noch viel Empirie. Man kann heute aber mit besseren Strategien vorgehen, wenn man die erfaßbaren Symptome der Kulturen besser beurteilt und nicht resigniert, wenn die vielfältigen Zusammenhänge nicht ganz überschaubar sind. So läßt sich ein großes Maß an Reproduzierbarkeit erreichen und damit eine Basis für weitere Verfahrensverbesserungen. Für Großprodukte ist das wichtig, bei Enzymen mit geringerer wirtschaftlicher Bedeutung lohnt sich nur ein begrenzter Aufwand; schlechtere Reproduzierbarkeit muß dann hingenommen werden.

Diese Hinweise auf Faktoren, denen Optimierung und Reproduzierbarkeit mikrobiologischer Verfahren unterliegen, sollen nicht vergessen lassen, daß auch der mikrobiologischen bzw. genetischen Bearbeitung des Produktionsstammes entscheidende Bedeutung zukommt. Die Beurteilung eines Hochleistungsstammes erfordert aber ebenfalls übersichtliche Bedingungen, unter denen die Leistung möglichst voll erbracht werden kann. Bessere Einsicht in die Wechselwirkungen zwischen dem Mikroorganismus und den chemischen und physikalischen Bedingungen im Bioreaktor führt zu mikrobiologischen Produktionsverfahren, die in ihrer Zuverlässigkeit chemischen Prozessen keinesfalls nachstehen müssen.

Literatur

[1] Banauch, D., W. Brümmer, W. Ebeling, H. Metz, H. Rindfrey und H. Lang: Eine Glucose-Dehydrogenase für die Glucose-Bestimmung in Körperflüssigkeiten. Z. Klin. Chem. Klin. Biochem. **13** (1975), 101–107

[2] Ebeling, W., N. Hennrich, M. Klockow, H. Metz, H.-D. Orth and H. Lang: Proteinase K from *Tritirachium album* Limber. Eur. J. Biochem. **47** (1974), 91–97

Всесоюзный научно-исследовательский биотехнический институт Москва, СССР

Концентрирование и очистка культуральиой жидкости базидиальных грибов методом ультрафильтрации

Макарова, Т. Н., Калунянц, К. А.

При производстве ферментных препаратов существенное значение имеет процесс концентрирования и очистки, который в основном предопределяет рентабельность производства.

Ультрафильтрация является одним из современных методов концентрирования и очистки ферментов. Особенно эффективно использование этого метода для концентрирования ферментов из культуральных жидкостей. При ультрафильтрации ферментных растворов наряду с концентрированием происходит очистка раствора от минеральных солей и низкомолекулярных белковых примесей. Преимущество метода ультрафильтрации заключается также в простоте, небольших энергетических затратах, возможности проведения процесса при температуре окружающей среды без изменения фазового состояния раствора.

В настоящей работе исследовались параметры процесса ультрафильтрации культуральной жидкости из базидиального гриба Russula decolorans продуцента молокосвертывающего фермента. Освобожденная от биомассы культуральная жидкость подвергалась ультрафильтрации через ацетатцеллюлозные мембраны отечественного производства со средним диаметром пор от 50 до 150 Å. Лучшие результаты были получены на мембране, имеющей диаметр пор 50 Å. Оптимальный гидродинамический режим ультрафильтрации имел место при давлении 5 атм. При концентрировании культуральной жидкости в 10 раз молокосвертывающая активность в фильтре отсутствовала. Удельная активность молокосвертывающего фермента увеличивалась в 10 раз.

NOVO Industri A/S, Bagsvaerd, Denmark

New Developments on the Production and Use of Bacillus Proteases

K. Aunstrup

I. Introduction

Proteolytic enzymes are the most widely used industrial enzyme products, and of the proteolytic enzymes, *Bacillus* proteases are by far the most important. I have made an estimate of the world consumption of industrial enzymes in 1976, and from this diagram (Fig. 1) it is seen that the yearly production of *Bacillus* protease amounts to about 500 t of pure enzyme protein, whereas the production of other proteolytic enzymes is less than 10% of this. The reason is that *Bacillus* proteases are used as detergent additives, which is the most important single application for technical enzymes today.

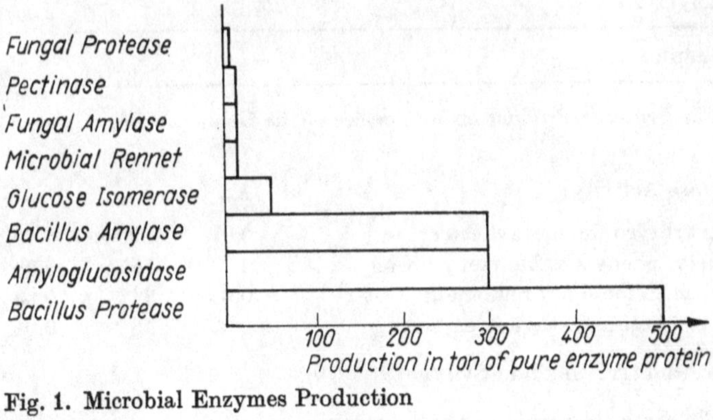

Fig. 1. Microbial Enzymes Production

II. Commercially available Bacillus proteases

The *Bacillus* species form two types of proteolytic enzymes, the neutral metalloproteases and the alkaline serine proteases. Some organisms form both types of enzyme at the same time, whereas others only form one type.

Of the micro-organisms shown on Fig. 2, only the following are of commercial significance: Serine proteases are made from *Bacillus licheniformis*, the enzyme often referred to as Subtilisin Carlsberg. *Bacillus subtilis* var. amyloliquefaciens, this enzyme is often called Subtilisin Novo. Furthermore, proteases from alkalophilic *Bacillus* species. These enzymes are only known under their trade names, Esperase, Savinase and "highly alkaline protease".

Metalloproteases are produced from *Bacillus subtilis* var. amyloliquefaciens, often in combination with serine proteases. A single commercial preparation contains almost pure neutral protease.

Thermolysin, which is produced by *Bacillus thermoproteolyticus*, has become well known because its properties have been thoroughly investigated. The producing organism may be classified as a variety of *Bacillus stearothermophilus*. Neutral proteases from *Bacillus cereus* and *Bacillus megaterium* have been described and commercial processes, primarily for the use of these enzymes in cheese manufacture, have been

	Metallo	Serine
B. subtilis var. amyloliquefaciens	×	×
B. subtilis var. amylosaccharitícus	×	×
B. licheniformis	—	×
Alkalophilic bacillus sp.	—	×
B. stearothermophilus (B. thermoproteolyticus)	×	—
B. megaterium	×	—
B. cereus	×	×
B. polymyxa	×	—
B. pumilus	—	×

Fig. 2. Protease Production by Species of the Genus *Bacillus*

Esterase Activity:	K_m	V_{max}	K_m	V_{max}
N-acetyl tyrosine methyl ester	0.07	1930	0.09	1560
N-acetyl phenylalanine methyl ester	0.03	765	0.06	415
Toluene sulfonyl arginine methyl ester	0.04	117	0.03	7
Benzoyl arginine ethyl ester	0.007	16	0.01	4.6

Data from OTTESEN and SVENDSEN (1970).

Fig. 3. Some Properties of the Subtilisins

developed, but as far as I know there is no significant commercial production of these enzymes at the moment.

Some of the properties of the two typical serine proteases, Subtilisin Carlsberg and Subtilisin Novo, are shown in Fig. 3. The molecule is a single amino acid chain and there are no S—S bridges. The amino acid sequence has been determined and there is a wide homology between the two enzymes.

	Carlsberg	Novo
Number of amino acids in molecule	275	274
Molecular weight from amino acid sequence	27277	27537
Isoelectric point	9.4	9.1
S_{20lw} (Svedberg units)	2.85	2.81
Intrinsic viscosity	3.2	3.6
E 1 mg/ml, 280 nm	0.96	1.17

It is interesting to note that the enzymes have a significant esterase activity. Of technical interest is the good stability of the Subtilisins. The stable pH-range extends from 5 to 11 (Fig. 4). At the low end of the curve it is assumed that the enzyme is destroyed by autodigestion, because the globular enzyme molecule opens its structure and thus becomes susceptible to proteolytic attack.

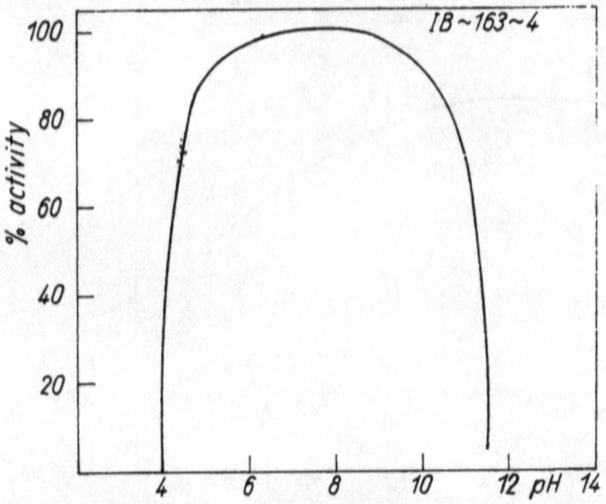

Fig. 4. Stability of Subtilisin Carlsberg at different pH-values

Analytical method:	Anson method
Buffer system:	Phosphate
Concentration of enzyme:	0.2 AU/l
Temperature:	25°C
Storage time:	24 hours

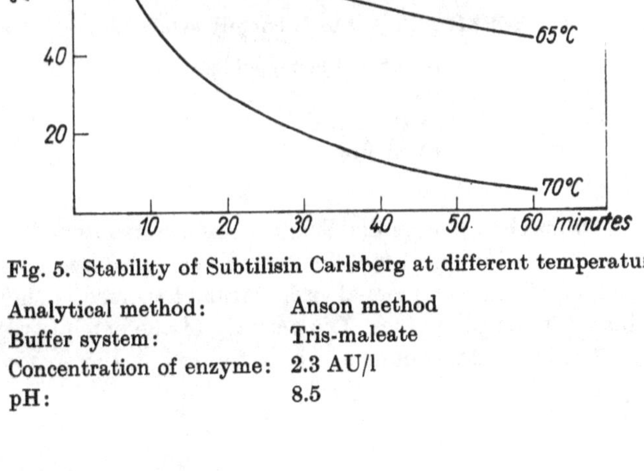

Fig. 5. Stability of Subtilisin Carlsberg at different temperatures

Analytical method:	Anson method
Buffer system:	Tris-maleate
Concentration of enzyme:	2.3 AU/l
pH:	8.5

Subtilisin Carlsberg shows good stability at high temperatures as is shown in Fig. 5. When evaluating the stability of enzymes it should, however, always be borne in mind that the stability is dependent on the components in the reaction mixture, and that the presence of protein hydrolyzates often may improve the stability considerably in relation to these curves, which represent results obtained in dilute buffer systems.

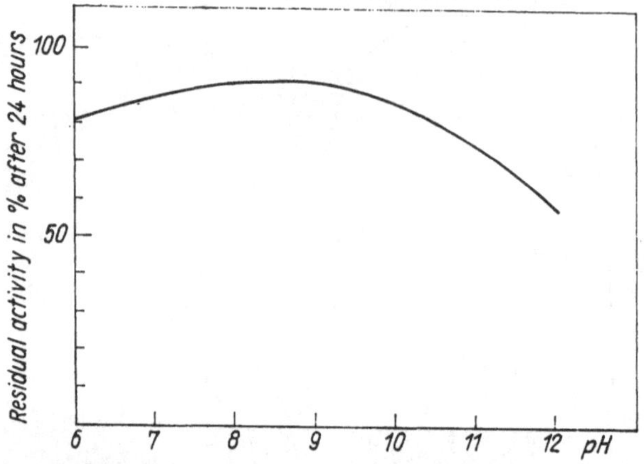

Fig. 6. Stability of ESPERASE[R] at different pH-values

Concentration of enzyme: 150 mg/l
Temperature: 25 °C

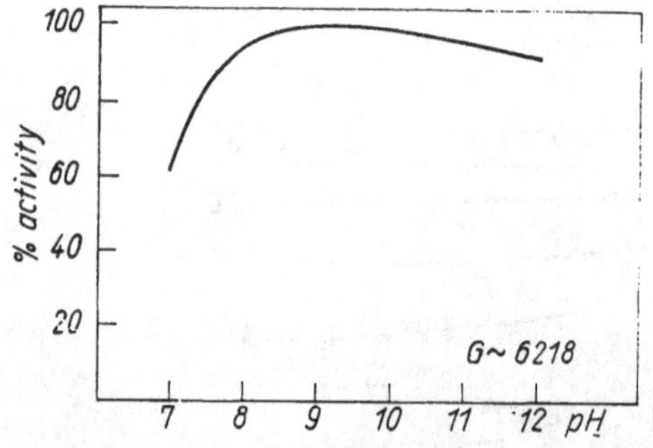

Fig. 7. Activity of ESPERASE[R] at different pH-values

Substrate: Denatured hemoglobin
Concentration of enzyme: 150 mg/l
Temperature: 25 °C
Reaction time: 10 minutes

The serine proteases from the alkalophilic *Bacillus* species mentioned before are of special interest because they show good stability at pH values above 12 as shown in Fig. 6, where the stability of the commercial preparation Esperase is shown at 25 °C and 24 hours storage at various pH values. The activity of the enzyme remains at its maximum up to pH 12 (Fig. 7). Determination of activities by the Anson method at higher values is not practicable.

The reasons for the extreme stability of these enzymes are not clear. They have an isoelectric point at 11, that is about two pH units above that of the subtilisins, their molecular weight is between 20 and 30000, slightly smaller than the subtilisins. It is interesting to note that the specific activity of the proteases is about twice as high as that of the subtilisins. The temperature stability for the new, highly alkaline proteases is similar to that of the subtilisins.

Metalloproteases are not as widely used as the serine proteases. The demand is probably less than one per cent of the serine proteases. The source most widely used is *Bacillus subtilis* var. amyloliquefaciens, a species which is normally used for the production of alpha-amylase, but which also produces serine protease, neutral protease, beta-glucanase, and hemicellulase.

By adjusting the medium and the fermentation conditions properly high concentrations of neutral protease may be formed. But most of the other enzyme activities will still be present in the preparation in significant quantities.

The ability to form undesired enzyme activites may, however, be removed by mutation and in this way it has been possible for Novo to develop a preparation which is practically free from alpha-amylase and serine protease. This metalloprotease is more specific than the serine proteases and furthermore it is less thermostable.

The metalloprotease from *Bacillus thermoproteolyticus*, on the contrary, is the most thermostable protease known. It will only lose about 50% activity after heating at 80 °C for an hour. Its amino acid sequence has been determined, and it has been used a lot in the study of thermostability of enzymes, but it is little used in industrial applications.

It is interesting to note that there is a wide homology in the structures of these two proteases. The reasons for the good thermostability of thermolysin is not known, but the higher percentage of hydrophobic amino acids and the presence of four Ca atoms instead of two may be of importance.

III. Methods of Production

A. Fermentation Methods

The methods used for production of microbial proteases are similar in principle to those used in the production of other fermentation products, therefore only some details peculiar to the production of proteases will be described here.

The fermentation media usually consist of carbohydrate, protein and salts. The carbohydrate consumption during the fermentation is high, and it is a general practice to add carbohydrates incrementally during the fermentation in order to keep the carbohydrate concentration low at all times. There have been no reports on the inhibition of protease production by high carbohydrate concentrations, but it is a general experience that the carbohydrate utilization becomes better by using this so-called fed batch principle.

When starch hydrolyzate is used as carbohydrate source for *Bacillus subtilis*, the hydrolysis is incomplete so that part of the carbohydrate is unutilized. This is due to the lack of an alpha-glucosidase which is able to hydrolyze the alpa-amylase limit dextrin. An enzyme of this type is present in *Bacillus licheniformis*, which therefore will be able to utilize starch hydrolyzate completely.

In commercial practice, fermentation conditions, medium and production strain are optimized over the years, so that a typical production of Subtilisin Carlsberg may give the results shown in Fig. 8. The high concentration of enzyme, expressed in pure enzyme protein, will be noted. It is of the same order of magnitude as the cell mass and it will furthermore be observed that about one third of the protein consumed is refound as enzyme protein.

In order to achieve results like these, good equipment, carefully developed production strains, and dedicated workers to run the factory are essential.

Final enzyme conc. in broth g/l	5–15
Fermentation time hr	50–100
Cell mass	10–20
Protein consumption g/l	ca. 50
Carbohydrate consumption g/l	50–100
Contaminating proteins in final product	⩽ 10%

Fig. 8. Production of Subtilisin Carlsberg with *B. licheniformis*

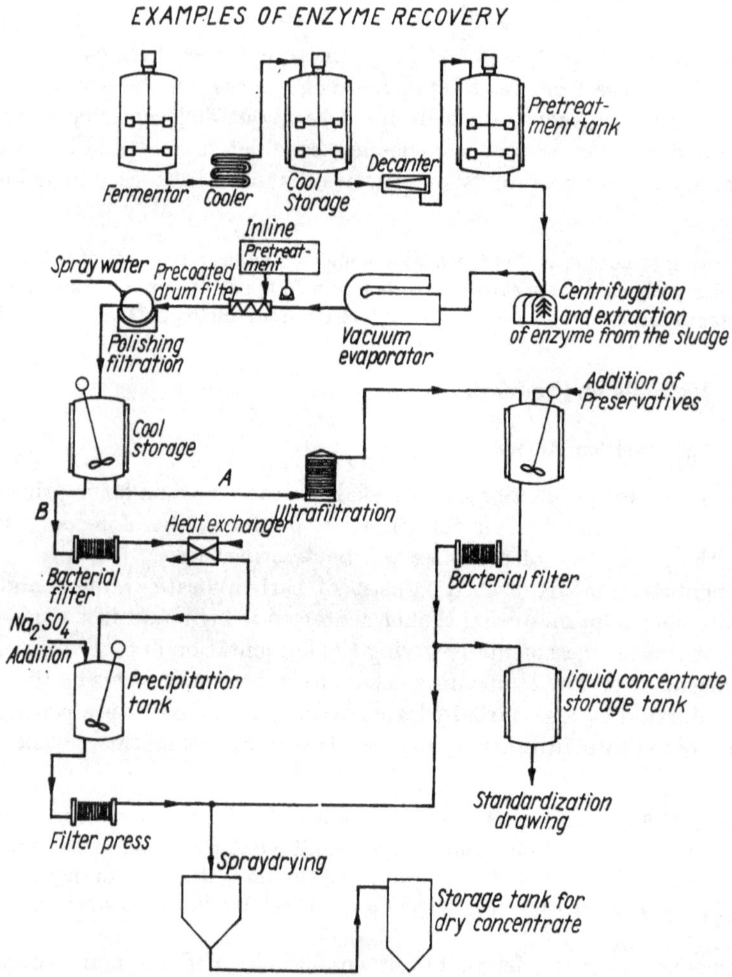

Fig. 9. Examples of enzyme recovery

B. Recovery Methods

A survey of the recovery methods used for production of proteases is shown in Fig. 9. During the recovery process it is important to avoid infection so all processes are performed under refrigeration.

The first part of the processes serves to remove coarse particles and colloids from the fermentation broth by pre-treatment with flocculating agents followed by purification by centrifugation or filtration. Usually it is subsequently desired to concentrate the broth by vacuum evaporation or ultrafiltration. This clear concentrate may be used as a commercial product when preservatives and stabilizers have been added. If a solid preparation is desired, the enzyme may be precipitated with salt or solvent and the precipitate recovered and spray-dried. The resulting powder may in principle be used as an enzyme product, but it is strongly dusting and it is therefore not suitable to use

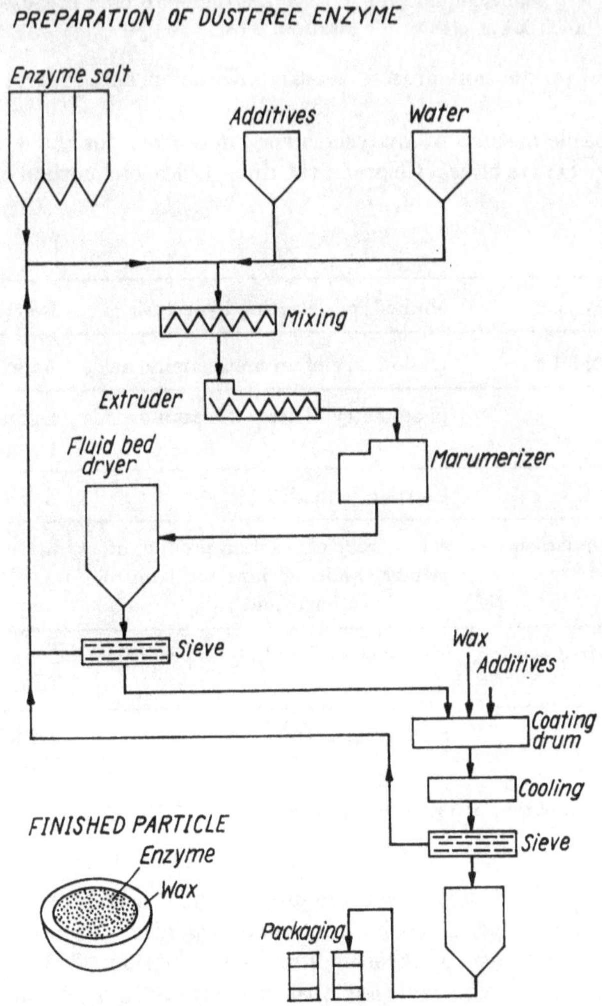

Fig. 10. Preparation of dustfree enzyme

The reason is that dust of concentrated proteolytic enzymes, when inhaled, especially in connection with detergent components, may cause severe asthmatic conditions. It is therefore always necessary to produce these preparations in dustfree form such as it is shown in Fig. 10.

The enzyme concentrate is mixed with salt, dextrin and water. The resulting plastic mass is extruded and shaped into spheres in a so-called marumerizer. After drying, the spheres are covered by a water soluble, inert wax such as polyethylen glycol wax. In this way particle sizes from 0.5 mm and upwards can be made and the variation in size is small. Dust formation is practically eliminated. A detergent enzyme preparation made according to this method will produce less than 0.5 μg of pure enzyme dust per kilo when tested according to a standard method.

Although this method in principle appears simple, its proper performance requires good equipment and highly skilled workers in order to give products which will meet the specifications. In all applications where it is possible, liquid preparations are therefore used because they offer a dustfree application at a much lower cost of preparation.

The final step in the production process is standardization and control of the preparation.

An accurate and reliable method of analysis is very important for the enzyme trade. Different methods (Fig. 11) are in use, we prefer the dimethylcasein method or the Anson method.

Name	Substrate	Method for detecting hydrolysis	Reference
Anson	haemoglobin	photometry of aromatic amino acids	ANSON (1939)
Kunitz	casein	photometry of aromatic amino acids	DETMAR and VOGELS (1971)
Löhlein Volhard	casein	titration with HCl	KÜNTZEL (1955)
Dimethylcasein	dimethylcasein	colorimetry of reaction product of primary amino groups and trinitrobenzole-sulfonic acid	LIN et al. (1969)
Azocasein	diazotized casein	colorimetry of hydrolysis products	CHARNEY and TOMARELLY (1947)
Berridge	milk	milk coagulation	British Standard 3624 (1963)

Fig. 11. Methods for Determination of Protease Activity

The microbiological standard of the enzyme preparations is also evaluated. Total viable count must be below 10^4 per g and harmful micro-organisms should be absent. In most cases there will also be a test for absence of production strain. This is primarily in the interest of the producer, who will not wish to distribute valuable production strains to competitors.

IV. Applications of Proteolytic Enzymes

A. Detergent Additives

Soiled fabric will usually contain proteins derived from body secretions, food, blood or other sources. These proteins may act as a glue for dirt particles or may, like blood, themselves discolor the fabric. During heating in the washing process the protein may coagulate in the fabric and therefore be difficult to remove, or bleaching agents like perborate or hypochlorite may cause a precipitation of proteins on the fabric. The result is an unclean appearance after washing. Addition of suitable proteolytic enzymes to the detergent may alleviate this situation, because the enzyme hydrolyzes the proteins and prevent their precipitation.

The preferred enzyme is Subtilisin Carlsberg, but the new alkaline proteases from alkalophilic *Bacillus* species appear to be even better. Normally 0.5% of an enzyme preparation containing about 3% of active enzyme is added to the detergent. The best action is obtained by soaking the soiled fabric in the enzyme containing detergent solution, but satisfactory results may be obtained in all usual washing methods where the enzyme will work up to a temperature of about 60 °C.

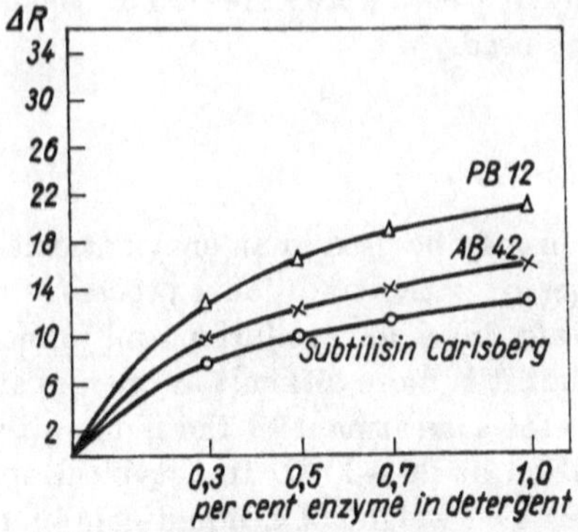

Fig. 12. Relation between enzyme concentration and washing efficiency in phosphate-containing detergent (See text for details)

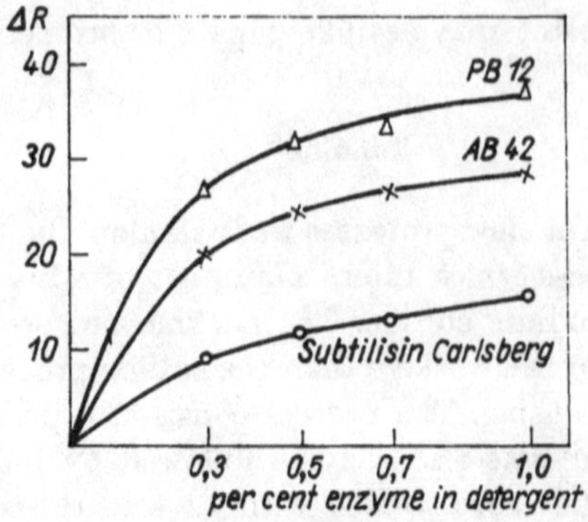

Fig. 13. Relation between enzyme concentration and washing efficiency in citrate containing detergent (See text for details)

In the quantitative evaluation of washing efficiency, use is made of test swatches soiled with a mixture of India ink and proteins. Washing efficiency is estimated by determining reflectancy of the swatch after washing under standard conditions. In Fig. 12, two new highly alkaline proteases are compared to Subtilisin Carlsberg, and it is seen how the new enzyme not only shows a better washing efficiency at low concentrations, but also a much higher maximum effect than Subtilisin Carlsberg.

The efficiency of the enzyme action is of course dependent on the type of dirt, the washing process and the detergent composition. The enzyme action will, for example, be much more pronounced if the usual sequestering agent in the detergent, Sodiumtripolyphosphate, is substituted by the less efficient agents, Nitrilotriacetic acid or citric acid, as is seen in Fig. 13, where citrate is used.

Enzyme containing detergents have now been used for more than 15 years in most European countries, and the use is at present increasing. The reason may be that the more energy conscious the housewife becomes, the more important the enzyme addition will be, because it provides a satisfactory washing result at low temperature and low concentration of surfactant.

B. Brewing

Microbial enzymes such as alpha-amylase and beta-glucanase are used extensively in brewing as malt substitute or to improve unsatisfactory malt. In this case the free amino acids formed during mashing are reduced critically and it becomes necessary to add a proteolytic enzyme. The best commercial enzyme for this purpose is the neutral metalloprotease from *Bacillus amyloliquefaciens* since it has a pH optimum close to the pH of the wort and it is not inhibited by the protease inhibitor of the barley, which inhibits the serine proteases.

The protease addition has the additional advantage that it activates the beta-amylase of barley and thus increases the amylolytic activity of the mash. The amount of protease used is small, usually less than 1 ppm enzyme protein in the wort.

Proteolytic enzymes are also used to prevent chill haze in beer. For this purpose only plant enzymes like papain or bromelin are used.

C. Tanning

The new proteases from alkalophilic Bacilli may be used in an enzymatic dehairing process which offers a number of advantages over the traditional process with lime and sodium sulfide. The enzyme process is safe, gives less pollution and is more pleasant to the workers than the sulfide process, but it is more difficult to operate and more expensive. The process consists in principle of a treatment of the hides with a mixture of lime and enzyme followed by incubation at 20—30 °C. In a typical operation the hides are treated with 1.5—10 times their own weight of a liquid containing 8% lime and 0.1% dehairing enzyme. The process is completed in 18—24 h. Apart from the ecological advantages, this process destroys undesired pigments in the skin and an area increase of up to 6% has been observed.

D. Protein Hydrolysis

Apart from the production of soy sauce by *Aspergillus proteases*, microbial proteases have been little used in the production of protein hydrolyzates for food use. One of the reasons for this is the bitter tasting of peptides which may develop during the hydrolysis.

Experiments have shown that this can be avoided, provided the degree of hydrolysis is kept sufficiently low e.g. for soy protein below 10%. In Fig. 14 a flow sheet is shown for a process for the production of a non-bitter, soluble soy protein hydrolyzate, which may be suitable for incorporation into soft drinks and other low pH foods. The process parameters indicated are standard parameters. For actual production, the optimal parameters should be established by experiments.

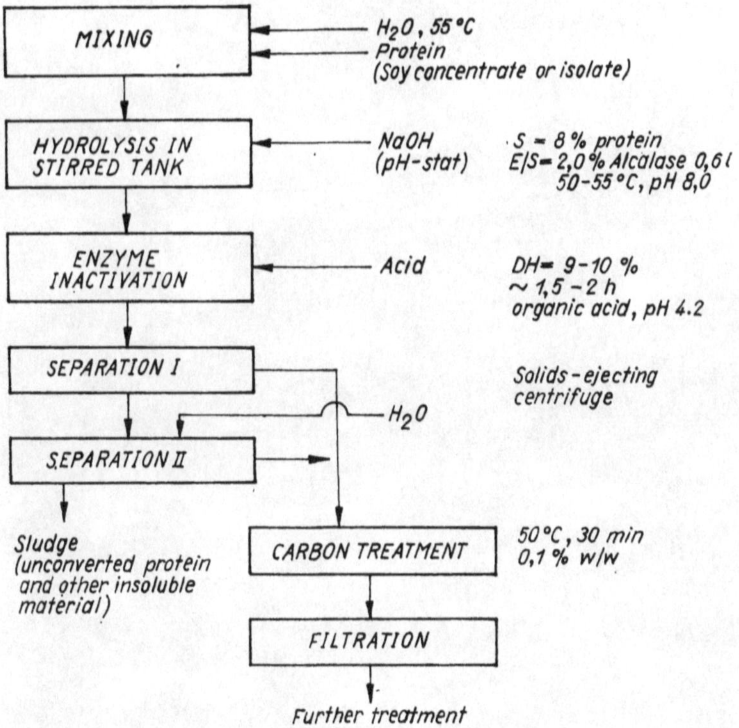

Fig. 14. Flow sheet for the production of a non-bitter, soluble soy protein hydrolyzate

V. Conclusion

The production and use of *Bacillus* proteases have grown enormously during the last fifteen years. It will be interesting to see if the new enzymes and the new applications described here will be able to develop so that the increase in protease usage will continue. The technical possibilities exist, but as is so often the case, the economic and social development will be decisive.

Institut für die Gärungs- und Getränkeindustrie, Berlin, DDR

Methoden der Maßstabsübertragung — ihre Möglichkeiten und Grenzen bei fermentativen Prozessen

K.-H. Wolf

I. Ziele der Maßstabsübertragung

Die Maßstabsübertragung von Verfahren bzw. Verfahrensstufen aus dem kleintechnischen in den großtechnischen Maßstab hat eine zentrale Bedeutung, da die Steigerung der Produktion unmittelbar mit der Vorausberechnung der Apparate und hierbei besonders der Reaktoren zusammenhängt.

Unter der Maßstabsübertragung von Prozeßstufen oder Prozessen in Bioreaktoren soll die größenordnungsmäßige Vorausberechnung vom Labor-, Technikums- oder Pilotanlagenmaßstab in den großtechnischen Maßstab verstanden werden. Dabei sollen die zu reproduzierenden Systemparameter unabhängig von der Größenordnung des Reaktors sein.

In der fermentativen Industrie gelangen sowohl einstufige als auch mehrstufige Rührreaktoren als auch einfache Blasensäulen sowie Siebbodenkolonnen (segmentierte Blasensäulen) für aerobe und anaerobe Prozesse zum Einsatz [1, 9—16]. Bei mikrobiologischen Prozessen gilt es, bestimmte Vermischungszustände zu gewährleisten, damit dem Biokatalysator optimale Stoffübergangsverhältnisse geboten werden, damit das Fermentationsziel erreicht wird. Gleichzeitig muß die Turbulenz begrenzt sein, weil die Scherkräfte auf den Organismus zunehmen. Das kann zur Prozeßzeitverlängerung, zu veränderten Stoffwechselwegen und unter Umständen zur Schädigung des Organismus führen. Weiterhin sind experimentell gesicherte geometrische Nebenbedingungen (Vorzugsverhältnisse) in Zusammenhang mit den Turbulenzverhältnissen so zu realisieren, daß optimale Stoffübergangsverhältnisse bestehen. Aus ökonomischen Gründen ist darüber hinaus die Energiedissipation zu minimieren.

Aus ökonomischer Sicht ergeben sich noch zusätzliche Forderungen an eine Maßstabsübertragung. Bekanntlich werden Reaktoren für biochemische Prozesse vorwiegend aus CrNi-Stählen gefertigt, die kostenintensiv (Material- und Fertigungskosten) sind. Damit erhebt sich die Forderung nach der Minimierung der gesamten Reaktoroberfläche.

Ein weiterer ökonomischer Aspekt aus der Sicht des Apparatebaues ist die grundsätzliche Verwendung standardisierter Bauteile bzw. Serien und Abmessungen.

Unter Beachtung dieser Ziele soll dann auch noch die biochemische Reaktion ablaufen, wobei der gewünschte chemische Umsatz zu erreichen ist.

Um diese Zielstellungen zu erfüllen, wurden Methoden zur Maßstabsübertragung entwickelt. Diese Methoden wurden ausschließlich in der chemischen Industrie erarbeitet und beruhen auf dort gewonnenen Erkenntnissen und Erfahrungen. Sie basieren auf dem CHEMICAL ENGINEERING CONCEPT. Über ihre erfolgreiche Anwendung in der fermentativen Industrie gibt es kaum Hinweise. Diese Methoden kann man wie folgt klassifizieren [1]:

1. Maßstabsübertragung durch großtechnische Versuche in vorhandenen Reaktoren
2. Empirische Maßstabsübertragung
3. Modul- oder lineare Maßstabsübertragung
4. Maßstabsübertragung durch Benutzung von Korrelationen auf Basis der Ähnlichkeitstheorie
5. Maßstabsübertragung auf Basis mathematisch begründeter Modelle
6. Fundamentale Maßstabsübertragung.

Diese Einteilung wurde willkürlich vorgenommen, um die Voraussetzungen und Grenzen ihrer Anwendbarkeit darzustellen.

II. Methoden der Maßstabsübertragung

1. Maßstabsübertragung durch großtechnische Versuche in vorhandenen Reaktoren

Diese Methode eignet sich für Prozesse, bei denen nur kleine Übertragungsfaktoren (1:1,2···2) angestrebt werden. Sie wird dann angewendet, wenn

— keine hydrodynamischen und/oder kinetischen Modelle bekannt sind.
— die Kosten für die Produktionsunterbrechung eines laufenden Reaktors gegenüber denen des Baues einer Versuchsanlage vertretbar sind. Dabei sind Zeit- und Verfügbarkeitsprobleme ebenfalls bedeutsam.
— der Einbau notwendiger Meßtechnik und seine Demontage vertretbar ist.

Sie wird bei der Erprobung von Rationalisierungslösungen, z. B. Überprüfung bzw. Angleichung an Optimalparameter, die im kleintechnischen Maßstab oder aus der Literatur gewonnen wurden, angewendet.

Bei mikrobiellen Verfahren ist dabei besondere Vorsicht geboten, da Kontaminationen des Gesamtsystems mit einem Fremdorganismus zu erheblichen materiellen Verlusten führen können.

2. Empirische Maßstabsübertragung

Darunter ist das klassische Vorgehen zu verstehen, bei dem eine stufenweise maßstäbliche Vergrößerung des gesamten Reaktors nach dem 10er-Potenz-Gesetz (10 l, 100 l, 1 m^3, 10 m^3, 100 m^3) erfolgt. Im Bereich von Reaktorgrößen $V_R > 10\ m^3$ wird gewöhnlich noch eine Zwischengröße bis zur nächsten Größenordnung eingesetzt. Diese Methode wird angewendet, wenn keine hydrodynamischen und/oder kinetischen Modelle bekannt sind bzw. wenn ihre Ermittlung problematisch ist. Die Methode ist sehr kostenintensiv und heute nicht mehr vertretbar.

3. Modul- oder lineare Maßstabsübertragung

Bei dieser Methode werden ein oder mehrere Segmente bzw. Einzelelemente des Reaktors schrittweise vergrößert, getestet und Kennwerte ermittelt, z. B. Rühr- und Begasungseinrichtungen, Kolonnenböden und Wärmeübertrager. Sie erlaubt die schrittweise Vergrößerung auf Grundlage bestimmter geometrischer wie auch hydrodynamischer Kennwerte oder dimensionsloser Kennzahlen. Kinetische Gesetzmäßigkeiten werden nicht berücksichtigt. Die erreichten Übertragungsfaktoren entsprechen der zweiten Methode, können aber bei quasi-zweiphasigen (anaeroben) Prozessen auch 1:135 erreichen [2].

4. Maßstabsübertragung durch Benutzung von Korrelationen auf Basis der Ähnlichkeitstheorie

Sie erfolgt durch Übertragung der Kriterien der Grundoperationen Homogenisieren, Dispergieren, Suspendieren, Wärme- und Stoffübertragung. Die Korrelationen werden aus systematischen Untersuchungen der 3. Methode gewonnen. Über die Gültigkeitsbereiche der Korrelationen hinaus ist keine Extrapolation zu vertreten. Es wird bei dieser Methode postuliert, daß das prozeßbestimmende Kriterium bekannt ist, d. h. das Maßstabsübertragungsgesetz:

— für aerobe Fermentationen: k_La-Wert
— für anaerobe Fermentationen: $\bar{\varepsilon}$ — spezifischer Leistungseintrag.

Mit dieser Methode werden Übertragungsfaktoren von 1:30···(100) erreicht. Diese rein hydrodynamische Auslegung ist erfolgreich, wenn die biochemischen Reaktionen im betrachteten Zeitbereich von 1. Ordnung sind. Zu beachten sind allerdings die Veränderungen von Übertragungskenngrößen bei Konstanz eines bestimmten Übertragungskriteriums, wie ein hier überarbeitetes Beispiel von Oldshue [3] in Tabelle 1 zeigt.

5. Maßstabsübertragung auf Basis mathematisch begründeter Modelle

hiese Methode setzt gesicherte hydrodynamische und kinetische Modelle voraus. Über Dre Anwendung in der fermentativen Industrie ist nichts bekannt; sie scheint gegenwärtig ausgeschlossen.

Heute werden nach dieser Methode mit Erfolg heterogengaskatalytische Prozesse in Rohrreaktoren übertragen. Die reaktionstechnische Maßstabsübertragung ist teuer, kompliziert und zeitaufwendig; aber gestattet eine sichere Übertragung mit großen Übertragungsfaktoren. Die Optimierung nach einem bestimmten Kriterium ist möglich. Bei quasi-zweiphasigen Fermentationen hat diese Methode in einem Fall Übertragungsfaktoren von 1:57000 [2] zugelassen. In dem belegten Fall treffen allerdings nachfolgende Voraussetzungen zu:

1. Anteil der gasförmigen und festen Phase ist klein und beeinflußt die Turbulenz nicht zu stark
2. Gasblasen und Mikroorganismen sind klein gegenüber dem Makromaßstab der Turbulenz (d_B, $d_z \ll \Lambda_f$)
3. Der Biokatalysator liegt in suspendierter Form vor, d. h. kein Wandwachstum an der mediumbenetzten Reaktorinnenoberfläche
4. Der prozeßbestimmende Schritt wird durch das kinetische Regime bestimmt

die eine einphasige Betrachtung erlauben [4, 5].

Tabelle 1

Vergleich von Übertragungs-Kenngrößen bei Konstanthalten eines Übertragungskriteriums (jeweils unterstrichen) in begasten Rührreaktoren in Anlehnung an OLDSHUE [3]

Pilotanlage: $V \approx 0{,}076\ m^3$, Großanlage: $V \approx 9{,}46\ m^3$, Übertragungsfaktor: 125

Parameter	Pilot-anlage	Großanlage														
P	1	$\underline{1}$	125	3125	625	3125	25	0,2	125	16,5	125	40	125	84,4	634,4	3125
P/V	1	0,008	$\underline{1}$	25	5	25	0,2	0,0016	1	0,13	1	0,32	1	0,68	5,08	2
n	1	0,068	0,34	$\underline{1}$	0,58	1	0,2	0,04	0,34	0,17	0,34	0,23	0,34	0,3	0,59	1
d_2	1	5	5	5	5	5	5	5	5	5	5	5	5	5	5	5
$\dot{V}_P$	1	8,51	42,5	125	$\underline{1}$	125	25	5	42,5	21,8	42,5	29,3	42,5	37,5	73,5	125
$\dot{V}_P/V$	1	0,068	0,34	1	0,58	$\underline{1}$	0,2	0,04	0,34	0,17	0,34	0,23	0,34	0,3	0,59	1
nd	1	0,34	1,7	5,0	2,92	5,0	$\underline{1}$	0,2	1,7	0,87	1,7	1,2	1,7	1,5	2,94	5
Re	1	1,71	8,5	25	14,6	25	5	$\underline{1}$	8,5	4,35	8,5	5,85	8,5	7,5	14,7	25
t_H	1	14,6	2,94	1	1,71	1	5	25	2,94	5,75	2,94	4,27	2,94	3,33	1,70	$\underline{1}$
max. Scherung	1	< 1	> 1	$\gg 1$	> 1	$\gg 1$	~ 1	< 1	> 1	~ 1	> 1	> 1	> 1	> 1	> 1	$\gg 1$
a¹)	1	0,145	1	3,62	1,9	3,62	0,52	0,08	$\underline{1}$		1		1	0,85	1,91	3,62
a²)	1	0,32	2,22	8,10	4,25	8,10	1,18	0,17		$\underline{1}$		1,42	2,22	1,91	4,29	8,10
$k_L a$¹)	1	0,01	1	21,3	4,6	21,3	0,22	0,05	1		$\underline{1}$		1	0,69	4,68	21,3
$k_L a$²)	1	0,30	2,89	62,6	13,6	62,6	0,64	0,006		0,425		$\underline{1}$	2,89	2,02	13,8	62,6
Sh	1	0,28	0,72	1,38		1,38	0,53	0,20	0,72	0,48	0,72	0,58			$\underline{1}$	1,38

¹) $v_s = \text{const}$ ²) $\dot{V}_G/V = \text{const}$

(Symbolverzeichnis s. S. 463)

Symbolverzeichnis zu Tabelle 1

Formelzeichen	Erklärung	Maßeinheit
a	spezifische Oberfläche	$m^2\ m^{-3}$
d_B	Sauterdurchmesser	m
d_z	Durchmesser eines Einzelorganismus bzw. des äquivalenten Durchmessers des Agglomerates	m
d_1	Reaktorinnendurchmesser	m
d_2	Durchmesser des Rührflügels	m
k_La	volumetrischer Stoffübergangskoeffizient	s^{-1}
n	Rührerdrehzahl	s^{-1}
nd	maximale Schergeschwindigkeit	$m\ s^{-1}$
P	eingetragene Rührleistung	W
P/V	volumenbezogene Rührleistung	$W\ m^{-3}$
$Re = nd_2^2/$	Reynolds-Zahl	—
t_H	Homogenisier- bzw. Mischzeit	s
$\dot{V}_G$	Gasdurchsatz	$m^3\ s^{-1}$
$\dot{V}_P$	Pumpmenge	$m^3\ s^{-1}$
$\dot{V}_P/V$	volumenbezogene Pumpmenge	s^{-1}
V_R	Reaktorvolumen	m^3
v_s	lineare Gasgeschwindigkeit	$m\ s^{-1}$
$\bar{\varepsilon}$	mittlere Dissipation	$W\ kg^{-1}$
Λ_f	Makromaßstab der Turbulenz	m

6. Fundamentale Maßstabsübertragung

Die fundamentale Maßstabsübertragung ist eine höhere Form der reaktionstechnischen Maßstabsübertragung. Sie ist die anspruchvollste Form, da sie

1. auf reaktionstechnischer Basis aufgebaut ist;
   Charakteristik:
   - Es existieren gesicherte, mathematisch begründete Zusammenhänge für Hauptmodell einschließlich Teilmodelle (Verweilzeitverhalten, Kinetik)
   - gesicherte Zusammenhänge aus den Grundoperationen (z. B. Homogenisieren, Suspendieren, Dispergieren und Wärmeübertragung) zur optimalen Gestaltung des Stoffüberganges
   - Berechnungs- bzw. Lösungsalgorithmus bekannt
2. ökonomische Kriterien berücksichtigt;
   Charakteristik:
   - minimaler Materialeinsatz (Oberfläche), standardisierte Bauteile (z. B. Rührer) und Größen (z. B. Drehzahlen), genormte Abmessungen (d. h. aufwandsoptimale Fertigung)
3. die verfahrenstechnisch-ökonomische Optimierung ermöglicht;
   Charakteristik:
   - Berücksichtigung verschiedener Variablen mit diversen Nebenbedingungen (geometrische, hydrodynamische und reaktionstechnische Nebenbedingungen (Umsatz); ggf. auch zusätzliche Qualitätskennziffern, falls die Kinetik einer solchen Reaktion bekannt ist)

4. die Möglichkeit der Simulation von Prozeßzuständen auf dem Rechner in dem ausgelegten großtechnischen Reaktor gestattet;
Charakteristik:
   - Untersuchungen zur Stabilität und Dynamik auf dem Rechner (Ermittlung stationärer Betriebspunkte und Stabilitätsverhalten im großtechnischen Reaktor; Simulation des Anfahr- bzw. Abfahrverhaltens; Einfluß von aufgezwungenen Störungen, z. B. Durchsatz-, Konzentrations-, Temperatur- und Druckschwankungen)
   - Versuchsplanung mit dem Ziel, den optimalen Betriebspunkt beim Versuchsbetrieb aufwandsminimal zu ermitteln.

Die dargestellte Klassifizierung der Methoden der Maßstabsübertragung deutet durch die gegebene knappe Charakteristik nur die Anforderungen und Möglichkeiten an. Die Methoden wurden in der Reihenfolge ihrer Bedeutung dargestellt, wobei die Methoden gegeneinander nicht ganz eindeutig abzugrenzen sind. Zwischen der 5. und 6. Methode bestehen eine Reihe von Steigerungsformen. Jede nach der 1. Methode nachfolgende stellt eine höhere wissenschaftliche Qualität der vorangegangenen dar, beinhaltet jedoch wesentliche Elemente der Vorstufen. Dabei ist zu bemerken, daß mit den einfachen Methoden ($\leqq 3$) mit geringen Kosten, Erfahrungen und etwas Glück eine gelungene Übertragung möglich ist, wie die Praxis zeigt. Die Ziele der 6. Methode sind jedoch damit nicht erreichbar. Die fundamentale Maßstabsübertragung ist die sicherste Methode zum Erfolg; aber wird bis auf seltene Ausnahmen bei homogenen Reaktionen nicht angewandt. Die 5. Methode stellt allgemein heute noch immer den selten eingeschlagenen Weg dar, der sich jedoch in zunehmendem Maße durchsetzt.

Mit der fundamentalen Methode der Maßstabsübertragung sind theoretisch beliebige Übertragungsfaktoren möglich. Daß diese praktisch nicht erreicht werden, liegt daran, daß statt der wahren Kinetik oft nur eine Effektivkinetik (quasihomogenes Modell mit dem Postulat einer charakteristischen Schlüsselreaktion) ermittelt werden kann, die einen begrenzten Gültigkeitsbereich und beschränkte Genauigkeit besitzt. Weiterhin sind bestimmte Teilmodelle nur begrenzt abgesichert. Es handelt sich dabei um hydrodynamische Modelle des Suspendierens, Dispergierens und Begasens, die selbst auf physikalischer Grundlage (z. B. der freien Turbulenz) hergeleitet wurden, aber bestimmte Voraussetzungen (5. Methode 1.—4.) nicht vollständig erfüllen. Hinzu kommen noch Korrelationen zur Vorausberechnung der axialen, kontinuierlichen und dispersen Rückvermischung in segmentierten Fermentoren (tower fermentors), die grundsätzlich auf den 2. Zentralmomenten und offenen Randbedingungen basieren; eine Annahme, die im Bereich der kleinen Bo-Zahlen von Turm-Fermentoren ($Bo = 6 \cdots 12$) nicht befriedigt [6]. Daraus folgt, daß man sich mit „endlichen" Übertragungsfaktoren begnügen muß.

Obwohl die 6. Methode der Maßstabsübertragung für die Forschung und Entwicklung das anzustrebende Ziel darstellt, ist man heute weit davon entfernt.

Bei der Maßstabsübertragung von biochemischen und mikrobiellen Prozessen wird die kinetische Identität des Systemes (d. h. chemische und mikrobiologische Gleichheit) von Modell- und großtechnischem Maßstab gefordert. Sie ist nur mit gesicherten mathematischen Modellen zu erreichen.

Die gesamte fermentative Industrie befindet sich in der komplizierten Situation, diesen vorgezeichneten Weg gegenwärtig nicht beschreiten zu können, denn die prozeßtheoretische Durchdringung fermentativer Prozesse mit Hilfe der notwendigen Methoden der chemischen Reaktionstechnik ist außerordentlich diffizil. Die wesentlichen Ursachen dafür lauten:

1. Der gegenwärtige Stand der Prozeßmeßtechnik zur Charakterisierung fermentativer Medien vom Standpunkt der physikalisch-chemischen und mikrobiologischen Analytik entspricht nicht den Erfordernissen. So werden zur Bestimmung einer Stickstofffraktion (z. B. α-Amino-N) fast 2 Stunden benötigt und auf einen mikrobiologischen Befund über Fremdkeime muß man etwa 48 Stunden warten.
2. Im Mikroorganismus befinden sich einige Tausend verschiedener Enzyme, die in Abhängigkeit von den Kultivierungsbedingungen verschieden wirken. Die bei der Reaktion auftretenden enzymhaltigen Zwischenprodukte sind „kurzlebig“, liegen in sehr geringen Konzentrationen vor und sind oft weder definiert noch identifizierbar. Deshalb läßt sich eine Reaktionsgleichung bzw. das Reaktionssystem gegenwärtig von mikrobiellen Prozessen nicht angeben. Die Stöchiometrie wird durch die Spezies der vorhandenen Mikroorganismen und die Prozeßbedingungen bestimmt. Die stöchiometrischen Koeffizienten sind gebrochene Zahlen und auf enge Bereiche der Umwelt begrenzt.
3. Die stoffliche Zusammensetzung kann bei diskontinuierlichen Prozessen nicht nur zeit- sondern auch ortsabhängig sein. Das trifft vor allem auf hochviskose Newtonsche als auch nicht-Newtonsche Fluide zu. Bei den Prozessen liegen unabhängig von der Prozeßführung prozeßspezifisch gleichzeitig die flüssige, feste und gasförmige Phase neben Mischphasen vor.
4. Zellen (Enzyme „in vivo“) besitzen Erscheinungsformen, die bei isolierten Enzymen oder anorganischen Katalysatoren nicht auftreten. Sie sind an das biologische Wirkprinzip gebunden. Die wesentlichen Erscheinungsformen lauten:

— Wachstum bzw. Population
— Alterung des Organismus
(vergleichbar mit Katalysatorinaktivierung)
— Adaptation an Prozeßbedingungen, die die Stoffwechselleistungen und auch den Reaktionsmechanismus verändern können
(z. B. Auftreten unerwünschter Nebenprodukte)
— Mutation
(spontan oder durch gezielte Selektion und Züchtung)
— Anpassung von Fremdkeimen an das CIP-System, womit Fremdkeime über Reinigungsmedien in das Apparatesystem gelangen.

Aufgrund dieser zahlreich auftretenden Probleme ist man keineswegs in der Lage, routinemäßig mathematische Modelle aufzustellen und sichere Berechnungsunterlagen durch die Anwendung der Methode der mathematischen Modellierung zu gewinnen.

Eine Maßstabsübertragung auf Basis der chemischen Reaktionstechnik ist somit vorläufig eine Ausnahme, die sich gegenwärtig im Nachrechnen von Prozessen vorstellt.

III. Gegenwärtige Möglichkeiten bei der Maßstabsübertragung

III.1. Einstufige Rührreaktoren

Die Maßstabsübertragung kann gegenwärtig für die Praxis nur auf der Basis der 4. Methode, d. h. — Benutzung von Korrelationen auf Basis der Ähnlichkeitstheorie — erfolgen. Einen Überblick findet man bei Margaritis und Zajic [20].

Bei den dominierenden Chargenprozessen in einstufigen Rührreaktoren oder Reaktoren mit Fremdleistungseintrag ist diese Vorgehensweise sogar weitgehend gerechtfertigt, wenn der geschwindigkeitsbestimmende Schritt bekannt ist und eine gesicherte Korrelation zur Verfügung steht. Es reicht dann aus, das hydrodynamische Regime zu übertragen. Das trifft auch auf kontinuierlich betriebene Rührkessel zu.

Ist das hydrodynamische Regime übertragen, kann trotz unbekannter Kinetik eine Auslegung auf Basis identischer mittlerer Verweilzeiten erfolgen. Die Ursache beruht auf der Tatsache, daß die meisten mikrobiologischen Prozesse im Arbeitsbereich im wesentlichen einer Reaktion 1. Ordnung gehorchen.

Die Wachstumsgeschwindigkeit von Mikroorganismen verläuft hier im wesentlichen linear mit der Substratkonzentration unterhalb des Sättigungswertes. Weiterhin kann festgestellt werden, daß bei Prozessen in Rührreaktoren, bei denen das limitierende Regime eindeutig im kinetischen Gebiet liegt, d. h. der äußere Stofftransportwiderstand ist vernachlässigbar klein, die Erarbeitung quasihomogener Modelle grundsätzlich gerechtfertigt ist. Somit ist die Theorie idealer Reaktoren anwendbar. Auf diese Tatsache weist auch Humphrey hin [7].

Das trifft vor allem genau auf Fermentationen zu, bei denen eine vergleichbar langsame Reaktion $-k \approx (10^{-4} \ldots 10^{-5})\ \mathrm{s}^{-1}$ — abläuft. Ein ganz typischer Prozeß hierfür ist der Extraktabbau bei der Biergärung und -reifung in Reaktoren mit erzwungener Turbulenz ($\mathrm{Re} > 10^4$ und $0{,}5\ \mathrm{W/m^3} \lessgtr P/V \lessgtr 6\ \mathrm{W/m^3}$). Hier wurden Maßstabsübertragungsfaktoren von 1:57500 bei 2,12% Abweichung nachgewiesen [2]. So zeigte Ebert [8], daß die mathematische Beschreibung der Bewegungsvorgänge diskretdisperser Systeme im vollturbulenten Bereich durch quasihomogene Modelle erfolgen kann. Das System Substrat—Mikroorganismus ist dabei unabhängig von der Gasphase, wenn sie keinen Einfluß auf die Turbulenzstruktur nimmt. Damit lassen sich also anaerobe Fermentationen modellmäßig erfassen.

Dabei kann man z. B. das einfache Zellenmodell auf einstufige Fermentoren, die ideale Rührkesselkaskade für Reihenschaltungen [2] oder das eindimensionale Diffusionsmodell auf mehrstufige Fermentoren mit Rezirkulation anwenden [1]. Es ist dabei unerheblich, ob das turbulenzerzeugende System eine Rühreinrichtung oder ein Düsensystem ist. Entscheidend ist allein der spezifische Energieeintrag und seine Verteilung. Wird unter der Voraussetzung praktischer Gradientenfreiheit (hier: Gleichverteilung der Phasen) die Maßstabsübertragung mit dem Kriterium gleicher Dissipation im Modell- und Originalmaßstab ($\bar{\varepsilon}_M = \bar{\varepsilon}_H$) vorgenommen, dann wird die Relativbewegung der Mikroorganismen im Medium durch Mikroturbulenz gesteuert, d. h. durch die laminar fließenden Wirbelfelder des Dissipationsbereiches. Diese sind jedoch maßstabsunabhängig.

III.2. Mehrstufige Rührreaktoren mit partieller Rückvermischung

Rührkolonnen, in denen biochemische Prozesse, z. B. aerobe [10—13, 15] und anaerobe Prozesse [9, 16], oder die Fruchtsaftklärung mit Reaktionen durchgeführt werden sollen, lassen sich erfolgreich nur nach den Methoden (≧ 5) vergrößern, da das Rückvermischungsverhalten bei gekoppelter Reaktion nur durch eine geeignete Differential-

Tabelle 2
Wirksame Faktoren bei Fermentationen (in Anlehnung an Metz *[19])*

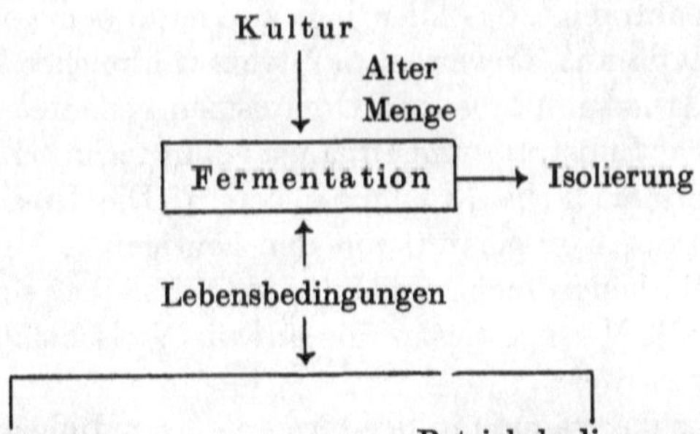

Nährlösung	Betriebsbedingungen
Komponenten	Fermentor
Qualität	Material
Konzentration	Oberflächen
Relationen	Temperatur
Herstellung	Konstanz
Lösen, Vorlösen	Temperaturschritte
Reihenfolge, Zeit	Belüftung
Ausfällungen	Luftmenge
pH-Wert beim Lösen	Rührerdrehzahl
vor Sterilisation	O_2-Gehalt
nach Sterilisation	Gaswechsel
separate Sterilisation	Blasengröße
bestimmter Komponenten	Fermenterhöhe
Sterilisation	Verweilzeit
Materialeinflüsse	Druck
(Metalle)	CO_2-Gehalt
Aufheizzeit	Turbulenzen
Temperatur	Scherkräfte
Sterilisationszeit	mechanische Belastung
Kühlzeit	Verteilung
Temperaturverteilung	Grenzflächen
(lokale Erhitzung)	Oberflächen
thermische Schädigung	Schaumbildung
Keimbelastung	Entschäumer
pH-Wert-Verschiebung	pH-Wert-Regelung
Veränderung	Redox-Potential
durch Belüftung	Beeinflussung
beim Stehen	

gleichung beschrieben werden kann. Der nachteilige Einfluß der Längsvermischung (backflow) auf die Prozeßdauer oder mittlere Verweilzeit wird durch das Dispersions- oder Diffusionsmodell (seltener durch das einfachere Zellenmodell) erfaßt. Unter den gleichen Bedingungen werden auch hier quasihomogene Modelle eingesetzt.

Ein spezieller Anwendungsfall nach der 6. Methode wurde auf dem 6. Reinhardsbrunner Symposium der Sektion Mikrobiologie ausführlich dargestellt [1].

Zur Berechnung der genannten Prozeßstufen bieten sich die seit 1978 herausgegebenen „Verfahrenstechnischen Berechnungsmethoden" [17, 18] an. Besonders ist hierbei auf Teil 4/1 und 4/2 — Stoffvereinigen in fluiden Phasen [17] — hinzuweisen, mit der die hydrodynamische Auslegung erfolgen kann. Der 1980 erscheinende Teil 5 — Chemische Reaktoren [18] — enthält nicht nur die gesamte Reaktortheorie, sondern auch ein Kapitel „Enzymatische Reaktoren", das allerdings zu knapp bemessen wurde.

Abschließend möchte ich darauf hinweisen, daß trotz zahlreicher scale-up-Erfahrungen die Mikrobiologie die Arbeit mit lebenden Organismen bedeutet.

So ist bekannt, daß gleiche Substrate und Organismen in technisch exakt identischen Reaktoren qualitativ unterschiedliche Ergebnisse liefern. Die Ursachen sind so vielgestaltig, daß sie aufgrund der Komplexität mit den heutigen technischen und mikrobiologischen Mitteln und Methoden nicht eindeutig identifizierbar sind. Hierbei sei auf eine Darstellung von Metz [19] hingewiesen, die auf die Vielschichtigkeit der Problematik hinweist, wie Tab. 2 ausweist.

Damit sind der Maßstabsübertragung in der fermentativen Industrie vorläufig noch Grenzen gesetzt, die sich nur schrittweise überwinden lassen.

Eine Berechnung bleibt vorläufig auf eine hydrodynamische Auslegung (4. Methode) beschränkt, wenn man von Ausnahmen absieht.

Literatur

[1] Wolf, K.-H.; Beitrag zur Maßstabsübertragung kontinuierlicher quasizweiphasiger fermentativer Prozesse in einem mehrstufigen Rührreaktor. Abhandlungen der AdW, Nr. 3N (1979), 145—153

[2] Wolf, K.-H.: Turbulenz als Wirkprinzip zur Erhöhung der Effektivität von biochemischen Verfahren. Lebensmittel-Ind. **26** (1979) 2, 69—73

[3] Oldshue, J. Y.: Fermentation mixing scale-up techniques. Biotechn. Bioengng. 8 (1966), 3—24

[4] Wolf, K.-H.: Axiale Rückvermischung in mehrstufigen Fermentoren, Teil I: Herleitung eines Ansatzes auf Basis der statistischen Turbulenztheorie. Chem. Techn. **31** (1979) — im Druck

[5] Wolf, K.-H.: Axiale Rückvermischung in mehrstufigen Fermentoren, Teil II: Erweitertes Modell zur Bestimmung der Bo-Zahl für die kontinuierliche Phase. Chem. Techn. **31** (1979) — im Druck

[6] Wolf, K.-H.: Abschätzung des durch vereinfachte Randbedingungen verursachten Fehlers bei der Auslegung von Reaktoren auf Basis des eindimensionalen Diffusionsmodelles. Lebensmittel-Ind. **26** (1979) — im Druck

[7] Humphrey, A. E.: Fermentation Technology. Chem. Engng. Pro. (1977) Mai, 85—89

[8] Ebert, F.: Beschreibung der Bewegungsvorgänge diskret-disperser Systeme durch das Diffusionsmodell. Chem.-Ing.-Techn. **50** (1978), 181—187

[9] Ault, R. G., A. N. Hampton, R. Newton and R. H. Roberts: Biological and biochemical aspects of tower fermentation. J. Inst. Brew. **75** (1969), 260—277

[10] FALCH, E. A., and E. L. GADEN: A continuous multistage tower fermentor. I. Design and performance tests. Biotechn. Bioengng. 11 (1969), 927–942

[11] ERICKSON, L. E., J. FERNANDEZ, A. E. HUMPHREY and A. PROKOP: Design and physical characteristics of a multistage, continuous tower fermentor. Biotechn. Bioengng. 11 (1969), 945–966

[12] KITAI, A., H. TONE and A. OZAKI: Performance of a perforated column as a multistage continuous fermentor. Biotechn. Bioengng. 11 (1969), 911–926

[13] FALCH, E. A., and E. L. GADEN: A continuous multistage tower fermentor. II. Analysis of reactor performance. Biotechn. Bioengng. 12 (1970), 465–482

[14] ARNDT, S., A. KIRCHNER und D. MILOW: Entwicklung eines Kaskadenreaktors mit Rührsystem für Anlagen zur automatischen Abwasserneutralisation. Chem. Techn. 22 (1970), 596–598

[15] FAN, L. T., L. E. ERICKSON and S. S. LEE: Modelling and optimization of a tower type activated sludge system. Biotechn. Bioengng. Symp. No. 2 (1970), 141–173

[16] WOLF, K.-H., und J. MÖWIUS: Methodik und Erkenntnisse bei der mathematischen Modellierung des Gärungs- und Reifungsprozesses nach dem Verfahren „Gärkolonne". Lebensmittel-Ind. 22 (1975), 309–314

[17] LIEPE, F., und H.-O. MÖCKEL: Verfahrenstechnische Berechnungsmethoden, Teil 4/1, 4/2, Stoffvereinigen in fluiden Phasen (Ausrüstungen und ihre Berechnung). VEB Deutscher Verlag für Grundstoffindustrie, Leipzig 1978

[18] Kollektiv: Verfahrenstechnische Berechnungsmethoden, Teil 5, Chemische Reaktoren (Ausrüstungen und ihre Berechnung). VEB Deutscher Verlag für Grundstoffindustrie, Leipzig (in Druck)

[19] METZ, H.: Probleme der Optimierung bei Fermentationsverfahren. Chem.-Ing.-Techn. 43 (1971), 60–65

[20] MARGARITIS, A., and J. E. ZAJIC: Mixing, Mass Transfer, and Scale-Up of Polysaccharide Fermentations. Biotechn. Bioengng. 20 (1978), 939–1001

Institut für technische Chemie der AdW der DDR, Leipzig, DDR

Meß-, regel- und rechentechnische Ausrüstung von Laborfermentoren für kontinuierliche Sterilprozesse

U. ISKE und H.-J. GROSSE

Laborfermentoren sind ein notwendiges Arbeitsinstrument sowohl für die Grundlagen als auch für die angewandte Forschung einer Vielzahl verschiedenster wissenschaftlicher Arbeitsrichtungen wie z. B.

— Mikrobiologie
— Biochemie
— Pharmazie
— Molekularbiologie
— Botanik
— Bakteriologie
— Lebensmittelchemie bzw.- technologie
— industrielle SCP-Produktion
— Abwassertechnologie.

Die Anforderungen an Konstruktion, Ausrüstung und Fertigung von Laborfermentoren leiten sich ab aus der Vielfalt der Verwendungs- und Einsatzmöglichkeiten, die sich aus den genannten Forschungsrichtungen ergeben. Diese Einsatz- und Verwendungsmöglichkeiten umfassen Arbeiten zur

— Selektion und Leistungsprüfung von Mikroorganismen,
— Untersuchung der Wirkung biologisch aktiver Substanzen wie Mutagene, Antimetabolite, Enzyminhibitoren u. ä.
— Durchführung von Biotransformationen,
— Physiologie und zum Stoffwechselgeschehen,
— Kinetik des Zellwachstums, des Substratabbaues und der Produkt- bzw. Metabolitbildung,
— Prozeßoptimierung,
— Untersuchung des Stoffüberganges mit dem Ziel seiner Intensivierung,
— Aufstellung von Stoff- und Energiebilanzgleichungen,
— Maßstabsübertragung,
— Erprobung von Meß- und Automatisierungsprinzipien.

Für Fermentorsysteme, mit denen derartig komplexe Forschungsaufgaben bearbeitet werden sollen, ergeben sich deshalb an Konstruktion und Ausrüstung folgende Forderungen

— Multivalenz ihrer Nutzungs- bzw. Einsatzmöglichkeiten,
— gerätetechnische Erweiterungsmöglichkeiten durch Modulbauweise,

— Austauschbarkeit kompletter Funktionseinheiten wie Rührsystem und Reaktorgefäß,
— komplexe Meßwerterfassung,
— hohe Meßgenauigkeit und Reproduzierbarkeit,
— Garantie der Kontaminationsfreiheit im kontinuierlichen Langzeitbetrieb,
— selbstüberwachende Betriebsweise und
— Möglichkeit der automatischen Meßwerterfassung und Auswertung.

Institute und Forschungseinrichtungen der DDR, die auf den genannten Forschungsgebieten experimentell arbeiten, fertigen seit Jahren einen großen Teil der benötigten Laborfermentoren selbst bzw. in Kooperation mit entsprechenden Werkstätten.

Am Institut für technische Chemie der AdW der DDR, das seit etwa 10 Jahren eine gute Tradition auf dem Gebiet der Laborfermentorentwicklung und Fertigung besitzt, wurde ein hochinstrumentierter Laborsterilfermentor für kontinuierliche Betriebsweise unter Berücksichtigung möglichst vieler der genannten Forderungen entwickelt.

Dieser Versuchsstand, der seit einiger Zeit bereits erfolgreich als Forschungsmittel zur Erarbeitung von Grundlagen zur kontinuierlichen mikrobiellen Produktsynthese genutzt wird, stellt den Ausgangspunkt für eine Laborfermentorserienfertigung am Zentrum für wissenschaftlichen Gerätebau der AdW der DDR in den Jahren nach 1982 dar.

Auf Grund der Komplexität automatisierter Fermentationsanlagen empfiehlt es sich, zur Systematisierung eine Unterteilung nach 3 Funktionsgruppen vorzunehmen. Diese Funktionsgruppen sind

1. die maschinentechnische Ausrüstung,
2. die meß-, steuer- und regelungstechnische Ausrüstung und
3. die Ausrüstung zur Meßwerterfassung und Verarbeitung.

Zur maschinentechnischen Ausrüstung werden gezählt

— das Reaktorgefäß einschließlich eines kombinierten Kühl- und Strömungsbrechungssystems,
— Motor, Antrieb und Rührsystem,
— Dosiervorrichtungen für Flüssigkeitsströme,
— mechanische Schaumbekämpfung,
— Sterilfiltersysteme,
— Aufnahmestutzen für Meßsonden,
— Sterilisierbare Probenahme sowie
— Anschlußleitungen, Ventile und Kopplungsvorrichtungen.

Die meß-, steuer- und regelungstechnische Ausrüstung umfaßt

— die Elektroden und Meßsonden einschließlich der Meßverstärker,
— die Anzeige- und Registriergeräte,
— die Regelkreise einschließlich Stellglieder,
— die Grenzwertüberwachung und
— die Noteingriffe.

Die Ausrüstung zur Meßwerterfassung und Verarbeitung besteht aus einem Mikrorechnersystem auf CAMAC-Basis einschließlich der erforderlichen peripheren Gerätesysteme.

1. Beschreibung der maschinentechnischen Ausrüstung

Als Reaktorgefäß wurde eine Glas/Stahlkombination mit einem Gesamtvolumen von 12 l gewählt. Diese Glas-Stahlkombination ermöglicht neben der visuellen Prozeßbeurteilung den unbehinderten und in Anzahl weitestgehend unbeschränkten Einbau von Meßsonden und Elektroden durch den unteren Stahlring. Die Sterilisation des Reaktorgefäßes einschließlich des peripheren Zubehörs wie Rohrleitungen und Ventile erfolgt in situ mittels überhitztem Dampf bei einem Überdruck von 1 atm. Während der Sterilisation wird der Glaszylinder aus druckbeständigem Rasothermglas durch einen Splitterschutz gesichert.

Der Antrieb des 5 Blattscheibenrührers erfolgt mittels eines 700 Watt Gleichstrommotors über eine Gleitringdichtung vom Reaktorboden aus. Die Erfahrung zeigte, daß eine direkte Kopplung von Motor und Antrieb sich nachteilig auf die Motor- und Antriebslaufleistung auswirkt, da wechselseitige Beeinflussungen zwischen Motor und Antrieb nicht zu vermeiden sind.

Deshalb wurde eine Kraftübertragung mittels Keilriemen gewählt. Auf Grund der hohen Motorleistung und der gewählten Antriebsvariante können bei diesem Reaktortyp Rührerdrehzahlen von 0—3000 U/min und Sauerstoffeintragsleistungen von 30—35 g Sauerstoff/kg h realisiert werden.

Ein zentrales Problem für die Ausrüstung von Laborfermentoren stellt die Komplettierung mit geeigneten Dosiervorrichtungen dar.

Für Fermentorsysteme mit automatisierter Meßwerterfassung und Verarbeitung steht neben der Forderung nach steriler Betriebsweise die Forderung nach Bereitstellung eines kontinuierlichen, der geförderten Flüssigkeitsmenge analogen Meßsignals. Da keine geeigneten Systeme, die den genannten Forderungen gerecht werden, kommerziell erhältlich sind, waren hier Eigenentwicklungen erforderlich. Unabhängig voneinander wurden auf der Basis unterschiedlicher Arbeitsprinzipien 2 Dosiervorrichtungen entwickelt und erprobt. Ein System arbeitet nach dem Prinzip einer Membranpumpe, das andere pneumatisch mit photoelektrischer Meßzellenabtastung. Beide Systeme liefern ein der dosierten Flüssigkeitsmenge analoges kontinuierliches Meßsignal, sind an elektronische Datenerfassungsanlagen bzw. Rechner koppelbar und können angesteuert werden.

Die Schaumbekämpfung im Reaktor erfolgt mittels eines mechanischen Schaumzerstörers, der über eine Magnetkupplung mit einem von 0—1700 U/min stufenlos regelbaren 60 Watt Wechselstrommotor am Reaktordeckel verbunden ist und durch eine Leitfähigkeitselektrode angesteuert wird.

Ist die mechanische Schaumbekämpfung wirkungslos, wird über ein 2. Elektrodensystem eine chemische Schaumbekämpfung in Betrieb gesetzt.

Heizbare Sterilfilter gewährleisten eine sichere Entkeimung der ein- bzw. ausgehenden Gasströme. In Zusammenarbeit mit dem VEB Feinpapierfabrik Neu Kaliß wurde ein Sterilfilterpapier entwickelt, das den mechanischen Beanspruchungen einer in situ Sterilisation voll gerecht wird. Dieser Sterilfilterpapiertyp wurde unter der Bezeichnung NK 14-500 in das Produktionsprogramm der Feinpapierfabrik Neu Kaliß aufgenommen.

Die von uns gewählte Variante der Meßsondeneinführung ermöglicht neben dem Einsatz hitzesterilisierbarer die Verwendung kaltsterilisierbarer Meßsonden. Die chemische Sterilisation der nichthitzesterilisierbaren Meßsonden erfolgt in speziellen Aufnehmern, die auf die Meßsondenflansche am unteren Stahlring aufgesetzt werden.

Nach erfolgter chemischer Sterilisation werden die Meßsonden durch eine dünne PTFE-Membran ohne Gefahr einer Kontamination in den sterilen Fermentor eingeführt.

Zur weiteren Ausrüstung des Fermentors gehören eine sterilisierbare Probenentnahme, Impfstutzen, Sterilkopplungsstücke sowie Reservestutzen für Meßsonden im Reaktordeckel.

Abb. 1 zeigt eine Aufnahme des Reaktorversuchsstandes.

Abb. 1. Fermentorversuchsstand

2. Beschreibung der meß-, steuer- und regelungstechnischen Ausrüstung

Die meß-, steuer- und regelungstechnische Ausrüstung des Fermentors gestattet die Messung, Anzeige, Registrierung und Regelung folgender Informationen:

	gemessen	angezeigt	registriert	geregelt
Masseninhalt	+	+	+	+
pH-Wert	+	+	+	+
Temperatur	+	+	+	+
Druck	+	+	+	+
Rührerdrehzahl	+	+	+	+
Leistungseintrag	+	+	+	+
– Menge	+	+	+	+
Zuluft – Druck	+	+	+	
– Temperatur	+		+	
– Zusammensetzung	+		+	
Abluft – Zusammensetzung	+		+	
Schaum/Antischaummittel	+		+	+
Eingehende Flüssigkeitsströme	+	+	+	+

Die komplette MSR-Ausrüstung einschließlich entsprechender Noteingriffe zeigt das technologische Schema, Abb. 2.

Von besonderer Bedeutung für die Durchführung kontinuierlicher Fermentationsuntersuchungen ist die Messung und Regelung des Reaktorinhalts. Die in den meisten kommerziell erhältlichen Fermentorsystemen realisierte Lösung dieses Problems mittels in der Höhe variierbarer Überlaufrohre kann in keiner Weise befriedigen, da durch unkontrollierbare Dichteschwankungen des Fermentationsmediums eine Massenkonstanz nicht realisierbar ist.

Aus diesem Grund wurde zur Massenbestimmung und Regelung des Fermentorinhaltes ein Differenzdrucktransmitter eingesetzt, der den Druck der Flüssigkeitssäule

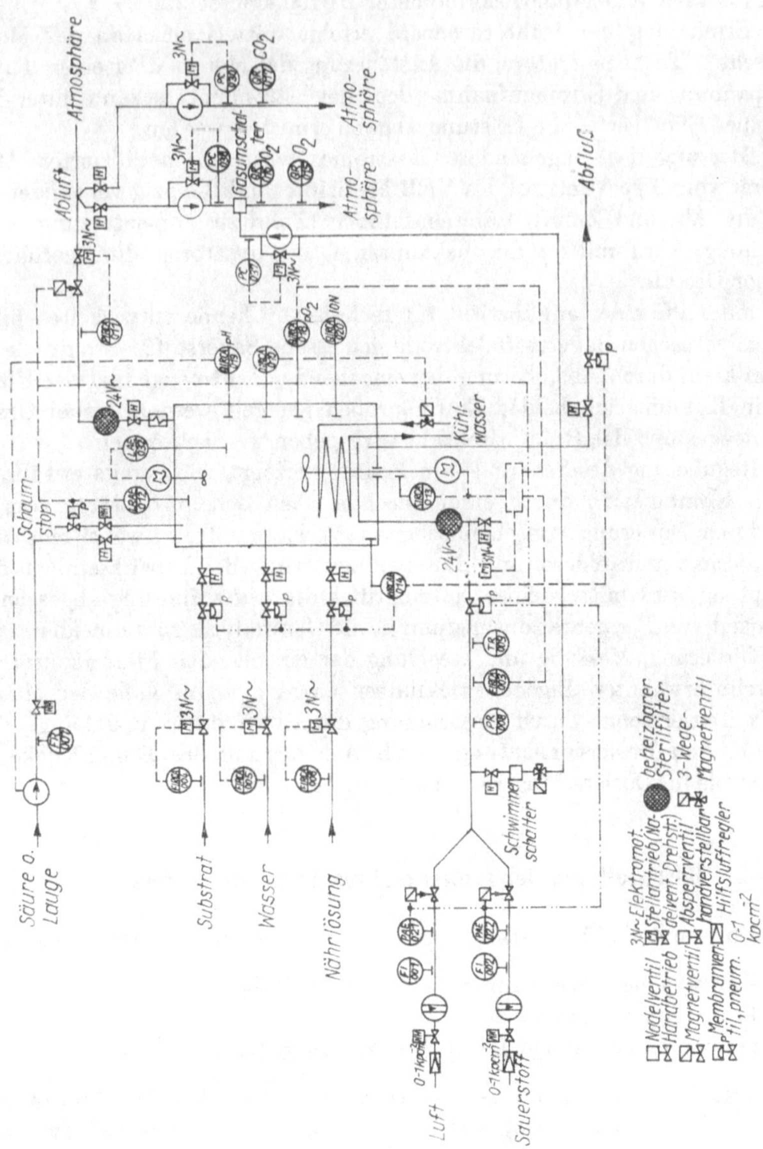

Abb. 2. Technologisches Schema

am Reaktorboden mißt und Verfälschungen des Meßwertes durch Druckschwankungen im Reaktor mit Hilfe des Differenzdruckmeßverfahrens kompensiert. Die Regelung ist als 2-Punktregelung ausgelegt und schaltet ein Ventil im Reaktorablauf.

Messung und Regelung des pH-Wertes erfolgt mittels der herkömmlichen Meßgeräte vom VEB Präcitronik Dresden in Verbindung mit den entsprechenden Einstabmeßketten des Forschungsinstitutes Meinsberg. Für die Messung des Reaktordruckes sowie des Druckes des eingehenden Gasstromes dienen Manometer mit einem Meßbereich von 0—0,6 kp/cm² und eingebautem Ferngeber. Für die Regelung des Reaktordruckes sind ansteuerbare Nadelventile vorgesehen.

Für die Messung der Temperatur des Reaktorinhaltes sowie des eingehenden Gasstromes werden Widerstandsthermometer Pt 100 eingesetzt.

Die Ermittlung der Rührerdrehzahl erfolgt mittels eines an der Motorwelle angeflanschten Tachogenerators, die Ansteuerung des Motors über einen Thyristorsteller. Aus Spannung und Stromaufnahme des Gleichstrommotors kann unter Berücksichtigung eines Blindwertes die Leistungsabgabe ermittelt werden.

Zur Messung des eingehenden Gasstromes wird ein modifiziertes Atemvolumenmeßgerät vom Typ Ventitrol des VEB Medizintechnik Leipzig verwendet. Die Bestimmung der Ab- und Zuluftzusammensetzung (Zuluftzusammensetzung bei Sauerstoffzumischung) wird mittels der bekannten Gasanalysatoren durchgeführt vom VEB Junkalor Dessau.

Der mit Hilfe einer am Institut für technische Chemie entwickelten hitzesterilisierbaren galvanischen Sauerstoffelektrode gemessene Sauerstoffpartialdruck im Reaktormedium kann durch Ansteuerung der eingehenden Luftmenge und der Rührerdrehzahl sowie in Kombination beider Einflußgrößen geregelt werden, wobei Grenzwerte des Lufteintrages und der Rührerdrehzahl vorgegeben werden können.

Die Regulierung des Schaumes im Reaktor erfolgt, wie bereits erwähnt, wahlweise bzw. in Kombination durch einen mechanischen Schaumzerstörer vom Deckel aus sowie durch Dosierung von chemischen Antischaummitteln, wobei eine Registrierung der Antischaummitteldosierung durchgeführt wird. Bei Unwirksamkeit der Schaumbekämpfung wird mittels eines Noteingriffes die Luftzuführung abgeschaltet, um ein Eindringen von Fermentationsmedium in die Gasanalytik zu vermeiden.

Zur Dosierung, Messung und Regelung der eingehenden Flüssigkeitsströme werden die bereits erwähnten Eigenentwicklungen eingesetzt. Im Falle der Membranpumpe wird die Dosiermenge durch Ansteuerung der Hubfrequenz und Länge, im Falle der pneumatischen Dosiervorrichtung durch Ansteuerung des Dosierdruckes bzw. eines Nadelventils im Dosierstrang variiert.

3. Beschreibung der rechentechnischen Ausrüstung

Die rechentechnische Ausrüstung kann in drei Funktionsgruppen untergliedert werden

— die Zentraleinheit (Rechenwerk) mit dem Speicher,
— die Prozeßanpassungseinheit und
— die peripheren Geräte zur Datenein- und Ausgabe.

Diese Aufteilung entspricht dem Aufbau einer traditionellen Prozeßrechneranlage, Abb. 3. Die Prozeßanpassungseinheit dient als Verbindungsglied zwischen Zentraleinheit und dem Prozeß (Fermentor) in beiden Wirkungsrichtungen und muß mit der vorhandenen BMSR-Einrichtung kompatibel sein.

Mit der weiteren Entwicklung der Mikrorechentechnik wurden Voraussetzungen geschaffen, auch kleine Anlagen, wie sie ein Laborfermentor darstellt, vorteilhaft mit rechentechnischen Einrichtungen auszurüsten.

Die Vorteile gegenüber dem Einsatz eines Prozeßrechners sind unter anderem

— geringe Kosten,
— geringerer Platz- und Energiebedarf sowie
— vereinfachte Aufstellbedingungen.

Sind mehrere kleine Prozesse anzuschließen, bietet sich eine dezentrale Meßwerterfassung auf der Basis von Mikrorechnern (abgerüstete Varianten) und einer zentralen Verarbeitung an einem Kleinrechner durch eine direkte Kopplung beider Systeme an.

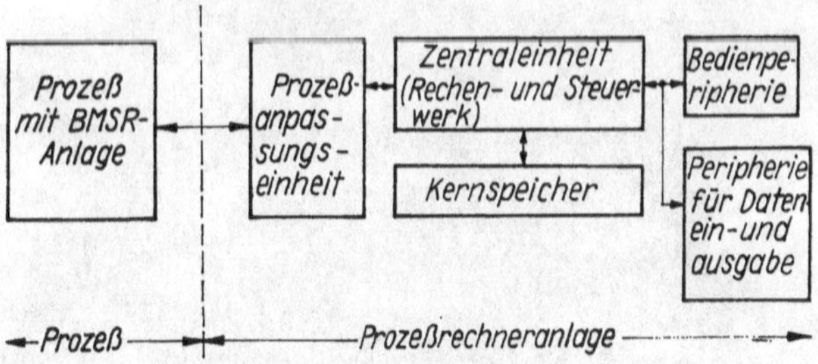

Abb. 3. Aufbau einer Prozeßrechneranlage

Für die rechentechnische Ausrüstung des Laborsterilfermentorstandes ist ein Mikrorechner auf der Basis des CAMAC-Systems vom KFKI—Budapest vorgesehen. CAMAC wurde von den im ESONE-Ausschuß zusammengefaßten Kernforschungslaboratorien und Instituten Europas entwickelt und zeichnet sich aus durch

— allgemein verwendbares, modulares Instrumentierungssystem im Baukastenprinzip,
— große Flexibilität in der Zusammenstellung und Veränderung von Systemen entsprechend den Bedürfnissen,
— hohen Standardisierungsgrad,
— Freiheit von Patentansprüchen und
— Möglichkeit der Kopplung an verschiedene Kleinrechnersysteme.

Konstruktiver Bestandteil des Systems ist ein Aufnahmerahmen (Crate), Abb. 4, mit eingebauter Stromversorgung. In einem Crate können max. 25 einfachbreite CAMAC-Module untergebracht werden.

Abb. 5 zeigt die vorgesehene Konfiguration. Sie besteht aus einem Crate und beinhaltet die Zentraleinheit (ICC), 24-K-Speicherbereich, die Interface-Module für die peripheren Geräte Lochbandleser, Lochbandstanzer, Koordinatenschreiber und alphanumerischen Seriendrucker. Als Kommunikationsmittel zwischen Rechner und Bediener wird ein Display mit Tastatur eingesetzt. Für die Kopplung des Systems mit dem Fermentor sind verschiedene Schnittstellen vorgesehen. Die Meßwerterfassung von max. 32 analogen Meßstellen erfolgt mittels Multiplexer und integrierendem A/D-Konverter. Außerdem besteht die Möglichkeit, digitale Informationen (max. 24 Bit parallel) vom Prozeß zu übernehmen. Zur Überwachung bestimmter Prozeßzustände (digital max. 16 parallel), die eine sofortige Programmunterbrechung hervorrufen sollen und damit kurfristige Havariemaßnahmen und Alarmierung ermöglichen, steht ein Interrupt-Modul zur Verfügung.

Eine direkte Prozeßbeeinflussung über digital ansteuerbare Stellglieder kann mit einem Output-Register (max. 24 Bit parallel) erfolgen. Die Ansteuerung von Stellgliedern mit zeitabhängigen Veränderungen ist mit dem Timer-Scaler möglich, dessen 4 Ausgänge Impulse mit getrennt programmierbarer Impulslänge bereitstellen.

Abb. 4. CAMAC-Crate

Für analog ansteuerbare Stellglieder kann der D/A-Converter bzw. das Plotter Driver-Modul genutzt werden.

Die konzipierte Mikrorechnerkonfiguration ermöglicht die Bearbeitung folgender Aufgabenstellungen

— Meßwerterfassung, -Verarbeitung und Protokollierung,
— Speicherung von Prozeßkenndaten auf Lochstreifen zur Weiterverarbeitung an Klein- bzw. Großrechnern,
— Prozeßüberwachung durch Alarmierung und Einleitung von Havariemaßnahmen,
— Prozeßbeeinflussung durch Stell- und Steuerglieder und Leitgeräte,
— graphische Darstellung von Prozeßverläufen und
— Durchführung wissenschaftlich-technischer Rechnungen.

Die Einsatzvorbereitung eines Mikrorechnersystems ist verbunden mit einem hohen Aufwand in der Software-Entwicklung, der bis zu 90% betragen kann. Bei der Auswahl eines Mikrorechnersystems muß deshalb mit berücksichtigt werden, ob der Hersteller die erforderlichen Software-Entwicklungshilfen bereitstellen kann. Für das konzipierte CAMAC-System wird zur Bearbeitung der Software die Programmiersprache CAMAC-Basic für die ICC des KFKI Budapest herangezogen.

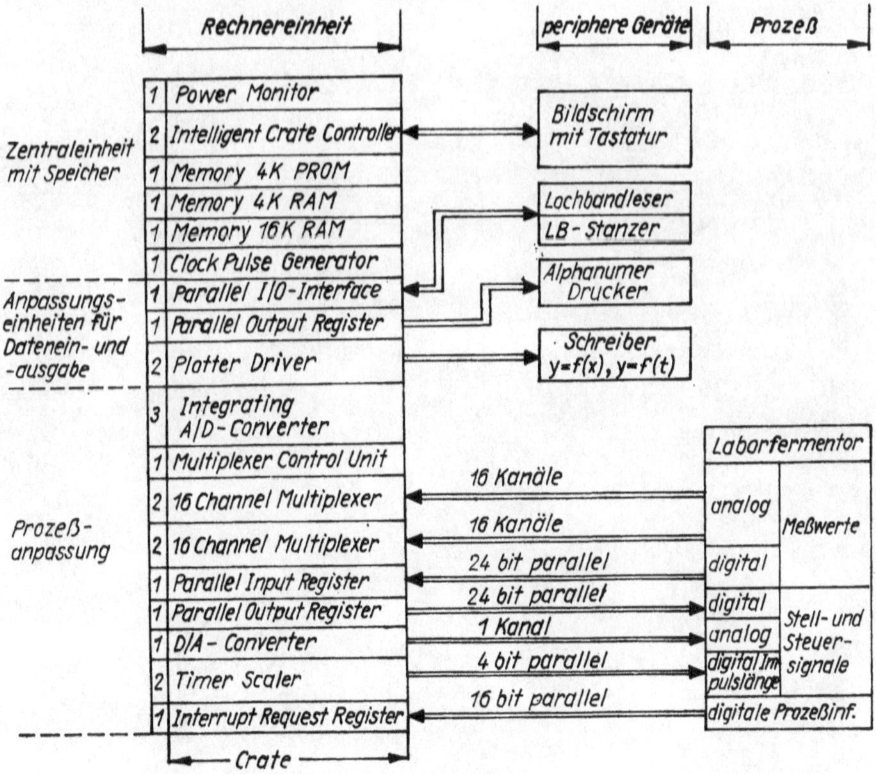

Abb. 5. Vorgesehene Mikrorechnerkonfiguration

Zusammenfassung

Die Methode der kontinuierlichen Prozeßführung hat zunehmend an Bedeutung gewonnen auch für Prozesse der mikrobiellen Primär- und Sekundärmetabolitproduktion.

Mit der Konzipierung, dem Bau und der Erprobung eines automatisierten Laborsterilfermentors für kontinuierlichen Langzeitbetrieb wurde dieser Entwicklung gerätetechnisch Rechnung getragen.

Der Datenanfall hochinstrumentierter und automatisierter Fermentoranlagen sowie die ständig steigenden Anforderungen an Quantität und Qualität der daraus abgeleiteten wissenschaftlichen Erkenntnisse erfordern den Einsatz der Rechentechnik.

Zur Bearbeitung dieser Problemstellung wurde eine Mikrorechnerkonfiguration auf CAMAC-Basis konzipiert.

Institute of Fermentation Industry
Department of Technical Microbiology and Biochemistry
02-532 Warszawa, Rakowiecka 36, Poland

The Effect of the Type of Fermentor on the Biosynthesis of Proteolytic Enzymes by *Bacillus subtilis* 40

A. M. Zakrzewski

I. Introduction

Whereas according to the findings of Solomons [1] and Aiba et al. [2] aerobic cultures can be carried out in any fermentor fitted with an aerating system, the efficiency of this system is the main factor influencing the yield of the culture. An aerating system is efficient if a small energy expenditure for agitation and aeration affords high oxygen transfer coefficients. Designers of present-day fermentors take this into account and introduce various new constructions of impellers and aerating systems as well as select the most appropriate shape of these elements and optimize their overall dimensions.

However, it is impossible to construct a universal fermentor for all kinds of microorganisms, because their oxygen requirement differs in dependence on the genetic traits, composition of medium, physiological state, biochemical transformations and technological purposes of the culture.

Oxygen requirement of microorganisms in submerged culture is widely discussed in the technical literature [3], however, the relevant data mainly concern yeasts and producers of antibiotics.

The present study was designed to determine the effect of aeration of the culture medium on the course and efficiency of the biosynthesis of proteolytic enzymes by *Bacillus subtilis* 40. Moreover, the objective of the study was to reveal in what measure the details of the design of fermentors influence the enzymic activities obtained.

II. Experimental

Cultures of the inoculum of *B. subtilis* 40 were carried out by a two-stage procedure in flasks (400 cm^3) placed in a shaker in natural medium composed of starch as the main source of carbon and of yeast extract, at 37 °C.

Production cultures were carried out in medium containing steep liquors, soya-bean meal and starch, in three fermentors: Polish (SF-12-20), Swedish (Biotec FL-110), and American (New Brunswick MF-114) [4].

The characteristic overall dimension of the fermentors are given in Tab. 1.

For these fermentors the oxygen transfer coefficients K_{La} were determined by the sulphite method according to Cooper [4]. In the course of the culture the following parameters were controlled: the impeller rotation rate, volume of air introduced, percentile changes in oxygen concentration, temperature and pH; the proteolytic activity was determined by the modified Anson's method [5] with the use of hemoglobin as substrate.

Table 1
Data characterizing the fermentors used

No		Type of fermentor		
		SF-12-20 Polish	E-110 Biotec	MF-114 Brunswick
1	Shape	cylindrical	cylindrical	cylindrical
2	Kind of impeller	open turbine	open turbine	open turbine
3	Aerating system	sparger	sparger	sparger
4	Number of impellers on shaft	1	1	1
5	No. of baffles	1	4	4
6	Total capacity in 1	22	12	14
7	Working capacity in 1	10	8	9
8	Height H in m	0.565	0.355	0.437
9	Diameter D in m	0.240	0.228	0.213
10	Height of liquid column H_L in m	0.270	0.260	0.280
11	Diameter of impeller D_L in m	0.115	0.075	0.062
12	$\frac{H}{D}$	2.35	1.55	2.05
13	$\frac{D}{D_L}$	2.08	3.04	3.43

III. Results and discussion

Measurements of the oxygen transfer rate (OTR) and of the oxygen transfer coefficient K_{La} were performed for all fermentors under the same conditions of temperature (35 °C), pressure (1013.25 HPA) and volume of air introduced (0.5 v/v · min). On the other hand, different impeller rotation rates: 450, 600 and 900 rpm, were applied.

The K_{La} values obtained (Tab. 2) showed that the oxygen transfer rate was highest for the polish fermentor, and lowest for the American fermentor, at all impeller rotation rates used. At 450 rpm for the Polish fermentor SF-12-20 K_{La} was 220/h, for the Biotec fermentor 77.7/h and for the New Brunswick fermentor 58.3/h. For obtainment of a K_{La} value of an order of 200/h in fermentors Biotec and New Brunswick, an impeller rotation rate of as many as 900 rpm had to be used; at the same rate for the Polish fermentor K_{La} amounted to 380/h. These results indicate that the agitation and aeration system is most efficient in the Polish fermentor SF-12-20, inferior in the Swedish

Table 2

Values of oxygen transfer coefficients K_{La} in dependence on type of fermentor, with varying impeller rotation rates and constant air flow intensity

Impeller revolutions per min	$K_{La} \cdot h^{-1}$		
	air flow intensity 0.5 v/v · m		
	Type of fermentor		
	SF-12-20	FL-110	MF-114
450	220	77.7	58.3
600	273	137.5	116.6
900	380	233.8	206.9

fermentor Biotec FL-110, and least efficient in the American fermentor New Brunswick MF-114.

For elucidation of the relationship between the efficiency of the agitation and aeration system (and thus the coefficient K_{La}) and yield of the proteolytic enzyme biosynthesis, *B. subtilis* 40 was cultured in the three investigated fermentors, using an impeller rotation rate of 450 rpm and aeration of 0.5 v/v · min. Results shown in Fig. 1 prove that the highest proteolytic activity was obtained in the Polish fermentor SF-12-20 — 7500 U.Hb/cm³, a lower one in the fermentor Biotec — 5400 UHb/cm³ and the lowest in the fermentor New Brunswick — 4300 UHb/cm³. The results clearly point to a

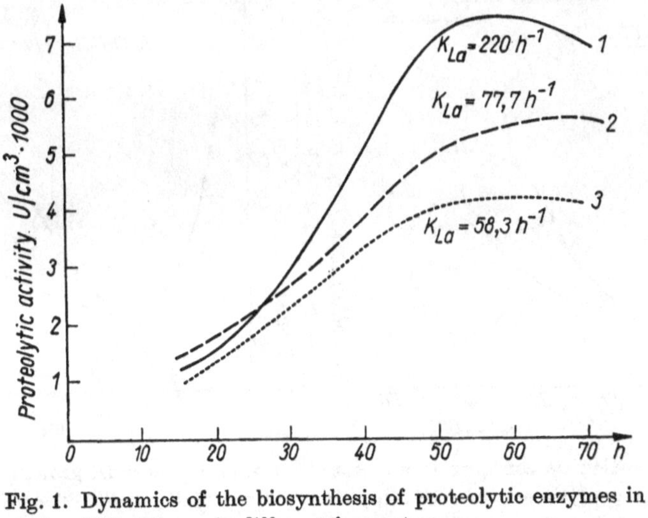

Fig. 1. Dynamics of the biosynthesis of proteolytic enzymes in production culture of *B. subtilis* 40, run in different fermentors

1 ——— Polish fermentor SF-12-20
2 — — — Fermentor Biotec FL-110
3 ...... Fermentor New Brunswick MF-114

close relationship, within this range of K_{La} values, between the oxygen transfer coefficient K_{La} and dynamics of the proteolytic enzyme biosynthesis.

The question arises up to which values of coefficient K_{La} its increase influences the biosynthesis of proteolytic enzymes. Consequently, cultures were carried out at K_{La} amounting to 273/h (aeration 0.5 v/v · min and impeller rotation rate of 600 rpm) and at K_{La} amounting to 380/h (aeration 0.5 v/v · min and impeller rotation rate of 900 rpm). It was found that an increase in aeration intensity definitely enhanced the proteolytic activity. Cultures run at K_{La} amounting to 273/h exhibited proteolytic activity of 18000 UHb/cm³; however, a further increase in aeration intensity (K_{La} up to 380/h) no more increased the proteolytic activity of the cultures.

Similar results have been obtained by KAROW et al. [6] in studies of penicillin biosynthesis. This author has found that an increase in K_{La} up to the level of 300/h intensified the dynamics of penicillin biosynthesis; however, exceeding of this K_{La} value by an increase in either the impeller rotation rate or the volume of air introduced no more enhanced the biosynthesis of the antibiotic.

According to our own results, the culture of *B. subtilis* 40 requires such aeration conditions of the medium, under which the supplied oxygen would not be the limiting factor, but could permit optimum growth and the highest yield of the product.

Measurements of the rate of changes in oxygen concentration with the use of an oxygen electrode (Fig. 2) indicate that — for obtainment of high proteolytic activities of an order of 17—18 thousands UHb/cm³ — the culture should be run so that the concen-

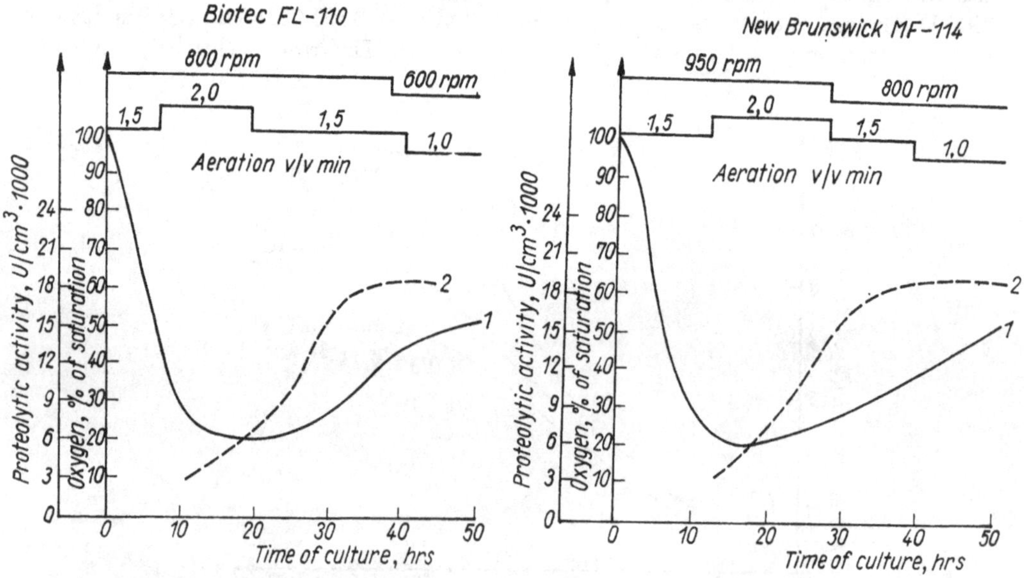

Fig. 2. Effect of aeration on concentration of dissolved oxygen, bacterial growth and dynamics of biosynthesis of proteolytic enzymes in production culture of *B. subtilis* 40, run in fermentor SF-12-20 at stirrer rotation rate of 450 rpm

I —— Oxygen concentration, %
II – – Amount of bacteria/cm³
III ····· Proteolytic activity, U/cm³ · 1000

tration of oxygen dissolved in the medium would not drop below 20% of saturation. Determination of the optimal concentration of oxygen in the culture medium for *B. subtilis* 40 in the Polish fermentor SF-12-20 permitted us to establish the conditions of agitation and aeration for the two remaining types of fermentors, i.e. Biotec FL-110 and New Brunswick MF-114 (Fig. 3). Owing to proper selection of the agitation and aeration conditions, proteolytic activities of an order of 17—18 thousand UHb/cm³ in post-culture medium were obtained also in these fermentors. Since the oxygen transfer coefficients for fermentors Biotec FL-110 and New Brunswick MF-114 were much lower than those for fermentor SF-12-20, in order to obtain comparable proteolytic activities it was necessary to increase for the two former fermentors both the impeller rotation rate and the volume of air introduced.

IV. Conclusions

1. An increase in the intensity of aeration of culture medium to a K_{La} value of 237/h enhances the dynamics of the biosynthesis of proteolytic enzymes; further intensification of aeration is unnecessary.
2. Determination of K_{La} affords a valuable index for the evaluation of fermentors.

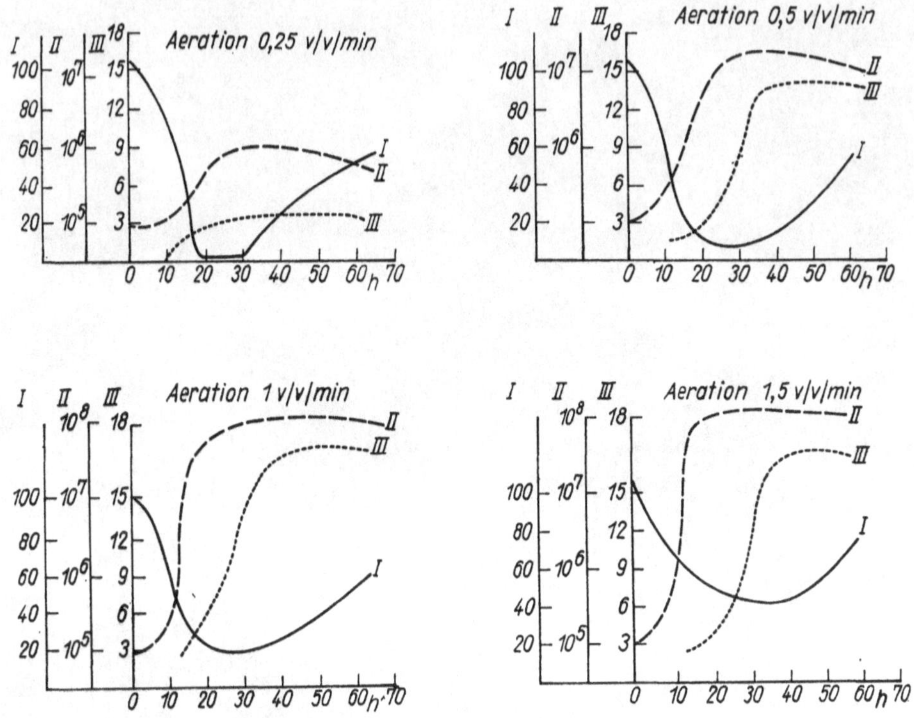

Fig. 3. Effect of varying conditions of agitation and aeration on dissolved oxygen concentration and dynamics of the proteolytic enzyme biosynthesis in production culture of *B. subtilis* 40, run in fermentor BIOTEC FL-110 and NEW BRUNSWICK MF-114

1 ——— Oxygen concentration
2 — — — Proteolytic activity

References

[1] Solomons, G. L.: Survey of laboratory ferments. Process Biochem., 1971, no. 8, p. 36–38
[2] Aiba, S., A. E. Humphrey and N. F. Millis: Biochemical Engineering. University of Tokyo Press, 1973, 2-nd. Edition p. 190–221
[3] Melean, G. T., L. E. Erickson, K. H. Hsu and T. Ganl: Oxygen transfer and axial dispersion in an aeration tower containing static mixers. Biotechnol. and Bioeng., 1977, v. 19, no. 4, p. 393–505
[4] Zakrzewski, A. M.: Studies of the biosynthesis of the proteolytic enzymes in submerged culture of the *Bacillus subtilis* strain. W-wa, 1978, Institute of Fermentation Industry (in prep. for print.)
[5] Materials of the III Consultation of Experts of the Council for Mutual Economic Aid in the field of enzyme preparations. Recommendations concerning methods for the determination of enzymic activities, Bucharest, Sept.–Oct. 1976
[6] Karow, E. D., W. H. Bartholomew and M. K. Staf: Oxygen transfer and agitation in submerged fermentation. J. Agr. Food Chem., 1953, no. 1, p. 302–306

Autoren

ALBRECHT, H.: Institut für Enzymologie und technische Mikrobiologie, 1017 Berlin, Alt Stralau 62

ASPERGER, O.: Sektion Biowissenschaften der Karl-Marx-Universität Leipzig, Bereich Biochemie, 705 Leipzig, Talstraße 33

ATEW, A.: Koordinierungszentrum des RGW, Blvd. Tscherni Wrach 65, Sofia 1407 VR Bulgarien

AUGUSTIN, J.: Slovak Academy of Sciences, Institute of Chemistry, Dúbravská cesta, 80933 Bratislava ČSSR

AUNSTRUP, K.: Novo Industri A/S, Novo Allé, DK-2880 Bagsvaerd Dänemark

BABEL, W.: Institut für technische Chemie der AdW der DDR, 705 Leipzig, Permoserstr. 15

BEHNKE, U.: Zentralinstitut für Ernährung der AdW der DDR, 1505 Bergholz-Rehbrücke, Arthur-Scheunert-Allee 114/116

BERNAT, J. A.: Institute of the Fermentation Industry, Rakowiecka 36, Warschau VR Polen

BIRNBAUM, D.: Ernst-Moritz-Arndt-Universität, Sektion Biologie, 22 Greifswald, Jahnstraße 15

BODE, R.: Ernst-Moritz-Arndt-Universität, Sektion Biologie, 22 Greifswald, Jahnstraße 15

BORNELEIT, P.: Sektion Biowissenschaften der Karl-Marx-Universität Leipzig, Bereich Biochemie, 705 Leipzig, Talstraße 33

BORRISS, R.: VEB Prowiko, 33 Schönebeck, Paulstraße 2

ČECHOVÁ, J.: Czechoslovak Academy of Sciences, Institute of Microbiology, Dept. of Bacterial Genetics, Budějovická 1083, Prag 4-Krč, ČSSR

CHALOUPKA, J.: dto.

DRECHSLER, H.: Institut für Enzymologie und technische Mikrobiologie, 1017 Berlin, Alt Stralau 62

DŽUNDOVÁ, T.: Czechoslovak Academy of Sciences, Institute of Microbiology, Dept. of Bacterial Genetics, Budějovicka 1083, Prag 4-Krč, ČSSR

ERDÉLYI, A.: Central Food Research Institute, Herman Ottó út. 15, H-1115 Budapest II, UVR

FARKAS, J.: dto.

FRANZKE, C.: Bereich Lebensmittelchemie der Sektion Chemie der Humboldt-Universität zu Berlin, 112 Berlin-Weissensee, Goethestr. 54

FRITSCHE, F.: Sektion Biowissenschaften der Karl-Marx-Universität Leipzig, Bereich Biochemie, 705 Leipzig, Talstraße 33

GÖBEL, R.: Bereich Lebensmittelchemie der Sektion Chemie der Humboldt-Universität zu Berlin, 112 Berlin-Weissensee, Goethestr. 54

GORGES, E.: VEB Prowiko, 33 Schönebeck, Paulstraße 2

GRABA, U.: Institut für Enzymologie und technische Mikrobiologie, 1017 Berlin, Alt Stralau 62

GROSSE, H.-J.: Institut für technische Chemie der AdW der DDR, 705 Leipzig, Permoserstr. 15

GRUNOW, M.: Sektion Biowissenschaften der Karl-Marx-Universität Leipzig, Bereich Biochemie, 705 Leipzig, Talstraße 33

GRUNOW, R.: Institut für Enzymologie und technische Mikrobiologie, 1017 Berlin, Alt Stralau 62

HARKSEN, E.: dto.

HARTUNG, M.: Ernst-Moritz-Arndt-Universität, Sektion Biologie, 22 Greifswald, Jahnstraße 15

HIRTE, W. F.: Sektion Nahrungsgüterwirtschaft und Lebensmitteltechnologie der Humboldt-Universität zu Berlin, Bereich Mikrobiologie, Kleinmachnow, 1532 Kleinmachnow, M.-Reimann-Str. 16

VAN HOE, L.: Lab. General and Industrial Microbiology, University of Ghent, Coupure 533, 9000 Gent, Belgien

HOFMANN, K. H.: Institut für technische Chemie der AdW der DDR, 705 Leipzig, Permoserstr. 15

HUBER, J.: Institut für Enzymologie und technische Mikrobiologie, 1017 Berlin, Alt Stralau 62

ISKE, U.: Institut für technische Chemie der AdW der DDR, 705 Leipzig, Permoserstr. 15

JACOB, H.-E.: Zentralinstitut für Mikrobiologie und experimentelle Therapie der AdW der DDR, 69 Jena, Beuthenbergstr. 11

JAROVENKO, V.: Allunionsforschungsinstitut für Gärungsprodukte, Samokatnaja 6b, Moskau 33, UdSSR

JUNGNICKEL, F.: Wissenschaftsbereich Pflanzenphysiologie der Friedrich-Schiller-Universität Jena, 69 Jena, v.-Hase-Weg 3

KALUNJANZ, K. A.: Institut Biotechnika, ul. Kropotinskaja 38, Moskau, UdSSR

KERNS, G.: Institut für technische Chemie der AdW der DDR, 705 Leipzig, Permoserstr. 15

KISS, E.: Central Food Research Institute, Herman Ottó út 15, H-1115 Budapest II, UVR

KLAPPACH, G.: Institut für technische Chemie der AdW der DDR, 705 Leipzig, Permoserstr. 15

KLAUSHOFER, H.: Institut für Lebensmitteltechnologie der Universität für Bodenkultur, Peter-Jordan-Str. 82, A-1190 Wien, Österreich

KLEBER, H.-P.: Sektion Biowissenschaften der Karl-Marx-Universität Leipzig, Bereich Biochemie, 705 Leipzig, Talstraße 33

KLINGENBERG, P.: Zentralinstitut für Ernährung der AdW der DDR, 1505 Bergholz-Rehbrücke, Arthur-Scheunert-Allee 114/116

KOCUR, M.: Czechoslovak Collection of Microorganisms, J. E. Purkyně University, Tr. Obráncu Miru 10, Brno, ČSSR

KÖRNER, D.: Zentralinstitut für Ernährung der AdW der DDR, 1505 Bergholz-Rehbrücke, Arthur-Scheunert-Allee 114/116

KRETSCHMER, S.: Zentralinstitut für Mikrobiologie und experimentelle Therapie der AdW der DDR, 69 Jena, Beuthenbergstr. 11

KROLL, J.: Bereich Lebensmittelchemie der Sektion Chemie der Humboldt-Universität zu Berlin, 112 Berlin-Weissensee, Goethestr. 54

KRÜGER, D. H.: Lehrstuhl Virologie der Humboldt-Universität zu Berlin, 104 Berlin, Schumannstr. 20/21, PF 140

KUNIAK, Ľ.: Slovak Academy of Sciences, Institute of Chemistry, Dúbravská cesta, 80933 Bratislava, ČSSR

DE LAPORTE, A.: Lab. General and Industrial Microbiology, University of Ghent, Coupure 533, 9000 Gent, Belgien

LEBENTRAU, B.: Institut für Enzymologie und technische Mikrobiologie, 1017 Berlin, Alt Stralau 62

LEUCHTENBERGER, A.: Zentralinstitut für Ernährung der AdW der DDR, 1505 Bergholz-Rehbrücke, Arthur-Scheunert-Allee 114/116

LIEBS, P.: Institut für Enzymologie und technische Mikrobiologie, 1017 Berlin, Alt Stralau 62

LIETZ, P.: Institut für Gärungs- und Getränkeindustrie, 1017 Berlin, Alt Stralau 54/55

LOGINOVA, L. G.: Institut für Mikrobiologie der AdW der UdSSR, Profsojusnaja 7a, Moskau 117312, UdSSR

MAKAROWA, T. N.: Institut Biotechnika, ul. Kropotinskaja 38, Moskau, UdSSR

MALANOWSKA. J.: Institute of the Fermentation Industry, Rakowiecka 36, Warschau, VR Polen

MARKOW, K.: Koordinierungszentrum des RGW, Blvd. Tscherni Wrach 65, Sofia 1407, VR Bulgarien

METZ, H.: Fa. E. Merck, Chemische Forschung, Biochemische Abteilung, Frankfurter Str. 250, PF 4119, D-61 Darmstadt 2

MEYER, D.: Institut für Enzymologie und technische Mikrobiologie, 1017 Berlin, Alt Stralau 62

MÜLLER, M.: dto.

MUNDT, W.: Institut für Lebensmitteltechnologie der Universität für Bodenkultur, Peter-Jordan-Str. 82, A-1190 Wien, Österreich

OKAZAKI, M.: Dept. of Fermentation Technology, Faculty of Engineering, Osaka Univ., Yamada-Kami, Suita-Shi, Osaka 565, Japan

PETZOLD, M.: Institut für Enzymologie und technische Mikrobiologie, 1017 Berlin, Alt Stralau 62

Prause, M.: Institut für technische Chemie der AdW der DDR, 705 Leipzig, Permoserstr. 15

Rehm, H. J.: Institut für Mikrobiologie der Universität Münster, Piusallee 7, D-4400 Münster/Westf.

Ritter, G.: Institut für Enzymologie und technische Mikrobiologie, 1017 Berlin, Alt Stralau 62

Ruttloff, H.: Zentralinstitut für Ernährung der AdW der DDR, 1505 Bergholz-Rehbrücke, Arthur-Scheunert-Allee 114/116

Sargeant, K.: Centre for Applied Microbiology and Research, Porton Down, Salisbury, Wiltshire, SP 4 OJG, Großbritannien

Sawicka-Żukowska, R.: Institute of the Fermentation Industry, Rakowiecka 36, Warschau, VR Polen

Schmidt, E.: Institut für Enzymologie und technische Mikrobiologie, 1017 Berlin, Alt Stralau 62

Schönherr, M.: dto.

Schöpp, W.: Sektion Biowissenschaften der Karl-Marx-Universität Leipzig, Bereich Biochemie, 705 Leipzig, Talstraße 33

Scholz, Ch.: Institut für Enzymologie und technische Mikrobiologie, 1017 Berlin, Alt Stralau 62

Schultze, M.: dto.

Schulz, G.: Sektion Nahrungsgüterwirtschaft und Lebensmitteltechnologie der Humboldt-Universität zu Berlin, Bereich Mikrobiologie, Kleinmachnow, 1532 Kleinmachnow, M.-Reimann-Str. 16

Schulz, H.-J.: Institut für technische Chemie der AdW der DDR, 705 Leipzig, Permoserstr. 15

Shinmyo, A.: Dept. of Fermentation Technology, Faculty of Engineering, Osaka Univ., Yamada-Kami, Suita-Shi, Osaka 565, Japan

Sidler, W.: Institut für Molekularbiologie und Biophysik der Eidgenössischen Technischen Hochschule Hönggerberg, CH-8093 Zürich, Schweiz

Sovadina, M.: Czechoslovak Collection of Microorganisms, J. E. Purkyně University, Tr. Obráncu Miru 10, Brno, ČSSR

Speter, W.: Institut für Enzymologie und technische Mikrobiologie, 1017 Berlin, Alt Stralau 62

Steffen, P.: Institut für Gärungs- und Getränkeindustrie, 1017 Berlin, Alt Stralau 54/55

Stein, R.: Sektion Biowissenschaften der Karl-Marx-Universität Leipzig, Bereich Biochemie, 705 Leipzig, Talstraße 33

Stojanow, I.: Koordinierungszentrum des RGW, Blvd. Tscherni Wrach 65, Sofia 1407, VR Bulgarien

Strohbach, G.: Zentralinstitut für Mikrobiologie und experimentelle Therapie der AdW der DDR, 69 Jena, Beuthenbergstr. 11

Täufel, A.: Zentralinstitut für Ernährung der AdW der DDR, 1505 Bergholz-Rehbrücke, Arthur-Scheunert-Allee 114/116

Tannenberger, K.: Institut für technische Chemie der AdW der DDR, 705 Leipzig, Permoserstr. 15

TAUCHERT, H.: Sektion Biowissenschaften der Karl-Marx-Universität Leipzig, Bereich Biochemie, 705 Leipzig, Talstraße 33

TERUI, G.: Dept. of Fermentation Technology, Faculty of Engineering, Osaka Univ., Yamada-Kami, Suita-Shi, Osaka 565, Japan

USAITE, I. A.: Institut für Mikrobiologie der AdW der UdSSR, Profsojusnaja 7a, Moskau 117312, UdSSR

USTINNIKOV, W.: Allunionsforschungsinstitut für Gärungsprodukte, Samokatnaja 6b, Moskau 33, UdSSR

VANDAMME, E. J.: Lab. General and Industrial Microbiology, University of Ghent, Coupure 533, 9000 Gent, Belgien

VAS, K.: Central Food Research Institute, Herman Ottó út 15, H-1115 Budapest II, UVR

DE VOCHT, M.: Lab. General and Industrial Microbiology, University of Ghent, Coupure 533, 9000 Gent, Belgien

WADE, H. E.: Centre for Applied Microbiology and Research, Porton Down, Salisbury, Wiltshire, SP 4 OJG, Großbritannien

WOLF, K.-H.: Institut für Gärungs- und Getränkeindustrie, 1017 Berlin, Alt-Stralau 54/55

YAKOVLEVA, M. B.: Institut für Mikrobiologie der AdW der UdSSR, Profsojusnaja 7a, Moskau 117312, UdSSR

ZAKRZEWSKI, A. M.: Institute of the Fermentation Industry, Rakowiecka 36, Warschau, VR Polen

ZEMEK, J.: Slovak Academy of Sciences, Institute of Chemistry, Dúbravská cesta, 80933 Bratislava, ČSSR

ZETELAKI-HORVÁTH, K.: Central Food Research Institute, Herman Ottó út 15, H-1115 Budapest II, UVR

ZIEBA, G.: Institute of the Fermentation Industry, Rakowiecka 36, Warschau, VR Polen

ZUBER, H.: Institut für Molekularbiologie und Biophysik der Eidgenössischen Technischen Hochschule Hönggerberg, CH-8093 Zürich, Schweiz

Kolibri 360 GmbH
Ferdinand-Jühlke-Straße 7
99095 Erfurt, Deutschland
produktsicherheit@kolibri360.de